피복아크 가스텅스텐아크 이산화탄소가스아크 공통

용접기능사필기

총정리

용접기술시험연구회 저

일진사

개정판을 내면서

다가올 미래 사회는 지금과 비교할 수도 없을 만큼 심화된 산업사회가 될 것이고, 그 바탕에 끊임없이 발달하는 기계, 금속, 재료 등의 활용기술인 용접이 있다는 것은 누구나 알고 있는 사실이다.

따라서 급속도로 변화하고 발전하는 미래 산업사회에서 그 핵심이 되는 용접기술의 능력을 향상시키려는 노력은 우리 공학도들에게 매우 중요한 일이다.

이 책은 1984년 '용접기능사학과'로 처음 출간되어 독자들과 학교 선생님들의 많은 사랑을 받아 크게 히트하였다. 그 후 2009년 한국산업인력공단의 새 출제기준에 맞추어 '용접기능사'로 개편하였고, 2017년 새로운 용접기술과 수십 년간 시행한 국가기술자격시험의 데이터들을 면밀히 분석하여 '용접기능사 총정리'로 다시 개정하였다.

2023년 한국산업인력공단에서는 산업현장의 요구에 따라 피복아크용접기능사 / 가스텅스텐아크용접기능사 / 이산화탄소가스아크용접기능사로 자격증을 세분화하게 된다. 이에 집필진은 그동안 축적한 강의 경험과 현장실습을 토대로 다음과 같이 원고를 정리하였다.

- **첫째**, 한 권으로 3가지의 자격증을 마스터할 수 있도록 충분한 내용을 함축적이고 체계적으로 정리하였다.
- **둘째**, 난해한 문제마다 간결하고 명확한 해설을 달아줌으로써 수험자의 이해도를 최대한 높였다.
- **셋째**, CBT 실전 예상문제를 수록하여 수험생들로 하여금 실전에 대비할 수 있도록 하였다.

이 책을 기본으로 보다 적극적으로 공부하다 보면 자신도 모르게 실력이 향상되어 있는 것을 느낄 것이며, 여러분의 소기의 목적도 이루어질 것으로 믿는다. 끝으로 이 책이 나오기까지 불철주야 원고 정리에 애써주신 이승배 교수님께 깊은 감사를 드린다.

용접기술시험연구회

피복아크용접/가스텅스텐아크용접/이산화탄소가스아크용접기능사 출제기준(필기)

직무분야	재료	중직무분야	용접	자격종목	용접기능사(피복아크용접, 가스텅스텐아크용접, 이산화탄소가스아크용접)	적용기간	2023. 1. 1. ~ 2026. 12. 31.

○ 직무 내용 : 용접 도면을 해독하여 용접 절차 사양서를 이해하고 용접 재료를 준비하여 작업환경 확인, 안전 보호구 준비, 용접 장치와 특성 이해, 용접기 설치 및 점검 관리하기, 용접 준비 및 본 용접하기, 용접부 검사, 작업장 정리하기 등의 피복아크용접(SMAW), 가스텅스텐아크용접(GTAW), 이산화탄소가스아크용접(CO_2) 관련 직무이다.

필기검정방법	객관식	문제 수	60	시험시간	1시간

필기 과목명	출제 문제 수	출제 기준		
		주요 항목	세부 항목	세세 항목
아크 용접, 용접 안전, 용접 재료, 도면 해독, 가스 절단, 기타 용접	60	1. 아크 용접 장비 준비 및 정리정돈	1. 용접 장비 설치, 용접 설비 점검, 환기장치 설치	1. 용접 및 산업용 전류, 전압 2. 용접기 설치 주의사항 3. 용접기 운전 및 유지보수 주의사항 4. 용접기 안전 및 안전수칙 5. 용접기 각부 명칭과 기능 6. 전격방지기 7. 용접봉 건조기 8. 용접 포지셔너 9. 환기장치, 용접용 유해가스 10. 피복 아크 용접 설비 11. 피복 아크 용접봉, 용접 와이어 12. 피복 아크 용접 기법
		2. 아크 용접 가용접 작업	1. 용접 개요 및 가용접 작업	1. 용접의 원리 2. 용접의 장·단점 3. 용접의 종류 및 용도 4. 측정기의 측정원리 및 측정방법 5. 가용접 주의사항
		3. 아크 용접 작업	1. 용접 조건 설정, 직선 비드 및 위빙 용접	1. 용접기 및 피복 아크 용접기기 2. 아래보기, 수직, 수평, 위보기 용접 3. T형 필릿 및 모서리 용접

필기 과목명	출제 문제 수	출 제 기 준		
		주요 항목	세부 항목	세세 항목
		4. 수동·반자동 가스 절단	1. 수동·반자동 절단 및 용접	1. 가스 및 불꽃 2. 가스 용접 설비 및 기구 3. 산소, 아세틸렌 용접 및 절단기법 4. 가스 절단 장치 및 방법 5. 플라스마, 레이저 절단 6. 특수 가스 절단 및 아크 절단 7. 스카핑 및 가우징
		5. 아크 용접 및 기타 용접	1. 맞대기(아래보기, 수직, 수평, 위보기) 용접, T형 필릿 및 모서리 용접	1. 서브머지드 아크 용접 2. 가스 텅스텐 아크 용접, 가스 금속 아크 용접 3. 이산화탄소 가스 아크 용접 4. 플럭스 코어드 아크 용접 5. 플라스마 아크 용접 6. 일렉트로 슬래그 용접, 테르밋 용접 7. 전자 빔 용접 8. 레이저 용접 9. 저항 용접 10. 기타 용접
		6. 용접부 검사	1. 파괴, 비파괴 및 기타 검사(시험)	1. 인장 시험 2. 굽힘 시험 3. 충격 시험 4. 경도 시험 5. 방사선 투과 시험 6. 초음파 탐상 시험 7. 자분 탐상 시험 및 침투 탐상 시험 8. 현미경 조직 시험 및 기타 시험
		7. 용접 결함부 보수 용접 작업	1. 용접 시공 및 보수	1. 용접 시공 계획 2. 용접 준비 3. 본 용접 4. 열 영향부 조직의 특징과 기계적 성질 5. 용접 전·후처리(예열, 후열 등) 6. 용접 결함, 변형 등 방지 대책
		8. 안전관리 및 정리정돈	1. 작업 및 용접 안전	1. 작업 안전, 용접 안전관리 및 위생 2. 용접 화재 방지 3. 산업안전보건법령 4. 작업 안전 수행 및 응급 처치 기술 5. 물질안전보건자료

필기 과목명	출제 문제 수	출제 기준		
		주요 항목	세부 항목	세세 항목
		9. 용접 재료 준비	1. 금속의 특성과 상태도	1. 금속의 특성과 결정 구조 2. 금속의 변태와 상태도 및 기계적 성질
			2. 금속 재료의 성질과 시험	1. 금속의 소성 변형과 가공 2. 금속 재료의 일반적 성질 3. 금속 재료의 시험과 검사
			3. 철강 재료	1. 순철과 탄소강 2 열처리 종류 3. 합금강 4. 주철과 주강 5. 기타재료
			4. 비철 금속 재료	1. 구리와 그 합금 2. 알루미늄과 경금속 합금 3. 니켈, 코발트, 고용융점 금속과 그 합금 4. 아연, 납, 주석, 저용융점 금속과 그 합금 5. 귀금속, 희토류 금속과 그 밖의 금속
			5. 신소재 및 그 밖의 합금	1. 고강도 재료 2. 기능성 재료 3. 신에너지 재료
		10. 용접 도면 해독	1. 용접 절차 사양서 및 도면 해독(제도 통칙 등)	1. 일반 사항(양식, 척도, 문자 등) 2. 선의 종류 및 도형의 표시법 3. 투상법 및 도형의 표시 방법 4. 치수의 표시 방법 5. 부품 번호, 도면의 변경 등 6. 체결용 기계요소 표시 방법 7. 재료 기호 8. 용접 기호 9. 투상 도면 해독 10. 용접 도면 11. 용접 기호 관련 한국산업규격(KS)

차 례

제1편 아크 용접

제1장 아크 용접 장비 준비 및 정리정돈

1. 용접 장비 설치, 용접 설비 점검, 환기장치 설치 ·· 12
   1-1 용접 및 산업용 전류, 전압 ············ 12
   1-2 용접기 설치 주의사항 ·················· 12
   1-3 용접기 운전 및 유지보수 주의사항 ··· 13
   1-4 용접기 안전 및 안전수칙 ············ 16
   1-5 용접기 각부 명칭과 기능 ············ 16
   1-6 전격방지기 ································· 19
   1-7 용접봉 건조기 ····························· 20
   1-8 용접 포지셔너 ····························· 21
   1-9 환기장치, 용접용 유해가스 ········ 22
   1-10 피복 아크 용접 설비 ················· 45
   1-11 피복 아크 용접봉, 용접 와이어 ··· 46
   1-12 피복 아크 용접 기법 ················· 55

제2장 아크 용접 가용접 작업

1. 용접 개요 및 가용접 작업 ················ 64
   1-1 용접의 원리 ································ 64
   1-2 용접의 장·단점 ··························· 66
   1-3 용접의 종류 및 용도 ···················· 67
   1-4 측정기의 측정원리 및 측정방법 ··· 68
   1-5 가용접 주의사항 ·························· 75

제3장 아크 용접 작업

1. 용접 조건 설정, 직선 비드 및 위빙 용접 ··· 79
   1-1 용접기 및 피복 아크 용접기기 ···· 79

제2편 가스 절단

제1장 수동·반자동 가스 절단

1. 수동·반자동 절단 및 용접 ·············· 96
   1-1 가스 및 불꽃 ······························· 96
   1-2 가스 용접 설비 및 기구 ··············· 99

   1-3 산소, 아세틸렌 용접 및 절단기법 ··· 109
   1-4 가스 절단 장치 및 방법 ············ 110
   1-5 플라스마, 레이저 절단 ·············· 117
   1-6 특수 가스 절단 및 아크 절단 ···· 118
   1-7 스카핑 및 가우징 ······················ 123

차례

제3편 기타 용접

제1장 아크 용접 및 기타 용접

1. 맞대기(아래보기, 수직, 수평, 위보기) 용접, T형 필릿 및 모서리 용접 ········ 132
    1-1 서브머지드 아크 용접 ············ 132
    1-2 불활성 가스 아크 용접(가스 텅스텐 아크 용접, 가스 금속 아크 용접) ···· 142
    1-3 이산화탄소 가스 아크 용접 ······ 177
    1-4 플럭스 코어드 아크 용접 ········ 211
    1-5 플라스마 아크 용접 ·············· 214
    1-6 일렉트로 슬래그 용접, 테르밋 용접 ································ 220
    1-7 전자 빔 용접(electronic beam welding) ························ 223
    1-8 레이저 용접(laser welding) ····· 224
    1-9 저항 용접 ·························· 225
    1-10 기타 용접 ························ 234
    1-11 납땜법 ···························· 254

제4편 용접 안전

제1장 용접부 검사

1. 용접부의 시험과 검사 ················ 258
    1-1 시험 및 검사 방법의 종류 ······ 258
2. 파괴, 비파괴 및 기타 검사(시험) ··· 261
    2-1 용접 재료의 시험법(파괴 검사) ··· 261
    2-2 비파괴 검사(non-destructive testing : 약칭 NDT) ············ 267

제2장 용접 결함부 보수 용접 작업

1. 용접 시공 및 보수 ····················· 278
    1-1 용접 시공 계획 ···················· 278
    1-2 용접 준비 ·························· 283
    1-3 본 용접 ····························· 285
    1-4 열 영향부 조직의 특징과 기계적 성질 ································ 287
    1-5 용접 전·후 처리(예열, 후열 등) ··· 288
    1-6 용접 결함 ·························· 292

| 제3장 | 용접의 자동화와 로봇 용접 |

1. 용접의 자동화 ··············· 301
   1-1 개요 ··············· 301
   1-2 자동 제어 ··············· 303
   1-3 로봇 ··············· 304

| 제4장 | 안전관리 및 정리정돈 |

1. 산업안전관리 ··············· 313
   1-1 산업안전관리의 개요 ··············· 313
   1-2 일반 안전 ··············· 315

제5편 용접 재료

| 제1장 | 용접 재료 준비 |

1. 금속의 특성과 상태도 ··············· 322
   1-1 금속의 특성과 결정 구조 ··············· 322
   1-2 금속의 변태 ··············· 324

2. 철강 재료 ··············· 326
   2-1 열처리 종류 ··············· 326
   2-2 순철과 탄소강 ··············· 327
   2-3 합금강(특수강) ··············· 329
   2-4 주철과 주강 ··············· 334

3. 비철 금속 재료 ··············· 346
   3-1 구리와 그 합금 ··············· 346
   3-2 알루미늄과 경금속 합금 ··············· 351
   3-3 기타 비철 금속과 그 합금 ··············· 355

4. 신소재 및 그 밖의 합금 ··············· 360
   4-1 신소재 ··············· 360
   4-2 분말야금, 귀금속, 회유금속, 신금속 ··············· 361

제6편 도면 해독

| 제1장 | 용접 도면 해독 |

1. 용접 절차 사양서 및 도면 해독(제도 통칙 등) ··············· 370
   1-1 일반 제도 ··············· 370
   1-2 기본 도법 ··············· 374
   1-3 치수 기입 ··············· 378
   1-4 재료 기호 ··············· 381
   1-5 용접 기호(welding symbol) ··············· 384
   1-6 전개도법 ··············· 388

차 례

부록　CBT 실전테스트

- 제1회 CBT 실전테스트 ·· 392
- 제2회 CBT 실전테스트 ·· 402
- 제3회 CBT 실전테스트 ·· 412
- 제4회 CBT 실전테스트 ·· 423
- 제5회 CBT 실전테스트 ·· 435
- 제6회 CBT 실전테스트 ·· 444
- 제7회 CBT 실전테스트 ·· 454
- 제8회 CBT 실전테스트 ·· 464
- 제9회 CBT 실전테스트 ·· 475
- 제10회 CBT 실전테스트 ·· 485
- 2024년 제1회 CBT 실전테스트 ·· 497
- 2024년 제2회 CBT 실전테스트 ·· 509
- 2025년 제1회 CBT 실전테스트 ·· 519
- 2025년 제2회 CBT 실전테스트 ·· 529

아크 용접

제1장 아크 용접 장비 준비 및 정리정돈

제2장 아크 용접 가용접 작업

제3장 아크 용접 작업

제1장 아크 용접 장비 준비 및 정리정돈

1. 용접 장비 설치, 용접 설비 점검, 환기장치 설치

1-1 용접 및 산업용 전류, 전압

(1) 산업용 전류, 전압
① 작업 전 용접기 설치장소의 전류, 전압 이상 유무를 확인할 수 있다.
② 용접기의 각부 명칭을 알고 조작할 수 있다.
③ 용접기의 부속 장치를 조립할 수 있다.
④ 용접용 치공구를 정리정돈 할 수 있다.
⑤ 산업용 전류, 전압은 보통 220V와 380V로 전류는 60A~240A 정도이다.

(2) 전기시설 취급요령
① 배전반, 분전반을 설치(200V, 380V 등으로 구분)한다.
② 방수형 철제로 제작하고 시건장치를 설치한다.
③ 교통 또는 보행에 지장이 없는 장소에 고정한다.
④ 위험표지판을 부착한다.

1-2 용접기 설치 주의사항

(1) 용접기의 설치장소
① 습기가 많은 장소는 피해서 설치
② 통풍이 잘 되고 금속, 먼지가 적은 곳에 설치
③ 벽에서 30cm 이상 떨어져 있고 견고한 구조의 수평 바닥에 설치

④ 직사광선이나 비바람이 없는 장소
⑤ 해발 1000 m를 초과하지 않는 장소

(2) 용접기를 설치할 수 없는 장소

① 통풍이 잘 안되고 금속, 먼지가 매우 많은 곳
② 수증기 또는 습도가 높은 곳
③ 옥외의 비바람이 치는 곳
④ 진동 및 충격을 받는 곳
⑤ 휘발성 기름이나 가스가 있는 곳
⑥ 유해한 부식성 가스가 존재하는 곳
⑦ 폭발성 가스가 존재하는 곳
⑧ 주위 온도가 −10℃ 이하인 곳(−10~40℃가 유지되는 곳이 적당하다)

(3) 용접기 설치 시 안전·유의사항

① 용접 작업 전 안전을 위하여 유해·위험성 사항에 중점을 두고 안전 보호구를 선택한다.
② 보호구는 재해나 건강장해를 방지하기 위한 목적으로 작업자가 착용하여 작업을 하는 기구나 장치를 말한다.
③ 안전보건관리자는 산업안전보건법 13조 8항에 근거하여 안전보건과 관련된 안전장치 및 보호구 구입 시 적격품 여부 확인을 하여 구비하여야 한다.

1-3 용접기 운전 및 유지보수 주의사항

(1) 용접기의 운전 주의사항

① 정격사용률 이상으로 사용할 때 과열되어 소손이 생김
② 가동 부분, 냉각 팬을 점검하고 주유할 것
③ 탭 전환은 아크 발생 중지 후 행할 것
④ 2차 측 단자의 한쪽과 용접기 케이스는 반드시 접지할 것
⑤ 습한 장소, 직사광선이 드는 곳에서 용접기를 설치하지 말 것

(2) 용접기의 보수 및 정비 방법

고장 현상	외부 및 내부 고장 원인	보수 및 정비 방법
아크가 발생하지 않을 때	• 배전반의 전원 스위치 및 용접기 전원 스위치가 "OFF" 되었을 때 • 용접기 및 작업대 접속 부분에 케이블 접속이 안 되어 있을 때 • 용접기 내부의 코일 연결 단자가 단선이 되어 있을 때 • 철심 부분이 단락되거나 코일이 절단되었을 때	• 배전반 및 용접기의 전원 스위치의 접속 상태를 점검하고 이상 시 수리, 교환하거나 "ON"으로 한다. • 용접기 및 작업대의 케이블에 연결을 확실하게 한다. • 용접기 내부를 열어 확인하여 수리를 하거나 외주 수리 등을 판단한다.
아크가 불안정할 때	• 2차 케이블이나 어스선 접속이 불량할 때 • 홀더 연결부나 2차 케이블 단자 연결부의 전선의 일부가 소손되었을 때 • 단자 접촉부의 연결 상태나 용접기 내부 스위치의 접촉이 불량할 때	• 2차 케이블이나 어스선 접속을 확실하게 체결한다. • 케이블의 일부를 절단한 후 피복을 제거하고 단자에 다시 연결한다. • 단자 접촉부나 용접기 스위치 접촉부를 줄로 다듬질하여 수리하거나 스위치를 교환한다.
용접기의 발생음이 너무 높을 때	• 용접기 외함이나 고정철심, 고정용 지지볼트, 너트가 느슨하거나 풀렸을 때 • 용접기 설치장소 바닥이 고르지 못할 때 • 가동철심, 이동 축 지지볼트, 너트가 풀려 가동철심이 움직일 때 • 가동철심과 철심 안내 축 사이가 느슨할 때	• 용접기 외함이나 고정철심, 고정용 지지볼트, 너트를 확실하게 체결한다. • 용접기 설치장소 바닥을 평평하게 수평이 되게 한 후 설치한다. • 가동철심, 이동 축 지지볼트, 너트를 확실하게 체결한다. • 가동철심을 빼내어 틈새 조정판을 넣어 틈새를 적게 하고 그래도 소음이 나면 교환한다.
전류 조절이 안될 때	• 전류 조절 손잡이와 가동철심 축과의 고정 불량 또는 고착되었을 때 • 가동철심 축의 나사 부분이 불량할 때 • 가동철심 축의 지지가 불량할 때	• 전류 조절 손잡이를 수리 또는 교환하거나 철심 축에 그리스를 발라준다. • 철심 축을 교환한다. • 가동철심 축의 고정상태 점검, 수리 또는 교환한다.

(3) 용접 전원 스위치를 넣고 용접 작업 전 점검을 한다.

점검부분	점검사항
용접 장치	• 전원개폐기의 과부하 보호장치(퓨즈, 과전류 차단기 등)는 적정한 용량의 것을 사용하거나 또는 과열되어 변색이 되어 있지 않았는가? • 용접봉 홀더의 절연부에 손상은 없는가? 또 스패터가 많이 부착되어 있지는 않은가? • 자동전격방지장치의 작동상태는 좋은가? • 용접기 외함과 모재의 접지가 확실하게 되어 있는가? • 1, 2차 측 배선과 용접기 단자와의 접속은 확실한가? • 절연커버는 확실하게 되어 있는가? • 케이블 피복은 손상된 곳이 없는가? • 케이블의 연결부는 확실하게 접속이 되어 있는가?
복장 보호구	• 작업복은 적정한 것을 착용하였는가? • 작업복에 기름이 배어 있거나 물에 젖지는 않았는가? • 안전화 등의 덮개는 적정한가? • 보안면과 차광보안경(용접헬멧 또는 핸드실드 등) 등은 적정한 것으로 준비되었는가? • 용접장갑, 팔 덮개, 앞치마, 발 덮개 등을 착용하고 있는가? • 적정한 보호마스크는 준비가 되었는가?

(4) 교류 아크 용접기 사용설명서를 준비한다.

① 작업 전 유의사항을 충분히 숙지한다.
  ㈎ 용접기에는 반드시 무접점 전격방지기를 설치한다. (그림 참조)
  ㈏ 용접기의 2차 측 회로는 용접용 케이블을 사용한다.
  ㈐ 수신용 용접 시 접지극을 용접장소와 가까운 곳에 두도록 하고 용접기 단자는 충전부가 노출되지 않도록 적당한 방법을 강구한다.

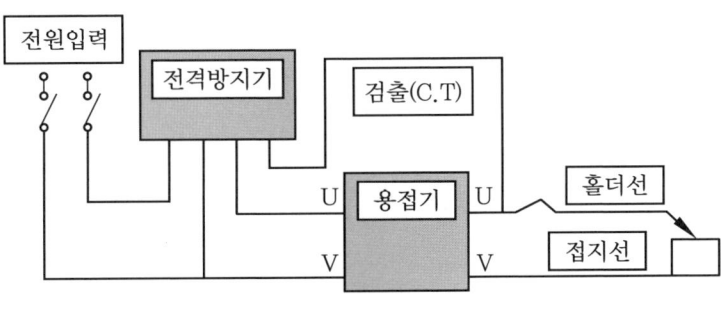

용접기 회로도

㈃ 단자 접속부는 절연테이프 또는 절연커버로 방호한다.
㈄ 홀더선 등이 바닥에 깔리지 않도록 가공 설치 및 바닥 통과 시 커버를 사용한다.

1-4 용접기 안전 및 안전수칙

(1) 용접기 설치 및 유지보수 주의사항
① 작업 전 용접기 설치장소의 이상 유무를 확인할 수 있다.
  ㈎ 옥내 작업 시 준수사항을 숙지한다.
    ㉮ 용접 작업 시 국소배기시설(포위식 부스)을 설치한다.
    ㉯ 국소배기시설로 배기되지 않는 용접 흄은 전체 환기시설을 설치한다.
    ㉰ 작업 시에는 국소배기시설을 반드시 정상 가동시킨다.
    ㉱ 이동 작업 공정에서는 이동식 팬을 설치한다.
    ㉲ 방진마스크 및 차광안경 등의 보호구를 착용한다.
  ㈏ 옥외 작업 시 준수사항을 숙지한다.
    ㉮ 옥외에서 작업하는 경우 바람을 등지고 작업한다.
    ㉯ 방진마스크 및 차광안경 등의 보호구를 착용한다.
  ㈐ 용접기 설치 전 중점관리사항을 숙지한다.
    ㉮ 우천 시 옥외 작업을 피한다(감전의 위험을 피한다).
    ㉯ 자동전격방지기의 정상 작동 여부를 주기적으로 점검한다.

1-5 용접기 각부 명칭과 기능

(1) 용접기의 구비조건
① 구조 및 취급이 간단해야 한다.
② 전류 조정이 용이하고 일정한 전류가 흘러야 한다.
③ 용접기는 완전 절연과 무부하 전압이 필요 이상으로 높지 않아야 한다.
④ 아크 발생이 잘 되도록 무부하 전압이 유지되어야 한다(교류 70~80V, 직류 40~60V).
⑤ 아크 발생 및 유지가 용이하고 아크가 안정되어야 한다.
⑥ 사용 중에 온도 상승이 작아야 한다.

㉦ 가격이 저렴하고 사용 유지비가 적게 들어야 한다.
⑧ 역률 및 효율이 좋아야 한다.

(2) 용접기의 명칭
용접기에서 사용되는 각부 명칭을 알고 조작할 수 있다.

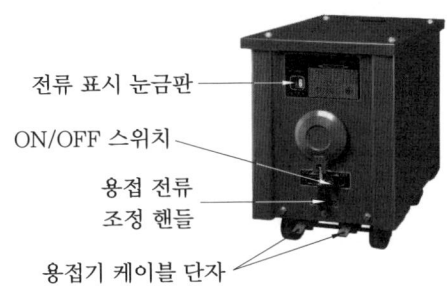

용접기의 명칭

① 용접 홀더
  ㈎ 용접 홀더의 사용설명서와 [그림]을 충분히 숙지하여 홀더의 명칭을 알고 준비된 홀더는 [그림]과 같이 분해하여 그 명칭을 숙지하고 조립한다.

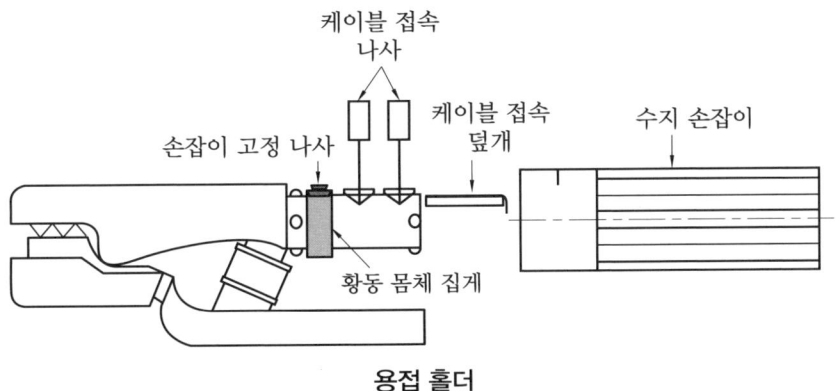

용접 홀더

  ㈎ 용접 홀더 어스(ASSY)에서 손잡이 고정나사를 돌려 수지(플라스틱) 손잡이를 분리시키며 이때 손잡이 고정나사는 황동 몸체 집게에서 분리하지 않는다.
  ㈏ 제공된 케이블을 수지 손잡이에 통과시키고 통과시킨 케이블 끝단에 피복을 3cm 정도 벗긴다.
  ㈐ 피복을 벗긴 케이블 상단에 케이블 접속 덮개(구리로 된 덮개가 일반적)와 함께 황동 몸체 집게에 끼워 넣는다.

㉣ 케이블 접속 나사(2개)로 케이블과 케이블 접속 덮개를 황동 몸체 집게에 고정시킨다.
㉤ 수지 손잡이로 황동 몸체 집게를 덮는다.
㉥ 손잡이 고정나사로 수지 손잡이를 고정시킨다(손잡이 고정나사와 수지 손잡이의 사각 홈을 일치시킨 후 황동 몸체 집게에 포함되어 있는 손잡이 고정나사로 고정시킨다).
㈏ 용접 홀더의 손잡이 부분은 절연 상태를 수시로 확인하고 건조한 것을 사용한다.
② 접지클램프
㈎ 접지클램프는 [그림]과 같이 조립할 수 있다.
㉮ 제공된 케이블을 고무 손잡이에 통과시키고 통과시킨 케이블 끝단의 피복을 1cm 정도 벗긴다.
㉯ 피복을 벗긴 케이블에 "O" 단자를 끼우고 압착한다.
㉰ 케이블과 케이블 부시를 용접기 연결 단자에 끼우고 케이블 접속나사로 고정한다.
㉱ 케이블과 접지 집게를 연결 후 고무 손잡이를 끼운다.

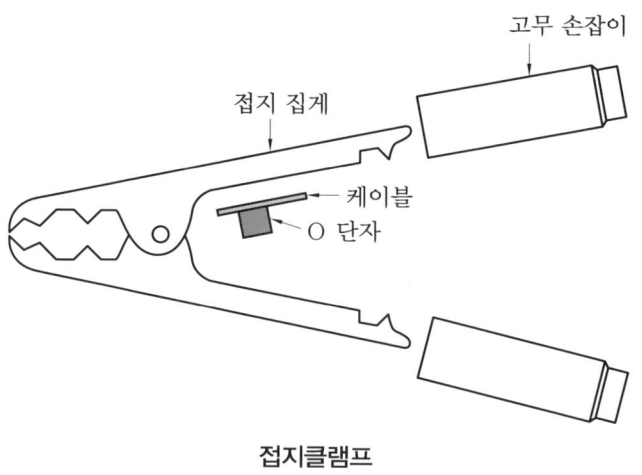

접지클램프

③ 케이블 커넥터
㈎ 케이블 커넥터는 [그림]과 같이 조립할 수 있다.
㉮ 제공된 케이블을 케이블 커버 수지에 통과시키고 통과시킨 케이블 끝단의 피복을 1cm 정도 벗긴다.
㉯ 케이블과 케이블 부시를 용접기 연결 단자에 끼우고 케이블 접속나사로 고정한다.
㉰ 케이블 커버 수지를 용접기 연결 단자 소켓까지 덮는다.

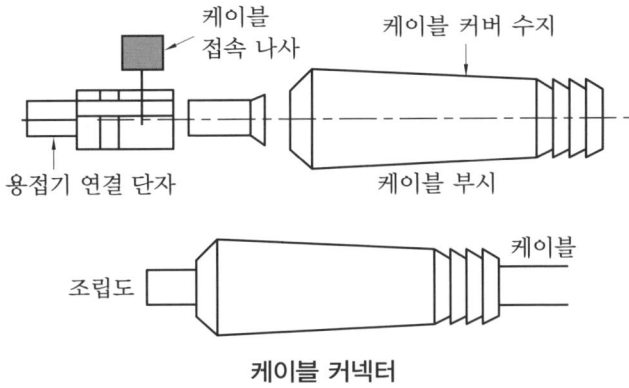

케이블 커넥터

1-6 전격방지기

(1) 전격방지기 사용설명서를 충분히 숙지 후 [그림]과 같이 설치한다.

① 반드시 용접기의 정격용량에 맞는 누전차단기를 통하여 설치한다.
② 1차 입력전원을 OFF시킨 후 설치하여 결선 시 볼트와 너트로 정확히 밀착되게 조인다.
③ 방지기에 2번 전원입력(적색캡)을 입력전원 L1에 연결하고 3번 출력(황색캡)을 용접기 입력단자(P1)에 연결한다.
④ 방지기의 4번 전원입력(적색선)과 입력전원 L2를 용접기 전원입력(P2)에 연결한다.
⑤ 방지기의 1번 감지(C, T)에 용접선(P선)을 통과시켜 연결한다.
⑥ 정확히 결선을 완료하였으면 입력전원을 ON시킨다.

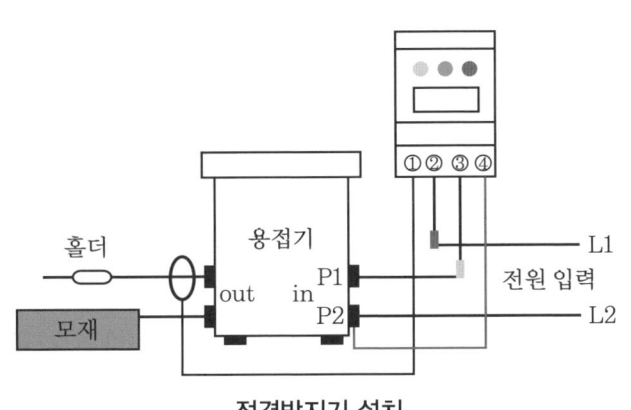

전격방지기 설치   전격방지기 점검

(2) 전격방지기를 [그림]과 같이 점검한다.

① 입력전원을 확인한다.
② bridge diode의 (+), (−)에 연결된 배선을 제거한다.
③ 보조 트랜스에 AC 220V를 인가하고 전원램프가 점등하는지 확인한다.
④ 접속 상태가 좋지 않을 시 정상적으로 용접이 되지 않는다.

1-7 용접봉 건조기

용접봉 건조기의 용도를 알고 이상 유무를 확인할 수 있다.

(1) 종류 : 저장용 용접봉 건조기, 휴대용 용접봉 건조기, 플럭스 전용 건조기 등

(a) 저장용 용접봉 건조기　　　(b) 휴대용 용접봉 건조기

용접봉 건조기의 종류

(2) 용접봉 건조기의 특징

용접봉은 적정 전류값을 초과해서 사용하면 좋지 않은 결과를 가져오며 너무 과도한 전류를 사용하면 용접봉이 과열되어 피복제에는 균열이 생겨 피복제가 떨어지거나 많은 스패터를 유발시킨다. 또한 용접 작업자가 용접 전류, 모재의 준비, 용접 자세 및 용접봉의 건조 등 용접 사용 조건에 대하여는 용접봉 제조사 측의 권장사항을 숙지하여 작업할 때 관리되어야 한다.

특히 용접봉의 피복제는 습기에 민감하므로 습기가 흡수된 용접봉을 사용하면 기공이나 균열이 발생할 우려가 있어 반드시 용접봉을 재건조(re-baking)하여 사용하도록 제한하는 경우가 일반적이며, 보관은 건조하고 습기가 없는 장소에 하여야 한다.

① 높은 절연 내압으로 안정성이 탁월하다.
② 우수한 단열재를 사용하여 보온 건조 효과가 좋다.
③ 안정된 온도를 유지하고 습기 제거가 뛰어나야 한다.

(3) 용접봉의 건조시간 및 사용기준

① 연강봉(일미나이트계 등) 및 플럭스(flux)의 1차는 건조(dry) 조건에 맞게 건조한다 (일반봉은 70~100℃로 30분~1시간 정도로 건조한다).
② 저수소계 용접봉은 반드시 1차도 건조를 실시해야 되며 8시간 경과 시 재건조를 실시한다(저수소계는 300~350℃로 1~2시간 정도로 건조한다).
③ 용접봉은 구입한 겉포장을 개봉한 후 바로 건조를 규정에 맞게 하며 관리를 신중하게 한다.

1-8 용접 포지셔너

용접 포지셔너의 용도를 알고 이상 유무를 확인할 수 있다.

(1) 용접 포지셔너

용접 포지셔너(welding positioner)는 여러 가지 용접 자세 중에서 용접 능률이 가장 좋은 아래보기 자세로 용접할 수 있도록 구조물의 위치를 조정하는 장치로서 구조물을 회전 테이블에 고정 또는 구속시켜 변형을 방지하는 기능도 있다.

용접용 포지셔너(턴 테이블)

1-9 환기장치, 용접용 유해가스

(1) 환풍, 환기

① 작업장의 가장 바람직한 온도는 여름 25~27℃, 겨울은 15~23℃이며, 습도는 50~60%가 가장 적절하고 온도가 17~23℃의 작업환경일 때 재해 발생빈도가 적으며, 이보다 낮거나 높아지면 재해 발생빈도가 높아진다.
② 쾌적한 감각온도는 정신적 작업일 때 60~65 ET, 가벼운 육체작업일 때 55~65 ET, 육체적 작업은 50~62 ET이다(ET : Effective Temperature(感覺溫度), 감각온도).
③ 불쾌지수는 기온과 습도의 상승 작용으로 인체가 느끼는 감각온도를 측정하는 척도로서 일반적으로 불쾌지수는 70을 기준으로 70 이하이면 쾌적하고, 이상이면 불쾌감을 느끼게 되며 75 이상이면 과반수 이상이 불쾌감을 호소하고 80 이상에서는 모든 사람들이 불쾌감을 느낀다.

> **참고** 환기장치
>
> 1. 환기장치(후드) : 인체에 해로운 분진, 흄(fume, 열이나 화학반응에 의하여 형성된 고체증기가 응축되어 생긴 미세입자), 미스트(mist, 공기 중에 떠다니는 작은 액체방울), 증기 또는 가스 상태의 물질(이하 "분진 등"이라 한다)을 배출하기 위하여 설치하는 국소배기장치의 후드가 다음 각 호의 기준에 맞도록 하여야 한다. 〈2019. 10. 15.〉
>   ① 유해물질이 발생하는 곳마다 설치할 것
>   ② 유해인자의 발생 형태와 비중, 작업방법 등을 고려하여 해당 분진 등의 발산원(發散源)을 제어할 수 있는 구조로 설치할 것
>   ③ 후드(hood) 형식은 가능하면 포위식 또는 부스식 후드를 설치할 것
>   ④ 외부식 또는 리시버식 후드는 해당 분진 등의 발산원에 가장 가까운 위치에 설치할 것
> 2. 덕트 : 분진 등을 배출하기 위하여 설치하는 국소배기장치(이동식은 제외한다)의 덕트(duct)가 다음 각 호의 기준에 맞도록 하여야 한다.
>   ① 가능하면 길이는 짧게 하고 굴곡부의 수는 적게 할 것
>   ② 접속부의 안쪽은 돌출된 부분이 없도록 할 것
>   ③ 청소구를 설치하는 등 청소하기 쉬운 구조로 할 것
>   ④ 덕트 내부에 오염물질이 쌓이지 않도록 이송속도를 유지할 것
>   ⑤ 연결 부위 등은 외부 공기가 들어오지 않도록 할 것
> 3. 배풍기 : 국소배기장치에 공기정화장치를 설치하는 경우 정화 후의 공기가 통하는 위치에 배풍기(排風機)를 설치하여야 한다. 다만, 빨아들여진 물질로 인하여 폭발할 우려가 없고 배풍기의 날개가 부식될 우려가 없는 경우에는 정화 전의 공기가 통하는 위치에 배풍기를 설치할 수 있다.

4. 배기구 : 분진 등을 배출하기 위하여 설치하는 국소배기장치(공기정화장치가 설치된 이동식 국소배기장치는 제외한다)의 배기구를 직접 외부로 향하도록 개방하여 실외에 설치하는 등 배출되는 분진 등이 작업장으로 재유입되지 않는 구조로 하여야 한다.
5. 배기의 처리 : 분진 등을 배출하는 장치나 설비에는 그 분진 등으로 인하여 근로자의 건강에 장해가 발생하지 않도록 흡수·연소·집진(集塵) 또는 그 밖의 적절한 방식에 의한 공기정화장치를 설치하여야 한다.
6. 전체 환기장치 : 분진 등을 배출하기 위하여 설치하는 전체 환기장치가 다음 각 호의 기준에 맞도록 하여야 한다.
   ① 송풍기 또는 배풍기(덕트를 사용하는 경우에는 그 덕트의 흡입구를 말한다)는 가능하면 해당 분진 등의 발산원에 가장 가까운 위치에 설치할 것
   ② 송풍기 또는 배풍기는 직접 외부로 향하도록 개방하여 실외에 설치하는 등 배출되는 분진 등이 작업장으로 재유입되지 않는 구조로 할 것
7. 환기장치의 가동
   ① 분진 등을 배출하기 위하여 국소배기장치나 전체 환기장치를 설치한 경우 그 분진 등에 관한 작업을 하는 동안 국소배기장치나 전체 환기장치를 가동하여야 한다.
   ② 국소배기장치나 전체 환기장치를 설치한 경우 조정판을 설치하여 환기를 방해하는 기류를 없애는 등 그 장치를 충분히 가동하기 위하여 필요한 조치를 하여야 한다.

(2) 환기시설 및 환풍기

① 흄 가스 환기시설 : 용접 시 발생하는 유해한 가스를 포집하여 외부로 배출하는 장치로서 용접실 내부 안에(또는 용접 작업장) 공기가 오염되는 것을 방지하는 시설
② 흄 가스 환기시설 점검 : 작업자가 용접을 하기 전 흄 및 환기구가 잘 작동하는지 점검하고 작동장치가 있는 곳을 파악하여 오작동 유무를 수시로 점검한다.
③ 환풍기 필요지식 숙지하기
   ㈎ 환풍기 필요성 : 용접에 의한 유해성과 위험성은 용접 작업에서 발생하는 용접 흄 중에 포함된 금속 성분 또는 유해가스, 유해광선, 소음, 고열환경 등으로 특히 좁고 폐쇄된 작업장에서 아크 용접을 하는 경우 용접 근로자들은 용접과정에서 발생되는 용접 흄, 질소산화물 등에 의해 건강 손상을 입게 된다. 최근에는 용접 시 발생되는 흄에 의한 진폐증, 용접폐증 뿐만 아니라 망가니즈가 함유된 용접봉의 사용으로 인한 망가니즈 중독사고가 발생하고 있어 용접 근로자들의 건강문제에 대한 대책이 요구되고 있다. 흄 유해가스의 발생량은 용접 방법에 따라 차이가 있고 용접 조건 및 전류, 전압, 숙련도 등에 따라서 양과 성분에 많은 변수가 작용되므로 이에 알맞은 환기설비를 설치하여야 한다.
   ㈏ 용접 흄 : 용접 시 열에 의해 증발된 물질이 냉각되어 생기는 미세한 소립자를 말한다.

㉮ 용접 흄은 고온의 아크 발생 열에 의해 용융 금속 증기가 주위로 확산됨으로써 발생된다.
㉯ 피복 아크 용접에 있어서의 흄 발생량과 용접 전류의 관계는 전류나 전압, 용접봉 지름이 클수록 발생량이 증가한다.
㉰ 피복제 종류에 따라서 라임티타니아계에서는 낮고 라임알루미나이트계에서는 높다.
㉱ 그 외 발생량에 관해서는 용접 토치(홀더)의 경사각도가 크고 아크 길이가 길수록 발생량이 증가한다.

아크 용접에서 용접 흄 발생량에 미치는 조건

조건 인자	흄 증가의 원인 조건
아크 전압	높다.
토치(홀더) 각도	경사각도가 크다.
극성	(-)극성
아크 길이	길다.
용융지의 깊이	얕다.

> **참고** 환풍기 안전·유의사항
> 1. 환풍기의 종류를 알고 사용설명서를 숙지 후 작업여건에 따라 선택할 수 있다.
> 2. 작업환경에 따라 환기방향을 선택하고 환기량을 조절할 수 있어야 한다.
> 3. 작업장의 환기시설을 조작하고 이상 유무를 확인할 수 있어야 한다.

④ 환풍기 숙지하기
　㉮ 환풍기의 종류를 알고 작업여건에 따라 선택할 수 있다.
　　㉮ 기종 선정 : 기본적으로 환기 능력은 환기량, 정압 계산에 의해서 구하지만 [표]와 같이 어떤 종류를 선택할 것인지는 용도와 사용장소 및 허용 소음 등을 충분히 생각한 후에 결정한다.

팬 종류

구분	풍량	정압	사용 기종
반경류팬	소	고	시로코팬, 스트레이트 시로코팬
사류팬	중	중	사류덕트팬, 저소음이 요구되는 곳
축류팬	대	저	고압팬

㉯ 필요 정압의 결정 : 환기팬의 기종 선정에는 필요 환기량(풍량) 외에 어느 정도의 정압이 요구되는 필요 조건이다.
  ㉠ 덕트 저항곡선 : 덕트 저항곡선이 가지는 의미는 그 덕트가 어느 정도의 정압을 환기팬에 가하는가 하는 것이다. ([표] 참고)
  ㉡ 외풍에 의한 압력손실 $= 1.2/(2 \times 9.8) \times (외풍)^2$

덕트와 정압

덕트	정압
덕트가 길다	높다(↑)
길이가 같아도 풍량이 많다	높다(↑)
덕트경이 가늘다	높다(↑)
덕트 내면이 거칠다	높다(↑)

㈔ 작업환경에 따라 환기방향을 선택하고 환기량을 조절할 수 있다.
  ㉮ 유독가스에 의한 중독 및 산소결핍 재해 예방대책
    ㉠ 밀폐장소에서는 유독가스 및 산소농도 측정 후 작업한다.
    ㉡ 유독가스 체류농도 측정 후 안전을 확인한다.
    ㉢ 산소농도를 측정하여 18% 이상에서만 작업한다.
    ㉣ 급기 및 배기용 팬을 가동하면서 작업한다.
    ㉤ 탱크 맨홀 및 피트 등 통풍이 불충분한 곳에서 작업할 때에는 긴급사태에 대비할 수 있는 조치를 취한 후 작업한다.
      • 외부와의 연락장치(외부에 안전감시자와 연락이 가능한 끈 같은 연락 등)
      • 비상용 사다리 및 로프 등을 준비한다.
  ㉯ 산소농도별 위험

산소농도	위험요소	산소농도	위험요소
18%	안전한계이나 연속환기가 필요하다.	10%	안면창백, 의식불명, 구토한 것이 폐쇄하여 질식사한다.
16%	호흡, 맥박의 증가, 두통, 메스꺼움 증상을 보인다.	8%	실신, 혼절 7~8분 이내에 사망한다.
12%	어지럼증, 구토증상과 근력 저하, 체중지지 불능으로 추락	6%	순간에 혼절, 호흡정지, 경련 6분 이상이면 사망한다.

⑤ 보건교육 : 밀폐된 장소, 탱크 또는 환기가 극히 불량한 좁은 장소에서 행하는 용접작업에 대해서는 다음 내용에 대한 특별안전보건교육을 실시한다.

㉮ 작업순서, 작업방법 및 수칙에 관한 사항
㉯ 용접 흄, 가스 및 유해광선 등의 유해성에 관한 사항
㉰ 환기설비 및 응급 처치에 관한 사항
㉱ 관련 MSDS(Material Safety Data Sheet : 물질안전보건자료, 화학물질정보)에 관한 사항
㉲ 작업환경 점검 및 기타 안전보건상의 조치 등

(3) 환기 계획

환기란 실내공기가 냄새, 유해가스, 분진 또는 발생열 등에 의해 오염되어 인체에 장애를 끼치는 경우 오염공기를 실내에서 실외로 제거하여 청정한 외기와 교체하는 것을 말한다.

① 환기방식의 분류 : 환기방법에는 일반적으로 자연환기법과 기계환기법(강제환기법)이 있다. 자연환기법은 건물의 개구부에 의해서 실내외의 온도차, 풍력 등을 원동력으로 하여 환기를 행하는 방식이며, 값이 비교적 저렴하지만 자연력에 의존하는 성격상 계획적으로 필요한 환기량을 항상 확보하는 일은 곤란하며, 분진과 유해가스가 발생하는 실내에서는 이들 오염물질이 실내로 확산되면서 환기되어 유해물질을 취급하는 작업장에서는 위험성이 있다. 기계환기법은 계획적으로 실시할 수 있어서 배기를 처리하고 대기 중에 방출할 수 있다.

㉮ 환기와 송풍은 목적과 대상에 따라 방식과 환기량이 다르므로 그에 적합한 환기 계획을 세워야 한다.

㉯ 환기는 급기와 배기의 2가지로 분류되며, 환기방법은 자연환기와 기계환기(강제환기)로 분류한다.

㉰ 자연환기 : 실내 공기와 건물 주변 외기와의 온도차이가 공기의 비중량 차에 의해서 환기되며, 중력환기라고도 부른다. 실내온도가 높으면 공기는 상부로 유출하여 하부로부터 유입되고, 반대의 경우는 상부로부터 유입하여 하부로 유출된다. 건물의 온도가 높기 때문에 일반적으로 상부에서 공기가 유출하고 외부에서는 유입된다.

㉱ 기계환기
　㉮ 제1종 환기 : 송풍기와 배풍기 모두를 사용해서 실내의 환기를 행하는 것으로 실내외의 압력차를 조정할 수 있고 가장 우수한 환기를 행할 수 있다.
　㉯ 제2종 환기 : 송풍기에 의해 일방적으로 실내의 공기를 송풍하고 배기는 배기구 및 틈새로부터 배출되어 송풍 공기 이외의 외기라든가 기타 침입 공기는 없으나 역으로 다른 곳으로 배기가 침입할 수 있으므로 주의해야 한다.
　㉰ 제3종 환기 : 배풍기에 의해서 일방적으로 실내의 공기를 배기하고 공기가 실내로 들어오는 장소에 설치해서 환기에 지장이 없도록 하며, 주방, 화장실 등 냄새 또는 유해가스, 증기 발생이 있는 장소에 적합하다.

환기방식의 분류

구분	급기	배기	실내압	환기량
제1종	기계	기계	임의	임의(일정)
제2종	기계	자연	정압	임의(일정)
제3종	자연	기계	부압	임의(일정)
제4종	자연	자연보조	부압	유한(불일정)

② 국소배기
  ㈎ 국소배기의 계통은 다른 환기공기조화 계통과 별도로 한다.
  ㈏ 배기장치는 배기가스에 의해 부식하기 쉬우므로 그에 상응하는 재료를 사용한다.
  ㈐ 배풍기에 의한 소음 진동의 방지장치를 부착하고 배기구의 위치 및 높이를 급기와는 관계없도록 한다.
  ㈑ 배출된 오염물질이 대기오염이 되지 않도록 정화장치를 부착한다.
  ㈒ 공정 전체를 고려해서 될 수 있는 한 폐쇄형(closed system)을 염두에 두고 국소배기의 위치를 생각한다.
③ 필요 환기량의 결정 : 환기량은 목적, 대상 및 환기방식에 따라 다르며, 각 경우에 적합하게 선정해야 한다.
  ㈎ 환기량의 표시
    ㉠ 단위 시간당의 환기량   ㉡ 1인당 환기량
    ㉢ 단위 바닥면적당 환기량   ㉣ 환기횟수(회/h)
  ㈏ 필요 환기량의 계산
    ㉠ CO_2 농도를 기준으로 한 환기량 : 이산화탄소(CO_2)의 실내 환경기준은 1000ppm이며, 필요 환기량을 계산하는 경우 일반적으로 페텐코퍼(Pettenkofer)가 제안한 바와 같이 CO_2가 사용된다. 아래 [표]는 인체로부터 호흡작용 시 CO_2 발생량이다.

탄산가스(CO_2) 호출량

에너지 대사율	작업 정도	CO_2 배출량(mm^3/h)	계산용 배출량(mm^3/h)
0	취침 시	0.011	0.011
0~1	극경작업	0.0129~0.0230	0.022
1~2	경작업	0.0230~0.0330	0.028
2~4	중등작업	0.0330~0.0538	0.046
4~7	중작업	0.0538~0.0840	0.069

㉯ 온도를 기준으로 한 환기량 : 환기를 하는 경우에는 장소에 따라서 온도 상승이 문제가 되는 경우가 있어 온도를 기준으로 하는 환기량의 계산에 맞는 식에 따라 온도 상승을 막도록 한다.

㉰ 환기계수에 의한 환기량

  ㉠ 환기하는 건물의 총 용적을 계산하고 건물의 종류와 사용 조건에 따라 아래 [표]와 같이 환기계수를 정한다.
  ㉡ 건물 용적을 환기횟수로 나누어서 1분간 환기하고자 하는 총량을 구한다.
   → 필요 환기량(m^3) = 실내 용적(m^3) ÷ 환기계수

환기계수

환기장소	계수	환기장소	계수
화학약품 공장	2~5	섬유, 방적공장	5~10
열처리, 주조, 단조공장	2~7	강당, 회관, 체육관	3~10
제당, 제과식품 공장	3~8	엔진, 보일러실	1~4
염색 건조 공장	2~5	축사, 양계장	1~10
유해가스 발생실	2 이하	영업용 조리실	2~5
도장실	0.5~3	일반 유흥장	3~5
변전소, 변전실, 축전기실	2~5	극장	3~8
일반공장	5~10	창고	10~50

※ 지하실이 환기장소인 경우 위 [표]에 의해서 산출한 총 풍량에 1.4배로 한다.

  ㉢ 일반적인 환기의 경우에는 정압이 "0"인 점에서 풍량과 환풍기 대수의 곱에 필요한 환기량보다 많도록 기종을 선택한다(기종의 선택은 건물의 구조 취부 조건에 따라 결정한다).

실내 종류에 따른 시간당 환기횟수

종류		횟수	종류		횟수
여관 및 호텔	무도장	8	공장	일반공장	5~15
	대식당	8		기계공장	10~20
	조리실	15		용접공장	15~25
	복도	5		주조공장	20~60
	화장실	10		주조, 압연공장	30~80
	세면장	10		화학공장	15~30
	엔진 보일러실	20		식품공장	10~30
	세탁실	15		도장공장	30~100
병원	대합실	10		인쇄공장	5~15
	진료실	6		목공공장	15~25
	병실	6		염색공장	15~30
	욕실	10		방적공장	5~15
	사무실	6	부대시설	변전실	20~30
	식당	8		압축기실	15~30
	조리실	15		보일러실	20~30
	복도	5		강의실	4~15
	화장실	10		식당	5~10
	엔진 보일러실	10		주방	10~30
	세탁실	15	음식점	레스토랑	6
	수술실	15		조리실	20
	소독실	12		튀김집	20
	호흡기 병실	10		연회실	10
극장	관람실	6	학교	체육관	5~10
	영사실	20		강당	5~10
선박	객실	6	일반	사무실	3~10
도서관	열람실	6		회의실	5~12
암실	사진현상실	10		부엌	5~15
공중화장실		20		거실	2~5

㉣ 방에 필요한 환기횟수로부터 환기량을 구하는 방법

- 환기량(m^3/h) = 방의 용적(m^3) × 매시 필요한 환기횟수
- 대수 = 환기량(m^3/h) ÷ 환기 팬 1대의 풍량(m^3/h)

㉤ 수용 인원 수(가축 수)의 필요 환기량으로부터 환기량을 구하는 방법

- 환기량(m³/h) = 최저 필요 환기량(m³/h) × 인원 수
- 대수 = 환기량(m³/h) ÷ 환기 팬 1대의 풍량(m³/h)

※ 최저 필요 환기량 : 사람 1인당 – 30 m³/h, 닭 1마리당 – 15 ~ 16.2 m³/h(여름, 2.2 ~ 2.4 kg 기준) 소, 돼지 1두당 – 222 m³/h(여름, 100 kg 기준)

㉥ (기계실 등의 환기)모터, 변압기와 같은 발열체나 일사량의 영향을 받는 경우 발생 열량으로부터 환기량을 구하는 방법

$$환기량(m^3/h) = \frac{H}{\gamma \cdot C_p \cdot (t_2 - t_1)}$$

H : 발생 열량(kcal/h)
γ : 공기 비중량(1.2 kg/m³)
C_p : 공기 비열(0.24 kcal/kg · ℃)
t_2 : 실내 허용온도 = 배기온도(℃)
t_1 : 외기온도 = 흡기온도(℃)

참고
1. 손실전력 1kW = 860 kcal/h
2. 여름철 일사량 = 720 kcal/h · m²

㉦ 가스와 분진, 증기 등의 발생량으로부터 환기량을 구하는 방법 : 오염물질이 발생하는 장소에는 허용 농도 이하로 유지하기 위한 환기량이 필요하다.

- $$환기량(m^3/h) = \frac{K}{P_a - P_o}$$

K : 오염물질 발생량(m³/h)
P_a : 허용 실내농도(m³/m³)
P_o : 신선한 공기(외기) 중의 농도(m³/m³)

- 수증기가 발생하는 경우 환기량$(m^3/h) = \dfrac{W}{\gamma \cdot (X_a - X_o)}$

W : 수증기 발생량(kg/h)
γ : 공기 비중량(1.2 kg/m³)
X_a : 허용 실내 절대습도(kg/kg)
X_o : 외기 절대습도(kg/kg)

㉠ 신선한 공기 중의 탄산가스(CO_2) 농도 $=0.0003\,m^3/m^3(0.03\%)=300\,ppm$
㉡ 인체로부터의 발생물 이외에는 국소환기가 바람직하며 여기서는 전체환기(희석환기) 경우의 산출식을 표시했다. 외기는 실내공기보다도 청정하다고 가정한다.

㉮ 국소환기(후드흡입)의 경우

$$\text{필요 풍량 } Q(m^3/h) = A \cdot VF \cdot 3600$$
$$= 2H \cdot L \cdot VX \cdot 3600$$

VF : 면 풍속(m/s)
VX : 포집 풍속(m/s)
$A = a \times b \,[m^2]$
$L = 2(a+b)\,[m]$

㉠ 후드에서 환기 팬까지 덕트가 긴 경우와 구부러짐이 있는 경우는 덕트의 압력손실을 구하고 필요 정압을 선정한 후 기종을 결정해야 한다.
㉡ 상기 계산에 따른 필요 환기량보다, 안전율을 감안하여 약간 많은 풍량으로 설정하여 [표]를 참고로 가스, 증기 등의 속도가 빠를 경우 분진의 종류에 따라서 면 풍속과 포집 풍속을 크게 하지 않으면 후드에 포집되지 않고 남은 분진이 많으므로 주의한다.

면 풍속과 포집 풍속의 권장치

면 풍속과 포집 풍속의 권장치	굴뚝에 환풍기 등을 설치하는 경우
• $VF=0.9-1.2\,m/s$(4면 개방) $\quad=0.8-1.1\,m/s$(3면 개방) $\quad=0.7-1.0\,m/s$(2면 개방) $\quad=0.5-0.8\,m/s$(1면 개방) • $VX=0.1-0.15\,m/s$(주위의 공기 정지 시) $\quad=0.15-0.3\,m/s$(약한 기류 시) $\quad=0.2-0.4\,m/s$(강한 기류 시)	유효 환기량의 선정에 있어서 K의 값은 연료의 단위 연소량(Q)에 대해서 이론 폐가스량(K)의 2배의 수치를 적용해야 한다. $V=KQ=2KQ$

㈐ 필요 환기량 구하기
㉮ 건물 용적이 $5500\,m^3$이고 일반공장이라 가정하면 공장의 환기계수는 5~10이지만 평균으로 계수는 7.5이고 이때 필요 환기량은 $5500/7.5=733\,m^3/h$이다.
㉯ 환기팬의 배기량을 $72\,m^3/h$로 가정 후 계산하면 아래와 같이 10대가 필요하게 된다.(필요 설치 대수 계산법 : $733/72=10.2$)
㉰ 환기팬의 배기량을 $45\,m^3/h$로 가정 후 계산하면 아래와 같이 16대가 필요하게 된다.(필요 설치 대수 계산법 : $733/45=16.3$)

(4) 환기시설 설치

① 국소배기장치
- ㈎ 덕트는 되도록 길이가 짧고 굴곡면을 적게 한 후 적당한 부위에 청소구를 설치하여 청소하기 쉬운 구조로 한다.
- ㈏ 후드는 작업방법 등 분진의 발산 상황을 고려하여 분진을 흡입하기에 적당한 형식과 크기를 선택한다.
- ㈐ 배기구는 옥외에 설치하여야 하나 이동식 국소배기장치를 설치했거나 공기정화장치를 부설한 경우에는 옥외에 설치하지 않을 수 있다.
- ㈑ 배풍기는 공기정화장치를 거쳐서 공기가 통과하는 위치에 설치한 후 흡입된 분진에 의한 폭발 혹은 배풍기의 부식 마모의 우려가 적을 때 공기정화장치 앞에 설치할 수 있다.

② 전체 환기장치 : 작업 특성상 국소배기장치의 설치가 곤란하여 전체 환기장치를 설치하여야 할 경우에는 다음 사항을 고려하여야 한다.
- ㈎ 필요 환기량 작업장 환기횟수 15～20회 시간을 충족시킬 것
- ㈏ 후드는 오염원에 근접시킬 것
- ㈐ 유입공기가 오염장소를 통과하도록 위치를 선정할 것
- ㈑ 급기는 청정공기를 공급할 수 있어야 하며 기류가 편심하지 않도록 급기할 것
- ㈒ 오염원 주위에 다른 공정이 있으면 공기배출량을 공급량보다 크게 하고 주위 공정이 없을 시에는 청정공기의 급기량을 배출량보다 크게 할 것
- ㈓ 배출된 공기가 재유입되지 않도록 배출구 위치를 선정할 것
- ㈔ 난방 및 냉방, 창문 등의 영향을 충분히 고려해서 설치할 것

③ 배기후드 : 주방, 밀폐된 공간의 열기나 냄새를 제거하는 환기장치이며, 공업용 환풍기(팬)를 사용하는 경우는 실내와 거리가 가까울 때, 거리가 먼 경우는 신우크 팬을 사용하며 거리와 후드의 크기에 따라 팬의 용량을 결정하여 사용해야 배기 효율이 높아진다.
- ㈎ 배기후드의 구조
  - ㉮ 배기후드 : 일반적으로 형태가 상방 흡인형으로 가열원의 위에 설치되고, 일자형과 삿갓형으로 분류되며 일자형은 벽체에 가까운 경우, 삿갓형은 설치할 곳이 중앙인 경우 사용한다.
  - ㉯ 덕트 : 우리 몸의 혈관이 피가 통하는 길의 역할을 하는 것처럼 후드에서 포집된 증기분을 이송시키는 통로 역할을 한다.
  - ㉰ 배기팬 : 배기후드 및 덕트 내의 가열 증기분의 각종 압력손실을 극복하고 원활하게 밖으로 배출시키기 위한 동력원을 제공하는 장치이다.

(나) 배기후드의 위험요인
  ㉮ 후드 아래의 가열설비 위에 올라가 청소작업 중 추락
  ㉯ 후드 내의 이물질을 제거하다가 날카로운 돌출부에 손을 베임
  ㉰ 후드 주변 화재위험 분위기(인화성 유류 등)로 인한 화재(불꽃이 300℃가 넘는 인화성 물질은 화재 원인)
  ㉱ 배기후드 청소 중 전기설비 누전으로 인한 감전

(5) 용접용 유해가스

각종 작업환경 혹은 실내에서 발생하는 유해가스에는 연료의 불완전연소에 기인한 일산화탄소(CO), 탄산가스(CO_2), 질소산화물, 유화수소, 황산화물, 불화수소 등 종류가 다양하며, 보통 건물에서 가장 문제되는 것은 CO 가스로 CO는 호흡 중에 1ppm 정도 포함되어 있으며, 미량으로는 문제가 되지 않지만 연료의 불완전연소에 의하여 다량으로 방출되는 것이 문제된다. 이 가스는 무색무취의 가스로 혈액 속 조직 중에서 산소의 결핍을 느끼며 다음 [표]에 CO 농도와 중독증상에 대한 관계를 표시하였다.

CO 농도와 호흡시간별 중독증상

농도(%)	호흡시간과 중독증상
0.02	2~3시간에 가벼운 전두통
0.04	1~2시간에 전두통, 2.5~3.5시간에 후두통
0.08	45분에 두통, 현기증이 일어나고 경련이 일어나며 구토
0.16	20분에 두통, 현기증, 구토, 2시간에 치사
0.32	5~10분에 두통, 현기증이 일어나고 30분에 치사
0.64	10~15분에 치사
1.28	1분에 치사

|예|상|문|제|

1. 용접기의 설치장소 중 옳지 않은 것은?
① 통풍이 잘 되고 금속, 먼지가 적은 곳에 설치
② 해발 1000 m를 초과하지 않는 장소
③ 습기가 많아도 견고한 구조의 바닥에 설치
④ 직사광선이나 비바람이 없는 장소
해설 ③ 습기가 많은 장소는 피해서 설치

2. 용접기 설치 시에 피해야 할 장소 중 틀린 것은?
① 휘발성 기름이나 가스가 있는 곳
② 수증기 또는 습도가 높은 곳
③ 옥외의 비바람이 치는 곳
④ 주위 온도가 10℃ 이하인 곳
해설 ④ 주위 온도가 −10℃ 이하인 곳은 피해서 설치(−10~40℃가 유지되는 곳이 적당하다)

3. 전기시설 취급요령 중 옳지 않은 것은?
① 배전반, 분전반 설치는 반드시 200V로만 설치한다.
② 방수형 철제로 제작하고 시건장치를 설치한다.
③ 교통 또는 보행에 지장이 없는 장소에 고정한다.
④ 위험표지판을 부착한다.
해설 배전반, 분전반 설치는 200V, 380V 등으로 구분한다.

4. 용접기 취급 시 주의사항이 아닌 것은?
① 정격사용률 이상으로 사용할 때 과열되어 소손이 생긴다.
② 가동 부분, 냉각 팬을 점검하고 주유를 하지 않고 깨끗이 청소만 한다.
③ 2차 측 단자의 한쪽과 용접기 케이스는 반드시 접지한다.
④ 습한 장소, 직사광선이 드는 곳에서 용접기를 설치하지 않는다.
해설 ①, ③, ④ 외에 탭 전환은 아크 발생 중지 후 행하며, 가동 부분, 냉각 팬을 점검하고 주유한다.

5. 용접기 사용 시 주의할 점이 아닌 것은?
① 용접기의 용량보다 과대한 용량으로 사용한다.
② 용접기의 V단자와 U단자가 케이블과 확실하게 연결되어 있는 상태에서 사용한다.
③ 용접 중에 용접기의 전류 조절을 하지 않는다.
④ 작업 중단 또는 종료, 정전 시에는 즉시 전원 스위치를 차단한다.
해설 ②, ③, ④ 외에 용접기 위에나 밑에 재료나 공구를 놓지 않으며, 용접기의 용량보다 과대한 용량으로 사용하지 않는다.

6. 아크와 전기장의 관계로 맞지 않는 것은?
① 모재와 용접봉과의 거리가 가까워 전기장이 강할 때에는 자력선 아크가 유지된다.
② 모재와 용접봉과의 거리가 가까워 전기장이 강할 때에는 자력선 아크가 약해지고 아크가 꺼지게 된다.
③ 자력선은 전류가 흐르는 방향과 직각인 평면 위에 동심원 모양으로 발생한다.
④ 자장이 움직이면(변화하면) 전류가 발생한다.
해설 모재와 용접봉과의 거리가 가까워 전기장이 강할 때에는 자력선 아크가 유지되나 거리가 점점 멀어져 전기장(자력 또는 전기력)이 약해지면 아크가 꺼지게 된다.

정답 1. ③ 2. ④ 3. ① 4. ② 5. ① 6. ②

7. 용접기의 구비조건 중 틀린 것은?

① 전류는 일정하게 흐르고, 조정이 용이할 것
② 아크 발생 및 유지가 용이하고 아크가 안정할 것
③ 용접기는 완전 절연과 필요 이상으로 무부하 전압이 높을 것
④ 사용 중에 온도 상승이 적고, 역률 및 효율이 좋을 것

[해설] 용접기의 구비조건
㉠ 구조 및 취급방법이 간단하고 조작이 용이할 것
㉡ 전류는 일정하게 흐르고, 조정이 용이할 것
㉢ 아크 발생이 용이하도록 무부하 전압이 유지(교류 70~80 V, 직류 40~60 V)될 것
㉣ 아크 발생 및 유지가 용이하고, 아크가 안정할 것
㉤ 용접기는 완전 절연과 필요 이상으로 무부하 전압이 높지 않을 것
㉥ 사용 중에 온도 상승이 적고, 역률 및 효율이 좋을 것
㉦ 사용 유지비가 적게 들고 가격이 저렴할 것

8. 교류 아크 용접기에 사용되는 전격방지기 역할 중 틀린 것은?

① 전격방지기는 용접 작업을 하지 않을 때에는 보조 변압기에 연결이 되어 용접기의 2차 무부하 전압을 20~30 V 이하로 유지한다.
② 용접봉을 모재에 접촉한 순간에만 릴레이(relay)가 작동하여 2차 무부하 전압으로 올려 용접 작업이 가능하도록 되어 있다.
③ 아크의 단락과 동시에 자동적으로 릴레이가 작동된다.
④ 2차 무부하 전압은 20~30 V 이하로 되기 때문에 전격을 방지할 수 있다.

[해설] 전격방지기는 교류 용접기의 무부하 전압(70~80 V)이 비교적 높아 감전의 위험으로부터 용접사를 보호하기 위하여 국제노동기구(ILO)에서 정한 규정인 안전전압 24 V 이하로 유지하고, 아크 발생 시에는 언제나 통상전압(무부하 전압 또는 부하 전압)이 되며, 아크가 소멸된 후에는 자동적으로 안전전압을 저하시켜 감전을 방지하는 전격방지장치를 용접기에 부착하여 사용한다.
㉠ 용접봉을 모재에 접촉한 순간에만 릴레이(relay)가 작동하여 2차 무부하 전압을 올려 용접 작업이 가능하도록 되어 있다.
㉡ 아크의 단락과 동시에 자동적으로 릴레이가 차단된다.
㉢ 전격방지기는 용접 작업을 하지 않을 때에는 보조 변압기에 연결되어 용접기의 2차 무부하 전압을 20~30 V 이하로 유지한다.
㉣ 전격방지기의 2차 무부하 전압이 20~30 V 이하로 되기 때문에 전격을 방지할 수 있다.
㉤ 전격방지기는 주로 용접기의 내부에 설치된 것이 일반적이나 외부에 설치된 것도 있다.

9. 전격방지기의 입력선과 용접선으로 용접기의 용량이 300 A에 알맞게 들어가는 것은?

① 입력선 14 mm² 이상, 용접선 30 mm² 이상
② 입력선 25 mm² 이상, 용접선 35 mm² 이상
③ 입력선 25 mm² 이상, 용접선 50 mm² 이상
④ 입력선 30 mm² 이상, 용접선 50 mm² 이상

[해설] 전격방지기의 입력선과 용접선의 알맞은 규격은 아래 [표]와 같다.

기종		입력선	용접선
용접기	방지기		
180 A	300 A	14 mm² 이상	30 mm² 이상
250 A		25 mm² 이상	35 mm² 이상
300 A		25 mm² 이상	50 mm² 이상
400 A	500 A	30 mm² 이상	50 mm² 이상
500 A		35 mm² 이상	70 mm² 이상
600 A	720 A	35 mm² 이상	70 mm² 이상
720 A		50 mm² 이상	90 mm² 이상

10. 감전(感電 : electric shock)을 나타내는 것 중 틀린 것은?

① 전기 흐름의 통로에 인체 등이 접촉되어 인체에서 단락 또는 단락회로의 일부를 구성하여 감전이 되는 것을 직접 접촉이라 한다.
② 전선로에 인체 등이 접촉되어 인체를 통하여 지락전류가 흘러 감전되는 것을 말한다.
③ 누전상태에 있는 기기에 인체 등이 접촉되어 인체를 통하여 지락 또는 섬락에 의한 전류로 감전되는 것을 직접 접촉이라고 한다.
④ 전기의 유도 현상에 의하여 인체를 통과하는 전류가 발생하여 감전되는 것 등으로 분류한다.

해설 누전상태에 있는 기기에 인체 등이 접촉되어 인체를 통하여 지락 또는 섬락에 의한 전류로 감전되는 것을 간접 접촉이라고 한다.

11. 원격 제어 장치로는 유선식과 무선식이 있는데 다음 중 틀린 것은?

① 전동기 조작형은 소형 모터로 용접기의 전류 조정 핸들을 움직여 전류를 조정할 수 있다.
② 가포화 리액터형은 가변 저항기 부분을 분리시켜 작업자 위치에 놓고 용접 전류를 원격 조정한다.
③ 가포화 리액터형은 소형 모터로 작업자 위치에 놓고 용접 전류를 원격 조정한다.
④ 무선식은 제어용 전선을 사용하지 않고 용접용 케이블 자체를 제어용 케이블로 병용하는 것이다.

해설 가포화 리액터형은 용접기에서 멀리 떨어진 장소에서 전류를 조절할 수 있는 원격 제어 장치이다.

12. 아크부스터는 핫스타트 장치라고도 하는데 다음 중 틀린 것은?

① 아크가 발생하는 초기 시점에 용접 전류를 크게 하여 용접 시작점에 기공이나 용입 불량의 결함을 방지하는 장치이다.
② 아크 발생 시 약 1/4~1/5초만 용접 전류를 크게 한다.
③ 아크가 발생하는 초기에 모재가 냉각되어 용접 입열 부족으로 1~5초 동안 용접 전류를 크게 한다.
④ 아크 발생 초기에 용입을 양호하게 한다.

해설 아크 발생 시 약 1/4~1/5초 이내에 용접 전류를 크게 한다.

13. 공구 안전수칙이 아닌 것은?

① 실습장(작업장)에서 수공구를 절대 던지지 않는다.
② 사용하기 전에 수공구 상태를 늘 점검한다.
③ 손상된 수공구는 사용하지 않고 수리를 하여 사용한다.
④ 수공구는 각 사용 목적 이외에 다른 용도로 사용할 수 있다.

해설 공구 안전수칙
㉠ 실습장(작업장)에서 수공구를 절대 던지지 않는다.
㉡ 사용하기 전에 수공구 상태를 늘 점검한다.
㉢ 손상된 수공구는 사용하지 않고 수리를 하여 사용한다.
㉣ 수공구는 각 사용 목적 이외에 다른 용도로 사용하지 않는다(몽키스패너를 망치로 사용하지 않는다).
㉤ 작업복 주머니에 날카로운 수공구를 넣고 다니지 않는다(수공구 보관주머니 등 각 수공구 가방 안전벨트를 허리에 찬다).
㉥ 공구 관리대장을 만들어 수리나 폐기되는 내역을 기록하여 관리한다.

14. 용접기 설치장소에 작업 전 옥내 작업 시 준수사항이 아닌 것은?

정답 10. ③ 11. ③ 12. ③ 13. ④ 14. ④

① 용접 작업 시 국소배기시설(포위식 부스)을 설치한다.
② 국소배기시설로 배기되지 않는 용접 흄은 전체 환기시설을 설치한다.
③ 작업 시에는 국소배기시설을 반드시 정상 가동시킨다.
④ 이동 작업 공정에서는 전체 환기시설을 설치한다.

해설 옥내 작업 시 준수사항은 다음과 같다.
㉠ 용접 작업 시 국소배기시설(포위식 부스)을 설치한다.
㉡ 국소배기시설로 배기되지 않는 용접 흄은 전체 환기시설을 설치한다.
㉢ 작업 시에는 국소배기시설을 반드시 정상 가동시킨다.
㉣ 이동 작업 공정에서는 이동식 팬을 설치한다.
㉤ 방진마스크 및 차광안경 등의 보호구를 착용한다.

15. 교류 아크 용접기 작업 전 유의사항 중 틀린 것은?

① 용접기에는 반드시 접점 전격방지기를 설치한다.
② 용접기의 2차 측 회로는 용접용 케이블을 사용한다.
③ 수신용 용접 시 접지극을 용접장소와 가까운 곳에 두도록 하고 용접기 단자는 충전부가 노출되지 않도록 적당한 방법을 강구한다.
④ 단자 접속부는 절연테이프 또는 절연커버로 방호한다.

해설 교류 아크 용접기 작업 전 유의사항은 다음과 같다.
㉠ 용접기에는 반드시 무접점 전격방지기를 설치한다.
㉡ 용접기의 2차 측 회로는 용접용 케이블을 사용한다.
㉢ 수신용 용접 시 접지극을 용접장소와 가까운 곳에 두도록 하고 용접기 단자는 충전부가 노출되지 않도록 적당한 방법을 강구한다.
㉣ 단자 접속부는 절연테이프 또는 절연커버로 방호한다.
㉤ 홀더선 등이 바닥에 깔리지 않도록 가공 설치 및 바닥 통과 시 커버를 사용한다.

16. 교류 아크 용접기의 보수 및 정비 방법에서 아크가 발생하지 않을 때 고장 원인으로 맞지 않는 것은?

① 배전반의 전원 스위치 및 용접기 전원 스위치가 "OFF" 되었을 때
② 용접기 및 작업대 접속 부분에 케이블 접속이 중복되어 있을 때
③ 용접기 내부의 코일 연결 단자가 단선이 되어 있을 때
④ 철심 부분이 단락되거나 코일이 절단되었을 때

해설 ② 용접기 및 작업대 접속 부분에 케이블 접속이 안 되어 있을 때 → 용접기 및 작업대의 케이블에 연결을 확실하게 한다.

17. 용접기의 발생음이 너무 높을 때 고장 원인이 아닌 것은?

① 용접기 외함이나 고정철심, 고정용 지지볼트, 너트가 느슨하거나 풀렸을 때
② 용접기 설치장소 바닥을 고르게 할 때
③ 가동철심, 이동 축 지지볼트, 너트가 풀려 가동철심이 움직일 때
④ 가동철심과 철심 안내 축 사이가 느슨할 때

해설 ② 용접기 설치장소 바닥이 고르지 못할 때 → 용접기 설치장소 바닥을 평평하게 수평이 되게 한 후 설치한다.

정답 15. ① 16. ② 17. ②

18. 용접기에 전격방지기를 설치하는 방법으로 틀린 것은?

① 반드시 용접기의 정격용량에 맞는 분전함을 통하여 설치한다.
② 1차 입력전원을 OFF시킨 후 설치하여 결선 시 볼트와 너트로 정확히 밀착되게 조인다.
③ 방지기에 2번 전원입력(적색캡)을 입력전원 L1에 연결하고 3번 출력(황색캡)을 용접기 입력단자(P1)에 연결한다.
④ 방지기의 4번 전원입력(적색선)과 입력전원 L2를 용접기 전원입력(P2)에 연결한다.

해설 용접기에 전격방지기를 설치하는 방법은 다음과 같다.
㉠ 반드시 용접기의 정격용량에 맞는 누전차단기를 통하여 설치한다.
㉡ 1차 입력전원을 OFF시킨 후 설치하여 결선 시 볼트와 너트로 정확히 밀착되게 조인다.
㉢ 방지기에 2번 전원입력(적색캡)을 입력전원 L1에 연결하고 3번 출력(황색캡)을 용접기 입력단자(P1)에 연결한다.
㉣ 방지기의 4번 전원입력(적색선)과 입력전원 L2를 용접기 전원입력(P2)에 연결한다.
㉤ 방지기의 1번 감지(C, T)에 용접선(P선)을 통과시켜 연결한다.
㉥ 정확히 결선을 완료하였으면 입력전원을 ON시킨다.

19. 용접기의 접지 목적에 맞지 않는 것은?

① 용접기를 대지(150V)와 전기적으로 접속하여 지락사고 발생 시 전위 상승으로 인한 장해를 방지한다.
② 접지는 위험전압으로 상승된 전위를 저감시켜 인체 감전위험을 줄이고 사고전로를 크게 하여 차단기 등 각종 보호장치의 동작을 확실히 할 수 있도록 한다.
③ 접지는 계통접지, 기기접지, 피뢰용 접지 등 안전을 위한 보호용 접지와 노이즈 방지접지, 전위기준용 접지 등 기능용 접지로 나눈다.
④ 보호용 접지는 대전류, 고주파 영역이고 기능용 접지는 소전류, 저주파 영역의 특성을 갖는다.

해설 ④ 보호용 접지는 대전류, 저주파 영역이고 기능용 접지는 소전류, 고주파 영역의 특성을 갖는다.

20. 가설 분전함 설치 시 유의사항에 맞지 않는 것은?

① 메인(main) 분전함에는 개폐기를 모두 NFB(No Fuse Breaker : 퓨즈가 없는 차단기)로 부착하고 분기 분전함에는 주 개폐기만 NFB로 하고 분기용은 ELB(Electronic Leak Break : 전원 누전 차단)를 부착한다.
② ELB로부터 반드시 전원을 인출받아야 할 기기는 입시조명 등, 전열, 공구류, 양수기 등이고 NFB로 전원을 인출받아도 되는 기기는 용접기류 등과 같은 고정식 작업 장비로 한정한다.
③ 분전함 내부에는 회로접촉 방지판을 설치하여야 하며, 피복을 입힌 전선일 경우는 예외로 하며 외부에는 위험표지판을 부착하고 잠금장치를 하여야 한다.
④ 분전함의 키(key)는 작업자가 관리하도록 하여 작업자가 이상이 있을 때 분전함을 열고 전선을 접속하는 일이 있도록 한다.

해설 ④ 분전함의 키(key)는 전기담당자 또는 직영 전공이 관리하도록 하여 작업자가 임의로 분전함을 열고 전선을 접속하는 일이 없도록 한다.

21. 다음 중 누전차단기 설치방법으로 틀린 것은?

① 전동기계, 기구의 금속제 외피 등 금속부분은 누전차단기를 접속한 경우에 가능한 접지한다.
② 누전차단기는 분기회로 또는 전동기계, 기구마다 설치를 원칙으로 할 것. 다만 평상 시 누설전류가 미소한 소용량 부하의 전로에는 분기회로에 일괄하여 설치할 수 있다.
③ 서로 다른 누전차단기의 중성선은 누전차단기의 부하 측에서 공유하도록 한다.
④ 지락보호전용 누전차단기(녹색명판)는 반드시 과전류를 차단하는 퓨즈 또는 차단기 등과 조합하여 설치한다.

해설 ③ 서로 다른 누전차단기의 중성선이 누전차단기의 부하 측에서 공유되지 않도록 한다.

22. 아크 용접기의 위험성으로 틀린 것은?

① 피복 금속 아크 용접봉이나 배선에 의한 감전 사고의 위험이 있으므로 항상 주의한다.
② 용접 시 발생하는 흄(fume)이나 가스를 흡입 시 건강에 해로우므로 주의한다.
③ 용접 시 발생하는 흄으로부터 머리 부분을 멀리하고 흄 흡입장치 및 배기가스 설비를 한다.
④ 인화성 물질이나 가연성 가스가 작업장에서 3m 내에 있을 때에는 용접 작업을 해도 된다.

해설 ④ 인화성 물질이나 가연성 가스 근처에서 용접을 금할 것(보통 용접 시 비산하는 스패터가 날아가 화재를 일으키는 거리가 5m 이상으로 5m 이내에는 위험이 있는 인화성 물질이나 유해성 물질이 없어야 하며 화재의 위험이 있어 가까운 곳에 소화기를 비치하여 화재에 대비할 것)

23. 자동전격방지기에는 마그네트 접점 방식과 반도체 소자 무접점 방식이 있는데 반도체 소자 무접점 방식의 장점은?

① 전압 변동이 적고, 무부하 전압차가 낮다.
② 외부 자장에 의한 오동작 위험이 작다.
③ 고장 빈도가 적고, 가격이 저렴하다.
④ 시동감이 빠르고 작업도 용이하며 정밀용접이 가능하다.

해설 자동전격방지기의 비교

구분	장점	단점
마그네트 접점 방식	• 전압 변동이 적고, 무부하 전압차가 낮다. • 외부 자장에 의한 오동작 위험이 작다. • 고장 빈도가 적고, 가격이 저렴하다.	• 시동감이 낮고, 마그네트 수명이 짧다. • 정밀용접, 후판 용접용으로 부적합하다. • 중량이 무겁다.
반도체 소자 무접점 방식	• 시동감이 빠르고 작업도 용이하다. • 정밀용접이 가능하다.	• 외부 자장에 의한 오동작이 우려된다. • 초기 전압 및 전압 변동에 민감한 반응을 보인다. • 분진, 습기에 약하다.

24. 용접봉 건조기의 특징 중 틀린 것은?

① 용접봉은 적정 전류값을 초과해서 너무 과도하게 사용하면 용접봉이 과열되어 피복제에는 균열이 생겨 피복제가 떨어지거나 많은 스패터를 유발한다.
② 높은 절연 내압으로 안정성이 탁월하다.
③ 우수한 단열재를 사용하여 보온 건조 효과가 좋다.
④ 습기가 흡수된 용접봉을 재건조 없이도 사용을 할 수 있다.

해설 ④ 습기가 흡수된 용접봉을 재건조하여 사용하도록 제한하며 안정된 온도를 유지하고 습기 제거가 뛰어나야 한다.

정답 22. ④ 23. ④ 24. ④

25. 용접기의 일상점검이 아닌 것은?

① 케이블의 접속 부분에 절연 테이프나 피복이 벗겨진 부분은 없는지 점검한다.
② 케이블 접속 부분의 발열, 단선 여부 등을 점검한다.
③ 전원 내부의 송풍기가 회전할 때 소음이 없는지 점검한다.
④ 전원의 케이스에 접지선이 완전 접지되었는지 점검하고 이상 발견 시 보수를 한다.

해설 ①, ②, ③ 외에 용접 중에 이상한 진동이나 타는 냄새의 유무를 확인해야 하며, ④는 3~6개월 점검 내용이다.

26. 직류 아크 용접기의 고장 원인 중 전원 스위치를 ON하자마자 전원 스위치가 OFF 되는 현상으로 틀린 것은?

① 변압기 고장
② 정류 브릿지 다이오드의 고장
③ 전해 콘덴서의 고장
④ I, G, B, T 모듈의 고장

해설 변압기 고장은 퓨즈(fuse)가 끊김의 고장 원인이다.

27. 용접 설비 중 환기장치(후드)는 인체에 해로운 분진, 흄 등을 배출하기 위하여 설치하는 국소배기장치인데 다음 중 틀린 것은?

① 유해물질이 발생하는 곳마다 설치할 것
② 유해인자의 발생형태와 비중, 작업방법 등을 고려하여 해당 분진 등의 발산원(發散源)을 제어할 수 있는 구조로 설치할 것
③ 후드(hood) 형식은 가능하면 포위식 또는 부스식 후드를 설치할 것
④ 내부식 또는 리시버식 후드는 해당 분진 등의 발산원에 가장 가까운 위치에 설치할 것

해설 ④ 외부식 또는 리시버식 후드는 해당 분진 등의 발산원에 가장 가까운 위치에 설치할 것

28. 분진 등을 배출하기 위하여 설치하는 국소배기장치인 덕트(duct)는 기준에 맞도록 하여야 하는데 다음 중 틀린 것은?

① 가능하면 길이는 짧게 하고 굴곡부의 수는 적게 할 것
② 접속부의 안쪽은 돌출된 부분이 없도록 할 것
③ 덕트 내부에 오염물질이 쌓이지 않도록 이송속도를 유지할 것
④ 연결 부위 등은 외부 공기가 들어와 환기를 좋게 할 것

해설 ④ 연결 부위 등은 외부 공기가 들어오지 않도록 할 것

29. 전체 환기장치를 분진 등을 배출하기 위하여 설치할 때 틀린 것은?

① 송풍기 또는 배풍기(덕트를 사용하는 경우에는 그 덕트의 흡입구를 말한다)는 가능하면 해당 분진 등의 발산원에 가장 가까운 위치에 설치할 것
② 송풍기 또는 배풍기는 직접 외부로 향하도록 개방하여 실내에 설치하는 등 배출되는 분진 등이 작업장으로 재유입되지 않는 구조로 할 것
③ 분진 등을 배출하기 위하여 국소배기장치나 전체 환기장치를 설치한 경우 그 분진 등에 관한 작업을 하는 동안 국소배기장치나 전체 환기장치를 가동할 것
④ 국소배기장치나 전체 환기장치를 설치한 경우 조정판을 설치하여 환기를 방해하는 기류를 없애는 등 그 장치를 충분히 가동하기 위하여 필요한 조치를 할 것

해설 ② 송풍기 또는 배풍기는 직접 외부로 향하도록 개방하여 실외에 설치하는 등 배출되는 분진 등이 작업장으로 재유입되지 않는 구조로 할 것

정답 25. ④ 26. ① 27. ④ 28. ④ 29. ②

30. 환풍, 환기장치에 대한 설명이 아닌 것은?

① 작업장의 가장 바람직한 온도는 여름 25~27℃, 겨울은 15~23℃이며, 습도는 50~60%가 가장 적절하다.
② 쾌적한 감각온도는 정신적 작업일 때 60~65ET, 가벼운 육체작업일 때 55~65ET, 육체적 작업은 50~62ET이다.
③ 불쾌지수는 기온과 습도의 상승 작용으로 인체가 느끼는 감각온도를 측정하는 척도로서 일반적으로 불쾌지수는 50을 기준으로 50 이하이면 쾌적하고, 이상이면 불쾌감을 느끼게 된다.
④ 불쾌지수는 75 이상이면 과반수 이상이 불쾌감을 호소하고 80 이상에서는 모든 사람들이 불쾌감을 느낀다.

해설 ③ 불쾌지수는 기온과 습도의 상승 작용으로 인체가 느끼는 감각온도를 측정하는 척도로서 일반적으로 불쾌지수는 70을 기준으로 70 이하이면 쾌적하고, 이상이면 불쾌감을 느끼게 된다.

31. 용접기 적정 설치장소로 맞지 않는 것은?

① 습기나 먼지 등이 많은 장소는 설치를 피하고 환기가 잘 되는 곳을 선택한다.
② 휘발성 기름이나 유해한 부식성 가스가 존재하는 장소는 피한다.
③ 벽에서 50cm 이상 떨어져 있고 견고한 구조의 수평 바닥에 설치한다.
④ 진동이나 충격을 받는 곳, 폭발성 가스가 존재하는 곳을 피한다.

해설 ①, ②, ④ 외에 비, 바람이 치는 장소, 주위 온도가 -10℃ 이하인 곳을 피해야 하며 (-10~40℃가 유지되는 곳이 적당하다), 벽에서 30cm 이상 떨어져 있고 견고한 구조의 수평 바닥에 설치한다.

32. 용접 흄은 용접 시 열에 의해 증발된 물질이 냉각되어 생기는 미세한 소립자를 말하는데 다음 중 옳지 않은 것은?

① 용접 흄은 고온의 아크 발생 열에 의해 용융 금속 증기가 주위에 확산됨으로써 발생된다.
② 피복 아크 용접에 있어서의 흄 발생량과 용접 전류의 관계는 전류나 전압, 용접봉 지름이 클수록 발생량이 증가한다.
③ 피복제 종류에 따라서 라임티타니아계에서는 낮고 라임알루미나이트계에서는 높다.
④ 그 외 발생량에 관해서는 용접 토치(홀더)의 경사각도가 작고 아크 길이가 짧을수록 발생량이 증가한다.

해설 ④ 그 외 발생량에 관해서는 용접 토치(홀더)의 경사각도가 크고 아크 길이가 길수록 발생량이 증가한다.

33. 환기방식의 분류에서 구분-급기-배기-실내압-환기량의 순서로 틀린 것은?

① 제1종-기계-기계-임의-임의(일정)
② 제2종-기계-기계-정압-임의(일정)
③ 제3종-자연-기계-부압-임의(일정)
④ 제4종-자연-자연보조-부압-유한(불일정)

해설 ② 제2종-기계-자연-정압-임의(일정)

34. 국소배기장치에서 후드를 추가로 설치해도 쉽게 정압 조절이 가능하고, 사용하지 않는 후드를 막아 다른 곳에 필요한 정압을 보낼 수 있어 현장에서 가장 편리하게 사용할 수 있는 압력 균형방법은?

정답 30. ③ 31. ③ 32. ④ 33. ② 34. ①

① 댐퍼 조절법
② 회전수 변화
③ 압력 조절법
④ 안내익 조절법

해설 ㉠ 댐퍼 조절법(부착법) : 풍량을 조절하기 가장 쉬운 방법
㉡ 회전수 변화(조절법) : 풍량을 크게 바꿀 때 적당한 방법
㉢ 안내익 조절법 : 안내 날개의 각도를 변화시켜 송풍량을 조절하는 방법

35. 일반적으로 국소배기장치를 가동할 경우에 가장 적합한 상황에 해당하는 것은?
① 최종 배출구가 작업장 내에 있다.
② 사용하지 않는 후드는 댐퍼로 차단되어 있다.
③ 증기가 발생하는 도장 작업 지점에는 여과식 공기정화장치가 설치되어 있다.
④ 여름철 작업장 내에서는 오염물질 발생장소를 향하여 대형 선풍기(선풍기)가 바람을 불어주고 있다.

해설 국소배기장치의 사용하지 않는 후드는 댐퍼로 차단되어 있다.

36. 발생 열량이 890 kcal/h, 공기 비중량 1.2g/m³, 공기 비열 0.24kcal/kg·℃, 외기온도 21℃, 배기온도 24℃일 때 환기량(m³/h)은 얼마인가?
① 1030.09
② 890.02
③ 864.03
④ 741.6

해설 환기량(m³/h) = $\dfrac{H}{\gamma \cdot C_p \cdot (t_2 - t_1)}$

$= \dfrac{890}{1.2 \times 0.24 \times (24-21)}$

$= 1030.09 \, m^3/h$

여기서, H : 발생 열량(kcal/h)
γ : 공기 비중량(1.2kg/m³)

C_p : 공기 비열(0.24kcal/kg·℃)
t_2 : 실내 허용온도=배기온도(℃)
t_1 : 외기온도=흡기온도(℃)

37. 용접기 대수(용접기 1대당 사람 1인)가 30대인 작업장에서 필요한 환기량(m³/h)은 얼마인가? (단, 최저 환기량은 60m³/h이다.)
① 54000
② 18000
③ 9000
④ 6000

해설 환기량(m³/h)=최저 필요 환기량×인원 수
=60×30대×30명=54000 m³/h

38. 실내 종류에 따른 시간당 환기횟수 중에 틀린 것은?
① 일반공장 : 5~15
② 기계공장 : 10~20
③ 용접공장 : 30~40
④ 도장공장 : 30~100

해설 용접공장의 환기횟수는 15~25회이다.

39. 외풍에 의한 압력손실은 외풍이 2.2m/s일 때 얼마인가?
① 0.01238
② 0.01538
③ 0.01868
④ 0.01838

해설 외풍에 의한 압력손실
$= 1.2/(2 \times 9.8) \times (외풍)^2$
$= 1.2/(2 \times 9.8) \times (2.2)^2 ≒ 0.01238$

40. 유독가스에 의한 중독 및 산소결핍 재해 예방대책으로 틀린 것은?
① 밀폐장소에서는 유독가스 및 산소농도를 측정 후 작업한다.
② 유독가스 체류농도를 측정 후 안전을 확인한다.
③ 산소농도를 측정하여 16% 이상에서만 작업한다.

정답 35. ② 36. ① 37. ① 38. ③ 39. ① 40. ③

④ 급기 및 배기용 팬을 가동하면서 작업한다.

해설 ③ 산소농도를 측정하여 18% 이상에서만 작업한다. ①, ②, ④ 외에 탱크 맨홀 및 피트 등 통풍이 불충분한 곳에서 작업할 때에는 긴급사태에 대비할 수 있는 조치를 취한 후 작업한다.
㉠ 외부와의 연락장치(외부에 안전감시자와 연락이 가능한 끈 같은 연락 등)
㉡ 비상용 사다리 및 로프 등을 준비한다.

41. 밀폐된 장소 또는 환기가 극히 불량한 좁은 장소에서 행하는 용접 작업에 대해서는 다음 내용에 대한 특별안전보건교육을 실시한다. 이 중 틀린 것은?

① 작업순서, 작업자세 및 수칙에 관한 사항
② 용접 흄, 가스 및 유해광선 등의 유해성에 관한 사항
③ 환기설비 및 응급처치에 관한 사항
④ 관련 MSDS(Material Safety Data Sheet : 물질안전보건자료, 화학물질정보)에 관한 사항

해설 ②, ③, ④ 외에 작업순서, 작업방법 및 수칙에 관한 사항, 작업환경 점검 및 기타 안전보건상의 조치가 있다.

42. 다음 중 국소배기장치에 대한 설명으로 틀린 것은?

① 덕트는 되도록 길이가 길고 굴곡면을 적게 한 후 적당한 부위에 청소구를 설치하여 청소하기 쉬운 구조로 한다.
② 후드는 작업방법 등 분진의 발산 상황을 고려하여 분진을 흡입하기에 적당한 형식과 크기를 선택한다.
③ 배기구는 옥외에 설치하여야 하나 이동식 국소배기장치를 설치했거나 공기정화장치를 부설한 경우에는 옥외에 설치하지 않을 수 있다.
④ 배풍기는 공기정화장치를 거쳐서 공기가 통과하는 위치에 설치한 후 흡입된 분진에 의한 폭발 혹은 배풍기의 부식 마모의 우려가 적을 때 공기정화장치 앞에 설치할 수 있다.

해설 ① 덕트는 되도록 길이가 짧고 굴곡면을 적게 한 후 적당한 부위에 청소구를 설치하여 청소하기 쉬운 구조로 한다.

43. 배기후드의 구조 중 틀린 것은?

① 배기후드는 일반적으로는 상방 흡인형으로 가열원의 위에 설치한다.
② 배기후드는 일자형과 삿갓형으로 분류되며 일자형은 중앙인 경우, 삿갓형은 벽체에 가까운 경우에 사용한다.
③ 덕트는 우리 몸의 혈관이 피가 통하는 길의 역할을 하는 것처럼 후드에서 포집된 증기분을 이송시키는 통로 역할을 한다.
④ 배기팬은 배기후드 및 덕트 내의 가열 증기분을 각종 압력손실을 극복하고 원활하게 밖으로 배출시키기 위한 동력원을 제공하는 장치이다.

해설 ② 배기후드는 일자형과 삿갓형으로 분류되며 일자형은 벽체에 가까운 경우, 삿갓형은 설치할 곳이 중앙인 경우 사용한다.

44. 환기방식에는 자연환기법과 기계환기법이 있으며 그 설명 중 틀린 것은?

① 자연환기는 실내 공기와 건물 주변 외기와의 공기의 비중량 차에 의해서 환기된다.
② 자연환기는 중력환기라고도 하며 실내온도가 높으면 공기는 상부로 유출하여 하부로부터 유입되고 반대의 경우는 상부로 유입이 되나 건물의 온도가 높아 상부로 공기 유출, 외부에서는 유입이 된다.

정답 41. ① 42. ① 43. ② 44. ④

③ 기계환기 제1종 환기는 송풍기와 배풍기 모두를 사용해서 실내의 환기를 행하는 것이고 실내외의 압력차를 조정할 수 있다.
④ 기계환기 제2종 환기는 송풍기와 배풍기 모두를 사용해서 실내의 환기를 행하는 것이고 실내외의 압력차를 조정할 수 있다.

해설 기계환기 제2종 환기는 송풍기에 의해 일방적으로 실내의 공기를 송풍하고 배기는 배기구 및 틈새로부터 배출되어 송풍 공기 이외의 외기라든가 기타 침입 공기는 없으나 역으로 다른 곳으로 배기가 침입할 수 있으므로 주의해야 한다.

45. 후드의 유입계수 0.86, 속도압 25 mmH$_2$O일 때 후드의 압력손실(mmH$_2$O)은?

① 8.8
② 12.2
③ 15.4
④ 17.2

해설 후드의 압력손실
= {(1/0.86^2) − 1} × 25 ≒ 8.8 mmH$_2$O

46. 필요 환기량의 표시로서 틀린 것은?

① 단위 분당의 환기량
② 1인당 환기량
③ 단위 바닥면적당 환기량
④ 환기횟수(회/h)

해설 ① 단위 시간당의 환기량

47. 건물 용적이 5500 m^{3}이고 일반공장이라 가정하면 공장의 환기계수는 5~10이지만 평균으로 한다면 계수는 7.5이며, 환기팬의 배기량을 72 m^3/h로 가정 후 계산할 때 환기량과 환기팬의 필요 설치 대수는 얼마인가? (단, 먼저 환기량, 다음은 환기팬의 필요 설치 대수)

① 733 m^3/h − 10.2대
② 1100 m^3/h − 15.2대
③ 550 m^3/h − 7.63대
④ 687 m^3/h − 9.5대

해설 환기량은 5500/7.5 = 733 m^3/h이고, 필요 설치 대수는 733/72 = 10.2이다.

정답 45. ① 46. ① 47. ①

1-10 피복 아크 용접 설비

(1) 환풍기의 용도를 알고 이상 유무를 확인할 수 있다.
① 용접 작업장 환기 시설 확인 및 조작하기
　㈎ 가스 중독에 의한 재해 원인을 제거할 수 있다 : 용접 시 발생하는 납, 구리, 카드뮴, 아연, 용융도금 강관용접 시 발생하는 유독성 흄이나, 암모니아, 일산화탄소 등의 유해가스, 유독성 가스가 많이 발생하는 재료의 용접을 자제하거나, 방진·방독이 확실한 호흡용 보호구를 착용한 후 용접할 수 있다.
　㈏ 환기 시설을 점검 및 가동할 수 있다.
　　㉮ 용접 실습실이나 용접 부스에는 통풍 시설을 설치한다.
　　㉯ 용접을 시작하기 전에 국소배기장치나 천정 환기덕트(duct) 시설, 또는 창에 부착된 환풍기 등을 점검한 후 가동시킨다.
　㈐ 용접 전 환기 및 호흡보호구를 준비한다.
　　㉮ 흄 또는 분진이 발산되는 옥내 작업장에 대하여는 국소배기장치를 설치하는 등 필요한 환기 조치를 한다.
　　㉯ 탱크 내부 등 통풍이 불충분한 장소에서 용접 작업을 할 때에는 탱크 내부의 산소 농도(약 18%(16%) 이하는 보호구 착용)가 18% 이상이 되도록 유지하거나 공기 호흡기 등 호흡용 보호구(송기마스크 등)를 착용한다.
　　㉰ 작업 전에 작업 상황에 따라 방진·방독 또는 송기마스크를 착용하고 작업을 한다.

(2) 용접 설비가 작업여건에 맞게 배치되었는지를 확인할 수 있다.
① 용접기의 설비용량을 파악한다.
　㈎ 직류, 교류 피복 금속 아크 용접기의 각종 형상과 규격 및 적정 케이블 크기 등을 파악한다.
　㈏ 용접기 종류별 특성을 파악하여 작업에 적합한 용접기를 선정한다.
　㈐ 용접 작업 시 설비점검을 하여 감전재해를 예방할 수 있다.
　　㉮ 용접 작업 전 용접 토치(홀더) 피복상태를 점검한다.
　　㉯ 파손된 용접 홀더는 새것으로 교체하여 사용한다.
　　㉰ 피복이 손상된 용접 홀더선은 절연테이프로 수리를 하거나 손상이 심할 경우는 새로운 것으로 교체한다.
　　㉱ 본체와의 연결부는 절연테이프로 감아서 감전재해를 예방한다.
② 용접기 적정 설치장소를 확인한다.
　㈎ 습기나 먼지 등이 많은 장소는 설치를 피하고 환기가 잘 되는 곳을 선택한다.

㈏ 휘발성 기름이나 유해한 부식성 가스가 존재하는 장소는 피한다.
㈐ 벽에서 30 cm 이상 떨어져 있고 견고한 구조의 수평 바닥에 설치한다.
㈑ 진동이나 충격을 받는 곳, 폭발성 가스가 존재하는 곳을 피한다.
㈒ 비, 바람이 치는 장소, 주위 온도가 $-10℃$ 이하인 곳을 피한다($-10 \sim 40℃$ 유지되는 곳이 적당하다).

1-11 피복 아크 용접봉, 용접 와이어

(1) 피복 아크 용접봉의 원리
① 피복 아크 용접봉
  ㈎ 아크 용접해야 할 모재 사이의 틈(gap)을 채우기 위한 것이다.
  ㈏ 용가재(filler metal) 또는 전극봉(electrode)이라고 한다.
  ㈐ 맨(solid) 용접봉은 자동, 반자동에 사용한다.
  ㈑ 수동 용접에 사용하는 피복 아크 용접봉은 다음과 같다.
    ㉮ 심선 노출부 25 mm, 심선 끝(끝 부분은 아크 발생을 좋게 하기 위한 물질이 있음) 3 mm 이하 노출
    ㉯ 심선 지름 : $1 \sim 10$ mm
    ㉰ 길이 : $350 \sim 900$ mm
② 용접부의 보호 방식
  ㈎ 가스 발생식(gas shield type)
  ㈏ 슬래그 생성식(slag shield type)
  ㈐ 반가스 발생식(semi gas shield type)
③ 용적 이행 방식
  ㈎ 스프레이형(분무형 : spray type)
  ㈏ 글로뷸러형(입상형 : globular type)
  ㈐ 단락형(short circuit type)
④ 재질에 따른 종류 : 연강용접봉, 저합금강(고장력강) 용접봉, 동합금 용접봉, 스테인리스강 용접봉, 주철 용접봉 등
⑤ 성분 : 용착 금속의 균열을 방지하기 위한 저탄소, 유황, 인, 구리 등의 불순물과 규소량을 적게 함유한 저탄소 림드강
⑥ 심선 제작 : 강괴를 전기로, 평로에 의하여 열간압연 및 냉간인발로 제작
⑦ 심선의 화학성분

연강용 피복 아크 용접봉 심선의 화학성분(KS D 3508)

종류 기호	화학성분(%)					
	탄소(C)	규소(Si)	망간(Mn)	인(P)	황(S)	구리(Cu)
SWR 11(1종)	0.09 이하	0.03 이하	0.35~0.65	0.020 이하	0.023 이하	0.20 이하
SWR 21(2종)	0.10~0.15	0.03 이하	0.35~0.65	0.020 이하	0.023 이하	0.20 이하

> **참고** 적당한 심선의 구별방법
> - 심선만으로 직류 용접을 해보는 방법
> - 심선을 산소-아세틸렌 불꽃으로 녹여보는 방법

⑧ 피복제의 작용
  ㈎ 용착 금속의 유동성을 증가시킨다.
  ㈏ 용착 금속의 탈산(정련) 작용을 한다.
  ㈐ 용융 금속의 산화, 질화방지로 용융 금속을 보호한다(공기 중에 산소 21%, 질소 78%).
  ㈑ 슬래그 생성으로 인한 용착 금속의 급랭방지 및 전자세 용접이 용이하다.
  ㈒ 합금 원소의 첨가 및 용융 속도와 용입을 알맞게 조절한다.
  ㈓ 용적(globular)을 미세화하고 용착 효율을 높인다.
  ㈔ 파형이 고운 비드를 형성한다.
  ㈕ 스패터 발생방지 및 피복제의 전기 절연 작용을 한다.
  ㈖ 아크 발생을 쉽게 하고 아크의 안정화를 가져온다.
  ㈗ 모재 표면의 산화물 제거 및 완전한 용접이 이루어진다.
⑨ 용접봉의 아크 분위기
  ㈎ 아크 분위기를 생성한다.
  ㈏ 피복제의 유기물, 탄산염, 습기 등이 아크열에 의하여 많은 가스가 발생한다.
  ㈐ CO, CO_2, H_2, H_2O 등의 가스가 용융 금속과 아크를 대기로부터 보호한다.
  ㈑ 저수소계 용접봉 : H_2가 극히 적고, CO_2가 상당히 많이 포함된다.
  ㈒ 저수소계 외 용접봉 : CO와 H_2가 대부분 차지, CO_2와 H_2O가 약간 포함된다.
⑩ 피복 배합제의 종류
  ㈎ 아크 안정제 : 피복제의 안정제 성분이 아크열에 의하여 이온화가 되어 아크가 안정되고 부드럽게 되며, 재점호 전압도 낮게 하여 아크가 잘 꺼지지 않게 한다.
   → 규산칼륨(K_2SiO_3), 규산나트륨(Na_2SiO_3), 이산화티탄(TiO_2), 석회석($CaCO_3$) 등

피복 배합제의 종류

원료 \ 종류	아크 안정제	슬래그화	탈산제	환원가스 발생제	산화성	합금제	유동성 증가	고착제	슬래그 박리성 증가
탄산나트륨(Na_2CO_3), 중탄산나트륨($NaHCO_3$), 산성백토	○	○							
탄산칼슘(K_2CO_3), 생석회(CaO), 석회석($CaCO_3$)	○	○							
황혈염($K_4Fe(CN)_6$)	○	○					○		
형석(CaF_2)	○	○					○		
붕사($Na_2B_4O_7$), 붕산(H_3BO_3), 고토(MGO), 제강슬래그		○							○
탄산마그네슘($MgCO_3$), 알루미나(Al_2O_3), 빙정석(Na_3AlF_6)		○					○		
규사(SiO_2), 이산화망간(MnO_2)	○	○			○		○		
산화티탄(TiO_2), 석면	○	○					○		○
적철강(Fe_2O_3), 자철강(Fe_3O_4), 사철	○	○			○		○		
페로실리콘, 페로티탄, 페로바나듐			○			○			
산화몰리브덴, 산화니켈					○	○			
망간, 페로망간, 크롬, 페로크롬			○			○			
알루미늄(Al), 마그네슘(Mg)			○						
니켈, 니크롬선, 구리(Cu)						○			
규산나트륨(물유리), 규산칼륨	○	○						○	
소맥분	○		○	○				○	
면사, 면포, 종이, 목재 톱밥	○		○	○					
탄가루			○	○		○			
해초, 아교, 카세인, 젤라틴, 아라비아 고무, 당밀				○				○	

> **참고** 피복제의 종류
>
> A(산 : 산화물), AR(산-루틸), B(염기), C(셀룰로이드), O(산화), R(루틸 : 중간 피복), RR(루틸 : 두꺼운 피복), S(기타 종류)로 표시한다.

(나) 탈산제 : 용융 금속의 산소와 결합하여 산소를 제거한다.
→ 망간철, 규소철, 티탄철, 금속망간, Al분말 등
(다) 합금제 : 용착 금속의 화학적 성분을 임의의 원하는 성질로 얻기 위한 것이다.
→ Mn, Si, Ni, Mo, Cr, Cu 등
(라) 가스 발생제 : 유기물, 탄산염, 습기 등이 아크열에 의하여 분해되어 발생된 가스가 아크 분위기를 대기로부터 차단한다.
㉮ 유기물 : 셀룰로오스(섬유소), 전분(녹말), 펄프, 톱밥
㉯ 탄산염 : 석회석, 마그네사이트, 탄산바륨($BaCO_3$)
㉰ 발생가스 : CO, CO_2, H_2, 수증기 등
(마) 슬래그 생성제 : 슬래그를 생성하여 용융 금속 및 금속 표면을 덮어서 산화나 질화를 방지하고 냉각을 천천히 시키며, 그 외 영향으로 탈산 작용, 용융 금속의 금속학적 반응, 용접 작업 용이 등이 있다.
→ 산화철, 이산화티탄, 일미나이트, 규사, 이산화망간, 석회석, 장석, 형석 등
(바) 고착제 : 심선에 피복제를 고착시키는 역할을 한다.
→ 물유리(규산나트륨 : Na_2SiO_3), 규산칼륨(K_2SiO_3) 등

(2) 연강용 피복 아크 용접봉의 종류 및 특성

① 연강용 피복 아크 용접봉의 규격
(가) KS D 7004에 규정 : 미국 단위는 파운드법에 의하여 E 43 대신에 E 60을 사용(60은 60000 Lbs/in^2(=psi)), 심선지름 허용오차는 ±0.05 mm이고, 길이 허용오차는 ±3 mm, 용접봉의 비피복 부위의 길이는 25±5 mm이며, 700 및 800 mm일 때는 30±5 mm이다.

② 연강용 피복 아크 용접봉의 종류

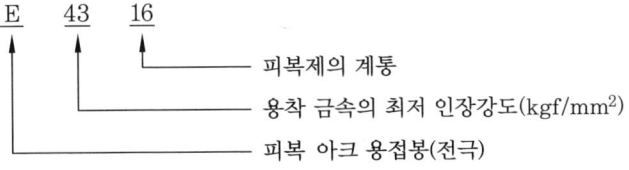

연강용 피복 아크 용접봉의 종류 및 특성

종류/용접 자세/전원	주성분	특성 및 용도
E 4301 일미나이트계 F, V, O, H AC 또는 DC (±)	일미나이트 ($TiO_2 \cdot FeO$)를 약 30% 이상 포함	• 가격 저렴 • 작업성 및 용접성이 우수 • 25 mm 이상 후판 용접도 가능 • 수직 · 위보기 자세에서 작업성이 우수하며 전자세 용접 가능 • 일반 구조물의 중요 강도 부재, 조선, 철도, 차량, 각종 압력 용기 등에 사용
E 4303 라임티타니아계 F, V, O, H AC 또는 DC (±)	산화티탄(TiO_2) 약 30% 이상과 석회석($CaCO_3$) 이 주성분	• 작업성은 고산화티탄계, 기계적 성질은 일미나이트계와 비슷 • 사용 전류는 고산화티탄계 용접봉보다 약간 높은 전류를 사용 • 비드가 아름다워 선박의 내부 구조물, 기계, 차량, 일반 구조물 등으로 사용 • 피복제의 계통으로는 산화티탄과 염기성 산화물이 다량으로 함유된 슬래그 생성식
E 4311 고셀룰로오스계 F, V, O, H AC 또는 DC (±)	가스 발생제인 셀룰로오스를 20~30% 정도 포함	• 아크는 스프레이 형상으로 용입이 크고 비교적 빠른 용융 속도 • 슬래그가 적으므로 비드 표면이 거칠고 스패터가 많은 것이 결점 • 아연 도금 강판이나 저합금강에도 사용되고 저장 탱크, 배관 공사 등에 사용 • 피복량이 얇고, 슬래그가 적어 수직 상 · 하진 및 위보기 용접에서 우수한 작업성 • 사용 전류는 슬래그 실드계 용접봉에 비해 10~15% 낮게 사용되고 사용 전에 70~100℃에서 30분~1시간 건조
E 4313 고산화티탄계 F, V, O, H AC 또는 DC (±)	산화티탄(TiO_2) 약 35% 정도 포함	• 용도로는 일반 경구조물, 경자동차 박강판 표면 용접에 적합 • 기계적 성질에 있어서는 연신율이 낮고, 항복점이 높으므로 용접 시공에 있어서 특별히 유의 • 아크는 안정되며 스패터가 적고 슬래그의 박리성도 매우 좋아 비드의 겉모양이 고우며 재 아크 발생이 잘 되어 작업성이 우수 • 1층 용접에 의한 용착 금속은 X선 검사에 비교적 양호한 결과를 가져오나 다층 용접에 있어서는 만족할 만한 결과를 가져 오지 못하고 고온 균열(hot crack)을 일으키기 쉬운 결점

종류/용접 자세/전원	주성분	특성 및 용도
E 4316 저수소계 F, V, O, H AC 또는 DC (±)	석회석($CaCO_3$)이나 형석(CaF_2)이 주성분	• 용착 금속 중의 수소량이 다른 용접봉에 비해서 1/10 정도로 현저하게 적은, 우수한 특성 • 피복제는 습기를 흡수하기 쉽기 때문에 사용하기 전에 300~350℃ 정도로 1~2시간 정도 건조시켜 사용 • 아크가 약간 불안하고 용접 속도가 느리며 용접 시점에서 기공이 생기기 쉬우므로 후진(back step)법을 선택하여 문제를 해결하는 경우도 있음 • 용접성은 다른 연강봉보다 우수하기 때문에 중요 강도 부재, 고압 용기, 후판 중 구조물, 탄소 당량이 높은 기계 구조용 강, 구속이 큰 용접, 유황 함유량이 높은 강 등의 용접에 결함없이 양호한 용접부가 얻어짐
E 4324 철분산화티탄계 F, H AC 또는 DC (±)	고산화티탄계 용접봉(E 4313)의 피복제에 약 50% 정도의 철분 첨가	• 작업성이 좋고 스패터가 적으나 얕은 용입 • 아래보기 자세와 수평 필릿 자세의 전용 용접봉 • 보통 저탄소강의 용접에 사용되지만, 저합금강이나 중·고탄소강의 용접에도 사용
E 4326 철분저수소계 F, H AC 또는 DC (±)	저수소계 용접봉(E 4316)의 피복제에 30~50% 정도의 철분 첨가	• 용착 속도가 크고 작업 능률이 좋음 • 아래보기 및 수평 필릿 용접 자세에만 사용 • 용착 금속의 기계적 성질이 양호하고, 슬래그의 박리성이 저수소계보다 좋음
E 4327 철분산화철계 F, H F에서는 AC 또는 DC (±) H에서는 AC 또는 DC (±)	산화철에 철분을 30~45% 첨가하여 만든 것으로 규산염을 다량 함유	• 산성 슬래그가 생성 • 비드 표면이 곱고 슬래그가 박리성이 좋음 • 아래보기 및 수평 필릿 용접에 많이 사용 • 아크는 스프레이형이고 스패터가 적으며, 용입도 철분산화티탄계(E 4324)보다 깊음

(3) 연강용 피복 아크 용접봉의 작업성 및 용접성

① 작업성
  ㈎ 직접 작업성 : 아크 상태, 아크 발생, 용접봉의 용융 상태, 슬래그 상태, 스패터
  ㈏ 간접 작업성 : 부착 슬래그의 박리성, 스패터 제거의 난이도, 기타 용접 작업의 난이도

② 용접성
  ㈎ 용접성은 내균열성의 정도, 용접 후에 변형이 생기는 정도, 내부의 용접 결함, 용착 금속의 기계적 성질 등을 말한다.
  ㈏ 내균열성의 정도는 피복제의 염기도가 높을수록 양호하나 작업성이 저하된다.

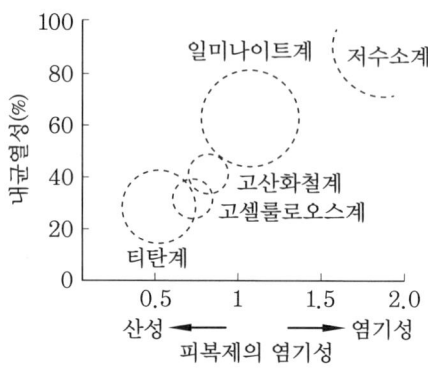

용접봉의 내균열성 비교

(4) 연강용 피복 아크 용접봉의 선택과 관리

① 피복 아크 용접봉 취급 시 유의사항
  ㈎ 저장(보관)
    ㉮ 2~3일분은 미리 건조하여 사용한다.
    ㉯ 건조된 장소에 보관 : 용접봉이 습기를 흡습하면 용착 금속은 기공이나 균열이 발생한다.
    ㉰ 건조 온도 및 시간
      ㉠ 일반봉 : 70~100℃, 30분~1시간
      ㉡ 저수소계 : 300~350℃, 1~2시간
  ㈏ 취급
    ㉮ 과대전류를 사용하지 말아야 하며, 작업 중에 이동식 건조로에 넣고 사용한다.
    ㉯ 편심률(%) = $\dfrac{D'-D}{D} \times 100$
    (편심률은 3% 이내)

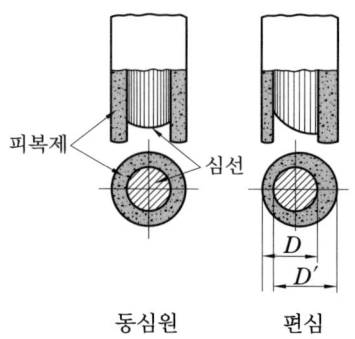

피복제의 편심상태

(5) 그 밖의 피복 아크 용접봉

① 고장력강용 피복 아크 용접봉 : 고장력강은 연강의 강도를 높이기 위하여 연강에 적당한 합금 원소(Si, Mn, Ni, Cr)를 약간 첨가한 저합금강이다.

㈎ 강도, 경량, 내식성, 내충격성, 내마멸성을 요구하는 구조물에 적합하다.

㈏ 용접봉의 규격 : KS D 7006에 인장강도 $50\,kg/mm^2$, $53\,kg/mm^2$, $58\,kg/mm^2$으로 규정되어 있다.

㈐ 고장력강의 사용 이점
  ㉮ 재료의 취급이 간단하고 가공이 용이하다.
  ㉯ 판의 두께를 얇게 할 수 있고, 소요 강재의 중량을 상당히 경감시킨다.
  ㉰ 구조물의 하중을 경감시킬 수 있어 그 기초공사가 간단해진다.

㈑ 용도 : 선박, 교량, 차량, 항공기, 보일러, 원자로, 화학기계 등

> **참고** 이론적 최고강도에 따른 균열방지 대책
>
> | 이론적 최고강도(H_{max}) | 균열방지 대책 |
> |---|---|
> | 200 이하 | 예열, 후열 필요 없음 |
> | 200~250 | 예열, 후열(100℃ 정도)을 하는 것이 좋음
특히, 후판 구속이 크거나 추운 겨울의 용접 |
> | 250~325 | 150℃ 이상의 예열, 650℃ 응력 제거 풀림 필요 |
> | 325 이상 | 250℃ 이상의 예열, 용접 직후 650℃ 응력 제거 풀림 필요 |

② 표면경화용 피복 아크 용접봉

㈎ 표면경화를 할 때 균열을 방지하는 것이 중요하다.

㈏ 용접에 따른 균열방지책
  ㉮ 예열, 층간 온도의 상승, 후열처리 등 필요
  ㉯ 용착 금속의 탄소량, 합금량의 증가로 인한 균열에 대한 대책 필요

㈐ 균열방지책의 예열 및 후열의 온도 결정
  ㉮ 탄소당량(Ceq) = C + 1/6Mn + 1/24Si + 1/40Ni + 1/5Cr + 1/4Mo + 1/5V
  ㉯ 이론적 최고경도
    ㉠ 필릿 용접 $H_{max} = 1200 \times Ceq - 200$
    ㉡ 맞대기 용접 $H_{max} = 1200 \times Ceq - 250$

㈑ 내마모 덧붙임 용접봉의 용도
  ㉮ 덧붙임용(육성용) : 모재와 같은 성분인 용접봉
  ㉯ 밑깔기용(하성용) : 용착 금속을 많이 덧붙일 필요가 있을 때

㈐ 시공상 주의사항
  ㉮ 용접 전에 경화층을 따내고 표면을 깨끗이 청소한 뒤에 충분히 건조된 용접봉을 사용할 것
  ㉯ 중·고탄소강 덧붙임 : 반드시 예열 및 후열을 할 것
  ㉰ 고합금강 덧붙임 : 운봉 폭을 너무 넓게 하지 말 것
  ㉱ 고속도강 덧붙임 : 급랭을 피하고 서랭하여 균열을 방지할 것

③ 스테인리스강 피복 아크 용접봉
  ㈎ 라임계 스테인리스강 용접봉
    ㉮ 주성분 : 형석(CaF_2), 석회석($CaCO_3$) 등
    ㉯ 아크가 불안정하고, 스패터가 많으며, 슬래그는 표면을 거의 덮지 않는다.
    ㉰ 아래보기, 수평 필릿은 비드 외관이 나쁘고, 수직, 위보기는 작업이 쉽다.
    ㉱ X-선 성능이 양호하며, 고압 용기나 대형 구조물에 사용한다.
  ㈏ 티탄계 스테인리스강 용접봉
    ㉮ 주성분 : 산화티탄(TiO_2)
    ㉯ 아크가 안정되고 스패터는 적으며, 슬래그는 표면을 덮는다.
    ㉰ 아래보기, 수평 필릿은 외관이 아름답고, 수직, 위보기는 작업이 어렵다(용접 : 직류 역극성 사용).

④ 주철용 피복 아크 용접봉
  ㈎ 연강 용접봉 : 저탄소
  ㈏ 주철 용접봉 : 열간용접
  ㈐ 비철 합금용
    ㉮ Fe-Ni봉 : 균열 발생이 적다.
    ㉯ Ni과 Cu의 모넬 메탈 : 값이 싸나, 다층 용접 시 균열 발생의 우려가 있다.
    ㉰ 순Ni봉 : 저전류, 저온
  ㈑ 용접 : 주물의 결함 보수나 파손된 주물을 수리하는데 이용하며, 주철은 매우 여리므로 용접이 매우 곤란하다.

⑤ 동 및 동합금 피복 아크 용접봉
  ㈎ 순동(DCu) : 합금 원소 최대 4% 함유, 첨가에 따라 용접성이 향상된다.
  ㈏ 규소청동(DCuSi) : 규소청동, 순동, 기타 동합금의 용접에 우수하다.
  ㈐ 인청동(DCuSn) : 용접 그대로는 취화, 피닝처리 하면 향상되며, 규소청동에 비하여 작업성이 떨어진다.
  ㈑ 알루미늄청동(DCuAl) : 용접 작업성, 기계적 성질이 우수하나 순동, 황동 용접은 곤란하다.

㈣ 특수 알루미늄청동(DCuAlNi) : 알루미늄청동과 같은 성능이며, 균열방지에 유의해야 한다.

㈥ 백동(DCuNi) : 용접 작업성이 양호하고, 해수에 대한 내식성이 좋다.

1-12 피복 아크 용접 기법

(1) 용접 작업 준비

① 보호구의 착용
② 용접봉의 건조
③ 용접 설비 안전점검 및 전류조정
　㈎ 용접기가 전원에 잘 접속되어 있는지 점검
　㈏ 용접기의 외장 케이스에 접지선은 이어졌는지 점검
　㈐ 용접기 1차 측과 2차 측의 결선부의 나사가 풀어진 곳이나 케이블에 손상된 곳이 없는지 점검
　㈑ 회전부나 마찰부에 윤활유가 알맞게 주유되어 있는지 점검
　㈒ 주위 안전거리 내에 유해한 물질이 있는지 점검
④ 모재의 청소 : 용접할 모재의 표면에 부착되어 있는 녹, 수분, 페인트 및 기름기 등을 깨끗하게 청소를 해야 되는데 이들은 기포나 균열의 원인이 되기 때문이다.
⑤ 환기장치 : 용접장소는 용접 중에 CO, CO_2가 발생하여 건강을 해치는 일이 발생하므로 항상 환기 및 통풍이 잘 되도록 하고, 필요할 때에는 방진마스크를 착용하여 유해한 가스를 흡입하지 않도록 해야 된다.

(2) 아크 발생

연강판을 바르게 놓고 용접봉을 용접 홀더에 90°로 물리고 편한 자세로 앉아서 2차 측 케이블에 무게를 감소시키기 위하여 용접 홀더를 팔이나 어깨에 감은 후에 가볍게 손에 쥐고서 [그림]과 같이 용접봉의 끝이 모재 위에 아크를 발생시킬 위치를 겨냥하여 약 10 mm 높이에 접근하여 준비를 한다. 헬멧이나 핸드실드로 얼굴을 가리고 용접봉 끝을 모재에 살짝 접촉시켰다가 2~3 mm 정도 들어 올리면 아크가 발생된다. 이때 초보자는 긁기법, 숙련자는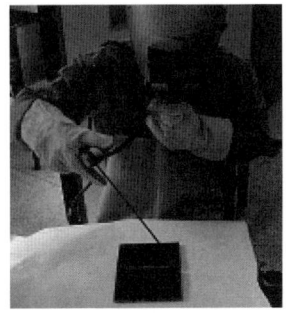
찍기법의 방법으로 아크를 발생시키며 아크의 길이는 보통 용접봉 심선의 지름 크기 정도 (일반적으로 2~3 mm)로 일정하게 유지하지만 가능한 아크 길이가 짧은 것이 좋다.

① 찍기법(tapping method) : 피복 금속 아크 용접봉을 모재에 수직으로 찍듯이 접촉시켰다가 들어 올리는 방법으로 한다.
② 긁기법(scratching method) : 피복 금속 아크 용접봉을 모재에 살짝 긁는(성냥불을 켜듯이) 방법으로 한다.

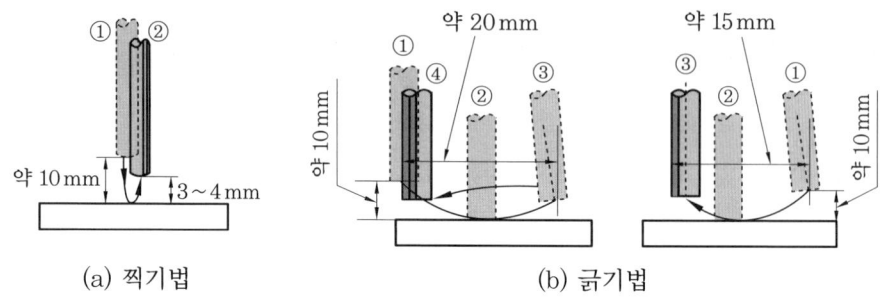

(a) 찍기법　　　　　　(b) 긁기법

　전류를 80A, 100A, 120A, 140A로 조절하면서 아크를 발생시키며 차광유리를 통해 아크 발생음, 스패터 발생 정도, 비드의 상태, 용융지, 아크 분위기 등을 관찰하면서 전류를 조절할 수 있다.

(3) 아크 끊기

　아크를 끊을 때는 최대한 모재에 아크가 보이지 않을 정도로 아크 길이를 짧게 하여 운봉을 정지시켜 크레이터가 얇게 형성되게 처리(비드 이음 할 때 쉽게 연결하기 위함)한 다음 아크를 끊는다.

(4) 전류 조절

　주전원 및 용접기의 전원스위치를 넣는다. 용접기의 전류 조절 손잡이를 조작하여(오른쪽 방향은 전류 상승, 왼쪽 방향은 전류 하강) 사용할 용접봉 지름 및 모재에 알맞게 전류를 조절하고 피복 금속 아크 용접봉 지름 및 종류 등에 따라 알맞게 아크를 발생시킬 수 있다.

용접봉 지름과 판 두께에 대한 표준 용접 전류

모재 두께 (mm)	용접봉 지름 (mm)	전류값 (A)	모재 두께 (mm)	용접봉 지름 (mm)	전류값 (A)
3.2	2.0	40~60	7.0	4.0	130~150
	2.6	50~70		5.0	160~180
4.0	2.6	60~80	9.0	4.0	140~160
	3.2	80~100		5.0	170~190
5.0	3.2	90~110	10	4.0	150~170
	4.0	110~130		5.0	180~200
6.0	3.2	100~120	12 이상	5.0	200~220
	4.0	120~140		6.0	240~280

(5) 용접기 극성(polarity)을 파악한다.

① 직류 아크 용접 : 양극에서 발생 열의 60~75%, 음극에서는 25~40% 정도이다.
② 교류 아크 용접 : 두 극(+, −)에서 거의 같다.

교류 피복 금속 아크 용접기의 용량별 케이블의 규격 및 사용률

항목 \ 용량(A)	AW 200	AW 300	AW 400	AW 500
정격사용률(%)	40	40	40	60
출력(2차)전류 조정 범위(A)	35~220	60~330	80~440	100~550
최고 2차 무부하 전압(V)	75	79	83(85 이하)	86(95 이하)
사용되는 용접봉 지름(mm)	2.0~4.0	2.6~6.0	3.2~8.0	4.0~8.0
입력 측(1차) 케이블 지름(mm)	5.5 이상	8 이상	14 이상	27 이상
출력 측 케이블 단면적(mm^2)	38 이상	50 이상	60 이상	80 이상

(6) 용접 작업에 영향을 주는 요소

① 아크 길이 : 보통 용접봉 심선의 지름 정도이나 일반적인 아크 길이는 3mm 정도이며, 양호한 비드나 용접을 하려면 3mm 이내로 짧은 아크를 사용하는 것이 유리하다. 아크 길이가 너무 길면 아크가 불안정하며, 용융 금속이 공기와 닿아 산화 및 질화되기 쉽고 열 집중의 부족, 용입 불량 및 스패터도 심하게 된다.

② 용접봉 각도 : 용접봉이 모재와 이루는 각도로 진행각과 작업각으로 나누어진다.
  ㈎ 진행각 : 용접봉과 용접선이 이루는 각도로서 용접봉과 수직선 사이의 각도로 보통 평면은 90°, 수평 필릿 용접은 45°가 정상각도이다.
  ㈏ 작업각 : 용접봉과 이음 방향에 나란히 세워진 수직(수평) 평면과의 각도로 일반적인 것은 70°~85°로 표시한다.

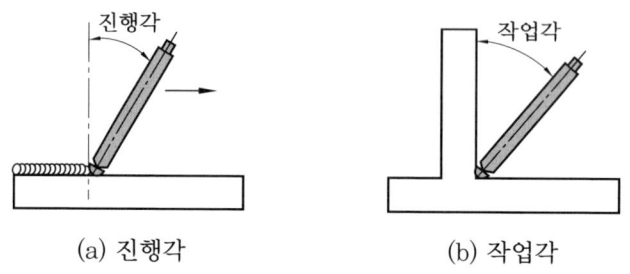

(a) 진행각   (b) 작업각

③ 용접 속도 : 모재에 대한 용접선 방향의 아크 속도를 용접 속도라고 하며 또는 운봉 속도, 아크 속도라고도 한다. 모재의 재질, 이음 모양, 용접봉의 종류 및 전류값, 위빙(weaving)의 유무 등에 따라 용접 속도는 달라지며 아크 전류와 아크 전압을 일정하게 유지하면서 용접 속도를 증가하면 비드 폭이 좁아지고 용입은 얕아진다. 용입의 정도는 용접 전류값을 용접 속도로 나눈 값에 따라 결정이 되며 전류가 높을 때 용접 속도는 증가한다.
④ 아크 발생 및 소멸 : 아크 발생 및 유지와 소멸은 용접봉 심선에 전기가 흐르면 자기력이 생겨 전류값이 높을 때는 아크 길이가 길어도 아크가 유지가 되고 전류값이 낮을 때는 아크가 소멸이 된다.
⑤ 아크쏠림(자기불림(magnetic blow)) : 직류 용접에서 용접봉에 아크가 한쪽으로 쏠리는 현상으로 용접 전류에 의해 아크 주위에 자장이 용접에 대하여 비대칭으로 나타나는 현상이며, 방지책은 아래와 같다.
  ㈎ 직류보다는 교류 용접으로 한다.
  ㈏ 용접부가 긴 경우는 후퇴법으로 용접한다.
  ㈐ 접지점을 가능한 용접부에서 멀리한다.
  ㈑ 큰 가접부 또는 이미 용접이 끝난 용착부를 향하여 용접한다.
  ㈒ 짧은 아크의 사용과 접지점 2개를 연결한다.
  ㈓ 받침쇠, 긴 가접부, 이음의 처음과 끝부분에 엔드탭 등을 이용한다.
  ㈔ 용접봉 끝을 아크쏠림 반대 방향으로 기울인다.
⑥ 운봉법(motion of electrode tip) : 직선 비드와 위빙 비드가 있다.

운봉법

분류	명칭	도형	분류	명칭	도형
아래보기 용접	직선		수평 용접	대파형	
	소파형			원형	
	대파형			타원형	
	원형				30~40°
	삼각형			삼각형	60°
	각형		위보기 용접	반월형	
아래보기 T형 용접	대파형			8자형	
	선전형			지그재그형	
	삼각형			대파형	
	부채형			각형	
	지그재그형	30~40°	수직 용접	파형	
경사관 용접	대파형			삼각형	
	삼각형			지그재그형	

|예|상|문|제|

1. 피복 용접봉으로 작업 시 용융된 금속이 피복제의 연소에서 발생된 가스가 폭발되어 뿜어낸 미세한 용적이 모재로 이행되는 형식은?

① 단락형 ② 글로불러형
③ 스프레이형 ④ 핀치효과형

해설 문제의 답은 스프레이형이고, 단면이 둥근 도체에 전류가 흐르면 전류소자 사이에 흡인력이 작용하여 용접봉의 지름이 가늘게 오므라드는 경향이 생긴다. 따라서 용접봉 끝의 용융 금속이 작은 용적이 되어 봉 끝에서 떨어져 나가는 것을 핀치효과형(pinch effect type)이라 하고 이 작용은 전류의 제곱에 비례한다.

2. 다음 중 피복 아크 용접봉에서 피복제의 역할이 아닌 것은?

① 아크의 안정
② 용착 금속에 산소공급
③ 용착 금속의 급랭방지
④ 용착 금속의 탈산 정련 작용

해설 피복제의 역할
㉠ 아크를 안정시킨다.
㉡ 용융 금속의 용접을 미세화하여 용착 효율을 높인다.
㉢ 중성 또는 환원성 분위기로 대기 중으로부터 산화, 질화 등의 해를 방지하여 용착 금속을 보호한다.
㉣ 용착 금속의 급랭을 방지하고 탈산 정련 작용을 하며 용융점이 낮은 적당한 점성의 가벼운 슬래그를 만든다.
㉤ 슬래그를 제거하기 쉽고 파형이 고운 비드를 만들며 모재 표면의 산화물을 제거하고 양호한 용접부를 만든다.
㉥ 스패터의 발생을 적게 하고 용착 금속에 필요한 합금 원소를 첨가시키며 전기 절연 작용을 한다.

3. 피복 아크 용접봉의 피복제의 주된 역할로 옳은 것은?

① 스패터의 발생을 많게 한다.
② 용착 금속에 필요한 합금 원소를 제거한다.
③ 모재 표면에 산화물이 생기게 한다.
④ 용착 금속의 냉각 속도를 느리게 하여 급랭을 방지한다.

해설 ① 스패터의 발생을 적게 한다.
② 합금 원소의 첨가 및 용융 속도와 용입을 알맞게 조절한다.
③ 모재 표면의 산화물을 제거한다.

4. 석회석($CaCO_3$) 등의 염기성 탄산염을 주성분으로 하고 용착 금속 중에 수소 함유량이 다른 종류의 피복 아크 용접봉에 비교하여 약 1/10 정도로 현저하게 적은 용접봉은?

① E 4303 ② E 4311 ③ E 4316 ④ E 4324

해설 E 4316(저수소계)은 석회석($CaCO_3$)이 주성분이며, 용착 금속 중의 수소량이 다른 용접봉에 비해서 1/10 정도로 현저하게 적다.

5. 피복 아크 용접봉의 편심도는 몇 % 이내이어야 용접 결과를 좋게 할 수 있겠는가?

① 3% ② 5% ③ 10% ④ 13%

해설 피복 아크 용접봉의 편심률은 3% 이내이어야 한다.

정답 1. ③ 2. ② 3. ④ 4. ③ 5. ①

6. 고장력강 피복 아크 용접봉의 설명 중 틀린 것은?

① 모재의 두께를 얇게 할 수 있다.
② 소요 강재의 중량을 상당히 증가시킬 수 있다.
③ 재료의 취급이 간단하여 가공이 쉽다.
④ 구조물의 하중을 경감시킬 수 있다.

해설 ② 소요 강재의 중량을 상당히 경감시킨다.

7. 표면경화용 피복 아크 용접봉에 대한 설명 중 틀린 것은?

① 표면경화를 할 때 균열방지가 큰 문제이다.
② 중, 고탄소강의 표면경화를 할 때 반드시 예열만 하면 된다.
③ 고합금강을 덧붙임 용접을 할 때 운봉 폭을 너무 넓게 하지 말아야 한다.
④ 고속도강 덧붙임 용접을 할 때는 급랭을 피하고 서랭하여 균열을 방지한다.

해설 ② 중, 고탄소강의 표면경화 용접을 할 때에는 반드시 예열 및 후열을 하여야 한다.

8. 스테인리스강 피복 아크 용접봉 종류에서 아크가 안정되고 주로 아래보기 및 수평 필릿에 사용되는 용접봉은?

① 라임계 용접봉   ② 티탄계 용접봉
③ 저수소계 용접봉 ④ 철분계 용접봉

해설 티탄계 용접봉은 아크가 안정되고 스패터는 적으며, 슬래그는 표면을 잘 덮고 아래보기, 수평 필릿은 외관이 아름다우나 수직, 위보기는 작업이 어렵다.

9. 연강 피복 아크 용접봉인 E 4316의 계열은 어느 계열인가?

① 저수소계   ② 고산화티탄계
③ 일미나이트계   ④ 철분저수소계

해설 ㉠ 저수소계 : E 4316
㉡ 고산화티탄계 : E 4313
㉢ 일미나이트계 : E 4301
㉣ 철분저수소계 : E 4326

10. 피복 배합제의 종류에서 규산나트륨, 규산칼륨 등의 수용액이 주로 사용되며 심선에 피복제를 부착하는 역할을 하는 것은?

① 탈산제   ② 고착제
③ 슬래그 생성제 ④ 아크 안정제

해설 고착제 : 규산나트륨, 규산칼륨 등의 수용액이 주로 사용되며, 심선에 피복제를 고착시키는 역할을 한다.

11. 저수소계 피복 용접봉(E 4316)의 피복제의 주성분으로 맞는 것은?

① 석회석   ② 산화티탄
③ 일미나이트 ④ 셀룰로오스

해설 저수소계는 피복제 중 탄산칼슘(석회석)이나 불화칼슘(형석)을 주성분으로 사용한다.

12. 피복 금속 아크 용접에 대한 설명으로 잘못된 것은?

① 전기의 아크열을 이용한 용접법이다.
② 모재와 용접봉을 녹여서 접합하는 비용극식이다.
③ 용접봉은 금속 심선의 주위에 피복제를 바른 것을 사용한다.
④ 보통 전기 용접이라고 한다.

해설 ② 모재와 용접봉을 녹여서 접합하는 용극식이다.

13. 피복 아크 용접에서 피복제의 성분에 포함되지 않는 것은?

① 피복 안정제   ② 가스 발생제
③ 피복 이탈제   ④ 슬래그 생성제

정답 6. ② 7. ② 8. ② 9. ① 10. ② 11. ① 12. ② 13. ③

해설 피복 아크 용접에서 피복제의 성분은 피복 안정제, 가스 발생제, 슬래그 생성제, 아크 안정제, 탈산제, 고착제 등이 있다.

14. 연강용 피복 아크 용접봉의 종류와 피복제 계통으로 틀린 것은?

① E 4303 : 라임티타니아계
② E 4311 : 고산화티탄계
③ E 4316 : 저수소계
④ E 4327 : 철분산화철계

해설 E 4311은 가스 발생제의 대표로 고셀룰로오스계이다.

15. 피복제 중에 산화티탄을 약 35% 정도 포함하였고 슬래그의 박리성이 좋아 비드의 표면이 고우며 작업성이 우수한 특징을 지닌 연강용 피복 아크 용접봉은?

① E 4301　　② E 4311
③ E 4313　　④ E 4316

해설 피복제 중에 산화티탄(TiO_2)을 E 4313(고산화티탄계)은 약 35%, E 4303(라임티타니아계)은 약 30% 정도 포함한다.

16. 고셀룰로오스계 용접봉에 대한 설명으로 틀린 것은?

① 비드 표면이 거칠고 스패터가 많은 것이 결점이다.
② 피복제 중 셀룰로오스계가 20~30% 정도 포함되어 있다.
③ 고셀룰로오스계는 E 4311로 표시한다.
④ 슬래그 생성계에 비해 용접 전류를 10~15% 높게 사용한다.

해설 고셀룰로오스계는 셀룰로오스가 20~30% 정도 포함되며, 가스 발생식으로 슬래그가 적으므로 비드 표면이 거칠고 스패터가 많은 것이 결점이다.

17. 연강용 피복 아크 용접봉의 심선에 대한 설명으로 옳지 않은 것은?

① 주로 저탄소 림드강이 사용된다.
② 탄소함량이 많은 것으로 사용한다.
③ 황(S)이나 인(P) 등의 불순물을 적게 함유한다.
④ 규소(Si)의 양을 적게 하여 제조한다.

해설 탄소함량이 많은 것을 사용하면 용융 온도가 저하되고 냉각 속도가 커져 균열의 원인이 되기 때문에 적은 것을 사용한다.

18. 교류 아크 용접기를 사용할 때 피복 용접봉을 사용하는 이유로 가장 적합한 것은?

① 전력 소비량을 절약하기 위하여
② 용착 금속의 질을 양호하게 하기 위하여
③ 용접 시간을 단축하기 위하여
④ 단락전류를 갖게 하여 용접기의 수명을 길게 하기 위하여

해설 피복 용접봉을 사용하는 이유는 용착 금속의 질을 좋게 하고 아크의 안정, 용착 금속의 탈산 정련 작용, 급랭방지, 필요한 원소 보충, 중성, 환원성 가스를 발생하여 용융 금속을 보호한다.

19. 가스 발생식 용접봉의 특징에 대한 설명 중 틀린 것은?

① 전자세 용접이 불가능하다.
② 슬래그 제거가 손쉽다.
③ 아크가 매우 안정된다.
④ 슬래그 생성식에 비해 용접 속도가 빠르다.

해설 ②, ③, ④ 외에 다공성이며 아크 전압이 높아지는 경향이 있고, 스패터가 많으며 유독가스(CO_2)가 발생하는 경우가 있다. 가스 발생식은 전자세 용접에 적당하다.

정답 14. ②　15. ③　16. ④　17. ②　18. ②　19. ①

20. 용접 결함 중 언더컷(under cut)의 발생 현상 중 틀린 것은?

① 전류가 너무 높을 때
② 아크 길이가 너무 길 때
③ 용접 속도가 너무 늦을 때
④ 용접봉 선택 불량

해설 언더컷의 발생 원인
㉠ 전류가 너무 높을 때
㉡ 아크 길이가 너무 길 때
㉢ 용접봉 취급의 부적당
㉣ 용접 속도가 너무 빠를 때
㉤ 용접봉 선택 불량 등

21. 용접 결함 중 기공(blow hole)의 발생 원인 중 틀린 것은?

① 용접 분위기 가운데 수소 또는 일산화탄소의 과잉
② 용접부의 급속한 응고(급랭)
③ 강재에 부착되어 있는 기름, 페인트, 녹 등
④ 용접 속도가 너무 느림

해설 ①, ②, ③ 외에 모재 가운데 유황 함유량 과대, 아크 길이 및 전류 조작의 부적당, 과대 전류의 사용 및 빠른 용접 속도가 있다.

22. 용접 작업에 영향을 주는 요소 중 틀린 것은?

① 아크 길이는 보통 3mm 이내로 하며 되도록 짧게 운봉한다.
② 용접봉 각도는 진행각과 작업각을 유지해야 한다.
③ 아크 전류와 아크 전압을 일정하게 유지하며 용접 속도를 증가하면 비드 폭이 좁아지고 용입은 얕아진다.
④ 용접 전류가 낮아도 아크 길이가 길 때 아크는 유지된다.

해설 ④ 용접 전류값이 높을 때는 아크 길이가 길어도 아크가 유지가 되고, 전류값이 낮을 때는 아크가 소멸된다.

제 2장

아크 용접 가용접 작업

1. 용접 개요 및 가용접 작업

1-1 용접의 원리

(1) 용접 회로

피복 아크 용접의 회로는 [그림]과 같이 용접기(welding machine), 전극 케이블(electrode cable), 용접 홀더, 피복 아크 용접봉(coated electrode), 아크(arc), 피용접물 또는 모재, 접지 케이블(groundcable) 등으로 이루어져 있으며 용접기에서 발생한 전류가 전극 케이블을 지나서 다시 용접기로 되돌아오는 전 과정을 용접 회로(welding cycle)라 한다.

용접기(전원) → 전극 케이블 → 홀더
→ 용접봉 및 모재 → 접지 케이블 → 용접기(전원)

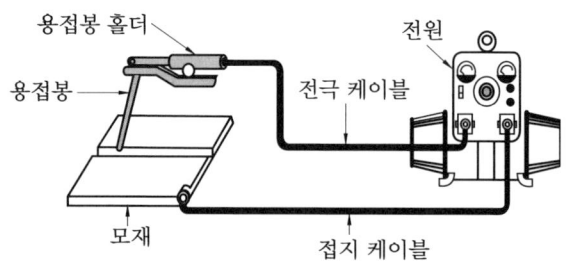

피복 아크 용접 회로

(2) 용접(welding) 원리

① 접합하고자 하는 2개 이상의 금속 재료를 어떤 열원으로 가열하여 용융, 반용융된 부분에 용가재(용접봉)를 첨가하여 금속원자가 인력이 작용할 수 있는 거리(Å = 10^{-8} cm(Å = 10^{-10} m))로 충분히 접근시켜 접합시키는 방법(1옹스트롬이란 기호로 Å = 10^{-8} cm으

로서 뉴톤의 만유인력 법칙에 의하여 두 금속원자들 사이에 인력이 작용하여 굳게 결합된다)이다.
② 전기장 : 전선에 전하가 움직이면(전류가 흐르면) 반드시 전류의 주위에 자장(磁場)이 발생한다(원자 속에서 전자가 활발하게 운동하고 있기 때문에 원자는 반드시 미약한 자장을 주위에 갖고 있다고 할 수 있다).
  ㈎ 전류가 흐르면 그 주위에 자장이 발생한다.
  ㈏ 자장이 움직이면(변화하면) 전류가 발생한다.
  ㈐ 전류와 자장 사이에는 힘이 발생한다.
③ 아크와 전기장의 관계 : 모재와 용접봉과의 거리가 가까워 전기장이 강할 때에는 자력선 아크가 유지되나 거리가 점점 멀어져 전기장(자력 또는 전기력)이 약해지면 아크가 꺼지게 된다.

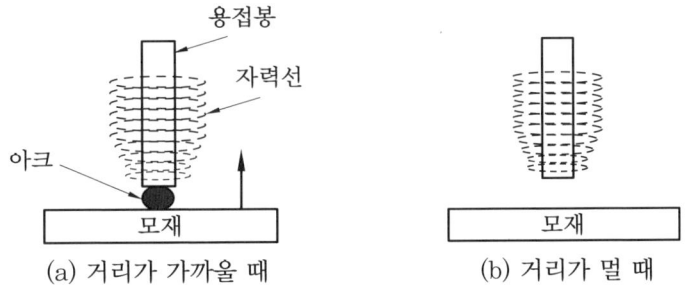

(a) 거리가 가까울 때   (b) 거리가 멀 때

④ 용접의 목적달성 조건
  ㈎ 금속 표면에 산화피막 제거 및 산화방지를 한다.
  ㈏ 금속 표면을 충분히 가열하여 요철을 제거하고 인력이 작용할 수 있는 거리로 충분히 접근시킨다.

(3) 아크의 각 부위의 명칭

① 아크 : 음극과 양극의 두 전극을 일정한 간격으로 유지하고, 여기에 전류를 통하면 두 전극 사이에 원의 호 모양의 불꽃 방전이 일어나며 이 호상(弧狀)의 불꽃을 아크(arc)라 한다.
② arc 전류 : 약 10~500A
③ arc 현상 : 아크 전류는 금속 증기와 그 주위의 각종 기체 분자가 해리하여 양전기를 띤 양이온과 음전기를 띤 전자로 분리되고, 양이온은 음(-)의 전극으로, 전자는 양(+)의 전극으로 고속도 이행하여 아크 전류가 진행한다.
④ 아크 코어 : 아크 중심으로서 용접봉과 모재가 녹고 온도가 가장 높다.
⑤ 아크 흐름 : 아크 코어 주위를 둘러싼 비교적 담홍색을 띤 부분을 말한다.

⑥ 아크 불꽃 : 아크 흐름의 바깥 둘레에 불꽃으로 싸여 있는 부분을 말한다.

> **참고** 기계적 접합법
>
> 볼트, 리벳, 나사, 핀 등을 사용하여 금속을 결합하는 접합법으로 분해 이음이라 하며 영구 이음은 리벳, 시임(접어잇기), 확관법, 가입 끼우기 등이 있다.

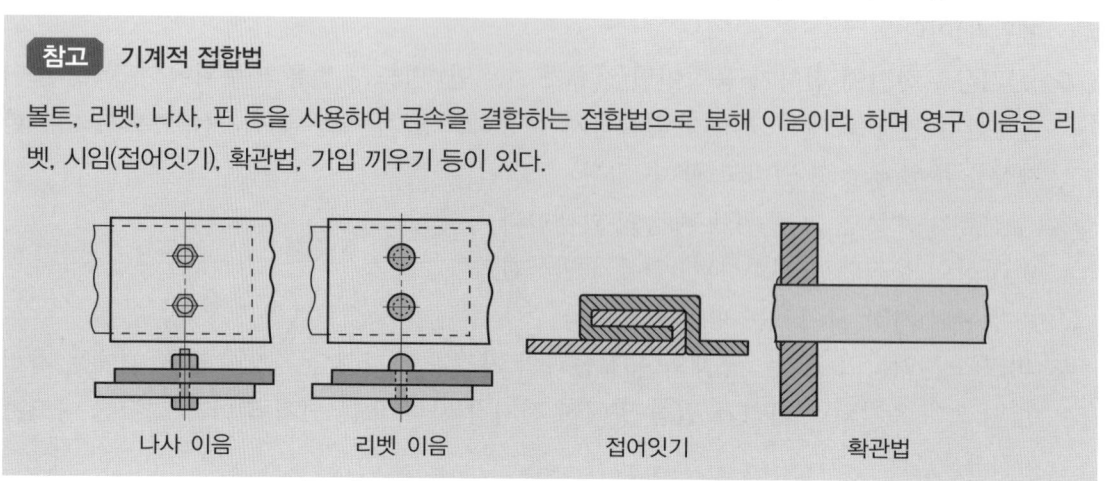

나사 이음   리벳 이음   접어잇기   확관법

1-2 용접의 장·단점

(1) 용접의 장점

① 재료가 절약되고, 중량이 감소한다.
② 작업공정 단축으로 경제적이다.
③ 재료의 두께 제한이 없다.
④ 이음 효율이 향상된다(기밀, 수밀, 유밀 유지).
⑤ 이종 재료 접합이 가능하다.
⑥ 용접의 자동화가 용이하다.
⑦ 보수와 수리가 용이하다.
⑧ 형상의 자유화를 추구할 수 있다.

(2) 용접의 단점

① 품질검사가 곤란하다.
② 제품의 변형 및 잔류 응력이 발생 및 존재한다.
③ 저온취성이 생길 우려가 있다.
④ 유해광선 및 가스폭발의 위험이 있다.
⑤ 용접사의 기량에 따라 용접부의 품질이 좌우된다.

1-3 용접의 종류 및 용도

(1) 용접의 종류 : 용접법을 대별하면 융접(融接 : fusion welding), 압접(壓接 : pressure welding), 납땜(brazing and soldering)이 있다.

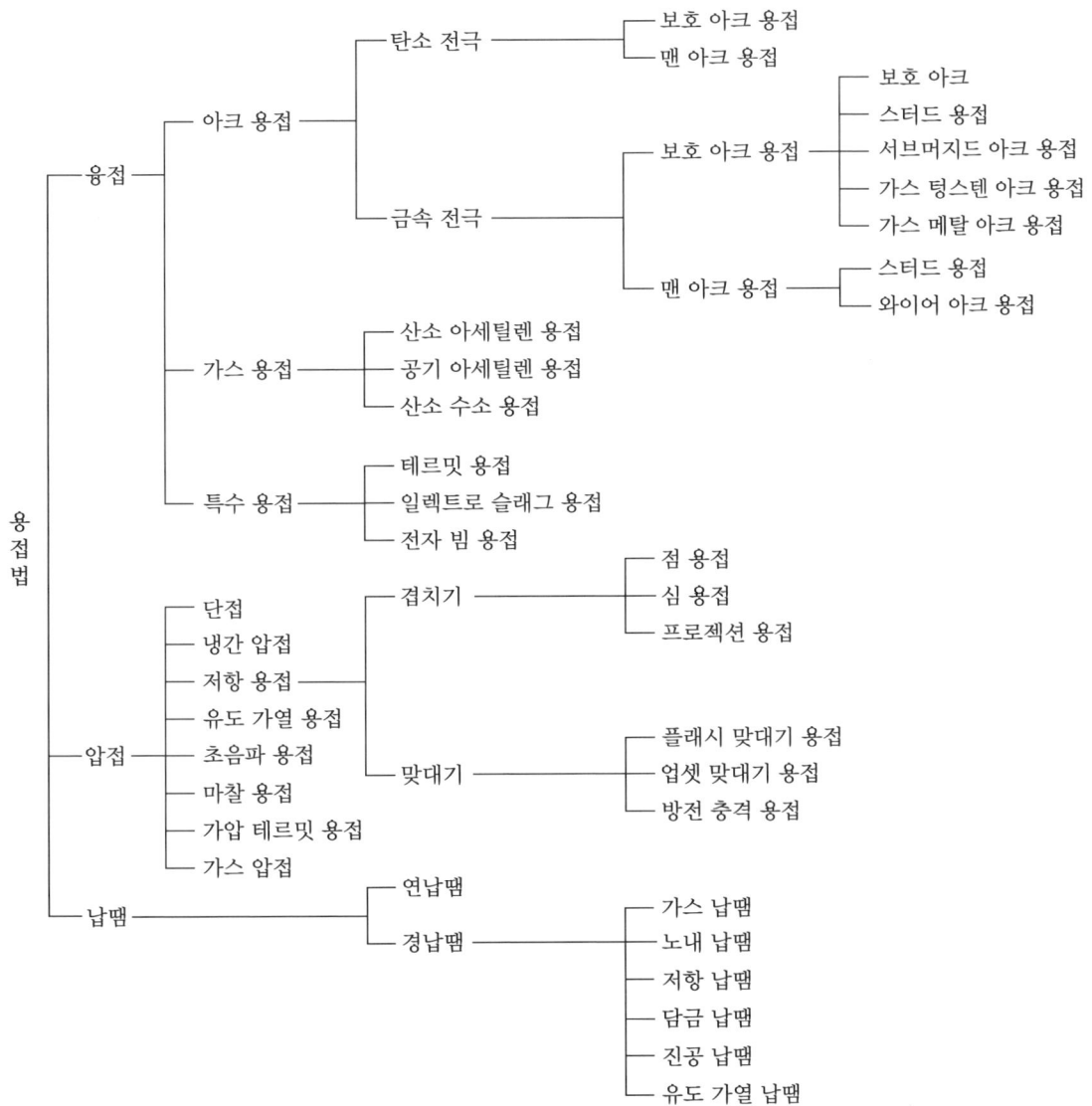

① 융접 : 접합부에 용융 금속을 생성 혹은 공급하여 용접하는 방법으로 모재도 용융되나 가압(加壓)은 필요하지 않다.
② 압접 : 국부적으로 모재가 용융하나 가압력이 필요하다.
③ 납땜 : 모재가 용융되지 않고 땜납이 녹아서 접합면의 사이에 표면장력의 흡인력이 작용되어 접합되며 경납땜과 연납땜으로 구분된다.

(2) 용접 자세

① 아래보기 자세(flat position : F) : 모재를 수평으로 놓고 용접봉을 아래로 향하여 용접하는 자세(용접선을 수평면에서 15°까지 경사시킬 수 있다)
② 수직 자세(vertical position : V) : 수직면 또는 45° 이하의 경사를 가지며, 용접선은 수직 또는 수직면에 대하여 45° 이하의 경사를 가지고 상진으로 용접하는 자세
③ 수평 자세(horizontal position : H) : 모재가 수평면과 90° 또는 45° 이하의 경사를 가지며, 용접선이 수평이 되게 하는 용접 자세
④ 위보기 자세(overhead position : O) : 모재가 눈 위로 들려 있는 수평면의 아래쪽에서 용접봉을 위로 향하여 용접하는 자세
⑤ 전자세(all position : AP) : 아래보기, 수직, 수평, 위보기 자세 중 2가지 자세를 조합하여 용접하거나 4가지 자세 전부를 응용하는 용접 자세

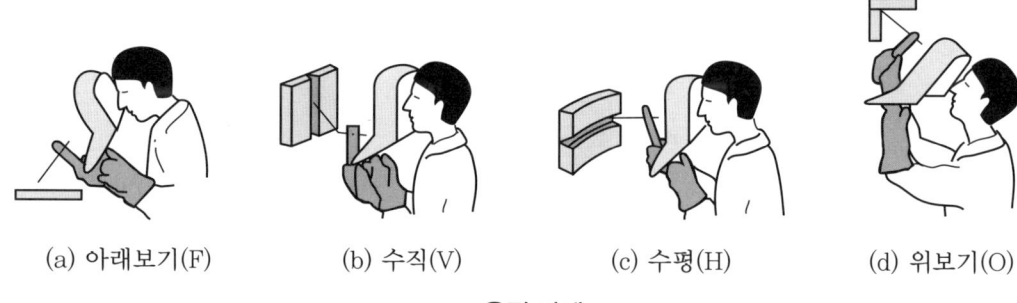

(a) 아래보기(F)　　(b) 수직(V)　　(c) 수평(H)　　(d) 위보기(O)

용접 자세

1-4 측정기의 측정원리 및 측정방법

(1) 정밀측정의 개념

공작 중이나 공작이 완료된 후에 측정 또는 검사하는 것을 정밀측정(precision measurement)이라 하고 정밀측정을 공작측정이라고도 한다.

① 각의 측정 : 직접 그 크기로서 구할 뿐 아니라 길이를 측정한 후 계산에 의하여 각을 구하는 경우가 많다.
② 면의 측정 : 미소한 길이의 측정이라 할 수 있으며 정밀측정의 대부분은 길이의 정확한 측정이라 말할 수 있고 공작도에 맞추어 정밀측정을 하고 조립이 만족한 기능을 발휘할 수 있을 때 호환성(interchangeability)이 있다고 말한다. 호환성을 요구하는 현대 기계공업에서는 성능이 좋은 공작기계가 필요하므로 정밀측정 기기의 측정기술이 필요하다.

(2) 정밀측정법

① 절대측정(absolute measurement) : 측정 정의에 따라 결정된 양을 실현시키고, 그것을 이용하여 측정하는 것 또는 조립량의 측정을 기본량만의 측정으로 유도하는 것을 절대측정이라 하며 그 대표적인 예로는 자유낙하 하는 물체가 어떤 시간에 통과하는 거리를 이용한 가속도 측정 등이 있다.

② 비교측정(comparison measurement) : 이미 알고 있는 기준치수와 비교하여 측정하는 방법으로서 다시 두 가지로 분류한다.

㈎ 블록게이지(block gauge)와 같이 표준치수를 가진 것이다.
: 실제치수와 비교하는 방법으로 양적 측정에 사용, 다이얼 게이지(dial gauge), 미니미터(mnimeter) 등의 컴퍼레터(comperater)를 사용한다.

㈏ 부품의 치수가 허용한계 내에 있는가를 측정하는 것이다.

③ 직접측정(direct measurement) : 일정한 길이나 각도가 표시되어 있는 측정기구를 사용하여 직접 눈금을 읽는 것으로 버니어 캘리퍼스, 마이크로미터 등이 이에 속한다. 측정범위가 넓고 직접 읽을 수 있는 장점이 있으며 소량이며 종류가 많은 품목에 적합하다. 반면 보는 사람마다의 측정 오차가 있을 수 있고 측정 시간이 긴 단점이 있으며 또한 측정기가 정밀할 때는 숙련과 경험을 요구한다.

④ 간접측정(indirect measurement) : 측정물의 측정치를 직접 읽을 수 없는 경우에 측정량과 일정한 관계에 있는 개개의 양을 측정하여 그 측정값으로부터 계산에 의하여 측정하는 방법이다. 즉, 측정물의 형태나 모양이 나사나 기어 등과 같이 기하학적으로 간단하지 않을 경우에 측정부의 치수를 수학적이나 기하학적인 관계에 의해 얻는 방법으로 사인바를 이용하여 부품의 각도 측정, 3점을 이용하여 나사의 유효지름 측정, 지름을 측정하여 원주 길이를 환산 등의 현장에서 많이 사용하는 방법이다.

(3) 측정과 검사

측정(measurement)과 검사(inspection)는 본질적으로 다를 바 없고 다만, 그 적용에 있어서 차이가 있다.

① 측정 : 물품의 형상과 치수를 어떠한 방법에 의해서든 그것에 수치를 사용하여 나타낸 것으로 측정은 물체의 형상, 길이, 각도, 표면 거칠기 등의 크기를 어떠한 단위로 환산하여 수치로 나타내거나 같은 종류의 다른 양과 비교하는 것. 또는 미리 정하여진 제품이 기능을 제대로 발휘할 수 있는 한계 내에 위치하는지를 알아보기 위하여 각종 측정기를 사용하여 그 크기를 수치적으로 나타내는 것이다.

② 검사 : 물품을 측정하여 그 결과를 판정기준과 비교하여 양부를 결정하거나 어느 치수가 일정한 한계 내에 있는가를 확인하여 합격 또는 불합격을 결정하는 것이다. 주어

진 크기의 범위를 만족하는지를 결정하는 것으로 결과를 숫자로 표시하거나 성질의 존재 여부만 결정하는 경우도 있다. 검사란 물체의 외형을 주요 검사대상으로 하며 물체의 외형에는 길이, 각도, 표면거칠기, 형상 등이 있고 각 수치를 숫자로 표기하든지 어떠한 한계 내에 포함되는지를 측정하여 검사하는데 이때의 한계를 오차, 또는 공차라고 한다. 다만, 검사의 경우 수치를 사용하지 않더라도 게이지(gauge)에 의해서도 행할 수 있다.

(4) 측정에 미치는 여러 가지 사항

① 온도에 의한 영향 : 보통의 물체는 온도가 변화함에 따라 팽창 또는 수축하므로 온도 몇 도에서 그 길이를 규정하느냐가 중요한 문제가 된다. 예를 들면 가장 널리 사용되는 강(steel)은 1℃의 온도 변화에 대하여 1m당 0.0115mm의 길이 변화가 발생한다. 이 값은 보통의 기계류에서는 거의 영향이 없으나 정밀측정기에서는 필연적으로 문제점이 되는 값이다. 공학상의 측정 표준온도는 20℃이다.

② 탄성 변화에 의한 영향
 (개) 압축에 의한 변형
 (내) 측정물 및 측정기의 변형

(5) 측정의 원리

① 측정의 기본원리를 이해한다.
 : 고정도 측정을 위해 지켜야 할 주의사항은 다음과 같다.
 (개) 측정원리1 : 치수 측정의 경우, 온도의 영향을 보정한다(온도 변화에 따라 길이가 변화, 재료의 선팽창계수).
 (내) 측정원리2 : 힘을 가하지 않는다(비접촉식이 좋다). 접촉식과 비접촉식이 있다.
 (대) 측정원리3 : 측정기는 측정대상의 5~10배 높은 정도를 가져야 한다. 측정 오차의 영향을 1% 미만으로 하기 위해서는 측정기 정도가 측정대상의 5~10배가 되어야 한다.
 (라) 측정원리4 : 측정기의 성질을 잘 이해하고 온도 변화나 공급전원의 변화를 드리프트(drift : 부유, 이동)를 보정하고 신속하게 측정해야 한다.

> **참고** 안전, 유의사항
> - 측정기를 깨끗이 닦은 후 사용한다.
> - 측정기 사용 시 충격에 유의한다.
> - "0"점 조절을 정확히 한다.
> - 시차 발생이 없도록 눈금면과 수직상태에서 읽도록 한다.

(6) 측정용 공구를 사용하여 모재 측정하기

① 도면에 따라 길이 및 각도 측정용 공구 등을 사용하여 치수를 측정한다.

㈎ 자를 이용하여 측정물을 측정한다.

: 길이를 측정하는 자의 종류는 직선자, 줄자 등의 종류가 있으며, 미터계와 인치계가 있고 한쪽에 양옆으로 미터와 인치계가 한꺼번에 있는 것도 있다.

㉮ 강철자를 사용할 경우 오차를 줄이기 위해서는 측정자와 측정물은 일직선상에 있어야 하며 [그림]과 같이 공작물의 길이나 기준면에 직각으로 대고 측정한다.

㉯ 줄자를 사용할 경우에는 모재에 열이 있는지 없는지를 확인한 후 열이 없을 때를 이용하며 수직 및 수평에 유의하여 측정하여야 치수의 변화가 없다.

㉰ 치수 측정 후 자(ruler) 보관에 유의하여야 한다. 즉, 직사광선이 있거나 습기 등이 강한 곳에서는 측정자의 변형 등이 있으므로 유의하여야 한다.

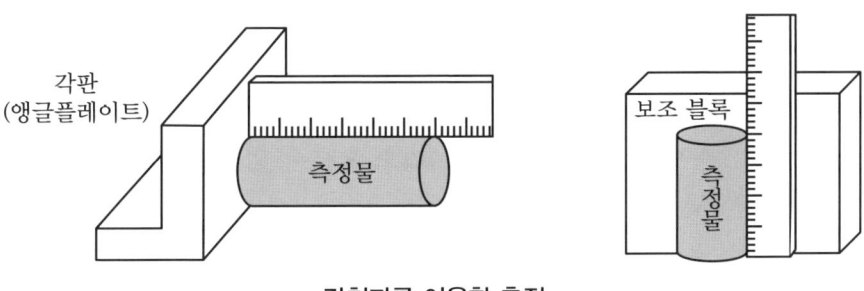

강철자를 이용한 측정

㈏ 버니어 캘리퍼스를 이용하여 측정물을 측정한다.

: 버니어 캘리퍼스는 어미자와 아들자로 구성되어 있는 측정기로서 제품의 내외측 치수, 깊이, 단차 치수 등을 측정하는데 이용한다. 측정방법은 어미자(本尺)와 아들자(副尺 : vernier)를 이용하여 1/20 mm, 1/50 mm, 1/500 in 등의 정도까지 읽을 수 있는 길이 측정기의 일종으로 부척(vernier)의 눈금은 본척의 (n-1)개의 눈금을 n등분한 것이며, 본척의 1눈금을 A, 부척의 1눈금을 B라 하면 1눈금의 차 C는 다음과 같다

$$C = A - B = A - \left(\frac{n-1}{n}\right) \cdot A = \left(\frac{1}{n}\right) \cdot A$$

㉮ 버니어 캘리퍼스를 이용하여 측정물을 측정하는 방법은 다음과 같다.

㉠ 측정하고자 하는 모재는 수평과 수직상태로 놓아야 한다.

㉡ 버니어 캘리퍼스 슬라이더를 이동하여 양 측정면 사이를 모재보다 크게 벌린다.

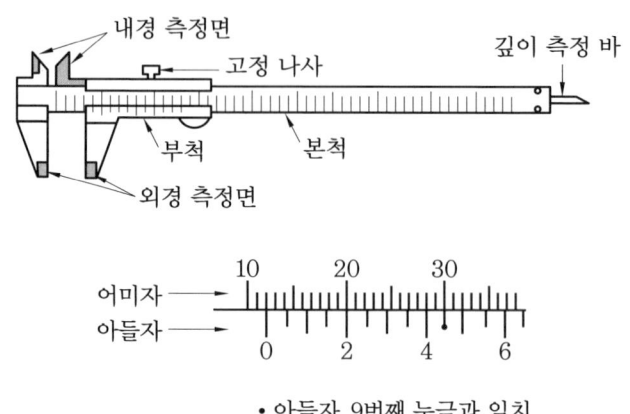

- ㉠ 본척의 눈금 : 12mm
- ㉡ 부척의 눈금 : 0.45mm
- ㉢ 측정값 : 12mm+0.45mm=12.45mm

버니어 캘리퍼스 읽는 방법

ⓒ 어미자의 측정면을 모재에 접촉시키고 오른손 엄지로 슬라이더의 측정면을 서서히 밀어 가능한 깊게 물린다.

ⓓ 위와 같은 방법을 응용하여 제품의 내측, 깊이, 단차 등의 치수를 측정한다.

[버니어 캘리퍼스의 적용 예제]

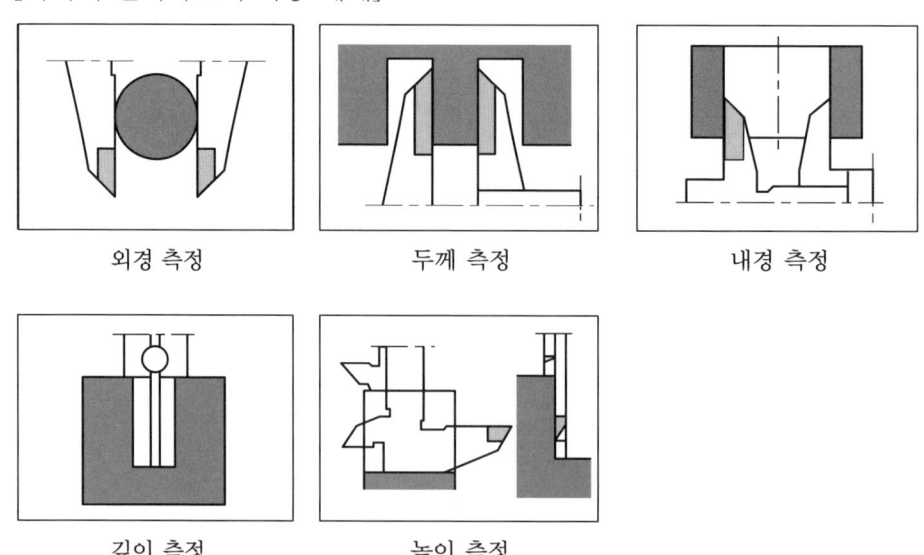

버니어 캘리퍼스 측정방법

㈐ 마이크로미터를 이용하여 측정물을 측정한다.
  ㉮ 마이크로미터의 "0"점 조정은 다음과 같다.
    ㉠ 심블의 "0"점과 슬리브의 기선이 일치하지 않을 때 "0"점을 조정한다.
    ㉡ 눈금의 차이가 0.01 mm 이하일 때는 훅렌치로 슬리브를 돌려 "0"점에 맞춘다.
    ㉢ 눈금의 차이가 0.01 mm 이상일 때는 훅렌치로 래칫 스톱을 늦추고 심블을 래칫 방향으로 돌려 "0"점에 맞춰 다시 조정한 후 위의 방법으로 다시 "0"점을 조정한다.

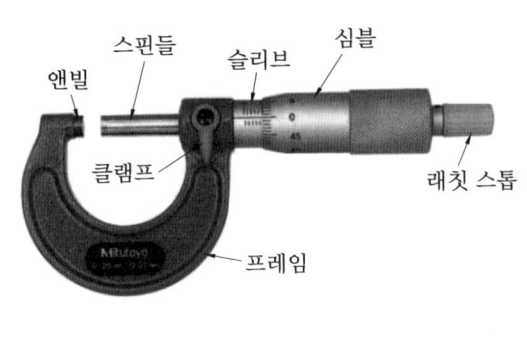

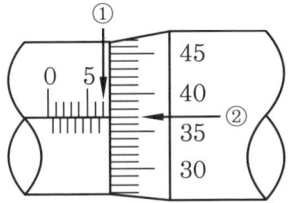   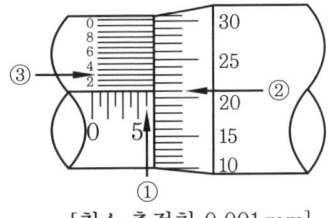

[최소 측정치 0.01 mm]   [최소 측정치 0.001 mm]

① 슬리브 눈금   7   mm   ① 슬리브 눈금   6   mm
② 심블 눈금   0.37 mm   ② 심블 눈금   0.21 mm
                                  ③ 슬리브의 버니어 눈금 0.003 mm
①+② 마이크로미터의 판독치 7.37 mm   ①+②+③ 마이크로미터의 판독치 6.213 mm

마이크로미터 측정방법

㈑ 용접 게이지를 이용하여 측정물을 측정한다.
  ㉮ fillet 용접 후 크기(size) 측정 : 0~20 mm(단위 : mm) [그림 (a)]
  ㉯ butt(맞대기) 용접 후 높이가 AWS 기준에 의한 최대, 최소치 범위 내에 들어오는지 여부 확인(최대치 : 3 mm, 최소치 : 1 mm) [그림 (b)]
  ㉰ 블록 fillet 또는 오목 fillet 용접 후 그 두께가 AWS(미국) 기준에 의한 최대 허용 수준 내에 들어오는지 여부 확인 [그림 (c)]

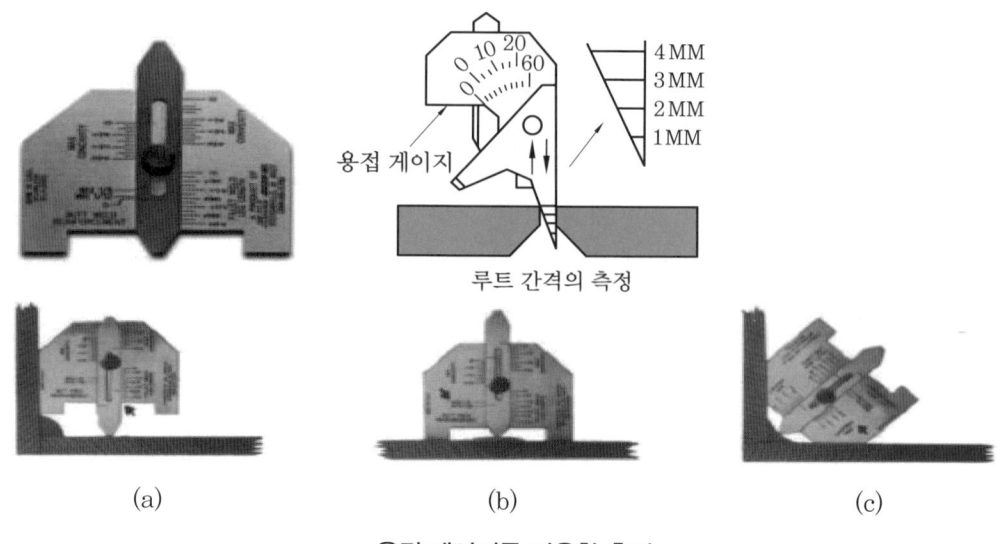

용접 게이지를 이용한 측정

㈐ 하이로 용접 게이지를 이용하여 측정물을 측정한다.
  ㉮ 내부 정렬상태를 측정 : 0~35mm
  ㉯ pipe wall 두께를 측정 : 0~40mm
  ㉰ fillet weld size : 높이 0~35mm, 길이 0~30mm
  ㉱ 맞대기 용접 crown 높이 측정 : 0~35mm
  ㉲ fit-up 간격 측정 : 1.16″ 또는 3/32″
  ㉳ end preparation 각도 측정 : 37.5°
  ㉴ 측정 단위 : 1mm
㈑ 캠브리지 게이지를 이용하여 측정물을 측정한다.

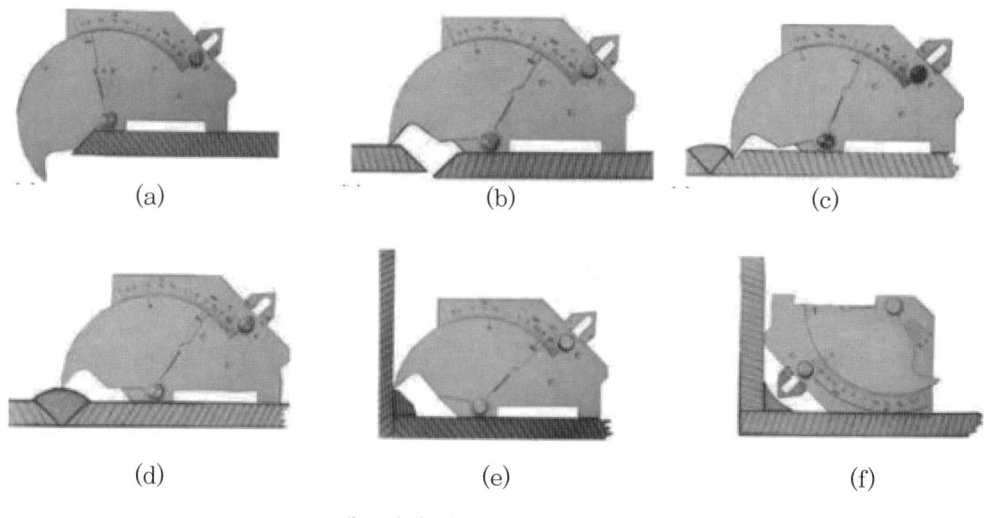

캠브리지 게이지를 이용한 측정

㉮ preparation(준비 또는 대비) 각도 측정 : 0~60° [그림 (a)]
㉯ 정렬상태를 측정 : 0~25 mm [그림 (b)]
㉰ undercut 깊이 측정 : 0~4 mm [그림 (c)]
㉱ butt(맞대기) 용접 후 높이 측정 : 0~25 mm [그림 (d)]
㉲ dillet 용접 후 크기(size) 측정 : 0~35 mm [그림 (e)]
㉳ dillet 용접 후 throat(목, 목구멍) 두께 측정 : 0~35 mm [그림 (f)]
㉴ 직선길이 측정 : 0~60 mm
㉵ 측정 단위 : 5° 또는 1 mm

1-5 가용접 주의사항

(1) 가용접의 개요 및 관련 지식

① 용접용 모재의 특성 : 각 금속에 대한 용접의 난이도를 나타낼 때 용접성(weldability)이라는 단어를 사용하며 각종 금속 재료에 따른 접합성과 용접이음에 사용상의 성능을 포함한 광의로 해석하고 있다. 현재의 용접의 대상이 되고 있는 재료의 종류는 철, 비철 금속 등 종류가 헤아릴 수 없을 만큼 다양하며 이에 대응하는 용접법도 많이 사용되는 것이 약 40여종 이상이다. 같은 재료라도 사용되는 용접법에 따라서 용접성이 달라지므로 적당한 용접법의 선택이 매우 중요하다.

(2) 가용접(tack welding) 주의사항

① 가용접은 용접 결과의 좋고 나쁨에 직접적인 영향을 준다.
② 가용접은 본 용접의 작업 전에 좌우의 홈 부분을 잠정적으로 고정하기 위한 짧은 용접이다.
③ 균열, 기공, 슬래그 잠입 등의 결함을 수반하기 쉬우므로 본 용접을 실시할 홈 안에 가접하는 것은 바람직하지 못하며, 만일 불가피하게 홈 안에 가접하였을 경우 본 용접 전에 갈아내는 것이 좋다.
④ 본 용접을 하는 용접사와 비등한 기량을 가진 용접사에 의해 실시되어야 한다.
⑤ 가접에는 본 용접보다 지름이 약간 가는 봉을 사용하는 것이 좋다.

예상문제

1. 용접접합의 인력이 작용하는 원리가 되는 1옹스트롬(Å)의 크기는?

① 10^{-5}cm ② 10^{-6}cm
③ 10^{-7}cm ④ 10^{-8}cm

해설 용접의 원리는 금속 원자가 인력이 작용할 수 있는 거리(Å=10^{-8}cm)로 충분히 접근시켜 접합시키는 것이다.

2. 용접의 목적 달성 조건이 아닌 것은?

① 금속 표면에 산화피막 제거 및 산화방지를 한다.
② 금속 표면을 충분히 가열하여 요철을 제거하고 인력이 작용할 수 있는 거리로 충분히 접근시킨다.
③ 금속 원자가 인력이 작용할 수 있는 Å=10^{-8}cm의 거리로 접근시킨다.
④ 금속 표면의 전자가 원활히 움직여 거리와 관계없이 접합이 된다.

해설 금속 표면을 충분히 가열하여 요철을 제거하고 인력이 작용할 수 있는 거리로 충분히 접근시켜야 한다.

3. 리벳 이음에 비교한 용접 이음의 특징을 열거한 것 중 틀린 것은?

① 이음 효율이 높다.
② 유밀, 기밀, 수밀이 우수하다.
③ 공정의 수가 절감된다.
④ 구조가 복잡하다.

해설 리벳 이음에 비해 작업 공정을 적게 할 수 있다.

4. 용접 용어에 대한 정의를 설명한 것으로 틀린 것은?

① 모재 : 용접 또는 절단되는 금속
② 다공성 : 용착 금속 중 기공이 밀집한 정도
③ 용락 : 모재가 녹은 깊이
④ 용가재 : 용착부를 만들기 위하여 녹여서 첨가하는 금속

해설 ㉠ 용락 : 모재가 녹아 쇳물이 떨어져 흘러내리면서 구멍이 생기는 것
㉡ 용입 : 모재가 녹은 깊이

5. 다음 중 용접의 장·단점이 아닌 것은?

① 재료가 절약되고, 중량이 감소한다.
② 재료의 두께에 제한이 있다.
③ 품질검사가 곤란하다.
④ 보수와 수리가 용이하다.

해설 ② 재료의 두께 제한이 없다.

6. $\dfrac{1}{100}$mm까지 측정할 수 있는 마이크로미터 스핀들의 나사 피치는? (단, 심블의 눈금 등분수는 50이다.)

① 0.2mm ② 0.3mm
③ 0.5mm ④ 0.8mm

7. 마이크로미터의 보관에 대한 설명으로 틀린 것은?

① 래칫 스톱을 돌려 일정한 압력으로 앤빌과 스핀들 측정면을 밀착시켜 둔다.
② 스핀들에 방청 처리를 하여 보관 상자에 넣어 둔다.
③ 습기와 먼지가 없는 장소에 둔다.
④ 직사광선을 피하여 진동이 없는 장소에 둔다.

해설 마이크로미터를 사용한 다음에는 측정면과 눈금면 등을 깨끗이 닦아야 하며, 측정면과 스핀들 부분에 방청유를 도포하고 서로 해체

정답 1. ④ 2. ④ 3. ④ 4. ③ 5. ② 6. ③ 7. ①

후 보관하여 녹이 슬지 않도록 해야 한다. 보관은 진동이나 직사광선이 없는 곳, 온도 변화가 심하지 않은 곳에 해야 한다.

8. 마이크로미터의 0점 조정용 기준봉의 방열 커버 부분을 잡고 0점 조정을 실시하는 가장 큰 이유는?

① 온도의 영향을 고려하기 위해서이다.
② 취급을 간편하게 하기 위해서이다.
③ 정확한 접촉을 고려하기 위해서이다.
④ 시야가 넓어진다.

9. 눈금상에서 읽을 수 있는 측정량의 범위를 무엇이라 하는가?

① 정도　　　　② 지시 범위
③ 배율　　　　④ 최소 눈금

10. 보통형 다이얼 게이지의 지시 안정도는 최소 눈금의 얼마 이하로 규정하고 있는가?

① 최소 눈금의 0.3 이하
② 최소 눈금의 0.5 이하
③ 최소 눈금의 0.7 이하
④ 최소 눈금의 0.9 이하

11. 다음은 전기 마이크로미터의 장점을 열거한 것이다. 이 중 관계없는 것은?

① 고배율이 얻어진다.
② 연산 측정이 간단하다.
③ 공기 마이크로미터에 비해 응답 속도가 빠르다.
④ 공기식 마이크로미터보다 기계 기술자가 일반적으로 고장을 발견하기 쉽다.

해설 전기 마이크로미터
㉠ 작은 길이의 차이나 물체가 변위한 거리를 전압, 전류로 변환하여 측정하는 것이다.
㉡ 현재 사용되고 있는 것은 콘덴서의 용량 변화를 이용하는 것과 변압기를 이용하는 방식의 것이 일반적이다.
㉢ 콘덴서 방식의 전기 마이크로미터는 평행으로 놓인 2장의 금속판(콘덴서의 역할을 한다) 중의 아래 것은 측정자에 부착되어 있어서 물체의 변위에 따라 측정자가 움직이면 금속판 사이의 거리가 변화한다. 금속판 사이의 거리가 변화하면 콘덴서의 용량이 달라지고, 이에 접속되어 있는 전기회로의 전류에 변화가 생긴다. 그 전류의 변화와 측정자의 변위량과의 관계를 미리 조사하고 전류를 측정하면 측정자의 변위량, 즉 물체의 변위 거리를 알 수 있게 된다.
㉣ 변압기 방식의 전기 마이크로미터는 1차 코일에 일정한 전압으로 교류를 통하여 두면 2차 코일의 유도 전압은 코일 속에 있는 철봉의 위치에 따라 변화한다. 철봉은 측정자와 결합되어 있으므로 측정자의 위치 변화는 2차 코일의 전압을 변화시키는 것이다.

12. 공기 마이크로미터의 장점으로 틀린 것은?

① 지시기를 측정 헤드로부터 멀리 둘 수 있다.
② 측정력이 극히 작다.
③ 기준 게이지가 필요 없다.
④ 확대 기구에 기계적 요소가 없으므로(특히 유량식) 항상 높은 정도를 유지할 수 있다.

해설 • 장점
㉠ 배율이 높아 1000~40000배까지 가능하며 정도($\pm 0.5\mu m$)가 좋다.
㉡ 측정력이 5~16gf으로 거의 0에 가까워 연질 재료의 측정이 가능하다.
㉢ 측정물에 부착된 기름이나 먼지를 압축 공기로 불어내므로 측정이 정확하다.
㉣ 타원, 테이퍼, 진원도, 편심, 직진도, 직각도, 평행도 등을 간단히 측정할 수 있다.
㉤ 원거리 자동 측정에 이용이 가능하다.

정답 8. ①　9. ②　10. ①　11. ④　12. ③

• 단점
  ㉠ 대부분 전용 측정 게이지를 만들어야 하므로 대량 생산이 아니면 비용이 많이 든다.
  ㉡ 비교 측정기이기 때문에 최대, 최소 허용 한계 치수의 2개의 표준 게이지가 필요하다.
  ㉢ 피측정물의 표면이 거칠면 실제 치수보다 작게 측정된다.
  ㉣ 압축공기원이 필요하다.

13. 최소 눈금이 0.01mm이고, 눈금선 간격이 0.85mm인 측정기의 배율은 얼마인가?
① 배율=8.5 ② 배율=85
③ 배율=580 ④ 배율=850

14. 외측 마이크로미터를 옵티컬 플랫을 이용하여 앤빌의 평면도를 측정하였더니 간섭무늬가 2개 나타났다. 평면도는 얼마인가? (단, 이때 사용한 빛의 반파장은 0.3μm이다.)
① 0.30μm ② 0.60μm
③ 0.90μm ④ 1.20μm

15. 아래의 설명에 가장 타당한 마이크로미터는?

> 드릴의 홈, 나사의 골지름, 곡면 형상의 두께 측정, 측정 선단의 각도는 15°, 30°, 45°, 60°의 네 종류가 있다.

① 지시 마이크로미터
② 기어 마이크로미터
③ V-앤빌 마이크로미터
④ 포인트 마이크로미터

16. 측정압의 차이에 의한 개인 오차를 없애서 최소 측정값을 0.01mm로 높일 수 있는 버니어 캘리퍼스는?
① 정압 버니어 캘리퍼스
② 오프셋 버니어 캘리퍼스
③ 만능 버니어 캘리퍼스
④ 다이얼 버니어 캘리퍼스

17. 다음 중 아베의 원리에 맞는 측정기는?
① 외측 마이크로미터
② 버니어 캘리퍼스
③ 캘리퍼 형 내측 마이크로미터
④ 하이트 게이지

해설 아베의 원리는 측정 정도를 높이기 위해서는 측정 대상 물체와 측정 기구의 눈금을 측정 방향의 동일선상에 배치해야 한다는 것이다. 마이크로미터의 경우 눈금과 측정 위치가 동일선상에 있기 때문에 아베의 원리를 따르고 있어 측정 정도가 높다고 할 수 있다. 콤퍼레이터(comparator)의 원리라고도 하는 이 원리는 측정기의 제작상 피할 수 없는 결함이 측정 오차에 미치는 영향을 최소로 하기 위한 것이다.

18. 다음 중 중심을 내는 금긋기 작업에 편리한 측정기는?
① 베벨 각도기 ② 클리노미터
③ 수준기 ④ 콤비네이션 세트

19. 버니어 캘리퍼스의 어미자의 1눈금이 1mm이고 아들자는 어미자의 49mm 눈금을 50등분했을 때일 경우 최소 측정치는 몇 mm인가?
① 0.1 ② 0.05 ③ 0.02 ④ 0.01

해설 측정치는 본척의 1눈금을 A, 부척의 1눈금을 B라 하면 1눈금의 차 C는 다음 식에 따라 구한다.
$$C = A - B = A - \left(\frac{n-1}{n}\right) \times A$$
$$= \left(\frac{1}{n}\right) \times A = \left(\frac{1}{50}\right) \times 1 = 0.02\text{mm}$$

정답 13. ② 14. ② 15. ④ 16. ① 17. ① 18. ④ 19. ③

제3장 아크 용접 작업

1. 용접 조건 설정, 직선 비드 및 위빙 용접

1-1 용접기 및 피복 아크 용접기기

(1) 아크의 특성

① 일반 전압 전류 특성 : 옴(Ohm's law) 법칙에 따라 동일 저항이 흐르는 전류는 그 전압에 비례한다.

② 부저항 특성 또는 부특성 : 아크 전류 밀도가 작을 때 전류가 커지면 전압이 낮아지고 아크 전류 밀도가 크면 아크 길이에 따라 상승되는 특성

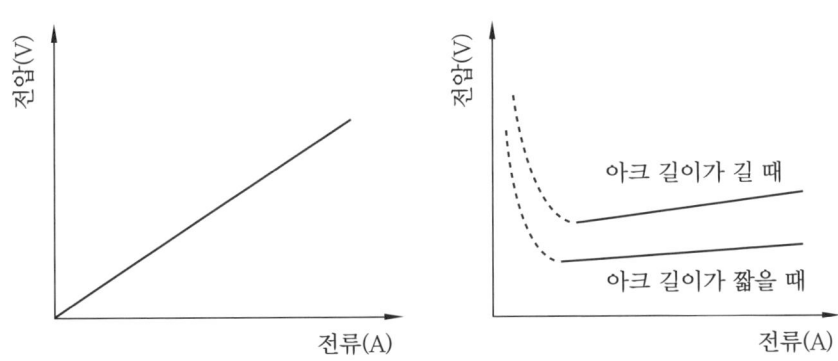

> **참고** 옴의 법칙(식)
> - "전류는 전압에 비례하고 저항에 반비례한다"는 관계를 표시하는 법칙
> - $R[\Omega]$의 저항에 $E[V]$의 전압을 가하여 $I[A]$의 전류가 흘렀을 때의 관계식으로서 $E=IR[V]$로 나타낸다.

③ 아크 길이 자기 제어 특성(arc length self-control characteristics)
  ㈎ 아크 전류가 일정할 때 아크 전압이 높아지면 용접봉의 용융 속도가 늦어지고, 아크 전압이 낮아지면 용접봉의 용융 속도가 빨라지게 하여 일정한 아크 길이로 되돌아오게 하는 특성

㈐ 자동 용접의 와이어 자동 송급 시 아크 제어
④ 절연회복 특성 : 교류 용접 시 용접봉과 모재 간 절연되어 순간적으로 꺼졌던 아크를 보호 가스에 의하여 절연을 막고 아크가 재발생하는 특성
⑤ 전압회복 특성 : 아크가 중단된 순간에 아크 회로의 높은 전압을 급속히 상승하여 회복시키는 특성(아크의 재발생)
⑥ 아크 전압 분포
   ㈎ 구성 : 아크 기둥의 전압강하, 음극 전압강하, 양극 전압강하
   ㈏ 아크 기둥의 전압강하(V_P) : 플라스마 상태로 아크 전류를 형성한다.
   ㈐ 음극 전압강하(V_K) : 전체 전압강하의 약 50%로 열전자를 방출한다.
   ㈑ 양극 전압강하(V_A) : 전자를 받아들이는 기능으로 전압강하는 0이다.
   ㈒ 전체 아크 전압 : $V_a = V_P + V_K + V_A$
   ㈓ 전극 물질이 일정할 때 아크 전압은 아크 길이와 같이 증가한다.
   ㈔ 아크 길이가 일정할 때 아크 전압은 아크 전류 증가와 함께 약간 증가한다.

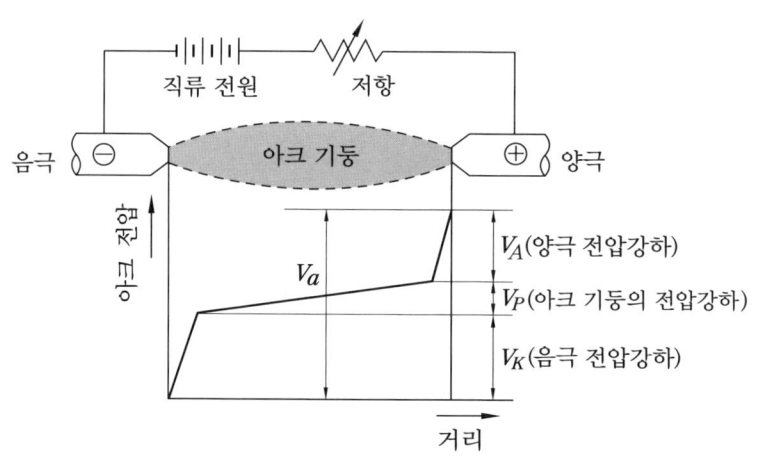

아크 전압의 분포

(2) 극성(polarity) : 용접봉과 모재로 이루어지는 아크 용접의 전극에 관련된 성질

① 직류 아크 용접(DC arc welding)
② 교류 아크 용접(AC arc welding)
③ 극성 선택 : 전극, 보호 가스, 용제의 성분, 모재의 재질과 모양, 두께 등

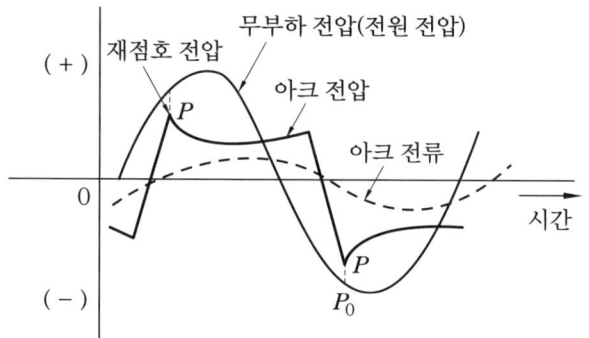

④ 온도 분포
  ㈎ 직류 아크 용접
    ㉮ 양극 : 발생열의 60~70%
    ㉯ 음극 : 발생열의 30~40%
  ㈏ 교류 아크 용접 : 두 극에서 거의 같다.
⑤ 정극성(Direct Current Straight Polarity : DCSP)과 역극성(Direct Current Reverse Polarity : DCRP)

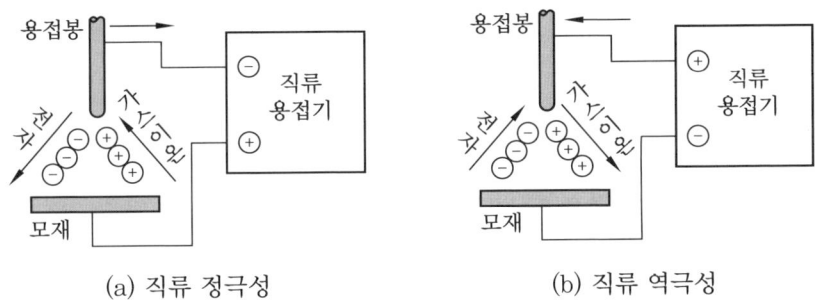

(a) 직류 정극성　　　　(b) 직류 역극성

직류 정극성과 직류 역극성 및 교류 용접의 특징

극성	용입 상태	열 분배	특징
정극성 (DCSP)		용접봉(−) : 30% 모재(+) : 70%	• 모재의 용입이 깊다. • 용접봉이 늦게 녹는다. • 비드 폭이 좁다. • 후판 등 일반적으로 사용된다.
역극성 (DCRP)		용접봉(+) : 70% 모재(−) : 30%	• 모재의 용입이 얕다. • 용접봉이 빨리 녹는다. • 비드 폭이 넓다. • 박판, 주철, 고탄소강, 합금강 등의 비철 금속에 사용된다.
교류 (AC)		−	직류 정극성과 직류 역극성의 중간 상태이다.

> **참고** 전원의 특성
>
> • 전원으로 전자는 (−)에서 (+)로 흐르는데 전자보다 양자의 질량이 약 1820배가 크므로 전자의 흐름은 빠르고 양자는 무거워 흐름이 느리다.
> • 정극성의 특징을 보면 전자는 (−)에서 (+)인 모재로 이동하고 가스이온은 (+)에서 (−)로 흐르게 되어 빠른 전자가 모재 표면과 충돌을 하여 열을 발산하게 되므로 모재 표면이 용접봉(전극봉)보다 열을 많이 받게 되면서 용입이 깊어지고 비드 폭이 좁아진다.

(3) 용접기에 필요한 조건(특성)

① 수하 특성(drooping characteristic)
  ㈎ 부하 전류가 증가하면 단자 전압이 저하하는 특성
  ㈏ 아크 길이에 따라 아크 전압이 다소 변하여도 전류가 거의 변하지 않는 특성
  ㈐ 피복 아크 용접, TIG 용접, 서브머지드 아크 용접 등에 응용한다.

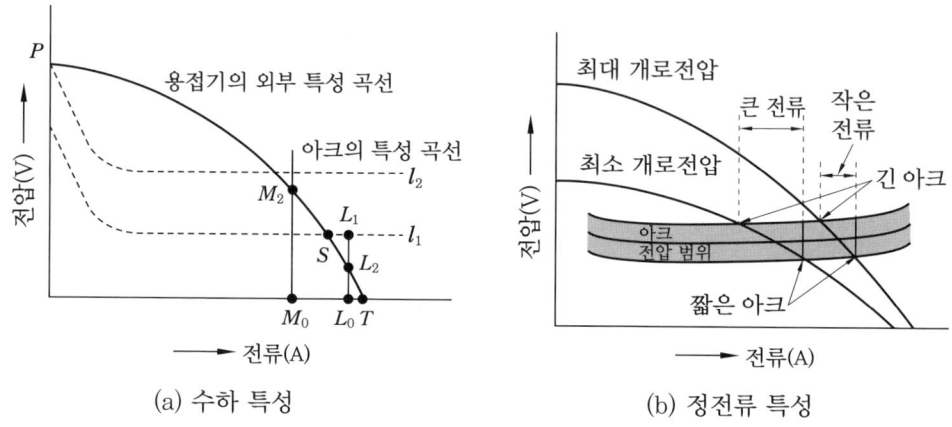

② 정전류 특성(constant current characteristic)
  ㈎ 수하 특성 곡선 중에서 아크 길이에 따라서 전압이 변동하여도 아크 전류는 거의 변하지 않는 특성
  ㈏ 수동 아크 용접기는 수하 특성인 동시에 정전류 특성을 가지고 있다.
  ㈐ 균일한 비드로 용접 불량, 슬래그 잠입 등의 결함을 방지한다.

③ 정전압 특성과 상승 특성(constant voltage characteristic and rising characteristic)
  ㈎ 정전압 특성(CP 특성) : 부하전류가 변하여도 단자전압이 거의 변하지 않는 특성
  ㈏ 상승 특성 : 부하전류가 증가할 때 전압이 다소 높아지는 특성
  ㈐ 자동 또는 반자동 용접기는 정전압 특성이나 상승 특성을 채택한다.

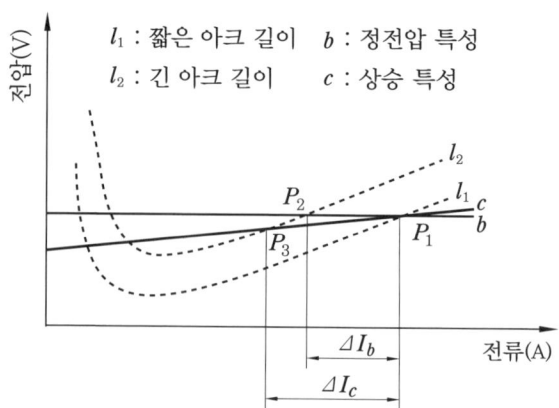

(4) 용접기의 사용률(duct cycle)

용접기의 사용률을 규정하는 것은 용접기를 높은 전류로 계속 작업 시 용접기 내부의 온도가 상승되어 소손되는 것을 방지하기 위한 것이다.

① 정격사용률 : 정격 2차 전류(예 : AW 300, 정격사용률 : 40%)를 사용하는 경우의 사용률(총 10분을 기준)

$$사용률(\%) = \frac{아크 \ 시간}{아크 \ 시간 + 휴식 \ 시간} \times 100$$

② 허용사용률 : 실제 용접 작업 시 정격 2차 전류 이하의 전류를 사용하여 용접하는 경우에 허용되는 사용률

$$허용사용률(\%) = \frac{(정격 \ 2차 \ 전류)^2}{(실제 \ 용접 \ 전류)^2} \times 정격사용률$$

③ 역률(power factor) : 전원입력에 대하여 소비전력과의 비율

$$역률(\%) = \frac{소비전력(kW)}{전원입력(kVA)} \times 100$$
$$= \frac{(아크 \ 전압 \times 아크 \ 전류) + 내부 \ 손실}{(2차 \ 무부하 \ 전압 \times 아크 \ 전류)} \times 100$$

④ 효율(efficiency) : 소비전력에 대하여 아크 출력과의 비율

$$효율(\%) = \frac{아크 \ 출력(kW)}{소비전력(kW)} \times 100$$
$$= \frac{(아크 \ 전압 \times 아크 \ 전류)}{(아크 \ 전압 \times 아크 \ 전류) + 내부 \ 손실} \times 100$$

> **참고 역률 및 효율**
>
> 1. 전원입력(2차 무부하 전압×아크 전류)
> 2. 아크 출력(아크 전압×아크 전류)
> 3. 2차 측 내부 손실(1 kW = 1000 W)
> 4. 역률이 높을수록 용접기는 나쁨

(5) 용접기 구비조건

① 구조 및 취급이 간단해야 한다.
② 전류 조정이 용이하고 일정한 전류가 흘러야 한다.
③ 용접기는 완전 절연과 무부하 전압이 필요 이상으로 높지 않아야 한다.
④ 아크 발생이 잘 되도록 무부하 전압이 유지되어야 한다(교류 70~80 V, 직류 40~60 V).
⑤ 아크 발생 및 유지가 용이하고 아크가 안정되어야 한다.
⑥ 사용 중에 온도 상승이 작아야 한다.
⑦ 가격이 저렴하고 사용 유지비가 적게 들어야 한다.
⑧ 역률 및 효율이 좋아야 한다.

(6) 용접기의 점검 및 보수

① 용접기 점검
  (가) 용접 작업 전 또는 작업 후에 실시
  (나) 용접기 내외 점검 및 고장 유무 확인
  (다) 전기 접속 및 케이블 파손 여부 확인
  (라) 정류자 면에 불순물 여부 확인
② 용접기의 보수
  (가) 2차 측 단자 한쪽과 용접기 케이스는 접지할 것
  (나) 가동 부분, 냉각팬(fan)의 점검 및 주유
  (다) 탭 전환 등 전기적 접속부는 샌드페이퍼 등으로 자주 잘 닦을 것
  (라) 용접 케이블 등의 파손된 부분은 절연테이프로 감을 것

(7) 피복 아크 용접기의 분류

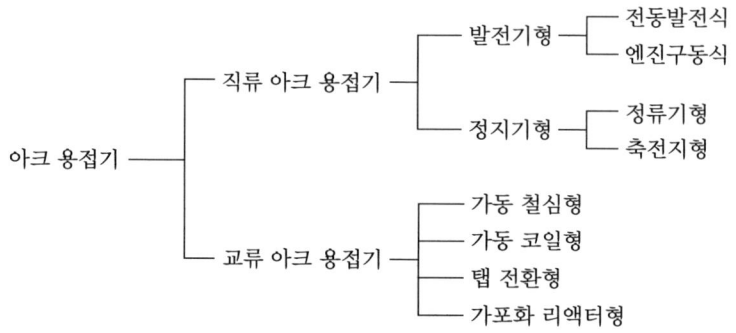

① 직류 아크 용접기(DC arc welding machine) : 안정된 아크가 필요한 박판, 경금속, 스테인리스강의 용접에 이용된다.
  (가) 발전기형 직류 아크 용접기
    ㉮ 전동발전형(MG형) : 3상 유도 전동기로서 용접용 직류 발전기 구동으로 거의 사용하지 않는다.
    ㉯ 엔진구동형(EG형)
      ㉠ 가솔린, 디젤엔진 등으로 용접용 직류 발전기 구동이다.
      ㉡ 전원설비가 없는 곳이나 이동 공사에 이용되며, DC 전원이나 AC 110V, 220V 전력을 얻는다.
  (나) 정지기형 직류 아크 용접기
    ㉮ 정류기형
      ㉠ 전원별 : 3상 정류기, 단상 정류기 등
      ㉡ 정류기별 : 셀렌(80℃ : selenium rectifier), 실리콘(150℃ : silicon), 게르마늄(germanium) 등
      ㉢ 전류 조정별 : 가동 철심형, 가동 코일형, 가포화 리액터형
      ㉣ 2차 측 무부하 전압 : 40∼60V 정도
      ㉤ 변류 과정(정류기형 직류 아크 용접기 회로)
         : 입력 → 교류 → 변압기 → 조정(가포화 리액터) → 정류기 → 직류 → 출력
    ㉯ 축전지형
      ㉠ 전원이 없는 곳에 자동차용 축전지를 이용한다.
      ㉡ 축전지의 전압은 48V이며, 직렬로 연결한다.

직류 아크 용접기의 특징

종류	특징
발전형 (모터형, 엔진형)	• 완전한 직류를 얻으나, 가격이 고가이다. • 고장이 쉽고, 소음이 크며, 보수 점검이 어렵다. • 옥외나 전원이 없는 장소에서 사용한다(엔진형).
정류기형, 축전지형	• 취급이 간단하고, 가격이 싸다. • 소음이 없고, 보수 점검이 간단하다. • 완전한 직류를 얻지 못한다(정류기형). • 정류기 파손에 주의해야 한다(셀렌 80℃, 실리콘 150℃ 이상).

② 교류 아크 용접기(AC arc welding machine) : 교류 아크 용접기는 일반적으로 가장 많이 사용되며, 보통 1차 측은 220V(현재는 공장에는 380V를 이용)의 전원에 접속하고, 2차 측은 무부하 전압이 70~80V가 되도록 한다. 구조는 일종의 변압기이지만 보통의 전력용 변압기와는 약간 다르다.

㈎ 교류 아크의 안정성
　㉮ 교류 아크에서는 전원 주파수의 1/2 사이클(cycle)마다 극이 바뀌므로 1사이클에 2번 전류 및 전압의 순간 값이 "0"으로 될 때마다 아크 발생이 중단되어 아크가 불안정하다.
　㉯ 비피복 용접봉을 이용하면 아크가 불안정하여 용접이 어렵다.
　㉰ 피복 용접봉을 사용하면 고온으로 가열된 피복제에서 이온이 발생되어 안정된 아크 유지가 가능하다.
　㉱ 아래 [그림]의 A점과 B점에서 전압과 전류가 일치하지 않는 전류의 지연현상이 보이는데 이는 교류회로의 리액턴스 때문이다.

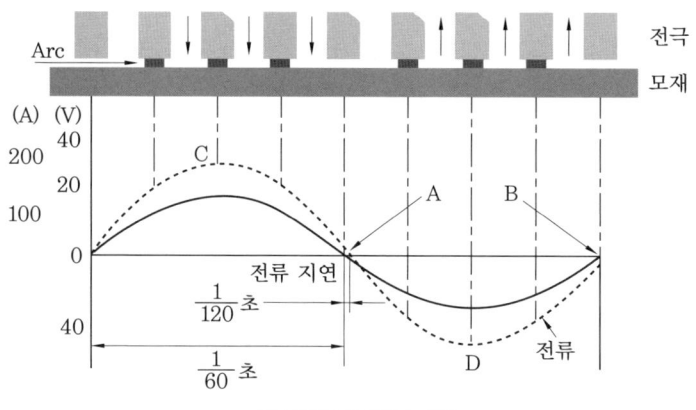

교류전원 및 전압파형

㈏ 교류 아크 용접기의 규격 : 규격에 대해서는 KS C 9602에 규정되어 있으며 [표]는 교류 아크 용접기의 용량과 규격에 대해 표시한다.

교류 아크 용접기의 규격(KS C 9602)

종류	정격출력 전류 (A)	정격 사용률 (%)	정격 부하 전압 (V)	최고 무부하 전압 (V)	출력전류 최대치 (A)	출력전류 최소치 (A)	사용되는 용접봉의 지름 (mm)
AW 200	200	40	28	85 이하	정격 출력 전류의 100% 이상 110% 이하	정격 출력 전류의 20% 이하	2.0~4.0
AW 300	300	40	32	85 이하			2.6~6.0
AW 400	400	40	36	85 이하			3.2~8.0
AW 500	500	60	40	95 이하			4.0~8.0

(다) 교류 변압기(transformer)
  ㉮ 변압기는 교류의 전압을 높이거나(승압), 낮출 수(감압) 있는 기구이다.
  ㉯ 철심의 양쪽에 1차 코일과 2차 코일을 감고 1차 코일에 교류를 흐르게 하면 철심에 자력선이 생기며 주파수의 교류 전압이 유도되는 기기이다.
  ㉰ 1차 측 전압과 2차 측 전압의 비를 변압비라 하고 코일이 감긴 수의 비를 권수비라 하며, 다음 식은 변압비와 권수비, 전압, 전류, 권수와의 관계식이다.

- 변압비 $= \dfrac{1차\ 전압(E_1)}{2차\ 전압(E_2)}$
- 권수비 $= \dfrac{1차\ 측\ 코일\ 감긴\ 수(n_1)}{2차\ 측\ 코일\ 감긴\ 수(n_2)}$
- $\dfrac{E_1}{E_2} = \dfrac{n_1}{n_2} = \dfrac{2차\ 전류(I_2)}{1차\ 전류(I_1)}$
- $\therefore E_1 n_2 = E_2 n_1,\ n_1 I_1 = n_2 I_2,\ E_1 I_1 = E_2 I_2$

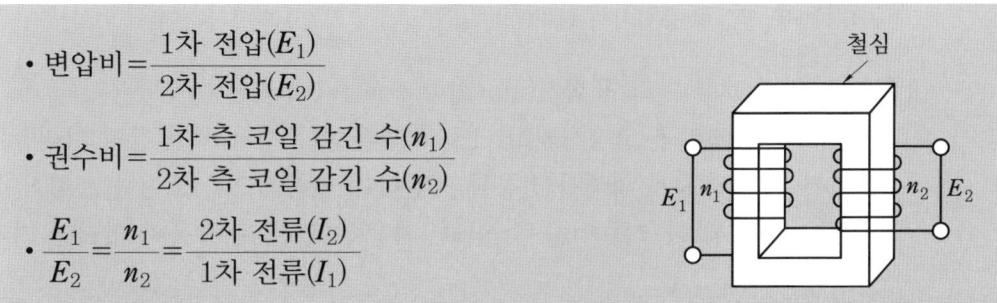

교류 변압기의 원리

(라) 교류 아크 용접기의 구조
  ㉮ 1차 측 전원 : 220 V ~ 380 V
  ㉯ 2차 측 전압 : 무부하 전압 70 ~ 80 V
  ㉰ 구조 : 누설 변압기
  ㉱ 전류 조정 : 리액턴스에 의한 수하 특성, 누설 자속에 의한 전류 조정
  ㉲ 조작 분류 : 가동 철심형, 가동 코일형, 탭 전환형, 가포화 리액터형
  ㉳ 장점
    ㉠ 자기쏠림 방지 효과가 있다.
    ㉡ 구조가 간단하다.
    ㉢ 가격이 싸고, 보수가 용이하다.
(마) 교류 아크 용접기의 종류
  ㉮ 가동 철심형 교류 아크 용접기(movable core type)
    ㉠ 원리 : 가동 철심의 이동으로 누설자속을 가감하여 전류의 크기를 조정한다.
    ㉡ 장점 : 미세한 전류 조정이 가능하며, 연속 전류를 세부적으로 조정한다.
    ㉢ 단점 : 누설자속 경로로 아크가 불안정하며, 가동부 마멸로 가동 철심에 진동이 발생한다.

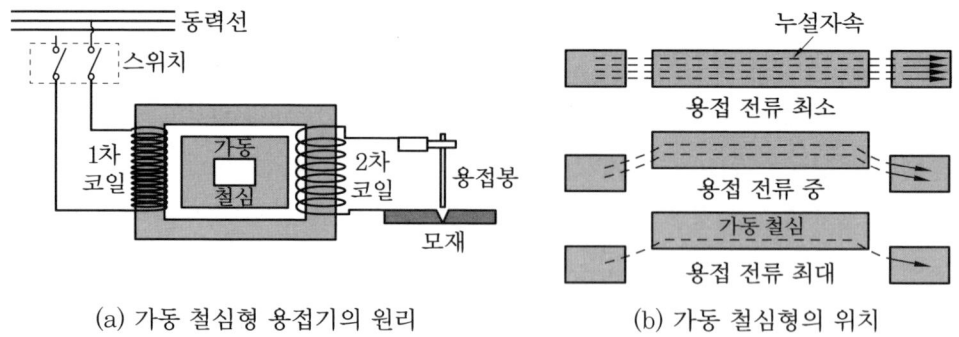

(a) 가동 철심형 용접기의 원리   (b) 가동 철심형의 위치

㉯ 가동 코일형 교류 아크 용접기(movable coil type)
  ㉠ 원리 : 2차 코일을 고정시키고, 1차 코일을 이동시켜 코일 간의 거리를 조정함으로써 누설 자속에 의해서 전류를 세밀하게 연속적으로 조정하는 형식이다.
  ㉡ 특징 : 안정된 아크를 얻을 수 있고, 가동부의 진동, 잡음이 없지만 가격이 비싸다.
  ㉢ 전류 조정 : 양 코일을 접근하면 전류가 높아지고, 멀어지면 작아진다.

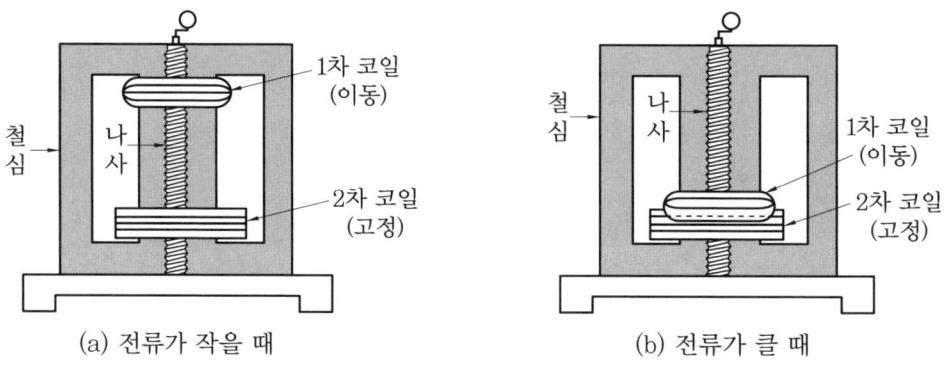

(a) 전류가 작을 때   (b) 전류가 클 때

㉰ 탭 전환형 교류 아크 용접기(tapped secondary coil control type)
  ㉠ 특징 : 가장 간단한 것으로 소형 용접기에 쓰이며, 탭 전환부의 마모 손실에 의한 접촉 불량이 나기 쉽다.
  ㉡ 전류 조정
    • 코일의 감긴 수에 따라 전류를 조정하며, 넓은 전류 조정이 어렵다.
    • 탭(tap)의 전환으로 단계적인 조정을 한다.

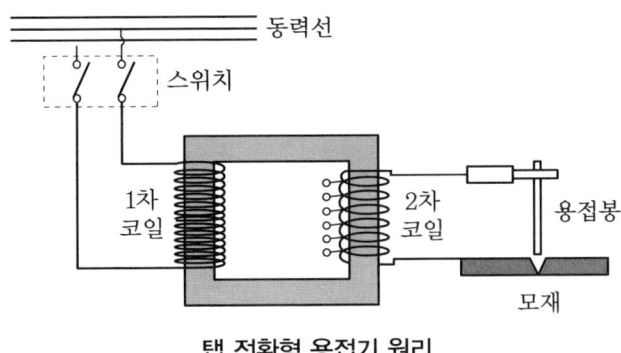

탭 전환형 용접기 원리

㉣ 가포화 리액터형 교류 아크 용접기(saturable reactor)
  ㉠ 원리 : 변압기와 직류 여자 코일을 가포화 리액터 철심에 감아 놓은 것이다.
  ㉡ 특징
    • 마멸 부분과 소음이 없으며 조작이 간단하고 수명이 길다.
    • 원격 조정과 핫 스타트(hot start)가 용이하다.
  ㉢ 전류 조정 : 전기적 전류 조정으로서 가변저항의 변화로 용접 전류를 조정한다.

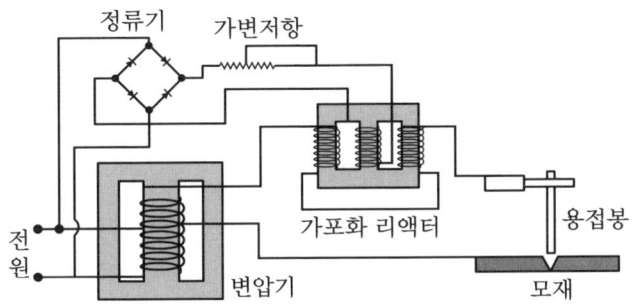

가포화 리액터형 용접기 원리

> **참고** 용접기의 절연 종류
>
> | 절연 종류 | A | B | C | E | F | H | Y |
> |---|---|---|---|---|---|---|---|
> | 온도 상승 허용온도 | 60℃ | 70℃ | 180℃≤ | 80℃ | 155℃ | 150℃ | 60℃ |

(8) 용접 입열

① 외부에서 용접부에 주어지는 열량으로 용접 단위 길이 1cm당 발생하는 전기적 에너지는 다음과 같다.

$$H=\frac{60EI}{V}[\text{J/cm}]$$

E : 아크 전압(V), I : 아크 전류(A), V : 용접 속도(cm/min)

② 모재에 흡수된 열량은 입열의 75~85% 정도이다.

(9) 용융 속도
① 단위 시간당 소비되는 용접봉의 길이 또는 무게를 의미한다.
② 용융 속도는 아크 전류에만 비례하고, 아크 전압과 용접봉 지름과는 무관하다.

용융 속도=아크 전류×용접봉 쪽 전압강하

(10) 용적 이행(용접봉에서 모재로 용융 금속이 옮겨가는 현상)
① 단락형(short circuit type) : 용적이 용융지에 단락되면서 표면장력 작용으로 모재에 이행하는 방식이다.
② 입상형(globular transfer type) : 흡인력 작용으로 용접봉이 오므라들어, 용융 금속이 비교적 큰 용적이 단락되지 않고 모재에 이행하는 방식(핀치 효과형)이다.
③ 분무형(spray transfer type) : 피복제에서 발생되는 가스가 폭발하여 미세한 용적이 이행하는 방식이다.

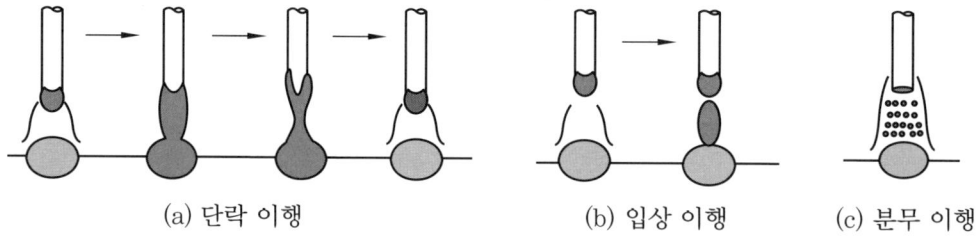

(a) 단락 이행　　　(b) 입상 이행　　　(c) 분무 이행

> **참고** 1. 표면장력(表面張力) : 액체가 겉으로 면적을 가장 적게 보관하기 위하여 그 표면을 스스로 수축하려고 할 때 생기는 힘
> 2. 핀치 효과 : 플라스마 속에서 흐르는 전류와 그것으로 생기는 자기장과의 상호작용으로 플라스마 자신이 가는 줄 모양으로 수축하는 현상으로, 핀치 효과에는 전자기 핀치 효과와 열 핀치 효과의 두 종류가 있다.

예상문제

1. 직류 아크 용접 중 전압의 분포에서 음극 전압강하를 V_K, 양극 전압강하를 V_A, 아크 기둥의 전압강하를 V_P라 할 때 아크 전압 V_a는?

① $V_a = V_K + V_A + V_P$
② $V_a = V_K + V_A - V_P$
③ $V_a = V_K - V_A + V_P$
④ $V_a = V_K - V_A \times V_P$

2. 직류 정극성에 대한 설명으로 올바르지 못한 것은?

① 모재를 (+)극에, 용접봉을 (-)극에 연결한다.
② 용접봉의 용융이 느리다.
③ 모재의 용입이 깊다.
④ 용접 비드의 폭이 넓다.

[해설] 정극성은 모재에 양극(+), 전극봉에 음극(-)을 연결하여 양극에 발열량이 70~80%, 음극에서는 20~30%로 모재 측에 열 발생이 많아 용입이 깊게 되고 음극인 전극봉(용접봉)은 천천히 녹는다. 역극성은 반대로 모재가 천천히 녹고 용접봉은 빨리 용융되어 비드가 용입이 얕고 넓어진다.

3. 용접 전류 120A, 용접전압이 12V, 용접 속도가 분당 18cm일 경우에 용접부의 입열량(J/cm)은?

① 3500   ② 4000   ③ 4800   ④ 5100

[해설] 용접 입열량
$$H = \frac{60EI}{V} = \frac{60 \times 12 \times 120}{18} = 4800 \text{ J/cm}$$
여기서, E : 아크 전압(V), I : 아크 전류(A), V : 용접 속도(cm/min)

4. 교류 용접 시 용접봉과 모재 간 절연되어 순간적으로 꺼졌던 아크를 보호 가스에 의하여 절연을 막고 아크가 재발생하는 특성은 무엇이라 하는가?

① 아크의 부저항 특성
② 자기 제어 특성
③ 수하 특성
④ 절연회복 특성

5. 용접기의 특성 중 부하 전류가 증가하면 단자 전압이 저하하는 특성은?

① 부저항 특성   ② 수하 특성
③ 정전류 특성   ④ 정전압 특성

6. 용접기의 특성에 있어 수하 특성의 역할로 가장 적합한 것은?

① 열량의 증가   ② 아크의 안정
③ 아크 전압의 상승   ④ 저항의 감소

[해설] 수하 특성(drooping characteristic)
㉠ 부하 전류가 증가하면 단자 전압이 저하하는 특성
㉡ 아크 길이에 따라 아크 전압이 다소 변하여도 전류가 거의 변하지 않는 특성
㉢ 피복 아크 용접, TIG 용접, 서브머지드 아크 용접 등에 응용한다.

7. 아크 용접에서 흡인력 작용으로 용접봉이 용융되어 용적이 줄어들어 용융 금속이 비교적 큰 용적이 단락되지 않고 모재에 이행하는 방식은?

① 단락형   ② 입상형
③ 분무형(스프레이형)   ④ 열적 핀치 효과형

정답 1. ① 2. ④ 3. ③ 4. ④ 5. ② 6. ② 7. ②

해설 입상형(globuler transfer type) : 흡인력 작용으로 용접봉이 오므라들어, 용융 금속이 비교적 큰 용적이 단락되지 않고 모재에 이행하는 방식(핀치 효과형)이다.

8. 아크 용접기의 구비조건으로 틀린 것은?
① 구조 및 취급 방법이 간단해야 한다.
② 전류가 큰 전류가 흘러 용접 중 온도 상승이 커야 한다.
③ 아크 발생 및 유지가 용이하고 아크가 안정해야 한다.
④ 사용 중에 역률 및 효율이 좋아야 한다.

해설 일정한 전류가 흘러 사용 중에는 온도 상승이 작아야 한다.

9. 다음 중 직류 아크 용접기의 종류가 아닌 것은?
① 모터형 직류 용접기
② 엔진형 직류 용접기
③ 가포화 리액터형 직류 용접기
④ 정류기형 직류 용접기

해설 가포화 리액터형은 교류 아크 용접기로서 가변저항의 변화로 용접 전류를 조정하고 원격 조정과 핫 스타트가 용이하다.

10. 직류 아크 용접기 중 정류기형의 정류기는 셀렌(80℃), 실리콘(150℃), 게르마늄 등을 이용하는데 전류 조정으로 틀린 것은?
① 가동 철심형
② 엔진형
③ 가동 코일형
④ 가포화 리액터형

해설 정류기형의 전류 조정별에는 가동 철심형, 가동 코일형, 가포화 리액터형이 있다.

11. 다음 중 교류 아크 용접기의 종류별 특성으로 누설자속을 가감하여 미세한 전류 조정이 가능하나 아크가 불안정한 용접기의 형별은?
① 가동 철심형
② 가동 코일형
③ 탭 전환형
④ 가포화 리액터형

12. 다음 중 교류 아크 용접기의 종류별 특성으로 가변저항의 변화를 이용하여 용접 전류를 조정하는 형식은?
① 가동 철심형
② 가동 코일형
③ 탭 전환형
④ 가포화 리액터형

13. 다음 중 허용사용률을 구하는 공식은?
① 허용사용률 $= \dfrac{(정격\ 2차\ 전류)^2}{실제\ 용접\ 전류} \times 정격사용률(\%)$
② 허용사용률 $= \dfrac{정격\ 2차\ 전류}{(실제\ 용접\ 전류)^2} \times 정격사용률(\%)$
③ 허용사용률 $= \dfrac{(실제\ 용접\ 전류)^2}{정격\ 2차\ 전류} \times 정격사용률(\%)$
④ 허용사용률 $= \dfrac{(정격\ 2차\ 전류)^2}{(실제\ 용접\ 전류)^2} \times 정격사용률(\%)$

14. 정격 2차 전류가 300A, 정격사용률 50%인 용접기를 사용하여 100A의 전류로 용접을 할 때 허용사용률은?
① 5.6% ② 150% ③ 450% ④ 550%

해설 허용사용률(%)
$= \dfrac{(정격\ 2차\ 전류)^2}{(실제\ 용접\ 전류)^2} \times 정격사용률(\%)$
$= \dfrac{(300)^2}{(100)^2} \times 50 = 450\%$

정답 8. ② 9. ③ 10. ② 11. ① 12. ④ 13. ④ 14. ③

15. 아크 전류 200A, 무부하 전압 80V, 아크 전압 30V인 교류 용접기를 사용할 때 효율과 역률은 얼마인가? (단, 내부 손실은 4kW라고 한다.)

① 효율 60%, 역률 40%
② 효율 60%, 역률 62.5%
③ 효율 62.5%, 역률 60%
④ 효율 62.5%, 역률 37.5%

해설 ㉠ 효율 = $\dfrac{\text{아크 출력(kW)}}{\text{소비전력(kW)}} \times 100$

$= \dfrac{(\text{아크 전압} \times \text{아크 전류})}{(\text{아크 전압} \times \text{아크 전류}) + \text{내부 손실}} \times 100$

$= \dfrac{30 \times 200}{(30 \times 200) + 4000} \times 100 = 60\%$

㉡ 역률 = $\dfrac{\text{소비전력(kW)}}{\text{전원입력(kVA)}} \times 100$

$= \dfrac{(\text{아크 전압} \times \text{아크 전류}) + \text{내부 손실}}{(2\text{차 무부하 전압} \times \text{아크 전류})} \times 100$

$= \dfrac{(30 \times 200) + 4000}{80 \times 200} \times 100 = 62.5\%$

16. 2차 무부하 전압이 80V, 아크 전류가 200A, 아크 전압 30V, 내부 손실 3kW일 때 역률(%)은?

① 48.00%   ② 56.25%
③ 60.00%   ④ 66.67%

해설 역률 = $\dfrac{\text{소비전력(kW)}}{\text{전원입력(kVA)}} \times 100$

$= \dfrac{(\text{아크 전압} \times \text{아크 전류}) + \text{내부 손실}}{(2\text{차 무부하 전압} \times \text{아크 전류})} \times 100$

$= \dfrac{(30 \times 200) + 3000}{80 \times 200} \times 100 = 56.25\%$

17. 교류 용접기에 산업안전보건법에서 반드시 안전을 위해 장착하는 부속 장치는?

① 전격방지기   ② 원격제어장치
③ 핫스타트 장치   ④ 아크부스터

해설 전격방지기는 용접기의 무부하 전압을 25~30V 이하로 유지하고, 아크 발생 시에는 언제나 통상전압(무부하 전압 또는 부하 전압)이 되며, 아크가 소멸된 후에는 자동적으로 전압을 저하시켜 감전을 방지하는 장치이다.

18. 현장에서 용접 작업을 하는 경우 용접기가 멀리 떨어져 있을 때 사용하는 장치는?

① 전격방지기   ② 원격제어장치
③ 핫스타트 장치   ④ 아크부스터

해설 원격제어장치는 용접 작업 위치가 멀리 떨어져 있는 경우 용접 전류를 조절하는 장치로 유선식과 무선식이 있다.

19. 용접 작업에서 아크를 쉽게 발생하기 위하여 용접기에 들어가는 장치는?

① 전격방지기
② 원격제어장치
③ 무선식 원격제어장치
④ 고주파 발생장치

해설 고주파 발생장치는 아크의 안정을 확보하기 위하여 상용 주파수의 아크 전류 외에 고전압 3000~4000V를 발생하여 용접 전류를 중첩시키는 부속 장치이다.

20. 용접 작업을 할 때 용접기의 점검사항 중 틀린 것은?

① 용접기 내외 점검 및 고장 유무 확인
② 용접 작업 전에만 반드시 실시
③ 전기 접속 및 케이블 파손 여부 확인
④ 정류자 면에 불순물 여부 확인

해설 용접기의 점검은 용접 작업 전 또는 작업 후에 반드시 실시하여야 한다.

정답 15. ② 16. ② 17. ① 18. ② 19. ④ 20. ②

21. 200V용 아크 용접기의 1차 입력이 30kVA일 때 퓨즈의 용량은 몇 A가 가장 적당한가?

① 60A ② 100A
③ 150A ④ 200A

해설 퓨즈 용량 = $\dfrac{\text{용접기 입력(1차 입력)}}{\text{전원입력}}$

$= \dfrac{30000\,\text{VA}}{200\,\text{V}} = 150\,\text{A}$

참고 퓨즈 : 안전 스위치에 설치하는 것으로 용량(2차 전류의 40%)을 구하는 식은 다음과 같다.

퓨즈 용량(A) = $\dfrac{\text{1차 입력(VA)}}{\text{전원입력(V)}}$

22. 교류 아크 용접기 용량이 AW 300을 설치하여 작업하려 하는 경우 용접기에서 작업장의 길이가 최대 40m 이내일 때 적당한 2차 측 용접용 케이블은 어떠한 것을 사용해야 하는가?

① 39mm² ② 50mm²
③ 75mm² ④ 80mm²

해설 교류 아크 용접기 용량이 AW 300인 경우 출력(2차) 측 케이블의 단면적은 50mm² 이상이어야 한다.

23. 필터유리(차광유리) 앞에 일반유리(보호유리)를 끼우는 주된 이유는?

① 가시광선을 적게 받기 위하여
② 시력의 장애를 감소시키기 위하여
③ 용접가스를 방지하기 위하여
④ 필터유리를 보호하기 위하여

해설 차광유리를 보호하기 위해 앞 뒤로 끼우는 유리를 보호유리라 한다.

24. KS C 9607에 규정된 용접봉 홀더 종류 중 손잡이 및 전체 부분을 절연하여 안전 홀더라고 하는 것은 어떤 형인가?

① A형 ② B형
③ C형 ④ S형

해설 용접봉 홀더의 종류
㉠ A형(안전 홀더) : 전체가 완전 절연된 것으로 무겁다.
㉡ B형 : 손잡이만 절연된 것이다.

정답 21. ③ 22. ② 23. ④ 24. ①

제 2 편

용접기능사

가스 절단

제1장 수동·반자동 가스 절단

제1장 수동·반자동 가스 절단

1. 수동·반자동 절단 및 용접

1-1 가스 및 불꽃

(1) 가스 용접의 개요

가스 용접(gas welding)은 다른 용접 방법에 비해 저온 용접하는 방법으로 가연성 가스와 조연성 가스인 산소 혼합물의 연소열을 이용하여 용접하는 방법이다. 산소-아세틸렌 용접, 산소-수소 용접, 산소-프로판 용접, 공기-아세틸렌 용접 등이 있으며 가장 많이 사용되는 것이 산소-아세틸렌 용접으로 간단히 가스 용접이라고 하며 용접의 한 종류이다.

(2) 가스 용접의 장단점

장점	단점
• 응용 범위가 넓고 전원설비가 필요 없다.	• 열 집중성이 나빠 효율적인 용접이 어렵다.
• 가열과 불꽃 조정이 자유롭다.	• 불꽃의 온도와 열 효율이 낮다.
• 운반이 편리하고 설비비가 싸다.	• 폭발의 위험성이 크며 금속의 탄화 및 산화의 가능성이 많다.
• 아크 용접에 비해 유해광선의 발생이 적다.	• 아크 용접에 비해 일반적으로 신뢰성이 적다.
• 박판 용접에 적당하다.	

(3) 가스 용접에 사용되는 가스가 갖추어야 할 성질

① 불꽃의 온도가 금속의 용융점 이상으로 높을 것(순철은 1540℃, 일반철강은 1230~1500℃)
② 연소속도가 빠를 것(표준불꽃이 아세틸렌 1 : 산소 2.5(1.5는 공기 중 산소), 프로판 1 : 산소 4.5 정도가 필요하다)
③ 발열량이 클 것
④ 용융 금속에 산화 및 탄화 등의 화학반응을 일으키지 않을 것

(4) 가스 및 불꽃

① 수소(hydrogen, H_2)

  ㈎ 비중(0.695)이 작아 확산속도가 크고 누설이 쉽다.

  ㈏ 백심(inner cone)이 있는 뚜렷한 불꽃을 얻을 수 없으며, 무광의 불꽃으로 불꽃 조절이 육안으로 어렵다.

  ㈐ 수중 절단 및 납(Pb)의 용접에만 사용되고 있다.

② LP 가스(Liquefied Petroleum gas : 액화석유가스)

  ㈎ 주로 프로판(propane, C_3H_8)으로서 부탄(butane, C_4H_{10}), 에탄(ethane, C_2H_6), 펜탄(pentane, C_5H_{12})으로 구성된 혼합기체이다.

  ㈏ 공기보다 무겁고(비중1.5) 연소 시 필요 산소량은 1 : 4.5(부탄은 5배)이다.

  ㈐ 액체에서 기체 가스가 되면 체적은 250배로 팽창된다.

③ 산소(oxygen, O_2)

  ㈎ 무색, 무미, 무취의 기체로 비중 1.105, 융점 −219℃, 비점 −182℃로서 공기보다 약간 무겁다.

  ㈏ 다른 물질의 연소를 돕는 조연성(지연성) 가스이다.

  ㈐ −119℃에서 50기압 이상 압축 시 담황색의 액체로 된다.

  ㈑ 대부분 원소와 화합하여 산화물을 만든다.

  ㈒ 타기 쉬운 기체와 혼합 시 점화하면 폭발적으로 연소한다.

④ 아세틸렌(acetylene, C_2H_2)

  ㈎ 성질

    ㉮ 비중이 0.906으로 공기보다 가벼우며 1L의 무게는 15℃, 0.1MPa에서 1.176g이다.

    ㉯ 순수한 것은 일종의 에텔과 같은 향기를 내며 연소 불꽃색은 푸르스름하다.

    ㉰ 아세틸렌 제조과정에서 일어난 불순물 인화수소(PH_3), 유화수소(H_2S), 암모니아(NH_3)를 포함하고 있어 악취를 내며 연소 시 색은 붉고 누르스름하다.

    ㉱ 각종 액체에 잘 용해된다. 15℃, 0.1기압에서 보통 물에는 1.1배(같은 양), 석유에는 2배, 벤젠에는 4배, 순수한 알코올에는 6배, 아세톤(acetone, CH_3COCH_3)에는 25배가, 12기압에서는 300배나 용해되어 그 용해량은 온도가 낮을수록 또 압력이 증가할수록 증가하며 단, 염분을 포함시킨 물에는 거의 용해되지 않는다. 아세톤에 이와 같이 잘 녹는 성질을 이용하여 용해 아세틸렌을 만들어서 용접에 이용되고 있다.

(나) 폭발성
  ㉮ 온도의 영향
    ㉠ 406~408℃에서 자연 발화한다.
    ㉡ 505~515℃가 되면 폭발한다.
    ㉢ 산소가 없어도 780℃가 되면 자연 폭발된다.
  ㉯ 압력의 영향
    ㉠ 15℃, 0.2MPa 이상 압력 시 폭발 위험이 있다.
    ㉡ 산소가 없을 시에도 0.3MPa(게이지 압력 0.2MPa) 이상 시 폭발 위험이 있다.
    ㉢ 실제 불순물의 함유로 0.15MPa 압축 시 충격, 진동 등에 의해 분해 폭발의 위험이 있다.
  ㉰ 혼합 가스의 영향
    ㉠ 아세틸렌 15%, 산소 85%일 때 가장 폭발 위험이 크고, 아세틸렌 60%, 산소 40%일 때 가장 안전하다(공기 중에 10~20%의 아세틸렌 가스가 포함될 때 가장 위험하다).
    ㉡ 인화수소 함유량이 0.02% 이상 시 폭발성을 가지며, 0.06% 이상 시 대체로 자연 발화에 의하여 폭발된다.
  ㉱ 외력의 영향 : 외력이 가해져 있는 아세틸렌 가스에 마찰, 진동, 충격 등의 외력이 작용하면 폭발할 위험이 있다.
  ㉲ 화합물 생성 : 아세틸렌 가스는 구리, 구리 합금(62% 이상의 구리), 은, 수은 등과 접촉하면 이들과 화합하여 폭발성 있는 화합물을 생성한다. 또 폭발성 화합물은 습기나 암모니아가 있는 곳에서 생성되기 쉽다.

> **참고** 아세틸렌과 구리가 화합 시 폭발성이 있는 아세틸라이드($Cu_2C_2H_2O$)를 생성하며 공기 중의 온도 130~150℃에서 발화된다.
>
> $$2Cu + C_2H_2 \rightarrow Cu_2C_2 + H_2$$

⑤ 각종 가스 불꽃의 최고온도
  ㈎ 산소-아세틸렌 불꽃 : 3430℃
  ㈏ 산소-수소 불꽃 : 2900℃
  ㈐ 산소-프로판 불꽃 : 2820℃
  ㈑ 산소-메탄 불꽃 : 2700℃

1-2 가스 용접 설비 및 기구

(1) 산소 병(oxygen cylinder & bombe)

① 개요
- ㈎ 산소 병은 보통 35℃에서 15 MPa(150 kg/cm^2)의 고압산소가 충전된 속이 빈 원통형으로 크기는 일반적으로 기체 용량 5000 L, 6000 L, 7000 L 등의 3종류가 많이 사용된다.
- ㈏ 산소 병의 구성은 본체, 밸브, 캡의 3부분이며 용기 밑 부분의 형상은 볼록형, 오목형, 스커트형이 있고 병의 강 두께는 7~9 mm 정도이며 산소 병 밸브의 안전장치는 파열판식이다.
- ㈐ 산소 병의 정기검사는 내용적 500 L 미만은 3년마다 실시하며, 외관검사, 질량검사, 내압검사(수조식, 비수조식) 등의 검사를 하고 내압시험압력은 250 kg/cm^{2}이 사용된다.
- ㈑ 산소 병의 총 가스량=내용적×기압(게이지 압력)
- ㈒ 산소 병의 소비량=내용적×현재 사용된 기압

② 산소 병을 취급할 때의 주의사항
- ㈎ 산소 병에 충격을 주지 말고 뉘어 두어서는 안 된다(고압밸브가 충격에 약해 보호).
- ㈏ 고압가스는 타기 쉬운 물질에 닿으면 발화하기 쉬우므로 밸브에 그리스(grease)와 기름기 등을 묻혀서는 안 된다.
- ㈐ 안전 캡으로 병 전체를 들려고 하지 말아야 한다.
- ㈑ 산소 병을 직사광선에 노출시키지 않아야 하며 화기로부터 멀리 두어야 한다(5 m 이상).
- ㈒ 항상 40℃ 이하로 유지하고 용기 내의 압력 17 MPa(170 kg/cm^2)이 너무 상승되지 않도록 한다.
- ㈓ 밸브의 개폐는 조용히 하고 산소 누설검사는 비눗물을 사용하여야 한다.

용기 온도(℃)	-5	0	5	10	15	20	25	30	35	40	45	50	55	70	80
지시압력 (kg/cm^2)	130	133	135	138	140	143	145	148	150	153	155	158	160	167	170

(2) 아세틸렌 병(acetylene cylinder & bombe)

① 개요
- ㈎ 아세틸렌 병 안에는 아세톤을 흡수시킨 목탄, 규조토, 석면 등의 다공성 물질이 가득 차 있고 이 아세톤에 아세틸렌 가스가 용해되어 있다.

㈏ 용기의 구조는 밑 부분이 오목하며 보통 2개의 퓨즈 플러그(fuse plug)가 있고, 이 퓨즈 플러그는 중앙에 105±5℃에서 녹는 퓨즈 금속(성분 : Bi 53.9%, Sn 25.9%, Cd 20.2%)이 채워져 있다.

㈐ 용해 아세틸렌은 15℃에서 15 kg/cm² 으로 충전되며 용기의 크기는 15 L, 30 L, 50 L의 3종류가 사용되며 30 L의 용기가 가장 많이 사용된다.

㈑ 용해 아세틸렌 용기의 검사기간은 제조 후 15년 미만은 3년, 15~20년 미만은 2년, 20년 이상은 1년이다.

② 용해 아세틸렌 병의 아세틸렌 양의 측정 공식

$$C = 905(A - B)$$

C : 15℃, 1기압에서의 아세틸렌 가스의 용적(L)
A : 병 전체의 무게(빈 병의 무게+아세틸렌의 무게)(kg)
B : 빈병의 무게(kg)

③ 용해 아세틸렌 용기의 검사

㈎ 내압시험 : 시험압력 46.5 kg/cm²의 기체 N_2, CO_2를 사용하여 시험하며 질량 감량 5% 이하, 항구증가율 10% 이상이면 불합격이다.

㈏ 검사기간
  ㉮ 3년 : 제조 후 15년 미만
  ㉯ 2년 : 제조 후 15년 이상 20년 미만
  ㉰ 1년 : 제조 후 20년 이상

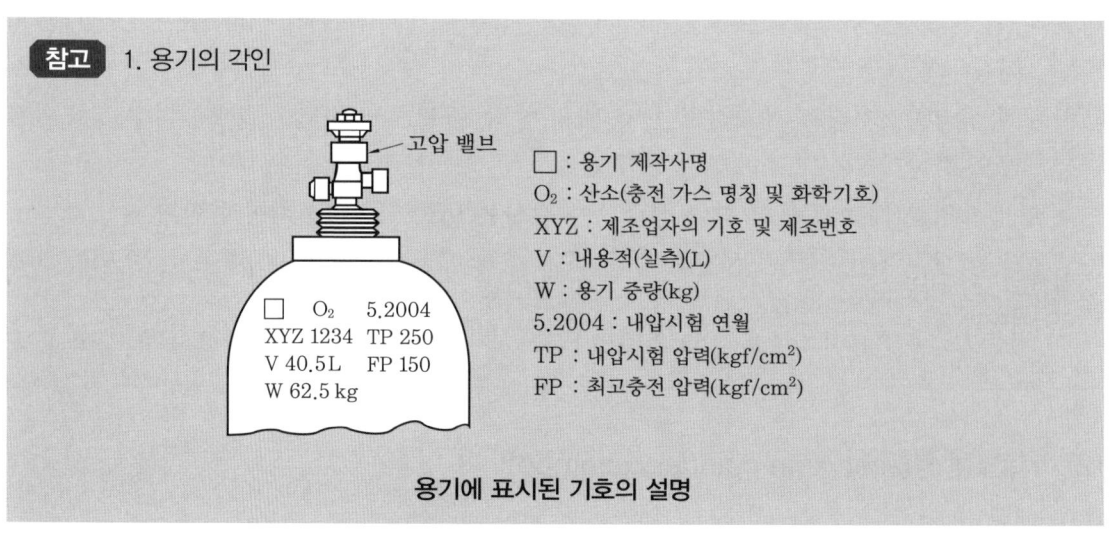

용기에 표시된 기호의 설명

2. 용기 검사 압력

가스 종류	가스 명칭	내압시험 압력
압축가스	산소	충전압력(35℃, 150 kg/cm² × 5/3 이상)
용해가스	아세틸렌	충전압력(15℃, 15 kg/cm² × 3 이상)
액화가스	프로판	15 kg/cm² 이상

3. 충전가스 용기의 도색

가스 명칭	도색	연결부의 나사 방향
산소	녹색	우
수소	주황색	좌
탄산가스	청색	우
염소	갈색	우
암모니아	백색	우
아세틸렌	황색	좌
프로판	회색	좌
아르곤	회색	우

(3) 압력 조정기(pressure requlator)

산소나 아세틸렌 용기 내의 압력은 실제 작업에서 필요로 하는 압력보다 매우 높으므로 이 압력을 실제 작업 종류에 따라 필요한 압력으로 감압하고 용기 내의 압력 변화에 관계없이 필요한 압력과 가스 양을 계속 유지시키는 기기를 압력 조정기라 한다.

① 산소용 압력 조정기 : 압력 조정 부분, 고압 게이지, 저압 게이지 등으로 구성되며, 연결 이음부의 나사는 오른나사, 조정 압력은 $0.3 \sim 0.4 \, \text{MPa}(3 \sim 4 \, \text{kgf/cm}^2)$이다.

　㈎ 산소용 1단식 조정기

　　㉮ 프랑스식(스템형) : 스템과 다이어프램으로 예민하게 작동되며 토치 산소밸브를 연 상태에서 압력을 조정한다.

　　㉯ 독일식(노즐형) : 에보나이트계 밸브시이드 조정 스프링에 의해 작동되며 프랑스식보다 예민하지 않다.

　㈏ 산소용 2단식 조정기 : 1단 감압부는 노즐형, 2단은 스템형의 구조로 되어 있다.

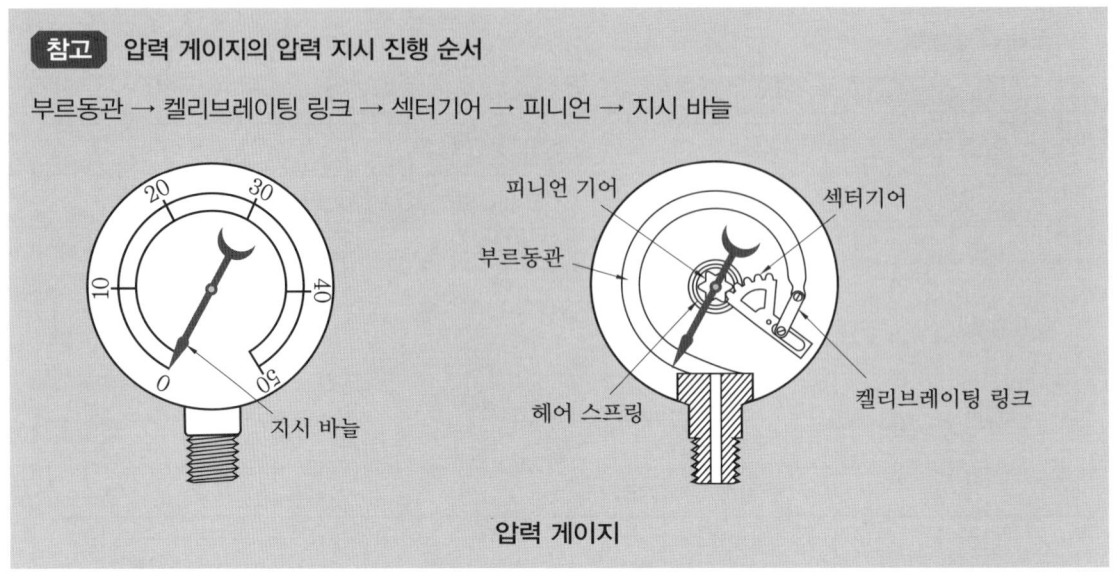

② 아세틸렌용 압력 조정기 : 구조 및 기구는 산소용 스템형과 흡사하며 사용 중에 일정한 압력이 되도록 한다. 연결 이음부의 나사는 왼나사이고, 0.01~0.03 MPa (0.1~0.3 kgf/cm^2)의 낮은 압력 조정 스프링을 사용한다.

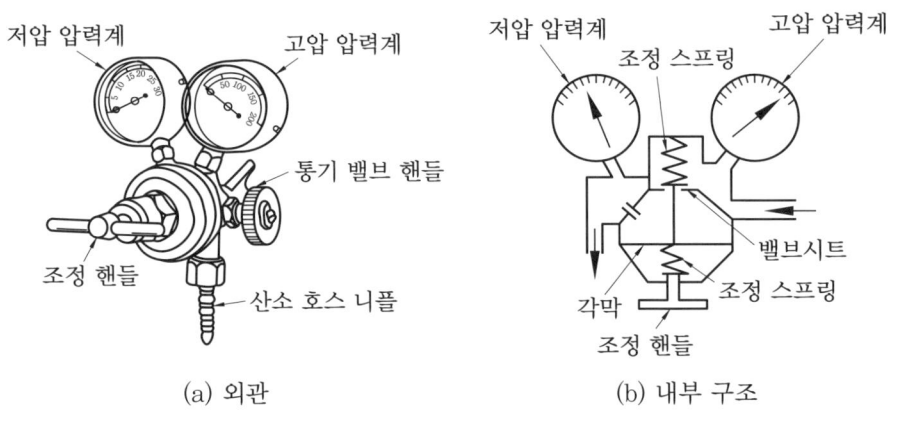

(a) 외관   (b) 내부 구조

압력 조정기

(4) 토치(welding torch)

가스 병 또는 발생기에서 공급된 아세틸렌 가스와 산소를 일정한 혼합 가스로 만들고 이 혼합 가스를 연소시켜 불꽃을 형성해서 용접 작업에 사용하는 기구를 가스 용접기 또는 토치라 하며 주요 구성은 산소 및 아세틸렌 밸브, 혼합실, 팁으로 되어 있다.

> **참고** 토치의 구비조건
>
> • 구조가 간단하고 취급이 용이하며 작업이 확실할 것
> • 불꽃이 안정되고 안전성을 충분히 구비하고 있을 것

① 토치의 종류
　㈎ 저압식(인젝터식) 토치 : 사용 압력(발생기 0.007 MPa(0.07 kg/cm²) 이하, 용해 아세틸렌 압력(0.02 MPa(0.2 kg/cm²) 미만)이 낮으며, 인젝터 부분에 니들 밸브가 있어 유량과 압력을 조정할 수 있는 가변압식(프랑스식, B형)과 1개의 팁에 1개의 인젝터로 되어 있는 불변압식(독일식, A형)이 있다.
　㈏ 중압식(등압식, 세미인젝터식) 토치 : 아세틸렌 압력 0.007~0.13 MPa로 아세틸렌 압력이 높아 역류, 역화의 위험이 적고 불꽃의 안전성이 좋다.

② 팁의 능력
　㈎ 프랑스식 : 1시간 동안 중성 불꽃으로 용접하는 경우 아세틸렌의 소비량을 (L)로 나타낸다. 예를 들어 팁 번호가 100, 200, 300이라는 것은 매시간의 아세틸렌 소비량이 중성 불꽃으로 용접 시 100 L, 200 L, 300 L라는 뜻이다.
　㈏ 독일식 : 연강판 용접 시 용접할 수 있는 판의 두께를 기준으로 팁의 능력을 표시한다. 예를 들어 1 mm 두께의 연강판 용접에 적합한 팁의 크기를 1번, 두께 2 mm 판에는 2번 팁 등으로 표시한다.

> **참고** 역류, 역화의 원인
>
> • 토치 취급이 잘못되었거나 팁 과열 시
> • 토치 성능이 불비하거나 체결 나사가 풀렸을 때
> • 아세틸렌 공급가스가 부족할 때
> • 팁이 석회가루, 먼지, 스패터, 기타 잡물로 막혔을 때
> (역류, 역화의 발생 시에는 먼저 아세틸렌 밸브를 잠그고 산소 밸브를 잠근 뒤에, 팁 과열 시는 산소 밸브만 열고 찬물에 팁을 담가 냉각시킨다.)

(5) 용접용 호스(hose)

가스 용접에 사용되는 도관은 산소 또는 아세틸렌 가스를 용기 또는 발생기에서 청정기, 안전기를 통하여 토치까지 송급하도록 연결한 관을 말하며 강관과 고무호스가 있다. 먼 거리에는 강관이 이용되고 짧은 거리(5 m 정도)에서는 고무호스가 사용된다. 그 크기를 내경으로 나타내며 6.3 mm, 7.9 mm, 9.5 mm의 3종류가 있어 보통 7.9 mm의 것이 널리 사용되고 소형 토치에는 6.3 mm가 이용되며 호스 길이는 5 m 정도가 적당하다.

또한 고무호스는 산소용은 9 MPa(90 kg/cm^2), 아세틸렌 1 MPa(10 kg/cm^2)의 내압시험에 합격한 것이어야 하며 구별할 수 있게 산소는 흑색(일본의 규격)·녹색, 아세틸렌은 적색으로 된 것을 사용한다.

(6) 기타 공구 및 보호구

차광유리(절단용 3~6, 용접용 4~9), 팁 클리너(tip cleaner), 토치 라이터, 와이어 브러시, 스패너, 단조집게 등을 사용한다.

(7) 가스 용접 재료

① 용접봉(gas welding rods for mild steel) : KS D 7005에 규정된 가스 용접봉은 보통 맨 용접봉(보통은 부식을 방지하기 위하여 구리도금이 되어 있다)이지만 아크 용접봉과 같이 피복된 용접봉도 있고 때로는 용제를 관의 내부에 넣은 복합심선을 사용할 때도 있다. 보통 시중에 판매되는 것은 길이가 1000 mm이다.

② 가스 용접봉과 모재와의 관계

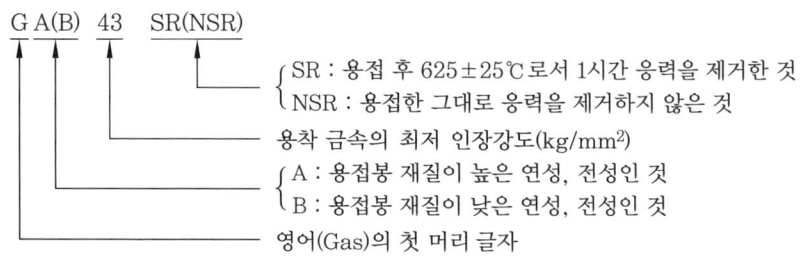

구분	가스 용접봉의 표준 치수	허용차
지름(mm)	1.0, 1.6, 2.0, 2.6, 3.2, 4.0, 5.0, 6.0, 8.0	±0.1
길이(mm)	1000	±3

모재의 두께에 따라 용접봉 지름은 다음과 같다.

$$D = \frac{T}{2} + 1$$

D : 용접봉 지름(mm), T : 모재 두께(mm)

|예|상|문|제|

1. 가스 용접의 장점이 아닌 것은?
① 응용 범위가 넓고 전원설비가 필요 없다.
② 가열과 불꽃 조정이 아크 용접에 비해 어렵다.
③ 운반이 편리하고 설비비가 싸다.
④ 박판에 적합하고 유해광선 발생이 적다.

해설 ② 가열과 불꽃 조정이 자유롭다.

2. 가스 용접에 사용되는 가스가 갖추어야 할 성질 중 잘못된 것은?
① 불꽃의 온도가 용접할 모재의 용융점 이상으로 높을 것
② 연소속도가 늦을 것
③ 발열량이 클 것
④ 용융 금속에 산화 및 탄화 등의 화학반응을 일으키지 말 것

해설 ② 연소속도가 빨라야 발열량이 커진다.

3. 가스 용접에 사용되는 가스 중 백심이 있는 뚜렷한 불꽃을 얻을 수 없고 수중 절단 및 납의 용접에만 사용되는 가스는?
① 수소
② LP 가스
③ 산소
④ 아세틸렌 가스

해설 수소 가스
㉠ 비중(0.695)이 작아 확산속도가 크고 누설이 쉽다.
㉡ 백심(inner cone)이 있는 뚜렷한 불꽃을 얻을 수 없으며, 무광의 불꽃으로 불꽃 조절이 육안으로 어렵다.
㉢ 수중 절단 및 납(Pb)의 용접에만 사용되고 있다.

4. 가스 용접이나 절단에 사용되는 LP 가스의 성질 중 틀린 것은?
① 공기보다 무겁다.
② 연소할 때 다른 가스보다 많은 산소량이 필요하다.
③ 액체에서 기체 가스가 되면 체적은 150배로 팽창한다.
④ 주로 프로판, 부탄 등의 혼합기체이다.

해설 ③ 액체에서 기체 가스가 되면 체적은 250배로 팽창된다.

5. 아세틸렌은 삼중 결합을 갖는 불포화 탄화수소로 매우 불안정하여 폭발성을 갖는다. 다음 설명 중 틀린 것은?
① 406~408℃에서 자연 발화한다.
② 15℃, 0.2MPa 이상 압력 시 폭발 위험이 있다.
③ 아세틸렌 60%, 산소 40%일 때 가장 폭발 위험이 크다.
④ 인화수소 함유량이 0.06% 이상 시 자연 발화에 의해 폭발된다.

해설 ③ 아세틸렌 15%, 산소 85%일 때 가장 폭발 위험이 크고, 아세틸렌 60%, 산소 40%일 때 가장 안전하다.

6. 다음 중 아세틸렌과 접촉하여도 폭발성이 없는 것은?
① 공기   ② 산소
③ 인화수소   ④ 탄소

해설 아세틸렌의 폭발성은 탄소와는 관계없다.

정답 1. ② 2. ② 3. ① 4. ③ 5. ③ 6. ④

7. 가스 용접에서 정압 생성열(kcal/m² · h)이 가장 작은 가스는?
① 아세틸렌 ② 메탄
③ 프로판 ④ 부탄

해설 연료가스 중 발열량은 아세틸렌이 12753.7, 메탄이 8132.8, 프로판이 20550.1, 부탄은 26691.1이며 가장 적은 생성열은 메탄이다.

8. 아세틸렌 가스는 각종 액체에 잘 용해가 된다. 다음 중 액체에 대한 용해량이 잘못 표기된 것은?
① 석유-2배 ② 벤젠-6배
③ 아세톤-25배 ④ 물-1.1배

해설 아세틸렌 가스는 각종 액체에 잘 용해되며 물은 같은 양, 석유는 2배, 벤젠은 4배, 알코올은 6배, 아세톤은 25배가 용해되며 용해량은 온도를 낮추고 압력이 증가됨에 따라 증가한다. 단, 염분을 함유한 물에는 잘 용해가 되지 않는다.

9. 산소 병에 대한 설명 중 잘못된 것은?
① 산소 병은 이음매가 없는 병으로 구성은 본체, 밸브, 캡의 3부분이다.
② 산소 병은 보통 35℃에서 15 MPa(150 kg/cm²)의 고압산소가 충전된다.
③ 산소 병의 정기검사는 내용적 500L 미만은 1년마다 실시한다.
④ 산소 병의 밑 부분의 형상은 볼록형, 오목형, 스커트형이 있다.

해설 산소 병의 정기검사는 내용적 500L 미만은 3년마다 실시하며, 외관검사, 질량검사, 내압검사(수조식, 비수조식) 등의 검사를 하고 내압시험압력은 $\left(충전압력 \times \dfrac{5}{3}\right) 250 \, kg/cm^2$ 이 사용된다.

10. 산소 병을 취급할 때의 주의사항으로 틀린 것은?
① 산소 병에 충격을 주지 말고 뉘어 두어서는 안 된다.
② 고압가스는 타기 쉬운 물질에 닿으면 발화하기 쉬우므로 밸브에 그리스(grease)와 기름기 등을 묻혀서는 안 된다.
③ 안전상으로 반드시 안전 캡을 씌운 뒤 병 전체를 들어야 한다.
④ 산소 병을 직사광선에 노출시키지 않아야 하며 화기로부터 최소한 5m 이상 멀리 두어야 한다.

해설 ③ 안전 캡으로 병 전체를 들려고 하지 말아야 한다.

11. 산소 용기의 용량이 30리터이다. 최초의 압력이 150 kgf/cm²이고, 사용 후 100 kgf/cm²로 되면 몇 리터의 산소가 소비되는가?
① 1020 ② 1500
③ 3000 ④ 4500

해설 산소 용기의 소비량
= 내용적 × 현재 사용된 기압
= 30 × (150−100) = 1500 L

12. 산소 용기의 용량이 40리터이다. 최초의 압력이 150 kgf/cm²이고, 사용 후 100 kgf/cm²로 되면 몇 리터의 산소가 소비되는가?
① 1020 ② 1500
③ 2000 ④ 4500

해설 산소 용기의 소비량
= 내용적 × 현재 사용된 기압
= 40 × (150−100) = 2000 L

13. 용해 아세틸렌 가스를 충전하였을 때 용기 전체의 무게가 34 kgf이고 사용 후 빈 병

정답 7.② 8.② 9.③ 10.③ 11.② 12.③ 13.④

의 무게가 31 kgf이면 15℃, 1기압 하에서 충전된 아세틸렌 가스의 양은 약 몇 L인가?

① 465L ② 1054L
③ 1581L ④ 2715L

해설 아세틸렌 가스의 양(C)
= 905 × (병 전체의 무게 − 빈 병의 무게)
= 905 × (34 − 31) = 2715L

14. 용해 아세틸렌 병은 안전상 용기의 구조에 퓨즈 플러그(fuse plug)가 있고 어느 정도 온도가 올라가면 녹아서 가스를 분출한다. 몇 도에서 녹는가?

① 85±5℃ ② 95±5℃
③ 105±5℃ ④ 115±5℃

해설 아세틸렌 가스 용기의 구조는 밑 부분이 오목하며 보통 2개의 퓨즈 플러그(fuse plug)가 있고 이 퓨즈 플러그는 중앙에 105±5℃에서 녹는 퓨즈 금속(성분 : Bi 53.9%, Sn 25.9%, Cd 20.2%)이 채워져 있다.

15. 압력 게이지의 압력 지시 진행 순서를 맞게 설명한 것은?

① 부르동관 → 켈리브레이팅 링크 → 섹터기어 → 피니언 → 지시 바늘
② 섹터기어 → 켈리브레이팅 링크 → 부르동관 → 피니언 → 지시 바늘
③ 피니언 → 켈리브레이팅 링크 → 섹터기어 → 부르동관 → 지시 바늘
④ 켈리브레이팅 링크 → 부르동관 → 섹터기어 → 피니언 → 지시 바늘

16. 산소용 압력 게이지는 보통 프랑스식과 독일식이 있는데 다음 설명으로 틀린 것은?

① 프랑스식은 스템형이라 불리어진다.
② 독일식은 노즐형이라 불리어진다.
③ 스템형은 스템과 다이어프램으로 예민하지 않다.
④ 노즐형은 에보나이트계 밸브시이드로 조정하여 예민하지 않다.

해설 ③ 스템형은 스템과 다이어프램으로 예민하게 작동된다.

17. 산소−아세틸렌 가스 용접에 사용하는 아세틸렌용 호스의 색은?

① 청색 ② 흑색
③ 적색 ④ 녹색

해설 가스 용접에 사용하는 호스의 색은 아세틸렌은 적색, 산소는 녹색(일본은 흑색)을 사용한다.

18. 불변압식 팁 1번의 능력은 어떻게 나타내는가?

① 두께 1mm의 연강판 용접
② 두께 1mm의 구리판 용접
③ 아세틸렌 사용압력이 1kg/cm²이라는 뜻
④ 산소의 사용압력이 1kg/cm² 이하이어야 적당하다는 뜻

해설 독일식 : 연강판 용접 시 용접할 수 있는 판의 두께를 기준으로 팁의 능력을 표시한다. 예를 들어 1mm 두께의 연강판 용접에 적합한 팁의 크기를 1번, 두께 2mm 판에는 2번 팁 등으로 표시한다.

19. 연강용 가스 용접봉에 GA 46이라고 표시되어 있을 경우, 46이 나타내고 있는 의미는?

① 용착 금속의 최대 인장강도
② 용착 금속의 최저 인장강도
③ 용착 금속의 최대 중량
④ 용착 금속의 최소 두께

해설 G A(B) 43 SR(NSR)
㉠ G : 영어(Gas)의 첫 머리 글자

ⓒ A : 용접봉 재질이 높은 연성, 전성인 것
ⓒ B : 용접봉 재질이 낮은 연성, 전성인 것
ⓔ 43 : 용착 금속의 최저 인장강도(kg/mm²)
ⓜ SR : 용접 후 625±25℃로서 1시간 응력을 제거한 것
ⓗ NSR : 용접한 그대로 응력을 제거하지 않은 것

20. 액화 산소 용기에 액체 산소를 6000L 충전하여 사용 시 기체 산소 6000L가 들어가는 용기 몇 병에 해당하는 일을 할 수 있는가?

① 0.83병 ② 500병 ③ 900병 ④ 1250병

해설 액체 산소 1L를 기화하면 900L(0.9 m³)의 기체 산소로 되기 때문에 계산식에 의해 계산하면 다음과 같다.
(6000L×900L)÷6000L=900병

21. 가스 용접에서 역화의 원인이 될 수 없는 것은?

① 아세틸렌의 압력이 높을 때
② 팁 끝이 모재에 부딪혔을 때
③ 스패터가 팁의 끝 부분에 덮였을 때
④ 토치에 먼지나 물방울이 들어갔을 때

해설 역화란 폭음이 나면서 불꽃이 꺼졌다가 다시 나타나는 현상을 말한다. 역화의 원인은 ②, ③, ④ 외에 산소 압력의 과다로 팁 끝이 모재에 닿아 순간적으로 팁 끝이 막히거나, 팁 끝의 가열 및 조임 불량 등이 있다.

22. 용접 30리터의 아세틸렌 용기의 고압력계에서 60기압이 나타났다면, 가변압식 300번 팁으로 약 몇 시간을 용접할 수 있는가?

① 4.5시간 ② 6시간 ③ 10시간 ④ 20시간

해설 가변압식 팁은 1시간 동안에 표준 불꽃으로 용접할 경우에 아세틸렌 가스의 소비량을 나타낸다. 따라서 30리터×고압력계 60=1800으로 이것을 300으로 나누면 6시간이다.

23. 구리 합금의 가스 용접에 사용되는 불꽃의 종류는 어느 것인가?

① 아세틸렌 불꽃 ② 탄화 불꽃
③ 표준 불꽃   ④ 산화 불꽃

해설 산화 불꽃은 표준 불꽃 상태에서 산소의 양이 많아진 불꽃으로 구리 합금(황동) 용접에 사용되는 가장 온도가 높은 불꽃이다.

24. 다음 중 가스 용기 보관실의 안전 관리 수칙으로 틀린 것은?

① 용기 보관실은 외면으로부터 보호시설까지 안전거리를 유지한다.
② 저장설비는 각 가스용기 집합식으로 하지 아니한다.
③ 용기보관실 내에는 방폭 등 외에도 다양한 조명 등을 설치한다.
④ 가스누설 감지 및 경보기를 설치하고 항상 정상 유무를 확인한다.

해설 용기보관실 내에 일반 조명은 스파크가 튈 우려가 있으므로 화재 위험을 사전에 예방하는 방법으로 방폭 등을 사용해야 한다.

25. 가스 용접에서 모재의 두께가 4.5mm일 때 용접봉 지름은 몇 mm를 사용해야 하는가?

① 2.0 ② 2.4 ③ 3.2 ④ 5

해설 $D = \dfrac{T}{2} + 1 = \dfrac{4.5}{2} + 1 = 3.25\,\text{mm}$

→ 용접봉 지름은 3.2mm가 적당하다.
여기서, D : 용접봉 지름(mm)
T : 모재 두께(mm)

정답 20. ③ 21. ① 22. ② 23. ④ 24. ③ 25. ③

1-3 산소, 아세틸렌 용접 및 절단기법

(1) 산소-아세틸렌 불꽃

① 불꽃의 종류
  ㈎ 탄화 불꽃(excess acetylene flame) : 산소(공기 중과 토치에 산소량)의 양이 아세틸렌보다 적어 이루어진 불완전 연소로 인해 불꽃의 온도가 낮아 스테인리스강, 스텔라이트, 모넬 메탈, 알루미늄 등의 용접에 사용된다.
  ㈏ 표준 불꽃(neutral flame : 중성 불꽃) : 산소와 아세틸렌의 혼합비율이 1 : 1로 된 일반용접에 사용되는 불꽃이다(실제로는 대기 중에 있는 산소를 포함한 산소 2.5 : 아세틸렌 1의 비율이 된다).
  ㈐ 산화 불꽃(excess oxygen flame) : 표준 불꽃 상태에서 산소의 양이 많아진 불꽃으로 구리 합금 용접에 사용되는 가장 온도가 높은 불꽃이다.

② 불꽃과 피 용접 금속과의 관계

불꽃의 종류	용접이 가능한 금속
탄화 불꽃	스테인리스강, 스텔라이트, 모넬 메탈 등
표준 불꽃	연강, 반연강, 주철, 구리, 청동, 알루미늄, 아연, 납, 은 등
산화 불꽃	황동

(2) 산소-아세틸렌 용접법

전진법과 후진법의 비교

항목	전진법	후진법
열 이용률	나쁘다.	좋다.
비드 모양	보기 좋다.	매끈하지 못하다.
용접 속도	느리다.	빠르다.
홈의 각도	크다(80~90°).	작다(60°).
용접 변형	크다.	작다.
산화 정도	심하다.	약하다.
모재의 두께	얇다.	두껍다.
용착 금속의 냉각	급랭	서랭

① 전진법(좌진법 : fore ward method) : 토치의 팁 앞에 용접봉이 진행되어 가는 방법으로 토치 팁이 오른쪽에서 왼쪽으로 이동하는 방법이다. 불꽃이 용융지의 앞쪽을 가열하므로 용접부가 과열되기 쉽고 변형이 많아 3mm 이하의 얇은 판이나 변두리 용

접에 사용되며, 토치 이동 각도는 전진 방향 반대쪽이 45~70°, 용접봉 첨가 각도는 30~45°로 이동한다.

② 후진법(우진법 : back hand method) : 토치 팁이 먼저 진행하고 그 뒤로 용접봉과 용융풀이 쫓아가는 방법으로서 토치 팁이 왼쪽에서 오른쪽으로 이동되므로 용융지의 가열시간이 짧아 과열되지 않으므로 용접 변형이 적고 속도가 커서 두꺼운 판 및 다층 용접에 사용되고 점차적으로 위보기 자세에 많이 사용한다.

1-4 가스 절단 장치 및 방법

(1) 절단의 분류

① 절단 방법에 따른 분류

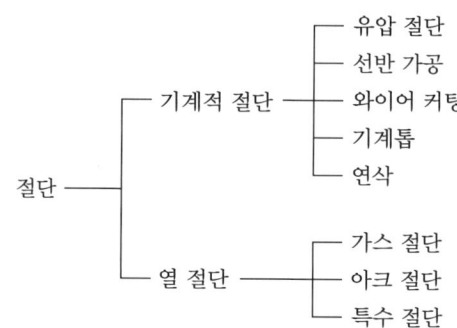

② 열 절단의 분류

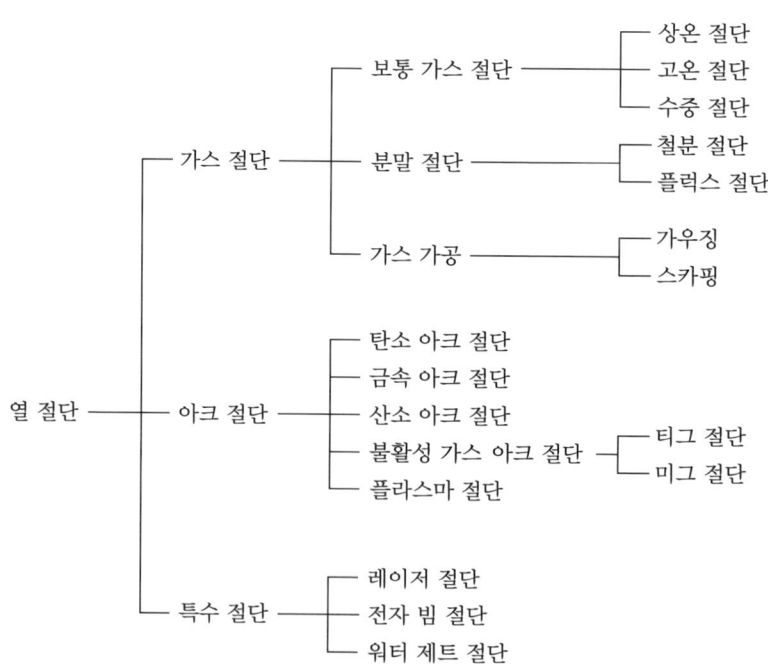

(2) 절단의 원리

① 가스 절단 : 강의 가스 절단은 절단 부분의 예열 시 약 850~900℃에 도달했을 때 고온의 철이 산소 중에서 쉽게 연소하는 화학반응의 현상을 이용하는 것이다. 고압 산소를 팁의 중심에서 불어 내면 철은 연소하여 저용융점 산화철이 되고 산소 기류에 불려 나가 약 2~4mm 정도의 홈이 파져 절단 목적을 이룬다(주철, 10% 이상의 크롬(Cr)을 포함하는 스테인리스강이나 비철 금속의 절단은 어렵다).

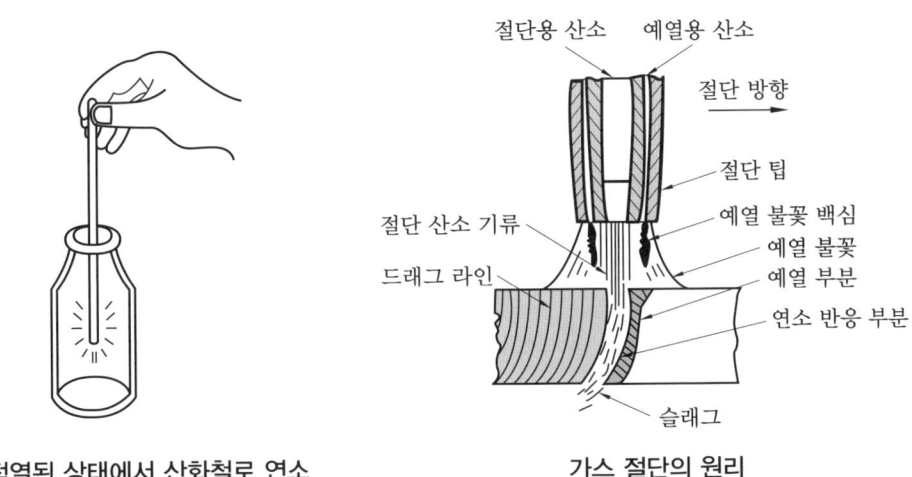

적열된 상태에서 산화철로 연소　　　가스 절단의 원리

- 제1반응 : $Fe + \dfrac{1}{2}O_2 \rightarrow FeO + 63.8 \text{kcal}$

- 제2반응 : $2Fe + 1\dfrac{1}{2}O_2 \rightarrow Fe_2O_3 + 196.8 \text{kcal}$

- 제3반응 : $3Fe + 2O_2 \rightarrow Fe_3O_4 + 267.8 \text{kcal}$

② 아크 절단 : 아크의 열에너지로 피절단재(모재)를 용융시켜 절단하는 방법으로 압축공기나 산소를 이용하여 국부적으로 용융된 금속을 밀어내며 절단하는 것이 일반적이다.

(3) 가스 절단 장치의 구성

가스 절단 장치는 절단 토치(팁 포함), 산소와 연료 가스용 호스, 압력 조정기, 가스 병 등으로 구성되나 반자동 및 자동 가스 절단 장치는 절단 팁, 전기시설, 주행 대차, 안내 레일, 축도기, 추적장치 등 다수 부속 및 주 장치가 사용되고 있다.

① 수동 가스 절단 장치

　(개) 절단 토치와 팁 : 수동 가스 절단 장치의 토치는 산소와 아세틸렌을 혼합하여 예열용 가스로 만드는 부분과 고압의 산소만을 분출시키는 부분으로 되어 있다.

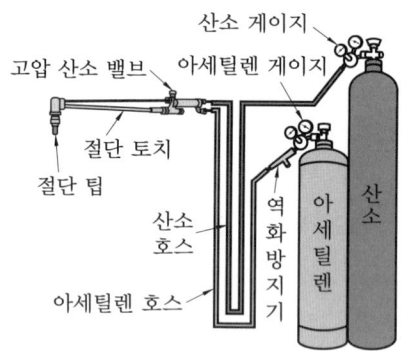

수동 가스 절단 장치

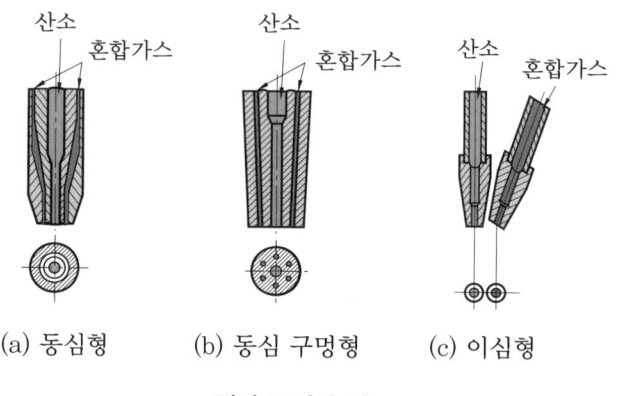

(a) 동심형   (b) 동심 구멍형   (c) 이심형

절단 토치와 팁

㉮ 저압식 절단 토치 : 아세틸렌의 게이지 압력이 $0.007\,\text{MPa}(0.07\,\text{kg/cm}^2)$ 이하에서 사용되는 인젝터식으로 니들 밸브가 있는 가변압식과 니들 밸브가 없는 불변압식이 있다.

㉠ 동심형(프랑스식) 팁 : 두 가지 가스를 이중으로 된 동심원의 구멍으로부터 분출하는 형으로 전후좌우 및 곡선을 자유로이 절단한다.

㉡ 이심형(독일식) 팁 : 예열 불꽃과 절단 산소용 팁이 분리되어 있으며, 예열 팁이 붙어 있는 방향으로만 절단이 되어 직선 절단은 능률적이고 절단면이 아름다워 자동 절단기용으로 개발되어 있으나 작은 곡선 등의 절단이 곤란하다.

절단 토치 형태에 따른 특징

구분	동심형	동심 구멍형	이심형
특징	• 직선 전후좌우 절단이 가능하다. • 곡선 절단이 가능하다.	• 동심형과 비슷한 형이다. • 팁 끝 손상이 적다.	• 직선 절단이 능률적이다. • 큰 곡선 절단 시 절단면이 곱다. • 작은 곡선 절단은 곤란하다.

㈏ 중압식 절단 토치 : 아세틸렌의 게이지 압력이 0.007～0.04 MPa(0.07～0.4 kg/cm^2)의 것이며, 가스의 혼합이 팁에서 이루어지는 팁 혼합형으로 팁에 예열용 산소, 아세틸렌 가스 및 절단용 산소가 통하는 3개의 통로가 절단기 헤드까지 이어져 3단 토치라고도 한다. 또한, 용접용 토치와 같이 토치에서 예열 가스가 혼합되는 토치 혼합형도 사용되고 있다.

② 자동 가스 절단 장치 : 자동 가스 절단기는 정밀하게 가공된 절단 팁으로 적절한 절단 조건 선택 시 절단면의 거칠기는 $\frac{1}{100}$mm 정도이나 보통 팁에는 $\frac{3}{100}$～$\frac{5}{100}$mm 정도의 정밀도를 얻으며 표면 거칠기는 수동보다 수배 내지 10배 정도 높다.

㈎ 반자동 가스 절단기
㈏ 전자동 가스 절단기
㈐ 형자동 가스 절단기
㈑ 광전식형 자동 가스 절단기
㈒ 프레임 플레이너
㈓ 직선 절단기

(4) 가스 절단 방법

① 가스 절단에 영향을 주는 요소

㈎ 팁의 크기와 모양
㈏ 산소 압력
㈐ 절단 주행 속도
㈑ 팁의 거리 및 각도
㈒ 사용 가스(특히 산소)의 순도
㈓ 예열 불꽃의 세기
㈔ 절단재의 표면 상태
㈕ 절단재의 두께 및 재질
㈖ 절단재 및 산소의 예열 온도

② 드래그(drag) : 가스 절단면에 있어 절단 가스기류의 입구점에서 출구점까지의 수평거리로 드래그의 길이는 주로 절단 속도, 산소 소비량 등에 의하여 변화하므로 드래그는 판 두께의 20%를 표준으로 하고 있다.

$$\text{드래그}(\%) = \frac{\text{드래그 길이(mm)}}{\text{판 두께(mm)}} \times 100$$

표준 드래그 길이

절단 모재 두께(mm)	12.7	25.4	51	51～152
드래그 길이(mm)	2.4	5.2	5.6	6.4

③ 절단 속도 : 절단 속도는 절단 가스의 좋고 나쁨을 판정하는데 중요한 요소이며, 여기에 영향을 주는 것은 산소의 압력, 산소의 순도, 모재의 온도, 팁의 모양 등이다. 또한 절단 속도는 절단 산소의 압력이 높고, 따라서 산소 소비량이 많을수록 거의 정비례하

여 증가하며 모재의 온도가 높을수록 고온 절단이 가능하다.

④ 예열 불꽃의 역할

(가) 절단 개시점을 급속도로 연소온도까지 가열한다.

(나) 절단 중 절단부로부터 복사와 전도에 의하여 뺏기는 열을 보충한다.

(다) 강재 표면에 융점이 높은 녹, 스케일을 제거하여 절단 산소와 철의 반응을 쉽게 한다(철(Fe)의 융점은 1536℃, 각 산화철 융점은 FeO : 1380℃, Fe_2O_3 : 1539℃, Fe_3O_4 : 1565℃).

⑤ 예열 불꽃의 배치

(가) 예열 불꽃의 배치는 절단 산소를 기준으로 하여 그 앞면에 한해 배치한 동심원형과 동심원 구멍형, 이심형 등이 있다.

(나) 피치 사이클이 작은 구멍 수가 많을수록 예열은 효과적으로 행해진다.

(다) 예열 구멍 1개의 이심형 팁에 대해서는 동심형 팁에 비하여 최대 절단 모재의 두께를 고려한 절단 효율이 떨어진다(이심형 팁에서는 판 두께 50 mm 정도를 한도로 절단이 어렵다).

(라) 예열 불꽃이 강할 때

㉮ 절단면이 거칠어진다.

㉯ 슬래그 중의 철 성분의 박리가 어려워진다.

㉰ 모서리가 용융되어 둥글게 된다.

(마) 예열 불꽃이 약할 때

㉮ 절단 속도가 늦어지고 절단이 중단되기 쉽다.

㉯ 드래그가 증가한다.

㉰ 역화를 일으키기 쉽다.

⑥ 팁 거리 : 팁 끝에서 모재 표면까지의 간격으로 예열 불꽃의 백심 끝이 모재 표면에서 약 1.5~2.0 mm 정도 위에 있으면 좋다.

⑦ 가스 절단 조건

(가) 절단 모재의 산화 연소하는 온도가 모재의 용융점보다 낮아야 한다.

(나) 생성된 산화물의 용융 온도가 모재보다 낮고 유동성이 좋아 산소 압력에 잘 밀려 나가야 한다.

(다) 절단 모재의 성분 중 불연성 물질이 적어야 한다.

(5) 산소 – 아세틸렌 절단

① 절단 조건

(가) 불꽃의 세기는 산소, 아세틸렌의 압력에 의해 정해지며 불꽃이 너무 세면 절단면의 모서리가 녹아 둥그스름하게 되므로 예열 불꽃의 세기는 절단 가능한 최소가 좋다.

㈏ 실험에 의하면 아름다운 절단면은 산소압력 $0.3\,\text{MPa}(3\,\text{kg/cm}^2)$ 이하에서 얻어진다.

② 절단에 영향을 주는 모든 인자
  ㈎ 산소 순도의 영향
    ㉮ 절단 작업에 사용되는 산소의 순도는 99.5% 이상이어야 하며, 이하 시 작업 능률이 저하된다.
    ㉯ 절단 산소 중의 불순물 증가 시의 현상
      ㉠ 절단 속도가 늦어진다.
      ㉡ 절단면이 거칠며 산소의 소비량이 많아진다.
      ㉢ 절단 가능한 판의 두께가 얇아지며 절단 시작 시간이 길어진다.
      ㉣ 슬래그 이탈성이 나쁘고 절단 홈의 폭이 넓어진다.
  ㈏ 절단 팁의 절단 산소 분출 구멍 모양에 따른 영향 : 절단 속도는 절단 산소의 분출 상태와 속도에 따라 크게 좌우되므로 다이버전트 노즐의 경우는 고속 분출을 얻는데 적합하며 보통 팁에 비해 절단 속도가 같은 조건에서는 산소의 소비량이 25~40% 절약되며, 또 산소 소비량이 같을 때는 절단 속도를 20~25% 증가시킬 수 있다.

(6) 산소 – LP 가스 절단

① LP 가스 : LP 가스는 석유나 천연가스를 적당한 방법으로 분류하여 제조한 석유계 저급 탄화수소의 혼합물로 공업용에는 프로판(propane : C_3H_8)이 대부분이며, 이외에 부탄(butane : C_4H_{10}), 에탄(ethane : C_2H_6) 등이 혼입되어 있다.

② LP 가스의 성질
  ㈎ 액화하기 쉽고, 용기에 넣어 수송하기가 쉽다.
  ㈏ 액화된 것은 쉽게 기화하며 발열량도 높다.
  ㈐ 폭발 한계가 좁아서 안전도 높고 관리도 쉽다.
  ㈑ 열 효율이 높은 연소 기구의 제작이 쉽다.

③ 프로판 가스의 혼합비 : 산소 대 프로판 가스의 혼합비는 프로판 1에 대하여 산소 약 4.5배로 경제적인 면에서 프로판 가스 자체는 아세틸렌에 비하여 매우 싸다(약 1/3 정도). 산소를 많이 필요로 하므로 절단에 요하는 전 비용의 차이는 크게 없다.

- 이론 산소량 공식 : $n+\dfrac{m}{4}$ 예 $C_3H_8 \rightarrow 3+\dfrac{8}{4}=5$배
- 이론 공기량 공식 : $\left(n+\dfrac{m}{4}\right)\times\dfrac{100}{21}$ 예 $C_3H_8 \rightarrow \left(3+\dfrac{8}{4}\right)\times\dfrac{100}{21} ≒ 23.8$배

n : 탄소 수, m : 수소 수

④ 프로판 가스용 절단 팁

(가) 아세틸렌보다 연소 속도가 늦어 가스의 분출 속도를 늦게 해야 하며, 또 많은 양의 산소를 필요로 하고 비중의 차가 있어 토치의 혼합실을 크게 하고 팁에서도 혼합될 수 있게 설계해야 한다.

(나) 예열 불꽃의 구멍을 크게 하고 또 구멍 개수도 많이 하여 불꽃이 꺼지지 않도록 해야 한다.

(다) 팁 끝은 아세틸렌 팁 끝과 같이 평평하지 않고 슬리브(sleeve)를 약 1.5mm 정도 가공면보다 길게 하여 2차 공기와 완전히 혼합하여 잘 연소되게 하고 불꽃 속도를 감소시켜야 한다.

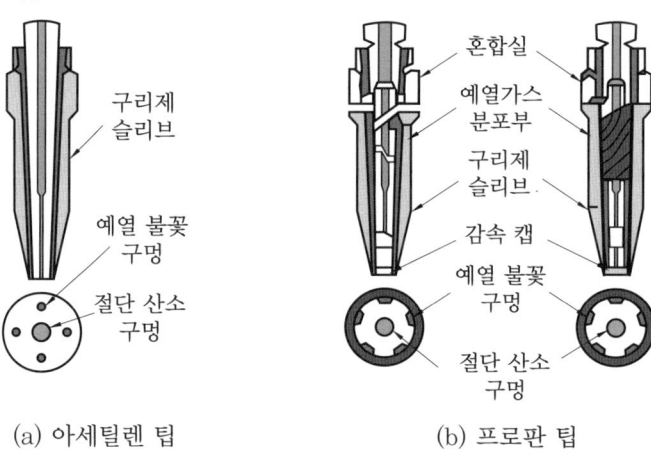

(a) 아세틸렌 팁   (b) 프로판 팁

⑤ 아세틸렌 가스와 프로판 가스의 비교

아세틸렌	프로판
• 점화하기 쉽다.	• 절단면 상부의 모서리가 녹는 것이 적다.
• 불꽃 조정이 쉽다.	• 절단면이 곱다.
• 절단 시 예열시간이 짧다.	• 슬래그 제거가 쉽다.
• 절단재 표면의 영향이 적다.	• 포갬 절단 시 아세틸렌보다 절단 속도가 빠르다.
• 박판 절단 시 절단 속도가 빠르다.	• 후판 절단 시 절단 속도가 빠르다.

참고 산소-프로판 가스 절단 점화하기 순서

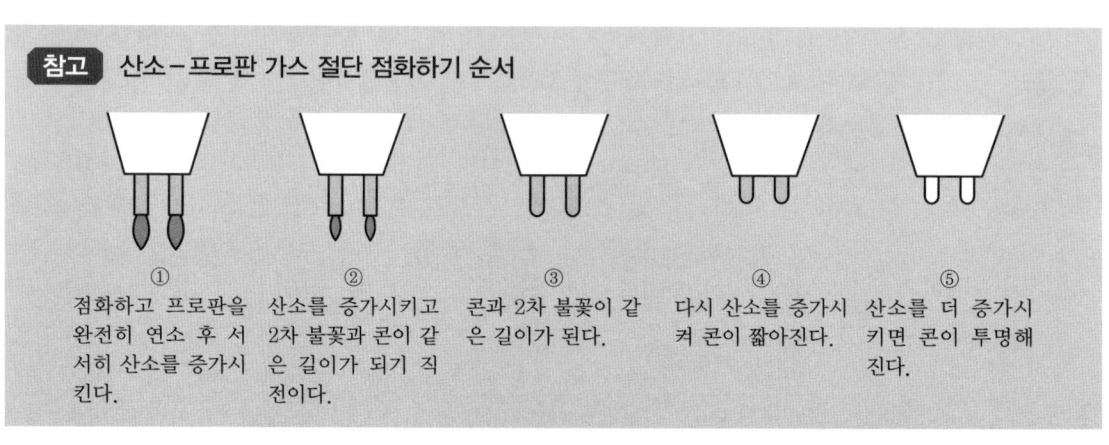

① 점화하고 프로판을 완전히 연소 후 서서히 산소를 증가시킨다.
② 산소를 증가시키고 2차 불꽃과 콘이 같은 길이가 되기 직전이다.
③ 콘과 2차 불꽃이 같은 길이가 된다.
④ 다시 산소를 증가시켜 콘이 짧아진다.
⑤ 산소를 더 증가시키면 콘이 투명해진다.

1-5 플라스마, 레이저 절단

(1) 플라스마 제트 절단(plasma jet cutting)
① 기체가 수천 도의 고온으로 되었을 때 기체 원자가 격심한 열운동에 의해 마침내 전리되어 고온과 전자로 나누어진 것이 서로 도전성을 갖고 혼합된 것을 플라스마(전극과 노즐 사이에 파일럿 아크라고 하는 소전류 아크를 발생시키고 주 아크를 발생한 뒤에 정지한다)라고 한다.
② 아크 플라스마의 외각을 가스로서 강제적 냉각 시에 열손실이 최소한으로 되도록 그 표면적을 축소시키고 전류 밀도가 증가하여 온도가 상승되며 아크 플라스마가 한 방향으로 고속으로 분출되는 것을 플라스마 제트라고 한다. 이러한 현상을 열적 핀치 효과라고 하여 플라스마 제트 절단에서는 주로 열적 핀치 효과를 이용하여 고온 아크 플라스마로 절단을 한다.
③ 절단 토치와 모재와의 사이에 전기적인 접속을 필요로 하지 않으므로 금속 재료는 물론 콘크리트 등의 비금속 재료도 절단할 수 있다.
④ 특징
 ㈎ 가스 절단법에 비교하여 피절단재의 재질을 선택하지 않고 수 mm부터 30 mm 정도의 판재에 고속 · 저 열변형 절단이 용이하다.
 ㈏ 절단 개시 시의 예열 대기를 필요로 하지 않기 때문에 작업성이 좋다.
 ㈐ 장치의 도입 비용이 높으며, 소모 부품의 수명이 짧고 레이저 절단법에 비교하면 1 mm 정도 이하의 판재에 정밀도가 떨어진다.
 ㈑ 절단 홈이 넓고, 베벨각이 있는 두꺼운 판(10 cm 정도 이상)은 절단이 어렵다.

(2) 레이저 절단
과거에 절단이 불가능하던 세라믹도 절단이 가능하고 유리, 나무, 플라스틱, 섬유 등을 임의의 형태로 절단이 가능하다. 또 금속의 박판의 절단의 경우에도 형상 변화를 최소화하여 절단이 가능하며 비철 금속의 절단과 면도날의 가공에도 응용한다.
① 레이저 빔은 코히렌트한 광원이기 때문에 파장이 오더 직경으로 교축할 수 있어 가스 불꽃이나 플라스마 제트 등에 비해 훨씬 높은 파워 밀도가 얻어진다.
② 금속, 비금속을 불문하고 매우 높은 온도로 단시간, 국소 가열할 수 있기 때문에 고속 절단, 카프 폭(자외선 레이저에서는 서브 미크론의 절단도 가능하다), 열 영향 폭이 좁고 정밀 절단, 연가공재의 절단 등이 가능하다.
③ 절단에는 탄산가스($10.6\mu m$), YAG($1.06\mu m$), 엑시마($193 \sim 350$ nm)의 각 레이저를 쓸 수 있고 연속(CW) 또는 펄스(PW) 모드를 선택해 폭넓게 응용이 가능하다.

④ 절단, 용접, 표면 개질 등의 복합 가공을 1대의 레이저로 행할 수 있다.
⑤ 레이저는 변환 효율이 낮으며 가공 기구의 비용이 높고, 초점 심도가 얕기 때문에 두꺼운 판의 절단에는 적합하지 않다는 결점이 있다.

1-6 특수 가스 절단 및 아크 절단

(1) 특수 가스 절단

① 분말 절단(powder cutting) : 절단부에 철분이나 용제 분말을 토치의 팁에 압축공기 또는 질소 가스에 의하여 자동적으로 또 연속적으로 절단 산소에 혼입 공급하여 예열 불꽃 속에서 이들을 연소 반응시켜 이때 얻어지는 고온의 발생 열과 용제 작용으로 계속 용해와 제거를 연속적으로 행하여 절단하는 것이다(현재에는 플라스마 절단법이 보급되면서 100 mm 정도 이상의 두꺼운 판 스테인리스강의 절단 이외에는 거의 이용되지 않는다).

분말 절단의 원리

㈎ 철분 절단 : 미세하고 순수한 철분 또는 철분에 알루미늄 분말을 소량 배합하고 다시 첨가제를 적당히 혼입한 것이 사용된다. 단, 오스테나이트계 스테인리스강의 절단면에는 철분이 함유될 위험성이 있어 절단 작업을 행하지 않는다.

㈏ 용제 절단 : 스테인리스강의 절단을 주목적으로 내산화성의 탄산소다, 중탄산소다를 주성분으로 하며 직접 분말을 절단 산소에 삽입하므로 절단 산소가 손실되는 일이 없이 분출 모양이 정확히 유지되고 절단면이 깨끗하며 분말과 산소 소비가 적다.

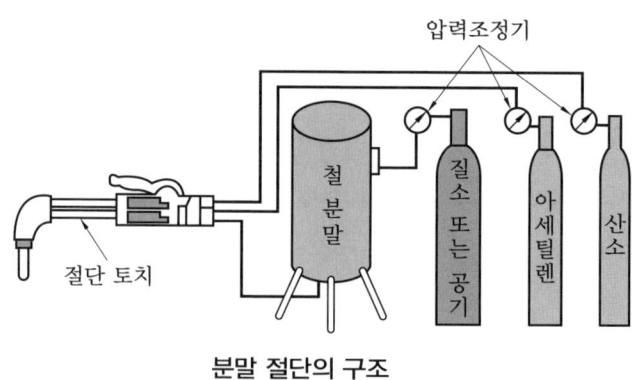

분말 절단의 구조

② 주철의 절단(cast iron cutting) : 주철은 용융점이 연소 온도 및 슬래그의 용융점보다 낮고, 또 흑연은 철의 연속적인 연소를 방해하므로 절단이 어려워 주철의 절단 시는 분말 절단을 이용하거나 보조 예열용 팁이 있는 절단 토치를 이용하여 절단한다. 연강용 일반 절단 토치 팁 사용 시는 예열 불꽃의 길이를 모재의 두께와 비슷하게 조정하고 산소 압력을 연강 시보다 25~100% 증가시켜 토치를 좌우로 이동시키면서 절단한다.

③ 포갬 절단(stack cutting) : 비교적 얇은 판(6mm 이하)을 여러 장 겹쳐서 동시에 가스 절단하는 방법으로 모재 사이에 산화물이나 오물이 있어 0.08mm 이상의 틈이 있으면 밑에 모재는 절단되지 않으며 모재 틈새가 최대 약 0.5mm까지 절단이 가능하고 다이버전트 노즐의 사용 시에는 모재 사이에 틈새가 문제가 되지 않는다.

절단선의 허용 오차(mm)	0.8	1.6	무관
겹치는 두께(mm)	50	100	150

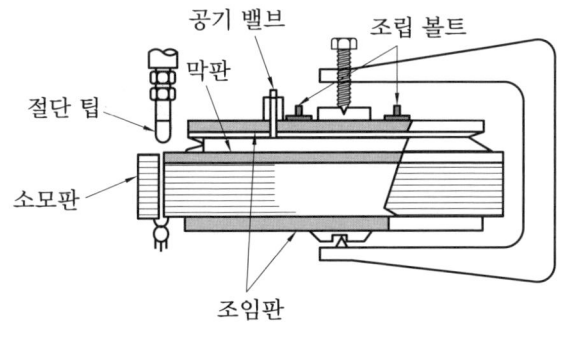

포갬 절단

④ 산소창 절단(oxygen lance cutting) : 산소창(내경 3.2~6mm, 길이 1.5~3m) 절단은 용광로, 평로의 탭 구멍의 천공, 두꺼운 강판 및 강괴 등의 절단에 이용되는 것으로 보통 예열 토치로 모재를 예열시킨 뒤에 산소 호스에 연결된 밸브가 있는 구리관에 가늘고 긴 강관을 안에 박아 예열된 모재에 산소를 천천히 방출시키면서 산소와 강관 및 모재와의 화학반응에 의하여 절단하는 방법이다.

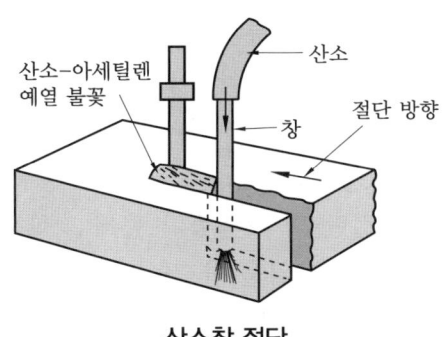

산소창 절단

⑤ 수중 절단(under water cutting) : 침몰된 배의 해체, 교량의 교각 개조, 댐, 항만, 방파제 등의 공사에 사용되며 육지에서의 절단과 차이는 거의 없으나 절단 팁의 외측에 압축공기를 보내어 물을 배제한 뒤에 그 공간에서 절단을 행하는 것이다. 수중에서 점화가 곤란하므로 점화 보조용 팁에 미리 점화하여 작업에 임하며, 작업 중 불을 끄지 않도록 하고 연료가스는 주로 수소를 이용한다. 예열 가스는 공기 중 보다 4~8배의 유량이 필요하고 절단 산소의 분출공도 공기 중 보다 50~100% 큰 것을 사용하며 절단 속도는 연강판 두께 15~50mm까지면 1시간당 6~9m/h의 정도, 일반적 토치는 수심 45m 이내에서 작업하고 절단 능력은 판 두께 100mm이다.

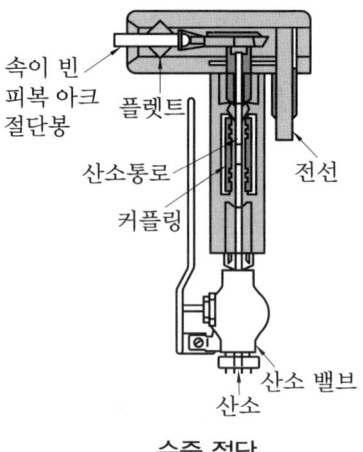

수중 절단

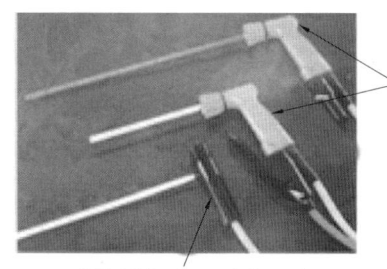

피복 금속 아크 절단 토치

수중 절단 장비

(2) 아크 절단

① 탄소 아크 절단(carbon arc cutting) : 탄소 또는 흑연 전극봉과 모재와의 사이에 아크를 일으켜 절단하는 방법으로 사용 전원은 보통 직류 정극성이 사용되나 교류라도 절단이 가능하다. 탄소 아크 절단 작업 시에 사용 전류가 300A 이하에서는 보통 홀더를 사용하나 300A 이상에서는 수랭식 홀더를 사용하는 것이 좋다.

② 금속 아크 절단(metal arc cutting) : 절단 조작 원리는 탄소 아크 절단과 같으나 절단 전용의 특수한 피복제를 도포한 전극봉을 사용하며, 절단 중 전극봉에는 3~5mm의 피복통을 만들어 전기적 절연을 형성하여 단락을 방지하고, 아크의 집중성을 좋게 하여 강력한 가스를 발생시켜 절단을 촉진시킨다.

③ 아크 에어 가우징(arc air gauging) : 탄소 아크 절단 장치에 5~7kg/cm^2 정도의 압축공기를 병용하여 가우징, 절단 및 구멍뚫기 등에 적합하며, 특히 가우징으로 많이 사용된다. 전극봉은 흑연에 구리 도금을 한 것이 사용되며 전원은 직류이고 아크 전압 25~45V, 아크 전류 200~500A 정도의 것이 널리 사용된다.

㈎ 특징
  ㉮ 가스 가우징법보다 작업 능률이 2~3배 높다.
  ㉯ 모재에 악영향이 거의 없다.
  ㉰ 용접 결함의 발견이 쉽다.
  ㉱ 소음이 없고 조정이 쉽다.
  ㉲ 경비가 싸고 철, 비철 금속 어느 경우에나 사용 범위가 넓다.

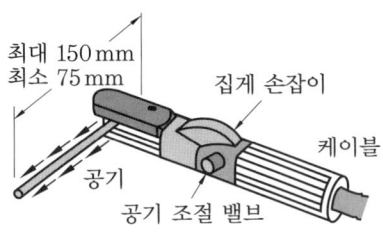

아크 에어 가우징 홀더

④ 산소 아크 절단(oxygen arc cutting) : 예열원으로서 아크열을 이용한 가스 절단법으로 보통 안에 구멍이 나 있는 강에 전극을 사용하여 전극과 모재 사이에 발생되는 아크열로 용융시킨 후에 전극봉 중심에서 산소를 분출시켜 용융된 금속을 밀어내며 전원은 보통 직류 정극성이 사용되나 교류로서도 절단된다.

⑤ MIG 아크 절단(metal inert gas arc cutting) : 보통 금속 아크 용접에 비하여 고전류의 MIG 아크가 깊은 용입이 되는 것을 이용하여 모재를 용융 절단하는 방법으로 절단부를 불활성 가스로 보호하므로 산화성이 강한 알루미늄 등의 비철 금속 절단에 사용되었으나 플라스마 제트 절단법의 출현으로 그 중요성이 감소되어 가고 있다.

각종 금속의 MIG 절단 조건

절단 재료	판 두께 (mm)	전류 (A)	와이어의 송급 속도 (mm/min)	전극봉 지름 (mm)	절단 속도 (mm/min)	산소 소비량 (L/min)
알루미늄	6.4	880	9400	2.4	3660	9~10
구리	6.4	800	10200	2.4	1520	9~10
황동	6.4	800	9900	2.4	2290	9~10

⑥ TIG 아크 절단(tungsten inert gas arc cutting) : TIG 용접과 같이 텅스텐 전극과 모재 사이에 아크를 발생시켜 불활성 가스를 공급해서 절단하는 방법으로 플라스마 제트와 같이 주로 열적 핀치 효과에 의하여 고온, 고속의 제트상의 아크 플라스마를 발생시켜 용융한 모재를 불어내리는 절단법이다. 이 절단법은 금속 재료의 절단에만 이용되지만 열 효율이 좋으며 고능률적이고 주로 알루미늄, 마그네슘, 구리 및 구리 합금, 스테인리스강 등의 절단에 이용되고 아크 냉각용 가스는 주로 아르곤-수소의 혼합 가스가 사용된다.

알루미늄의 TIG 절단 조건

구분	판 두께 (mm)	전류 (A)	전압 (V)	절단 속도 (mm/min)	가스 유량 (L/min)	비고
수동 절단	6	200	50	1500	24	아르곤 80% 외 수소 20%의 혼합 가스
	12	280	60	1000	29	
	19	300	65	650	34	
	25	330	68	500	34	
자동 절단	6	240	62	2500	24	아르곤 65% 외 수소 35%의 혼합 가스
	6	380	70	7500	29	
	12	280	62	1900	29	
	12	400	65	3800	29	
	19	280	70	1100	29	
	19	350	70	1900	29	
	25	330	70	900	29	
	25	400	72	1200	29	

> **참고** 불활성 가스 아크 절단
>
> 전극의 주위에서 아르곤이나 헬륨 등과 같이 금속과 반응이 잘 일어나지 않는 불활성 가스를 유출시키면서 절단하는 방법으로 GTA(텅스텐 전극) 절단과 GMA(금속 전극) 절단이 있다.
>
> 1. GTA 절단
> - 텅스텐 전극과 모재 사이에 아크를 발생시켜 모재를 용융하여 절단하는 방법이다.
> - 전원은 직류 정극성을 사용하며 아크 냉각용 가스에는 주로 아르곤과 수소의 혼합 가스가 사용된다.
> - 적용 재료는 알루미늄, 마그네슘, 구리 및 구리 합금, 스테인리스강 등의 금속 재료의 절단에만 이용된다.
> - 열적 핀치 효과에 의하여 고온, 고속의 제트상의 아크 플라스마를 발생시켜 용융된 금속을 절단하여 절단면이 매끈하고 열 효율이 좋아 능률이 매우 높다.

2. GMA 절단
- 전원은 직류 역극성이 사용되고 보호 가스로는 10∼15% 정도의 산소를 혼합한 아르곤 가스를 사용한다.
- 알루미늄과 같이 산화에 강한 금속의 절단에 이용된다.
- 금속 와이어에 대전류를 흐르게 하여 절단하는 방법이다.

(3) 특수 절단

① 워터 제트(water jet) 절단 : 물을 초고압(3500∼4000 bar)으로 압축하고 초고속으로 분사하여 소재를 정밀 절단한다.
  (가) 용도 : 강, 플라스틱, 알루미늄, 구리, 유리, 타일, 대리석 등
  (나) 구성 : 고압펌프 → 노즐 → 테이블 → CNC 컨트롤러

1-7 스카핑 및 가우징

(1) 스카핑(scarfing)

각종 강재의 표면에 균열, 주름, 탈탄층 또는 홈을 불꽃 가공에 의해서 제거하는 작업방법으로 토치는 가우징에 비하여 능력이 크며 팁은 저속 다이버전트형으로 수동형에는 대부분 원형 형태, 자동형에는 사각이나 사각에 가까운 모양이 사용된다.

① 자동 스카핑 머신은 작업 형태가 팁을 이동시키는 것은 냉간재에 사용하며 속도는 5∼7 m/min이다. 가공재를 이동시키는 것은 열간재에 사용하며 작업 속도 20 m/min으로 작업한다.
② 스테인리스강과 같이 스카핑면에 난용성의 산화물이 많이 생성되어 작업을 방해하는 경우에는 철분이나 산소 기류 중에 혼입하여 그 화학반응을 이용하여 작업을 하기도 한다.

(2) 가스 가우징(gas gauging)

가스 절단과 비슷한 토치를 사용해서 강재의 표면에 둥근 홈을 파내는 작업으로 일반적으로 용접부 뒷면을 따내든지 U형, H형 용접 홈을 가공하기 위하여 깊은 홈을 파내든지 하는 가공법으로서 조건 및 작업은 다음과 같다.

① 팁은 저속 다이버전트형으로 지름은 절단 팁보다 2배 정도가 크고 끝 부분이 약간(약 15~25°) 구부러져 있는 것이 많다.
② 예열 불꽃은 산소-아세틸렌 불꽃을 사용한다.
③ 작업 속도는 절단 때의 2~5배의 속도로 작업하며, 홈의 폭과 깊이의 비는 1~3 : 1 이다.
④ 자동 가스 가우징은 수동보다 동일 가스 소비량에 대하여 속도가 1.5~2배 빨라진다.
⑤ 예열 시의 팁에 작업 각도는 모재 표면에서 30~45° 유지하고, 가우징 작업 시에는 예열부에서 6~12mm 후퇴하여 15~25°로 작업 개시한다.

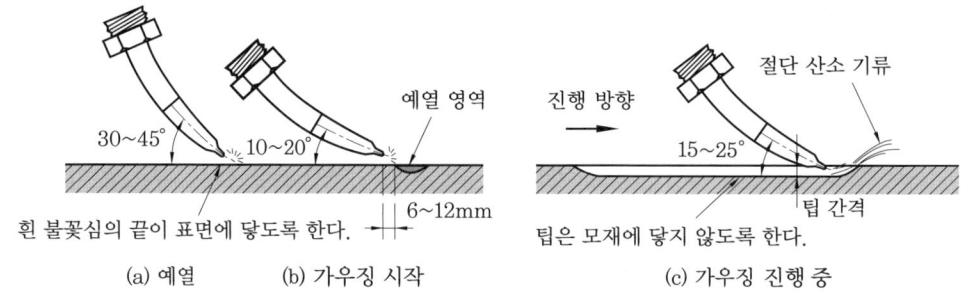

가스 가우징 작업

|예|상|문|제|

1. 다음은 산소-아세틸렌 용접법으로 전진법과 후진법이 있는데 설명 중 틀린 것은?

① 열 이용률은 전진법이 좋다.
② 비드 모양은 전진법이 보기 좋다.
③ 용접 속도는 후진법이 빠르다.
④ 용접 변형은 후진법이 작다.

해설 열 이용률은 전진법이 나쁘다.

2. 절단 방법에 따라 열 절단에 속하지 않는 것은?

① 아크 절단 ② 가스 절단
③ 특수 절단 ④ 유압 절단

해설 열 절단에는 가스, 아크, 특수 절단이 있으며, 유압 절단은 기계적 절단이다.

3. 강의 가스 절단에서 예열은 약 몇 도 정도에서 절단을 시작하는가?

① 250~300℃ ② 450~550℃
③ 660~760℃ ④ 850~900℃

해설 강의 가스 절단은 절단 부분의 예열 시 약 850~900℃에 도달했을 때 고온의 철이 산소 중에서 쉽게 연소하는 화학반응의 현상을 이용하는 것이다. 고압 산소를 팁의 중심에서 불어 내면 철은 연소하여 저용융점 산화철이 되고 산소 기류에 불려 나가 약 2~4mm 정도의 홈이 파져 절단 목적을 이룬다.

4. 다음 중에서 산소-아세틸렌 가스 절단이 쉽게 이루어질 수 있는 것은?

① 판 두께 300mm의 강재
② 판 두께 15mm의 주철
③ 판 두께 10mm의 10% 이상 크롬(Cr)을 포함한 스테인리스강
④ 판 두께 25mm의 알루미늄(Al)

해설 ㉠ 주철은 용융점이 연소 온도 및 슬래그의 용융점보다 낮고, 또 주철 중에 흑연은 철의 연속적인 연소를 방해한다.
㉡ 스테인리스강의 경우에는 절단 중 생기는 산화물이 모재보다도 고용융점의 내화물로 산소와 모재와의 반응을 방해하여 절단이 저해된다.

5. 압축공기나 산소를 이용하여 국부적으로 용융된 금속을 밀어내며 절단하는 절단법은?

① 산소-아세틸렌 가스 절단
② 산소-LPG 가스 절단
③ 아크 절단
④ 산소-공기 가스 절단

해설 아크 절단 : 아크의 열에너지로 피절단재(모재)를 용융시켜 절단하는 방법으로 압축공기나 산소를 이용하여 국부적으로 용융된 금속을 밀어내며 절단하는 것이 일반적이다.

6. 가스 절단에서 저압식 절단 팁에 대한 설명 중 잘못된 것은?

① 저압식 절단 팁은 동심형과 이심형으로 나누어진다.
② 동심형은 독일식이고 이심형은 프랑스식이다.
③ 동심형은 전후좌우 및 곡선을 자유로이 절단한다.
④ 이심형은 직선 절단이 능률적이며 절단면이 아름답다.

해설 ② 동심형은 프랑스식이고, 이심형은 독일식이다.

정답 1. ① 2. ④ 3. ④ 4. ① 5. ③ 6. ②

7. 중압식 절단 토치에 대한 설명 중 틀린 것은?

① 팁 혼합형은 절단기 헤드까지 이어져 3단 토치라고도 한다.
② 토치에서 예열 가스와 산소가 혼합되는 토치 혼합형도 있다.
③ 팁 혼합형은 프랑스식이다.
④ 아세틸렌의 게이지 압력이 0.007~0.04 MPa이다.

해설 ③ 팁 혼합형은 독일식이고, 토치 혼합형은 프랑스식이다.

8. 드래그가 20%, 절단하고자 하는 모재 두께가 25mm일 때 드래그의 길이는 몇 mm인가?

① 2.4   ② 3.2   ③ 5.0   ④ 6.4

해설 드래그(%)
$= \dfrac{드래그\ 길이(\mathrm{mm})}{판\ 두께(\mathrm{mm})} \times 100 = 20\%$
→ 드래그 길이 $= \dfrac{드래그 \times 판\ 두께}{100}$
$= \dfrac{20 \times 25}{100} = 5\,\mathrm{mm}$

9. 가스 절단 속도에 관한 설명으로 틀린 것은?

① 절단 속도에 영향을 주는 것은 산소 압력, 산소의 순도, 모재의 온도, 팁의 모양 등이다.
② 절단 속도는 절단 산소의 압력이 높고, 산소 소비량이 많을수록 정비례로 증가한다.
③ 절단 속도는 절단 가스의 좋고 나쁨을 판정하는데 주요한 요소이다.
④ 모재의 온도가 낮을수록 고온 절단이 가능하다.

해설 ④ 모재의 온도가 높을수록 고온 절단이 가능하다.

10. 산소 절단법에 관한 설명으로 틀린 것은?

① 예열 불꽃의 세기는 절단이 가능한 한 최대한의 세기로 하는 것이 좋다.
② 수동 절단법에서 토치를 너무 세게 잡지말고 전후좌우로 자유롭게 움직일 수 있도록 해야 한다.
③ 예열 불꽃이 강할 때는 슬래그 중의 철 성분의 박리가 어려워진다.
④ 자동 절단법에서 절단에 앞서 먼저 레일(rail)을 강판의 절단선에 따라 평행하게 놓고, 팁이 똑바로 절단선 위로 주행할 수 있도록 한다.

해설 ① 가스 절단에서 예열 불꽃의 세기가 세면 절단면 모서리가 둥글게 용융되어 절단면이 거칠게 된다.

11. 최소 에너지 손실 속도로 변화되는 절단 팁의 노즐 형태는?

① 스트레이트 노즐
② 다이버전트 노즐
③ 원형 노즐
④ 직선형 노즐

해설 가스 절단에서 다이버전트 노즐의 지름은 절단 팁보다 2배 정도 크고 끝 부분이 약간(약 15~25°) 구부려져 있는 것이 많다.

12. 강의 가스 절단을 할 때 쉽게 절단할 수 있는 탄소 함유량은 얼마인가?

① 6.68% C 이하   ② 4.3% C 이하
③ 2.11% C 이하   ④ 0.25% C 이하

해설 탄소가 0.25% 이하의 저탄소강에는 절단성이 양호하나 탄소량이 증가하면 균열이 생기게 된다.

13. 절단 산소 중에 불순물 증가 시의 현상이 아닌 것은?

정답 7. ③ 8. ③ 9. ④ 10. ① 11. ② 12. ④ 13. ①

① 절단 속도가 빨라진다.
② 절단면이 거칠며 산소의 소비량이 많아진다.
③ 절단 가능한 판의 두께가 얇아지며 절단 시작 시간이 길어진다.
④ 슬래그 이탈성이 나쁘고 절단 홈의 폭이 넓어진다.

[해설] ① 절단 속도가 늦어진다.

14. 절단 홈 가공 시 홈 면에서의 허용 각도 오차는 얼마인가?
① 1~2°
② 2~3°
③ 3~4°
④ 5~7°

[해설] 절단 홈은 3~4°, 루트면에서는 2~3° 정도이면 양호하고 루트면의 높이도 1~1.5mm 정도의 오차면 양호하다.

15. 가스 절단 후 변형 발생을 최소화하기 위한 방법 중 형(形) 절단의 경우에 많이 이용되고 절단 변형의 발생이 쉬운 절단선에 구속을 주어 피절단부를 만들고 발생된 변형을 최소로하여 절단한 후 구속 부분의 절단 모재를 끄집어내는 방법은?
① 변태단 가열법
② 수랭법
③ 비석 절단법
④ 브릿지 절단법

[해설] 비석 절단법은 절단선의 작업 순서를 변화시켜 절단을 행하는 방법으로 계획적인 변형 대책이라고는 하지만 절단기의 종류와 재료의 조건에 제한을 받을 경우 차선책이 된다.

16. LP 가스의 성질 중 틀린 것은?
① 액화하기 쉽고, 용기에 넣어 수송하기가 쉽다.
② 액화된 것은 쉽게 기화하며 발열량도 높다.
③ 폭발 한계가 넓어서 안전도도 높고 관리도 쉽다.
④ 열 효율이 높은 연소기구의 제작이 쉽다.

[해설] ③ 폭발 한계가 좁아서 안전도도 높고 관리도 쉽다.

17. LP 가스와 산소의 혼합비는 얼마인가? (혼합비는 LP 가스 : 산소)
① 1 : 2.5
② 1 : 3.5
③ 1 : 4.5
④ 1 : 5.5

[해설] 프로판 가스의 혼합비 : 산소 대 프로판 가스의 혼합비는 프로판 1에 대하여 산소 약 4.5배로 경제적인 면에서 프로판 가스 자체는 아세틸렌에 비하여 매우 싸다(약 1/3 정도). 산소를 많이 필요로 하므로 절단에 요하는 전 비용의 차이는 크게 없다.

18. 프로판 가스용 절단 팁에 관한 설명 중 틀린 것은?
① 아세틸렌보다 연소 속도가 늦어 가스의 분출 속도를 늦게 해야 한다.
② 많은 양의 산소에 필요와 비중의 차이가 있어서 토치의 혼합실을 크게 하여야 한다.
③ 예열 불꽃의 구멍을 작게 하고 구멍개수도 많이 하여 불꽃이 꺼지지 않도록 한다.
④ 팁 끝은 아세틸렌 팁 끝과 같이 평평하지 않고 슬리브를 약 1.5mm 정도 가공면보다 길게 하여 2차 공기와 완전히 혼합되어 잘 연소하게 한다.

[해설] ③ 예열 불꽃의 구멍을 크게 하고 또 구멍 개수도 많이 하여 불꽃이 꺼지지 않도록 한다.

19. 아세틸렌 가스와 프로판 가스의 비교 중 틀린 것은?
① 아세틸렌은 프로판보다 점화하기 쉽다.
② 아세틸렌은 프로판보다 불꽃 조정이 쉽다.
③ 아세틸렌 가스는 절단 시 예열시간이 길다.
④ 포갬 절단 시 아세틸렌보다 절단 속도가 빠르다.

정답 14. ③ 15. ③ 16. ③ 17. ③ 18. ③ 19. ③

해설 ③ 아세틸렌 가스는 절단 시 예열시간이 짧다.

20. 가스 절단면의 기계적 성질에 대한 설명 중 옳지 않은 것은?

① 가스 절단면은 담금질에 의하여 굳어지므로 일반적으로 연성이 다소 저하된다.
② 매끄럽게 절단된 것은 그대로 용접하면 절단 표면 부근의 취성화된 부분이 녹아 버려 기계적 성질은 문제되지 않는다.
③ 절단면에 큰 응력이 걸리는 구조물에서는 수동 절단 시 생긴 거친 요철 부분은 그라인더를 사용하여 평탄하게 하는 것이 좋다.
④ 일반적으로 가스 절단에 의해 담금질되어 굳어지는 현상은 연강이나 고장력강에서 심각한 문제이다.

해설 ② 절단면을 그대로 두고 용접 구조물의 일부로 사용하는 경우에 절단면 부분에 응력이 걸리게 되면 취성 균열이 일어나기 쉽다.

21. 레이저 빔 절단에 대한 설명 중 틀린 것은?

① 대기 중에서는 광선의 응축 상태가 확산되어 절단이 어렵다.
② 절단 폭이 좁고 절단 각이 예리하다.
③ 절단부의 품질이 산소-아세틸렌 절단면보다 우수하다.
④ 용접하는데 사용되는 전원보다 사용 전원의 양이 적어 경제적으로 좋다.

해설 ① 레이저 빔은 단색성, 지향성, 간섭성, 에너지 집중도 및 휘도성이 뛰어나며 광선의 응축 상태가 집중되어 절단이 쉽다.

22. 레이저 절단에 관한 설명으로 틀린 것은?

① 세라믹, 유리, 나무, 플라스틱, 섬유 등을 임의의 형태로 정밀 절단이 가능하다.
② 금속의 박판의 경우는 집중성이 좋은 레이저 빔에 의해 절단 시에 형상 변화가 최대화된다.
③ 절단, 용접, 표면개질 등의 복합가공을 1대의 레이저로 가공할 수 있다.
④ 레이저는 변환 효율이 낮고, 가공기구의 비용이 높고, 초점 심도가 얕기 때문에 두꺼운 판의 절단에는 적합하지 않다.

해설 ② 금속의 박판의 경우는 집중성이 좋은 레이저 빔에 의해 절단 시에 형상 변화가 최소화된다.

23. 플라스마 제트 절단에 대한 설명 중 틀린 것은?

① 아크 플라스마의 냉각에는 일반적으로 아르곤과 수소의 혼합 가스가 사용된다.
② 아크 플라스마는 주위의 가스기류로 인하여 강제적으로 냉각되어 플라스마 제트를 발생시킨다.
③ 적당량의 수소 첨가 시 열적 핀치 효과를 촉진하고 분출 속도를 저하시킬 수 있다.
④ 아크 플라스마의 냉각에는 절단재료의 종류에 따라 질소나 공기도 사용한다.

해설 ③ 적당량의 수소 첨가 시 열적 핀치 효과를 촉진하고 분출 속도를 향상시킬 수 있다.

24. 플라스마 제트 절단법의 설명 중 틀린 것은?

① 절단 개시 시에 예열 대기를 필요로 하지 않기 때문에 작업성이 좋다.
② 1mm 정도 이하의 판재에도 정밀도가 좋다.
③ 피절단재의 재질을 선택하지 않고 수 mm부터 30mm 정도의 판재에 고속·저 열변형 절단이 용이하다.
④ 아크 플라스마의 냉각에는 절단 재료의 종류에 따라 질소나 공기도 사용한다.

정답 20. ② 21. ① 22. ② 23. ③ 24. ②

해설 ② 레이저 절단법에 비교하면 1 mm 정도 이하의 판재에 정밀도가 떨어진다.

25. 가스 절단이 곤란하여 주철, 스테인리스강 및 비철 금속의 절단부에 용제를 공급하여 절단하는 방법은?

① 스카핑   ② 산소창 절단
③ 특수 절단   ④ 분말 절단

해설 주철, 비철 금속 등의 절단부에 철분 또는 용제의 미세한 분말을 압축공기나 또는 압축질소를 자동적, 연속적으로 팁을 통해서 분출하여 예열 불꽃 중에서 이들과의 연소 반응으로 절단하는 것을 분말 절단이라 한다.

26. 주철은 용융점이 연소 온도 및 슬래그의 용융점보다 낮고, 또 흑연은 철의 연속적인 연소를 방해하여 절단이 어려우므로 주철의 절단에는 어느 절단법이 주로 사용 되는가?

① 분말 절단   ② 가스 절단
③ 포갬 절단   ④ 가스 가우징

해설 주철, 비철 금속 등의 절단부에 철분 또는 용제의 미세한 분말을 압축공기나 또는 압축질소를 자동적, 연속적으로 팁을 통해서 분출하여 예열 불꽃 중에서 이들과의 연소 반응으로 절단하는 것을 분말 절단이라 한다.

27. 분말 절단에서 미세하고 순수한 철분 또는 철분에 알루미늄 분말을 소량 배합하고 다시 첨가제를 적당히 혼합한 것을 사용하는 절단법이 사용되지 않는 금속은?

① 오스테나이트계 스테인리스강
② 페라이트계 스테인리스강
③ 100 mm 정도 이상의 두꺼운 판 페라이트계 스테인리스강
④ 마텐자이트계 스테인리스강

해설 분말 절단 중 철분 절단은 오스테나이트계 스테인리스강의 절단면에 철분이 함유될 위험성이 있어 행하지 않는다.

28. 포갬 절단은 비교적 6 mm 이하의 얇은 판을 여러 장 겹쳐서 동시에 가스 절단하는 방법으로 모재 사이에 산화물이나 오물이 있어 모재 틈새가 최대 몇 mm까지 절단이 가능한가?

① 0.5 mm   ② 0.8 mm   ③ 1.0 mm   ④ 1.2 mm

해설 모재 사이에 산화물이나 오물이 있어 0.08 mm 이상의 틈이 있으면 밑에 모재는 절단되지 않으며 모재 틈새가 최대 약 0.5 mm까지 절단이 가능하고 다이버전트 노즐의 사용 시에는 모재 사이에 틈새가 문제가 되지 않는다.

29. 용광로, 평로의 탭 구멍의 천공, 두꺼운 강판 및 강괴 등의 절단에 이용되는 절단법은?

① 수중 절단   ② 분말 절단
③ 포갬 절단   ④ 산소창 절단

해설 산소창 절단(oxygen lance cutting)은 내경 3.2~6 mm, 길이 1.5~3 m로서 용광로, 평로의 탭 구멍의 천공, 두꺼운 강판 및 강괴 등의 절단에 이용되는 절단법이다.

30. 수중 절단은 침몰된 배의 해체, 교량의 교각 개조, 댐, 항만, 방파제 등의 공사에 사용되며 수중에서 점화가 곤란하므로 점화 보조용 팁에 미리 점화하여 작업에 임하는 데 주로 사용하는 연료가스는?

① 아세틸렌   ② 프로판
③ 수소   ④ 메탄

해설 수중 절단은 수중에서 점화가 곤란하므로 점화 보조용 팁에 미리 점화하여 작업에 임

정답 25. ④　26. ①　27. ①　28. ①　29. ④　30. ③

하며, 작업 중 불을 끄지 않도록 하고 연료가스는 주로 수소를 이용한다.

31. 다음 중 아크 절단법이 아닌 것은?
① 금속 아크 절단
② 미그 아크 절단
③ 플라스마 제트 절단
④ 서브머지드 아크 절단

해설 아크 절단법으로는 탄소 아크 절단, 금속 아크 절단, 아크 에어 가우징, 산소 아크 절단, 플라스마 제트 절단, MIG 아크 절단, TIG 아크 절단 등이 있다.

32. 수중 절단 작업 시 예열가스의 양은 공기 중에서의 몇 배 정도로 하는가?
① 1.5~2배
② 2~3배
③ 4~8배
④ 5~9배

해설 수중에서 작업할 때 예열가스의 양은 공기 중에서의 4~8배 정도로 하고, 절단 산소의 분출구도 1.5~2배로 한다.

33. 아크 에어 가우징(arc air gouging) 작업에서 탄소봉의 노출 길이가 길어지고, 외관이 거칠어지는 가장 큰 원인은?
① 전류가 높은 경우
② 전류가 낮은 경우
③ 가우징 속도가 빠른 경우
④ 가우징 속도가 느린 경우

해설 아크 에어 가우징에서는 공기 압축기로 가우징 홀더를 통해 공기압을 분출하는 구조로 전류가 높을 경우 탄소봉의 노출 길이가 길어져 충분한 공기의 압력이 상쇄되어 외관이 거칠어진다.

34. 다음은 아크 에어 가우징에 대한 설명이다. 틀린 것은?
① 탄소 아크 절단 장치에 압축공기를 병용하여 가우징용으로 사용한다.
② 전극봉으로는 절단 전용의 특수한 피복제를 도포한 중공의 전극봉을 사용한다.
③ 사용 전원은 직류를 사용하고 아크 전류는 200~500A 정도가 널리 사용된다.
④ 공장용 압축공기의 압축기를 사용하며, 5~7kg/cm² 정도의 압력을 사용한다.

해설 ② 전극봉은 흑연에 구리 도금을 한 것이 사용된다.

35. GMA 절단의 설명 중 틀린 것은?
① 전원은 직류 정극성이 사용된다.
② 보호 가스는 10~15% 정도의 산소를 혼합한 아르곤 가스를 사용한다.
③ 알루미늄과 같이 산화에 강한 금속의 절단에 이용된다.
④ 금속 와이어에 대전류를 흐르게 하여 절단하는 방법이다.

해설 ① 전원은 직류 역극성이 사용된다.

36. 스카핑 작업에 대한 설명 중 틀린 것은?
① 각종 강재의 표면에 균열, 주름, 탈탄층 등을 불꽃 가공에 의해서 제거하는 작업이다.
② 토치는 가우징에 비하여 능력이 작고 팁은 저속 다이버전트형이다.
③ 팁은 수동형에는 대부분 원형 형태, 자동형에는 사각이나 사각에 가까운 모양이 사용된다.
④ 스테인리스강과 같이 스카핑면에 난용성의 산화물이 많이 생성되는 작업에는 철분이나 용제 등을 산소 기류 중에 혼입하여 작업하기도 한다.

해설 ② 토치는 가우징에 비하여 능력이 크며 팁은 저속 다이버전트형이다.

용접기능사

제 3 편

기타 용접

제1장 아크 용접 및 기타 용접

제1장
아크 용접 및 기타 용접

1. 맞대기(아래보기, 수직, 수평, 위보기) 용접, T형 필릿 및 모서리 용접

1-1 서브머지드 아크 용접

(1) 서브머지드 아크 용접(SAW : submerged arc welding)의 원리

 서브머지드 아크 용접은 용접하고자 하는 모재의 표면 위에 미리 입상의 용제를 공급관(flux hopper)을 통하여 살포한 뒤 그 용제 속으로 연속적으로 전극 심선을 공급하여 용접하는 자동 아크 용접법(automatic arc welding)으로 아크나 발생가스가 용제 속에 잠겨 있어 밖에서 보이지 않으므로 잠호 용접, 유니언 멜트 용접법(union melt welding), 링컨 용접법(Lincoln welding)이라고도 부르며 용제의 개발로 스테인리스강이나 일부 특수 금속에도 용접이 가능하게 되었다.

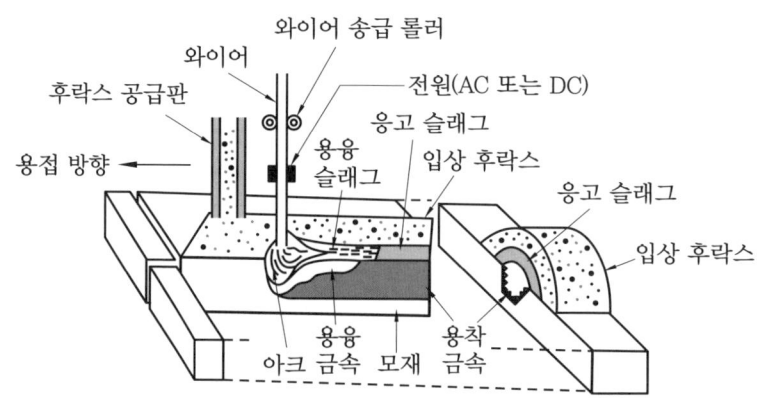

서브머지드 아크 용접의 아크 상태와 용착 상황

(2) 용접법의 특징

① 장점

(개) 용제(flux)는 아크 발생점의 전방에 호퍼에서 살포되어 아크 및 용융 금속을 덮어 용접 진행이 공기와 차단되어 행하여지므로 대기 중의 산소와 질소 등에 의한 영향을 받는 일이 적고, 스틸 울(steel wool)을 끼워서 전류를 통하게 하여 아크 발생을 쉽게 하거나 고주파를 이용하여 아크를 쉽게 발생시킨다.

(내) 용접 속도가 수동 용접의 10~20배(판 두께 12mm에서 2~3배, 25mm에서 5~6배, 50mm에서 8~12배)나 되므로 능률이 높다.

(대) 용제(flux)의 보호(shield) 작용에 의해 열에너지의 방산을 방지할 수 있어 용입이 매우 크고 용접 능률이 매우 높으며 비드 외관이 아름답다.

(래) 대전류(약 200~4000A)의 사용에 의한 용접의 비약적인 고능률화에 있다.

(매) 용접 금속의 품질(기계적 성질인 강도, 연신, 충격치, 균일성 등)이 양호하다.

(배) 용접 홈의 크기가 작아도 상관이 없으므로 용접 재료의 소비가 적어 경제적이며, 용접 변형도 적어 용접 비용이 저감된다.

(새) 용접 조건을 일정하게 하면 용접공의 기술 차이에 의한 용접 품질의 격차가 없고, 강도가 좋아서 이음의 신뢰도가 높다.

(애) 유해광선이나 흄 등이 적게 발생되어 작업 환경이 깨끗하다.

피복 아크 수동 용접과 서브머지드 아크 용접의 비교

항목		피복 아크 수동 용접	서브머지드 아크 용접
용접 속도		1	10~20배
용입 상태		1	2~3배
전체적인 작업 능률	판 두께 12mm	1	2~3배
	판 두께 25mm	1	5~6배
	판 두께 50mm	1	8~12배

② 단점

(개) 아크가 보이지 않으므로 용접의 좋고 나쁨을 확인하면서 용접할 수가 없다.

(내) 일반적으로 용입이 깊으므로 요구되는 용접 홈 가공의 정도가 심하다(0.8mm의 루트 간격이 넘어 넓을 때는 용락(burn through, metal down)의 위험성이 있다).

(대) 용입(용접 입열)이 크므로 변형을 가져올 우려가 있어 모재의 재질을 신중하게 선택해야 한다.

(래) 용접선의 길이가 짧거나 복잡한 곡선에는 비능률적이고 용접 적용 장소가 한정된다.

㈤ 특수한 장치를 사용하지 않는 한 용접 자세가 아래보기나 수평 필릿에 한정된다.
㈥ 용제의 습기 흡수가 쉬워 건조나 취급이 매우 어렵다.
㈦ 설비가 비싸며 결함이 한 번 발생하면 대량으로 발생이 쉽다.
㈧ 용접 재료가 강철계(탄소강, 저합금강, 스테인리스강 등)로 한정되어 있다.
㈨ 퍽 마크(puck mark) : 서브머지드 아크 용접에서 용융형 용제의 산포량이 너무 많으면 발생된 가스가 방출되지 못하여 기공의 원인이 되고 비드 표면에 퍽 마크가 생긴다.

(3) 용접 장치의 구성 및 종류

① 구성 장치 : 용접 전원(직류 또는 교류), 전압 제어상자(voltage control box), 심선을 보내는 장치(wire feed apparatus), 접촉 팁(contact tip), 용접 와이어(와이어 전극, 테이프 전극, 대상 전극), 용제 호퍼, 주행 대차 등으로 되어 있으며 용접 전원을 제외한 나머지를 용접 헤드(welding head)라 한다.

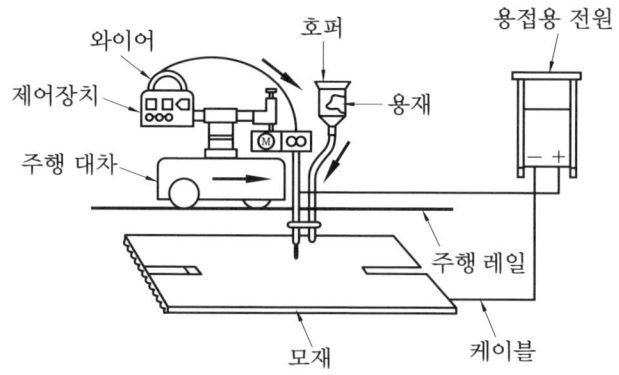

서브머지드 아크 용접기의 구조

② 종류
㈎ 진공 회수 장치 : 용접 후에 미용융된 용제를 회수하는 장치
㈏ 용접기의 종류
㉮ 대형 용접기 : 최대 전류 4000A로 판 두께 75mm까지 한 번에 용접 가능(M형)
㉯ 표준 만능형 용접기 : 최대 전류 2000A(UE형, USW형)
㉰ 경량형 용접기 : 최대 전류 1200A(DS형, SW형)
㉱ 반자동형 용접기 : 최대 전류 900A 이상의 수동식 토치 사용(UMW형, FSW형)

(4) 용접 방식

① 용접 전원 : 교류 또는 직류를 모두 사용하나 교류는 시설비가 싸고 자기불림이 매우 적어 많이 사용되며, 최근에는 정전압 특성의 직류 용접기가 사용되고 있다.

② 다전극 용접기

(가) 탠덤식(tandem process) : 두 개의 전극 와이어를 독립된 전원에 접속하는 방식으로 비드의 폭이 좁고 용입이 깊다.

(나) 횡병렬식(parallel transuerse process) : 두 개의 와이어를 똑같은 전원에 접속하는 방식으로 비드의 폭이 넓고 용입이 깊은 용접부가 얻어져 능률이 높다.

(다) 횡직렬식(series transuerse process) : 두 개의 와이어에 전류를 직렬로 흐르게 하여 아크 복사열에 의해 모재를 가열 용융시켜 용접을 하는 방식으로 용입이 매우 얕고 자기불림이 생길 수 있다.

(5) 용접 재료

① 와이어 : 와이어는 비피복선이 코일 모양으로 와이어 릴에 감겨져 있는 것을 외부의 한끝을 조정하여 사용하며, 와이어의 표면은 접촉 팁과의 전기적 접촉을 원활하게 하고 또 녹을 방지하기 위하여 구리로 도금하는 것이 보통이다. 와이어의 지름은 2.4, 3.2, 4.0, 5.6, 6.4, 8.0mm 등으로 분류되고, 코일의 표준 무게도 작은 코일(약칭 S)은 12.5kg, 중간 코일(M)은 25kg, 큰 코일(L)은 75kg으로 구별된다.

② 용제 : 용제는 용접 용융부를 대기로부터 보호하고, 아크의 안정 또는 화학적, 금속학적 반응으로서의 정련 작용 및 합금 첨가 작용 등의 역할을 위한 광물성의 분말 모양의 피복제이다. 상품명으로는 컴퍼지션(composition)이라고 부른다.

(가) 용제가 갖추어야 할 성질

㉮ 아크 발생이 잘 되고 지속적으로 유지시키며 안정된 용접을 할 수 있을 것

㉯ 용착 금속에 합금 성분을 첨가시키고 탈산, 탈황 등의 정련 작업을 하여 양호한 용착 금속을 얻을 수 있을 것

㉰ 적당한 용융 온도와 점성 온도 특성을 가지며 슬래그의 이탈성이 양호하고 양호한 비드를 형성할 것

(나) 용융형 용제(fusion type flux) : 원료 광석을 아크로에서 1300°C 이상으로 가열 융해하여 응고시킨 다음, 부수어 적당한 입자를 고르게 만든 것으로 유리와 같은 광택을 가지고 있다. 사용 시 낮은 전류에서는 입도가 큰 것을, 높은 전류에서는 입도가 작은 것을 사용하면 기공의 발생이 적다.

(다) 소결형 용제(sintered type flux) : 광물성 원료 분말, 합금 분말 등을 규산나트륨과 같은 점결제와 더불어 원료가 융해되지 않을 정도의 비교적 저온(300~1000°C) 상태에서 소정의 입도로 소결한 것이다.

(라) 혼성형 용제(bonded type flux) : 분말상의 원료에 점결제를 가하여 비교적 저온 (300~400°C)에서 소결하여 응고시킨 것으로 스테인리스강 등의 특수강 용접 시에 사용된다.

> **참고** 서브머지드 아크 용접
>
> 1. 서브머지드 아크 용접의 기공 발생 원인
>   - 모재의 표면 상태 불량(녹, 기름, 수분 등)
>   - 용접 속도의 과대
>   - 용제의 흡습
>   - 용제의 산포량 과소 및 과대
> 2. 서브머지드 아크 용접의 슬래그 섞임 원인
>   - 전층 슬래그 잔유 시 슬래그가 용접 중에 떠오르지 못했을 때
>   - 용접 속도가 느려 슬래그가 앞쪽으로 흐를 때
>   - 모재의 경사 시 하진 용접(슬래그가 앞쪽으로 흐름)
>   - 아크 전압이 높을 때(아크 길이가 길어져 비드 끝에 혼입)

(6) 용접 작업

① 용접 준비

　㈎ 모재 개선 정밀도 : 개선 각도 $\theta \pm 5°$ 이내

　㈏ 루트 간격 : 0.8mm 이내

　㈐ 루트 면 : ± 1mm 이내

② 용접부 형성 현상과 용접 조건의 선정

　㈎ 용접 전류 : 전류가 낮으면 용입 깊이, 여성(餘盛) 높이나 비드 폭 등이 부족하고, 전류가 높으면 비드 폭이 너무 넓게 되어 비드 높이가 낮고 고온 균열을 일으키기 쉽다(Y형 개선에서 전류 과대의 경우 보이는 낮은 비드 형상을 배형 비드라고 한다).

　㈏ 아크 전압 : 전압이 낮으면 용입이 깊고, 비드 폭이 좁은 배형 형상이 되기 쉬우며 균열이 생기고, 전압이 높아지면 용입이 얕고, 비드 폭이 넓은 형상이 되어 여성(餘盛) 부족이 되기 쉽다.

　㈐ 용접 속도 : 용접 속도를 작게 하면 큰 용융지가 형성되고 비드가 편평하게 되어 여성(餘盛) 비드 형상이 되기 쉽고, 용접 속도가 과대하면 언더컷이 발생하고 용착 금속이 적게 된다.

　㈑ 용접 와이어 지름 : 용접 전류, 전압, 속도를 일정하게 하여 용접할 경우 와이어 지름이 다르면 비드 형상, 용입 깊이는 변화한다. 일반적으로는 와이어 지름이 굵은 것 보다는 가는 쪽이 깊은 용입이 된다.

와이어 지름과 사용 전류 범위

와이어 지름(mm)	1.2	1.6	2.0	2.4	3.2	4.0	4.8	6.4
전류 범위 (A)	<280	200~350	300~500	350~600	400~800	450~1000	500~1500	700~1800

> **참고** 전류 밀도(current density)
>
> 전류 밀도란 용접봉 단위 면적당 통과되는 전류의 양으로, 전류 밀도가 큰 용접일수록 용접봉이 녹아 내리는 용착 속도가 빠르고 모재가 녹아 들어가는 깊이인 용입이 커지므로 결과적으로 생산성이 향상 되고 수동 용접보다 반자동 용접, 자동 용접인 서브머지드 용접이 전류 밀도가 크다. 이것은 반자동, 자동 용접에서는 전류를 공급하는 접촉 팁(contact tip)이 와이어의 끝에서 조금 떨어진 토치 내에 위치하므로, 지름이 작아도 높은 전류를 공급할 수 있기 때문이다.

　㈐ 플럭스의 살포 높이, 두께와 폭
　　㉮ 살포 높이는 통상 25~40 mm 정도로 아크가 플럭스의 입자 간 또는 전극의 주위에 보이거나 보이지 않을 정도가 좋다. 본드 플럭스의 경우는 용융 플럭스에 비해 겉보기에 빛이 제법 작으므로 살포 높이는 용융 플럭스보다 20~50% 높은 편이 좋다.
　　㉯ 플럭스의 두께가 너무 깊으면 아크가 갇혀서 비드 표면이 로프(rope)같이 거칠어지고, 용접 중 발생한 가스가 탈출할 수 있어 비드가 불규칙하게 변형된다.
　　㉰ 플럭스의 두께가 얇으면 플럭스 사이로 아크가 새어나오고 스패터의 발생으로 기공이 발생하여 비드 표면이 나빠진다.
　　㉱ 주어진 용접 조건에서 최적의 플럭스 두께는 플럭스 양을 서서히 증가시켜 아크 불빛이 새어나오지 않을 때이며, 이때는 용접봉 주위로 가스가 서서히 새어나온다.

|예|상|문|제|

1. 다음 중 서브머지드 아크 용접의 다른 명칭으로 불리어지는 것이 아닌 것은?
① 잠호 용접
② 불가시 아크 용접
③ 유니언 멜트 용접
④ 가시 아크 용접

해설 서브머지드 아크 용접은 다른 이름으로는 잠호 용접, 유니언 멜트 용접법(union melt welding), 링컨 용접법(Lincoln welding), 불가시 아크 용접이라고도 부른다.

2. 서브머지드 아크 용접은 수동(피복 아크 용접) 용접보다 몇 배의 용접 속도의 능률을 갖는가?
① 2~3배
② 5~7배
③ 2~10배
④ 10~20배

해설 서브머지드 아크 용접은 용접 속도가 피복 아크 용접보다 10~20배의 능률을 갖는다.

3. 서브머지드 아크 용접은 수동 용접보다 몇 배의 용입에 능률을 갖는가?
① 1~1.5배
② 2~3배
③ 5~7배
④ 6~8배

해설 서브머지드 아크 용접은 수동 용접보다 2~3배의 용입이 커진다.

4. 서브머지드 아크 용접에 대한 설명 중 틀린 것은?
① 용접선이 복잡한 곡선이나 길이가 짧으면 비능률적이다.
② 용접부가 보이지 않으므로 용접상태의 좋고 나쁨을 확인할 수 없다.
③ 일반적으로 후판의 용접에 사용되므로 루트 간격이 0.8mm 이하이면 오버랩(overlap)이 많이 생긴다.
④ 용접 홈의 가공은 수동 용접에 비하여 정밀도가 좋아야 한다.

해설 ③ 루트 간격이 0.8mm보다 넓을 때는 처음부터 용락을 방지하기 위해 수동 용접에 의해 누설 방지 비드를 만들거나 뒷받침을 사용해야 한다.

5. 서브머지드 아크 용접법의 특징에 대한 설명 중 틀린 것은?
① 와이어에 대전류를 흘려 줄 수 있어 중후판의 용접에 좋다.
② 후판의 용접에 사용되므로 열에너지의 손실이 크다.
③ 수동 용접보다 용입이 매우 깊다.
④ 용접 재료의 소비가 적어 경제적이고 용접 변형이 적다.

해설 ② 모재에 플럭스가 먼저 용접부를 덮은 뒤에 아크가 플럭스 보호 아래에서 일어나 열에너지의 손실이 적어 후판 용접에 적합하다.

6. 다음은 서브머지드 아크 용접의 용접 장치를 열거한 것이다. 용접 헤드(welding head)에 속하지 않는 것은?
① 심선을 보내는 장치
② 진공 회수 장치
③ 접촉 팁(contact tip) 및 그의 부속품
④ 전압 제어상자

해설 용접 구성 장치는 용접 전원(직류 또는 교류), 전압 제어상자(voltage control box), 심선을 보내는 장치(wire feed apparatus),

정답 1. ④ 2. ④ 3. ② 4. ③ 5. ② 6. ②

접촉 팁(contact tip), 용접 와이어(와이어 전극, 테이프 전극, 대상 전극), 용제 호퍼, 주행 대차 등으로 되어 있으며, 용접 전원을 제외한 나머지를 용접 헤드(welding head)라 한다.

7. 다음은 서브머지드 아크 용접기를 전류 용량으로 구별한 것이다. 틀린 것은?

① 400 A ② 900 A
③ 1200 A ④ 2000 A

해설 용접기를 전류 용량으로 구별하면 최대 전류 900 A, 1200 A, 2000 A, 4000 A 등의 종류가 있다.

8. 서브머지드 아크 용접에서 용접 전류가 낮을 때 일어나는 현상 중 틀린 것은?

① 용입 깊이가 부족하다.
② 비드(여성) 높이가 부족하다.
③ 비드 폭이 부족하다.
④ 비드 폭이 너무 넓게 된다.

해설 용접 전류 : 전류가 낮으면 용입 깊이, 여성(餘盛) 높이나 비드 폭 등이 부족하고, 전류가 높으면 비드 폭이 너무 넓게 되어 비드 높이가 낮고 고온 균열을 일으키기 쉽다(Y형 개선에서 전류 과대의 경우 보이는 낮은 비드 형상을 배형 비드라고 한다).

9. 서브머지드 아크 용접에서 아크 전압에 관한 설명으로 틀린 것은?

① 아크 전압이 낮으면 용입이 깊고 비드 폭이 좁다.
② 아크 전압이 낮으면 균열이 발생하기 쉽다.
③ 아크 전압이 높으면 비드 폭이 넓은 형상이 되어 여성(餘盛) 부족이 되기 쉽다.
④ 아크 전압이 높으면 용입이 깊고 비드 폭이 좁아진다.

해설 아크 전압 : 전압이 낮으면 용입이 깊고, 비드 폭이 좁은 배형 형상이 되기 쉬우며 균열이 생기고, 전압이 높아지면 용입이 얕고, 비드 폭이 넓은 형상이 되어 여성(餘盛) 부족이 되기 쉽다.

10. 다음은 서브머지드 아크 용접의 용접 속도에 관한 것이다. 틀린 것은?

① 용접 속도를 작게 하면 큰 용융지가 형성되고 비드가 편평하게 된다.
② 용접 속도를 작게 하면 여성(餘盛) 부족이 되기 쉽다.
③ 용접 속도가 과대하면 오버랩이 발생한다.
④ 용접 속도가 과대하면 용착 금속이 적게 된다.

해설 ③ 용접 속도가 과대하면 언더컷이 발생하고 용착 금속이 적게 된다.

11. 다음은 서브머지드 아크 용접 와이어에 대한 설명이다. 틀린 것은?

① 와이어와 용제를 조합한 복합 와이어만을 사용한다.
② 모재가 연강재인 경우에는 저탄소, 저망간 합금 강선이 적당하다.
③ 와이어와 용제의 조합은 용착 금속의 기계적 성질, 비드의 겉모양, 작업성 등에 큰 영향을 준다.
④ 보통 와이어의 표면은 접촉 팁과의 전기적 접촉을 원활하게 하기 위하여, 또 녹을 방지하기 위하여 구리로 도금하는 것이 보통이다.

해설 서브머지드 아크 용접에 사용되는 와이어는 일반적인 구리 도금을 한 와이어와 단면이 원형이나 띠 모양으로 넓직한 것이나 판을 원형으로 구부려 그 속에 용제를 채운 복합 와이어를 사용한다.

정답 7. ① 8. ④ 9. ④ 10. ③ 11. ①

12. 서브머지드 아크 용접에 사용되는 지름 4.0mm의 와이어의 사용 전류 범위는?

① 400A
② 300~500A
③ 350~800A
④ 500~1100A

해설 와이어 지름에 따른 사용 전류 범위는 와이어 지름 2.4mm-150~350A, 3.2mm-300~500A, 4.0mm-350~800A, 4.8mm-500~1100A, 6.4mm-700~1600A, 7.9mm-1000~2000A 이하이다.

13. 서브머지드 아크 용접에서 두 개의 전극 와이어를 독립된 전원에 접속하는 다전극 방식으로 비드의 폭이 좁고 용입이 깊은 방식은?

① 탠덤식(tendem process)
② 횡병렬식(parallel transuerse process)
③ 횡직렬식(series transuerse process)
④ 3시 용접(three O'clock welding)

해설 3시 용접 : 수평 서브머지드 용접으로 수평 원주 이음을 내외면에서 동시에 용접할 수 있는 방법으로 홈 각도를 지나치게 적게 하면 (약 30°) 비드가 가늘고 길어져서 중앙부가 파열되기 쉬우며, 슬래그 유동성의 대소에 따른 영향이 크다. 용제를 송급하는 노즐과 같이 용제의 받침대가 이동하면 받침대의 회전 벨트가 반대 방향으로 정속도 회전을 하여 용제는 모재에 대하여 정지 상태를 유지할 수 있다.

14. 다음 중 서브머지드 아크 용접에서 두 개의 와이어를 똑같은 전원에 접속하며 비드의 폭이 넓고 용입이 깊은 용접부가 얻어져 능률이 높은 다전극 방식은?

① 횡직렬식   ② 종직렬식
③ 횡병렬식   ④ 탠덤식

해설 횡직렬식(series transuerse process) : 두 개의 와이어에 전류를 직렬로 흐르게 하여 아크 복사열에 의해 모재를 가열 용융시켜 용접을 하는 방식

15. 다음은 서브머지드 아크 용접의 용제의 종류이다. 틀린 것은?

① 용융형 용제
② 소결형 용제
③ 혼성형 용제
④ 혼합형 용제

해설 서브머지드 아크 용접에는 용융형 용제, 소결형 용제, 혼성형 용제가 있다.

16. 서브머지드 아크 용접의 고능률 용접법의 종류로 틀린 것은?

① CO_2+UM(union melt) 다전극 서브머지드 아크 용접법
② 컷 와이어(cut wire) 첨가 서브머지드 아크 용접법
③ 핫 와이어(hot wire) 서브머지드 아크 용접법
④ 복합 와이어를 이용한 수평 전용 서브머지드 아크 용접법

해설 서브머지드 아크 용접법 중 고능률 용접법의 종류
㉠ CO_2+UM(union melt) 다전극 서브머지드 아크 용접법
㉡ 컷 와이어(cut wire) 첨가 서브머지드 아크 용접법
㉢ 핫 와이어(hot wire) 서브머지드 아크 용접법
㉣ 복합 와이어와 솔리드 와이어로 병용하는 방법
㉤ 타운형 탱크 원주 서브머지드 아크 용접법
㉥ 3시 용접(three O'clock welding : 수평 서브머지드 아크 용접)

정답 12. ③ 13. ① 14. ③ 15. ④ 16. ④

◈ I2R법(일명 KK-K법)
◉ 좁은 홈 용접
㉤ 대상 전극(hoop electrode)법
㉥ 테이프 전극 서브머지드 아크 용접법 등

17. 서브머지드 아크 용접의 단점으로 틀린 것은?

① 아크가 보이지 않으므로 용접의 좋고 나쁨을 확인하면서 용접할 수가 없다.
② 일반적으로 용입이 깊으므로 요구되는 용접 홈 가공의 정도가 심하다.
③ 용입이 크므로 모재의 재질을 신중하게 선택한다.
④ 특수한 장치를 사용하지 않는 한 용접 자세가 아래보기, 수직, 수평 필릿에 한정된다.

해설 ④ 특수한 장치를 사용하지 않는 한 용접 자세가 아래보기나 수평 필릿에 한정된다.

18. 서브머지드 아크 용접에 사용되는 용제가 갖추어야 할 성질 중 잘못된 것은?

① 아크 발생이 잘 되고 지속적으로 유지시키며 안정된 용접을 할 수 있을 것
② 용착 금속에 합금 성분을 첨가시키고 탈산, 탈황 등의 정련 작업을 하여 양호한 용착 금속을 얻을 수 있을 것
③ 적당한 용융 온도와 점성 온도 특성을 가지며 슬래그의 이탈성이 양호하고 양호한 비드를 형성할 것
④ 적당한 입도가 필요 없이 아크의 보호성이 좋을 것

해설 ④ 적당한 입도를 가져 아크의 보호성이 좋을 것

19. 서브머지드 아크 용접의 장점에 해당하지 않는 것은?

① 용접 속도가 수동 용접보다 빠르고 능률이 높다.
② 개선각을 작게 하여 용접 패스 수를 줄일 수 있다.
③ 콘택트 팁에서 통전되므로 와이어 중에 저항열이 적게 발생되어 고전류 사용이 가능하다.
④ 용접 진행 상태의 좋고 나쁨을 육안으로 확인할 수 있다.

해설 서브머지드 아크 용접은 아크가 보이지 않으므로 용접의 좋고 나쁨을 확인하면서 용접할 수 없다.

20. 서브머지드 아크 용접기 중 경량형이라 불리는 것은?

① 4000 A
② 2000 A
③ 1200 A
④ 900 A

해설 용접기의 종류
㉠ 대형 용접기 : 최대 전류 4000 A로 판 두께 75 mm까지 한 번에 용접 가능(M형)
㉡ 표준 만능형 용접기 : 최대 전류 2000 A (UE형, USW형)
㉢ 경량형 용접기 : 최대 전류 1200 A(DS형, SW형)
㉣ 반자동형 용접기 : 최대 전류 900 A 이상의 수동식 토치 사용(UMW형, FSW형)

21. 맞대기 용접 이음에서 홈의 루트 간격이 중요하다. 특히 서브머지드 아크 용접의 경우는 잘못하면 용락되기 쉬우므로 이를 제한하는데 어느 정도로 제한하는가?

① 0.8 mm 이하
② 1.0 mm 이하
③ 1.2 mm 이하
④ 1.5 mm 이하

해설 서브머지드 아크 용접의 루트 간격은 0.8 mm 이내이며, 그 이상으로 넓을 때는 용락의 위험성이 있다.

정답 17. ④ 18. ④ 19. ④ 20. ③ 21. ①

1-2 불활성 가스 아크 용접(가스 텅스텐 아크 용접, 가스 금속 아크 용접)

(1) 불활성 가스 아크 용접(TIG, MIG)

① 원리 : 불활성 가스 아크 용접법(inert gas arc welding)은 아크 용접법의 한 방식으로서 종래의 피복 아크 용접이나 가스 용접으로는 용접이 불가능하였던 티탄 합금, 지르코늄 합금 등의 각종 금속의 용접에 널리 사용되고 있는 중요한 용접법으로서 [그림]에서와 같이 아르곤(Ar), 헬륨(He) 등 고온에서도 금속과 반응하지 않는 불활성 가스의 분위기 속에서 텅스텐 또는 금속선을 전극으로 하여 모재와의 사이에 아크를 발생시켜 용접하는 방법이다. 이 용접법은 사용 전극에 따라 텅스텐 전극 사용 용접은 불활성 가스 텅스텐 아크 용접(TIG 용접)이라 하고, 금속 전극 사용 용접은 불활성 가스 금속 아크 용접(MIG 용접)이라 한다.

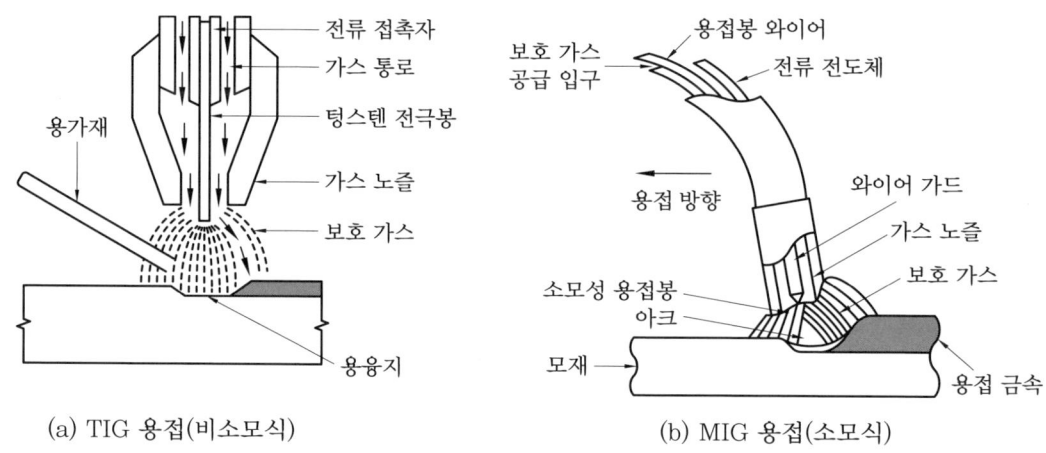

(a) TIG 용접(비소모식)　　　　(b) MIG 용접(소모식)

② 장점
　㈎ 불활성 가스의 용접부 보호와 아르곤 가스 사용 역극성 시 청정 효과로 피복제 및 용제가 필요 없다.
　㈏ 산화하기 쉬운 금속의 용접이 용이하고 용착부의 모든 성질이 우수하다.
　㈐ 저전압 시에도 아크가 안정되고 양호하며, 열의 집중 효과가 좋아 용접 속도가 빠르고 또 양호한 용입과 모재의 변형이 적다.
　㈑ 얇은 판의 모재에는 용접봉을 쓰지 않아도 양호하고 언더컷(undercut)도 생기지 않는다.
　㈒ 전자세 용접이 가능하고 고능률적이다.
③ 단점 : 시설비가 비싼 것이 단점이나 전체 용접 비용은 오히려 싸게 되는 경우가 많다.

(2) 불활성 가스 텅스텐 아크 용접(inert gas tungsten arc welding : GTAW, TIG)

① 원리 및 특징 : 불활성 가스 텅스텐 아크 용접은 피복 아크 용접(SMAW)이나 가스 용접 등으로 곤란한 금속의 용접이나 비철 금속 또는 이종 재료의 용접에 널리 이용되고 있는 중요한 용접 방법 중의 하나이다.

㈎ 원리 : 고온에서도 금속과의 화학적 반응을 일으키지 않는 불활성 가스(아르곤, 헬륨 등) 공간 속에서 텅스텐 전극과 모재 사이에 전류를 공급하고, 모재와 접촉하지 않아도 아크가 발생하도록 고주파 발생 장치를 사용하여 아크를 발생시켜 용접하는 방식이다.

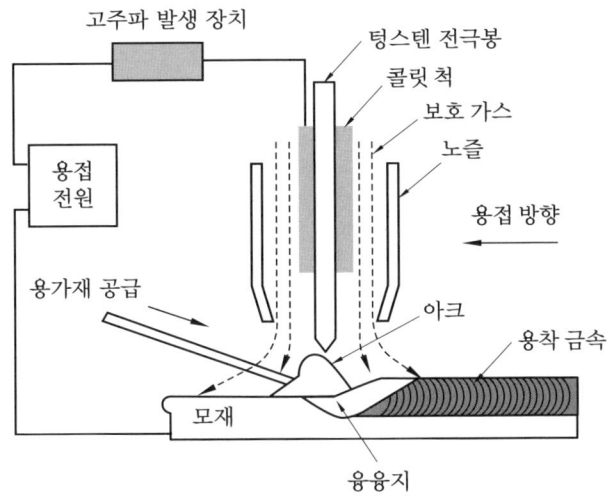

불활성 가스 텅스텐 아크 용접의 원리

㈏ 특징 : 용접 입열의 조정이 용이하기 때문에 박판의 용접에 매우 효과가 있다. 특히 두께가 큰 구조물의 첫 층 용접 시 결함이 발생하는 것을 억제하기 위하여 불활성 가스 텅스텐 아크 용접이 이용되고 있으며 거의 모든 종류의 금속 용접이 가능한 관계로 가장 많이 이용되는 용접 기법 중 하나이다.

㉮ 장점
- ㉠ 용접 시 불활성 가스 사용으로 산화나 질화가 없는 우수한 용접 이음이 가능하다.
- ㉡ 용제가 불필요하며, 가시 아크이므로 용접사가 눈으로 직접 확인하면서 용접이 가능하다(반드시 차광 렌즈를 착용해야 한다).
- ㉢ 가열 범위가 좁아 용접 시 변형의 발생이 적다.
- ㉣ 우수한 용착 금속을 얻을 수 있고, 전자세 용접이 가능하다.
- ㉤ 열의 집중 효과가 양호하다.
- ㉥ 저전류에서도 아크가 안정되어 박판의 용접에 유리하다.
- ㉦ 거의 모든 금속(철, 비철)의 용접이 가능하다.

㉯ 단점
　　㉠ 후판의 용접에서는 소모성 전극 방식보다 능률이 떨어진다.
　　㉡ 용융점이 낮은 금속(Pb, Sn 등)의 용접이 곤란하다.
　　㉢ 옥외 작업 시 방풍 대책이 필요하다.
　　㉣ 텅스텐 전극의 용융으로 용착 금속 혼입에 의한 용접 결함이 발생할 우려가 있다.
　　㉤ 협소한 장소에서는 토치의 접근이 어려워 용접이 곤란하다.
　　㉥ 일반적인 용접보다 다소 비용이 많이 든다.
② 용접 장치 및 구성 : 주요 장치로는 전원을 공급하는 전원 장치(power source), 용접 전류 등을 제어하는 제어 장치(controller), 보호 가스를 공급, 제어하는 가스 공급 장치(shield gas supply unit), 고주파 발생 장치(high frequency testing equipment), 용접 토치(welding torch) 등으로 구성되고, 부속 기구로는 전원 케이블, 가스 호스, 원격 전류 조정기 및 가스 조정기 등으로 구성된다.
　㉮ 용접 전원 장치에 따른 용접기의 종류 : 불활성 가스 텅스텐 아크 용접기에는 직류 용접기, 교류 용접기, AC/DC 겸용 용접기, 인버터 용접기, 인버터 펄스 용접기 등 사용 용도에 따라 다양한 종류의 용접기가 사용된다.
　　㉮ 직류 용접기
　　　㉠ 아크의 안정성이 좋아 정밀 용접에 주로 사용된다.
　　　㉡ 모재의 재질이나 판재의 두께에 따라 전원 극성을 바꾸어 용접 이음의 효율을 증대시키는 특징이 있다.
　　　㉢ 발전기를 구동하여 얻어지는 발전형과 교류 전류를 직류로 정류하여 얻어지는 정류기형으로 구분한다.
　　　㉣ 주로 정류기형이 사용되고 정류기 종류에는 셀렌 정류기, 실리콘 정류기, 게르마늄 정류기 등이 있다.
　　㉯ 교류 용접기
　　　㉠ 저주파를 이용한 교류 용접기와 고주파를 이용한 교류 용접기가 있다.
　　　㉡ 아크가 불안정하므로 고주파를 병용하여 아크를 발생시켜 작업을 효율적으로 수행할 수 있다.
　　　㉢ 교류 용접기를 사용하면 청정 효과가 발생하므로 청정 효과를 필요로 하는 금속의 용접에 주로 사용된다.
　　　㉣ 특히 알루미늄 및 그 합금의 경우 모재 표면에 강한 산화알루미늄(Al_2O_3 : 용융점 2050℃) 피막이 형성되어 있어 용접을 방해하는 원인이 되어 용접 시 이 산화피막을 제거하는 청정 작용이 필요하다.

㉰ AC/DC 겸용 용접기
  ㉠ 경량화되고 있으며, 기능면에서도 금속의 재질에 따라 용접기의 선택을 달리할 필요가 없이 전환 스위치를 이용한 펄스 기능 선택 및 AC/DC 변환 선택 등 다양한 기능을 갖추고 있다.
  ㉡ AC/DC 겸용 용접기는 가스 텅스텐 아크 직류 용접, 가스 텅스텐 아크 교류 용접, 피복 아크 직류 용접, 피복 아크 교류 용접 등 다양하게 활용되고 있다.

가스 텅스텐 아크 용접기의 규격

종류	정격 2차 전류(A)	정격사용률(%)	전류 조정 범위(A)	제어 장치
직류 용접기	200	40	40~200	내장 또는 외부에 부착
	300	40	60~300	
	500	60	100~500	
교류 용접기	200	40	35~200	제어 기능 없음
	300	40	60~300	
	400	40	80~400	
	500	60	100~500	

(나) 제어 장치 : 고주파 발생 장치, 용접 전류 제어 장치, 냉각수 순환 장치, 보호 가스 공급 장치 등이 있다.
  ㉮ 고주파 발생 장치
    ㉠ 교류 용접기를 사용하는 경우에는 아크의 불안정으로 텅스텐 전극의 오염 및 소손의 우려가 있다.
    ㉡ 고주파 전원을 사용하게 되면 전극이 모재와 접촉하지 않아도 아크가 발생하게 되므로 아크의 발생이 용이하고, 전극봉의 오염 및 수명이 연장된다.
    ㉢ 동일한 전극봉을 사용할 때 용접 전류의 범위가 크다.
  ㉯ 용접 전류 제어 장치
    ㉠ 전류 제어는 펄스 전류 선택과 크레이터 전류 선택으로 구분되어 있다.
    ㉡ 펄스 기능을 선택하면 주 전류와 펄스 전류를 선택할 수 있는데 전류의 선택 비율을 15~85%의 범위에서 할 수 있다.
    ㉢ 주 전류와 펄스 전류 사이에서 진폭과 펄스 높이를 조절하여 용접 조건에 맞도록 제어하는 것으로 박판이나 경금속의 용접 시 유리하다.

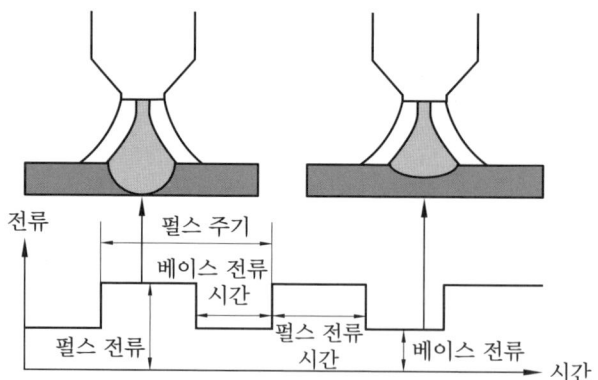

펄스 전류 선택에 따른 용입 깊이 비교

㉢ 보호 가스 제어 장치
  ㉠ 전극과 용융지를 보호하는 역할을 한다.
  ㉡ 초기 아크 발생 시와 마지막 크레이터 처리 시 보호 가스의 공급이 불충분하면 전극봉과 용융지가 산화 및 오염이 되므로 용접 아크 발생 전 초기 보호 가스를 수 초간 미리 공급하여 대기와 차단하는 역할을 한다.
  ㉢ 용접 종료 후에도 후류 가스를 수 초간 공급함으로써 전극봉의 냉각과 크레이터 부위를 대기와 차단시켜 전극봉 및 크레이터 부위의 오염 및 산화를 방지하는 역할을 한다.

③ 용접의 준비
 ㈎ 용접기 설치 장소를 확인하고 정리정돈을 한다.
  ㉮ 용접기 설치를 위한 장소를 점검 및 확인한다.
   ㉠ 휘발성 가스나 기름이 있는 곳을 피한다.
   ㉡ 환기가 잘 되는 곳을 선정한다.
   ㉢ 습기 또는 먼지 등이 많은 장소는 용접기 설치를 피한다.
   ㉣ 유해한 부식성 가스가 존재하는 장소를 피한다.
   ㉤ 진동이나 충격이 있는 곳, 폭발성 가스가 존재하는 곳은 피한다.
   ㉥ 벽에서 30 cm 이상 떨어지고, 바닥면이 견고하고 수평인 곳을 선택한다.
   ㉦ 비, 바람이 치는 옥외 또는 주위 온도가 −10℃ 이하인 곳은 피한다.
  ㉯ 용접기 설치 장소를 깨끗이 청소하고 정리정돈을 한다.
   ㉠ 용접기 설치 장소에 먼지나 이물질, 가연성 물질, 가스 등을 확인 후 격리 조치한다.
   ㉡ 용접 보호 장구를 점검한다.
   ㉢ 화재 방지를 위한 조치를 취한다.

㉠ 바닥에 불티받이 포를 깔아둔다(불연성 재료로서 넓은 면적을 가질 것).
　　㉡ 소화기를 용도에 맞도록 준비한다(분말 소화기 등).
　　㉢ 소화수, 건조된 방화사를 준비한다(건조사).
　㉣ 환기 대책을 세우고 환기장치를 확인한다.
　　㉠ 흄 또는 분진이 발산되는 옥내 작업장에 대하여는 국소배기시설과 같은 배기장치를 설치한다.
　　㉡ 국소배기시설로 배기되지 않는 용접 흄은 전체 환기시설을 설치한다.
　　㉢ 이동 작업 공정에서는 이동식 배기팬을 설치한다.
　　㉣ 용접 작업에 따라 방진, 방독 또는 송기마스크를 착용하고 작업에 임하며, 용접 작업 시에는 국소배기시설을 반드시 정상 가동시킨다.
　　㉤ 탱크 내부 등 통풍이 불충분한 장소에서 용접 작업을 할 때에는 탱크 내부의 산소농도를 측정하여 산소농도가 18% 이상이 되도록 유지하거나, 공기 호흡기 등 호흡용 보호구(송기마스크 등)를 착용한다.
　㉤ 용접 작업의 기타 안전 점검사항을 파악한다.
　　㉠ 전격방지기나 접지 설치 확인 및 정상 작동 여부를 확인한다.
　　㉡ 작업자 본인 및 다중 작업 시 용접 광선 차단을 위한 차광막을 설치한다.
　　㉢ 옥외에서 작업하는 경우 바람을 등지고 작업한다.
　　㉣ 가스 보호에 대한 방풍 대책을 세워야 하며 우천 시 옥외 작업은 피해야 한다.
　　㉤ 유사 시 탈출로를 확인하여 확보한다.
⑷ 용접기의 용량을 선택하여 설치사항을 확인한다.

가스 텅스텐 아크 용접기의 용량에 따른 사양

항목 　　　　　　　　　　　용량(A)	200	350	500
설비 용량(kVA)	6.3	14	19
정격사용률(%)	40	60	60
출력 전류 조정 범위(A)	10~200	10~350	20~500
출력 전압 조정 범위(V)	5~25	5~30	5~30
입력 측 케이블(mm)	5.5 이상	8.0 이상	14.0 이상
출력 측 케이블(mm^2)	38 이상	50 이상	60 이상

　㉮ 가스 텅스텐 아크 용접기의 용량에 따른 사양을 참고하여 용접 작업에 적합한 용량의 용접기를 선택한다.
　㉯ 용접기 용량에 맞는 부속 장치를 확인한다.
　　㉠ 용접 작업에 적합한 용접 토치를 구성하여 준비한다.

ⓒ 용접기 용량에 맞는 1차 케이블, 2차 케이블, 접지 케이블을 확인한다.
　　　ⓒ 가스 공급 장치가 적합하게 설치되었는지 파악한다.
　　　ⓔ 배선용 차단기가 용접기를 설치하는데 적합한지 파악한다.
　　　　　• 누전 차단 기능 및 과전류를 방지하는 기능을 파악한다.
　　　　　• 지락, 단락(합선) 차단 기능을 확인한다.
　　㈐ 용접기의 점검 및 정비 방법
　　　㉠ 용접기 설치 시 설치장소의 적합 여부를 판단하여 설치한다.
　　　㉡ 1, 2차 전선의 결선 상태를 정확하게 체결하고 절연이 되도록 한다.
　　　㉢ 용접기의 용량에 맞는 안전 차단 스위치를 선택한다.
　　　㉣ 용접기를 정격사용률 이하로 사용하고, 허용사용률을 초과하지 않도록 한다.
　　　㉤ 용접기 내부에 먼지 등의 이물질을 수시로 압축공기를 사용하여 제거한다.
　　　㉥ 용접기를 용도 이외의 작업에 사용하지 않도록 하며 사용법을 정확히 숙지한 후 사용한다.
　　　㉦ 용접기 내부의 고주파 방전 캡, PCB 보드 등에 함부로 손대지 않도록 한다.
④ 보호 가스 설치
　㈎ 가스 텅스텐 아크 용접용 가스 공급 장치
　　㉮ 액화가스와 기체 가스를 고압 용기에 충전하여 공급하는 방식이 있다.
　　㉯ 공급하는 방식에 따라 중앙 공급 장치와 개별 용기를 사용하는 방법이 있다.
　　㉰ 액화 용기의 별도로 기화 장치가 필요하며, 온도 상승으로 인해 용기 내에서 자체적으로 기화되어 용기 내 가스 압력 상승에 대비한 안전 장치로서 가스 자동 배출 장치가 설치되어 있어야 한다.
　㈏ 보호 가스 공급 방식
　　㉮ 개별 봄베(용기) 공급 방식 : 용접기의 수량이 적고 가스 소모량이 적을 때 각각의 용기에 레귤레이터를 설치한 다음 호스를 통하여 용접 장치에 공급한다.
　　㉯ 중앙 집중 공급 방식
　　　㉠ 액화가스와 용기를 연결하여 배관 설비를 통해 공급하여 사용하는 방식이 있다.
　　　㉡ 가스 용기와 액화 아르곤 교차 사용 방식이 있고 액화가스가 다 떨어지면 임시로 용기를 이용하여 사용할 수 있다.
　㈐ 가스 조정기(gas regulator)와 레귤레이터(아르곤 게이지)
　　㉮ 레귤레이터는 사용되는 가스의 종류에 따라 유량 측정 및 조절 장치가 부착된 전용 레귤레이터를 선택하여 사용하는데 설치 시는 가스 공급 호스 또는 배관 라인에서 누설되는 가스가 없도록 부착 후 비눗물로 누설 검사를 한다.
　　㉯ 유량 조절은 선택된 노즐의 규격에 따라 유량계의 가스 유량을 적절하게 조절하여 공급한다.

용접 전류에 따른 가스 노즐과 가스 유량의 관계

용접 전류(A)	직류 정극성 용접		교류 용접	
	노즐 지름(mm)	가스 유량(L/min)	노즐 지름(mm)	가스 유량(L/min)
10~100	4~9.5	4~5	8~9.5	6~8
100~150	5~9.5	4~7	9.5~11	7~10
150~200	6~12	6~8	11~13	7~10
200~300	8~13	8~9	13~16	8~15
300~500	13~16	9~12	16~19	8~15

⑤ 용접 토치 설치

㈎ 토치는 토치 바디, 노즐, 콜릿 척, 콜릿 바디, 캡, 보호 가스 호스, 전원 케이블과 수랭식의 경우는 냉각수 공급 호스 등으로 구성되어 있다.

㈏ 토치는 용접 장치에 따라 수동식, 반자동식, 자동식이 있고, 냉각 방식에 따라 수랭식과 공랭식으로 구분되며, 형태는 직선형, 커브형, 플렉시블형 등 다양하다.

㈐ 토치의 종류와 용도

㉮ 수동식 토치 : 용접 시 텅스텐 전극을 끼워 토치에 부착되어 있는 리밋 스위치(고주파 발생 장치 가동)를 작동하여 용접을 하게 된다.

㉯ 반자동식 토치 : 수동식 토치에 와이어를 자동으로 공급할 수 있는 장치가 부착되어 작업자가 토치의 스위치를 작동하면 반자동 GMAW 용접 장치와 같이 용접이 되는 원리이다.

㉰ 자동식 토치 : 토치를 자동으로 이송하는 이송 장치가 부착되어 있는 것과 로봇 프로그램에 의해 작동되는 것이 있다.

㈑ 용도에 따른 토치의 종류

㉮ 공랭식 토치

㉠ 정격 전류가 200 A 이하의 비교적 낮은 전류와 사용량이 많지 않은 경우에 사용된다.

㉡ 토치가 가볍고 취급이 용이한 장점이 있다.

㉢ 자연 냉각 방식으로 용접 토치를 연속적으로 사용할 때에는 용접 중간에 휴지 시간을 주어 공기에 의한 자연적인 냉각이 이루어지도록 한다.

㉣ 주로 강이나 스테인리스강 등의 박판 용접에 사용된다.

㉯ 수랭식 토치

㉠ 정격 전류가 200 A 이상 높은 전류로 용접하는 경우에 토치에서 열이 많이 발생하므로 토치에 냉각수를 공급하여 용접 시 발생하는 열을 강제로 냉각하는 방식이다.

ⓒ 전원 케이블 덮개 내부에 피복을 하지 않은 상태로 냉각수가 흐르게 하여 냉각 효과를 높이고 있다.
㉰ T형 토치 : 일반적으로 많이 사용되는 토치로 작업 공간이 넓어 용접 작업을 수행하는데 지장이 없는 장소에서 주로 사용되고 아래보기 등 전자세 용접이 가능하다.
㉱ 직선형 토치 : 작업 공간이 협소하여 일반적인 용접 토치로 용접하기 곤란한 경우에 용접 작업이 가능하도록 제작된 것으로 일명 펜슬형(pencil type)이라고도 한다.
㉲ 플렉시블형 토치 : 용접하고자 하는 장소가 T형 토치나 직선형 토치로 곤란한 경우에 사용하는 것으로 용접 토치의 머리 부분을 일정한 각도로 자유롭게 할 수 있어 복잡한 구조물의 용접에 적당하다.
㈐ 토치의 구조 : 주요 구성은 세라믹 노즐, 콜릿 바디, 콜릿 척, 토치 바디, 토치 캡으로 되어 있다.

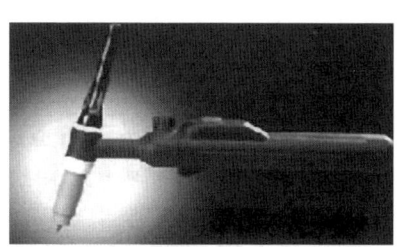
GTAW 용접 토치

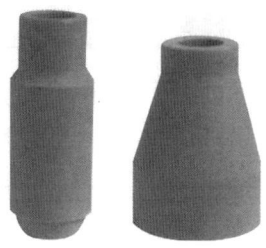
세라믹 가스 노즐

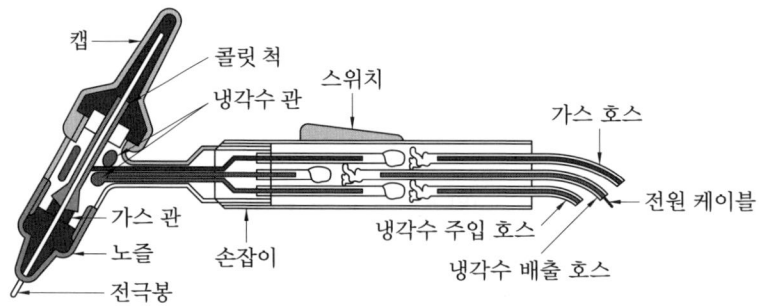
GTAW 용접 토치의 내부

텅스텐 전극봉의 종류

AWS 분류	텅스텐의 종류 (평균 합금)	색깔 표지	다듬질 정도	전류의 종류	특성
EWP	순텅스텐	녹색	청정 및 연삭	교류	• 양호한 아크 유지, 오염될 염려가 없다. • 낮은 전류 사용, 비용이 절감된다.
EWZr	산화지르코늄 0.15~0.4%	갈색			• 전극봉의 오염이 심하다. • 전극봉 끝이 둥근 형태로 유지되어 용접에 우수하다. • 오염에 잘 견디고, 아크 발생이 양호하다.
EWTh-1	이산화토륨 0.8~1.2%	황색		직류 정극성 및 역극성	• 아크 발생이 용이하고, 아크 안정이 우수하다. • 높은 전류를 사용하며, 교류(AC) 시 둥근 형태의 전극봉 유지가 곤란하다.
EWTh-2	이산화토륨 1.7~2.2%	적색			
EWTh-1	이산화토륨 0.35~0.55%	청색			• 교류(AC) 용접을 개선하기 위해서 끝이 둥근 전극봉이 처음으로 고안되었다.

㉮ 가스 노즐

ⓐ 세라믹 노즐 또는 가스 컵이라고도 부르며, 용접 시 발생하는 높은 열에 견딜 수 있고, 용접 시 발산되어 전달된 열을 빨리 발산할 수 있는 것으로 제작되어 있다.

ⓑ 노즐의 번호는 규격으로 정해져 있고 일반적으로 사용되는 텅스텐 전극봉 지름의 4~6배의 크기를 사용한다.

ⓒ 노즐의 지름이 지나치게 작으면 과열로 인하여 잘 깨질 수 있고 반대로 너무 크면 보호 가스의 보호 효과가 떨어지고 가스의 소모량이 많아지게 된다.

ⓓ 재질에 따라 세라믹 노즐, 금속 노즐, 석영 노즐 등이 있으며, 콜릿 바디의 형태에 따라 일반 바디용, 가스 렌즈 바디용, 변형 콜릿 바디용 등이 있다.

세라믹 가스 노즐의 규격

노즐 번호	#4	#5	#6	#7	#8	#9	#10
안지름(mm)	6	8	10	11	12	13	15

※ 제조사에 따라 번호와 내경의 지름이 다를 수 있다.

⑭ 콜릿과 콜릿 바디
  ㉠ 콜릿 바디는 콜릿 척을 통하여 전극봉에 용접 전류를 전달하는 기능, 콜릿 척을 고정하는 기능, 보호 가스를 안내하는 역할을 하며, 콜릿 척에 텅스텐 전극봉을 고정시키는 역할도 한다.
  ㉡ 콜릿 바디, 콜릿 척은 용접의 목적에 따라서 가스 노즐 형태를 고려하여 일반용, 가스 렌즈용, 변형용 등으로 구성하여 사용한다.
  ㉢ 서로 호환성이 부족하므로 해당되는 제품의 종류로 구성하여 사용한다.
⑮ 가스 캡(gas cap)
  ㉠ 백캡, 캡이라고도 부르며, 텅스텐 전극봉과 콜릿 척을 넣고 고정시키는 기능과 보호 가스의 누설을 막아주는 역할을 한다.
  ㉡ 작업 공간이 비교적 넓어 토치의 조작에 지장이 없는 곳에서는 장캡(롱캡)을 사용하고, 협소한 공간에서는 토치의 운봉에 방해가 되므로 단캡을 사용하여 용접한다.
  ㉢ 캡은 용접 전류에 따라 300A용과 500A용이 있다.
⑥ 용접기의 전원 케이블
  ㈎ 용접용 케이블
    ㉮ 1차 측 전원 케이블 : 배전반에서 용접기까지 연결하는 1차 측 케이블은 거의 움직임이 없다.

아크 용접기 용량에 따른 1차 측 케이블의 규격

정격 전류(A)	200	300	400
케이블 지름(mm)	5.5	8.0	14.0

  ㈏ 2차 측 전원 케이블 및 어스 케이블
    ㉠ 2차 측 및 어스 케이블은 용접 작업을 하는 과정에 움직임이 많은 관계로 유연해야 작업 시 불편함이 없다.
    ㉡ 0.2~0.5mm의 가는 구리선을 수백 내지 수천 가닥을 꼬아서 절연 종이를 감고 그 위에 고무로 피복한 것이 사용된다.
    ㉢ 용접기에서 작업대까지의 거리가 멀어지면 어스 케이블이 길어짐에 따라 더 굵어져야 한다.

아크 용접기 용량에 따른 2차 측 케이블의 규격

정격 전류(A)	200	300	400
케이블 단면적(mm^2)	38	50	60

(나) 용접기의 케이블 접속
  ㉮ 케이블 커넥터와 러그, 접지용 클램프 등
    ㉠ 용접용 케이블을 접속하려고 할 때는 케이블 커넥터(cable connector)나 전선 터미널을 사용하여 접촉 불량으로 인한 발열이 발생하지 않도록 한다.
    ㉡ 전용 압착기를 사용하여 견고하게 접속하여야 하며 전기 접속 부속품은 규정된 규격의 제품을 사용한다.
    ㉢ 용접기에 연결된 어스선을 작업대 또는 모재에 연결하고자 할 때는 전용 접지 클램프를 사용한다.
    ㉣ 어스에 접속이 완전하지 못하면 전기의 소모가 많게 되고 용접 시 아크가 끊어져 불안정하며 용접부의 용입이 불량하게 되어 용접 결함의 발생 원인이 된다.
(다) 가스 텅스텐 용접에 사용할 1, 2차 입력 케이블을 연결한다.
  ㉮ 표시된 전원에 맞게 1, 2차 측의 케이블을 선택한다.
  ㉯ 배전판에 메인 차단기와 용접기 및 전원 스위치를 모두 차단 후 "수리 중"이라는 안내판을 붙인 다음 연결 작업에 들어간다.
    ㉠ 케이블을 용접기와 분전반의 거리를 고려하여 적당한 길이로 잘라 겉 피복을 벗긴다.
    ㉡ 연결 터미널 단자 부착에 단자 피복을 끼운 다음 벗긴 부분을 터미널에 끼운다.
    ㉢ 압착기를 이용하여 견고하게 압착한 다음, 터미널 단자 피복을 압착된 노출 부분으로 밀어 덮어준다.
    ㉣ 네 개의 선 중 녹색 선이 접지선이고 접지 공사가 되어 있는 분전함의 접지에 연결하고 되어 있지 않으면 지면에 하여야 한다.
    ㉤ 차단기 연결이 끝나면 나머지 한쪽의 케이블을 용접기에 연결한다.
    ㉥ 세 선을 용접기에 견고하게 연결하고 녹색 접지선은 용접기 케이스에 설치된 접지에 연결한다.
    ㉦ 케이블 연결 단자를 참고하여 규격에 맞는 전선 터미널, 접지 클램프, 케이블을 연결시킨다.
    ㉧ 케이블의 누출되어 있는 연결부에 절연 테이프를 감아 절연시킨다.
(라) 용접기 설치 상태와 이상 유무를 확인한다.
  ㉮ 배선용 차단기의 적색 버튼을 눌러 정상 작동 여부를 점검한다.
  ㉯ 배선용 차단기의 전원 측과 부하 측의 접속 연결 부분이 견고한지 확인한다.
  ㉰ 분전반과 용접기의 접지 여부를 확인한다.
  ㉱ 용접기가 설치된 모든 연결부의 접속과 절연 상태를 점검한다.
  ㉲ 용접기 내부의 먼지, 불순물 등을 확인하고 제거한다.
    ㉠ 용접기 윗면의 케이스 덮개를 분리하고 콘덴서의 잔류 전류가 소멸되도록 전원

을 차단하고 3분 정도 경과 후에 덮개를 연다.
ⓒ 에어콤프레셔의 압축공기로 메인보드와 고주파 발생 부분의 먼지를 깨끗하게 불어낸다.
ⓒ 냉각팬 부분과 전원 스위치 부분의 먼지를 제거한다.
ⓔ 용접기의 전원 스위치를 넣고 용접기의 작동 상태 및 전류 조절 상태를 점검한다.
ⓜ 정상 작동을 확인한 뒤 열었던 덮개를 덮고 모든 볼트를 조여 조립한다.

⑦ 용접기의 전원 특성 : 가스 텅스텐 아크 용접(GTAW)에서는 직류(DC, direct current)와 교류(AC, alternating current) 전원 모두 사용이 가능하며, 용접 모재의 종류에 따라 사용 전원이 선택되어지고, 직류 전원 선택 시는 직류 정극성(DCSP)과 직류 역극성(DCRP) 중에 사용 모재의 재질에 따라 전원을 달리 선택한다.

⑺ 직류(DC) 전원

㉮ 직류 정극성

  ㉠ 직류 정극성(DCSP, direct current straight polarity or DCEN, direct current electrode negative)은 모재에 양극(+)을 연결하고 전극봉에 음극(-)을 연결하는 방식이다.
  ㉡ 전자는 (-)인 전극봉에서 (+)인 모재로 이동하고 가스 이온은 (+)인 모재에서 (-)인 전극봉으로 흐르게 된다(전자는 양자보다 1820배나 가벼워 빠르게 이동한다).
  ㉢ 전자는 모재 표면에 강하게 충돌하여 높은 열을 발산하게 되므로 용접부는 용입이 깊어지고 비드 폭이 좁아지는 용접 결과를 얻게 된다.

㉯ 직류 역극성

  ㉠ 직류 역극성(DCRP, direct current reverse polarity or DCEP, direct current electrode positive)은 모재에 음극(-)을 연결하고 전극봉에 양극(+)을 연결하는 방식이다.
  ㉡ 전자는 (-)인 모재에서 (+)인 전극봉으로 이동하고 가스 이온은 (+)인 전극봉에서 (-)인 모재로 흐르게 된다.
  ㉢ 전자는 전극봉과 충돌하여 전극봉이 모재보다 열을 많이 받게 되어 용접부는 용입이 얕아지고 비드 폭이 넓어지는 용접 결과를 얻게 된다.
  ㉣ 전극봉은 과열로 인한 소손이 우려되어 정극성보다 약 4배 정도 굵은 것을 사용해야 한다.
  ㉤ 아르곤 가스에 의한 직류 역극성을 사용하면 가스 이온이 모재 표면과 강하게 충돌을 일으켜 화학 작용에 의한 금속 표면의 산화피막을 파괴하는 청정 작용이 일어난다.

(내) 교류(AC) 전원
  ㉮ 고주파에 의한 교류 전원은 청정 작용을 필요로 하는 알루미늄 또는 마그네슘과 같은 경금속 용접에 적합한 용접 전원이다.
  ㉯ 직류 정극성과 역극성의 중간 형태의 결과를 얻을 수 있으며, 청정 작용을 필요로 하는 금속의 용접 시에 주로 사용된다.

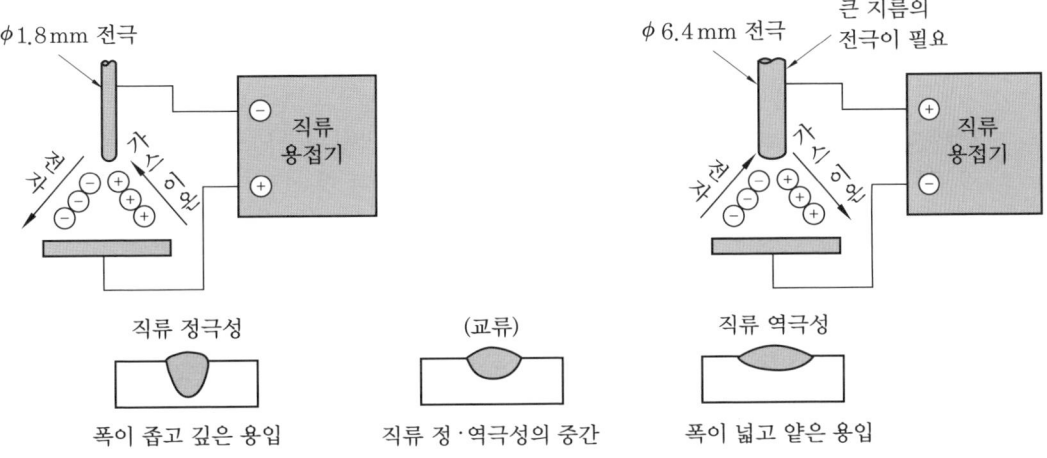

직류 정극성과 역극성의 결선도

⑧ 용접 조건의 선택 : 조건으로는 용접 전류, 아크 길이, 용접 속도 등이 용입과 비드의 형상을 결정하는 주요 요소이며, 품질이 높은 용접 결과를 요구하는 관계로 사용되는 보호 가스의 효과를 최대한 높이는 것이 중요하다.
  (개) 용접 전류
    ㉮ 원격 전류 조정기 또는 용접기 본체 전면 패널의 전류 조정기에 의해 조정할 수 있다.
    ㉯ 용접할 모재에 적합한 용접 조건이 결정되면 보호 가스의 유량을 용접 조건에 맞도록 조절한 뒤 아크를 발생하면서 재료의 용융 상태를 점검한다.
  (내) 용접 속도
    ㉮ 일반적으로 수동 용접의 경우 5~50 cm/min 정도의 범위에서 움직이는 것이 다른 용접에 비해 안정된 아크의 상태를 유지할 수 있다.
    ㉯ 용접 속도가 지나치게 빠르면 모재에 언더컷이 발생하는 경우가 있으며, 모재의 용접 전류에 따른 용융 상태를 보아 용접 진행 속도를 결정한다(아크가 모재에 닿아 용융풀을 만드는 곳에 따라 아크가 이동을 하며 반대쪽으로 옮겨간다).
  (대) 아크 길이
    ㉮ 아크 길이를 길게 하면 아크의 크기가 커져 높은 전압을 필요로 하게 한다.

㉯ 전극봉과 모재와의 거리가 너무 멀게 되면 아크 길이가 길어져 보호 가스의 작용이 불량하여 전극봉의 소모가 많아지거나 용접 비드에 기공이 발생할 우려가 있고 지나친 아크 길이는 용접 결함을 초래한다.

㈑ 보호 가스 공급
  ㉮ 보호 가스 공급량
    ㉠ 가스 공급량이 너무 많으면 보호 가스의 손실도 있고 용착 금속을 급랭시키는 역할을 하여 용착 금속 내의 잔류 가스가 외부로 발산되지 못해 기공이 발생하는 원인이 된다.
    ㉡ 반대로 공급량이 적으면 용융지와 전극봉을 대기로부터 보호하지 못하는 한계로 전극봉의 오염으로 인한 손실과 용착 금속에 용접 결함이 발생하게 되므로 적당량의 보호 가스 공급이 필요하다.
    ㉢ 보호 가스의 공급량은 보호 가스의 종류, 용접 이음부의 형태(이음 홈의 종류), 노즐의 형상과 크기, 모재에서 노즐의 선단까지의 거리(아크 길이), 용접 전류의 세기와 극성, 용접 속도와 용접 자세, 시공 조건에 따른 모재와 토치의 위치, 용접 장소와 바람의 세기 등에 의해 결정된다.
  ㉯ 가스 퍼징
    ㉠ 용접 이면부의 산화나 질화를 방지할 목적으로 불활성 가스에 의한 퍼징을 하게 된다.
    ㉡ 퍼징을 하는 방법은 작업 여건에 따라 다르지만 보통 금속재 뒷댐재 사용과 파이프 내부에 양단을 코르크 또는 고무마개로 막고 가스 호스를 통하여 불활성 가스를 공급하므로 이면을 보호하는 가스 퍼징 방법을 사용한다.

⑨ 모재의 파악
  ㈎ 금속의 재질과 특성 : 금속 재료의 대부분은 가스 텅스텐 아크 용접으로 용접을 할 수 있으며, 대표적으로 철(Fe) 및 탄소강, 스테인리스강, 알루미늄 합금, 마그네슘 합금, 구리 합금, 니켈 합금, 활성 금속, 주철 등이 있고, 특히 활성 금속이나 일부 비철 금속의 용접에 매우 유용한 용접법이다.
  ※ 금속 재질은 금속 재료에서 설명한다.
  ㈎ 탄소강 : 탄소 이외에 망가니즈(Mn), 규소, 구리, 니켈, 크로뮴(Cr), 몰리브덴(Mo), 알루미늄, 인, 황을 소량 함유하고 탄소 함유량에 따라 극저탄소강, 저탄소강, 중탄소강, 고탄소강으로 분류한다.
  ㈏ 스테인리스강
    ㉠ 화학 성분과 금속 조직에 의한 분류 및 담금질 경화성, 석출 경화성, 가공 경화성 유무에 의한 분류가 있다.
    ㉡ 보호 가스로는 두께 12mm까지의 수동 용접에서는 아르곤 가스가 유효한데,

두꺼운 스테인리스강이나 자동 용접에서는 아르곤과 헬륨(He)의 혼합 가스나 순수 헬륨 가스가 사용된다.

ⓒ 용접부 이면에는 용접부의 산화 및 균열 방지를 위해 퍼징 가스(purging gas)에 의한 백실드(back shield)를 행하는 것이 일반적이다.

⑭ 알루미늄 합금 : 냉간 가공(Al-Si, Al-Mn, Al-Mg계 합금 등)으로 강도를 증가시킨 비 열처리 합금(Al-Cu, Al-Mg-Si, Al-Zn-(Mg, Cu))계 합금 등이 있다.

㉠ 순 알루미늄계인 1000계는 내식성이 좋고 빛의 반사성, 전기, 열의 양도체 특성이 있으며 강도는 낮지만 용접이나 성형 가공이 쉽다.

㉡ Al-Cu계인 2000계는 Cu를 주 첨가 성분으로 한 것에 Mg 등을 포함하는 열처리 합금으로 강도는 높지만 내식성이나 용접성이 떨어지는 것이 많고 리벳 접합에 의한 구조물, 특히 항공 기재에 많이 사용되고 있다.

㉢ Al-Mn계인 3000계는 Mn을 주 첨가 성분으로 한 냉간 가공에 의해 여러 가지 성질로 된 비 열처리 합금으로 순수 알루미늄에 비해 강도가 약간 높고 용접성, 내식성, 가공성 등도 좋다.

㉣ Al-Si계인 4000계는 Si를 주 첨가 성분으로 한 비 열처리 합금으로 용가재나 납재로 사용된다.

㉤ Al-Mg계인 5000계는 Mg를 주 첨가 성분으로 한 강도가 높은 비 열처리 합금으로 용접성이 양호하고 해풍이나 해수의 분위기에서도 내식성이 좋으며 용접 구조재로서 많이 사용되고 있다.

㉥ Al-Mg-Si계인 6000계는 Mg와 Si를 주 첨가 성분으로 한 열처리 합금으로 용접성, 내식성이 양호하여 형재나 관의 구조물로 많이 사용된다.

㉦ Al-Zn-(Mg, Cu)계인 7000계는 Zn을 주 첨가 성분으로 하지만 이것에 Mg를 첨가하여 고강도의 열처리 합금 Al-Zn-Mg 합금 또는 Cu를 첨가한 7075 합금이 있고 알루미늄 합금 중에서도 강도가 높은 합금 중 하나이지만 용접성이나 내식성은 떨어지며, Al-Zn-Mg 합금은 용접성이 양호하고 상온 시효성이 있기 때문에 용접 구조재로서 많이 사용되고 있다.

㉧ 비 열처리 합금에는 가공 경화 정도에 따라 기호 H와 숫자로 표시하는데 숫자 1은 가공 경화 한 것, 2는 가공 경화 후 적당하게 뜨임 한 것, 3은 가공 경화 후 안정화 처리를 한 것을 나타낸다.

㉨ 제조한 그대로의 것은 F, 뜨임된 것은 O의 기호로 표시한다.

㉩ 열처리 합금에는 기호 T와 숫자로 표시하는데 주요한 것으로 T3은 담금질 후 냉간 가공 한 것, T4는 담금질 후 안정 상태까지 자연 시효 한 것, T5는 압출 등의 고온에서의 제조 과정에서 급랭한 다음에 인공 시효 한 것, T6은 담금질 후

인공 시효 한 것, T8은 담금질 후 냉간 가공 한 후 인공 시효 한 것을 나타낸다.
- ㉠ 얇은 두께의 알루미늄 합금은 직류 역극성을 적용하며, 두께 6.35mm 이상의 고전류 자동 용접에서는 헬륨 보호 가스 하에서 직류 정극성을 적용한다.
- ㉤ 용접 작업 전에 반드시 용접부의 표면 산화피막 제거 작업을 해주어야 한다.
- ㉣ 직류 전원을 적용할 때는 토륨(Th) 텅스텐 전극봉을 사용, 교류 전원을 적용할 때는 순수 텅스텐이나 세륨(Ce) 또는 지르코늄(Zr) 텅스텐 전극봉을 사용한다.
- ㉥ 보호 가스로는 아르곤(비중이 공기의 1.4배이고 헬륨의 10배이다) 가스를 대부분 적용하는데 이유는 헬륨 가스보다 용접에서 아크의 시작이 우수하고 표면 청정 작용이 잘 되며 용접부의 품질이 더 우수한 장점이 있기 때문이다.

㉮ 마그네슘 합금
- ㉠ 실용 합금 중에서 가장 가벼워 밀도가 알루미늄의 $\frac{2}{3}$, 일반 강의 $\frac{1}{4}$ 정도이다 (비중은 Mg : 1.74, Fe : 7.87, Al : 2.699).
- ㉡ 순수 마그네슘은 매우 연해서 구조 재료로 적합하지 않지만, 다른 원소를 첨가해 합금화하면 마그네슘의 특성을 살린 우수한 구조재가 된다.
- ㉢ 대표적인 마그네슘 합금 중에 Mg-Al-Zn-(Mn)계는 표준적인 기계적 성질을 가지고 있어 주조성이 좋은 합금으로 널리 이용되고 있다.
- ㉣ Mg-Zn-Zr계는 고장력 합금으로 특히 150℃ 이하의 온도에서 강도와 연성, 인성이 풍부하다.
- ㉤ Mg-Zn-Zr-(RE)계는 희토류 원소가 첨가되어 있고 내열 합금으로 250℃까지 이용할 수 있다.
- ㉥ 열전도율이 양호하여 열팽창계수도 크기 때문에 용접 변형이 생기기 쉽다.
- ㉦ 마그네슘 합금은 화학적으로 매우 활성이기 때문에 용접에 있어서 불활성 가스로 대기를 차단할 필요가 있으며, 모재 표면의 오염이나 산화피막을 제거해야 한다. 그 방법은 와이어 브러시에 의한 기계적인 방법, 유기 용제 탈지 후 5% 정도의 NaOH으로 세정하고 크로뮴산, 질산나트륨, 불화칼슘 등의 혼합산에서 산 세척하는 등의 화학적인 방법이 있다.
- ㉧ 표면에 산화피막으로 대부분의 용접은 청정 작용을 위해 교류 전원 또는 직류 역극성을 적용한다.
- ㉨ 두께 5mm 이하에는 직류 역극성을 적용하기도 하지만 두꺼운 판에 깊은 용입을 얻기 위해서는 교류 전원을 선택한다.
- ㉩ 우수한 용접부의 품질을 위해서 아르곤 보호 가스를 많이 적용하지만 헬륨 또는 아르곤-헬륨 혼합 가스도 적용하며, 전극봉으로는 순수 텅스텐 이외에 세륨 또는 지르코늄 텅스텐 전극봉을 사용한다.

㉯ 구리 합금

㉠ 전기 및 열전도성이 양호하고 중성에서 알칼리성의 약품, 식품 등에 대한 내식성이 우수하기 때문에 전기 재료, 화학 공업 재료로서 널리 사용되고 있다.
㉡ 순동은 산소의 함유량에 따라 성질이 다른데, 0.01~0.07% 산소를 함유한 터프 피치 등은 전기전도성이 매우 우수하지만 수소 취화를 일으키기 쉽다.
㉢ 황동은 구리와 아연의 합금으로 순동에 비해 강도가 높고 전신성이 우수하다.
㉣ 규소 청동은 내식성이 뛰어나고 높은 강도를 나타내며 열전도성이 낮고 용접성이 좋다.
㉤ 대부분의 구리 합금의 용접은 높은 열전도도로 인하여 직류 정극성과 헬륨 보호 가스를 사용한다.
㉥ 베릴륨 동 합금이나 알루미늄 청동 합금에는 표면 산화피막 제거를 위해 교류 전원을 사용하기도 한다.

㈅ 니켈 합금
㉠ 알칼리에 대한 충분한 내식성이 있고 상온에서의 가공성이 우수하다.
㉡ 인코넬 X-750, 워스파로이 등이 일반적으로 용접성이 나쁘다.
㉢ 대부분 직류 정극성을 사용하지만 산화피막이 많은 니켈 합금은 교류 전원이 사용될 수 있다.
㉣ 보호 가스로는 아르곤, 아르곤-헬륨, 헬륨 가스가 대부분 적용되는데 아르곤-수소의 혼합 가스가 적용되기도 한다.

㈆ 활성 금속
㉠ 대표적으로 티타늄(Ti) 합금과 지르코늄(Zr) 합금이 있다.
㉡ 지르코늄은 티타늄에 비해 비열이나 선팽창계수가 작고, 밀도는 약 50% 정도 크다.
㉢ 지르코늄은 광범위한 부식 환경에서 안정하며, 특히 티타늄이 부식되는 환원성의 산에서도 우수한 내식성을 나타내지만 철 이온, 동 이온재를 포함하는 염화물 환경에서의 내식성은 좋지 않고 질소를 함유하는 고온 수중에서도 내식성이 열화된다.
㉣ 활성 금속의 가스 텅스텐 아크 용접은 높은 열 집중도와 최고의 입열 제어를 제공하며, 용접은 고순도의 불활성 가스를 포함한 퍼지 챔퍼(purged chamber) 속에서 적용되고 아르곤 가스가 보호 가스로 가장 많이 적용된다.
㉤ 보호 가스의 유량으로 아르곤 가스는 7L/min, 헬륨 가스는 18.5L/min을 사용하면 충분하다.

㈇ 주철
㉠ 탄소 2.5~4%, 규소 0.5~3%를 주요 함유 성분으로 하는 저융점(약 1,147℃)의 철 합금이다.

ⓒ 다량의 탄소는 주조성을 좋게 하고, 응고 시에는 흑연으로서 정출하여 진동 흡수성, 내마모성, 윤활유의 유지성, 피삭성을 좋게 한다.
ⓒ 주철의 가스 텅스텐 아크 용접은 독립적인 입열 제어와 용가재 공급으로 모재의 희석을 최소화할 수 있고 적절한 용입과 용융을 유지하면서 모재의 희석을 최소화하기 위해서는 작업자의 높은 기량이 요구된다.
ⓔ 일반적으로 국부적인 수정 용접에 적용하며 용접부 균열 최소화를 위하여 니켈계와 오스테나이트 스테인리스계 용가재를 사용하고 예열 및 후열 처리가 요구된다.

(나) 홈(groove) 가공
㉮ 가스 절단 : 프로판, 아세틸렌 등의 가스와 산소의 혼합 불꽃으로 절단할 단면을 800~900℃의 온도로 예열하고, 고압 산소를 불어내면 철이 산화 반응을 일으켜 산화철이 된 절단 부위가 날려 절단이 이루어지는 방식이다.
㉯ 플라스마 절단
ⓐ 노즐을 이용해 아크를 가늘게 만들고 고온 및 고밀도 열원을 절단부에 집중적으로 투여해 가공면을 절단하는 방법으로 토치 내 전극을 음극(-)로 설정해 사용한다.
ⓑ 전극과 노즐 사이에 파일럿 아크라고 불리는 소전류 아크를 발생시키고, 노즐에서 분출한 플라스마류의 도전성을 이용하여 전극-모재 사이에 주 아크를 발생시킨다.
ⓒ 작동 가스로는 아르곤과 수소의 혼합 가스를 많이 사용하고 그 외에도 질소, 질소와 수소의 혼합 가스, 공기나 산소도 사용하고 있다.
ⓓ 더블 아크(double arc) 현상
• 전류값이 증가함에 따라 어느 한도의 전류값에 오르면 노즐을 끼워 시리즈 아크가 발생하고, 이것이 주 아크와 공존하게 되는 더블 아크 상태가 되어 이러한 현상에서 절단 능력은 크게 저하되고 노즐 및 전극의 손상을 초래하게 된다.
• 더블 아크 발생의 한계 전류보다 조금 낮은 전류로 설정하는 것이 바람직하며, 한계 전류는 노즐 지름이 작을수록, 노즐 구속 길이가 길수록 낮아진다.
ⓔ 절단 홈 형성 현상
• 절단부의 용융 금속은 플라스마 기류에 의해 판의 아래쪽으로 흘려보내지만, 모재 양극점의 존재는 금속류의 거동에 큰 영향을 미친다.
• 아크 기둥과 양극점 에너지로 용융하는 영역에서는 극점 분포와의 관계로 용융 금속의 흐름 방향이 다소 달라져 이와 같이 홈 측면의 정형이 있기 때문에 절단 홈 형상이 특정지어진다.
• 토치를 경사해 절단할 경우에는 모재 양극점이 개선면 쪽에 기울고 용융 금

속은 스크랩면 측을 흐르기 쉬워 개선면은 비교적 양호한 절단 품질을 얻게 된다.
- ⓑ 드로스(dross) 부착 현상
  - 절단부의 용융 금속이 절단면에 부착하는 드로스 부착 현상이 발생하기 쉬운데 아르곤, 아르곤과 수소의 혼합 가스를 작동 가스로 이용한 경우, 부착량이 많지만 절단 후 용이하게 박리하는 드로스 부착 현상이 발생한다.
  - 질소나 공기, 산소 등의 2원자 가스를 작동 가스로 이용하면 드로스 부착량이 현저하게 적은 절단면이 얻어진다.
- ㈐ 그라인더 가공 : 그라인더는 용접 작업 시 널리 사용되는 기계로서 전기 그라인더, 에어 그라인더, 에어 다이 그라인더(에어 베이비 그라인더) 등이 사용된다.
- ㈑ 홈 가공의 형상
  - ㉠ 일반적으로 두께가 4 mm 이상인 판재를 용접할 경우 접합하고자 하는 부분에 적당한 그루브(홈 : groove)를 만들어 완전한 용입이 되도록 하여야 한다.
  - ㉡ 홈의 형상은 구조물의 형태나 재료의 두께에 따라 다르게 제작한다.
  - ㉢ 맞대기 용접은 대략 동일 평면에 있는 두 부재를 맞대서 용접하는 이음을 말한다(종류 : I, V, ∨, U, J, X, K, H, 양면 J형 등이 있다).
- ㈒ 홈 가공의 측정과 정밀도
  - ㉠ 용접 절차 사양서와 맞게 모재에 가공된 홈을 확인하기 위해서 강철자를 주로 이용하고 주요 치수를 확인하며, 원형 구조물일 경우 버니어 캘리퍼스나 마이크로미터를 사용하여 내경, 깊이를 측정한다.
  - ㉡ 홈의 중심선이 어긋나거나 각 변형, 틈새 등 치수 정밀도가 나쁜 경우에는 국부적인 응력의 증가를 초래하고, 결과적으로 이음 강도가 저하한다.
  - ㉢ 조립 정밀도 및 개선 정밀도를 실현할 수 있는 기술 및 용접 변형 최소화 기술이 없으면 불가능하다.
  - ㉣ 이음 정밀도의 문제를 포함한 전반적인 용접 품질 관리를 위해서는 설계, 제조, 검사의 각 부문에서의 기술 및 관리 시스템의 확립이 필요하다.

⑩ 구조물의 조립을 위한 가용접의 중요성
- ㈎ 가용접(tack welding) : 본 용접을 실시하기 전에 모재의 홈 가공부를 잠정적으로 고정하기 위한 짧은 용접으로서 용접 구조물의 조립 작업에 있어서 매우 중요한 작업이다.
- ㈏ 구조물의 조립을 위한 가용접
  - ㉮ 구조물의 본 용접에 매우 큰 영향을 미치므로 가용접의 위치, 길이 등을 적절하게 선정해야 한다.
  - ㉯ 가용접이 적절하지 못하면 본 용접에서 변형이나 용접 품질에 악영향을 주어 작

업 능률이 저하되는 원인을 제공한다.
㈐ 구조물의 조립을 위한 가용접의 주의사항
  ㉮ 본 용접사와 동등한 기량을 가진 용접사가 가용접을 실시한다.
  ㉯ 본 용접과 같은 온도에서 예열 작업을 실시한다.
  ㉰ 본 용접 시 홈 내의 가용접부는 그라인더로 완전히 제거한다.
  ㉱ 구조물의 모서리 부분은 용접부가 겹치는 부분이므로 가능한 가용접을 피한다.
  ㉲ 구조물의 조립 상태에서 시작점과 끝점은 결함 발생이 쉬워 가능한 가용접을 피한다.
㈑ 용접 구조물의 조립 순서 : 구조물의 변형 혹은 잔류 응력을 최소화하는 용접 순서를 고려하여 조립 순서를 결정한다.
  ㉮ 동일 평면 내에서 가능한 자유단 쪽으로 용접에 의한 수축이 발생하도록 조립한다.
  ㉯ 구조물의 중심선에서 대칭적으로 용접이 되도록 한다.
  ㉰ 용접선이 직각 단면 중심축에서 수축 모멘트가 상호 상쇄되도록 한다.
  ㉱ 맞대기 이음과 동시에 발생하면 수축 변형이 큰 맞대기 용접을 먼저 한다.
  ㉲ 구조물 중앙에서 끝 방향으로 용접을 하며 용접 구조물의 조립에 있어서, 가능한 여러 가지 가접용 지그를 활용한다.
  ㉳ 파이프의 용접 순서는 하단에서 위보기 자세로 시작하여 상단의 아래보기 자세에서 끝나고 다시 위보기 자세로 시작하여 아래보기 자세에서 끝낸다.
㈒ 설계도면에 따라 다양한 맞대기 이음이 있는 용접 구조물의 조립 순서를 결정한다.

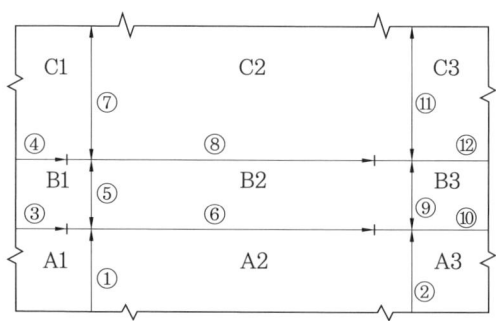

맞대기 이음이 다양하게 있을 때 용접 구조물의 조립 순서

  ㉮ 동일 평면 내에서 용접선이 겹치는 지점을 감안하여 우선 ①, ② 순서로 용접 조립을 실시한다.
  ㉯ 수직이 교차되는 용접선을 감안하여 교차점으로부터 200~300mm 정도의 거리를 남겨 두고 ③, ④ 순서로 용접 조립을 먼저 한 뒤에 ⑤ 용접선을 용접 조립하고 교차점을 재가공하여 수평의 ⑥ 용접선을 교차점으로부터 200~300mm 거리를 남겨 둔 지점까지 용접 조립을 실시한다.

㈐ ③과 같은 방식으로 용접 조립부터 교차점을 재가공하여 수평의 용접선을 조립한다.
㈑ 파이프 용접 구조물의 조립 순서를 결정한다.

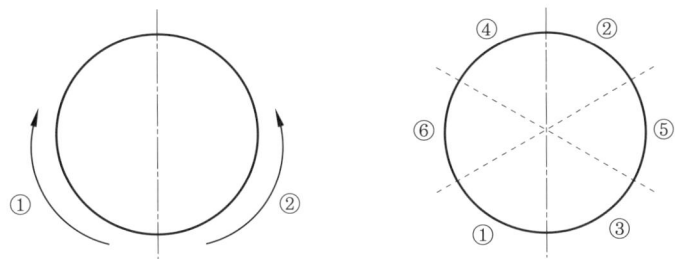

파이프 용접 구조물의 조립 순서

㉮ 파이프 용접 조립은 기본적으로 대칭 용접을 원칙으로 하며 밑에서 위로, 즉 위보기 자세에서 아래보기 자세로 용접 조립을 한다.
㉯ 두께가 두껍거나 조립 상태에 따라 변형이 우려되는 경우 [그림]의 우측과 같이 응력 집중이 되지 않도록 분할 대칭 용접을 실시한다.

㈒ 가용접 위치와 길이의 선정
㉮ 구조물의 모서리 부분은 용접부가 겹치는 부분으로서 응력 집중이 생기기 쉬우며 취약한 부분으로, 용착 상태가 불량하므로 가용접의 위치로는 적절하지 않다.
㉯ 가용접의 간격은 판 두께의 15~30배 정도로 하는 것이 좋다.
㉰ 가용접의 길이는 판 두께가 3.2mm 이하는 30mm, 3.2~25mm까지는 40mm, 25mm 이상은 50mm 이상의 길이로 해주어야 한다.

㈓ 가용접의 주의사항
㉮ 작은 용착부가 형성됨으로써 급랭하기 쉽고 응력에 의해 균열이 생기는 경우도 있다.
㉯ 홈 내의 가용접 부위에 균열이 발생되었을 때에는 그라인더 혹은 정으로 충분히 제거한 후 용접해야 한다.

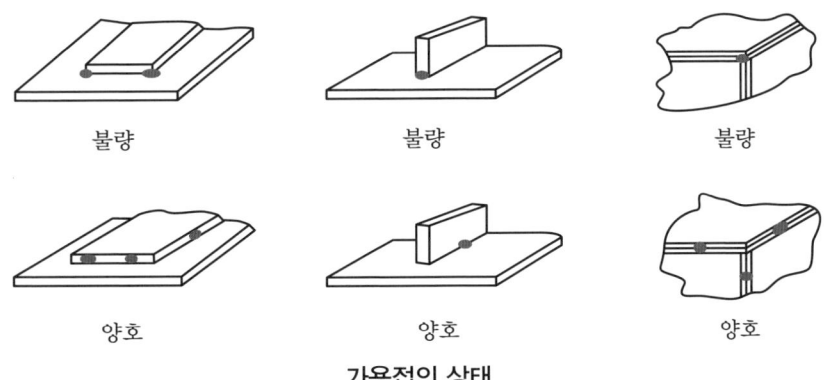

가용접의 상태

㉢ 가용접에 지그류를 이용할 때 언더컷 등이 발생되면 즉시 보수해야 한다.
㉣ 본 용접에 일부분이 되는 것을 피하기 위해 분리용 피스를 쓰거나, 스트롱 백(strong back)을 사용하여 가용접하는 것도 고려해 볼 수 있다.

(3) 불활성 가스 금속 아크 용접(inert gas metal arc welding : GMAW, MIG)

① 원리 : 불활성 가스 금속 아크 용접법은 용가재인 전극 와이어를 연속적으로 보내어 아크를 발생시키는 방법으로서, 용극 또는 소모식 불활성 가스 아크 용접법이라고도 하며, 상품명으로는 에어코매틱(air comatic) 용접법, 시그마(sigma) 용접법, 필러 아크(filler arc) 용접법, 아르고노트(argonaut) 용접법 등이 있고 전자동식과 반자동식이 있다.

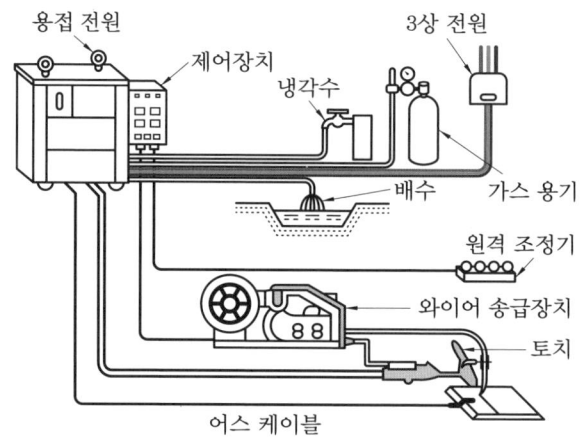

불활성 가스 금속 아크 용접 회로

② 특성 및 장치
㉮ MIG 용접은 직류 역극성을 사용하며 청정 작용이 있다.
㉯ MIG 용접기는 정전압 특성 또는 상승 특성의 직류 용접기이다.
㉰ MIG 용접은 자기 제어 특성이 있으며, 헬륨 가스 사용 시는 아르곤보다 아크 전압이 현저하게 높다.
㉱ 전극 와이어는 용접 모재와 같은 재질의 금속을 사용하며 판 두께 3mm 이상에 적합하다.
㉲ 전류 밀도가 피복 아크 용접의 4~6배, TIG 용접의 2배 정도로 매우 크며, 서브머지드 아크 용접과 비슷하다.
㉳ 전극 용융 금속의 이행 형식은 주로 스프레이형으로 아름다운 비드가 얻어지나 용접 전류가 낮으면 구적 이행(globular transfer)이 되어 비드 표면이 매우 거칠다.

(사) MIG 용접 장치 중 와이어 송급 장치는 푸시식(push type), 풀식(pull type), 푸시-풀식(push-pull type)의 3종류가 사용된다.

(아) MIG 용접 토치는 전류 밀도가 매우 높아 수랭식이 사용된다.

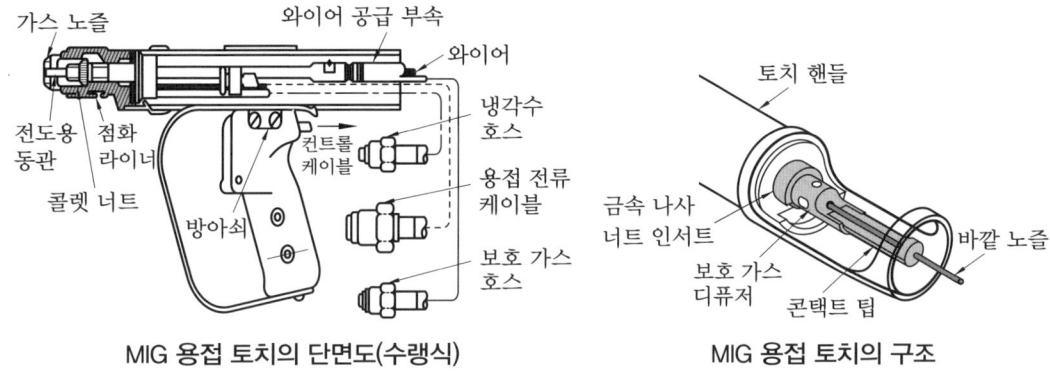

MIG 용접 토치의 단면도(수랭식)   MIG 용접 토치의 구조

(자) MIG 용접은 스테인리스강이나 알루미늄재에 적용할 수 있다는 장점을 갖고 있으나 연강재에는 비용이 높다.

(차) 펄스 전원과의 조합에 의하여 특히 저전류역(스프레이화 임계전류 이하)으로부터의 미려한 용접 비드를 얻을 수 있고 용접 마무리에 고부가 가치화를 실현할 수 있다.

GMAW의 장단점

장점	단점
• 용접봉을 갈아 끼우는 작업이 불필요하기 때문에 능률적이다. • 슬래그가 없으므로 슬래그 제거 시간이 절약된다. • 용접 재료의 손실이 적으며 용착 효율이 95% 이상이다(SMAW : 약 60%). • 전류 밀도가 높기 때문에 용입이 크다.	• 용접 장비가 무거워서 이동이 곤란하고, 구조의 복잡, 고장률이 높으며 고가이다. • 용접 토치가 용접부에 접근하기 곤란한 조건에서는 용접이 불가능하다. • 바람이 부는 옥외에서는 보호 가스가 보호 역할을 충분히 하지 못하므로 방풍막을 설치하여야 한다.

GMAW에 사용하는 차폐(shield) 가스(보호 가스)

구분	차폐 가스 (shielding gas)	적용되는 용접 금속(모재)
불활성 가스를 사용할 모재	아르곤(argon)	사실상의 모든 금속들
	헬륨(helium)	알루미늄과 동합금 – 보다 많은 열과 기공의 최소화
	75% Ar+25% He ~ 25% Ar+75% He	헬륨과 동일 – 안정된 아크와 소음 감소
	He+10% Ar	high-nickel alloys(고-니켈 합금)
절약 가스를 사용할 모재	질소(nitrogen)	동 – 매우 강한 아크 발생(일반적으로 사용되지 않음)
	Ar+25~30% N_2	동 – 강한 아크 발생, 순수 질소 사용 시 보다 아크 관리가 요구됨(드물게 사용)
산화 가스를 사용할 모재	Ar+1~2% O_2(산소)	탄소 합금강, 스테인리스강들
	Ar+3~5% O_2	탄소강, 합금과 스테인리스강들 – 산화철 wire 사용
	Ar+5~10% O_2	강철 – 산화철 wire 사용
	Ar+20~30% CO_2	강철 – 주로 short circuiting arc(단락 아크) 사용
	Ar+5% O_2+CO_2	강철 – 산화철 wire 사용
	탄산가스 (carbon dioxide)	연강, 탄소강 – 산화철 wire 사용
	CO_2+3~10% O_2	강철 – 산화철 wire 사용
	CO_2+20% O_2	강철들

|예|상|문|제|

1. 미그(MIG) 용접 등에서 용접 전류가 과대할 때 주로 용융풀 앞 기슭으로부터 외기가 스며들어, 비드 표면에 주름진 두터운 산화막이 생기는 것을 무엇이라 하는가?
① 퍼커링(puckering) 현상
② 퍽 마크(puck mark) 현상
③ 핀 홀(pin hole) 현상
④ 기공(blow hole) 현상

해설 ㉠ 퍽 마크(puck mark) : 서브머지드 아크 용접에서 용융형 용제의 산포량이 너무 많으면 발생된 가스가 방출되지 못하여 기공의 원인이 되고 비드 표면에 퍽 마크가 생긴다.
㉡ 핀 홀(pin hole) : 용접부에 남아 있는 바늘과 같은 것으로 찌른 것 같은 미소한 가스의 기공이다.

2. 불활성 가스 아크 용접법의 장점이 아닌 것은?
① 불활성 가스의 용접부 보호와 아르곤 가스 사용 역극성 시 청정 효과로 피복제 및 용제가 필요 없다.
② 산화하기 쉬운 금속의 용접이 용이하고 용착부의 모든 성질이 우수하다.
③ 저전압 시에도 아크가 안정되고 양호하며 열의 집중 효과가 좋아 용접 속도가 빠르고 또 양호한 용입과 모재의 변형이 적다.
④ 두꺼운 판의 모재에는 용접봉을 쓰지 않아도 양호하고 언더컷(undercut)도 생기지 않는다.

해설 ④ 얇은 판의 모재에는 용접봉을 쓰지 않아도 양호하고 언더컷(undercut)도 생기지 않는다.

3. 불활성 가스 아크 용접법의 특성 중 틀린 것은?
① 아르곤 가스 사용 직류 역극성 시 청정 효과(cleaning action)가 있어 강한 산화막이나 용융점이 높은 산화막이 있는 알루미늄(Al), 마그네슘(Mg) 등의 용접이 용제 없이 가능하다.
② 직류 정극성 사용 시는 폭이 좁고 용입이 깊은 용접부를 얻으며 청정 효과도 있다.
③ 교류 사용 시 용입 깊이는 직류 역극성과 정극성의 중간 정도이고 청정 효과가 있다.
④ 고주파 전류 사용 시 아크 발생이 쉽고 안정되며 전극의 소모가 적어 수명이 길고 일정한 지름의 전극에 대해 광범위한 전류의 사용이 가능하다.

해설 ② 직류 정극성 사용 시는 폭이 좁고 용입이 깊은 용접부를 얻으나 청정 효과가 없다.

4. 불활성 가스 아크 용접법에서 실드 가스는 바람의 영향이 풍속(m/s) 얼마에 영향을 받는가?
① 0.1~0.3 ② 0.3~0.5
③ 0.5~2   ④ 1.5~3

해설 실드 가스는 비교적 값이 비싸고 바람의 영향(풍속이 0.5~2m/s 이상이면 아르곤 가스의 보호 능력이 떨어진다)을 받기 쉽다는 결점과 용착 속도가 작은 것부터 고속, 고능률 용접에는 그다지 적합하지 않다.

5. 불활성 가스 아크 용접으로 용접을 하지 않는 것은?
① 알루미늄   ② 스테인리스강
③ 마그네슘 합금 ④ 선철

정답 1. ① 2. ④ 3. ② 4. ③ 5. ④

해설 불활성 가스 아크 용접에 해당되는 금속은 연강 및 저합금강, 스테인리스강, 알루미늄과 합금, 동 및 동합금, 티타늄(Ti) 및 티타늄 합금 등이며 선철은 용접하지 않는다.

6. TIG 용접에서 교류 전원 사용 시 발생하는 직류 성분을 없애기 위하여 용접기 2차 회로에 삽입하는 것 중 틀린 것은?
① 정류기 ② 직류 콘덴서
③ 축전지 ④ 컨덕턴스

해설 교류에서 발생되는 불평형 전류를 방지하기 위해서 2차 회로에 직류 콘덴서(condenser), 정류기, 리액터, 축전지 등을 삽입하여 직류 성분을 제거하며 이것은 평형 교류 용접기이다.

7. MIG 용접은 TIG 용접에 비해 능률이 높기 때문에 두께 몇 mm 이상의 알루미늄, 스테인리스강 등의 용접에 사용이 되는가?
① 3mm ② 5mm
③ 6mm ④ 7mm

해설 TIG는 3mm 이내가 좋고, MIG는 3mm 이상의 후판에 이용되고 있다.

8. TIG 용접 작업에서 토치의 각도는 모재에 대하여 진행 방향과 반대로 몇 도 정도 기울여 유지시켜야 하는가?
① 15° ② 30° ③ 45° ④ 75°

해설 TIG 용접 작업에서는 토치의 각도가 모재에 대하여 진행 방향과 반대로 75° 정도 기울여 유지시키며, 일반적으로 전진법으로 용접하고 용접봉(용가재)을 모재에 대해 15° 정도의 각도로 기울여 용융풀에 재빨리 접근시켜 첨가한다(이때 용가재는 아크열 바깥으로 벗어나 공기와 접촉하면 산화가 되어 결함이 생긴다).

9. MIG 용접에서 토치의 노즐 끝부분과 모재와의 거리를 얼마 정도 유지하여야 하는가?
① 3mm 정도 ② 6mm 정도
③ 8mm 정도 ④ 12mm 정도

해설 MIG 용접의 아크 발생은 토치의 끝을 약 15~20mm 정도 모재표면에 접근시켜 토치의 방아쇠를 당기어 와이어를 공급하여 아크를 발생시키며 노즐과 모재와의 거리를 12mm 정도 유지시키고 아크 길이는 6~8mm가 적당하다.

10. TIG 용접에 사용되는 전극봉의 재료는 다음 중 어느 것인가?
① 알루미늄봉 ② 스테인리스봉
③ 텅스텐봉 ④ 구리봉

해설 TIG 용접에 사용되는 전극봉은 보통 연강, 스테인리스강에는 토륨이 함유된 텅스텐봉, 알루미늄은 순수 텅스텐봉, 그 밖에 지르코늄 등을 혼합한 텅스텐봉이 사용된다.

11. 불활성 가스 텅스텐 아크 용접법의 명칭이 아닌 것은?
① 비용극식 불활성 가스 아크 용접법
② 헬륨-아크 용접법
③ 아르곤 아크 용접법
④ 시그마 용접법

해설 시그마(sigma) 용접법은 MIG 용접법의 상품명으로 그 외에 에어코매틱(air comatic) 용접법, 필러 아크(filler arc) 용접법, 아르고노트(argonaut) 용접법 등이 있다.

12. 다음은 불활성 가스 텅스텐 아크 용접법의 극성에 대한 설명이다. 틀린 것은?
① 직류 정극성은 깊은 용입을 얻기 위해 전자 운동 에너지가 매우 커 전극이 가열된다.

정답 6. ④ 7. ① 8. ④ 9. ④ 10. ③ 11. ④ 12. ①

② 직류 정극성은 음전기를 가진 전자가 모재에 강하게 충돌하므로 깊은 용입을 일으킨다.
③ 아르곤을 사용한 역극성에서는 아르곤 이온이 모재 표면에 충돌하여 산화막을 제거하는 청정 작용이 있다.
④ 교류에서는 아크가 잘 끊어지기 쉬우므로, 용접 전류에 고주파의 약전류를 중첩시켜 아크를 안정시킬 필요가 있다.

해설 ① 직류 정극성에서는 모재에 전자가 강하게 충돌하고 전극에는 가스 이온이 충돌하므로 전극은 그다지 가열되지 않는다.

13. TIG 용접법으로 판 두께 0.8mm의 스테인리스 강판을 받침판을 사용하여 용접 전류 90~140A로 자동 용접 시 적합한 전극의 지름은?

① 1.6mm ② 2.4mm
③ 3.2mm ④ 6.4mm

해설 스테인리스 강판 0.8mm 자동 용접인 경우는 전극이 1.6mm이고 수동인 경우는 1~1.6mm를 사용하며, 용접 전류는 자동인 경우는 90~140A, 수동인 경우는 30~50A이다.

14. MIG 용접 시 용접 전류가 적은 경우 용융 금속의 이행 형식은?

① 스프레이형 ② 글로뷸러형
③ 단락 이행형 ④ 핀치 효과형

해설 MIG 용접 시에 전극 용융 금속의 이행 형식은 주로 스프레이형(사용할 경우는 깊은 용입을 얻어 동일한 강도에서 작은 크기의 필릿 용접이 가능하다)으로 아름다운 비드가 얻어지나 용접 전류가 낮으면 구적 이행(globular transfer)이 되어 비드 표면이 매우 거칠다.

15. TIG 용접 시 교류 용접기에 고주파 전류를 사용할 때의 특징이 아닌 것은?

① 아크는 전극을 모재에 접촉시키지 않아도 발생된다.
② 전극의 수명이 길다.
③ 일정 지름의 전극에 대해 광범위한 전류의 사용이 가능하다.
④ 아크가 길어지면 끊어진다.

해설 ④ 아크가 길어져도 끊어지지 않는다.

16. 불활성 가스 금속 아크 용접의 특징 설명으로 틀린 것은?

① TIG 용접에 비해 용융 속도가 느리고 발판 용접에 적합하다.
② 각종 금속 용접에 다양하게 적용할 수 있어 응용 범위가 넓다.
③ 보호 가스의 가격이 비싸 연강 용접의 경우에는 부적당하다.
④ 비교적 깨끗한 비드를 얻을 수 있고 CO_2 용접에 비해 스패터 발생이 적다.

해설 ① TIG용접에 비해 반자동, 자동으로 용접 속도 외 용융 속도가 빠르며 후판 용접에 적합하다.

17. MIG 용접 제어 장치에서 용접 후에도 가스가 계속 흘러나와 크레이터 부위의 산화를 방지하는 제어 기능은?

① 가스 지연 유출 시간(post flow time)
② 번 백 시간(burn back time)
③ 크레이터 충전 시간(crate fill time)
④ 예비 가스 유출 시간(preflow time)

해설 ㉠ 번 백 시간 : 크레이터 처리 기능에 의해 낮아진 전류가 서서히 줄어들면서 아크가 끊어지는 기능으로 이면 용접부가 녹아내리는 것을 방지한다.

정답 13. ① 14. ② 15. ④ 16. ① 17. ①

ⓛ 크레이터 처리 시간 : 크레이터 처리를 위해 용접이 끝나는 지점에서 토치 스위치를 다시 누르면 용접 전류와 전압이 낮아져 크레이터가 채워짐으로써 결함을 방지하는 기능이다.
ⓒ 예비 가스 유출 시간 : 아크가 처음 발생되기 전 보호 가스를 흐르게 하여 아크를 안정되게 함으로써 결함 발생을 방지하기 위한 기능이다.

18. 다음 중 MIG 용접의 특징이 아닌 것은?
① 아크 자기 제어 특성이 있다.
② 정전압 특성, 상승 특성이 있는 직류 용접기이다.
③ 반자동 또는 전자동 용접기로 속도가 빠르다.
④ 전류 밀도가 낮아 3mm 이하 얇은 판 용접에 능률적이다.

[해설] ④ 전류 밀도가 매우 크며, 판 두께 3mm 이상에 적합하다.

19. 다음은 TIG 용접에 사용되는 토륨-텅스텐 전극에 대한 설명이다. 틀린 것은?
① 저전류에서도 아크 발생이 용이하다.
② 저전압에서도 사용이 가능하고 허용 전류 범위가 넓다.
③ 텅스텐 전극에 비해 전자 방사 능력이 현저하게 뛰어나다.
④ 교류 전원 사용 시 불평형 직류분이 작아 바람직하다.

[해설] ④ 토륨-텅스텐 전극은 교류 전원 사용 시 불평형 직류 전류가 증대하여 바람직하지 못하다.

20. 다음은 TIG 용접의 특징과 용도를 설명한 것이다. 틀린 것은?

① MIG 용접에 비해 용접 능률은 뒤지나 용접부 결함이 적어 품질의 신뢰성이 비교적 높다.
② 작은 전류에서도 아크가 안정되어 후판의 용접에 적합하다.
③ 박판의 용접 시에는 용가재를 사용하지 않고 용접하는 경우도 있다.
④ 비용극식에는 전극으로부터의 용융 금속의 이행이 없어 아크의 불안정, 스패터의 발생이 없으므로 작업성이 매우 좋다.

[해설] ② TIG 용접법은 작은 전류에서도 아크가 안정되고 박판의 용접에 적합하여 주로 0.6~3.2mm의 범위의 판 두께에 많이 사용된다.

21. 가스 텅스텐 아크 용접의 원리에서 모재와 접촉하지 않아도 아크가 발생되는데 어떠한 발생 장치를 이용하는가?
① 고주파 발생 장치
② 원격 리모트 발생 장치
③ 인버터 발생 장치
④ 전격 방지 장치

[해설] 고주파 발생 장치 : 고주파 전원을 사용하게 되면 전극이 모재와 접촉하지 않아도 아크가 발생하게 되므로 아크의 발생이 용이하고, 전극봉의 오염 및 수명이 연장된다.

22. 가스 텅스텐 아크 용접의 장점 중 틀린 것은?
① 용제가 불필요하다.
② 용접 시 불활성 가스 사용으로 산화나 질화가 없는 우수한 용접 이음이 가능하다.
③ 가열 범위가 넓어 용접 시 용융풀이 넓다.
④ 열의 집중 효과가 양호하다.

[해설] 가스 텅스텐 아크 용접의 장점
㉠ 용접 시 불활성 가스 사용으로 산화나 질화가 없는 우수한 용접 이음이 가능하다.

정답 18. ④ 19. ④ 20. ② 21. ① 22. ③

ⓒ 용제가 불필요하며, 가시 아크이므로 용접사가 눈으로 직접 확인하면서 용접이 가능하다(반드시 차광 렌즈를 착용해야 한다).
ⓒ 가열 범위가 좁아 용접 시 변형의 발생이 적다.
ⓒ 우수한 용착 금속을 얻을 수 있고, 전자세 용접이 가능하다.
ⓜ 열의 집중 효과가 양호하다.
ⓑ 저전류에서도 아크가 안정되어 박판의 용접에 유리하다.
ⓢ 거의 모든 금속(철, 비철)의 용접이 가능하다.

23. 가스 텅스텐 아크 용접의 단점이 아닌 것은?

① 후판의 용접에서는 소모성 전극 방식보다 능률이 떨어진다.
② 용융점이 낮은 금속(Pb, Sn 등)의 용접이 곤란하다.
③ 협소한 장소에서 토치의 접근이 쉬워 용접이 쉽다.
④ 일반적인 용접보다 다소 비용이 많이 든다.

해설 가스 텅스텐 아크 용접의 단점
ⓒ 후판의 용접에서는 소모성 전극 방식보다 능률이 떨어진다.
ⓒ 용융점이 낮은 금속(Pb, Sn 등)의 용접이 곤란하다.
ⓒ 옥외 작업 시 방풍 대책이 필요하다.
ⓒ 텅스텐 전극의 용융으로 용착 금속 혼입에 의한 용접 결함이 발생할 우려가 있다.
ⓜ 협소한 장소에서는 토치의 접근이 어려워 용접이 곤란하다.
ⓑ 일반적인 용접보다 다소 비용이 많이 든다.

24. 가스 텅스텐 아크 용접기의 용접 장치 및 구성 중 틀린 것은?

① 전원 장치
② 제어 장치
③ 가스 공급 장치
④ 전격 저주파 방지 장치

해설 가스 텅스텐 아크 용접기의 주요 장치로는 전원을 공급하는 전원 장치(power source), 용접 전류 등을 제어하는 제어 장치(controller), 보호 가스를 공급, 제어하는 가스 공급 장치(shield gas supply unit), 고주파 발생 장치(high frequency testing equipment), 용접 토치(welding torch) 등으로 구성되고, 부속 기구로는 전원 케이블, 가스 호스, 원격 전류 조정기 및 가스 조정기 등으로 구성된다.

25. 가스 텅스텐 아크 용접기의 직류 용접기에 대한 설명 중 틀린 것은?

① 아크의 안정성이 좋아 정밀 용접에 주로 사용된다.
② 아크가 불안정하므로 고주파를 병용하여 아크를 발생시켜 작업을 효율적으로 수행할 수 있다.
③ 발전기를 구동하여 얻어지는 발전형과 교류 전류를 직류로 정류하여 얻어지는 정류기형으로 구분한다.
④ 주로 정류기형이 사용되고 정류기 종류에는 셀렌 정류기, 실리콘 정류기, 게르마늄 정류기 등이 있다.

해설 ②는 교류 용접기의 특징이고, 직류는 ①, ③, ④ 외에 모재의 재질이나 판재의 두께에 따라 전원 극성을 바꾸어 용접 이음의 효율을 증대시키는 특징이 있다.

26. 가스 텅스텐 아크 용접기에 대한 설명 중 틀린 것은?

① 저주파를 이용한 교류 용접기와 고주파를 이용한 교류 용접기가 있다.

정답 23. ③ 24. ④ 25. ② 26. ③

② 아크가 불안정하므로 고주파를 병용하여 아크를 발생시켜 작업을 효율적으로 수행할 수 있다.
③ 알루미늄 및 그 합금의 경우 모재 표면에 강한 산화알루미늄 피막이 형성되어 직류 역극성만 사용할 수 있고 교류에서는 안 된다.
④ 교류 용접기를 사용하면 청정 효과가 발생하므로 청정 효과를 필요로 하는 금속의 용접에 주로 사용된다.

해설 가스 텅스텐 아크 용접(GTAW)에서는 직류(DC)와 교류(AC)의 전원이 모두 사용 가능하다. 알루미늄 및 그 합금의 경우 모재 표면에 강한 산화알루미늄(Al_2O_3 : 용융점 2050℃) 피막이 형성되어 있어 용접을 방해하는 원인이 되는데 용접 시 교류 용접기를 사용하면 이 산화피막을 제거하는 청정 작용이 발생한다.

27. TIG 용접에서 용접 전류 제어 장치 설명 중 틀린 것은?

① 전류 제어는 펄스 전류 선택과 크레이터 전류 선택으로 구분되어 있다.
② 펄스 기능을 선택하면 주 전류와 펄스 전류를 선택할 수 있는데 전류의 선택 비율을 15~85%의 범위에서 할 수 있다.
③ 주 전류와 펄스 전류 사이에서 진폭과 펄스 높이를 조절하여 용접 조건에 맞도록 제어하는 것으로 박판이나 경금속의 용접 시 유리하다.
④ 주 전류와 펄스 전류 사이에서 진폭과 펄스 높이를 조절하여 용접 조건에 맞도록 제어하는 것으로 박판이나 경금속의 용접 시 불리하다.

해설 주 전류와 펄스 전류 사이에서 진폭과 펄스 높이를 조절하여 용접 조건에 맞도록 제어하는 것으로 박판이나 경금속의 용접 시 유리하다.

28. TIG 용접에서 보호 가스 제어 장치에 대한 설명으로 틀린 것은?

① 전극과 용융지를 보호하는 역할을 한다.
② 초기 아크 발생 시와 마지막 크레이터 처리 시 보호 가스의 공급이 불충분하여도 전극봉과 용융지가 산화 및 오염될 가능성이 없다.
③ 용접 아크 발생 전 초기 보호 가스를 수 초간 미리 공급하여 대기와 차단하는 역할을 한다.
④ 용접 종료 후에도 후류 가스를 수초 간 공급함으로써 전극봉의 냉각과 크레이터 부위를 대기와 차단시켜 전극봉 및 크레이터 부위의 오염 및 산화를 방지하는 역할을 한다.

해설 초기 아크 발생 시와 마지막 크레이터 처리 시 보호 가스의 공급이 불충분하면 전극봉과 용융지가 산화 및 오염이 되므로 용접 아크 발생 전 초기 보호 가스를 수 초간 미리 공급하여 대기와 차단하는 역할을 한다.

29. TIG 용접기 설치를 위한 장소에 대한 설명 중 틀린 것은?

① 휘발성 가스나 기름이 있는 곳을 피한다.
② 습기 또는 먼지 등이 많은 장소는 용접기 설치를 피한다.
③ 벽에서 5cm 이상 떨어지고, 바닥면이 견고하고 수평인 곳을 선택한다.
④ 비, 바람이 치는 옥외 또는 주위 온도가 -10℃ 이하인 곳은 피한다.

해설 벽에서 30 cm 이상 떨어지고, 바닥면이 견고하고 수평인 곳을 선택한다.

30. TIG 용접장소에서 환기장치를 확인하는데 틀린 것은?

① 흄 또는 분진이 발산되는 옥내 작업장에 대하여는 국소배기시설과 같이 배기장치를 설치한다.

정답 27. ④ 28. ② 29. ③ 30. ②

② 국소배기시설로 배기되지 않는 용접 흄은 이동식 배기팬 시설을 설치한다.
③ 이동 작업 공정에서는 이동식 배기팬을 설치한다.
④ 용접 작업에 따라 방진, 방독 또는 송기마스크를 착용하고 작업에 임하고 용접 작업 시에는 국소배기시설을 반드시 정상 가동시킨다.

해설 국소배기시설로 배기되지 않는 용접 흄은 전체 환기시설을 설치한다.

31. TIG 용접기 설치 상태와 이상 유무를 확인하는데 틀린 것은?
① 배선용 차단기의 적색 버튼을 눌러 정상 작동 여부를 점검한다.
② 분전반과 용접기의 접지 여부를 확인한다.
③ 용접기 윗면의 케이스 덮개를 분리하고 콘덴서의 잔류 전류가 소멸되도록 전원을 차단하고 3분 정도 경과 후에 덮개를 열고 먼지를 깨끗하게 불어낸다.
④ 선을 용접기에 견고하게 연결하고 녹색선을 홀더선이 연결되는 곳에 접속한다.

해설 선을 용접기에 견고하게 연결하고 녹색 접지선은 용접기 케이스에 설치된 접지에 연결한다.

32. TIG 용접에서 용접 전류는 150~200A를 사용하는데 직류 정극성 용접을 할 때 노즐 지름(mm)과 가스 유량(L/min)의 적당한 규격으로 맞는 것은? (단, 앞이 노즐 지름, 뒤가 가스 유량이다.)
① 5~9.5-4~5
② 5~9.0-6~8
③ 6~12-6~8
④ 8~13-8~9

해설 용접 전류가 150~200A일 때 직류 정극성 용접 시 노즐 지름 6~12mm, 가스 유량 6~8L/min이고, 교류 용접 시 노즐 지름 11~13mm, 가스 유량 7~10L/min이다.

33. TIG 용접에서 토치의 형태 중 틀린 것은?
① 직선형
② 커브형
③ 플렉시블형
④ 치차형

해설 토치의 형태는 직선, 커브, 플렉시블형 등이 있다.

34. TIG 용접에 사용되는 토치에는 공랭식과 수랭식이 있는데 공랭식 토치에 대한 설명 중 틀린 것은?
① 정격 전류가 200A 이하의 비교적 낮은 전류와 사용량이 많지 않은 경우에 사용된다.
② 토치가 가볍고 취급이 용이한 장점이 있다.
③ 자연 냉각 방식으로 용접 토치를 연속적으로 사용할 때에는 용접 시에 공기에 의한 자연적인 냉각이 이루어지도록 한다.
④ 주로 강이나 스테인리스강 등의 박판 용접에 사용된다.

해설 자연 냉각 방식으로 용접 토치를 연속적으로 사용할 때에는 용접 중간에 휴지 시간을 주어 공기에 의한 자연적인 냉각이 이루어지도록 한다.

35. TIG 용접 토치의 내부 구조에 가스 노즐 또는 가스 컵이라고도 부르는 세라믹 노즐의 재질의 종류가 아닌 것은?
① 세라믹 노즐
② 금속 노즐
③ 석영 노즐
④ 티타늄 노즐

해설 가스 노즐은 재질에 따라 세라믹 노즐, 금속 노즐, 석영 노즐 등이 있다.

정답 31. ④ 32. ③ 33. ④ 34. ③ 35. ④

36. TIG 용접에서 직류 역극성이 정극성보다 전극봉의 과열로 인한 소손이 우려되어 정극성보다 약 몇 배 정도 굵은 것을 사용해야 하는가?

① 2배 ② 3배
③ 4배 ④ 6배

해설 직류 역극성 사용 시 전극봉은 과열로 인한 소손이 우려되어 정극성보다 약 4배 정도 굵은 것을 사용해야 한다.

37. TIG 용접의 용접 조건으로서 틀린 것은?

① 원격 전류 조정기 또는 용접기 본체 전면 패널의 전류 조정기에 의해 조정할 수 있다.
② 용접 속도는 일반적으로 수동 용접의 경우 5~100cm/min 정도의 범위에서 움직이는 것이 안정된 아크의 상태를 유지할 수 있다.
③ 용접 속도가 지나치게 빠르면 모재의 언더컷이 발생하는 경우가 있다.
④ 아크 길이를 길게 하면 아크의 크기가 커져 높은 전압을 필요로 한다.

해설 용접 속도는 일반적으로 수동 용접의 경우 5~50cm/min 정도의 범위에서 움직이는 것이 다른 용접에 비해 안정된 아크의 상태를 유지할 수 있다.

38. TIG 용접의 보호 가스 공급의 설명으로 틀린 것은?

① 가스 공급량이 너무 많으면 보호 가스의 손실도 있고 용착 금속을 급랭시키는 역할을 하여 용착 금속 내의 잔류 가스가 외부로 발산되지 못해 기공이 발생하는 원인이 된다.
② 공급량이 많으면 용융지와 전극봉을 대기로부터 보호하지 못하는 한계로 전극봉의 오염으로 인한 손실과 용착 금속에 용접 결함이 발생하게 되므로 적당량의 보호 가스 공급이 필요하다.
③ 보호 가스의 공급량은 보호 가스의 종류, 용접 이음부의 형태(이음 홈의 종류), 노즐의 형상과 크기 등에 의해 결정된다.
④ 용접 이면부의 산화나 질화를 방지할 목적으로 불활성 가스에 의한 퍼징을 하게 된다.

해설 공급량이 적으면 용융지와 전극봉을 대기로부터 보호하지 못하는 한계로 전극봉의 오염으로 인한 손실과 용착 금속에 용접 결함이 발생하게 되므로 적당량의 보호 가스 공급이 필요하다.

39. TIG 용접기의 일반적인 고장 방지 방법 중 틀린 것은?

① 1, 2차 전선의 결선 상태를 정확하게 체결하고 절연이 되도록 한다.
② 용접기의 용량에 맞는 안전 차단 스위치를 선택한다.
③ 용접기를 정격사용률 이하로 사용하고, 허용 사용률을 초과해도 괜찮다.
④ 용접기 내부의 고주파 방전 캡, PCB 보드 등에 함부로 손대지 않도록 한다.

해설 ①, ②, ④ 외에 ㉠ 용접기를 정격사용률 이하로 사용하고, 허용사용률을 초과하지 않도록 한다. ㉡ 용접기 내부에 먼지 등의 이물질을 수시로 압축공기를 사용하여 제거한다.

40. TIG 용접의 스테인리스강 금속 재질에 대한 설명으로 틀린 것은?

① 스테인리스강은 두께 12mm까지의 수동 용접에서는 아르곤 가스가 유효하다.
② 두꺼운 스테인리스강과 자동 용접에서는 아르곤과 헬륨의 혼합 가스를 사용한다.
③ 용접부 이면에는 용접부의 산화 및 균열 방지를 위해 퍼징 가스에 의한 백실드를 행하는 것이 일반적이다.

정답 36. ③ 37. ② 38. ② 39. ③ 40. ④

④ 스테인리스강은 두께 12mm까지의 수동 용접에서는 아르곤 가스나 헬륨의 혼합 가스를 사용한다.

해설 스테인리스강의 경우 두꺼운 스테인리스강이나 자동 용접에서는 아르곤과 헬륨의 혼합 가스나 순수 헬륨 가스가 사용된다.

41. TIG 용접의 알루미늄 합금에 대한 설명으로 틀린 것은?

① 순 알루미늄계인 1000계는 내식성이 좋고 빛의 반사성, 전기, 열의 양도체 특성이 있으며 강도는 낮지만 용접이나 성형 가공이 쉽다.
② Al-Cu계인 2000계는 Cu를 주 첨가 성분으로 한 것에 Mg 등을 포함하는 열처리 합금으로 강도와 내식성, 용접성이 좋고 리벳 접합에 의한 구조물, 특히 항공기재에 많이 사용된다.
③ Al-Mg계인 5000계는 Mg를 주 첨가 성분으로 한 강도가 높은 비 열처리 합금으로 용접성이 양호하고 해풍이나 해수의 분위기에서도 내식성이 좋으며 용접 구조재로서 많이 사용되고 있다.
④ 제조한 그대로의 것은 F, 뜨임된 것은 O의 기호로 표시한다.

해설 Al-Cu계인 2000계는 Cu를 주 첨가 성분으로 한 것에 Mg 등을 포함하는 열처리 합금으로 강도는 높지만 내식성이나 용접성이 떨어지는 것이 많고 리벳 접합에 의한 구조물, 특히 항공 기재에 많이 사용된다.

42. TIG 용접 재료 중 마그네슘 합금의 특성 중 틀린 것은?

① 마그네슘 합금은 화학적으로 매우 활성이기 때문에 용접에 있어서 불활성 가스로 대기를 차단할 필요가 있으며, 모재 표면의 오염이나 산화피막을 제거해야 한다.
② 산화피막 제거는 와이어 브러시에 의한 기계적인 방법, 유기 용제 탈지 후 5% 정도의 NaOH으로 세정하고 크로뮴산, 질산나트륨, 불화칼슘 등의 혼합산에서 산 세척하는 등의 화학적인 방법이 있다.
③ 표면에 산화피막으로 대부분의 용접은 청정 작용을 위해 교류 전원 또는 직류 정극성을 적용한다.
④ 두께 5mm 이하에는 직류 역극성을 적용하기도 하지만 두꺼운 판에 깊은 용입을 얻기 위해서는 교류 전원을 선택한다.

해설 표면에 산화피막으로 대부분의 용접은 청정 작용을 위해 교류 전원 또는 직류 역극성을 적용한다.

43. TIG 용접에서 사용되는 활성 금속에 대한 설명 중 틀린 것은?

① 대표적으로 티타늄(Ti) 합금과 지르코늄(Zr) 합금이 있다.
② 활성 금속의 가스 텅스텐 아크 용접은 높은 열 집중도와 최고의 입열 제어를 제공하고 용접은 고순도의 불활성 가스를 포함한 퍼지 챔퍼(purged chamber) 속에서 적용되며 아르곤 가스가 보호 가스로 가장 많이 적용된다.
③ 보호 가스의 유량으로 아르곤 가스는 7L/min, 헬륨 가스는 18.5L/min을 사용하면 충분하다.
④ 지르코늄은 티타늄에 비해 비열이나 선팽창 계수가 크고, 밀도는 약 50% 정도 크다.

해설 지르코늄은 티타늄에 비해 비열이나 선팽창계수가 작고, 밀도는 약 50% 정도 크다.

44. 플라스마 절단에서 더블 아크(double arc) 현상에 대한 설명으로 틀린 것은?

① 전류값이 증가함에 따라 어느 한도의 전류값에 오르면 노즐을 끼워 시리즈 아크가 발생하고, 이것이 주 아크와 공존하게 되는 더블 아크 상태가 된다.
② 더블 아크 상태가 되어 이러한 현상에서 절단 능력은 크게 저하되고 노즐 및 전극의 손상을 초래하게 된다.
③ 더블 아크 발생의 한계 전류보다 조금 높은 전류로 설정하는 것이 바람직하다.
④ 한계 전류는 노즐 지름이 작을수록, 노즐 구속 길이가 길수록 낮아진다.

[해설] 더블 아크 발생의 한계 전류보다 조금 낮은 전류로 설정하는 것이 바람직하다.

45. 구조물의 조립을 위한 가용접의 주의사항 중 틀린 것은?

① 본 용접사와 동등한 기량을 가진 용접사가 가용접을 실시한다.
② 본 용접과 같은 온도에서 후열 작업을 실시한다.
③ 구조물의 모서리 부분은 용접부가 겹치는 부분이므로 가능한 가용접을 피한다.
④ 구조물의 조립 상태에서 시작점과 끝점은 결함 발생이 쉬워 가능한 가용접을 피한다.

[해설] 본 용접과 같은 온도에서 예열 작업을 실시한다.

46. 용접 구조물의 조립 순서 결정에서 틀린 것은?

① 동일 평면 내에서 가능한 자유단 쪽으로 용접에 의한 수축이 발생하도록 조립한다.
② 구조물의 중심선에서 대칭적으로 용접이 되도록 한다.
③ 용접선이 직각 단면 중심축에서 수축 모멘트가 상호 상쇄되도록 한다.
④ 맞대기 이음과 동시에 발생하면 수축 변형이 큰 맞대기 용접을 나중에 한다.

[해설] 용접 구조물의 조립 순서
㉠ 동일 평면 내에서 가능한 자유단 쪽으로 용접에 의한 수축이 발생하도록 조립한다.
㉡ 구조물의 중심선에서 대칭적으로 용접이 되도록 한다.
㉢ 용접선이 직각 단면 중심축에서 수축 모멘트가 상호 상쇄되도록 한다.
㉣ 맞대기 이음과 동시에 발생하면 수축 변형이 큰 맞대기 용접을 먼저 한다.
㉤ 구조물 중앙에서 끝 방향으로 용접을 하며 용접 구조물의 조립에 있어서, 가능한 여러 가지 가접용 지그를 활용한다.
㉥ 파이프의 용접 순서는 하단에서 위보기 자세로 시작하여 상단의 아래보기 자세에서 끝나고 다시 위보기 자세로 시작하여 아래보기 자세에서 끝낸다.

47. 가용접 위치와 길이의 선정 시 틀린 것은?

① 가용접의 간격은 판 두께의 15~30배 정도로 하는 것이 좋다.
② 판 두께가 3.2mm 이하는 30mm로 한다.
③ 판 두께가 3.2~25mm까지는 50mm로 한다.
④ 판 두께가 25mm 이상은 50mm 이상의 길이로 해주어야 한다.

[해설] 가용접의 길이는 판 두께가 3.2mm 이하는 30mm, 3.2~25mm까지는 40mm, 25mm 이상은 50mm 이상의 길이로 해주어야 한다.

정답 45. ②　46. ④　47. ③

1-3 이산화탄소 가스 아크 용접

(1) CO_2 용접의 원리 및 분류

① 용접의 원리

㈎ CO_2 용접법은 아래 [그림]과 같이 코일(coil) 형상으로 감겨진 와이어(wire)가 와이어 송급 모터(wire feeding motor)에 의해 자동으로 송급되면서 용접 전원에서 콘택트 팁(contact tip)에 의해 통전되어 와이어 자체가 전극이 되며, 모재와 와이어 사이에 아크(arc)를 발생시켜 모재와 와이어를 용융 접합하는 용접 방법이다.

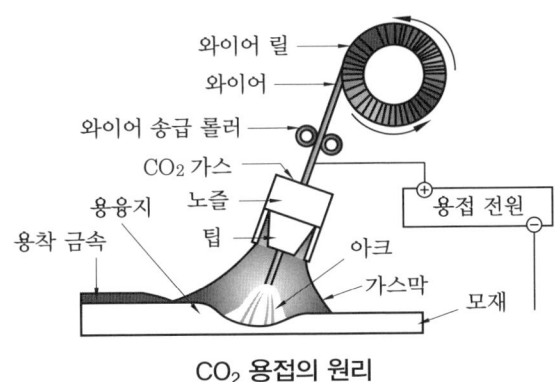

CO_2 용접의 원리

㈏ 용착 금속이 대기 중의 질소, 산소의 영향을 받지 않도록 노즐(nozzle)로부터 CO_2 가스를 배출하여 보호하는데, 사용되는 CO_2 가스는 아크열에 열해리(분해)되어 다음과 같은 반응이 일어난다.

$$2CO_2 \Leftrightarrow 2CO + O_2$$

이 반응은 강한 산화성을 나타내게 되어 용융 금속의 주위를 산성 분위기로 만들기 때문에 용융 금속에 탈산제가 없으면 산화철이 된다.

$$Fe + O \Leftrightarrow FeO$$

이 산화철(FeO)이 용융강에 함유된 탄소와 화합하여 일산화탄소가 발생한다.

$$FeO + C \Leftrightarrow Fe + CO$$

이 반응은 응고점 가까이에서 극도로 일어나기 때문에 CO 가스가 빠져나가지 못하여 용착 금속에는 산화된 기포가 많이 발생하게 된다. 따라서 이것을 제거하는 방법으로 와이어에 탈산제인 망가니즈, 규소 등을 첨가하면 다음과 같은 반응에 의하여 용융강 중에 FeO를 적당히 감소시켜 기포를 방지한다.

$$FeO + Mn \Leftrightarrow MnO + Fe$$
$$2FeO + Si \Leftrightarrow SiO_2 + 2Fe$$

㈐ CO_2 용접기는 일반적으로 직류 정전압 특성(DC constant voltage characteristic)이나 상승 특성(rising characteristic)의 용접 전원이 사용된다.

㈑ 와이어 송급은 정속도 송급 방식이 사용되고 있으며, 정속도 송급 방식이란 와이어 송급 속도를 한 번 조정하면 균일한 속도로 송급되는 방식을 말하며, 용접 전류는 와이어 송급 속도와 관계없이 와이어 돌출 길이에 따라 변화하여 아크 길이를 제어한다.

② 용접의 분류

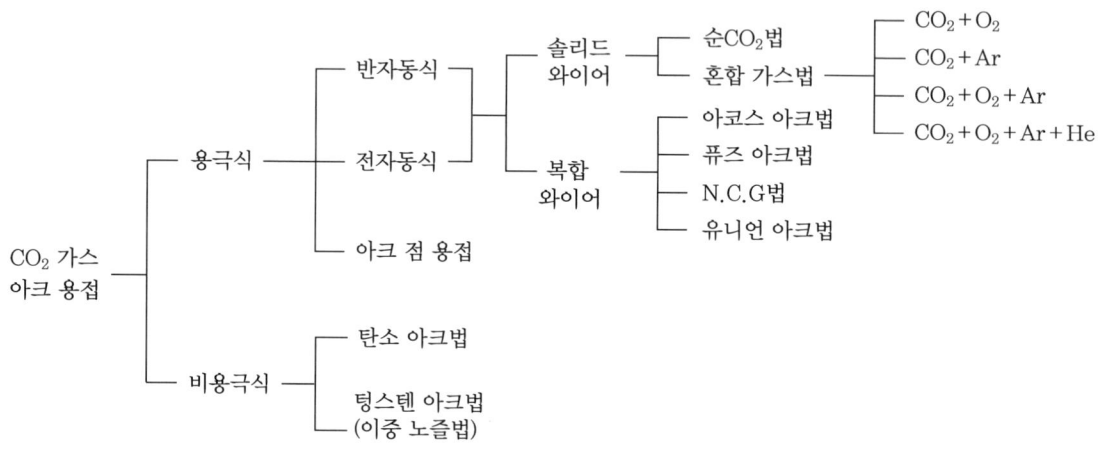

CO_2 용접의 분류

(2) CO_2 용접의 특성

① 정전압 특성과 상승 특성 : 전류가 증가하여도 아크 전압이 일정하게 유지되는 특성을 정전압 특성(constant voltage characteristic)이라 하고, 전류가 증가할 때 전압이 다소 높아지는 특성을 상승 특성(rising characteristic)이라 하며 불활성 가스 금속 아크 용접(MIG)이나 이산화탄소 용접 등과 같이 전류 밀도가 매우 높은 자동, 반자동 용접에 필요한 특성이다.

② 용접의 장단점

㈎ 장점

㉮ 전류 밀도가 높아 용입이 깊고 용접 속도를 빠르게 할 수 있다.
㉯ 용착 금속 중 수소량이 적으며, 내균열성 및 기계적 성질이 우수하다.
㉰ 단락 이행에 의하여 박판도 용접이 가능하며 전자세 용접이 가능하다.
㉱ 아크 발생률이 높으며, 용접 비용이 싸기 때문에 경제적이다.
㉲ 용제를 사용하지 않아 슬래그 혼입의 결함 발생이 없고, 용접 후의 처리가 간단하다.

㈏ 단점

㉮ 바람의 영향을 받으므로 풍속 2 m/s 이상에서는 방풍 대책이 필요하다.

④ 적용되는 재질이 철 계통으로 한정되어 있다.
⑤ 비드 표면이 피복 아크 용접이나 서브머지드 아크 용접에 비해 거칠다(복합 와이어 방식을 적용하면 좋은 비드를 얻을 수 있다).

③ 용접 시 안전을 위한 주의사항
 ㈎ CO_2 용접기 설치 시 접지 : CO_2 용접기의 연결 케이블은 반드시 규격품을 사용해야 하며, 접지 시설이나 수도 파이프 또는 접지봉에 접지하는 반면 가스나 가연성 액체 운반 파이프에 접지해서는 안 된다.
 ㈏ 작업장 통풍 : CO_2 용접 시 유해 가스가 많이 발생하며, 특히 납, 구리, 카드뮴, 아연 용융 도금 강관(백관) 용접 등 유독성 가스나 증기를 발생하는 용접 작업장에는 통풍 시설 및 집진 시설을 확실히 해야 한다.
 ㈐ 화재 예방 : 용접 전 주변에 가연성 가스나 유류, 가연성 물질이 있는 경우 안전한 곳으로 격리시킨 후 용접한다.
 ㈑ 용접사 보호 : 용접 전에 보호구를 착용한다. 화상 등의 예방을 위해 차광 유리가 부착된 핸드 실드(용접 헬멧)를 사용하여 아크 빛으로부터 눈과 피부를 보호할 수 있도록 하며, 유해 가스 발생 장소에서 용접할 경우에는 방독마스크를 필히 착용하고 용접하도록 한다.
 ㈒ 용접기 관리
  ㉠ 토치 케이블은 곧게 펴서 사용하며(토치 케이블 안에는 와이어가 송급되는 통로가 스프링 로드로 되어 있어 구부려 사용하면 와이어 송급이 잘못된다), 일직선이 어려울 경우 ϕ600 이상의 원호가 되도록 하고, 파도형으로 구부려졌을 경우 R300 이상이 되게 한다.
  ㉡ 토치로 송급 장치를 잡아끌거나 바닥에 떨어뜨리지 않는다.
  ㉢ 사용 전, 사용 후 일상 점검 및 주간, 월간 점검 등을 실시하여 항상 사용이 가능하도록 용접기를 관리한다.

(3) CO_2 용접 장치의 구성

① CO_2 아크 용접법에는 전자동식, 반자동식, 수동식이 있으며 수동식은 거의 사용하지 않고, 반자동식과 전자동식이 많이 사용된다.
② 용접 장치에는 주행 대차(carriage) 위에 용접 토치와 와이어 등을 탑재한 전자동식과 용접 토치만을 수동으로 조작하고 나머지는 기계적으로 조작하는 반자동식이 있다.
③ CO_2 용접 장치의 주요 장치는 용접 전원(power source), 제어 장치(controller), 보호 가스 공급 장치(shelter gas supply unit), 토치(torch), 냉각수 순환 장치(water cooling unit) 등으로 구성되어 있으며, 와이어 송급 방식에는 사용 목적에 따라 푸시(push)식, 풀(pull)식, 더블 푸시(double push 또는 푸시-풀(push-pull)식)으로 나눈다.

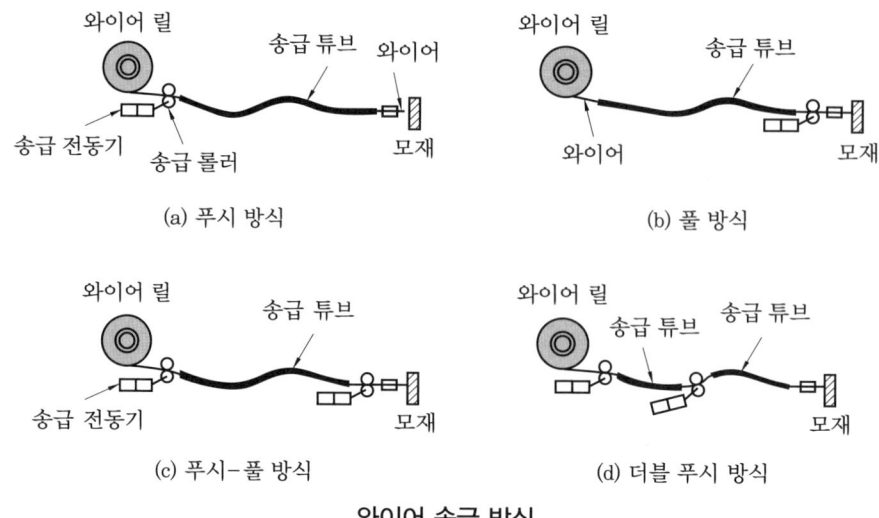

와이어 송급 방식

④ 부속 기구로 거리가 먼 곳에 용접 시 와이어 송급 장치를 용접 현장에 가까이 할 수 있는 원격 조절 장치(remote control box) 등이 필요하다. 그 밖에 이산화탄소, 산소, 아르곤 등의 유량계가 장착된 조정기와 유량계의 동결(이산화탄소는 기화되어 나오는 가스로 동결이 쉬움)을 예방하기 위한 히터(heater) 등의 보호 가스 공급 장치가 있다.

(4) CO_2 용접 장치의 주요 부품

① 용접 전원 : CO_2 아크 용접기는 교류 전원에서 동력을 끌어 정류해 직류 용접 전류를 공급하고, 3상 1차 입력으로 되어 있는 것이 일반적이며, 복합 와이어 사용 시는 교류도 사용 가능하다. 용접기 용량은 보통 200~500A 정도가 일반적이고, 아크 전압(용접 작업을 수행 동안의 전압)은 전압 조절기에 의해 조절되며 이것은 개로 전압에 영향을 미치지 않는다. 각종 와이어에 따른 용접 작업 시 전류 범위는 [표]와 같으며, 아크 전압은 다음 식에 의하여 계산할 수 있다.

㉮ 박판의 아크 전압 : $V_0 = 0.04 \times I + 15.5 \pm 1.5$
㉯ 후판의 아크 전압 : $V_0 = 0.04 \times I + 20 \pm 2.0$
 여기서, I : 사용 용접 전류값
 ㉠ $V_0 = 19.5 \pm 1.5$ V이면 아크 전압은 18~21V 내에서 사용하면 적당하다.

각종 와이어에 따른 용접 전류 범위

와이어 종류		와이어 지름(mm)	적정 전류 범위(A)	사용 가능 전류 범위(A)
솔리드 와이어 (solid wire)		0.6	40~90	30~180
		0.8	50~120	40~200
		0.9	60~150	50~250
		1.0	70~180	60~300
		1.2	80~350	70~400
		1.6	300~500	150~600
플럭스 코어드 와이어(flux cored wire)	소	1.2	80~300	70~350
		1.6	200~450	150~500
	대	2.4	150~350	120~400
		3.2	200~500	150~600

② 주 변압기(main transformer) : 1차 측에 입력되는 고전압(440V)을 용접에 알맞은 전압(45V)으로 변압하는 기능을 한다.
③ 리액터(reacter) : 교류를 직류로 정류할 때 발생하는 거친 파형의 직류 출력 전력을 평활한 출력 전력으로 조정하는 역할을 한다.
④ 팬 및 팬 모터(fan & fan motor) : 팬은 용접기가 정상 작동될 때 용접 전원 내부의 주 변압기, 리액터, SCR(selective catalytic reduction, 선택적 환원 촉매 장치), 방열판 등에서 발생되는 열을 냉각시키는 역할을 한다.
⑤ 제어 장치(control unit) : CO_2 아크 용접기의 제어 장치는 와이어 송급 제어 장치, 냉각수 공급 제어 장치 등을 하나의 제어상자에 넣어 조작하고 있다. 와이어의 송급은 토크가 크고 적응성이 뛰어난 구동 모터에 의해 감속기 롤러를 통하여 일정한 속도로 송급되며, 보호 가스의 공급은 용접 토치의 스위치 작동에 의해 전자 밸브를 작동시켜 제어하도록 설정되어 있다.
⑥ 송급 장치(wire feeder)
  ㈎ 와이어 피더는 "송급 장치"라고도 말하며, 와이어를 스풀(spool) 또는 릴(reel)에서 뽑아 용접 토치 케이블을 통해 용접부까지 일정한 속도로 공급하는 장치를 말한다.
  ㈏ 와이어 릴(wire reel)의 설치 및 와이어 릴에 감겨진 휜 와이어를 직선으로 교정하여 토치까지 송급하는 역할을 한다.
  ㈐ CO_2 가스의 공급량을 조정한다.
  ㈑ 용접 전류, 용접 전압의 조정, 와이어 인칭, 가스 체크 기능을 한다.
  ㈒ 용접 전원으로부터 공급되는 2차 전력을 용접 토치까지 연결하는 역할, 즉 용접 전원과 용접 토치를 연결해주는 역할을 한다.

(ㅂ) 가압 롤러(상단)와 송급 롤러(하단)가 각각 한 개씩 1조가 된 것이 일반적이고, 알루미늄 등과 같이 연질의 와이어를 사용할 경우에는 와이어 단면 형상과 표면이 변형 및 손상되는 것을 방지하기 위하여 2조(4롤러)로 된 것을 사용할 수 있다.

(ㅅ) 와이어 송급 장치 취급 : 일반적으로 와이어 송급 장치에는 인칭(inching) 스위치가 있어 본 용접에 앞서 와이어를 조금씩 내보내어 송급 장치의 작용, 스풀(spool)의 상태, 구동 롤러의 장력 등을 확인할 수 있도록 되어 있고 송급 롤러의 누름대는 나사로 압력을 조절할 수 있으며, 송급 롤러는 와이어 굵기에 따라 갈아 끼워야 한다.

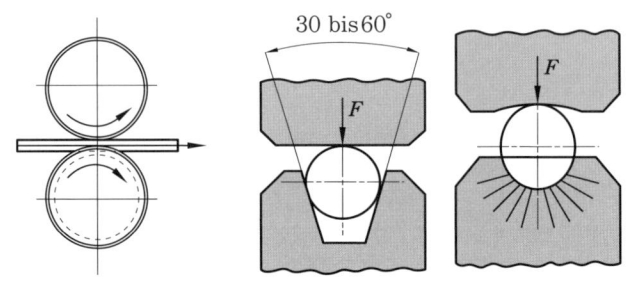

송급 롤러의 여러 가지 형태

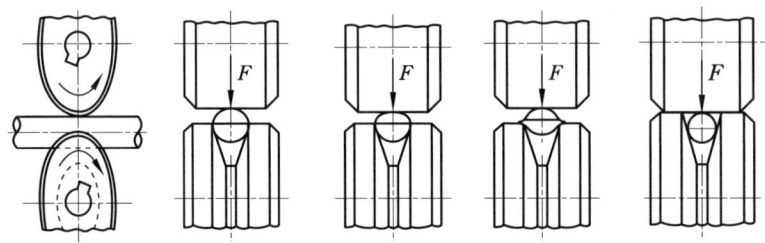

롤러의 형상에 따른 가압력 및 와이어의 눌린 형상

(ㅇ) 송급 장치의 주요 부품별 기능 : 직류 전동기, 감속 장치, 송급 기구, 송급 제어 장치로 구성되어 있다.

㉮ 와이어 송급 모터 & 변속기 : 용접 전원으로부터 제어를 받아 일정한 속도로 회전하면서 정속도로 와이어를 송급할 수 있는 동력을 제공한다.

㉯ 와이어 송급 롤러 : 와이어 릴에 감겨진 와이어를 용접 토치 팁 끝까지 일정한 속도로 밀어주는 장치로 와이어 변속기 출력 측에 설치되며, 송급 롤러는 와이어 외경에 알맞은 홈을 가지고 있다. 가압 롤러와 와이어를 밀 때 와이어가 미끄러지거나 와이어 단면에 형상 변화가 없는 정확한 홈 치수 유지 및 내마모성이 있는 재질의 제품을 사용하여야 한다.

㉰ 와이어 가이드 롤 및 컨트롤 레버 : 와이어 직선도 교정 장치의 복합적인 부품으로 구성된 장치이며, 와이어 릴에서 풀려 나온 구부러진 와이어를 직선으로 교정한다.

㉔ 와이어 릴 허브 및 축(wire reel hub & shaft) : 와이어 릴을 설치할 수 있는 장소 제공 및 와이어 송급 롤러가 와이어를 끌어당길 때 최소한의 인장력을 유지하면서 와이어를 풀어주는 브레이크(brake) 역할을 한다.

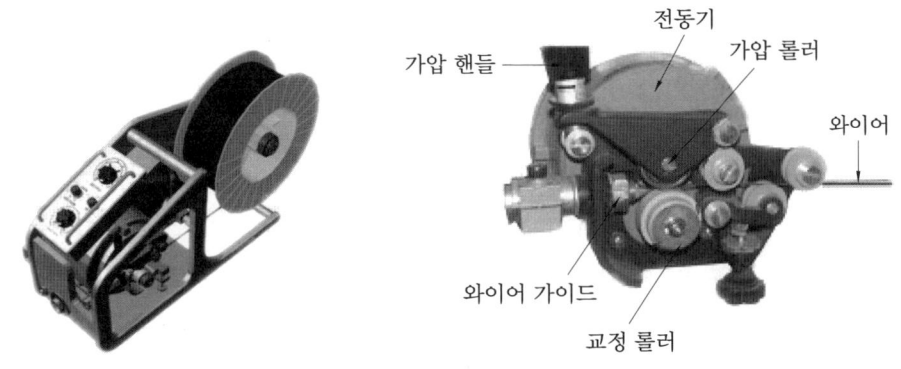

와이어 송급 장치 및 내부

㉕ CO_2 가스 유량계(gas regulator) : CO_2 가스의 흐름량을 조절하는 기능으로서 5~50L/min 범위에서 가스 흐름량을 조절 및 확인할 수 있다.

㉖ 솔레노이드 밸브 : 비 용접 시간에 용접 전원(power source)과 송급 장치 사이에서 CO_2 가스 호스에 압력이 유지될 경우 잘못 결합된 가스 호스 연결부에서 CO_2 가스가 불필요하게 누출되는 것을 방지하기 위한 장치로 체크 밸브가 전기적으로 ON이 되면 가스가 흐르고, OFF가 되면 가스가 흐르지 않는다.

㉗ 용접 전류, 용접 전압 조정 장치 : 용접 전류, 용접 전압 조정 장치의 주변에는 출력 전류, 전압 눈금이 기록되어 확인할 수 있으며, 조정기(control knob)의 기준선을 원하는 눈금에 설정하면 용접 작업 중에 출력이 나오도록 하는 장치이다.

㉘ 와이어 인칭 버튼(wire inching button) : 용접을 하지 않고 와이어만 송급하고자 할 때 와이어 인칭 버튼을 누르면 와이어만 송급시키는 기능을 하며, 이때 와이어에 전기는 흐르지 않는다.

㉙ CO_2 가스 체크 스위치 : 용접 전에 또는 용접 중에 흐르는 가스 유량을 조절하는 역할로 스위치를 체크 위치에 놓으면 용접하지 않는 상태에서 가스 체크 밸브가 열리면서 용접 장비의 가스 공급 라인의 가스가 용접 중에 같은 조건으로 흐르게 하는 역할을 한다.

㉚ 토치 어댑터(torch adapter) : 송급 장치와 토치를 연결해주는 장치로서 2차 출력 전기적 회로 연결, 와이어 송급 회로의 역할을 담당하며, 토치의 끝단 플러그를 어댑터에 끼우고 고정하였을 때 플러그가 빠지지 않고 많은 접촉 단면적을 만들어 전기적 저항을 최소화 할 수 있도록 만들어져야 한다.

㈜ 와이어 송급 장치의 유의사항
  ㉮ 송급 장치의 압력에 의하여 순간적인 불균일 송급은 기공 생성 및 각종 용접 결함과 직결되므로 송급 장치의 조정에 많은 주의가 필요하다.
  ㉯ 우선 밸런스 롤러를 잘 조정하여 와이어가 곧게 나오는지를 확인한 후 이송 롤러의 압력을 조정하고 토치의 케이블을 곧게 한 상태에서 작업을 하도록 한다.
  ㉰ 마찰에 의한 이송 저항을 예방할 필요가 있으며, 롤러는 상시 청소하여 이물질이 라이너 속으로 들어가지 못하도록 한다.
  ㉱ 물리적인 방법으로는 U(연질 와이어) 홈을 V(경질 와이어) 홈으로 가공하여 사용하는 것이 좋은 방법이나, 송급 롤러를 널링(knurling)하여 사용하는 것도 좋은 방법이 될 수 있다.
  ㉲ 널링된 롤러는 와이어에 흠집이 생기고 와이어가 눌리는 결점이 있으며, 라이너를 자주 교환해 주는 것도 하나의 방법이 될 수 있다.

⑦ 용접 토치(welding torch)
  ㉮ 송급 장치에서 밀어주는 와이어를 용접부에 정확한 위치까지 일정한 속도로 송급하는 역할을 한다.
  ㉯ 용접 전원으로부터 공급되는 용접 소요 전력을 토치 끝단의 와이어까지 최소한의 전력 손실 조건으로 전달하는 역할을 한다.
  ㉰ CO_2 가스 공급 기능을 한다.
  ㉱ 용접 시작, 용접 종료 스위치 기능을 한다.
  ㉲ 용접 토치의 주요 부품별 기능
    ㉮ 어댑터 플러그 : 송급 장치와 토치 어댑터에 끼워져 전기적 회로 연결 및 와이어 송급 회로를 연결하며, 정확한 외경의 유지가 중요하다.
    ㉯ 라이너 홀더(liner holder) : 송급 장치로부터 밀려오는 와이어를 토치의 라이너 안으로 정확히 이송하고 토치 케이블 내부로 흐르는 보호 가스가 송급 장치 쪽으로 역류하는 것을 방지하는 역할을 한다.
    ㉰ 라이너(liner) : 토치 케이블 속을 이송하는 와이어가 최소한의 마찰 저항을 받으면서 속도 변화 없이 지나갈 수 있도록 하며, 강도와 마찰계수가 적은 재질과 구조로 제작된다(라이너는 스프링 로드라고도 한다).
    ㉱ 토치 케이블(torch cable) : 가스 흐름, 라이너 설치 공간 확보 및 용접 전력의 흐름 단면적을 제공하며, 용접 전력의 흐름 단면적은 사용 전류에 따라 결정된다. 토치 케이블은 용접 작업 중 용접사가 토치 앞부분을 조작할 때 토치 케이블이 자유롭게 움직일 수 있도록 유연성이 있어야 한다.
    ㉲ 전류(current) : 유연한 토치 케이블을 통하여 공급되는 와이어, 가스, 전력을 토치 바디로 전달하는 장치로서 가공 규격이 정확하게 관리되어야 한다.

⒝ 토치 바디(torch body) : 토치 손잡이로부터 아크 발생 지점까지의 거리를 만들어 용접 시 용접부의 복사열이 손에 닿는 것을 방지하며, 구조를 간단하고 유연성이 없도록 하여 용접사가 원하는 방향으로 토치 끝단을 움직일 수 있도록 해야 한다.

⒮ 토치 인슐레이터(torch insulator) : 토치 바디와 노즐을 연결하는 중간 부품이며, 기계적으로는 체결이 확실하게 되지만 전기적으로는 확실히 절연되어야 하고, 노즐을 지지하며 노즐로부터 간접적으로 용접 열의 영향을 받게 되므로 절연성, 내열성, 강도를 모두 충족시키는 구조, 재질을 사용해야 한다.

⒜ 노즐(nozzle) : 토치 바디를 통해 공급되는 보호 가스를 용접부까지 이송하여 용접부 용융 금속 전체 부위를 일정하게 보호할 수 있도록 분산 공급한다. 용접 아크 부위 근처까지 접근하므로 내열성이 뛰어난 재질이어야 하며 노즐에 흡수된 열을 빨리 방출할 수 있도록 열전도율이 우수하고, 용접 중 스패터가 잘 붙지 않도록 해야 한다.

(5) CO_2 용접기 설치하기

① 작업 전 CO_2 용접기 설치 장소를 확인하여 정리정돈을 한다.

㈎ CO_2 용접기는 다음과 같은 곳에 설치하여야 한다.

㉮ 가연성 표면 위나 CO_2 용접기 주변에 다른 장비를 설치하지 않는다.

㉯ 습기와 먼지가 적은 곳에 설치한다.

㉰ 견고한 구조의 수평 바닥에 설치한다.

㉱ 벽이나 다른 장비로부터 30 cm 이상 떨어져 설치한다.

㉲ 주위 온도는 -10~40℃를 유지하여야 한다.

㉳ 바람이나 비를 피할 수 있는 장소에 설치한다.

㈏ CO_2 용접기 설치 작업을 준비한다.

㉮ 설치장소에 [그림]과 같이 용접기(정격 출력 전류 350 A 이상)를 설치한다.

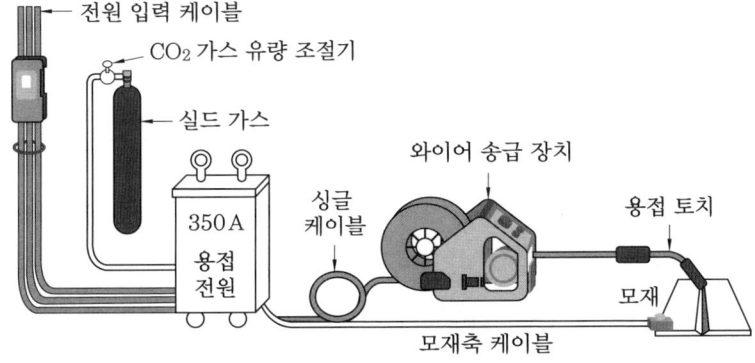

정격 출력에 의한 CO_2 용접 장치의 구성

㉯ CO_2 용접기의 부속 장치를 준비한다.
㉰ 각각 약 3m의 1차 입력 측 및 2차 출력 측 케이블과 전기 접지선을 준비한다.
㉱ 압력 조정기(CO_2 용접용)와 CO_2 가스를 준비한다.
㉲ 와이어 송급 장치와 와이어를 [그림]과 같이 준비한다.

(a) 와이어 송급 장치

(b) 솔리드 와이어

(c) 플럭스 와이어

와이어 송급 장치와 와이어

㉳ 용접 토치 및 부속품 등을 [그림]과 같이 준비한다.

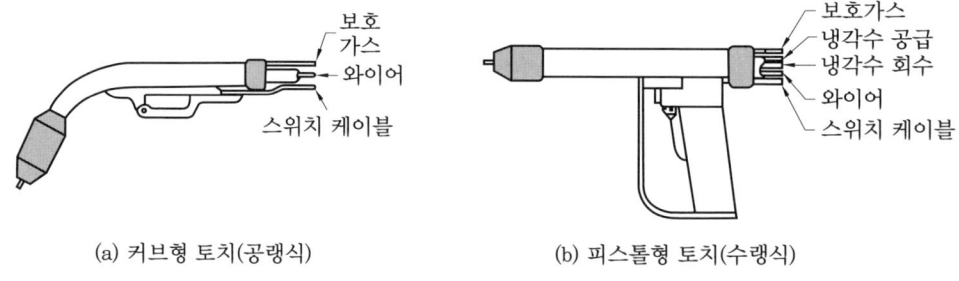

(a) 커브형 토치(공랭식)　　　(b) 피스톨형 토치(수랭식)

형상에 따른 용접 토치

㈐ CO_2 용접기와 부속 장치 설치 작업에 필요한 공구를 준비한다.
　용접기 설치에 필요한 공구(몽키스패너, 드라이버, 니퍼, 렌치, 전선칼, 전류·전압 측정기 등)와 재료, 사용 설명서 등을 준비한다.
② 작업에 사용할 CO_2 용접기에 1차 입력 케이블과 접지 케이블을 연결한다.
㈎ CO_2 용접기에 1차 입력 케이블과 접지선을 연결한다.
㉮ 배전반과 용접기 직전의 전원 스위치를 차단한 후 "수리중"이라는 명패를 붙이고, 필요하면 배전반을 잠근다.
㉯ 용접기 용량에 맞는 1차 케이블의 한쪽에 압착 단자를 고정시켜 용접기 후면의 입력 단자에 단단히 체결한다.
㉰ 반대 측을 3상 주 전원 스위치에 연결한다.

㉣ 접지선의 한쪽 끝을 용접기 케이스의 접지 단자에 연결하며, 전기 배선 시 접지공사가 안 된 경우는 한쪽 끝을 지면에(지면은 150V) 접지시킨다(접지 공사는 제3종).
㈏ CO_2 용접기 전면에 2차 출력 케이블을 연결한다.
㉮ 2차 케이블 2개의 한쪽 끝에 압착 터미널로 단단히 고정한다.
㉯ 용접기 전면의 단자 커버를 열고 케이블 하나는 양극(+)에, 다른 쪽은 음극(-)에 볼트, 너트로 단단히 연결하고 절연 테이프로 감는다.
㉰ 양극(+) 단자 케이블의 반대편을 와이어 송급 장치의 어댑터 단자에 정확히 연결한다.
㉱ 음극(-) 단자 케이블의 반대편을 작업대(모재)에 정확히 연결한다.
㉲ 노출된 연결 부위는 절연 테이프로 감아 완전히 절연시킨다(감전 방지).

(6) CO_2 용접의 조작

① CO_2 용접 준비를 할 수 있다.
㈎ 배전반의 메인 스위치를 "ON"한다.
㈏ CO_2 용접기의 전원 스위치를 "ON"한다. 이때 운전 표시등과 냉각용 팬이 작동한다.
㈐ CO_2 가스 밸브를 열고 가스가 유입되는지 가스 체크 스위치로 확인한다.
㈑ CO_2 압력 조정기의 유량계로 CO_2 가스의 양을 조절한다(20L/min, 25 kgf/cm^2).
㈒ 와이어 송급 장치에 준비한 와이어를 장착한다.
㈓ 와이어 인칭 스위치를 눌러 와이어가 토치의 팁까지 도달하도록 송급시킨다.
㈔ 컨택트 튜브, 오리피스, 노즐을 조립한다.
㈕ 용접 조건을 조정하고 설정한다.
② CO_2 용접기의 각부 명칭을 알고 조작할 수 있다.
㈎ CO_2 용접기의 각부 명칭을 파악한다.
㈏ CO_2 용접 토치에 부속 장치를 연결한다.

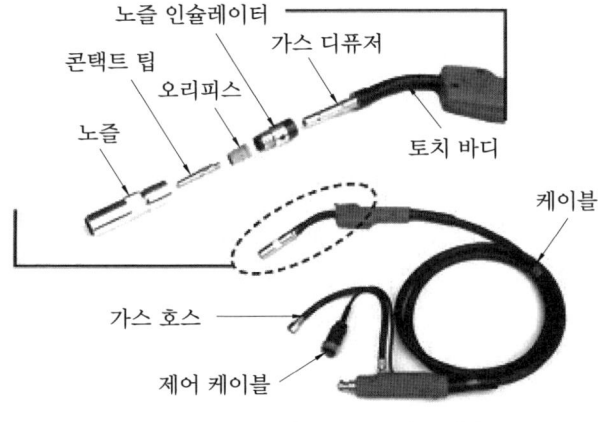

CO_2 용접 토치 및 부속품

㉮ CO_2 토치 바디에 가스 디퓨저를 체결한다. CO_2 토치 바디는 토치가 흔들리지 않게 고정해 주는 역할을 하며, 가스 디퓨저의 가스 확산구에서 보호 가스가 CO_2 노즐을 통해 모재까지 분사된다.

㉯ 가스 디퓨저에 절연관과 CO_2 팁을 체결하고, CO_2 팁은 CO_2 노즐을 넘지 않도록 한다. CO_2 팁은 일반적으로 사용되는 일반 팁(45mm)과 자동 용접 팁(40mm)으로 나눠진다. 절연관은 용접 노즐과 용접 토치를 절연시켜주는 역할을 한다.

㉰ 절연관에 CO_2 노즐을 체결한다. CO_2 노즐은 350A, 500A로 나눠지며 350A용으로는 74mm, 75mm, 76mm의 $\phi 16$이 있고, 500A용으로는 80mm, 88mm의 $\phi 19$가 있다. 형상에 따라 2단, 3단 노즐 등으로 불리기도 한다.

㈐ CO_2 용접 토치를 조립한다.

㉮ 와이어 직경에 적합한 팁을 끼운다.

㉯ 팁 구멍의 마모 상태를 확인한다.

㉰ 노즐에 부착된 스패터를 제거한다(내면에 흠집이 생기지 않도록 줄이나 리머 등으로 제거하며, 스패터 부착 방지를 위하여 노즐 클리너를 사용한다).

㉱ 오리피스(orifice)는 스패터의 내부 침입을 막아 토치 본체를 보호할 뿐 아니라 가스의 유량을 균일하게 하므로 반드시 사용한다(오리피스는 세라믹 제품으로 깨지기 쉬우므로 취급에 주의한다).

㉲ 토치 케이블은 가능한 직선으로 펴서 사용하며 구부려 사용하면 와이어 송급이 일정하지 않으므로 부득이하게 구부려 사용할 경우는 반경이 R300 이상이 되도록 해야 한다.

㈑ CO_2 용접 토치의 스프링 라이너를 조립한다.

㉮ 스프링 라이너는 1주일에 1회 압축공기를 이용하여 내부의 먼지를 깨끗이 제거해 주어야 한다.

㉯ 스프링 라이너 교환 시는 토치 케이블을 일직선으로 잡아 당겨서 밀어 넣고 스프링 라이너가 팁 끝부분에 있는지 확인한다.

㉰ 스프링 라이너가 토치 케이블에서 돌출된 길이를 확인하여 3mm 정도 돌출하도록 하고 나머지 부분은 제거한다.

㈒ 절단 후 거친 부분은 줄로 다듬어 준다.

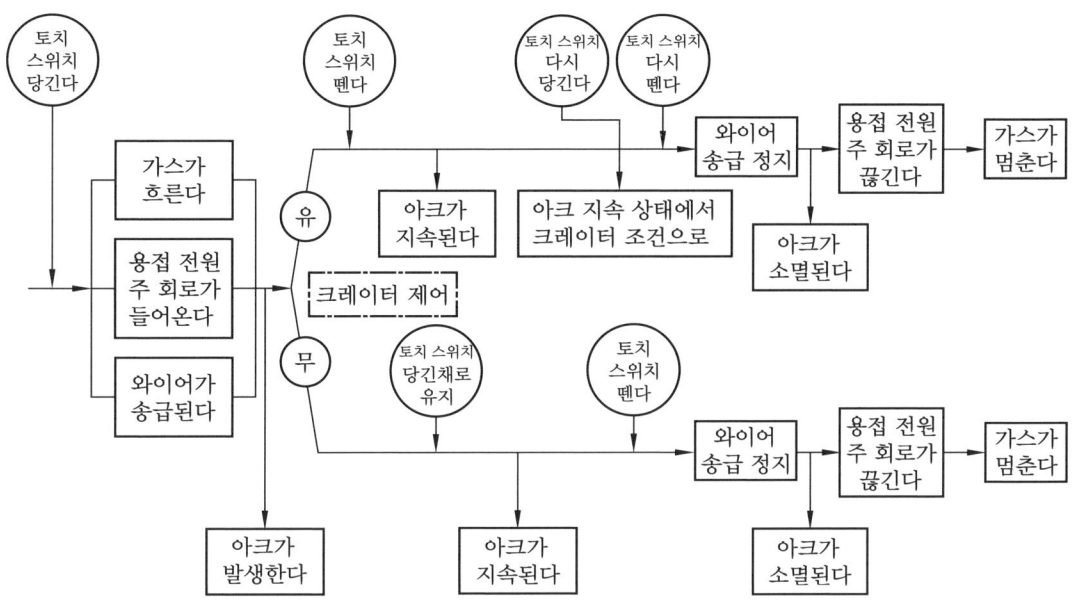

용접 토치 조작에 의한 동작 개략도

㈜ CO_2 용접기 각 연결부의 체결 상태를 점검한다.
㈏ CO_2 용접기의 1, 2차 전원을 차례대로 접속(ON)한다.
③ 용접기 패널의 크레이터 유/무 전환 스위치와 일원/개별 전환 스위치를 선택할 수 있다.
  ㈎ CO_2 용접기 전면 패널을 조작할 수 있다.
    ㉮ 출력 전류계 : 용접할 때 전류가 표시된다.
    ㉯ 출력 전압계 : 용접할 때 전압이 표시된다.
    ㉰ 전원 표시등 : 용접기에 전원 투입 후, 전원 스위치를 "ON"으로 설정하면 운전 표시등이 점등되며 냉각용 배기팬이 회전하여 용접 가능한 상태가 된다.
    ㉱ 이상 표시 입력등 : 제어 회로에 부착된 입력 전압 이상 검출 회로에 의해 입력 전압을 220V 설정 시 입력 전압이 150V 이하나 280V 이상 시에는 입력 전압 이상으로 표시등이 점등된다. 이 경우 IGBT 인버터가 정지하고 출력을 정지시킨다.
    ㉲ 크레이터 전류 조정기 : 용접할 때의 크레이터 전류를 조정한다.
    ㉳ 크레이터 전압 미세 조정기 : 용접할 때의 크레이터 전압을 미세 조정한다.
    ㉴ 가스 체크 스위치 : 토치 스위치를 "ON"하지 않고 가스 유량을 조정하려 할 때에 사용한다. 체크로 하면 송급 장치의 가스 밸브가 작동하여 가스가 방출된다. 유량 조정이 끝나면 통상으로 원위치하여야 한다.
    ㉵ 와이어 사용 변환 스위치 : 사용하고 있는 와이어의 지름에 의해 $\phi 0.9$, $\phi 1.2$의 선택을(와이어 롤러는 교체하면 $\phi 1.4$, $\phi 1.6$ 등으로) 할 수 있다.
    ㉶ 용접법 전환 스위치 : 용접 방법에 의거하여 CO_2, MAG로 선택을 전환할 수 있다.

㈋ 크레이터 유/무를 조작할 수 있다.
㈌ 일원/개별 스위치를 선택할 수 있다.
  ㉮ 일원(미세 조절) 선택 : 아크 전압 손잡이를 중(0)에 놓고 사용 전류를 조절하면 아크 전압이 자동으로 5~7 V로 조절된다. 이때 전압 조절 손잡이를 오른쪽으로 돌리면 전압이 낮아진다.
  ㉯ 개별 선택 : 전류 조절 손잡이(와이어 송급 속도)와 전압 조절 손잡이를 별도로 조절한다. 정밀 용접 및 특수 용접 시 사용하면 편리한 기능이다.
④ CO_2 용접 전류 및 전압을 조절한다.
  ㈎ 원격 조정기에 있는 용접 전류 조정 손잡이를 조작하여 모재에 적합한 전류를 선택한다.
  ㈏ 용접기 패널의 크레이터 전류 조정 손잡이를 조작하여 20 A 낮게 조절하고, 크레이터 전압 조정 손잡이는 "0"에 놓는다.
  ㈐ 와이어 지름 조정 손잡이는 ϕ1.2 또는 ϕ1.4에 놓는다.
⑤ 아크를 발생시킨다.
  ㈎ 연강판을 용접 작업대 위에 올려놓는다.
  ㈏ 토치를 잡고 모재 위를 겨냥하여 작업각을 90°, 진행각은 75~80°로 유지한다.

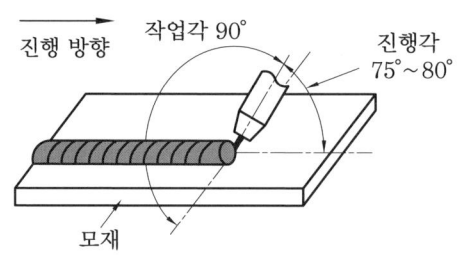

토치의 작업각과 진행각

  ㈐ 토치에 있는 스위치를 당겨(눌러) 아크를 발생하면서 와이어 돌출 길이를 10~15 mm가 되도록 유지한다. 토치에 있는 스위치를 누르면 용접 전류의 통전에 의해 아크가 발생되며, 스위치를 놓으면 소멸된다.
  ㈑ 크레이터 재에 스위치를 유에 놓고 아크를 발생시킨다. 최초 토치 스위치를 눌렀다 놓은 상태로 아크를 발생시킬 때 용접 전류로 발생되며, 토치 스위치를 다시 누르면 크레이터 전류로 아크가 발생된다.
  ㈒ 기타 기능도 조작한다(일부 용접기에 있음).
    ㉮ 스타트 전류 : 토치 스위치를 최초 누르면 초기 전류로 아크가 발생되며, 스위치를 놓으면 용접 전류로, 다시 누르면 크레이터 전류가, 다시 스위치를 놓으면 아크가 소멸된다.

㉯ 스폿 : 토치를 계속 누르고 있어도 스폿 타임 조정 시간만큼만 아크가 발생된다.
⑥ 아크를 발생시켜 용접기 이상 유무를 확인할 수 있다.
⑦ 크레이터 처리는 엔드탭 판을 사용할 수 있다.
⑧ 비드와 비드를 연결할 때에는 크레이터를 작게 한다.
⑨ 단락 이행 용접에서는 비드가 겹치는 부분에서 위빙을 실시한다.

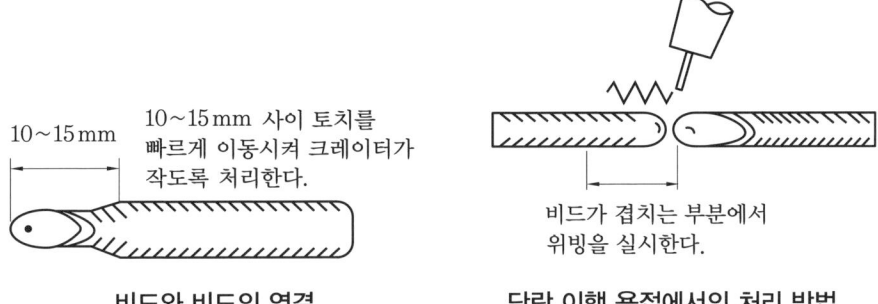

비드와 비드의 연결   단락 이행 용접에서의 처리 방법

⑩ CO_2 용접 조작을 할 수 있다.
  ㈎ 용접 준비가 완료되면 준비된 사항을 확인한다.
  ㈏ 용접용 보호구와 공구류를 준비한다.
  ㈐ 토치를 모재 가까이 붙이고 토치 스위치를 누르고 아크가 발생하면 용접을 시작한다.

(7) CO_2 용기의 종류와 조정기

① CO_2 용기의 종류
  ㈎ 이음매 없는 용기 : 압력이 높은 압축가스(산소, 수소, 아르곤, CO_2, 천연가스 등)를 저장하는 용기이다.
  ㈏ 용접 용기 : 상온에서 비교적 낮은 증기압을 갖는 액화가스(LP 가스, 프레온, 암모니아 등)와 용해 아세틸렌 가스 등을 저장하는 용기이다.
  ㈐ 초저온 용기 : 50℃ 이하인 액화가스를 충전하기 위한 용기로 단열재로 피복하여 용기 내의 가스 온도가 상용의 온도를 초과하지 않는 용기로서 액화산소, 액화질소, 액화아르곤, 액화 천연가스 등을 충전하는데 사용된다.
  ㈑ 납 붙임 또는 접합 용기 : 액화가스 충전 용기로 내용물은 의약품, 화장품, 살충제, 도료의 분사제 및 이동식 연소기용 부탄가스 용기 등으로 사용된다.
  ㈒ 액화가스 용기의 저장량(충전량) : 용기 내의 가스 온도가 48℃에 도달하였을 때에도 용기 내부가 액체 가스로 가득 차지 않도록 안전 공간(15%)을 고려한 계산이다.

$$W = \frac{V_2}{C} \text{ [kg]}$$

W : 저장 능력(kg), V_2 : 용기의 내용적(L),
C : 가스의 종류에 따른 충전 정수(액화프로판 : 2.35,
액화부탄 : 2.05, 액화암모니아 : 1.86)

㈐ 압축가스 용기의 저장량 : 최대 저장 능력(충전량)은 최고 충전 압력(기호 : FP)이 표시되어 있으며, 이 최고 충전 압력을 초과하여 충전하면 안 된다.

$$Q = (P+1)V_1 \text{ [m}^3\text{]}$$

Q : 저장 능력(m^3)
P : 35℃에서의 최고 충전 압력(아세틸렌의 경우에는 15℃)(Mpa)
V_1 : 용기의 내용적(m^3)

② CO_2 용기의 조정기 : CO_2 가스 용기 상단에 연결하여 사용하는 압력 조정기(regulator), 히터(heater), 유량계(flowmeter) 및 가스 연결용 호스 등으로 구성되어 있다.

㈎ 압력 조정기(regulator)

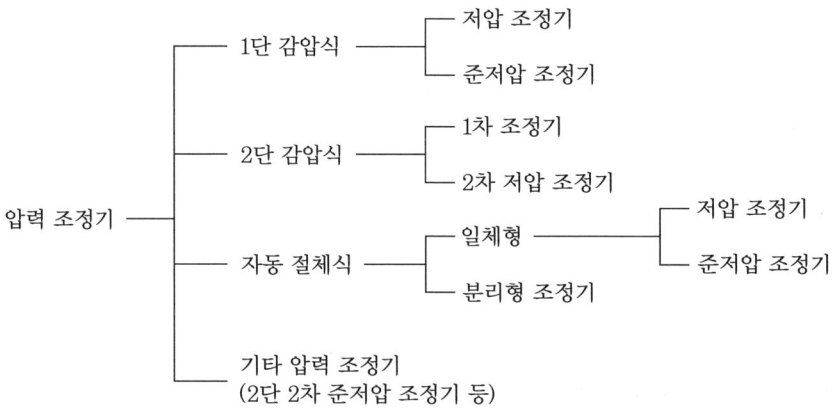

㈏ 히터(heater) : CO_2 가스 압력은 용기 내부 압력으로부터 조정기를 통해 나오면서 배출 압력으로 낮아지고 이때 상당한 열을 주위로부터 흡수하여 조정기와 유량계가 얼어버리므로 대부분 CO_2 유량계에는 히터가 부착되어 있어 동파되는 것을 방지해 준다.

(8) CO_2 용접 와이어와 보호 가스

① 와이어

㈎ 와이어(wire)는 솔리드와 후락스가 안에 넣어져 있는 복합 와이어가 있다.

㈏ 일반 와이어는 망간, 규소, 티탄 등의 탈산성 원소를 함유한 솔리드(solid) 와이어가 사용된다.

㈐ 복합 와이어는 사용 전에 200~300°C로 1시간 정도 건조시켜 사용한다.

㈑ 와이어의 지름은 0.9, 1.0, 1.2, 1.6, 2.0, 2.4 mm 등이 있으며, 이 중 많이 사용되는 것은 1.2 mm와 1.6 mm이다.

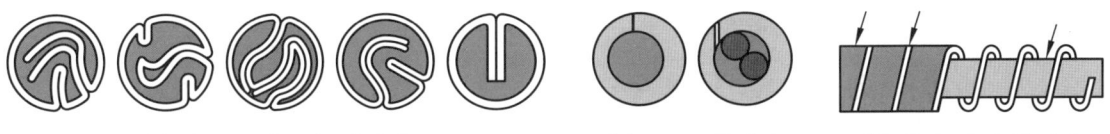

(a) 아코스 아크용 와이어　　(b) NCG 와이어　　(c) 휴스 아크 와이어

각종 CO_2 아크 용접용 복합 와이어

② 용접에 영향을 주는 와이어 요소

㈎ 와이어 돌출 길이(stick out)

㉮ 콘택트 팁 선단으로부터 와이어 전극 선단부까지의 길이를 의미하는데, 반자동 용접에서는 와이어가 자동적으로 연속 송급되기 때문에 용접 토치의 노즐과 모재 간의 거리를 일정하게 유지하면 아크 길이가 일정하게 유지된다.

㉯ 와이어 송급 속도는 일정하기 때문에 와이어 돌출 길이를 길게 하면 용접 전류는 감소하고 아크 길이는 약간 길어지며, 아크 안정성이 나쁘고 스패터의 발생이 증가해서 비드 외관도 나쁘게 되고 용입도 감소하며 가스의 보호 효과도 나쁘게 되어 기공 등의 결함이 생긴다. 반대로 돌출 길이를 짧게 하면 용접 전류는 증가되고 아크 길이는 조금 짧아지며 와이어가 용융지 속으로 돌입하므로 아크가 불안정하게 된다.

㉰ 와이어 돌출 길이는 일반적으로 와이어경의 약 10배 정도라고 알려져 있지만 사용하는 용접 전류가 높을수록 길게 하는 쪽이 바람직하다(와이어의 돌출 길이는 팁과 모재 간의 거리로 저전류 영역(약 200 A 미만)에서는 10~15 mm 정도, 고전류 영역(약 200 A 이상)에서는 15~25 mm 정도가 적당하나 토치가 커브형으로 눈으로 보는 시각에 차이(오차)가 있어 눈으로 보는 거리는 저전류 영역에서는 약 5~7 mm 정도이다).

㈏ 와이어 직경 : 와이어 직경은 용접 속도, 비드 크기, 용입의 깊이에 영향을 미치고 일반적으로 같은 전류에서 와이어 직경이 작아지면 용입이 깊어지고, 와이어의 용착 속도가 증가하므로 용접 속도에 영향을 준다. 수직과 위보기 용접에서는 직경이 작은 것이 효과적이며, 표면 덧살 용접 같은 곳에는 직경이 큰 것이 좋다.

용접봉의 용도별 적정 직경

용도	직경(mm)
박판 용접	0.5
	0.76
	0.89
중판 용접	1.2
	1.6
후판 용접	3.2

㈐ 와이어 송급 속도

㉮ 변수가 일정한 경우 와이어 송급 속도가 증가하면 용접 전류도 증가한다.

㉯ 용접 전류는 와이어의 송급 속도가 증가함에 따라 제곱근 함수적으로 증가한다.

㉰ 콘택트 팁과 모재 간 거리가 증가하면 용접 전류는 감소하게 되는데, 이는 콘택트 팁과 모재 간의 거리(CTWD)가 증가함에 따라 와이어 돌출 길이가 길어지며 저항열이 올라가기 때문이다. 일반적으로 와이어 송급 속도와 용접 전류 및 와이어 돌출 길이 사이에는 다음의 관계식이 성립한다.

$$WFS = aI_1 + bLI_2$$

WFS : 와이어 송급 속도
L : 와이어 돌출 길이
I : 용접 전류
a, b : 비례상수

㉱ 관계식에서 보듯이 동일한 송급 속도에서 와이어 돌출 길이(L)가 증가하면 용접 전류(I)는 감소한다. 한편 와이어 송급 속도와 돌출 길이가 결정되면 용접 전류는 종속적으로 결정되는 변수이다.

③ 보호 가스

㈎ CO_2 가스

㉮ CO_2 가스는 용기에 충전한 액화탄산을 기화시켜 사용하며 가스 제조원에 따라 불순물 함유량이 달라진다.

㉯ 액화 이산화탄소는 규격화되어 있으며 이 중 KS 1호, 2호와 JIS 2호, 3호 등은 용접에 사용할 수 있다.

㉰ 용접용 액화탄산의 순도는 99.9% 이상, 수분 0.002% 이하이므로 CO_2 가스에는 용접 불량을 고려하지 않아도 된다.

액화 이산화탄소 규격(KS 및 JIS)

구분	KS M 1105			JIS K 1106		
	1호	2호	3호	1호	2호	3호
이산화탄소 (CO_2 부피[%])	99.5 이상	99.5 이상	99.0 이상	99.0 이상	99.5 이상	99.5 이상
수분(%)	0.005 이하	0.05 이하	–	–	0.05 이하	0.05 이하
냄새	–	–	냄새가 없어야 한다.	–	–	–

  ㉰ 20L/min의 유량으로 연속 사용할 경우 25kg 용기는 대기 중에서 가스량이 약 12700L이므로 약 10시간 사용된다. 30kg 용기는 가스량이 약 15300L이므로 약 12시간이고, 35kg 용기는 가스량이 약 17800L이므로 약 14시간 사용할 수 있다.

  ㉱ 액화탄산의 임계 온도는 31℃로 용기를 직사광선에 장시간 노출시키면 위험하므로 취급에 주의하며 운반 시에는 가스 조절 밸브가 파손되기 쉬우므로 밸브 보호용 캡을 씌워서 운반하는 것이 안전하다.

 ㉯ CO_2 가스의 특징

  ㉮ CO_2 가스는 대기 중 기체로 존재하고 비중은 1.53으로 공기보다 무겁다. 무색, 무취, 무미인 가스이나 공기 중에 농도가 높아지면 눈, 코, 입 등에서 자극을 느끼게 된다.

이산화탄소 중독 증상

공기 중 농도(%)	증상
2.5	몇 시간 흡입해도 장애 없음
3.0	무의식 중에 호흡수가 늘어남
4.0	국부적인 자각 증상이 나타남
6.0	호흡량 증가
8.0	호흡 곤란
10.0	의식불명으로 사망에 이름
20.0	수 초 내 마비 상태가 되어 심장이 멈춤

  ㉯ CO_2 가스는 상온에서 쉽게 액화하므로 저장 및 운반이 용이하며 비교적 가격이 저렴하다.

  ㉰ 용기에 충전된 액체 상태의 CO_2 가스는 용기 상부에서는 기체로 존재하며, 그 전

체 중량은 완전 충전했을 때 용기의 약 10% 정도가 기체 상태의 가스이다.
- ㉣ 용접 시 많은 양의 CO_2 가스가 용기로부터 빠른 속도로 흘러나올 때는 팽창에 의하여 온도가 낮아져 고체 모양의 탄산가스(드라이아이스)가 되어 가스의 흐름을 막는 경우가 많으므로 CO_2 가스 용기의 압력 조정기는 전기 장치(히터)에 의해 밸브의 동결을 막고 가스의 흐름을 원활하게 할 수 있는 장치가 필요하다.

㈐ CO_2 가스 취급 시 유의사항
- ㉮ 용기 밸브를 열기 전에 조정 핸들을 반드시 되돌려 놓아 주어 가스가 급격히 흘러 들어가지 않도록 한다.
- ㉯ 용기 밸브를 열 때에는 반드시 압력계의 정면을 피해 서서히 용기 밸브를 연다(용기 밸브를 급속히 여는 것은 압력계 폭발 사고의 원인이 되어 매우 위험하므로 절대 급속히 개방하는 일이 없도록 한다).
- ㉰ 사고 발생 즉시 밸브를 잠가 가스 누출을 막을 수 있도록 밸브를 잠그는 핸들과 공구를 항상 주위에 준비한다.
- ㉱ 고압가스 저장 또는 취급 장소에서 화기를 사용해서는 안 된다.

㈑ 보호 가스의 유량
- ㉮ CO_2 가스의 실드 효과가 나쁘면 기공이나 피트와 같은 용접 결함이 발생되고 용접부의 품질이 저하된다.
- ㉯ CO_2 가스의 유량은 200A 이하에서는 10~15 L/min, 200A 이상에서는 15~20 L/min 정도가 적당하다.
- ㉰ CO_2 가스의 실드에 영향을 끼치는 요인으로는 바람, 가스 유량 부족, 노즐과 모재 간의 거리가 길거나 노즐 안쪽에 스패터가 부착되어 막히는 것들이 있다.
- ㉱ 일반적으로 허용되는 풍속은 용접물의 형상, 노즐과 모재 간의 거리, 노즐의 크기와 가스 유량, 풍향 등에 의해서 다르지만 약 1.5 m/s 정도 이하이고, 풍속이 2 m/s 이상일 때에는 방풍막으로 바람을 차단하여 용접을 해야 하며, 풍속이 강하면 가스의 유량도 많아야 한다.

㈒ 가스 누설 점검 및 유량 조절
- ㉮ 가스 용기의 밸브를 1~2바퀴 정도 서서히 열어준다.
- ㉯ 용접기 패널의 점검/용접 전환 스위치를 점검에 놓는다(용접기 종류에 따라 시험 또는 용접).
- ㉰ 용기 밸브와 유량계 밸브를 서서히 열고 비눗물 등을 이용하여 토치와 호스 연결부 등을 누설 검사한다(이때 누설이 있는 곳은 비누 거품이 생긴다).
- ㉱ 압력계 조절 손잡이를 돌려 압력을 2~3 kg/cm^2로 조절한다.
- ㉲ 유량계 밸브를 열어 전류의 세기에 따라 유량을 10~25 L/min으로 조절한다.

(9) CO_2 용접의 전류와 전압의 특성

① 용접 전류 : 용접 작업 중에 모재가 충분히 녹지 않으면 전류를 올려 작업한다.
  ㈎ 전류가 높으면 용접봉이 빨리 녹고, 용융풀도 커지며 불규칙하게 된다.
  ㈏ 용접 전류가 너무 낮으면 모재를 충분히 용융시켜주지 못하고 용융풀도 작게 되는 현상이 발생한다.
  ㈐ 부적당한 전류를 사용하면 아크의 불안정, 스패터, 언더컷, 오버랩, 용입 부족 등의 각종 용접 결함이 발생하며, 후판이나 필릿 용접의 경우는 열이 빠르게 확산되므로 높은 전류를 필요로 하고 박판의 경우는 낮은 전류를 사용하는 것이 좋다.

② 용접 전압 : 용입이 충분하지 않거나 비드 모양이 볼록하게 형성될 때에는 전압을 올려 작업한다. 전압을 너무 높여 용접 작업을 할 경우 기공이 발생할 수 있으며, 전류와 전압의 비율은 10 : 1 정도이고 용접 환경과 작업자의 작업 속도 등 용접사의 숙련도와 경험이 중요하다.

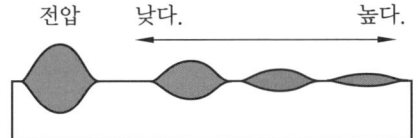 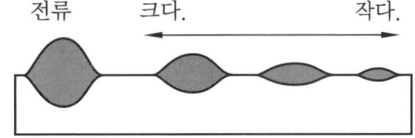

CO_2 용접의 전류와 전압의 특성

CO_2 전진법과 후진법의 비교

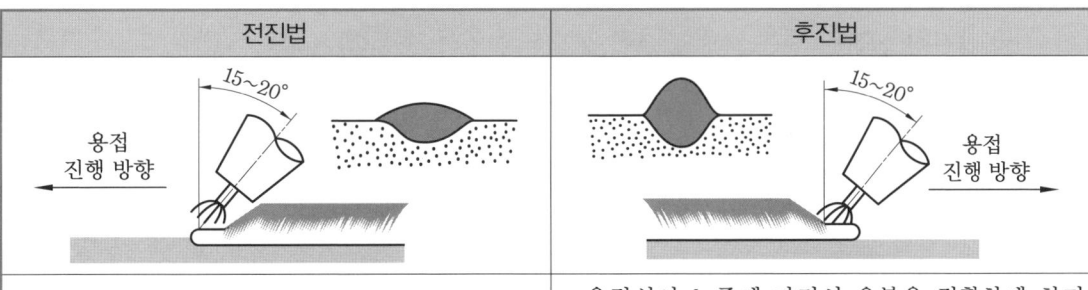

전진법	후진법
• 용접선이 잘 보이므로 운봉을 정확하게 할 수 있다. • 비드 높이가 낮고 평탄한 비드가 형성된다. • 스패터가 비교적 많으며 진행 방향 쪽으로 흩어진다. • 용착 금속이 아크보다 앞서기 쉬워 용입이 얕아진다.	• 용접선이 노즐에 가려서 운봉을 정확하게 하기 어렵다. • 비드 높이가 약간 높고 폭이 좁은 비드를 얻을 수 있다. • 스패터의 발생이 전진법보다 적다. • 용융 금속이 앞으로 나가지 않으므로 깊은 용입을 얻을 수 있다. • 비드 형상이 잘 보이기 때문에 비드 폭 높이 등을 억제하기 쉽다.

(10) CO_2 용접의 점검 및 정비 방법

① 용접기의 점검

  ㈎ 용접기 고장 원인 파악 전 주의사항

    ㉮ 고장 원인을 파악하기 전에 접속 부분을 정확히 점검해야 하며, 용접기 내부 점검 전에 1차 측 전원 개폐기의 OFF 상태를 반드시 확인해야 한다.

    ㉯ 사용 직후 내부 점검의 경우 전원 콘덴서가 충전되어 있는 경우가 있어 전원 차단 후 약 5~10분 후에 커버를 제거하고 점검한다.

    ㉰ 특별한 경우를 제외하고 조정 부분은 임의로 조작하지 않는다.

    ㉱ 프린트 기판의 커넥터 부분은 절대 손으로 만지거나 불순물이 묻지 않도록 하고 불순물의 침투로 접촉이 불량할 때에는 깨끗한 면에 알코올을 묻혀 가볍게 닦는다.

  ㈏ 일상 점검

    ㉮ 특이한 진동이나 타는 냄새의 유무를 확인하고, 케이블 접속 부분의 발열, 단선 여부 등을 점검한다.

    ㉯ 전원 내부의 송풍기가 회전할 때 발생하는 소음을 확인하고 점검한다.

    ㉰ 케이블의 접속 부분에 피복이 벗겨진 부분은 없는지 확인하고, 테이프를 이용하여 절연한다.

  ㈐ 3~6개월 점검

    ㉮ 전기적 접속 부분의 점검 : 전원의 입력 측, 출력 측 용접 케이블 접속 부분의 절연 테이프 해체 상태, 접촉의 불량, 절연 상태를 점검한다.

    ㉯ 접지선 : 전원 케이스에 완전히 접지되었는지 점검한다.

    ㉰ 용접기 내부의 불순물 제거 : 정류기 냉각팬 및 변압기 권선 간에 먼지가 쌓이면 방열 효과가 저하되므로 측면 및 상면을 열어 압축공기를 이용하여 먼지를 깨끗이 제거한다.

    ㉱ 와이어 송급 장치 점검 : 송급 장치의 롤러 마모 상태, 라이너 속의 이물질, 토치 스위치 작동 상태를 점검한다.

  ㈑ 연간 점검 : 제어 컨트롤 PCB의 제어 릴레이 손상 및 부품의 열화 상태를 확인 후 교체 및 수리한다.

② 용접기의 정비 방법

이상 현상	원인	보수 및 정비 방법
아크가 발생되지 않는다.	메인 또는 용접기 전원 스위치가 OFF되어 있다.	전원 스위치를 ON(접속)한다.
	퓨즈가 단락되었다.	전원을 점검하고 이상이 없으면 퓨즈를 교환한다.
	토치 또는 모재 측 케이블 불량 또는 단선되었다.	모재에 접지선을 연결한다. 전선 단락의 경우 전선을 연결한다.
	이상 표시등에 불이 켜져 있다.	기기의 이상 유무를 확인하고 점검한다.
	제어 케이블 단선, 전자 접촉기 릴레이 작동 불량으로 와이어 송급이 안 된다.	케이블 점검, 교환, 릴레이 접점 청소 또는 교환한다.
	PCB 접촉 불량이다.	PCB를 교체한다.
전류, 전압 조정이 되지 않는다.	전류, 전압 조정 손잡이가 불량하다.	전류, 전압 조정 손잡이를 확인 후 교체한다.
	PCB 접촉 불량이다.	PCB를 교체한다.
	전원 케이블이 단선되었다.	전원 케이블을 점검하고 교체한다.
가스가 계속 방류된다.	가스 점검(시험, 가스 조정)으로 스위치가 선택되었다.	가스 점검을 용접으로 전환한다.
	가스 전자 밸브에 이상이 있다.	가스 전자 밸브를 교환한다.
	PCB 기판에 이상이 있다.	용접기 전원, PCB를 점검 및 교체한다.
가스가 나오지 않거나 불량하다.	메인 또는 용접기 전원 스위치가 OFF되어 있다.	전원 스위치를 ON(접속)한다.
	퓨즈가 단락 또는 전원 스위치가 OFF되어 있다.	전원을 점검하고 이상이 없으면 퓨즈를 점검하여 교환한다.
	압력 용기에 가스가 없거나 밸브(유량 밸브)가 닫혀 있다.	가스 용기를 교환 또는 용기 밸브(유량 밸브)를 서서히 연다.
	전자 밸브가 작동하지 않는다.	전자 밸브를 점검하고 이상 시 교환한다.
	가스 호스가 터지거나 막혀 있다.	가스 호스를 점검하고 이상 시 교환한다.
	유량계가 작동하지 않는다.	유량계를 수리하거나 교환한다.
	PCB 접촉 불량이다.	PCB를 교체한다.
	가스 압력이 너무 높거나 낮다.	압력을 조절한다.
	CO_2 조정기의 가열기(heater)가 결빙되어 있다.	가열기 전원의 점검, 수리, 교환한다.

	토치 스위치 접촉 불량 또는 고장이다.	스위치의 점검, 청소, 교환한다.
토치 스위치를 "ON"해도 와이어가 송급되지 않거나 통전되지 않는다.	와이어가 팁 끝에 단락되어 있다.	팁 끝을 줄로 갈아서 단락부를 제거하거나 팁을 교환한다.
	PCB 기판에 이상이 있다.	PCB를 점검 및 교체한다.
	팁, 노즐의 체결 불량 등으로 전기 접촉 불량이다.	팁을 확실히 조이거나 교환한다.
	스패터 및 불순물이 팁 구멍을 막고 있다.	팁 구멍을 팁 클리너와 줄을 이용하여 청소한다.
크레이터 제어 스위치가 작동하지 않는다.	프린트 기판 불량 또는 고장이다.	프린트 기판을 점검 및 교환한다.
인칭 스위치를 눌러도 와이어가 송급되지 않는다.	제어 케이블 단선 및 PCB 불량이다.	제어 케이블 및 PCB 점검, 결선 또는 교환한다.
	전류가 너무 낮게 설정되어 있다.	전류를 높인다.
	송급 모터 및 퓨즈 고장이다.	송급 모터를 점검, 수리, 교환한다.
	스패터 및 불순물이 팁 구멍을 막고 있다.	팁 구멍을 팁 클리너와 줄을 이용하여 청소한다.

(11) 기타 탄산가스 아크 용접법

① C.S 아크 용접 : CO_2 가스 외에 소량의 산소를 혼입한 CO_2-O_2 아크 용접 방법으로 이 용접 방식의 발명자인 일본의 세기구지(Sekiguchi)의 이름을 따서 명칭을 붙인 것으로 탄산가스 중에 1/3 정도의 산소를 혼입하면 용착이 잘 되고 슬래그의 이탈성이 좋아진다.

② 유니언 아크 용접(union arc welding) : 미국의 린데 회사에서 발명한 것으로서 자석 용제(magnetic flux)를 탄산가스 중에 부유시켰을 때 그 자성에 의해 용접 중심선에 부착시켜 용접하는 방식으로 피복 아크 용접에 비하여 용착 속도를 50~100% 가량 빠르게 할 수 있고 용접비도 35~75% 가량 낮으며 용착부의 외관이 비교적 양호하고 용입도 깊다.

③ 아코스 아크 용접(arcos arc welding) : 벨기에의 아코스 회사에서 개발한 용접법으로서 사용되는 용접 와이어는 얇은 박강판을 여러 형태로 구부려서 외형은 원통으로 하고 그 안에 용제를 채운 복합 와이어이다.

④ 퓨즈 아크 용접(fuse arc welding) : 영국에서 개발된 용접 방식으로 심선 외피에 통전용 스파이럴 강선과 후락스가 감아져 있는 모양에 와이어를 연속적으로 공급하여 CO_2 분위기에서 용접하는 방법이다.

⑤ 버나드 아크 용접(bernard arc welding) : 미국의 내셔널 실린더 가스 회사의 플럭스 내장 와이어를 사용하는 용접법으로 N.C.G법 또는 버나드법이라고도 한다.

> **참고**
>
> 1. 작업자 부분의 CO_2 가스 농도
>
> | 위치 | CO_2(체적 %) |
> |---|---|
> | 머리 | <0.001 |
> | 바닥 | <0.001 |
> | 헬멧의 내부 | 0.001 |
> | 헬멧의 앞 | 0.0016 |
> | 용접 연기 | 0.020 |
> | 아크 근방 | 0.030~0.040 |
>
> 2. 각종 가스의 허용 농도
>
> | 가스의 종류 | 허용 농도(ppm) |
> |---|---|
> | O_2 | 0.3 |
> | HF | 3 |
> | NO_2 | 5 |
> | NO | 25 |
> | CO | 55 |
> | CO_2 | 5000 |

|예|상|문|제|

1. CO_2 가스 아크 용접에서 솔리드 와이어에 비교한 복합 와이어의 특징으로 틀린 것은?

① 양호한 용착 금속을 얻을 수 있다.
② 스패터가 많다.
③ 아크가 안정된다.
④ 비드 외관이 깨끗하여 아름답다.

해설 ② 스패터가 적고, 비드 외관이 깨끗하며 아름답다.

2. 이산화탄소 아크 용접의 특징 설명으로 틀린 것은?

① 용제를 사용하지 않아 슬래그의 혼입이 없다.
② 용접 금속의 기계적, 야금적 성질이 우수하다.
③ 전류 밀도가 높아 용입이 깊고 용융 속도가 빠르다.
④ 바람의 영향을 전혀 받지 않는다.

해설 이산화탄소 아크 용접의 특징은 ①, ②, ③ 외에 다음과 같다.
㉠ 일반적으로는 이산화탄소 가스가 바람의 영향을 크게 받으므로 풍속(2 m/s) 이상이면 방풍장치가 필요하다.
㉡ 적용 재질은 철 계통으로 한정되어 있다.
㉢ 비드 외관은 피복 아크 용접이나 서브머지드 아크 용접에 비해 약간 거칠다는 점(솔리드 와이어) 등이다.

3. CO_2 가스 아크 용접 시 이산화탄소의 농도가 3~4%이면 일반적으로 인체에는 어떤 현상이 일어나는가?

① 두통, 뇌빈혈을 일으킨다.
② 위험상태가 된다.
③ 치사(致死)량이 된다.
④ 아무렇지도 않다.

해설 이산화탄소가 인체에 미치는 영향은 농도가 ㉠ 3~4% : 두통, 뇌빈혈 ㉡ 15% 이상 : 위험상태 ㉢ 30% 이상 : 극히 위험하다.

4. CO_2 가스 아크 용접에서 아크 전압이 높을 때 나타나는 현상으로 맞는 것은?

① 비드 폭이 넓어진다.
② 아크 길이가 짧아진다.
③ 비드 높이가 높아진다.
④ 용입이 깊어진다.

해설 • 아크 전압이 낮을 때
㉠ 볼록하고 좁은 비드를 형성한다.
㉡ 와이어가 녹지 않고 모재 바닥에 부딪치며 토치를 들고 일어나는 현상이 발생한다.
㉢ 아크가 집중되기 때문에 용입은 약간 깊어진다.
• 아크 전압이 전류에 비하여 높을 때
㉠ 비드 폭이 넓어지고 납작해지며 기포가 발생한다.
㉡ 아크가 길어지고 와이어가 빨리 녹아 비드 폭이 넓어지고 높이는 납작해지며, 용입은 약간 낮아진다.

5. 이산화탄소 아크 용접에서 일반적인 용접 작업(약 200A 미만)에서의 팁과 모재 간 거리는 몇 mm 정도가 가장 적당한가?

① 0~5   ② 10~15
③ 30~40 ④ 40~50

해설 이산화탄소 아크 용접에서 팁과 모재 간의 거리는 저전류(약 200A)에서는 10~15 mm 정도, 고전류 영역(약 200A 이상)에서는 15~25 mm 정도가 적당하며, 일반적으로 용접 작업에서의 거리는 10~15 mm 정도

정답 1. ② 2. ④ 3. ① 4. ① 5. ②

이고 눈으로 보는 실제 거리는 눈이 바로 보는 시각의 차이로 5~7mm 정도이다.

6. 탄산가스 아크 용접법 용접 장치에 대한 설명 중 틀린 것은?
① 용접용 전원은 직류 정전압 및 수하 특성이 사용된다.
② 와이어를 송급하는 장치는 사용 목적에 따라 푸시(push)식과 풀(pull)식 등이 있다.
③ 이산화탄소, 산소, 아르곤 등은 유량계가 붙은 조정기가 필요하다.
④ 와이어 릴이 필요하다.

[해설] ① 용접 장치는 자동, 반자동 장치의 2가지고 있고, 용접용 전원은 직류 정전압 특성이 사용된다.

7. CO_2-O_2 가스 아크 용접에서 용적 이행에 미치는 영향으로 적합하지 않은 것은?
① 핀치 효과
② 증발 추력
③ 모세관 현상
④ 표면장력

[해설] 용접 이행에 미치는 영향은 ①, ②, ④ 외에 중력, 전자기력, 플라스마 기류, 금속의 기화에 의한 반발력 등이 있다.

8. CO_2 가스 아크 용접에서의 기공과 피트의 발생 원인으로 맞지 않는 것은?
① 탄산가스가 공급되지 않는다.
② 노즐과 모재 사이의 거리가 작다.
③ 가스 노즐에 스패터가 부착되어 있다.
④ 모재의 오염, 녹, 페인트가 있다.

[해설] CO_2 가스 아크 용접에서 기공 및 피트의 발생 원인은 CO_2 가스 유량 부족과 공기 흡입, 바람에 의한 CO_2 가스 소멸, 노즐에 스패터가 다량 부착, 가스의 품질 저하, 용접 부위가 지저분하고 노즐과 모재 간 거리가 지나치게 길 때, 복합 와이어의 흡습, 솔리드 와이어 녹 발생 등이다.

9. CO_2 용접법에서 와이어 송급을 일정하게 하는데 통전이 되는 부품은?
① 송급 모터
② 콘택트 팁
③ 노즐
④ 송급 롤러

[해설] 코일(coil) 형상으로 감겨진 와이어(wire)가 와이어 송급 모터(wire feeding motor)에 의해 자동으로 송급되면서 용접 전원에서 콘택트 팁(contact tip)에 의해 통전되어 와이어 자체가 전극이 된다.

10. CO_2 용접기의 특성으로 적합한 것은?
① 수하 특성
② 부특성
③ 정전압 특성
④ 정전류 특성

[해설] CO_2 용접기는 일반적으로 직류 정전압 특성(DC constant voltage characteristic)이나 상승 특성(rising characteristic)의 용접 전원이 사용된다.

11. CO_2 용접의 장점 중 틀린 것은?
① 전류 밀도가 높아 용입이 낮고 용접 속도를 빠르게 할 수 있다.
② 용착 금속 중 수소량이 적으며, 내균열성 및 기계적 성질이 우수하다.
③ 단락 이행에 의하여 박판도 용접이 가능하며 전자세 용접이 가능하다.
④ 적용되는 재질이 철 계통으로 한정되어 있다.

[해설] CO_2 용접의 장점
㉠ 전류 밀도가 높아 용입이 깊고 용접 속도를 빠르게 할 수 있다.
㉡ 용착 금속 중 수소량이 적으며, 내균열성 및 기계적 성질이 우수하다.
㉢ 단락 이행에 의하여 박판도 용접이 가능하며 전자세 용접이 가능하다.

[정답] 6. ① 7. ③ 8. ② 9. ② 10. ③ 11. ①

ⓒ 아크 발생률이 높으며, 용접 비용이 싸기 때문에 경제적이다.
ⓓ 용제를 사용하지 않아 슬래그 혼입의 결함 발생이 없고, 용접 후의 처리가 간단하다.

12. CO_2 용접기를 설치할 때 맞지 않는 것은?

① 가연성 표면 위나 CO_2 용접기 주변에 다른 장비를 설치하지 않는다.
② 습기와 먼지가 적은 곳에 설치한다.
③ 벽이나 다른 장비로부터 30 cm 이상 떨어져 설치한다.
④ 주위 온도는 −10~70℃를 유지하여야 한다.

해설 주위 온도는 −10~40℃를 유지하여야 한다.

13. CO_2 용접기에 1차 입력 케이블과 접지선을 연결하는 내용으로 틀린 것은?

① 배전판과 용접기 직전의 전원 스위치를 차단한 후 "수리중"이라는 명패를 붙이고, 필요하면 배전판을 잠근다.
② 용접기 용량에 맞는 1차 케이블의 한쪽에 압착 단자를 고정시켜 용접기 후면의 입력 단자에 단단히 체결한다.
③ 반대 측을 2상 주 전원 스위치에 연결한다.
④ 접지선의 한쪽 끝을 용접기 케이스의 접지 단자에 연결한다(전기 배선 시 접지 공사가 안 된 경우는 한쪽 끝을 지면에(지면은 150 V) 접지시킨다(접지 공사는 제3종)).

해설 반대 측을 3상 주 전원 스위치에 연결한다.

14. CO_2 용접기 전면에 2차 출력 케이블을 연결하는 내용으로 틀린 것은?

① 용접기 전면의 단자 커버를 열고 케이블 하나는 양극(+)에, 다른 쪽은 음극(−)에 볼트, 너트로 단단히 연결하고 절연 테이프로 감는다.
② 2차 케이블 2개의 한쪽 끝에 압착 터미널로 단단히 고정한다.
③ 양극(+) 단자 케이블의 반대편을 와이어 송급 장치의 어댑터 단자에 정확히 연결한다.
④ 양극(+) 단자 케이블의 반대편을 작업대(모재)에 정확히 연결한다.

해설 음극(−) 단자 케이블의 반대편을 작업대(모재)에 정확히 연결한다.

15. CO_2 용접 장치의 구성 중 틀린 것은?

① CO_2 용접 장치의 주요 장치는 용접 전원, 제어 장치, 보호 가스 공급 장치, 토치, 냉각수 순환 장치 등으로 구성된다.
② 와이어 송급 방법에는 사용 목적에 따라 푸시(push)식, 풀(pull)식, 푸시−풀(push−pull)식 등으로 나눈다.
③ 부속 기구로 거리가 먼 곳에 용접 시 와이어 송급 장치를 용접 현장에 가까이 할 수 있는 원격 조절 장치(remote control box) 등은 필요 없다.
④ 부속 기구로 이산화탄소, 산소, 아르곤 등의 유량계가 장착된 조정기와, 유량계의 동결을 예방하기 위한 히터(heater) 등의 보호 가스 공급 장치 등이 있다.

해설 부속 기구로 거리가 먼 곳에 용접 시 와이어 송급 장치를 용접 현장에 가까이 할 수 있는 원격 조절 장치(remote control box) 등이 필요하다.

16. CO_2 아크 용접기의 아크 전압은 다음 식에 의하여 계산할 수 있다. 맞는 것은?

① 박판의 아크 전압 : $V_0 = 0.04 \times I + 25.5 \pm 1.5$
② 후판의 아크 전압 : $V_0 = 0.04 \times I + 20 \pm 2.0$
③ 후판의 아크 전압 : $V_0 = 0.04 \times I + 22 \pm 2.0$
④ 박판의 아크 전압 : $V_0 = 0.04 \times I + 15 \pm 1.5$

정답 12. ④ 13. ③ 14. ④ 15. ③ 16. ②

해설 ㉠ 후판의 아크 전압 : $V_0 = 0.04 \times I + 20 \pm 2.0$
㉡ 박판의 아크 전압 : $V_0 = 0.04 \times I + 15.5 \pm 1.5$

17. CO_2 아크 용접기에서 용접 전류(I)가 120A이면 후판의 아크 전압(V)은 어느 범위인가?
① 16~20V　　② 18~21V
③ 25~27V　　④ 30~34V

해설 후판, $V_0 = 0.04 \times I + 20 \pm 2.0$
$= 0.04 \times 120 + 20 \pm 2.0 = 24.8 \pm 2.0$
∴ 아크 전압은 25~27V 내에서 사용하면 적당하다.

18. CO_2 아크 용접기에서 교류를 직류로 정류할 때 발생하는 거친 파형의 직류 출력 전력을 평활한 출력 전력으로 조정하는 역할을 하는 부품은?
① 리액터　　② 제어 장치
③ 송급 장치　④ 용접 토치

해설 리액터(reacter) : 교류를 직류로 정류할 때 발생하는 거친 파형의 직류 출력 전력을 평활한 출력 전력으로 조정하는 역할을 한다.

19. CO_2 와이어 송급 롤러가 와이어를 끌어당길 때 최소한의 인장력을 유지하면서 와이어를 풀어주는 브레이크(brake) 역할을 하는 것은?
① 와이어 송급 모터 & 변속기
② 와이어 송급 롤러
③ 와이어 가이드 롤 및 컨트롤 레버
④ 와이어 릴 허브 및 축

해설 와이어 릴 허브 및 축(wire reel hub & shaft) : 와이어 릴을 설치할 수 있는 장소 제공 및 와이어 송급 롤러가 와이어를 끌어당길 때 최소한의 인장력을 유지하면서 와이어를 풀어주는 브레이크(brake) 역할을 한다.

20. CO_2의 유연한 토치 케이블을 통하여 공급되는 와이어, 가스, 전력을 토치 바디로 전달하는 장치로서 가공 규격이 정확하게 관리되어야 하는 부품은?
① 라이너　　　　② 전류
③ 어댑터 플러그　④ 토치 인슐레이터

해설 전류(current) : 유연한 토치 케이블을 통하여 공급되는 와이어, 가스, 전력을 토치 바디로 전달하는 장치로서 가공 규격이 정확하게 관리되어야 한다.

21. CO_2 용접 토치 부속 장치의 연결 순서로 맞는 것은?
① 노즐 → 팁 → 절연관 → 가스 디퓨져 → 토치 바디
② 노즐 → 팁 → 가스 디퓨져 → 절연관 → 토치 바디
③ 노즐 → 절연관 → 팁 → 가스 디퓨져 → 토치 바디
④ 팁 → 절연관 → 노즐 → 가스 디퓨져 → 토치 바디

해설 CO_2 용접 토치 부속 장치의 연결은 끝에서부터 노즐 → 팁 → 절연관 → 가스 디퓨져 → 토치 바디 순서이다.

22. CO_2 토치 부속 장치에 대한 설명 중 틀린 것은?
① 토치 바디는 토치가 흔들리지 않게 고정해 주는 역할을 한다.
② 가스 디퓨저의 가스 확산구에서 보호 가스가 노즐을 통해 모재까지 분사된다.
③ 일반적 팁은 40mm와 자동 용접 팁은 45mm로 나누어진다.

정답 17. ③　18. ①　19. ④　20. ②　21. ①　22. ③

④ CO_2 노즐은 350A로는 ∅16이 있으며 74~76mm가 있다.

[해설] 일반적 팁은 45mm와 자동 용접 팁은 40mm로 나누어진다.

23. CO_2 토치를 조립하는 것 중 틀린 것은?

① 노즐에 부착된 스패터를 제거하며 부착 방지를 위하여 노즐 클리너를 사용한다.
② 오리피스는 스패터의 내부 침입을 막아주고 가스 유량을 균일하게 한다.
③ 토치 케이블은 가능한 직선으로 펴서 사용하고 구부려 사용하면 R200 이상이 되도록 한다.
④ 와이어 직경에 적합한 팁을 끼운다.

[해설] 토치 케이블은 가능한 직선으로 펴서 사용하며 구부려 사용하면 와이어 송급이 일정하지 않으므로 부득이하게 구부려 사용할 경우는 반경이 R300 이상이 되도록 해야 한다.

24. CO_2 용접 토치에 대한 설명 중 틀린 것은?

① 스프링 라이너는 3주에 1회 압축공기를 이용하여 내부의 먼지를 깨끗이 제거해 주어야 한다.
② 스프링 라이너가 토치 케이블에서 돌출된 길이를 확인하여 3mm 정도 돌출하도록 한다.
③ 팁 구멍의 마모 상태를 확인한다.
④ 와이어 직경에 적합한 팁을 끼운다.

[해설] 스프링 라이너는 1주일에 1회 압축공기를 이용하여 내부의 먼지를 깨끗이 제거해 주어야 한다.

25. CO_2 용기의 종류는 어떤 용기인가?

① 용접 용기   ② 이음매 없는 용기
③ 납 붙임 용기   ④ 접합 용기

[해설] 이음매 없는 용기 : 압력이 높은 압축가스(산소, 수소, 아르곤, CO_2, 천연가스 등)를 저장하는 용기이다.

26. 50℃ 이하인 액화가스를 충전하기 위한 용기로 단열재로 피복하여 용기 내의 가스 온도가 상용의 온도를 초과하지 않는 용기인 것은?

① 이음매 없는 용기
② 용접 용기
③ 초저온 용기
④ 납 붙임 또는 접합 용기

[해설] 초저온 용기 : 50℃ 이하인 액화가스를 충전하기 위한 용기로 단열재로 피복하여 용기 내의 가스 온도가 상용의 온도를 초과하지 않는 용기로서 액화산소, 액화질소, 액화아르곤, 액화 천연가스 등을 충전하는데 사용된다.

27. 압축가스 용기에 35℃에서의 최고 충전 압력이 35Mpa이고 내용적이 40m³일 때 저장 능력(m³)은 얼마인가?

① 1440   ② 2880
③ 3980   ④ 36000

[해설] $Q = (P+1)V_1$
$= (35+1) \times 40 = 1440 m^3$

여기서, Q : 저장 능력(m^3)
P : 35℃에서의 최고 충전 압력(아세틸렌의 경우에는 15℃)(Mpa)
V_1 : 용기의 내용적(m^3)

28. CO_2 용기의 조정기에 대한 설명으로 틀린 것은?

① 압력 조정기, 히터, 유량계 및 가스 연결용 호스 등으로 구성된다.
② 가스 유량은 소전류 영역에서는 5~20L/min이 필요하다.

[정답] 23. ③   24. ①   25. ②   26. ③   27. ①   28. ②

③ 가스 유량은 대전류 영역에서는 15~20 L/min 이 필요하다.
④ CO_2 가스 압력은 용기 내부 압력으로부터 조정기를 통해 나오면서 배출 압력으로 낮아지고 이때 상당한 열을 주위로부터 흡수하여 조정기와 유량계가 얼어버린다.

[해설] CO_2 가스의 유량은 200 A 이하(소전류 영역)에서는 10~15 L/min, 200 A 이상(대전류 영역)에서는 15~20 L/min 정도가 적당하다.

29. 와이어 송급 장치의 특성 중 틀린 것은?
① 송급 장치는 와이어를 릴에서 뽑아 용접 토치 케이블을 통해 용접부까지 일정한 속도로 공급하는 장치이다.
② 송급 장치는 자유로운 속도로 나오는 것이 중요하다.
③ 송급 장치는 직류 전동기, 감속 장치, 송급 기구, 송급 제어 장치로 구성되어 있다.
④ 송급 방식은 푸시, 풀, 더블 푸시(푸시-풀) 방식이 있다.

[해설] 송급 장치는 정속도로 나오는 것이 중요하다.

30. 와이어 송급 장치에서 인칭(inching) 스위치의 역할로 맞는 것은?
① 불균일한 송급을 바로 잡아주는 역할을 한다.
② 본 용접에 앞서 와이어를 조금씩 내보내어 송급 장치의 작용을 확인한다.
③ 와이어 굵기에 따라 갈아 끼워야 한다.
④ 와이어가 정속도로 나오게 하는 장치이다.

[해설] 일반적으로 와이어 송급 장치에는 인칭 스위치가 있어 본 용접에 앞서 와이어를 조금씩 내보내어 송급 장치의 작용을 확인한다.

31. 와이어 송급 장치의 유의사항에 대한 설명으로 틀린 것은?

① 송급 장치의 압력에 의하여 순간적인 불균일 송급은 기공 생성 및 각종 용접 결함과 직결되므로 송급 장치의 조정에 많은 주의가 필요하다.
② 송급 장치는 우선 밸런스 롤러를 잘 조정하여 와이어가 곧게 나오는지를 확인한 후 이송 롤러의 압력을 조정하고 토치의 케이블을 곧게 한 상태에서 작업을 하도록 한다.
③ 마찰에 의한 이송 저항을 예방할 필요가 없으며, 롤러는 한 달에 한 번 청소하여 이물질이 라이너 속으로 들어가지 못하도록 한다.
④ 물리적인 방법으로는 U(연질 와이어) 홈을 V(경질 와이어) 홈으로 가공하여 사용하는 것이 좋은 방법이나, 송급 롤러를 널링(knurling)하여 사용하는 것도 좋은 방법이 될 수 있다.

[해설] 마찰에 의한 이송 저항을 예방할 필요가 있으며, 롤러는 상시 청소하여 이물질이 라이너 속으로 들어가지 못하도록 한다.

32. CO_2 와이어 돌출 길이의 설명 중 틀린 것은?
① 와이어 송급 속도는 일정하기 때문에 와이어 돌출 길이를 길게 하면 용접 전류는 커진다.
② 아크 길이가 약간 길어지면 아크 안정성이 나쁘고 스패터의 발생이 증가한다.
③ 아크 길이가 약간 길어지면 비드 외관도 나쁘게 되고 용입도 감소한다.
④ 아크 길이가 약간 길어지면 가스의 보호 효과도 나쁘게 되어 기공 등의 결함이 생긴다.

[해설] 와이어 송급 속도는 일정하기 때문에 와이어 돌출 길이를 길게 하면 용접 전류는 감소한다.

33. CO_2 와이어 돌출 길이를 짧게 하면 발생하는 현상으로 틀린 것은?

① 아크 길이가 조금 길어진다.
② 용접 전류가 증가한다.
③ 와이어가 용융지 속으로 돌입한다.
④ 아크가 불안정하게 된다.

해설 아크 길이가 조금 짧게 되어 용접 전류가 증가한다.

34. CO_2 와이어 돌출 길이에 대한 일반적인 설명으로 틀린 것은?

① 와이어 돌출 길이는 와이어경의 약 20배 정도라고 알려져 있다.
② 와이어 돌출 길이는 와이어경의 약 10배 정도라고 알려져 있다.
③ 와이어 돌출 길이는 저전류 영역 200A 미만에서는 10~15mm 정도이다.
④ 와이어 돌출 길이는 고전류 영역 200A 이상에서는 15~25mm 정도이다.

해설 와이어 돌출 길이는 일반적으로 와이어경의 약 10배 정도라고 알려져 있다.

35. CO_2 와이어 직경에 따른 설명으로 틀린 것은?

① 같은 전류에서 와이어 직경이 커지면 용입이 깊어진다.
② 같은 전류에서 와이어 직경이 작아지면 와이어의 용착 속도가 증가한다.
③ 같은 전류에서 와이어 직경이 작아지면 용접 속도에도 영향을 준다.
④ 수직과 위보기 용접에서는 직경이 작은 것이 효과적이다.

해설 같은 전류에서 와이어 직경이 작아지면 용입이 깊어지고, 와이어의 용착 속도가 증가하므로 용접 속도에 영향을 준다. 수직과 위보기 용접에서는 직경이 작은 것이 효과적이며, 표면 덧살 용접 같은 곳에는 직경이 큰 것이 좋다.

36. CO_2 용접 시 박판, 중판, 후판의 용접에 사용되는 적정한 와이어의 직경(mm)이 아닌 것은?

① 박판 : 0.5~0.89
② 중판 : 0.9~3.2
③ 중판 : 1.2~1.6
④ 후판 : 3.2

해설 중판에서 와이어의 직경은 1.2~1.6mm 이다.

37. CO_2 와이어 송급 속도에 관한 설명 중 틀린 것은?

① 변수가 일정한 경우는 와이어 송급 속도가 증가하면 용접 전류도 증가한다.
② 용접 전류는 와이어의 송급 속도가 증가함에 따라 제곱근 함수적으로 증가한다.
③ 콘택트 팁과 모재 간 거리가 증가하면 용접 전류도 증가된다.
④ 콘택트 팁과 모재 간 거리가 증가하면 와이어 돌출 길이가 길어진다.

해설 콘택트 팁과 모재 간 거리가 증가하면 용접 전류는 감소한다.

38. CO_2 용접의 일상 점검이 아닌 것은?

① 특이한 진동이나 타는 냄새의 유무를 확인하고 단선 여부 등을 점검한다.
② 전원 내부의 송풍기가 회전할 때 발생하는 소음을 확인하고 점검한다.
③ 케이블의 접속 부분에 피복이 벗겨진 부분이 없는지 확인하고 테이프를 이용하여 절연한다.
④ 접지선이 전원 케이스에 완전히 접지되었는지를 점검한다.

해설 ④는 3~6개월 점검 내용 중 하나이다.

39. CO_2 용접에서 3~6개월 점검사항이 아닌 것은?

정답 34. ① 35. ① 36. ② 37. ③ 38. ④ 39. ④

① 전원의 입력 측, 출력 측 용접 케이블 접속 부분의 절연 테이프 해체 상태, 접촉의 불량, 절연 상태를 점검한다.
② 정류기 냉각팬 및 변압기 권선 간에 먼지가 쌓이면 방열 효과가 저하되므로 측면 및 상면을 열어 압축공기를 이용하여 먼지를 깨끗이 제거한다.
③ 송급 장치의 롤러 마모 상태, 라이너 속의 이물질, 토치 스위치 작동 상태를 점검한다.
④ 제어 컨트롤 PCB의 제어 릴레이 손상 및 부품의 열화 상태를 확인 후 교체 및 수리한다.

해설 ④는 연간 점검 내용이다.

40. CO_2 용접기 고장 원인 파악 전 주의사항 중 틀린 것은?

① 특별한 경우를 제외하고 조정 부분은 임의로 조작하지 않는다.
② 사용 직후 내부 점검의 경우 전원 콘덴서가 충전되어 있는 경우가 있어 전원 차단 후 약 10~30분 후에 커버를 제거하고 점검한다.
③ 프린트 기판의 커넥터 부분은 불순물이 묻지 않도록 하고 불순물의 침투로 접촉이 불량할 때에는 깨끗한 면에 알코올을 묻혀 가볍게 닦는다.
④ 용접기 내부 점검 전에 1차 측 전원 개폐기의 OFF 상태를 반드시 확인해야 한다.

해설 사용 직후 내부 점검의 경우 전원 콘덴서가 충전되어 있는 경우가 있어 전원 차단 후 약 5~10분 후에 커버를 제거하고 점검한다.

41. CO_2 용접의 전류와 전압의 특성 중 틀린 것은?

① 전류가 높으면 용접봉이 빨리 녹고, 용융풀도 커지며 불규칙하게 된다.
② 용접 전류가 너무 낮으면 모재를 충분히 용융시켜주지 못하고 용융풀도 작게 되는 현상이 발생한다.
③ 용입이 충분하지 않거나 비드 모양이 볼록하게 형성될 때에는 전압을 내려 작업한다.
④ 전압을 너무 높여 용접 작업을 할 경우 기공이 발생할 수 있고 전류와 전압의 비율은 10 : 1 정도이다.

해설 용입이 충분하지 않거나 비드 모양이 볼록하게 형성될 때에는 전압을 올려 작업한다.

42. CO_2 용접에서 아크를 발생하는 방법이 아닌 것은?

① 토치를 잡고 모재 위를 겨냥하여 진행각을 90°로 유지한다.
② 토치를 잡고 모재 위를 겨냥하여 작업각을 90°로 유지한다.
③ 와이어 돌출 길이는 10~15mm가 되도록 유지한다.
④ 토치에 있는 스위치를 누르면 용접 전류의 통전에 의해 아크가 발생되며, 스위치를 놓으면 소멸된다.

해설 토치를 잡고 모재 위를 겨냥하여 작업각을 90°, 진행각은 75~80°로 유지한다.

43. CO_2 아크가 발생되지 않는 고장 원인에 따른 보수 및 정비 방법이 아닌 것은?

① 용접기 전원 스위치가 OFF되어 ON(접속)한다.
② 토치 또는 모재 측 케이블 불량, 단선이 됐을 때 전선을 연결한다.
③ 이상 표시등에 불이 켜져 있으면 기기의 이상 유무를 확인하기 전에 전원 스위치를 OFF하였다가 다시 ON시킨다.
④ PCB 접촉 불량일 때에는 PCB를 교체한다.

해설 이상 표시등에 불이 켜져 있으면 기기의 이상 유무를 확인하고 점검한다.

정답 40. ②　41. ③　42. ①　43. ③

44. CO_2 가스가 계속 방류되는 원인으로 틀린 것은?

① 용접기의 가스 점검으로 스위치가 선택되었다.
② 가스 전자 밸브에 이상이 있다.
③ 전원 케이블이 단선되었다.
④ PCB 기판에 이상이 있다.

해설 CO_2 가스가 계속 방류되는 원인과 보수

원인	보수 및 정비 방법
가스 점검(시험, 가스 조정)으로 스위치가 선택되었다.	가스 점검을 용접으로 전환한다.
가스 전자 밸브에 이상이 있다.	가스 전자 밸브를 교환한다.
PCB 기판에 이상이 있다.	용접기 전원, PCB를 점검 및 교체한다.

45. 가스가 나오지 않거나 불량한 원인으로 틀린 것은?

① 용접기 전원 또는 메인 스위치가 OFF되어 있다.
② 압력 용기에 가스가 없거나 밸브가 닫혀 있다.
③ CO_2 조정기의 가열기가 너무 높게 되어 있다.
④ 가스 호스가 터지거나 막혀 있다.

해설 CO_2 조정기의 가열기(heater)가 결빙되어 있는 것이 원인이다.

46. CO_2 용접에서 일반적으로 허용되지 않는 풍속은 얼마 이상일 때 방풍막으로 바람을 차단하여야 하는가? (단, 단위는 m/s이다.)

① 2.0 ② 1.5
③ 1.0 ④ 0.8

해설 풍속이 2 m/s 이상일 때에는 방풍막으로 바람을 차단하여 용접을 해야 한다.

47. 다음 이산화탄소 중독 증상 중 틀린 것은? (단, 공기 중 농도)

① 2.5 : 몇 시간 흡입해도 장애 없음
② 3.0 : 무의식 중에 호흡수가 늘어남
③ 6.0 : 국부적인 자각 증상 나타남
④ 8.0 : 호흡 곤란

해설 이산화탄소 중독 증상

공기 중 농도(%)	증상
2.5	몇 시간 흡입해도 장애 없음
3.0	무의식 중에 호흡수가 늘어남
4.0	국부적인 자각 증상이 나타남
6.0	호흡량 증가
8.0	호흡 곤란
10.0	의식불명으로 사망에 이름
20.0	수 초 내 마비 상태가 되어 심장이 멈춤

48. CO_2 가스 취급 시 유의사항으로 틀린 것은?

① 용기 밸브를 열 때에는 반드시 압력계의 정면에 서서 용기 밸브를 연다.
② 용기 밸브를 열기 전에 조정 핸들을 반드시 되돌려 놓아 주어 가스가 급격히 흘러 들어가지 않도록 한다.
③ 사고 발생 즉시 밸브를 잠가 가스 누출을 막을 수 있도록 밸브를 잠그는 핸들과 공구를 항상 주위에 준비한다.
④ 고압가스 저장 또는 취급 장소에서 화기를 사용해서는 안 된다.

해설 용기 밸브를 열 때에는 반드시 압력계의 정면을 피해 서서히 용기 밸브를 연다(용기 밸브를 급속히 여는 것은 압력계 폭발 사고의 원인이 되어 매우 위험하므로 절대 급속히 개방하는 일이 없도록 한다).

정답 44. ③ 45. ③ 46. ① 47. ③ 48. ①

1-4 플럭스 코어드 아크 용접

(1) 플럭스 코어드 아크 용접(FCAW : Flux Cored Arc Welding)의 원리

플럭스 코어드 용접은 탄산가스 아크 용접에서 솔리드 와이어를 사용하면 스패터 발생이 많고 작업성과 용접 품질이 떨어지므로 단점을 보완해주는 아크 용접이다. 플럭스 코어드 아크 용접은 전자세 용접이 가능하고 탄소강과 합금강의 중, 후판의 용접에 가장 많이 사용되며, 용착 속도와 용접 속도가 상당히 크다.

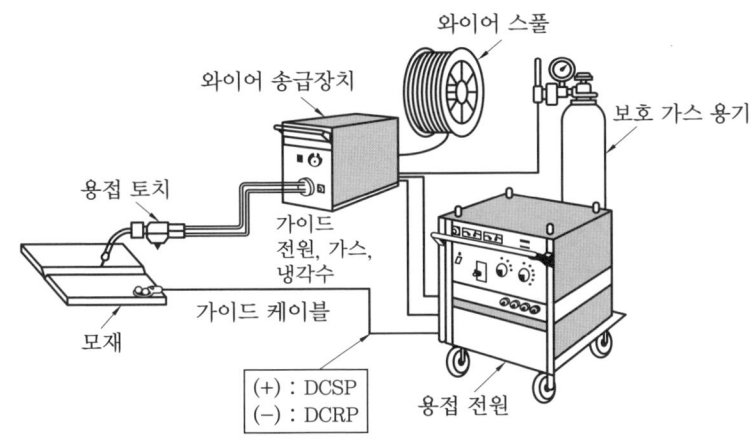

FCAW 장비와 GMAW의 과정

① 전류 밀도가 높아 필릿 용접에서는 솔리드 와이어에 비해 10% 이상 용착 속도가 빠르고 수직이나 위보기 자세에서는 탁월한 성능을 보인다.
② 일부 금속에 제한적(연강, 합금강, 내열강, 스테인리스강 등)으로 적용되고 있다.
③ 용접 중에 흄의 발생이 많고, 복합 와이어는 가격이 같은 재료의 와이어보다 비싸다.

(2) 종류

① 가스 보호 플럭스 코어드 아크 용접(gas shielded flux cored arc welding)
　㈎ 탄산가스 또는 혼합 가스를 플럭스 코어드 와이어와 함께 동시에 사용하는 용접 방식으로 이중(플럭스와 가스 보호)으로 보호한다는 의미로서 듀얼 보호(dual shield) 용접이라고도 한다.
　㈏ 전자세 용접을 할 수 있는 방법이 개발되어 3.2mm 정도의 박판까지도 용접이 가능하다.
　㈐ 용입 및 용착 효율이 다른 용접 방식에 비해 현저하게 높아 인건비를 절감할 수 있어 자동화에 맞추어 수요가 점차 증가하고 있다.

㉣ 용접의 큰 단점인 스패터 및 흄 가스의 발생으로 인한 용접 결함을 보완할 수 있는 데 의의가 있다.

㈐ 장점

㉮ 용착 속도가 빠르며 전자세 용접이 가능하다.

㉯ 모든 연강, 저합금강 등의 용접이 가능하다.

㉰ 용입이 깊기 때문에 맞대기 용접에서 면취 개선 각도를 최소 한도로 줄일 수 있고, 용접봉의 소모량과 용접 시간을 현저하게 줄일 수 있다.

㉱ 용접성이 양호하며 사용하기 쉽고, 스패터가 적으며, 슬래그 제거가 빠르고 용이하다.

㉲ 다른 용접에 비해 이중 보호로 인하여 용착 금속의 대기 오염 방지를 효과적으로 할 수 있다.

㉳ 용착 금속은 균일한 화학 조성 분포를 가지며, 모재 자체보다 양호하게 균일한 분포를 갖는 경우도 있다.

② 자체 보호 플럭스 코어드 아크 용접(self shielded flux cored arc welding)

㈎ 혼합 가스(예 : 75% Ar과 25% CO_2)를 사용할 때 언더컷이 축소되고, 모재 결합부 가장자리를 따라 균일한 용융이 일어나는 웨팅 작용(wetting action : 오버랩이 아닌 비드 끝 부분을 계속 적시는 것)이 증가하고, 아크가 안정되며 스패터가 감소된다.

㈏ 플럭스 코어드 와이어에는 탈산제와 탈질제(denitrify)로 알루미늄을 함유하고 있어 용접 금속 중에 알루미늄이 포함되면 연성과 저온 충격강도를 저하시키므로 덜 중요한 용접에만 일반적으로 사용한다.

㈐ 장점

㉮ 사용이 간편하고 적용성이 크며, 용접부 품질이 균일하다.

㉯ 용접 작업자가 용융지를 볼 수 있고 용융 금속을 정확하게 조정할 수 있다.

㉰ 전자세 용접이 가능하고 옥외의 바람이 부는 곳에도 용접이 가능하다.

㉱ 용접 토치가 가볍고 조작이 쉬우므로 용접 중 용접사의 피로도가 최소로 되어 작업 능률이 향상된다.

㉲ 높은 전류를 사용하기 때문에 용착 속도와 용접 속도가 증가하여 용접 비용이 절감된다.

(3) 용접봉 속의 플럭스 작용

① 용접봉 속에 플럭스 양은 전체 무게의 15~20% 정도로 되어 있고 탈산제 역할과 용접 금속을 깨끗이 한다.

② 용접 금속이 응고하는 동안에 용접 금속 위에 슬래그를 형성하여 보호한다.
③ 아크를 안정시키고 스패터를 감소시키며 용접 중 플럭스가 연소하여 보호 가스를 형성한다.
④ 합금 원소의 첨가로 강도를 증가시키나 연성과 저온 충격강도를 감소시킨다.
⑤ 플럭스 안에는 불화칼슘, 불화바륨 등의 불화물, 탄산칼슘 등의 탄산염, 마그네슘 등의 저비점 금속 및 각종 산화물 등이 충전되어 아크열에 분해하거나 또는 슬래그화 하고, 용융 전극이나 용융지를 대기에서 보호한다.
⑥ 공기 중에서 침입하는 산소나 질소에 의한 기공(blow hole)이나 인성의 저하 등 용접 금속에 악영향을 막기 위해 알루미늄, 티탄 및 니켈 등이 사용된다.

(4) 특징

① 야외에서 용접할 때 풍속 10 m/s 정도까지는 바람에 의한 영향이 적으므로 풍속 15 m/s까지 적용이 가능하여 현장 용접에 적합하다.
② 보호 가스나 플럭스를 사용하지 않기 때문에 용접기와 와이어를 준비하면 좋고, 용접 준비가 간단하다.
③ 피복 아크 용접에 비해 아크 타임률이 향상되고, 와이어 돌출부가 줄열 가열에서 용착 속도가 빨라지며 피복 아크 용접의 1.5～3배 능률 향상을 기대할 수 있다.
④ 가스 보호 플럭스 코어드 용접에서는 돌출 길이가 최소 길이 12～19 mm 범위이고, 최대는 39 mm 정도로, 돌출 길이가 너무 길면 스패터, 불규칙한 아크 현상, 약간의 보호 가스 손실을 가져오며, 반대로 짧으면 노즐과 전류 접촉 팁에 스패터가 빨리 쌓이게 되어 가스의 흐름에 영향을 미치게 한다.
⑤ 용입이 약간 얕으며, 내균열성은 비교적 양호하고, 미세 와이어에서는 반자동 가스 보호 아크 용접과 같이 전체의 용접이 가능하다.
⑥ 용접 시에 용접 흄 발생량이 많고 실내 용접이나 좁은 곳에서의 용접에서는 용접 흄 배기 대책을 요구한다.
⑦ 건전한 용접 금속을 얻기 위해서는 아크 길이 제어가 우수한 용접기가 필요하고, 와이어에 적합하면서도 정확한 용접 전류, 전압, 속도, 운봉법 및 와이어 돌출 길이의 관리가 필요하다.

1-5 플라스마 아크 용접

플라스마 제트 용접 장면

(1) 플라스마 제트 용접(plasma jet welding)

파일럿 아크 스타팅(pilot arc starting) 장치로 기체를 가열하여 온도를 높여 주면 기체 원자가 열운동에 의해 양이온과 전자로 전리되어 충분히 이온화되면서 전류가 통할 수 있는 혼합된 도전성을 띤 가스체를 플라스마(plasma)라고 한다. 약 10000℃ 이상의 고온에 플라스마를 적당한 방법으로 한 방향으로 소구경 노즐(컨스트릭팅 노즐 : constricting nozzle(구속 노즐))에 고속으로 분출시키는 것을 플라스마 제트라 부르고 각종 금속의 용접, 절단 등의 열원으로 이용하며 용사에도 사용한다. 이 플라스마 제트를 용접 열원으로 하는 용접법을 플라스마 제트 용접이라 한다.

(2) 용접법의 특징

① 용접 전원으로는 수하 특성의 직류가 사용된다.
② 일반적인 유량은 1.5~15L/min으로 제한한다.

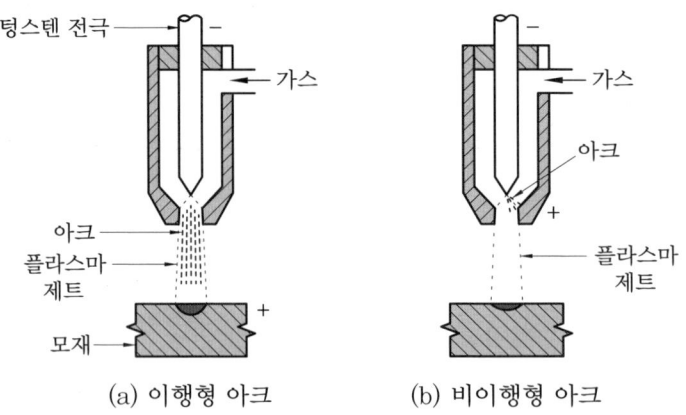

플라스마 아크의 종류

③ 이행형 아크는 플라스마 아크 방식으로 전극과 모재 사이에서 아크를 발생시키고, 핀치 효과를 일으키며 냉각에는 Ar 또는 Ar-H의 혼합 가스를 사용한다. 열 효율이 높고 모재가 도전성 물질이어야 한다.
④ 비이행형 아크는 플라스마 제트 방식으로 아크의 안정도가 양호하며 토치를 모재에서 멀리하여도 아크에 영향이 없고 또 비전도성 물질의 용용이 가능하나 효율이 낮다.
⑤ 중간형 아크는 반이행형 아크 방식으로 이행형 아크와 비이행형 아크 방식을 병용한 방식이며, 파일럿 아크는 용접 중 계속적으로 통전되어 전력 손실이 발생한다.

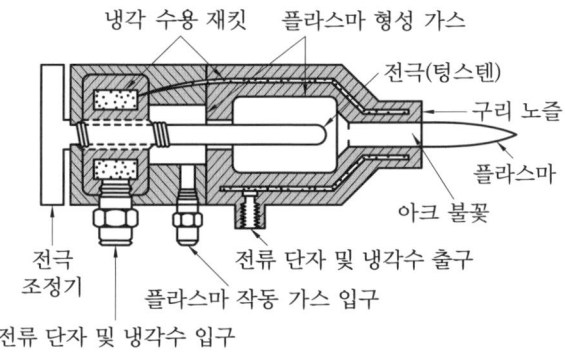

플라스마 제트 토치의 단면

⑥ 아크는 노즐 및 플라스마 가스의 열적 핀치력에 의해 좁아진다(플라스마 아크의 넓어짐은 작고 TIG 아크의 약 1/4 정도에서 전류 밀도가 현저하게 높아진 아크가 된다).
⑦ 아크가 좁아지는 플라스마 아크의 전압은 대·중전류역에서 TIG 아크에 비해 높지만 소전류역에서는 반대로 낮아지고, 예를 들어 TIG 아크는 20 A 이하가 되면 현저한 부 특성을 나타내지만, 플라스마 아크는 파일럿 아크 등의 작용으로 아크 소전류로 되어도 전압의 상승은 적어 아크가 안정하게 유지된다.

(3) 장점과 단점
① 장점
  ㈎ 플라스마 제트는 에너지 밀도가 크고, 안정도가 높으며 보유 열량이 크다.
  ㈏ 비드 폭이 좁고 용입이 깊다.
  ㈐ 용접 속도가 빠르고 용접 변형이 적다.
  ㈑ 아크의 방향성과 집중성이 좋다.
② 단점
  ㈎ 용접 속도가 크게 되면 가스의 보호가 불충분하다.
  ㈏ 보호 가스를 2중으로 필요로 하므로 토치의 구조가 복잡하다.

㈐ 일반 아크 용접기에 비하여 높은 무부하 전압(약 2~5배)이 필요하다.
㈑ 맞대기 용접에서는 모재 두께가 25 mm 이하로 제한되며, 자동에서는 아래보기와 수평자세에 제한하고 수동에서는 전자세 용접이 가능하다.

(4) 플라스마의 전류 파형·극성으로 분류

① 직류 정극성 플라스마 용접 : 일반적인 플라스마 용접법으로 용접 전류 20A 정도를 경계로 하여 소전류, 중, 대전류로 나눈다.
  ㈎ 중, 대전류 플라스마 용접에서는 플라스마 아크가 발생하면 파일럿 아크가 정지한다.
  ㈏ 소전류 플라스마 용접에서는 아크를 안전하게 유지하기 때문에 플라스마 아크가 발생해도 파일럿 아크는 그대로 유지된다.
② 직류 역극성 플라스마 용접 : 텅스텐 대신에 수랭 동전극을 쓰고 봉 플러스(EP)의 극성으로 행하는 방법이며, 클리닝 폭 제어를 목적으로 보호 가스에 극히 미량의 산소를 첨가한다.
③ 펄스 플라스마 용접 : TIG 용접 등과 같이 일정 주기로 용접 전류의 증감을 반복하면서 용접하는 방식으로 피크(최대치) 전류 범위에서 모재를 용융하고, 베이스 전류 범위에서 용융 금속의 냉각, 응고를 행한다.
④ 핫 와이어 플라스마 용접 : 용가재의 용융 속도 향상을 목적으로서, 통전 가열한 용가재(wire)를 첨가하는 방법이며 통전 가열하지 않은(cold wire) 경우의 2~3배의 용착량이 얻어진다.
⑤ 교류 플라스마 용접 : 알루미늄 등의 키 홀(key hole) 용접을 목적으로 개발된 방법으로 봉 플러스(EP) 범위에서 클리닝 작용과 봉 마이너스(EN) 범위에서 심 용입의 양방을 활용한다. 비교적 새로운 플라스마 용접법이다.

(5) 용접기기 및 장치

① 플라스마 용접 장치 : 직류 전원, 제어 장치(고주파 전압 발생 회로, 시퀀스 제어 회로, 플라스마 및 보호 가스 제어 회로), 용접 토치, 용가재 송급장치, 출력 전류 등의 조정기, 자기 주위 조작 상자, 냉각수 순환 장치 등으로 구성되어 있다.
② TIG 용접 전원 등과 같이 수하 특성, 정전류 특성이지만, 정격 부하 전압은 높고 TIG 용접 전원의 1.5~2배로 되어 있다.

|예|상|문|제|

1. 다음은 플럭스 코어드 아크 용접에 대한 설명이다. 틀린 것은?

① 전자세의 용접이 가능하고 탄소강과 합금강의 용접에 가장 많이 사용된다.
② 전류 밀도가 낮아 용착 속도가 빠르며 위보기 자세에는 탁월한 성능을 보인다.
③ 일부 금속에 제한적(연강, 합금강, 내열강, 스테인리스강 등)으로 적용되고 있다.
④ 용접 중에 흄의 발생이 많고 복합 와이어는 가격이 같은 재료의 와이어보다 비싸다.

해설 ② 전류 밀도가 높아 필릿 용접에서는 솔리드 와이어에 비해 10% 이상 용착 속도가 빠르고 수직이나 위보기 자세에서는 탁월한 성능을 보인다.

2. 가스 보호 플럭스 코어드 아크 용접의 특징 중 틀린 것은?

① 이중으로 보호한다는 의미로 듀얼 보호(dual shield) 용접이라고도 한다.
② 전자세 용접을 할 수 있는 방법이 개발되어 3.2 mm 정도의 박판까지도 용접이 가능하다.
③ 용입 및 용착 효율이 다른 용접 방식에 비해 현저하게 높아 인건비를 절감할 수 있어 자동화에 맞추어 수요가 점차 증가하고 있다.
④ 용접의 큰 단점인 스패터 및 흄 가스의 발생으로 인한 용접 결함이 발생할 수 있다.

해설 ④ 용접의 큰 단점인 스패터 및 흄 가스의 발생으로 인한 용접 결함을 보완할 수 있는데 의의가 있다.

3. 가스 보호 플럭스 코어드 아크 용접의 장점 중 틀린 것은?

① 용착 속도가 빠르며 전자세 용접이 불가능하다.
② 용입이 깊기 때문에 맞대기 용접에서 면취 개선 각도를 최소 한도로 줄일 수 있고, 용접봉의 소모량과 용접 시간을 현저하게 줄일 수 있다.
③ 용접성이 양호하며 사용하기 쉽고, 스패터가 적으며, 슬래그 제거가 빠르고 용이하다.
④ 용착 금속은 균일한 화학 조성 분포를 가지며, 모재 자체보다 양호하게 균일한 분포를 갖는 경우도 있다

해설 ① 용착 속도가 빠르며 전자세 용접이 가능하다.

4. 자체 보호 플럭스 코어드 아크 용접의 특징 중 틀린 것은?

① 혼합 가스(예 : 75% Ar과 25% CO_2)를 사용할 때 언더컷이 축소되고, 모재 결합부 가장자리를 따라 균일한 용융이 일어나는 웨팅 작용(wetting action)이 증가하고, 아크가 안정되며 스패터가 감소된다.
② 플럭스 코어드 와이어에는 탈산제와 탈질제(denitrify)로 알루미늄을 함유하고 있어 용접 금속 중에 알루미늄이 포함되면 연성과 저온 충격강도를 저하시키므로 덜 중요한 용접에만 일반적으로 사용한다.
③ 사용이 간편하지 않고 적용성이 작으나, 용접부 품질이 균일하다.
④ 용접 작업자가 용융지를 볼 수 있고 용융 금속을 정확하게 조정할 수 있다.

해설 ③ 사용이 간편하고 적용성이 크며, 용접부 품질이 균일하다.

정답 1. ② 2. ④ 3. ① 4. ③

5. 플럭스 코어드 아크 용접의 특징으로 틀린 것은?

① 야외에서 용접할 때 풍속 10m/s 정도까지는 바람에 의한 영향이 적으므로 풍속 15m/s까지 적용이 가능하여 현장 용접에 적합하다.
② 보호 가스나 플럭스를 사용하지 않기 때문에 용접기와 와이어를 준비하면 좋고, 용접 준비가 간단하다.
③ 피복 아크 용접에 비해 아크 타임률이 향상되고, 와이어 돌출부가 줄열 가열에서 용착 속도가 빨라지며 피복 아크 용접의 1.5~3배 능률 향상을 기대할 수 있다.
④ 용입이 약간 깊고, 내균열성은 비교적 양호하며, 미세 와이어에서는 반자동 가스 보호 아크 용접과 같이 전체의 용접이 가능하다.

해설 ④ 용입이 약간 얕으며, 내균열성은 비교적 양호하고, 미세 와이어에서는 반자동 가스 보호 아크 용접과 같이 전체의 용접이 가능하다.

6. 플라스마의 원리 중 틀린 것은?

① 파일럿 아크 스타팅 장치로 기체를 가열하여 온도를 높여 주면 전류가 통할 수 있는 도전성을 가진 가스체를 플라스마라 한다.
② 약 10000℃ 이상의 고온에 소구경 노즐에 고속으로 분출시키는 것을 플라스마 제트라고 한다.
③ 플라스마 제트는 각종 금속의 용접, 절단에 사용된다.
④ TIG에 비해 전류 밀도가 현저히 낮아진다.

해설 ④ 아크는 노즐 및 플라스마 가스의 열적 핀치력에 의해 좁아진다(플라스마 아크의 넓어짐은 작고 TIG 아크의 약 1/4 정도에서 전류 밀도가 현저하게 높아진 아크가 된다).

7. 플라스마 용접법의 특징 중 틀린 것은?

① 이행형 아크는 전극과 모재 사이에서 아크를 발생시키고, 핀치 효과를 일으키며 혼합 가스를 사용하여 열 효율이 높고 모재가 도전성 물질이어야 한다.
② 이행형 아크는 플라스마 아크 방식으로 혼합 가스를 사용하여 열 효율을 낮게 하므로 경제적이다.
③ 비이행형 아크는 플라스마 제트 방식으로 아크의 안정도가 양호하며 토치를 모재에서 멀리하여도 아크에 영향이 없고 또 비전도성 물질의 용융이 가능하나 효율이 낮다.
④ 일반적인 유량을 1.5~15L/min으로 제한한다.

해설 ② 이행형 아크는 플라스마 아크 방식으로 전극과 모재 사이에서 아크를 발생시키고, 핀치 효과를 일으키며 냉각에는 Ar 또는 Ar-H의 혼합 가스를 사용한다. 열 효율이 높고 모재가 도전성 물질이어야 한다.

8. 플라스마 용접 장치의 특징 중 틀린 것은?

① 중간형 아크는 반이행형 아크 방식으로 이행형 아크와 비이행형 아크 방식을 병용한 방식이며, 파일럿 아크는 용접 중 계속적으로 통전되어 전력 손실이 발생한다.
② 아크는 노즐 및 플라스마 가스의 열적 핀치력에 의해 좁아진다.
③ 플라스마 아크의 넓어짐은 작고 TIG 아크의 약 1/4 정도에서 전류 밀도가 현저하게 높아진 아크가 된다.
④ 아크가 좁아지는 플라스마 아크의 전압은 대·중전류역에서 TIG 아크에 비해 낮지만 소전류역에서는 반대로 높아진다.

해설 ④ 아크가 좁아지는 플라스마 아크의 전압은 대·중전류역에서 TIG 아크에 비해 높지

정답 5. ④ 6. ④ 7. ② 8. ④

만 소전류역에서는 반대로 낮아진다.

9. 플라스마 아크 용접법의 장단점 중 틀린 것은?
① 플라스마 제트는 에너지 밀도가 크고, 안정도가 높으며 보유 열량이 크다.
② 비드 폭이 좁고 용입이 깊고 용접 속도가 빠르며 용접 변형이 적다.
③ 용접 속도가 크게 되면 가스의 보호가 불충분하다.
④ 일반 아크 용접기에 비하여 높은 무부하 전압(약 1~2배)이 필요하다.

[해설] ④ 일반 아크 용접기에 비하여 높은 무부하 전압(약 2~5배)이 필요하다.

10. 플라스마의 전류 파형과 극성으로 분류한 것 중 틀린 것은?
① 직류 정극성 플라스마 용접
② 직류 역극성 플라스마 용접
③ 펄스 플라스마 용접
④ 콜드 와이어 플라스마 용접

[해설] 플라스마의 전류 파형·극성으로서의 분류에는 직류 정극성 플라스마 용접, 직류 역극성 플라스마 용접, 펄스 플라스마 용접, 핫 와이어 플라스마 용접, 교류 플라스마 용접, 플라스마 TIG 하이브리드(hybrid) 용접법, 플라스마 MIG 하이브리드 용접법 등이 있다.

정답 9. ④ 10. ④

1-6 일렉트로 슬래그 용접, 테르밋 용접

(1) 일렉트로 슬래그 용접(electro-slag welding)

① 원리 : 일렉트로 슬래그 용접은 용융 용접의 일종으로서 아크열이 아닌 와이어와 용융 슬래그 사이에 통전된 전류의 저항열을 이용하여 용접을 하는 방법이다. 용융 슬래그와 용융 금속이 용접부에서 흘러나오지 않도록 모재의 용접부 양쪽에 수랭된 동판을 붙여 미끄러 올리면서 용융 슬래그 속에 와이어를 연속적으로 공급하여 용융 슬래그 안에서 흐르는 전류의 저항 발열로서 와이어와 모재가 용융되어 용접되는 연속 주조식 단층 수직 상진 용접법이라고 한다.

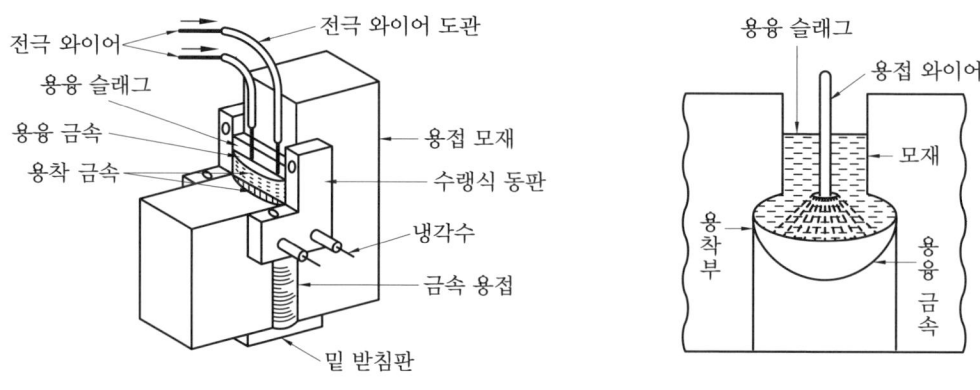

일렉트로 슬래그 용접의 원리

② 특징
  (가) 와이어가 하나인 경우는 판 두께 120 mm, 와이어를 2개 사용하면 100~250 mm, 와이어를 3개 이상 사용하면 250 mm 두께 이상의 용접에도 적당하다(전극 와이어의 지름은 보통 2.4~3.2 mm 정도이다).
  (나) 용접 홈 가공을 하지 않은 상태로 수직 용접 시 서브머지드 아크 용접에 비하여 준비 시간, 본 용접 시간, 본 경비, 용접 공수 등을 $\frac{1}{3} \sim \frac{1}{5}$로 감소시킬 수 있다.
  (다) 수동 용접에 비하여 아크 시간은 4~6배의 능률 향상, 경제적으로는 준비 시간 포함 $\frac{1}{2} \sim \frac{1}{4}$의 경비 절약이 된다.
  (라) 용접 장치는 용접 헤드, 와이어 릴, 제어 장치 등이 용접기의 주체이고, 구리로 만든 수랭판이 있으며 홈의 형상은 I형 그대로 사용되므로 용접 홈 가공 준비가 간단하다.

㈑ 두꺼운 판 용접에는 전극 진동, 진폭 장치 등을 갖춘 것이 좋다(두꺼운 판에서는 전극을 좌우로 흔들어 주며, 흔들 때에는 냉각판으로부터 10 mm의 거리까지 접근시켜 약 5초간 정지한 후 반대 방향으로 움직이고 흔드는 속도는 40~50 mm/min 정도가 좋다).

㈒ 냉각 속도가 느려 기공 및 슬래그 섞임이 없고 변형이 적다.

㈓ 용접부의 기계적 성질, 특히 노치 인성이 나빠 이 단점의 개선 방향이 문제로 되어 있다.

㈔ 용융 슬래그의 최고 온도는 1925℃ 내외이며, 용융 금속의 온도는 용융 슬래그의 접촉되는 부분이 가장 높아 약 1650℃ 정도이다.

㈕ 용접 전원은 정전압형의 교류가 적합하다.

㈖ 박판 용접에는 적용이 어렵고 장비가 비싸다.

㈗ 장비 설치가 복잡하고 냉각 장치가 요구되며 용접 작업 중 용접부를 직접 관찰할 수 없다.

㈘ 높은 입열로 용접부의 기계적 성질이 저하되고 용접 자세는 수직 자세로 한정적이다.

㈙ 용접 구조가 복잡한 형상은 적용하기 어렵다.

(2) 일렉트로 가스 용접(electro gas welding)

① 원리 : 일렉트로 가스 용접은 일렉트로 슬래그 용접과 같은 조작 방법인 수직 용접법으로 슬래그를 이용하는 대신에 탄산가스를 주로 보호 가스로 사용하며, 보호 가스 분위기 속에서 아크를 발생시켜 아크열로 모재를 용융시켜 용접하는 방법이다. 탄산가스 엔크로즈 아크 용접(CO_2 enclosed arc weleding)이라고도 한다.

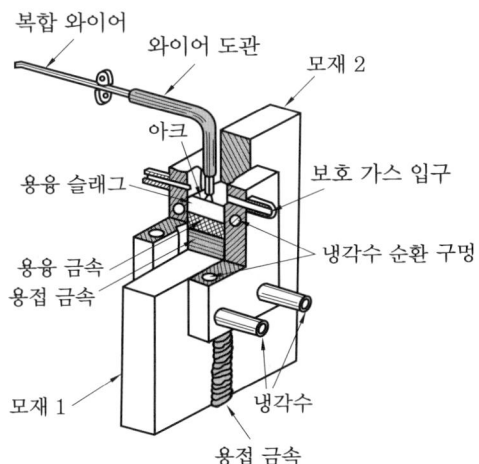

일렉트로 가스 용접의 원리

② 특징
　㈎ 보호 가스로는 아르곤, 헬륨, 탄산가스 또는 이들의 혼합 가스가 사용된다.
　㈏ 일렉트로 슬래그 용접보다 얇은 중후판(10~50 mm)의 용접에 적합하다.
　㈐ 판 두께에 관계없이 단층 수직 상진 용접으로 용접 홈은 12~16 mm 정도가 좋다.
　㈑ 용접 속도가 빠르다(수동 용접에 비하여 용융 속도 약 4~5배, 용착 금속은 10배 이상이 된다).
　㈒ 용접 변형이 거의 없고 작업성도 양호하다.
　㈓ 용접 홈에 기계 가공이 필요 없고 가스 절단 그대로 용접해도 된다.
　㈔ 용접 속도는 자동으로 조절되며 빠르고 매우 능률적이다.
　㈕ 용접 강의 인성이 저하되고 스패터, 흄 발생이 많다.
　㈖ 풍속 3 m/s 이상에서는 방풍막을 설치하여야 한다.
　㈗ 수직 상태에서 횡 경사 60~90° 용접이 가능하며, 수평면에서는 45~90° 경사 용접이 가능하고 연속 용접이 가능하다.

(3) 테르밋 용접(thermit welding)

① 원리 : 테르밋 반응은 금속 산화물이 알루미늄에 의하여 산소를 빼앗기는 반응을 총칭하는 것으로 산화철 분말(FeO, Fe_2O_3, Fe_3O_4, 금속철)과 미세한 알루미늄 분말을 약 3~4 : 1의 중량비로 혼합한 테르밋제에 점화제(과산화바륨, 마그네슘 등의 혼합 분말)를 알루미늄 가루에 혼합하여 점화시키면 테르밋 반응이라 부르는 화학 반응에 의해 약 2800°C에 달하는 온도가 발생되는 것을 이용하는 용접법이다.

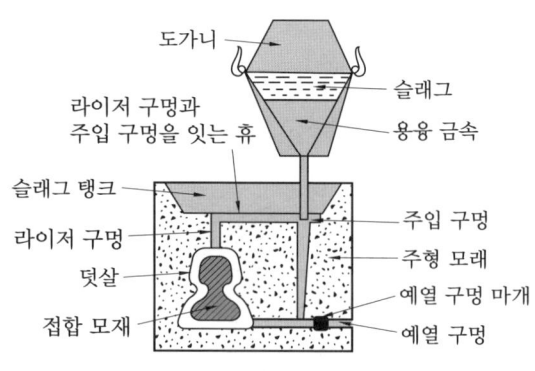

테르밋 용접의 원리

② 특징
　㈎ 용접 작업이 단순하고 기술의 습득이 쉬우며 용접 결과의 재현성이 높다.
　㈏ 용접용 기구가 간단하고 경량이기에 설비비가 싸다.

(다) 용접 가격이 싸다.
(라) 용접 후 변형이 적고 용접 시간이 짧다.
(마) 작업장소의 이동이 쉽고 전력이 불필요하다.
(바) 용접 이음부의 홈은 가스 절단한 그대로도 좋고, 특별한 모양의 홈을 필요로 하지 않는다.

③ 분류
(가) 용융 테르밋 용접법(fusion thermit welding)
(나) 가압 테르밋 용접법(pressure thermit welding)

1-7 전자 빔 용접(electronic beam welding)

(1) 원리

전자 빔 용접은 고진공($10^{-1} \sim 10^{-4}$ mmHg 이상) 용기 내에서 음극 필라멘트를 가열하고, 방출된 전자를 양극 전압으로 가속하고, 전자 코일에 수속하여 용접물에 전자 빔을 고속으로 충돌시켜 이 충돌에 의한 열로 용접물을 고온으로 용융 용접하는 것이다.

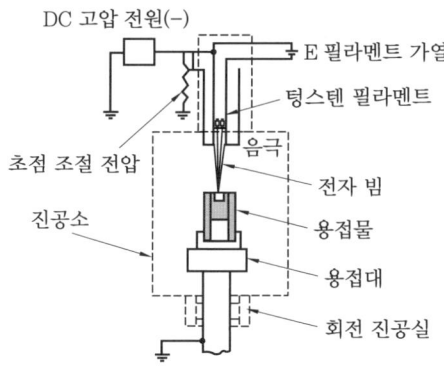

전자 빔 용접의 원리

(2) 특징

① 고용융점 재료 및 이종 금속의 용접 가능성이 크다.
② 용접 입열이 적고 용접부가 좁으며 용입이 깊다.
③ 진공 중에서 용접하므로 불순 가스에 의한 오염이 적다.
④ 활성 금속의 용접이 용이하고 용접부에 열 영향부가 매우 적다.
⑤ 시설비가 많이 들고 용접물의 크기에 제한을 받는다.
⑥ 얇은 판에서 두꺼운 판까지 용접할 수 있다.

⑦ 대기압형의 용접기 사용 시 X선 방호가 필요하다.
⑧ 용접부의 기계적 야금적 성질이 양호하다.
⑨ 다층 용접이 요구되는 용접부를 한 번에 용접이 가능하며 용가재 없이 박판의 용접이 가능하다.
⑩ 에너지의 집중이 가능하여 용융 속도가 빠르고 고속 용접이 가능하며 용접 변형이 적어 정밀한 용접을 할 수 있다.

1-8 레이저 용접(laser welding)

(1) 원리

레이저 용접은 유도방출에 의한 빛의 증폭 발진 방식으로 원자와 분자의 유도 방사 현상을 이용하여 얻어진 빛, 즉 레이저에서 얻어진 강렬한 에너지를 가진 접속성이 강한 단색 광선을 이용한 용접으로 루비 레이저, Nd : YAG 레이저와 가스 레이저(탄산(CO_2) 가스 레이저)의 3종류가 있다.

레이저 용접

(2) 특징

① 광선이 열원으로 진공이 필요하지 않다.
② 접촉하기 힘든 모재의 용접이 가능하고 열 영향 범위가 좁다.
③ 부도체 용접이 가능하고 미세 정밀한 용접을 할 수 있다.
④ 용입 깊이가 깊고 비드 폭이 좁으며 용입량이 작아 열변형이 적다.
⑤ 이종 금속의 용접도 가능하며, 용접 속도가 빠르고 응용 범위가 넓다.
⑥ 정밀 용접을 하기 위한 정밀한 피딩(feeding : 급송, 송전)이 요구되어 클램프 장치가 필요하다.
⑦ 기계 가동 시 안전 차단막이 필요하고 장비의 가격이 고가이다.

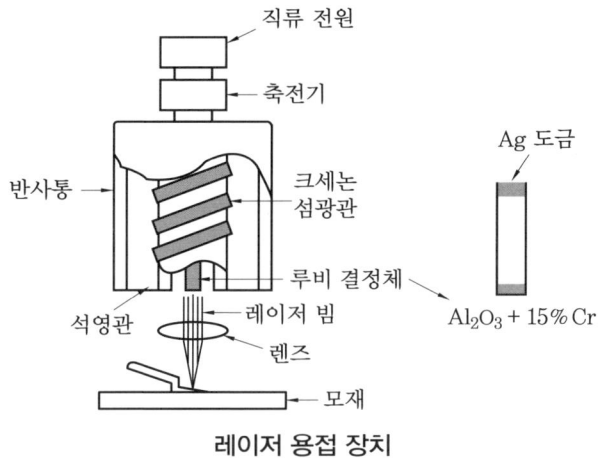

레이저 용접 장치

1-9 저항 용접

(1) 전기저항 용접법(electric resistance welding)의 원리

전기저항 용접법(electric resistance welding)은 용접하려고 하는 2개의 재료를 서로 맞대어 놓고 적당한 기계적 압력을 주면서 전류를 통하면 접촉면에서 접촉 저항 및 금속 고유 저항에 의하여 저항 발열이 발생되어 접합 개소의 적당한 온도로 높아졌을 때 압력을 가하여 용접하는 방법이다. 이때의 저항열은 줄(Joule)의 법칙에 의해서 계산하며 이 식에서 발생하는 열량은 전도에 의해서 약간 줄어들게 된다.

$$H = 0.24I^2Rt$$

H : 발열량(cal), I : 전류(A)
R : 저항(Ω), t : 통전 시간(s)

(2) 일반 특성 및 용접 시 주의사항

① 일반 특성
　㈎ 용접 작업 시 고속 고능률로 대량 생산에 적합하다.
　㈏ 작업자의 기능이 그다지 필요하지 않고 시설비가 비싸다.
　㈐ 이종 금속의 저항 용접은 각 금속의 고유 저항이 다르므로 용접이 매우 곤란하다.

② 저항 용접 시 주의사항
  (가) 모재 접합부의 녹, 기름, 도료 등의 오물을 깨끗이 제거한다.
  (나) 모재의 형상이나 두께에 적합한 전극을 택한다.
  (다) 전극의 접촉 저항이 최소가 되게 한다.
  (라) 전극의 과열을 방지한다.
③ 용접 조건의 3대 요소
  (가) 용접 전류(I)
  (나) 통전 시간(t)
  (다) 가압력(P)

(3) 저항 용접법의 종류

저항 용접	겹치기 저항 용접 : 점 용접, 돌기 용접, 심 용접
	맞대기 저항 용접 : 업셋 용접, 플래시 용접, 맞대기 심 용접, 퍼커션 용접

① 점 용접법(spot welding)
  (가) 원리 : 점 용접은 용접하려는 2개 또는 그 이상의 금속을 구리 및 구리 합금제의 전극 사이에 끼워 넣고 가압하면서 전류를 통하면 접촉면에서 줄의 법칙에 의하여 저항열이 발생하여 접촉면을 가열 용융시켜 용접하는 방법이다. 이때 접합부의 일부가 녹아 바둑알 모양의 단면으로 용접이 되는데 이 부분을 너겟(nugget)이라고 한다.

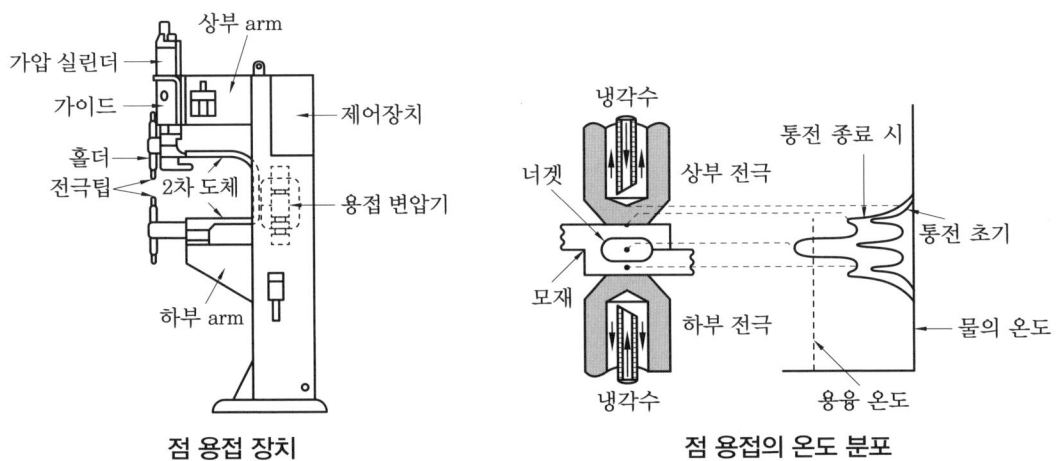

점 용접 장치　　　　　　점 용접의 온도 분포

  (나) 특징
    ㉮ 간단한 조작으로 특히 얇은 판(0.4~3.2mm)의 것을 능률적으로 작업할 수 있다.
    ㉯ 열손실이 적고 용접부에 집중열을 가할 수 있어 얇은 판에서 한 점을 잇는데 필요한 시간은 1초 이내이다.

㉰ 표면이 평편하고 작업 속도가 빠르며, 접합 강도가 비교적 크고 대량 생산에 적합하다.
㉱ 산화 및 변질 부분이 적으며, 구멍 가공이 필요 없고 재료가 절약된다.
㉲ 가압 효과로 조직이 치밀해지고 변형이 없으며, 작업자의 숙련이 필요 없다.
㉳ 보통은 3.2~4.5mm 두께 정도 이하의 비교적 얇은 판의 접합이 대상이 된다.
㉴ 단시간에 통전과 비교적 긴 휴지(정지) 시간을 반복하기 때문에 사용률은 작지만, 통전 시의 부하는 크다.

$$\text{사용률 } \alpha(\%) = \frac{t_a}{t_a + t_b} \times 100$$

t_a : 통전 시간의 합, t_b : 휴지(정지) 시간의 합

㉵ 용접기의 정격 용량으로는 전력 공급의 50%(JIS C 9305) 사용률의 용량이 사용되고 있다.

$$P_{50} = P_\alpha \sqrt{\frac{\alpha}{50}}$$

P_{50} : 정격 용량(50% 사용률)(kVA),
P_α : 최대 입력(kVA), α : 최대 입력의 사용률(%)

㉶ 단점
  ㉠ 대전류를 필요로 하고 설비가 복잡하고 값이 비싸다.
  ㉡ 급랭 경화로 후열 처리가 필요하고 다른 금속 간의 접합이 곤란하다.
  ㉢ 용접부의 위치, 형상 등에 영향을 받는다.
㈐ 용접기의 종류
  ㉮ 탁상 점 용접기
  ㉯ 페달식 점 용접기
  ㉰ 포터블 점 용접기
  ㉱ 전동가압식 점 용접기
  ㉲ 공기가압식 점 용접기
    ㉠ 록커 암식(rocker arm type)
    ㉡ 프레스 식
    ㉢ 쌍두식
    ㉣ 다전극식(multi spot)

㈑ 점 용접법의 종류
　㉮ 단극식 점 용접(single spot welding)
　㉯ 맥동 용접(pulsation welding)
　㉰ 직렬식 점 용접(series spot welding)
　㉱ 인터랙 점 용접(interact spot welding)
　㉲ 다전극 점 용접(multi spot welding)

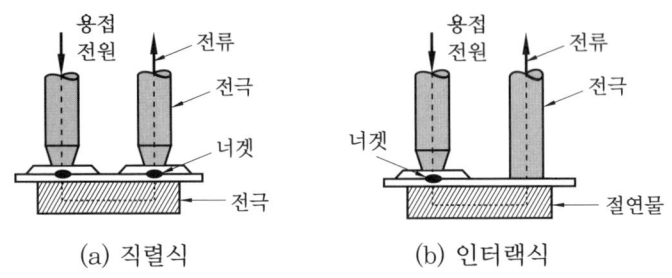

직렬식 및 인터랙식 점 용접법

㈒ 용접 장치
　㉮ 기구상에 의한 분류 : 정치형, 포터블형, 멀티 스폿형, 건, 트랜스 일체형
　㉯ 전류 파형에 의한 분류 : 교류식(단상 교류식, 3상 저주파식 등), 직류식(단상 직류식, 3상 정류식, 인버터 제어식, 콘덴서 방전식 등)
　㉰ 전극칩의 형식 : 각종 모양에 따라 P, R, C, E, F형 등
② 심 용접법(seam welding)
　㈎ 원리 : 원판형의 롤러 전극 사이에 용접물을 끼워 전극에 압력을 주면서 전극을 회전시켜 연속적으로 점 용접을 반복하는 방법으로 주로 수밀, 유밀, 기밀을 필요로 하는 용기 등의 이음에 이용된다.

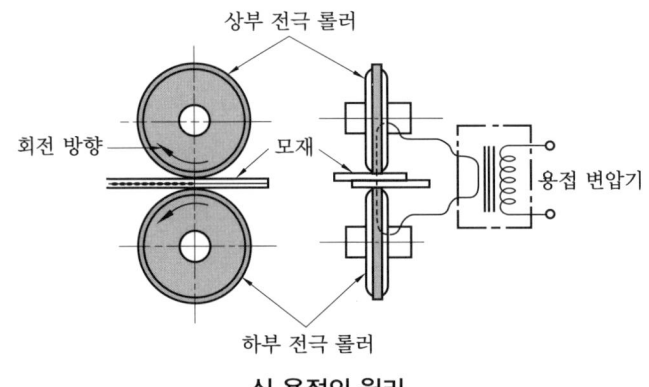

심 용접의 원리

(나) 특징
　㉮ 전류의 통전 방법에는 단속(intermittent) 통전법, 연속(contnuous) 통전법, 맥동 (pulsation) 통전법 등이 있고 그 중 단속 통전법이 가장 많이 사용된다.
　㉯ 직류 전원 또는 교류 전원을 사용하며 같은 재료의 용접 시 점 용접보다 용접 전류는 1.5~2.0배, 전극 가압력은 1.2~1.6배 정도 증가시킬 필요가 있다.
　㉰ 적용되는 모재의 종류는 탄소강, 알루미늄 합금, 스테인리스강, 니켈 합금 등이다.
　㉱ 용접 가능한 판 두께는 대체로 0.2~0.4mm 정도의 얇은 판에 사용된다.
　㉲ 겹침분이 판 두께의 1~3배의 준 겹침 이음에서는 판 표면의 통전 면적에 대해 접합면의 통전 면적을 의도적으로 작게 할 수 있기 때문에 접합부를 우선적으로 온도를 상승시켜 용융시킬 수 있다.
　㉳ 겹침분이 판 두께의 3배 이상인 겹침 이음에 있어서는 접합면에서의 전류 집중은 스폿(점) 용접의 경우와 같이 전극의 선단 형상에 따라 이루어진다. 통전에 따라 피용접재 전체가 가열되지만 판의 표면을 전극으로 냉각하는 것으로 접합면의 온도를 상대적으로 높게 하고 접합부를 용융한다.

(다) 용접기의 종류와 구조
　㉮ 종류 : 횡심 용접기(circular seam welder), 종심 용접기(longitudinal seam welder), 일반적인 심 용접기(universal seam welder)
　㉯ 구조 : 용접 변압기, 가압 장치, 로어 암, 전극, 전류 조정기, 시간 제어 장치 및 전극 구동 장치를 필요로 하는 구조

(라) 심 용접법의 종류
　㉮ 매시 심 용접(mash seam welding)　㉯ 포일 심 용접(foil seam welding)
　㉰ 맞대기 심 용접(butt seam welding)
　㉱ 이음 형상에 따른 심 용접으로 원주 심과 세로 심이 있다.

(마) 용접 조건
　㉮ 전극 폭 w(mm), 판 두께 t(mm) → $w=3t+3.2$~$3t+4$
　㉯ 용접 속도 : 최대 용접 속도는 판 두께 0.8mm 이상에서는 전자 유도에 따라 제한되며, 판 두께의 증가와 함께 최대 용접 속도는 급격하게 감소되고, 이하의 판 두께에서는 접합부의 불연속성에 의해 제한된다.

$$v=\frac{3600}{n \cdot t}$$

v : 용접 속도(cm/min), n : 단위 길이당의 스폿 수(점/cm),
t (cycle) : 교류 전원을 사용한 경우 통전 주기(연속 통전의 경우는 0.5, 통전+휴지 시간)

③ 플래시 용접법(flash welding)
  ㈎ 원리 : 불꽃 맞대기 용접이라고도 하며, 용접할 2개의 금속 단면을 가볍게 접촉시켜 여기에 대전류를 통하여 접촉점을 집중적으로 가열하면 접촉점이 과열, 용융되어 불꽃으로 흩어지나, 그 접촉이 끊어지면 다시 용접재를 전진시켜 계속 접촉과 불꽃 비산을 반복시키면서 용접면을 고르게 가열하여, 적정 온도에 도달하였을 때 강한 압력을 주어 압접하는 방법이다. 플래시 용접은 예열 → 플래시 → 업셋 순서로 진행된다.

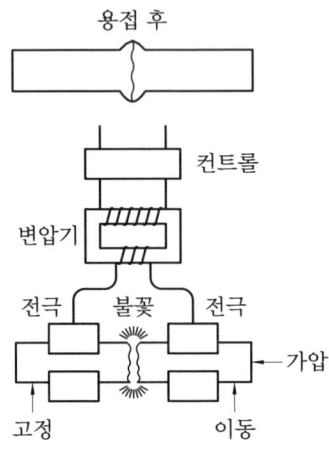

플래시 용접의 원리

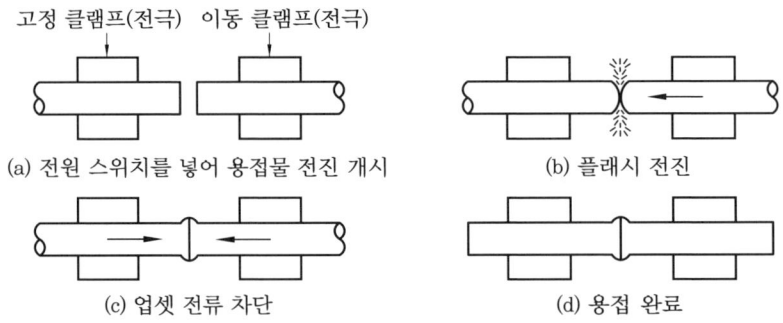

플래시 용접의 과정

  ㈏ 특징
    ㉮ 가열 범위, 열 영향부가 좁고 용접 강도가 크다.
    ㉯ 용접 작업 전 용접면의 끝맺음 가공에 주의하지 않아도 된다.
    ㉰ 용접면의 플래시로 인하여 산화물의 개입이 적다.
    ㉱ 이종 재료의 용접이 가능하고, 용접 시간 및 소비전력이 적다.
    ㉲ 업셋량이 적고, 능률이 극히 높아 강재, 니켈, 니켈 합금에서 좋은 용접 결과를 얻을 수 있다.

⑭ 플래시 과정 초입(1.2s)에서 단락 아크의 교호 현상은 플래시 단면에 존재하는 CO 가스에 기인하는 것이다.

⑮ 1.2s를 경과하면 ⑭의 주기성이 무너지고 단락 아크의 전류치가 작아져서 그것들의 발생도 고립되므로 단락 아크의 반복수는 감소된다(이동 대 속도 일정).

⑯ 단점
  ㉠ 대전력을 필요로 하기 때문에 비교적 큰 전원 설비가 필요하다.
  ㉡ 플래시의 발생으로 작업성이 저하된다.
  ㉢ 피용접재는 모임분이 소모되고 주보의 제거를 필요로 한다.

㈐ 용접기의 종류
  ㉮ 수동 플래시 용접기
  ㉯ 공기가압식 플래시 용접기
  ㉰ 전동기 플래시 용접기
  ㉱ 유압식 플래시 용접기

④ 업셋 용접법(upset welding)

㈎ 원리 : 접합할 두 재료를 클램프에 물리어 접합면을 맞대고 압력을 가하여 접촉시킨 뒤에 대전류를 통하면 재료의 접촉저항 및 고유저항에 의하여 저항 발열을 일으켜 재료가 가열되어 적당한 단조 온도에 도달하였을 때 강한 압력을 주어 용접하는 방법이다. 주로 봉 모양의 재료를 맞대기 용접할 때 사용되며 플래시 용접에 대하여 슬로우 버트 용접(slow butt welding) 또는 업셋 맞대기 용접(upset butt welding) 등으로 불리우기도 한다. 압력은 수동식으로 가하는데, 이때 스프링 가압식(spring pressure type)이 많이 쓰이며 대형 기계에는 기압, 유압, 수압이 이용되고 있다.

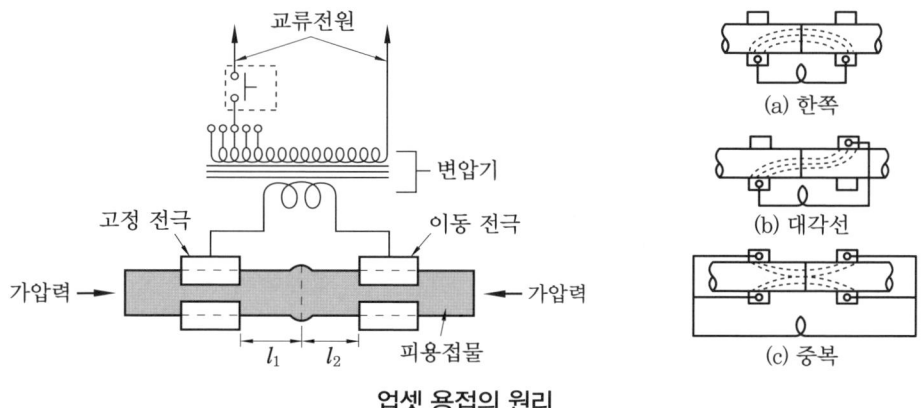

업셋 용접의 원리

㈏ 특징 및 용접 조건
  ㉮ [그림]에서 용접물의 l_1, l_2의 치수는 같은 종류의 금속 용접인 경우로서, 이음재의 지름(d)에 비례하여 길이를 같게 한다.

※ 구리인 경우에는 $l_1=l_2=4d$로 하며, 다른 종류의 금속인 경우에는 열 및 전기 전도도가 좋은 쪽을 길게 한다.

ⓝ 가스 압접법과 같이 이음부에 개재하는 산화물 등이 용접 후 남아있기 쉽고, 용접 전 이음면의 끝맺음 가공이 특히 중요하다.

ⓓ 플래시 용접에 비해 가열 속도가 늦고 용접 시간이 길어 열 영향부가 넓다.

ⓡ 단면적이 큰 것이나 비대칭형의 재료 용접에 대한 적용이 곤란하다.

ⓜ 불꽃의 비산이 없고 가압에 의한 변형이 생기기 쉬워 판재나 선재의 용접이 곤란하다.

ⓑ 용접기가 간단하고 가격이 싸다.

⑤ 돌기 용접법(projection welding)
(가) 원리 : 돌기 용접은 [그림]과 같이 점 용접과 비슷한 것으로 용접할 모재에 한쪽 또는 양쪽에 돌기(projection)를 만들어 이 부위에 집중적으로 전류를 통하게 하여 압접하는 방법이다.

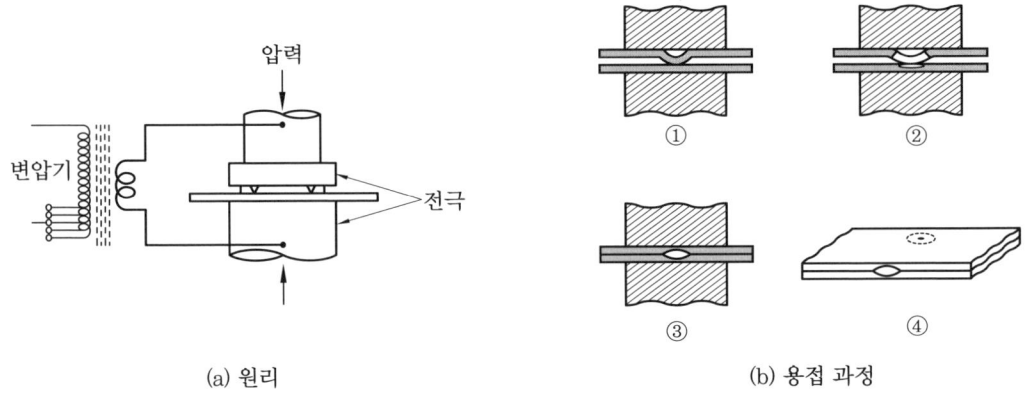

(a) 원리　　(b) 용접 과정

돌기 용접의 원리 및 과정

(나) 특징

ⓐ 용접된 양쪽의 열용량이 크게 다를 경우도 양호한 열평형이 얻어진다.

ⓝ 작은 용접 점이라도 높은 신뢰도를 얻을 수 있다.

ⓓ 이종 재료의 용접이 가능하고, 열전도가 좋은 재료에 돌기를 만들어 쉽게 열평형을 얻을 수 있다.

ⓡ 동시에 여러 점의 용접을 할 수 있고, 작업 속도가 빠르다.

ⓜ 전극의 수명이 길고, 작업 능률이 높다.

ⓑ 용접부의 거리가 작은 점 용접이 가능하다.

ⓢ 용접 설비비가 비싸다.

㋐ 모재 용접부에 정밀도가 높은 돌기부를 만들어야 정확한 용접이 얻어진다.
㉾ 모재의 두께가 0.4~3.2 mm의 용접에 가장 적합하다(판 두께가 0.3 mm 이하는 점 용접하는 것이 좋다).
㋨ 돌기 크기와 위치의 유연성은 점 용접(spot welding)으로 곤란하다.
㋑ 용융 방식은 접합 계면에 용융 너겟을 형성시켜 안정된 접합부를 얻는 것으로 얇은 판 겹침 프로젝션의 대부분이 이것에 해당한다.
㋣ 비용융 방식은 프로젝션 부근의 용융-응고에 의해 너겟을 형성시키지 않고 프로젝션 압연의 소성 유동으로 계면의 불순물을 배제하여 맑고 깨끗한 금속면끼리 압접하는 것이다. 소성 유동을 이용한 방식은 비교적 두꺼운 판의 용접에 사용된다.

⑥ 전원 용접법 : 낮은 전압 대전류를 얻기 위하여 사용되는 변압기의 1차 측은 보통 220 V, 2차 측은 무부하에서 1~10 V 정도인 것도 있으므로 전류를 통할 때 모재의 부하전압은 1 V 이하의 리액턴스(reactance) 중의 전압강하이다. 전극 부분의 팔의 길이 및 간격이 크면 일정한 2차 전류를 흐르게 하는데 큰 2차 무부하 전압이 필요하다. 1차 입력은 거의 2차 전압과 2차 무부하 전류를 곱한 것으로 된다.

⑦ 충격 용접법(percussion welding) : 충격(퍼커션) 용접은 극히 작은 지름의 용접물을 용접하는데 사용하며 직류 전원의 콘덴서에 축적된 전기적 에너지를 금속의 접촉면을 통하여 극히 짧은 시간(1/1000초 이내)에 급속히 방전시켜 이때 발생하는 아크열을 이용하여 접합부를 집중 가열하고 방전하는 동안이나, 직후에 충격적 압력을 가하여 접합하는 용접법으로 방전 충격 용접이라고도 한다. 충격 용접에 사용되는 콘덴서는 변압기를 거치지 않고 직접 피용접물을 단락시키게 되어 있으며 피용접물이 상호 충돌되는 상태에서 용접이 되고 가압 기구는 낙하를 이용하는 것, 스프링의 압축을 이용하는 것, 공기 피스톤에 의하는 것 등이 있다.

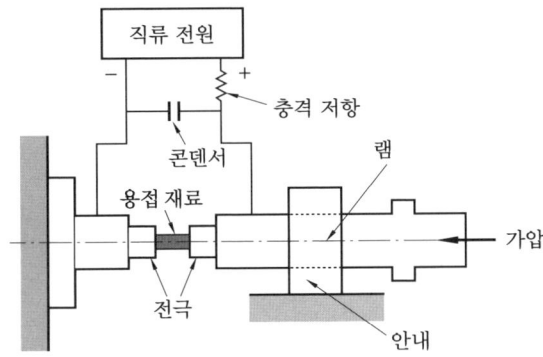

퍼커션 용접의 원리

참고 전원 방식에 의한 저항 용접의 분류

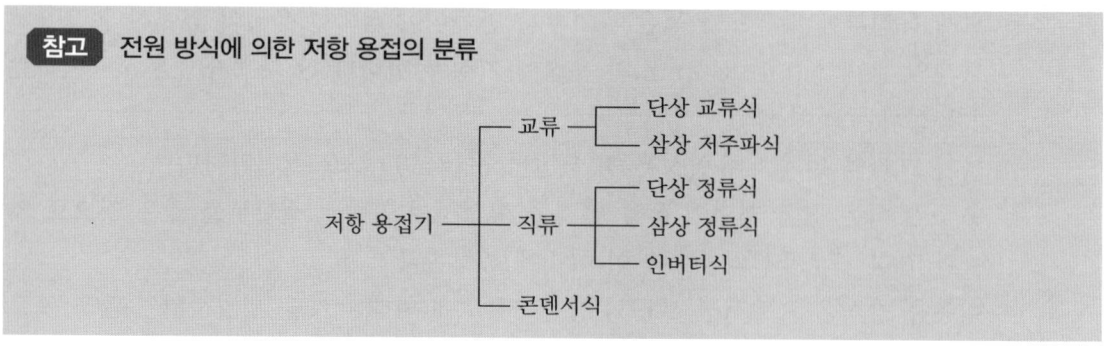

1-10 기타 용접

(1) 단락 옮김 아크 용접법(short arc welding)

① 원리 : 가는 솔리드 와이어를 아르곤, 이산화탄소 또는 그 혼합 가스의 분위기 속에서 용접하는 MIG 용접과 비슷한 방법으로서 용적의 이행이 큰 용적으로 와이어와 모재 사이를 주기적으로 단락을 일으키도록 아크 길이를 짧게 하는 용접 방법으로 0.8 mm 정도의 얇은 판 용접이 가능하게 된 것이다.

② 용접 장치 : 직류 정전압 전원과 와이어에 보내는 장치, 실드 가스 용접 건(shield welding gun) 및 용접 케이블이 주체가 되고 이산화탄소(CO_2) 아크 용접 장치와 비슷하다.

③ 마이크로 와이어(micro-wire) : 단락 옮김 용접에 사용되는 마이크로 와이어에는 연강의 용접에서 규소-망간계에는 지름이 0.76 mm, 0.89 mm, 1.14 mm인 아르곤 75%, 이산화탄소 또는 산소 25%의 혼합 가스가 널리 사용된다.

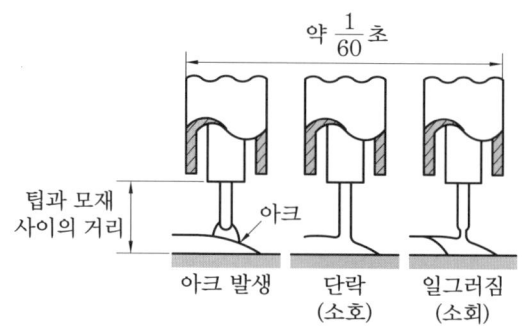

단락 옮김 아크 용접

(2) 아크 점 용접법(arc spot welding)

① 원리 : 아크 점 용접법은 아크의 고열과 그 집중성을 이용하여 겹친 2장의 판재의 한쪽에서 아크를 0.5~5초 정도 발생시켜 전극 팁의 바로 아래 부분을 국부적으로 융합시키는 용접법으로 용접에 의한 점 용접법이다.

② 용접법의 적용 : 아크 점 용접법을 적용할 때 판 두께 1.0~3.2mm정도의 위판과 3.2~6.0mm 정도의 아래 판을 맞추어서 용접하는 경우가 많은데, 능력 범위는 6mm까지는 구멍을 뚫지 않은 상태로 용접하고, 7mm 이상의 경우는 구멍을 뚫고 플러그 용접을 시공한다. 극히 얇은 판재를 용접할 때에는 뒷면에 구리 받침쇠를 써서 용락을 방지할 필요가 있다.

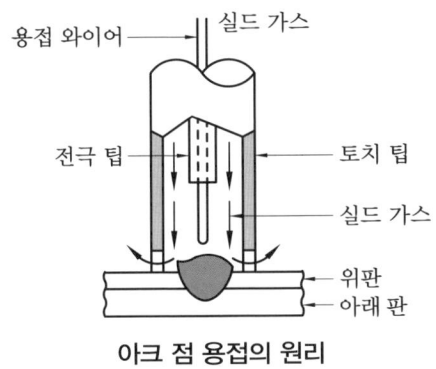

아크 점 용접의 원리

(3) 논 실드 아크 용접법(none shield arc welding)

① 원리 : 실드 가스(shield gas)를 사용하는 용접은 옥외 작업 시 바람의 영향을 받으며 서브머지드 아크 용접 시 용제 속에서 아크가 발생되어 작업 상태를 보지 못하는 결점을 개선하기 위한 반자동 용접법인 논 실드 아크 용접법으로 솔리드 와이어를 사용하는 논 가스, 논 플럭스 아크 용접법과 복합 와이어를 사용하는 논 가스 아크 용접법의 두 가지가 있다. 전원은 전자는 직류, 후자는 직류, 교류 어느 것이나 사용하며 CO_2 용접보다 다소 용접성이 뒤떨어지나 옥외 작업이 가능하다는 장점이 있다.

② 특징 : 용접 작업은 바람을 등지는 위치에서 행하여야 하며, 바람의 작용에 의하여 용적의 크기도 달라지고, 용적이 작을수록, 용접 전류가 클수록 질소 함유량이 적다.

　㈎ 장점

　　㉮ 실드 가스나 용제를 필요로 하지 않고 옥외 작업이 가능하다.
　　㉯ 용접 전원은 직류, 교류를 모두 사용할 수 있고 전자세 용접이 가능하다.
　　㉰ 저수소계 피복 아크 용접봉과 같이 수소의 발생이 적고 비드가 아름다우며, 슬래그의 이탈성이 좋다.
　　㉱ 용접 장치가 간단하고 가벼우므로 운반과 취급이 용이하다.

(나) 단점
  ㉮ 전극 와이어의 형상이 복잡하여 가격이 비싸고 보관 관리가 어렵다.
  ㉯ 실드 가스(fume)의 발생이 많아서 용접선이 잘 보이지 않는다.
  ㉰ 용착 금속의 기계적 성질이 다른 용접에 비해 다소 떨어진다.

(4) 원자 수소 아크 용접(atomic hydrogen arc welding)

① 원리 : 원자 수소 아크 용접은 가스 실드 용접의 일종으로 수소 가스의 분위기에서 2개의 텅스텐 전극 사이에 아크를 발생시키고 이 아크열에 의해 분자상의 수소 H_2를 원자 상태의 수소 H로 해리하고, 이 해리된 원자 수소가 모재 표면에서 냉각되어 분자상의 수소 H_2로 재결합할 때 발생되는 열(3000~4000℃)을 용접에 이용하는 방법이다. 수소의 확산 집합에 의하는 균열 등을 초래하는 경우가 있어 현재에는 거의 사용되고 있지 않다.

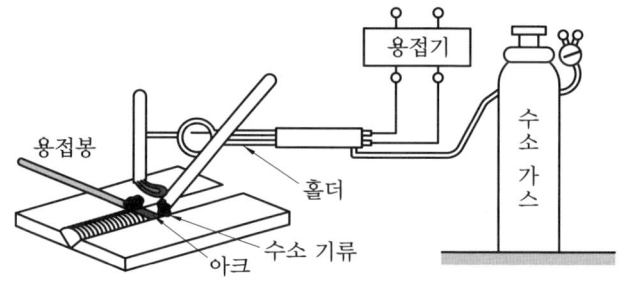

원자 수소 아크 용접의 원리

② 특징과 적용
  ㉮ 용접 전원으로는 교류, 직류가 모두 사용되나 직류 사용 시 극성 효과로 한쪽의 전극 소모가 빨리되므로 교류가 많이 사용되고 있다.
  ㉯ 탄소강에서는 1.25% 탄소 함유량까지, 크롬강에서는 크롬 40%까지 용접이 가능하다.
  ㉰ 내식성을 필요로 하는 용접 또는 용융 온도가 높은 금속 및 비금속 재료를 용접한다.
  ㉱ 고도의 기밀, 유밀을 필요로 하는 내압 용기에 적용한다.

(5) 스터드 용접(stud welding)

① 원리 : 스터드 용접은 볼트나 환봉, 핀 등을 건축 구조물 및 교량 공사 등에서 직접 강판이나 형강에 용접하는 방법으로 볼트나 환봉을 용접 건(stud welding gun)의 홀더에 물리어 통전시킨 뒤에 모재와 스터드 사이에 순간적으로 아크를 발생시켜 이 열로 모재와 스터드 끝면을 용융시킨 뒤 압력을 주어 눌러 용접시키는 방법이다.

② 장치 및 특징
  (가) 용접 전원은 교류, 직류가 모두 사용되나 그 중 셀렌 정류기를 사용한 직류 용접기가 많이 사용된다.
  (나) 스터드 주변에는 내열성의 도자기로 된 페룰(ferrule)을 사용한다.
  (다) 아크의 발생 시간은 일반적으로 0.1~2초 정도로 한다.
  (라) 대체로 급열, 급랭이 되기 때문에 저탄소강이 좋다.
  (마) 페룰은 아크 보호 및 열 집중과 용융 금속의 산화 및 비산을 방지한다.
  (바) 용접단에 용제를 넣어 탈산 및 아크의 안정을 돕는다.

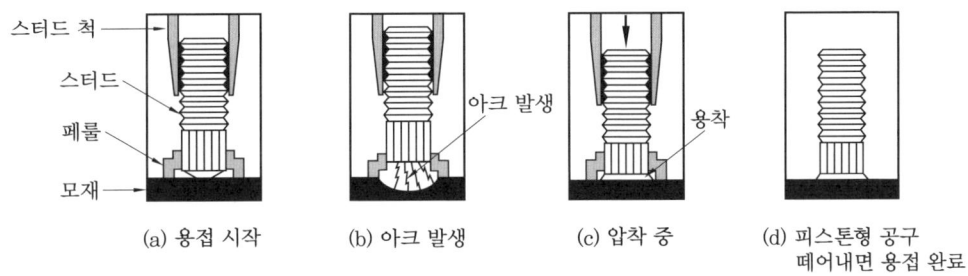

스터드 용접의 원리(과정)

(6) 가스 압접법(pressure gas welding)

① 원리 : 가스 압접은 맞대기 저항 용접과 같이 봉 모양의 재료를 용접하기 위해 먼저 접합부를 가스 불꽃(산소-아세틸렌, 산소-프로판)으로 적당한 온도까지 가열한 뒤 압력을 주어 접합하는 방법으로 주로 산소-아세틸렌 불꽃을 사용하고 가열 방법에 따라 개방 맞대기법과 밀착 맞대기법으로 나누고 있다.

② 가열 방법에 따른 종류
  (가) 개방 맞대기법(open butt welding) : 접합면을 약간 떼어 놓고 그 사이에 가열 토치를 넣어 균일하게 어느 정도 가열한 뒤 접합면이 약간 용융되었을 때 가열 토치를 제거하고 두 접합물을 가압 압접하는 방법이다.

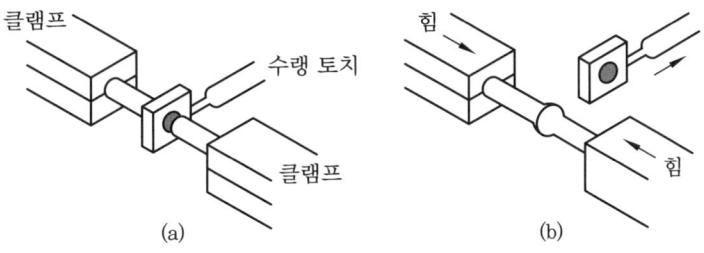

개방 맞대기법

(나) 밀착 맞대기법(closed butt welding) : 처음부터 접합면을 밀착시켜 압력을 가하면서 가스 불꽃으로 용융되지 않을 정도로 가열한 뒤 어느 정도 압력이 가해지면 가열, 가압을 중지하고 압접을 완료시키는 방법으로 비용융 용접이며, 이음면의 처음 상태가 이음 강도에 크게 영향을 주므로 정밀하고 깨끗하게 해야 한다.

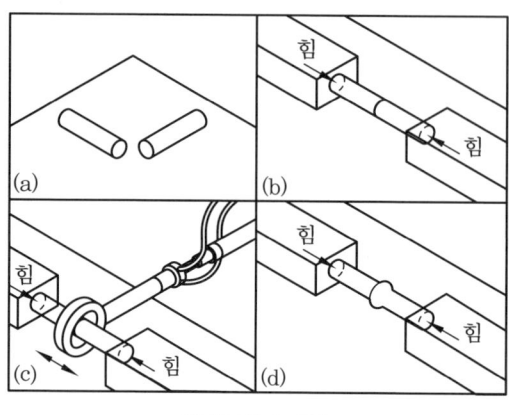

밀착 맞대기법

③ 압접 조건
　(가) 가열 토치 : 불꽃의 안정, 가열의 재현성과 균일성이 좋아야 하므로 토치 팁의 구멍 치수, 구멍 수, 구멍 배치 등에 주의해야 한다.
　(나) 압접면 : 접합이 원활하게 이루어질 수 있게 이음면을 기계 가공 등으로 깨끗하게 하여 불순물이 없게 한다.
　(다) 압력 : 접합물의 형상, 치수, 재질에 알맞은 압력을 가해야 한다.
　(라) 온도 : 이음면이 깨끗할 시 저온 이음이 가능하나 현장에서는 개재물을 확산시켜 이음 성능을 높일 목적으로 보통 1300~1350℃의 온도를 채택하고 있다(저온 이음 시 필요 온도는 900~1000℃이다).

④ 특징
　(가) 이음부에 탈탄층이 전혀 없고 전력이 불필요하다.
　(나) 장치가 간단하고, 설비비나 보수비 등이 싸다.
　(다) 작업이 거의 기계적이고, 이음부에 첨가 금속 또는 용제가 불필요하다.
　(라) 간단한 압접기를 사용하여 현장에서 지름 32mm 정도의 철제를 압접한다.
　(마) 압접 소요 시간이 짧다.

(7) 용사(metallizing)

① 원리 : 금속 또는 금속 화합물의 분말을 가열하여 반용융 상태로 하여 불어서 붙여 밀착 피복하는 방법을 용사라 한다.

② 용사 재료 및 형상
  (가) 용사 재료 : 금속, 탄화물, 규화물, 질화물, 산화물(세라믹), 유리 등
  ※ 재료의 선정 시 사용 목적은 물론 용접, 용사 재료와 모재와의 열팽창계수가 합치되는 것을 고려한다.
  (나) 용사 재료의 형상
    ㉮ 와이어 또는 봉형
    ㉯ 분말 모양
③ 용사 장치
  (가) 가스 불꽃 용선식 건
  (나) 분말식 건
  (다) 플라스마 용사 건
④ 용도 : 내식성, 내열성, 내마모성 혹은 인성용 피복으로서 매우 넓은 용도를 가지며, 특히 기계 부품 분야에 많이 쓰이고 항공기, 로켓 등의 내열 피복으로도 적용된다.

(8) 저온 용접(low temperature welding)

① 원리 : 공정(eutectic) 조직을 가진 합금의 용접은 공정 조직이 아닌 배합의 동일계 합금에 비하여 융점이 최저가 된다는 사실을 이용하며, 특수한 용접봉을 사용하여 일반 가스 용접 및 아크 용접보다 낮은 온도에서 용접하는 용접법으로 경납땜에 가까운 용접법이라 할 수 있다.

> **참고** 공정
> 2개 이상의 금속이 용융 상태에서는 균일하게 조직을 이루나 냉각 시 일정한 온도에서 두 종류 이상의 결정으로 변화하여 미세한 결정립이 기계적으로 혼합된 조직이 되어 있는 것을 말한다.

② 용접 방법
  (가) 가스 용접
    ㉮ I형 맞대기나 필릿 용접에 많이 사용되고 V형 용접도 한다.
    ㉯ 용접봉의 주성분은 주철, 강, 동과 알루미늄의 각 모재에 대하여 아연(Zn) 재료를 사용하며 용융 온도는 170~300℃이다.
    ㉰ 용접봉의 주성분이 Al, Ag, Cu일 때 용융 온도가 510~660℃이고, Cu, Ni, Fe일 때는 용융 온도가 750~800℃보다 약간 높다.
  (나) 아크 용접
    ㉮ 가장 많이 사용되는 용접법으로, 전류는 교류와 직류를 모두 사용해도 좋고 피복 용접봉을 사용한다.

㉯ 보통 피복 아크 용접에서 사용되는 용접 전류의 50∼70%를 사용한다.
③ 특징
㈎ 저온에서 용접이 되므로 모재의 재질 변화가 적고 변형과 응력 균열이 적다.
㈏ 공정으로 미세조직의 용접 금속을 얻어 강도와 경도가 크게 된다.
㈐ 용접 시 모재를 예열한 후 용접을 실시한다.
④ 응용 : 주철, 철강, 각종 합금강의 구조 용접과 파손 수리 용접으로부터 알루미늄 합금의 각종 제품과 구리, 청동, 각종 황동류의 제품 용접, 경질의 덧붙이 용접 등 그 이용 범위가 매우 넓다.

(9) 플라스틱 용접(plastics welding)

① 원리 : 플라스틱 용접에는 일반적으로 열풍 용접이 많이 사용되며, 전열에 의해 기체를 가열하여 고온 기체를 용접부와 용접봉에 분출하여 용접하는 것으로 금속 용접과 거의 같으며 열가소성 플라스틱(thermo-plastic)을 용접한다.
② 용접 방법
㈎ 열풍 용접(hot gas welding)
㈏ 열기구 용접(heated tool welding)
㈐ 마찰 용접법
㈑ 고주파 용접법

(10) 초음파 용접(ultrasonic welding)

① 원리 : 용접 모재를 겹쳐서 용접 팁과 하부 앤빌(anvil) 사이에 끼워 놓고, 압력을 가하면서 초음파(18 kHz 이상) 주파수로 진동시켜 그 진동 에너지에 의해 접촉부에 진동 마찰열을 발생시켜 압접하는 방법이다.

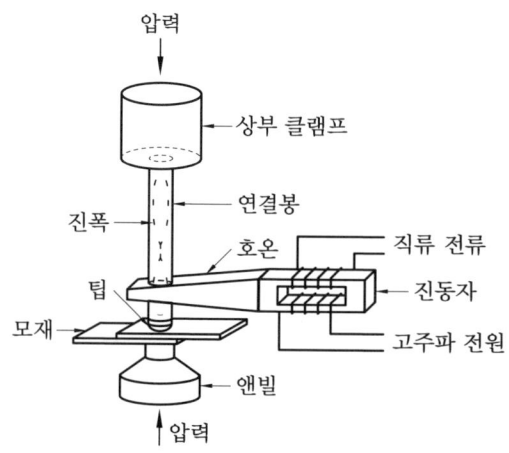

초음파 용접기의 원리(쐐기 리드 방식)

② 초음파 전달 방식
  ㈎ 쐐기 리드 방식(wedge reed system)
  ㈏ 횡 진동 방식(lateral driven system)
  ㈐ 비틀림 진동 방식(torsional tranducer system)
③ 특징
  ㈎ 냉간 압접에 비해 주어지는 압력이 작으므로 용접물의 변형률이 작다.
  ㈏ 판의 두께에 따라 용접 강도가 현저하게 변화한다.
  ㈐ 이종 금속의 용접이 가능하다.
  ㈑ 용접물의 표면 처리가 간단하고 압연한 그대로의 재료도 용접이 쉽다.
  ㈒ 극히 얇은 판, 즉 필름(film)도 쉽게 용접된다.
  ㈓ 용접 금속의 자기 풀림 결과 미세 결정 조직을 얻는다.

(11) 냉간 압접(cold pressure welding)

① 원리 : 냉간 압접은 순수한 압접 방식으로 두 개의 금속을 깨끗하게 하여 $A°(10^{-8}$ cm) 단위의 거리로 가까이 하면 자유전자가 공통화되고 결정 격자점의 양이온과 서로 작용하여 인력으로 인하여 원리적으로 금속 원자를 결합시키는 형식으로서 단순히 가압만의 조작으로 금속 상호 간의 확산을 일으켜 압접을 하는 방법이다.
② 특징
  ㈎ 압접 공구가 간단하고 숙련이 필요하지 않다.
  ㈏ 압접부가 가열 용융되지 않으므로 열 영향부가 없다.
  ㈐ 접합부의 내식성과 전기저항은 모재와 거의 같다.
  ㈑ 압접부가 가공 경화되어 눌린 흔적이 남는다.
  ㈒ 압접부의 산화막이 취약하거나 충분한 소성 변형 능력을 가진 재료에만 적용된다.
  ㈓ 철강 재료의 접합에는 부적당하고 압접의 완전성을 비파괴 시험하는 방법이 없다.

(12) 폭발 압접(explosive welding)

① 원리 : 2장의 금속판을 화약의 폭발에 의해 일어나는 순간적인 큰 압력을 이용하여 압접하는 방법이다.
② 특징
  ㈎ 이종 금속의 접합과 다층 용접이 가능하다.
  ㈏ 작업 장치가 불필요하므로 경제적이다.
  ㈐ 고용융점 재료의 접합이 가능하다.
  ㈑ 화약을 취급하므로 위험하고 큰 폭발음과 진동이 있다.

(13) 마찰 용접(friction welding)

① 원리 : 용접하고자 하는 모재를 맞대어 접합면의 고속회전에 의해 발생된 마찰열을 이용하여 압접하는 방법이다.

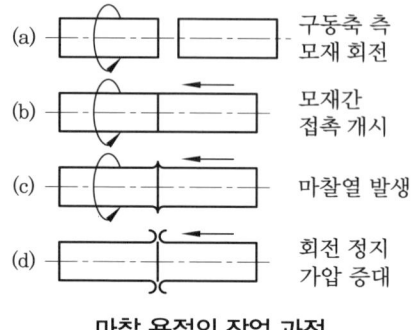

마찰 용접의 작업 과정

② 특징
- ㈎ 접합부의 변형 및 재질의 변화가 적다.
- ㈏ 고온 균열의 발생이 없고 기공이 없다.
- ㈐ 소요 동력이 적게 들어 경제성이 높다.
- ㈑ 이종 금속의 용접이 가능하고 접합면의 끝 손질이 필요하지 않다.

(14) 고주파 용접(high frequency welding)

① 원리 : 고주파 전류를 직접 용접물에 통하여 고주파 전류 자신이 근접 효과(proximity effect)에 의해 용접부를 집중적으로 가열하여 용접하는 것과 도체의 표면에 고주파 전류가 집중적으로 흐르는 성질인 표피 효과(skin effect)를 이용하여 용접부를 가열 용접한다.

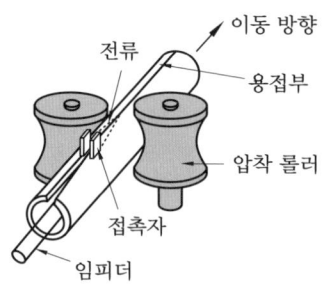

고주파 용접의 원리

② 종류
- ㈎ 고주파 유도 용접
- ㈏ 고주파 저항 용접

③ 특징
  ㈎ 모재의 접합면 표면에 어느 정도 산화막이나 더러움 등이 있어도 지장이 없다.
  ㈏ 이종 금속의 용접이 가능하고 가열 효과가 좋아 열 영향부가 적다.
  ㈐ 이음 형상이나 재료의 크기에 제약이 있고 전력의 소비가 다소 크다(고주파 유도 용접).

(15) 그래비티 용접(gravity welding)

① 원리 : 피복 아크 용접법으로 피더(feeder)에 철분계 용접봉(철분 산화철계, 철분 저수소계, 철분 산화티탄계)을 장착하여 수평 필릿 용접을 전용으로 하는 일종의 반자동 용접 장치로 길이가 긴 용접봉을 모재와 일정한 경사를 갖는 금속 지주를 따라 용접 홀더가 하강하면서 용접봉이 모재의 용접선 위에 접촉되어 아크를 발생 후 용융됨에 따라 홀더는 지지 각도를 일정하게 유지하며 중력에 의하여 서서히 자동적으로 용접이 진행된다.

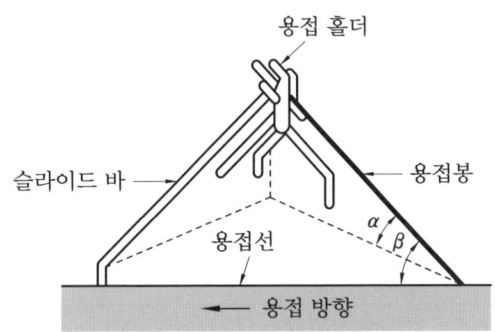

그래비티 용접기의 구조

그래비티 용접기의 설치 조건

각도	운봉비(비드 길이/용접봉 길이)				
	1.1	1.2	1.3	1.4	1.5
α	33°	33°	32°	32°	32°
β	61°	57°	51°	51°	50°

> **참고** 오토콘 용접(autocon welding : 저각도 용접)
> 영구 자석 및 특수 홀더에 스프링을 이용한 간단한 용접 장치로 고능률 하향 및 수평 필릿을 전용으로 하는 용접법이다.

② 용접 방법
  ㈎ 용접봉 지름과 용접봉 길이의 크기에 따라 용접 전류를 선택한다.
  ㈏ 1인의 작업자가 여러 대의 장치를 조절할 수 있는 능률적인 용접법이다.
  ㈐ 용접봉의 종류와 크기에 따라 알맞은 각도를 정한 다음에 각도 조정바에 있는 나사를 정확하게 고정한다.
  ㈑ 용접기를 움직여 용접봉을 모재에 끝단에 대고 아크를 일으킨다.

그래비티 용접과 오토콘 용접의 비교

항목	구분	그래비티 용접	오토콘 용접
장치	구조	약간 복잡하다.	간단하다.
	형상	부피가 크다.	부피가 작다.
	중량	약간 무겁다.	가볍다.
	사용법	약간 어렵다.	쉽다.
적용성	적용 부위	정확한 조립 이음부 루트 간격 : 2mm 이하 조립 보강재 간격 : 650mm 이상 조립 모재 길이 : 3m 이상 경사각 : 70° 미만 목 두께 크기 : 3.5~6.0mm	정확한 조립 이음부 루트 간격 : 2mm 이하 조립 보강재 간격 : 200mm 이상 조립 모재 길이 : 1m 이상 경사각 : 70° 미만 목 두께 크기 : 4.0~6.0mm
	운봉 속도	조절 가능(운봉비=0.8~1.8mm)	조절 불가
	용접 자세	아래보기 비드, 수평 필릿	아래보기 비드, 수평 필릿
	모재 두께	제한 없다.	제한 없다.
	모재 종류	연강 및 고장력강	연강 및 고장력강
작업성	스패터	보통이다.	약간 많다.
	용입	보통이다.	약간 얕다.
	비드 외관	양호하다.	양호하다.

|예|상|문|제|

1. 일렉트로 슬래그 용접(electro-slag welding)에서 사용되는 수랭식 판의 재료는?
① 알루미늄   ② 니켈
③ 구리   ④ 연강

해설 일렉트로 슬래그 용접에 사용되는 수랭식 판의 재료는 열전도가 좋은 구리(동)판을 사용한다.

2. 일렉트로 슬래그(electro-slag) 용접은 다음 중 어떤 종류의 열원을 사용하는 것인가?
① 전류의 전기저항열
② 용접봉과 모재 사이에서 발생하는 아크열
③ 원자의 분리 융합 과정에서 발생하는 열
④ 점화제의 화학 반응에 의한 열

해설 일렉트로 슬래그 용접은 와이어와 용융 슬래그 사이에 통전된 전류의 전기저항열을 이용하는 용접이다.

3. 아크열이 아닌 와이어와 용융 슬래그 사이에 통전된 전류의 전기저항열을 주로 이용하여 모재와 전극 와이어를 용융시켜 연속 주조 방식에 의한 단층 상진 용접을 하는 것은?
① 플라스마 용접
② 전자 빔 용접
③ 레이저 용접
④ 일렉트로 슬래그 용접

해설 일렉트로 슬래그 용접을 설명한 것으로 와이어가 하나인 경우는 판 두께 120 mm, 와이어가 2개인 경우는 판 두께 100~250 mm, 3개 이상인 경우는 250 mm 이상의 후판 용접에도 가능한 용접이다.

4. 다음 중 일렉트로 가스 용접에 사용되는 보호 가스가 아닌 것은?
① 이산화탄소   ② 아르곤
③ 수소   ④ 헬륨

해설 보호 가스는 CO_2 또는 $CO+Ar$, $Ar+O_2$의 혼합 가스가 사용된다.

5. 다음은 일렉트로 가스 용접에 대한 설명이다. 틀린 것은?
① 용접 홈은 판 두께와 관계없이 12~16 mm 정도가 좋다.
② 용접할 수 있는 판 두께에 제한이 없이 용접 폭이 넓다.
③ 수동 용접에 비하여 용융 속도는 약 4배, 용착 금속은 10배 이상이 된다.
④ 이산화탄소의 공급량은 15~20 L/min 정도가 적당하다.

해설 일렉트로 가스 용접은 일렉트로 슬래그 용접보다 얇은 중후판(10~50 mm)의 용접에 적합하며, 판 두께에 관계없이 용접 홈은 12~16 mm 정도가 좋다.

6. 미세한 알루미늄 분말, 산화철 분말 등을 이용하여 주로 기차의 레일, 차축 등의 용접에 사용되는 것은?
① 테르밋 용접   ② 논 실드 아크 용접
③ 레이저 용접   ④ 플라스마 용접

해설 테르밋 용접은 산화철 분말과 미세한 알루미늄 분말을 약 3~4 : 1의 중량비로 혼합

정답 1. ③   2. ①   3. ④   4. ③   5. ②   6. ①

한 테르밋제에 점화제(과산화바륨, 마그네슘 등의 혼합 분말)를 알루미늄 가루에 혼합하여 점화시키면 테르밋 반응이라 부르는 화학 반응에 의해 약 2800℃에 달하는 온도를 이용하며, 주로 기차의 레일, 차축 등의 용접에 사용된다.

7. 미세한 알루미늄과 산화철 분말을 혼합한 테르밋제에 과산화바륨과 마그네슘 분말을 혼합한 점화제를 넣고, 이것을 점화하면 점화제의 화학 반응에 의해 그 발열로 용접하는 것은?
① 가스 용접
② 전자 빔 용접
③ 플라스마 용접
④ 테르밋 용접

8. 테르밋 용접에서 테르밋제란 무엇과 무엇의 혼합물인가?
① 탄소와 붕사의 분말
② 탄소와 규소의 분말
③ 알루미늄과 산화철의 분말
④ 알루미늄과 납의 분말

해설 테르밋제는 산화철 분말과 미세한 알루미늄 분말을 약 3~4:1의 중량비로 혼합한다.

9. 전자 빔 용접법의 특징 중 틀린 것은?
① 고용융점 재료 및 이종 금속의 금속 용접 가능성이 크다.
② 전자 빔에 의한 용접으로 옥외 작업 시 바람의 영향을 받지 않는다.
③ 용접 입열이 적고 용접부가 좁으며 용입이 깊다.
④ 대기압형의 용접기 사용 시 X선 방호가 필요하다.

해설 전자 빔 용접은 고진공($10^{-1} \sim 10^{-4}$ mmHg 이상) 중에서 용접하므로 불순 가스에 의한 오염이 적고 바람의 영향을 받지 않으며 용접 장치가 커서 실내에서 작업한다.

10. 전자 빔 용접의 장점에 해당되지 않는 것은?
① 예열이 필요한 재료를 예열 없이 국부적으로 용접할 수 있다.
② 잔류 응력이 적다.
③ 용접 입열이 적으므로 열 영향부가 적어 용접 변형이 적다.
④ 시설비가 적게 든다.

해설 ④ 전자 빔 용접은 시설비가 고가이다.

11. 전자 빔 용접에서 전자는 전기적으로 가열된 필라멘트(일반적으로 텅스텐)에서 방출하는 열전자를 이용하는데 이때 필라멘트와 양극의 사이에 고전압을 인가해 전자를 가속하는데 사용되는 전압은 통상 얼마로 하는가?
① 20~50 kV
② 30~60 kV
③ 60~150 kV
④ 150~250 kV

해설 고전압은 통상 60~150 kV를 인가해 전자를 가속시킨다.

12. 레이저 용접에 대한 설명 중 틀린 것은?
① 루비 레이저와 Nd:YAG 레이저, 가스 레이저(탄산가스 레이저)의 3종류가 있다.
② 접촉하기 힘든 모재의 용접이 가능하고 열 영향 범위가 좁다.
③ 부도체 용접이 가능하고 미세 정밀한 용접을 할 수 있다.
④ 광선이 열원으로 진공 상태에서만 용접이 가능하다.

해설 ④ 레이저 용접은 광선이 열원으로 진공이 필요하지 않다.

정답 7. ④ 8. ③ 9. ② 10. ④ 11. ③ 12. ④

13. 다음의 용접법 중 고에너지 밀도 용접법이라고도 불리우는 것은?
① 불활성 가스 아크 용접법
② 탄산가스 아크 용접법
③ 레이저 용접법
④ 고주파 저항 용접법

해설 레이저 용접은 전자 빔 용접과 같이 고에너지 밀도 용접법이라고도 불리운다.

14. 레이저 용접법의 특징 중 틀린 것은?
① 광선의 열원으로 진공이 필요하지 않다.
② 용입 깊이가 깊고 비드 폭이 좁으며 용입량이 커서 열변형이 적다.
③ 이종 금속의 용접도 가능하며 용접 속도가 빠르며 응용 범위가 넓다.
④ 정밀 용접을 하기 위한 정밀한 피딩(feeding)이 요구되어 클램프 장치가 필요하다.

해설 ② 용입 깊이가 깊고 비드 폭이 좁으며 용입량이 작아 열변형이 적다.

15. 점 용접의 3대 요소 중 하나에 해당되는 것은?
① 용접 전극의 모양 ② 용접 전압의 세기
③ 용착량의 크기   ④ 용접 전류의 세기

해설 점 용접은 전기저항 용접의 종류로 저항 용접의 3대 요소는 용접 전류, 통전 시간, 가압력이다.

16. 점(spot) 용접의 3대 요소로 옳지 않은 것은 어느 것인가?
① 용접 전압   ② 용접 전류
③ 통전 시간   ④ 가압력

해설 점 용접의 3대 요소는 용접 전류, 통전 시간, 가압력이다.

17. 전기저항 용접에서 발생하는 열량 Q [cal]와 전류 I [A] 및 전류가 흐르는 시간 t [s]일 때 다음 중 올바른 식은? (단, R은 저항[Ω]이다.)
① $Q=0.24IRt$
② $Q=0.24I^2Rt$
③ $Q=0.24IR^2t$
④ $Q=0.24I^2R^2t$

해설 전기저항 용접에서 줄열은 전류의 제곱과 도체 저항 및 전류가 흐르는 시간에 비례한다는 법칙으로 저항 용접에 응용되며 열량의 식은 $Q=0.24I^2Rt$이다.

18. 저항 용접에 의한 압접에서 전류 20A, 전기저항 30Ω, 통전 시간 10s일 때 발열량은 약 몇 cal인가?
① 14400   ② 24400
③ 28800   ④ 48800

해설 발열량의 공식에 의해
$H=0.24I^2Rt$
$=0.24 \times 20^2 \times 30 \times 10 = 28800\,cal$
여기서, H : 발열량(cal), I : 전류(A), R : 저항(Ω), t : 통전 시간(s)

19. 전기저항 용접법의 특징 설명으로 틀린 것은?
① 용제가 필요하지 않으며 작업 속도가 빠르다.
② 가압 효과로 조직이 치밀해진다.
③ 산화 및 변질 부분이 적다.
④ 열 손실이 많고 용접부의 집중열을 가할 수 있다.

해설 전기저항 용접법의 특징
㉠ 용접사의 기능도에 무관하며 용접 시간이 짧고 대량 생산에 적합하다.

정답 13. ③ 14. ② 15. ④ 16. ① 17. ② 18. ③ 19. ④

ⓒ 산화 작용 및 용접 변형이 적고 용접부가 깨끗하다.
ⓒ 가압 효과로 조직이 치밀하나 후열 처리가 필요하다.
ⓔ 설비가 복잡하고 용접기의 가격이 비싼 것이 단점이다.

20. 점 용접에서 용접물의 결합부가 녹은 부분을 무엇이라 하는가?
① 용융부 ② 용융풀 ③ 너겟 ④ 비드

[해설] 점 용접에서 접합부의 일부가 녹아 바둑알 모양의 단면으로 용접이 되는데 이 부분을 너겟(nugget)이라고 한다.

21. 점 용접의 특징 중 틀린 것은?
① 간단한 조작으로 특히 얇은 판(0.4~3.2mm)의 것을 능률적으로 작업할 수 있다.
② 얇은 판에서 한 점을 잇는데 필요한 시간은 1초 이내이다.
③ 표면이 거칠어도 작업 속도가 빠르다.
④ 단시간에 통전과 비교적 긴 휴지(정지) 시간을 반복하기 때문에 사용률은 작지만, 통전 시의 부하는 크다.

[해설] ③ 표면이 평편하고 작업 속도가 빠르다.

22. 얇은 판을 점 용접할 때 통전 시간이 1초이고 휴지 시간의 합이 10초일 때에는 사용률이 몇 %인가?
① 5.0 ② 7.7 ③ 9.09 ④ 10.01

[해설] 점 용접의 사용률
$$\alpha(\%) = \frac{t_a}{t_a + t_b} \times 100$$
$$= \frac{1}{1+10} \times 100 ≒ 9.09\%$$
여기서, t_a : 통전 시간의 합
t_b : 휴지(정지) 시간의 합

23. 이음부의 겹침을 판 두께 정도로 하고 겹쳐진 폭 전체를 가압하여 심 용접을 하는 방법은?
① 매시 심 용접(mash seam welding)
② 포일 심 용접(foil seam welding)
③ 맞대기 심 용접(butt seam welding)
④ 인터랙트 심 용접(interact seam welding)

[해설] 심 용접에는 매시 심, 포일 심, 맞대기 심 용접 등이 있고, 문제의 설명은 매시 심 용접의 설명이다.

24. 플래시 버트(flash butt) 용접에서 3단계 과정만으로 조합된 것은?
① 예열, 플래시, 업셋
② 업셋, 플래시, 후열
③ 예열, 플래시, 검사
④ 업셋, 예열, 후열

[해설] 저항 용접 중 플래시 버트 용접은 예열 → 플래시 → 업셋 순서로 진행되며, 열 영향부 및 가열 범위가 좁아 이음의 신뢰도가 높고 강도가 좋다.

25. 저항 용접법 중 맞대기 용접에 속하는 것은?
① 스폿 용접 ② 심 용접
③ 방전 충격 용접 ④ 프로젝션 용접

[해설] 전기저항 용접 중 맞대기 용접에는 업셋 용접, 플래시 용접, 맞대기 심 용접, 퍼커션 용접 등이 있다.

26. 맞대기 저항 용접에 해당하는 것은?
① 스폿 용접 ② 매시 심 용접
③ 프로젝션 용접 ④ 업셋 용접

[해설] 전기저항 용접 중 맞대기 용접에는 업셋 용접, 플래시 용접, 맞대기 심 용접, 퍼커션 용접 등이 있다.

정답 20. ③ 21. ③ 22. ③ 23. ① 24. ① 25. ③ 26. ④

27. 프로젝션(projection) 용접의 단면 치수는 무엇으로 하는가?

① 너겟의 지름
② 구멍의 바닥 치수
③ 다리 길이 치수
④ 루트 간격

해설 점 용접이나 프로젝션 용접의 단면 치수는 너겟의 지름으로 표시한다.

28. 돌기 용접의 특징 중 틀린 것은?

① 용접부의 거리가 작은 점 용접이 가능하다.
② 전극 수명이 길고 작업 능률이 높다.
③ 작은 용접점이라도 높은 신뢰도를 얻을 수 있다.
④ 한 번에 한 점씩만 용접할 수 있어서 속도가 느리다.

해설 용접 속도가 빠르며, 제품의 한쪽 또는 양쪽에 돌기를 만들어 여러 점에 용접 전류를 집중시켜 압접하는 방법이다.

29. 원판형의 롤러 전극 사이에 용접물을 끼워 전극에 압력을 주면서 전극을 회전시켜 연속적으로 점 용접을 반복하는 용접법은?

① 프로젝션(돌기) 용접법
② 심 용접법
③ 점 용접법
④ 플래시 용접법

30. 심 용접법의 특징으로 틀린 것은?

① 같은 재료의 용접 시 점 용접보다 용접 전류는 1.5~2.0배, 전극 가압력은 1.2~1.6배 정도 증가시킬 필요가 있다.
② 적용되는 모재의 종류는 탄소강, 알루미늄 합금, 스테인리스강, 니켈 합금 등이다.
③ 용접 가능한 판 두께는 대체로 0.4~3.2mm 정도의 얇은 판에 사용된다.
④ 겹침분이 판 두께의 1~3배의 준 겹침 이음에서는 판 표면의 통전 면적에 대해 접합면의 통전 면적을 의도적으로 작게 할 수 있기 때문에 접합부를 우선적으로 온도 상승시켜 용융시킬 수 있다.

해설 ③ 용접 가능한 판 두께는 대체로 0.2~0.4mm 정도의 얇은 판에 사용된다.

31. 플래시 용접법의 장점으로 틀린 것은?

① 가열 범위, 열 영향부가 좁고 용접 강도가 작다.
② 용접 작업 전 용접면의 끝맺음 가공에 주의하지 않아도 된다.
③ 용접면의 플래시로 인하여 산화물의 개입이 적다.
④ 대전력을 필요로 하기 때문에 비교적 큰 전원 설비가 필요하다.

해설 • 장점
㉠ 가열 범위, 열 영향부가 좁고 용접 강도가 크다.
㉡ 용접 작업 전 용접면의 끝맺음 가공에 주의하지 않아도 된다.
㉢ 용접면의 플래시로 인하여 산화물의 개입이 적다.
㉣ 이종 재료의 용접이 가능하고, 용접 시간 및 소비전력이 적다.
㉤ 업셋량이 적고, 능률이 극히 높아 강재, 니켈, 니켈 합금에서 좋은 용접 결과를 얻을 수 있다.
㉥ 플래시 과정 초입(1.2s)에서 단락 아크의 교호 현상은 플래시 단면에 존재하는 CO 가스에 기인하는 것이다.
㉦ 1.2s를 경과하면 ㉥의 주기성이 무너지고 단락 아크의 전류치가 작아져서 그것들의 발생도 고립되므로 단락 아크의 반복수는 감소된다(이동 대 속도 일정).

정답 27. ① 28. ④ 29. ② 30. ③ 31. ①

- 단점
  - ㉠ 대전력을 필요로 하기 때문에 비교적 큰 전원 설비가 필요하다.
  - ㉡ 플래시의 발생으로 작업성이 저하된다.
  - ㉢ 피용접재는 모임분이 소모되고 주보의 제거를 필요로 한다.

32. 업셋 용접법 중 특징 및 용접 조건으로 틀린 것은?

① 가스 압접법과 같이 이음부에 개재하는 산화물 등이 용접 후 남아있기 쉽고, 용접 전 이음면의 끝맺음 가공이 특히 중요하다.
② 플래시 용접에 비해 가열 속도가 늦고 용접 시간이 길어 열 영향부가 넓다.
③ 단면적이 큰 것이나 비대칭형의 재료 용접에 대한 적용이 곤란하다.
④ 불꽃의 비산이 있고 가압에 의한 변형이 생기기 쉬워 판재나 선재의 용접이 곤란하다.

해설 ④ 불꽃의 비산이 없고 가압에 의한 변형이 생기기 쉬워 판재나 선재의 용접이 곤란하다.

33. 가는 솔리드 와이어를 아르곤, 이산화탄소 또는 혼합 가스의 분위기 속에서 MIG 용접과 비슷한 방법으로 0.8mm 정도의 얇은 판 용접을 하는 용접법은?

① 탄산가스 아크 용접
② 논 실드 가스 아크 용접
③ 단락 옮김 아크 용접
④ 불활성 가스 아크 용접

34. 아크 점 용접법에 대한 설명 중 틀린 것은?

① 아크의 고열과 그 집중성을 이용하여 겹친 2장의 판재의 한쪽에서 가열하여 용접하는 방법이다.
② 아크를 0.5~5초 정도 발생시켜 전극 팁의 바로 아래 부분을 국부적으로 융합시키는 점 용접법이다.
③ 판 두께 1.0~3.2mm 정도의 위판과 3.2~9.0mm 정도의 아래 판을 맞추어서 용접하는 경우가 많다.
④ 능력 범위는 6mm까지는 구멍을 뚫지 않은 상태로 용접하고, 7mm 이상의 경우는 구멍을 뚫고 플러그 용접을 시공한다.

해설 ③ 판 두께 1.0~3.2mm 정도의 위판과 3.2~6.0mm 정도의 아래 판을 맞추어서 용접하는 경우가 많다.

35. 논 실드 가스 아크 용접에 대한 설명 중 틀린 것은?

① 솔리드 와이어는 사용하는 논 가스, 논 플럭스 아크 용접법과 복합 와이어를 사용하는 논 가스 아크 용접법이 있다.
② 논 가스, 논 플럭스 아크 용접은 직류, 논 가스 아크 용접은 직류, 교류 어느 것이나 사용이 가능하다.
③ 탄산가스 아크 용접보다 다소 용접성이 좋고 옥외 작업이 가능하다.
④ 용접 작업은 바람을 등지는 위치에서 행해야 한다.

해설 ③ CO_2 용접보다 다소 용접성이 뒤떨어지나 옥외 작업이 가능하다는 장점이 있다.

36. 논 실드 아크 용접법의 특징으로 틀린 것은?

① 실드 가스나 용제를 필요로 하지 않고 옥외 작업이 가능하다.
② 용접 전원은 직류, 교류를 모두 사용할 수 있고 전자세 용접이 가능하다.
③ 장치가 복잡하고 운반이 편리하다.

정답 32. ④ 33. ③ 34. ③ 35. ③ 36. ③

④ 실드 가스(fume)의 발생이 많아서 용접선이 잘 보이지 않는다.

[해설] ③ 용접 장치가 간단하고 가벼우므로 운반과 취급이 용이하다.

37. 원자 수소 아크 용접에 대한 설명 중 틀린 것은?
① 가스 실드 용접의 일종으로 수소 가스의 분위기로 아크를 보호한다.
② 수소 분자가 원자 상태로 되었다가 다시 분자 상태로 재결합할 때 발생되는 열을 이용한다.
③ 용접 전원은 직류, 교류가 모두 사용되나 그 중 직류를 더 많이 사용한다.
④ 고도의 기밀, 유밀을 필요로 하는 내압 용기 용접에 이용된다.

[해설] ③ 용접 전원으로는 교류, 직류가 모두 사용되나 직류 사용 시 극성 효과로 한쪽의 전극 소모가 빨리되므로 교류가 많이 사용되고 있다.

38. 다음 중 스터드 용접에 대한 설명으로 틀린 것은?
① 건축 구조물 및 교량 공사 등에 볼트나 환봉, 핀 등을 직접 강판이나 형강에 용접하는 방법이다.
② 용접 전원은 직류, 교류가 모두 사용되나 그 중에 교류를 많이 사용한다.
③ 스터드 주변에는 내열성의 도자기로 된 페룰(ferrule)을 사용한다.
④ 아크의 발생 시간은 일반적으로 0.1~2초 정도로 한다.

[해설] ② 용접 전원은 교류, 직류가 모두 사용되나 그 중 세렌 정류기를 사용한 직류 용접기가 많이 사용된다.

39. 다음 중 가스 압접법에 대한 설명으로 틀린 것은?
① 가스 압접은 맞대기 저항 용접과 같이 봉 모양의 재료를 가스 불꽃으로 적당한 온도까지 가열한 후에 압력을 주어 접합하는 방식이다.
② 용접 방법으로는 개방, 밀착 맞대기법으로 나누고 있다.
③ 가열 가스는 산소-아세틸렌, 산소-프로판이 주로 사용되고 있다.
④ 이음부에 탈탄층이 전혀 없으며 전력이 필요하다.

[해설] ④ 이음부에 탈탄층이 전혀 없고 전력이 불필요하다.

40. 가스 압접의 특징으로 틀린 것은?
① 이음부에 탈탄층이 전혀 없고 전력이 불필요하다.
② 장치가 간단하고, 설비비나 보수비 등이 비싸다.
③ 작업이 거의 기계적이고 이음부에 첨가 금속 또는 용제가 불필요하다.
④ 간단한 압접기를 사용하여 현장에서 지름 32mm 정도의 철제를 압접한다.

[해설] ② 장치가 간단하고, 설비비나 보수비 등이 싸다.

41. 용사(metallizing)에 대한 설명 중 틀린 것은?
① 금속 또는 금속 화합물의 분말을 가열하여 완전 용융 상태로 하여 불어서 붙여 밀착 피복하는 방법을 용사라 한다.
② 용사 재료는 금속, 탄화물, 규화물, 질화물, 산화물(세라믹), 유리 등이 있다.
③ 용사 장치는 가스 불꽃 용선식 건, 분말식 건, 플라스마 용사 건 등이 사용된다.

[정답] 37. ③ 38. ② 39. ④ 40. ② 41. ①

④ 내식성, 내열성, 내마모성 혹은 인성용 피복으로서 매우 넓은 용도를 가지고 있다.

해설 ① 금속 또는 금속 화합물의 분말을 가열하여 반용융 상태로 하여 불어서 붙여 밀착 피복하는 방법을 용사라 한다.

42. 저온 용접(low temperature welding)의 설명 중 틀린 것은?
① 공정(eutectic) 조직을 가진 합금의 용접은 공정 조직이 아닌 배합의 동일계 합금에 비하여 융점이 최저가 된다는 사실을 이용하며, 낮은 온도에서 용접하는 용접법이다.
② 용접봉의 주성분은 주철, 강, 동과 알루미늄의 각 모재에 대하여 아연(Zn) 재료를 사용하며 용융 온도는 170~300℃이다.
③ 가장 많이 사용되며, 전류는 교류와 직류를 모두 사용해도 좋고 피복 용접봉을 사용한다.
④ 보통 피복 아크 용접에서 사용되는 용접 전류의 40~100%를 사용한다.

해설 ④ 보통 피복 아크 용접에서 사용되는 용접 전류의 50~70%를 사용한다.

43. 저온 용접의 특징 중 틀린 것은?
① 저온에서 용접이 되므로 모재의 재질 변화가 많고 변형과 응력 균열이 적다.
② 공정으로 미세 조직의 용접 금속을 얻어 강도와 경도가 크게 된다.
③ 용접 시 모재를 예열한 후 용접을 실시한다.
④ 용접봉은 모재와 같은 계통의 공정 합금을 사용하고 작업 속도가 빠르다.

해설 ① 저온에서 용접이 되므로 모재의 재질 변화가 적고 변형과 응력 균열이 적다.

44. 플라스틱 용접 방법에 해당되지 않는 것은?

① 열풍 용접 ② 열기구 용접
③ 점 용접   ④ 고주파 용접

해설 플라스틱 용접에는 열풍 용접, 열기구 용접, 마찰 용접법, 고주파 용접법 등이 이용되고 있다.

45. 초음파 용접법의 특징 중 틀린 것은?
① 냉간 압접에 비해 주어지는 압력이 작으므로 용접물의 변형률이 작다.
② 판의 두께에 따라 용접 강도가 현저하게 변화한다.
③ 용접물의 표면 처리가 복잡하고 압연한 그대로의 재료도 용접이 쉽다.
④ 극히 얇은 판, 즉 필름(film)도 쉽게 용접된다.

해설 ③ 용접물의 표면 처리가 간단하고 압연한 그대로의 재료도 용접이 쉽다.

46. 냉간 압접의 특징 중 틀린 것은?
① 압접 공구가 복잡하고 숙련이 필요하다.
② 압접부가 가열 용융되지 않으므로 열 영향부가 없다.
③ 접합부의 내식성과 전기저항은 모재와 거의 같다.
④ 압접부가 가공 경화되어 눌린 흔적이 남는다.

해설 ① 압접 공구가 간단하고 숙련이 필요하지 않다.

47. 마찰 용접의 특징 중 틀린 것은?
① 접합부의 변형 및 재질의 변화가 적다.
② 고온 균열 발생이 없고 기공이 없다.
③ 소요 동력이 적게 들어 경제성이 높다.
④ 이종 금속의 용접이 가능하고 접합면의 끝 손질이 필요하다.

해설 ④ 이종 금속의 용접이 가능하고 접합면의 끝 손질이 필요하지 않다.

정답 42. ④ 43. ① 44. ③ 45. ③ 46. ① 47. ④

48. 고주파 용접을 설명한 것은?

① 접속성이 강한 유도 방사에 의한 단색광선을 이용한다.
② 태양광선 등의 열을 렌즈에 모아 모재에 집중시켜 용접한다.
③ 표피 효과 및 근접 효과를 이용하여 용접한다.
④ 관절형이 오늘날 많이 사용되고 있다.

해설 고주파 용접 : 고주파 전류를 직접 용접물에 통하여 고주파 전류 자신이 근접 효과(proximity effect)에 의해 용접부를 집중적으로 가열하여 용접하는 것과 도체의 표면에 고주파 전류가 집중적으로 흐르는 성질인 표피 효과(skin effect)를 이용하여 용접부를 가열 용접한다.

49. 고주파 용접에 대한 설명으로 틀린 것은?

① 모재의 적합한 표면에 어는 정도 산화막이나 더러움이 있어도 지장이 없다.
② 이종 금속의 용접이 가능하다.
③ 고주파 저항 용접은 고주파 유도 용접에 비해 전력의 소비가 다소 크다.
④ 가열 효과가 좋아 열 영향부가 적다.

해설 ③ 이음 형상이나 재료의 크기에 제약이 있고 전력의 소비가 다소 크다(고주파 유도 용접).

50. 용접 장치가 모재와 일정한 경사각을 이루고 있는 금속 지주에 홀더를 장치하고 여기에 물린 길이가 긴 피복 용접봉이 중력에 의해 녹아 내려가면서 일정한 용접선을 이루는 아래보기와 수평 필릿 용접을 하는 용접법은?

① 서브머지드 아크 용접
② 그래비티 아크 용접
③ 퓨즈 아크 용접
④ 테르밋 용접

정답 48. ③ 49. ③ 50. ②

1-11 납땜법

(1) 납땜

① 납땜법은 접합해야 할 모재를 용융시키지 않고 그들 금속의 이음면 틈에 모재보다 용융점이 낮은 다른 금속(땜납)을 용융, 첨가하여 용접하는 방법이다.

② 땜납의 대부분은 합금으로 되어 있으나 단체 금속도 사용되며, 땜납은 용융점의 온도에 의해 연납(solders)과 경납(brazing)으로 구분되고 용융점이 450℃(KS)보다 높은 것이 경납, 그보다 낮은 것이 연납이고 용접용 땜납은 경납을 사용한다.

③ 납땜 방법
  ㈎ 인두 납땜
  ㈏ 가스 경납땜(gas brazing)
  ㈐ 노내 경납땜(furnace brazing)
  ㈑ 유도 가열 경납땜(induction brazing)
  ㈒ 저항 경납땜(resistance brazing)
  ㈓ 담금 경납땜(dip brazing)

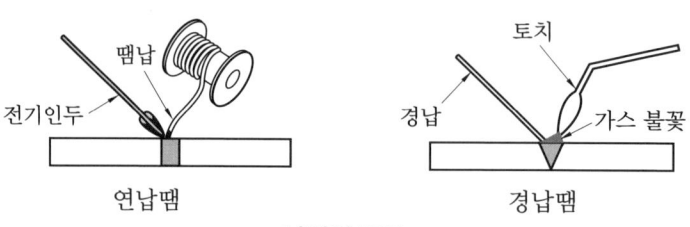

납땜의 종류

(2) 연납(solders)

① 연납은 인장강도 및 경도가 낮고 용융점이 낮으므로 납땜 작업이 쉬워 연납 중에서 가장 많이 사용되는 것으로는 주석-납인데 납이 0%에서 거의 100%까지 포함되어 있는 합금이다.

② 연납의 종류 : 구리, 황동, 아연, 납, 알루미늄 등의 납땜에 사용되며, 강력한 이음 강도가 요구될 때 사용되는 납-카드뮴과 아연-카드뮴 납 등의 카드뮴계 땜납과 낮은 온도에서 금속을 접합할 때 사용되는 저용융점의 비스무트(Bi)-카드뮴-납-주석의 합금으로 된 것과 납-주석-아연으로 된 자기용 납이 있다.

(3) 경납(brazing)

① 경납은 연납에 비하여 강력한 것으로 높은 강도를 요구할 때 사용되며, 경납 중 중요한 것으로는 은납(silver solder)과 황동납(brass hard solder) 등이 있다.

② 경납의 종류
　(가) 동납과 황동납 : 일반적으로 동납은 구리 86.5% 이상의 납을 말하며 철강, 니켈 및 구리-니켈 합금의 납땜에 사용되며, 황동납은 구리와 아연이 주성분으로 아연 60% 이하의 것이 실용되고 있고 아연의 증가에 따라 인장강도가 증가된다. 황동납은 은납에 비하여 값이 싸므로 공업용으로 많이 이용되고 있다.
　(나) 인동납 : 인동납의 조성은 구리-인 또는 구리-은-인의 합금으로 구리와 그 합금, 또는 은, 몰리브덴 등의 땜납으로 사용된다.
　(다) 망간납 : 망간납의 조성은 구리-망간 또는 구리-아연-망간이며 저망간의 것은 동이나 동합금에, 고망간의 것은 철강의 납땜에 사용된다.
　(라) 양은납 : 구리-아연-니켈의 합금으로 동 및 동합금의 납땜에 사용된다.
　(마) 은납 : 은과 구리를 주성분으로 하고 이외에 아연, 카드뮴, 니켈, 주석 등을 첨가한 땜납이다. 이 땜납은 융점이 비교적 낮고 유동성이 좋으며 인장강도, 전연성 등의 성질이 우수하고 색채가 아름다워 응용 범위가 넓으나 가격이 비싼 것이 결점이다.
　(바) 알루미늄납 : 알루미늄, 규소를 주성분으로 구리와 아연을 첨가한 것이다.

(4) 용제(flux)

① 연납용 용제 : 염산(HCl), 염화아연($ZnCl_2$), 염화암모늄(NH_4Cl), 수지(동물유), 인산, 목재 수지 등
② 경납용 용제
　(가) 붕사 : 붕사에는 결정수를 가진 것과 갖지 않은 것이 있고 전자는 760℃에서, 후자는 670℃에서 녹아 액체로 되며 산화물을 녹이는 능력을 갖지만 크롬, 베릴륨, 알루미늄, 마그네슘 등의 산화물은 녹이지 못한다.
　(나) 붕산 : 용해 온도가 875℃이고 산화물 용해 능력이 작아 붕사와 혼합하여 사용한다.
　(다) 붕산염 : 크롬, 알루미늄을 갖는 합금의 납땜에 필요불가결한 용제로 NaCl, KCl은 저온에서는 좋으나 고온에서는 역효과를 얻을 수도 있다.
　(라) 알칼리 : 가성소다, 가성가리 등의 알칼리는 공기 중의 수분을 흡수 용해하는 성질이 강하므로 소량을 사용하며 몰리브덴 합금강의 납땜에 유용하다.
③ 용제의 구비조건
　(가) 산화물의 용해와 산화 방지
　(나) 용가재의 유동성 증가
　(다) 내식성
④ 용제의 선택 및 사용 : 모재의 재질과 형상, 치수, 수량, 가열 방법, 용도, 납땜재의 용융 온도 등을 고려하여 능률적이고 경제적인 용제를 선택하며 부식성 용제 사용 후는 반드시 물, 소다 등으로 제거하여야 한다.

|예|상|문|제|

1. 납땜 작업에서 연납땜과 경납땜을 구분하는 온도는 몇 ℃인가?
① 500 ② 350 ③ 400 ④ 450

해설 연납과 경납은 용융점 450℃로 구분한다.

2. 다음 중 연납의 종류가 아닌 것은?
① 주석-납   ② 인-구리
③ 납-카드뮴   ④ 카드뮴-아연

해설 연납의 주성분은 주석-납이고 그 외 사용에 따라 비스무트, 납-카드뮴, 아연-카드뮴 등이 있다.

3. 연납에 대한 설명 중 틀린 것은?
① 연납은 인장강도 및 경도가 낮고 용융점이 낮으므로 납땜 작업이 쉽다.
② 연납의 흡착 작용은 주로 아연의 함량에 의존되며 아연 100%의 것이 가장 좋다.
③ 대표적인 것은 주석 40%, 납 60%의 합금이다.
④ 전기적인 접합이나 기밀, 수밀을 필요로 하는 장소에 사용된다.

해설 ② 연납의 흡착 작용은 주석의 함유량에 따라 좌우되고 주석 100%일 때가 가장 좋다.

4. 경납땜에서 갖추어야 할 조건으로 틀린 것은?
① 기계적, 물리적, 화학적 성질이 좋아야 한다.
② 접합이 튼튼하고 모재와 친화력이 없어야 한다.
③ 모재와 야금적 반응이 만족스러워야 한다.
④ 모재와의 전위차가 가능한 한 적어야 한다.

해설 ② 경납땜은 용융 온도가 450℃ 이상으로 접합이 튼튼하고 모재와 친화력이 좋아야 한다.

5. 납땜부를 용해된 땜납 중에 담가 납땜하는 방법과 이음 부분에 납재를 고정시켜 납땜 온도를 가열 용융시켜 화학약품에 담가 침투시키는 방법은?
① 가스 납땜   ② 담금 납땜
③ 노내 납땜   ④ 저항 납땜

해설 경납땜에서 담금 납땜은 문제의 설명과 같고 강재의 황동 납땜에 사용되며 대량 생산에 적합하다.

6. 브레이징은 저온 용가재를 사용하여 모재를 녹이지 않고 용가재만 녹여 용접을 이행하는 방식인데, 섭씨 몇 ℃ 이상에서 이행하는 방식인가?
① 350℃   ② 400℃
③ 450℃   ④ 600℃

해설 납땜에서 브레이징은 경납으로 연납과의 구분 온도는 450℃ 이상이다.

7. 다음 중 연납용 용제로만 구성되어 있는 것은?
① 붕사, 붕산, 염화아연
② 염화아연, 염화암모늄
③ 불화물, 알칼리, 염산
④ 붕산염, 염화암모늄, 붕사

해설 연납용 용제 : 염산(HCl), 염화아연($ZnCl_2$), 염화암모늄(NH_4Cl), 수지(동물유), 인산, 목재 수지 등

정답 1. ④ 2. ② 3. ② 4. ② 5. ② 6. ③ 7. ②

용접기능사

제4편

용접 안전

제1장 용접부 검사

제2장 용접 결함부 보수 용접 작업

제3장 용접의 자동화와 로봇 용접

제4장 안전관리 및 정리정돈

제1장 용접부 검사

1. 용접부의 시험과 검사

1-1 시험 및 검사 방법의 종류

(1) 용접 전의 작업 검사

① 용접 설비에서는 용접기기, 부속기구, 보호기구, 지그(jig) 및 고정구 등의 적합성을 검사한다.
② 용접봉은 겉모양과 치수, 용착 금속의 성분과 성질, 모재와 조립한 이음부의 성질, 피복제의 편심률, 특히 작업성과 균열 시험을 한다.
③ 모재에서는 재료의 화학 조성, 물리적 성질, 화학적 성질, 기계적 성질, 개재물의 분포, 라미네이션(lamination) 열처리법을 검사한다.
④ 용접 준비는 홈 각도, 루트 간격, 이음부의 표면 상태(스케일, 유지 등의 부착, 가접의 양부 등 상황) 등을 검사한다.
⑤ 시공 조건은 용접 조건, 예열, 후열 등의 처리 등을 검사한다.
⑥ 용접공의 기량을 확인한다.

(2) 용접 중의 작업 검사

① 각 층마다(용접 비드 층)의 융합 상태, 슬래그 섞임, 비드 겉모양, 크레이터의 처리, 변형 상태(모재, 외관) 등을 검사한다.
② 용접봉의 건조 상태, 용접 전류, 용접 순서, 운봉법, 용접 자세 등에 주의한다.
③ 예열을 필요로 하는 재료에는 예열 온도, 층간 온도를 점검한다.

(3) 용접 후의 작업 검사

후열 처리, 변형 교정, 작업 점검과 균열, 변형, 치수 잘못 등의 조사를 실시한다.

(4) 완성 검사

용접 구조물 전체에 결함 여부를 조사하는 검사로 용접물에서 시험편(specimen)을 잘라 내기 위해 파괴하는 파괴 검사(destructive testing)와 용접물을 파괴하지 않고 결함 유무를 조사하는 비파괴 검사(NDT : non-destructive testing)가 있다.

(5) 검사법의 분류

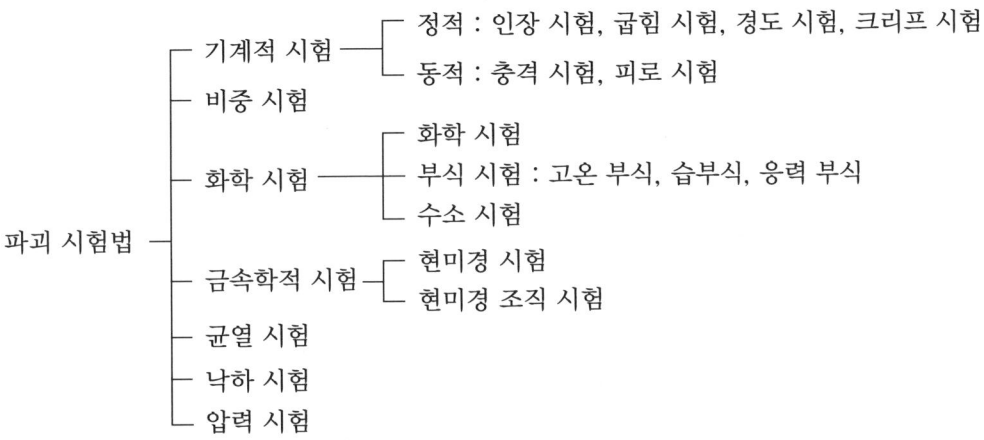

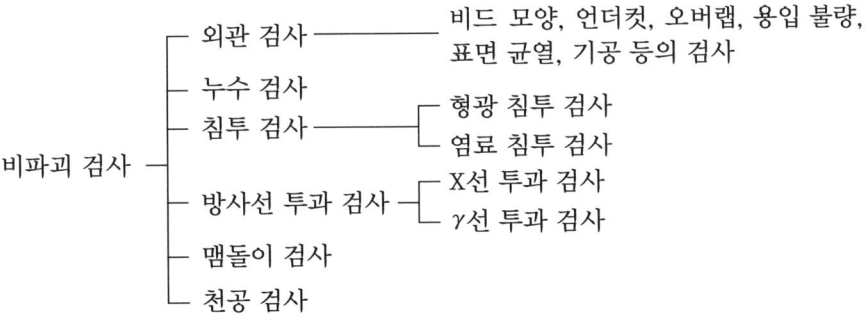

(6) 용접부의 결함 종류에 따른 검사법

구분	결함의 종류	시험과 검사법
치수상의 결함	변형	적당한 게이지를 사용한 외관 육안 검사
	용접 금속부 크기가 부적당	용접 금속용 게이지를 사용한 육안 검사
	용접 금속부 형상이 부적당	
구조상의 결함	기공	방사선 검사, 전자기 검사, 와류 검사, 초음파 검사, 파단 검사, 현미경 검사, 마이크로 조직 검사
	비금속 또는 슬래그 섞임	
	융합 불량	
	용입 불량	
	언더컷	외관 육안 검사, 방사선 검사, 굽힘 시험
	균열	외관 육안 검사, 방사선 검사, 초음파 검사, 현미경 검사, 마이크로 조직 검사, 전자기 검사, 침투 검사, 형광 검사
	표면 결함	굽힘 시험, 외관 육안 검사, 기타
성질상의 결함	인장강도의 부족	전용착 금속의 인장 시험, 맞대기 용접의 인장 시험, 필릿 용접의 전단 시험, 모재의 인장 시험
	항복강도의 부족	전용착 금속의 인장 시험, 맞대기 용접의 인장 시험, 모재의 인장 시험
	연성의 부족	전용착 금속의 인장 시험, 굽힘 시험, 모재의 인장 시험
	경도의 부적당	경도 시험
	피로강도의 부족	피로 시험
	충격에 의한 파괴	충격 시험
	내식성의 불량	부식 시험
	화학 성분의 부적당	화학 분석

2. 파괴, 비파괴 및 기타 검사(시험)

2-1 용접 재료의 시험법(파괴 검사)

(1) 기계적 시험

① 인장 시험(tensile test) : 여러 가지 모양(원봉상, 판상, 각진 쇠막대 등)의 고른 단면을 가진 기다란 시험편을 사용하여 인장 시험기로 인장 파단시켜 인장강도, 연신율, 항복점, 단면수축률 등을 측정한다.

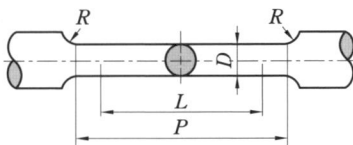

D : 시험편의 지름(14 mm)
L : 표점 거리(50 mm)
R : 어깨 부분의 반지름(15 mm 이상)
P : 평행부의 길이(60 mm)

인장 시험편(원봉형)

㈎ 탄성한도 : [그림] 점 B의 하중을 시험편의 원단면적 $A[\text{mm}^2]$으로 나눈 값이 탄성한도이고, 점 B 이하에서는 다음이 성립한다(※ 연신율=변형률).

$$\frac{응력(\delta)}{연신율(\varepsilon)} = 상수(E)$$

여기서, 상수 E를 세로 탄성률 또는 영률(young's modulus)이라 한다.

㈏ 응력과 연신율 : 하중 $P[\text{kg}]$에 있어 최초의 단면적 $A[\text{mm}^2]$으로 나눈 값을 응력이라 하고, 연신율은 표점 사이의 거리의 변화를 나타내는 것이다.

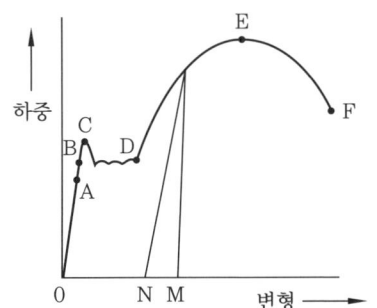

A : 비례한도(proportional limit)
B : 탄성한계(elastic limit)
0N : 영구 변형(소성 변형)
C : 상부 항복점(내력점, yield point)
D : 하부 항복점
E : 최대 인장강도
F : 파단점

하중 변형 선도

㈐ 인장강도(tensile stress) : [그림]에서 점 E로 표시되는 최대 하중(P_{max})을 시험편의 원단면적 $A[\mathrm{mm}^2]$으로 나눈 값을 인장강도(δ_m)라 한다.

$$\delta_m = \frac{P_{max}}{A}[\mathrm{kg/mm}^2]$$

② 굽힘 시험(bending test) : 모재 및 용접부의 연성 결함의 유무를 조사하기 위하여 적당한 길이와 너비를 가진 시험편을 적당한 지그를 사용하여 시험하는 것으로 굽힘에 의하여 용접부 표면(이면)에 나타나는 균열의 유무와 크기에 의하여 용접부의 양부를 판정한다.

㈎ 형틀 굽힘 시험(guide bend test : KS B 0832) : 용접 기능 검정 시험에 채택되고 있고 굽힘 방법에는 자유 굽힘과 형틀 굽힘으로 구분되며 표면 상태의 조건에 따라 표면 굽힘 시험(surface bend test), 이면 굽힘 시험(root bend test), 측면 굽힘 시험(side bend test) 등으로 구분된다. 형틀 굽힘 시험은 시험편을 보통 180°까지 굽힌다.

㈏ 롤러 굽힘 시험(roller bend test : KS B 0835) : 시험용 지그가 필요 없이 판 두께 3~19mm 시험편을 그대로 굽힐 수 있으며, 굽힘 방법은 자유 굽힘 방법과 같고 용접 금속과 모재의 경도가 너무 차이가 있는 것은 시험에 부적합하다.

③ 경도 시험(hardness test) : 경도란 물체의 기계적인 단단함의 정도를 나타내는 수치로서, 금속의 인장강도에 대한 간단한 척도가 되며 시험 방법으로는 브리넬(Brinell), 로크웰(Rockwell), 비커스(Vickers), 쇼어(shore) 시험기 등이 사용된다.

㈎ 브리넬 경도(Brinell hardness) : 일정한 지름 D(mm)의 강철볼을 일정한 하중 P(3000, 1000, 750, 500kg)로 시험편을 표면에 압입한 다음, 하중을 제거한 후 이때 생긴 오목 자국의 표면적으로 하중을 나눈 값을 나타내는 것이며, H_B라고 표시한다.

$$H_B = \frac{하중(\mathrm{kg})}{오목\ 자국의\ 표면적(\mathrm{mm}^2)} = \frac{P}{\pi D t}[\mathrm{kg/mm}^2]$$

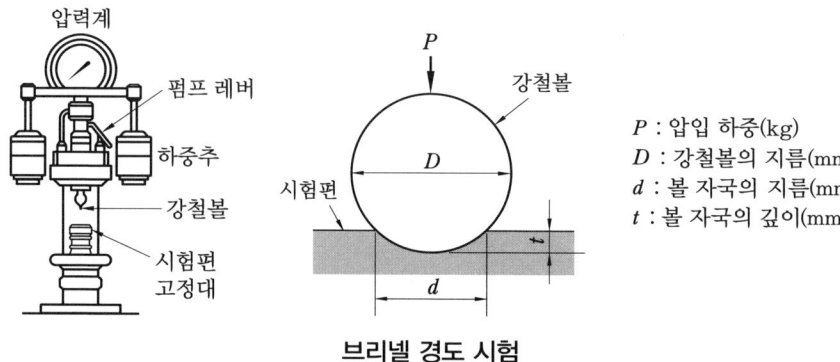

브리넬 경도 시험

(나) 로크웰 경도(Rockwell hardness) : 로크웰 경도 시험은 압입 형태에 따라 B 스케일과 C 스케일로 구분된다.

㉮ B 스케일(H_{RB}) : 지름 $1.588\text{mm}\left(\dfrac{1}{16}''\right)$의 강철볼을 압입하는 방법으로 연한 재료에 이용되고 시험 방법은 기준 하중 10kg을 작용시키고 다시 100kg을 걸어 놓은 후에 10kg의 기준 하중으로 되돌렸을 때 자국의 깊이를 다이얼 게이지로 표시한다.

$$H_{RB} = 130 - 500h$$
h : 압입 깊이(mm)

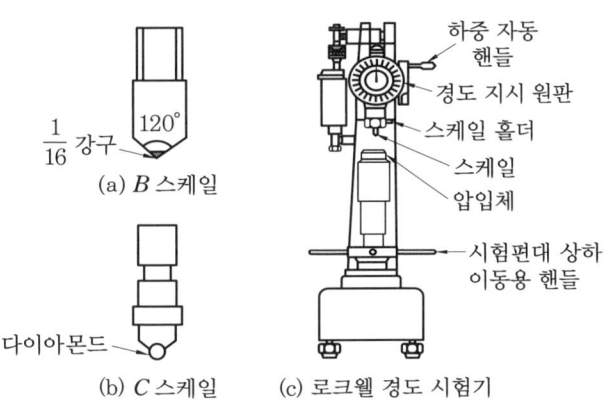

로크웰 경도 시험

㉯ C 스케일(H_{RC}) : 꼭지각 120°의 다이아몬드 원뿔을 압입자로 사용하여 굳은 재료의 경도 시험에 사용되는 방법으로 시험 하중 150kg에서 시험한 후 다음 식으로 계산한다.

$$H_{RC} = 100 - 500h$$
h : 압입 깊이(mm)

(다) 비커스(Vickers hardness) : 압입체로서 꼭지각이 136°인 사각뿔 모양의 다이아몬드 피라미드를 사용하여 1~120kg의 하중으로 시험하여 생긴 오목 자국을 측정 후 가해진 하중을 오목 자국의 표면적으로 나눈 값을 비커스 경도라고 한다. 브리넬 경도 시험에 비해 압입자에 가하는 하중이 매우 작으며 홈 역시 매우 작아 0.025mm 정도의 박판이나 정밀 가공품, 단단한 강(표면 경화된 재료) 등에 사용되며 재료가 균질일 때 비커스 경도는 특수한 경우를 제외하고 인장강도의 약 3배의 값으로 보아도 별지장이 없다.

$$H_V = \frac{하중(kg)}{오목\ 자국의\ 표면적(mm^2)} = \frac{18544P}{D^2} [kg/mm^2]$$

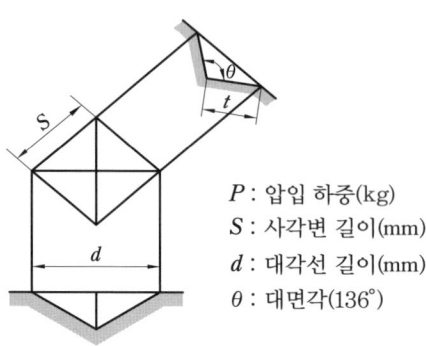

P : 압입 하중(kg)
S : 사각변 길이(mm)
d : 대각선 길이(mm)
θ : 대면각(136°)

비커스 경도 시험

㈑ 쇼어 경도(shore hardness) : 쇼어 경도는 압입 시험과 달리 작은 다이아몬드(끝단이 둥글다)를 선단에 고정시킨 낙하추(2.6 g)를 일정한 높이 h_0(25 cm)에서 시험편 표면에 낙하시켰을 때 튀어 오른 높이 h로 쇼어 경도 H_S를 측정하는 것이다. 오목 자국이 남지 않아 정밀품의 경도 시험에 널리 사용되며, 쇼어 경도계는 다이얼 지시식 쇼어 경도 시험기(D형)와 직독식 쇼어 경도 시험기(C형) 등이 있다.

$$H_S = \frac{10000}{65} \times \frac{h}{h_0}$$

h_0 : 낙하 물체의 높이(25 cm), h : 낙하 물체의 튀어 오른 높이(cm)

㈒ 에코 방식(echo type) 경도 측정 : 에코 방식의 경도 측정은 텅스텐 카바이드로 된 둥근 테스트 팁을 가진 임펙트 보디(impact body)가 충격 스프링에 의해 시험편의 표면을 때리고 다시 튀어오른다. 이때 충격 속도와 반발 속도가 정밀 측정된다. 이러한 측정은 임펙트 보디 속에 내장된 영구자석이 테스트하는 과정에서 코일 속을 통과하면서 통과 속도에 정비례하는 양의 전기전압을 전진과 후진 시에 발생시켜 이루어지며 충격 시와 반발 시의 속도로 추출된 측정치는 디지털에 경도값이 수치로 나타나며 이 값을 환산표에 의해 환산하여 경도를 측정한다. 측정 범위는 H_{bo} 0440, H_v 0940, H_{re} 2068 정도이다.

④ 충격 시험(impact test) : 시험편에 V형 또는 U형 등의 노치(notch)를 만들고 충격적인 하중을 주어서 파단시키는 시험법이다. 충격적인 힘을 가하여 시험편이 파괴될 때에 필요한 에너지를 그 재료의 충격값(impact value)이라 하고 충격적인 힘의 작용

시 충격에 견디는 질긴 성질을 인성(toughness)이라 하며, 파괴되기 쉬운 여린 성질을 메짐 또는 취성(brittleness)이라 한다. 인성을 알아보는 방법으로는 보통 시험편을 단순보 상태에서 시험하는 샤르피식(charpy type)과 내다지보 상태에서 시험하는 아이조드식(izod type)이 있다. 시험편의 파단까지의 흡수 에너지가 많을수록 인성이 크고, 작을수록 취성이 큰 재료이며 우리나라에서는 샤르피 충격 시험기(KS B 0809에 규정)를 많이 사용하고 있다. 시험편 흡수 에너지 E는 다음 식과 같다.

$$E = WR(\cos\beta - \cos\alpha)[\text{kg} \cdot \text{m}]$$

$$\text{충격값 } U = \frac{E}{A} [\text{kg} \cdot \text{m}/\text{cm}^2]$$

E : 시험편에 흡수된 에너지, W : 해머의 무게(kg),
R : 회전축 중심에서 해머 중심까지의 거리(m),
α : 충격 전의 각도(°), β : 충격 후의 각도(°)

⑤ 피로 시험(fatigue test) : 재료의 인장강도 및 항복점으로부터 계산한 안전 하중 상태에서도 작은 힘이 계속적으로 반복하여 작용하였을 때 재료에 파괴를 일으키는 일이 있는데 이와 같은 파괴를 피로 파괴라고 하며, 시험편에 규칙적인 주기를 가지는 교번 하중을 걸고 하중의 크기와 파괴가 될 때까지의 되풀이 회수에 따라 피로강도를 측정하는 것을 피로 시험이라 한다. 용접 이음 시험편에서는 명확한 평단부가 나타나기 어려우므로 2×10^6회 내지 2×10^7회 정도에 견디어 내는 최고 하중을 구하는 수가 많다.

피로 시험기

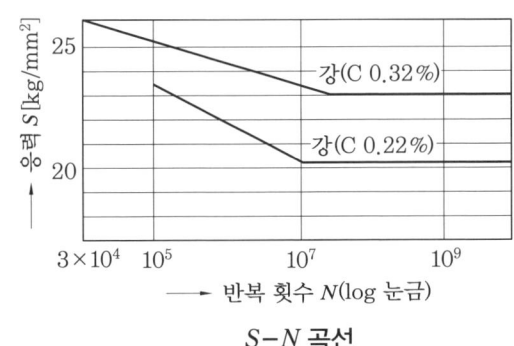

S-N 곡선

(2) 화학적 시험

① 화학 분석 : 모재 용착 금속 등의 금속 또는 합금 중에 포함되는 각 성분을 알기 위해 금속 분석을 하는 것으로 시험편에서 재료를 잘라 내어 화학 분석을 한다.

㈎ 시험 대상 : 금속 중에 포함된 불순물, 가스 조성의 종류와 양, 슬래그, 탄소강의 탄소, 규소, 망간 등
㈏ 특징
　㉮ 시료 중에 포함되는 금속의 각 조성의 평균값을 알 수 있다.
　㉯ 재료의 금속학적 성질(현미경 조직, 설퍼프린트 등)의 좋고 나쁨을 판정하는 기초 자료가 된다.
　㉰ 시료 중에 각 조성의 분포 상태(편석 등)에 대해서는 알 수 없다.
② 부식 시험 : 용접물이 어떤 분위기 속에서 부식되는 상태를 조사하기 위하여 실제 분위기와 같거나 비슷한 상태의 부식액을 사용하여 실험적으로 시험하는 방법이다.

종류	시험 대상
습부식 시험	청수, 해수, 유기산, 무기산, 알칼리에 의한 부식 상태 시험
고온 부식 시험(건부식)	고온의 증기 가스에 의한 부식 상태 시험
응력 부식 시험	응력에 의한 부식 상태 시험

③ 수소 시험 : 용접부에 용해한 수소는 기공, 비드 균열, 은점, 선상 조직 등 결함의 큰 요인이 되므로, 용접 방법 또는 용접봉에 의해 용접 금속 중에 용해되는 수소량의 측정은 주요한 시험법의 하나이다. 함유 수소량의 측정에는 45℃ 글리세린 치환법과 진공 가열법이 있다.

(3) 금속학적 시험

① 파면 시험 : 용착 금속이나 모재의 파면에 대하여 결정의 조밀, 균열, 슬래그 섞임, 기공, 선상 조직, 은점 등을 육안 관찰로서 검사하는 방법이다.
　㈎ 시험 대상 : 인장, 파면, 충격 시험편의 파면, 모서리 용접 또는 필릿 용접의 파면에 대한 관찰
　㈏ 파면 색채 판정법 : 일반적인 결정의 파면이 은백색이며 빛나면 취성 파면, 쥐색이며 치밀하면 연성 파면이다.
② 매크로 조직 시험 : 용접부에서 용입의 상태, 다층 용접 시 각 층의 양상, 열 영향부의 범위, 결함의 유무 등을 알기 위해 용접부 단면을 연삭기나 샌드페이퍼 등으로 연마하고, 적당한 매크로 에칭(macro-etching)을 해서 육안 또는 저배율의 확대경으로 관찰하는 것으로 에칭을 한 다음 부식성 액체를 사용하므로 곧 물로 세척하고 건조시켜 시험한다.
③ 현미경 시험 : 시험편은 샌드페이퍼로서 연마하고, 그 위에 연마포로 충분히 매끈하게 광택, 연마한 다음 적당한 매크로 부식액으로 부식시키고, 50~200배의 광학 현미

경으로 조직이나 미소 결함 등을 관찰한다. 또한, 2000배 이상의 전자 현미경으로 조직을 정밀 관찰할 수도 있다.

2-2 비파괴 검사(non-destructive testing : 약칭 NDT)

(1) 외관 검사(육안 검사, visual inspection : VT)

용접부의 양부를 외관에 나타나는 비드의 형상에 의하여 육안으로 관찰하는 간편한 검사법으로 널리 사용되고 있으며 비드 외관, 비드의 너비 및 비드의 높이, 용입, 언더컷, 오버랩, 표면 균열 등에 대해서 관찰한다.

(2) 누수 검사(누설 검사, leak testing : LT)

탱크, 용기 등의 기밀, 수밀, 유밀을 요구하는 제품에 정수압 또는 공기압을 가해 누수 유무를 확인하는 방법으로 특수한 경우 할로겐 가스, 헬륨 가스를 사용하기도 한다.

(3) 침투 검사(penetrant testing : PT)

제품의 표면에 발생된 미세 균열이나 작은 구멍을 검출하기 위해 이 곳에 침투액을 표면 장력의 작용으로 침투시킨 후에 세척액으로 세척한 후 현상액을 사용하여 결함부에 스며든 침투액을 표면에 나타나게 하는 것이다.

① 형광 침투 검사(fluorescent penetrant inspection) : 형광 침투액은 표면장력이 작으므로 미세한 균열이나 작은 구멍의 흠집에 잘 침투하며 침투 후 최적 약 30분이 경과한 다음에 표면을 세척한 다음 탄산칼슘, 규사가루, 산화마그네슘, 알루미나 등의 혼합 분말 또는 알코올에 녹인 현탁 현상액을 사용하여 형광 물질을 표면으로 노출시킨 후 초고압 수은 등(black light)으로서 검사한다.

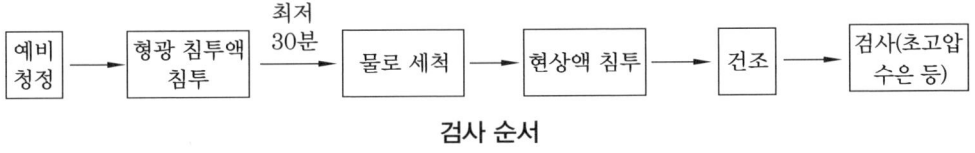

검사 순서

② 염료 침투 검사(dye pentrant inspection) : 형광 염료 대신 적색 염료를 이용한 침투액을 사용하며 일반 전등이나 일광 밑에서도 검사가 가능하고 방법이 간단하여 현장 검사에 널리 사용되고 있다.

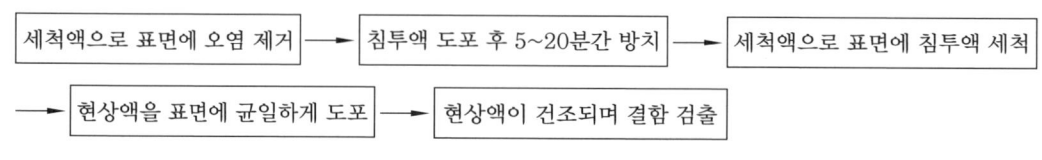

검사 순서(스프레이 염료통 사용)

(4) 초음파 검사(ultrasonic inspection : UT)

사람이 실제로 귀로 들을 수 없는 파장이 짧은 초음파(0.5~15MHz)를 검사물 내부에 침투시켰을 때 내부의 결함, 불균일층이 존재할 경우 전파 상태에 이상이 생기는 것으로 검사를 하는 방법이다.

① 초음파의 속도
   (가) 공기 : 약 330 m/s
   (나) 물속 : 약 1500 m/s
   (다) 강 : 약 6000 m/s

② 초음파의 강 중에 침투 조건
   (가) 강의 표면이 매끈하여야 한다.
   (나) 초음파 발진자와 강 표면 사이에 물, 기름, 글리세린 등을 넣어서 발진자를 강 표면에 밀착시킨다.

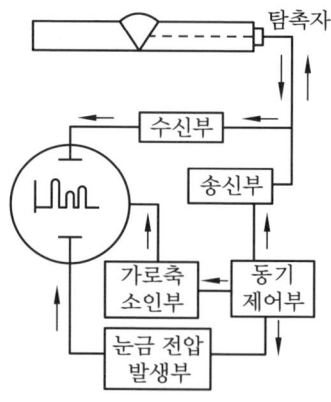

초음파 탐상기의 원리

③ 탐촉자의 종류
   (가) 1 탐촉자법 : 입사 탐촉자와 수파 탐촉자를 1개로 겸용하여 사용한다.
   (나) 2 탐촉자법 : 입사 탐촉자와 수파 탐촉자를 다른 탐촉자로 사용한다.

④ 초음파 검사법의 종류
   (가) 투과법 : 시험물에 초음파의 연속파 또는 펄스를 송신하고 뒷면에서 이를 수신하며 내부에 결함이 있을 때 초음파가 산란되거나 강약 정도로서 검출하는 방법이다.

㈏ 펄스(pulse) 반사법 : 지속시간이 0.5~5s 정도의 초음파 펄스(단시간의 맥류)를 물체의 일면에서 탐촉자를 통해서 입사시켜 단면 및 내부의 결함에서의 반사파를 면 상의 같은 탐촉자에 받아 발생한 전압 펄스를 관찰하는 방법으로 초음파의 입사 각 도에 따라 수직 탐상법과 사각탐상법이 있고 가장 많이 사용된다.

㈐ 공진법 : 시험물에 송신하는 초음파를 연속적으로 교환시켜서 반파장의 정수가 판 두께와 동일하게 될 때 송신파와 반사파가 공진하여 정상파가 되는 원리를 이용한 것으로서 판 두께 측정, 부식 정도, 내부 결함, 라미네이션(lamination) 등을 검사 할 수 있다.

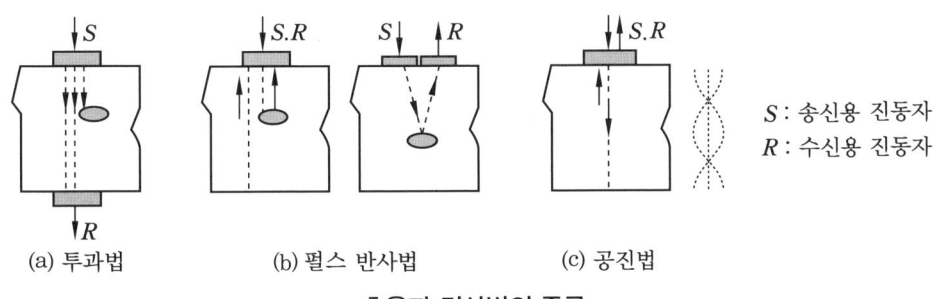

초음파 검사법의 종류

(5) 자기 검사 (magnetic inspection : MT)

시험물을 자화시킨 상태에서 결함이 있을 때 자력선이 교란되어 생기는 누설자속을 자분(철분) 또는 탐사 코일을 사용하여 결함을 검사하는 방법으로 대표적인 것이 자분 검사법(magnetic particle inspection)이다. 이 검사법은 비자성체(알루미늄, 구리, 오스테나이트계 스테인리스 강 등)에는 사용할 수 없으며, 자화 전류에는 500~5000A 정도의 교류(3~5초 통전) 또는 직류(0.2~0.5초 통전)를 단시간 흐르게 한 후에 잔류 자기를 이용하는 것이 보통이다.

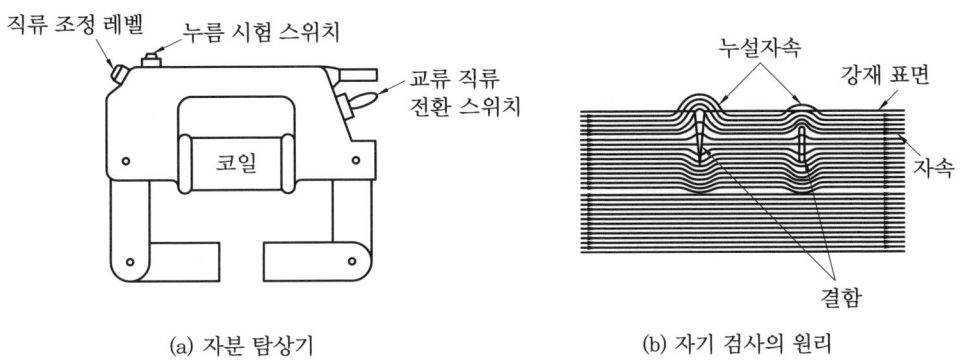

자분 탐상기 및 자기 검사의 원리

① 자화 방법의 종류

ⓒ : 전류, Ⓜ : 자장, Ⓓ : 결함

자화 방법	축 통전법	직각 통전법	관통법	전류 통전법	코일법	극간법	자속 관통법
자장	원형 자장				직선 자장		원형 자장
자화 종류							

(6) 방사선 투과 시험(rediographic inspection : RT)

방사선 투사 검사는 X선 또는 γ선을 검사물에 투과시킨 뒤 검사물 투과 반대편에 부착한 필름에 감광된 것을 현상하여 결함의 유무를 조사하는 방법으로 용접 내부에 결함 사항이 있을 때는 필림 현상 시 결함 부분에 감광량이 많아 그 모양대로 검게 나타난다. 매크로적 결함의 검출로서는 가장 확실한 방법이며 널리 사용되고 있다.

① X선 투과 검사(X-ray radiography) : 직진하는 X선을 용접부에 투과시켜 필름에 감광된 강도로 결함을 조사하며, 검사 작업 시 X선의 전부가 투과되는 것이 아니라 검사물에 일부가 흡수되며 검사물 두께가 두꺼울수록 흡수량이 커지므로 판 두께의 2% 이상의 결함을 검출하기 위해 가는 줄 10개 이상이 고정된 투과도계를 검사물 위에 놓고 검사한다. 시험 후 필름에 감광된 투과도계(penetramater)로 결함 검출의 기준을 삼는다. X선 투과법에 의하여 검출되는 결함은 균열, 융합 불량, 용입 불량, 기공, 슬래그 섞임, 비금속 개재물, 언더컷 등이다.

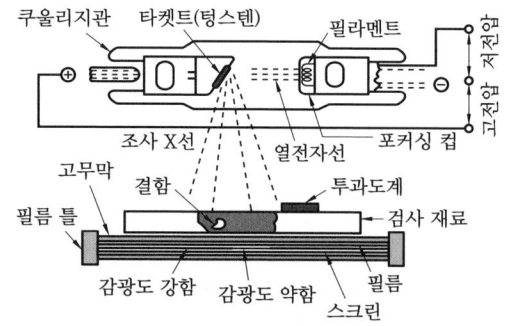

X선 투과 사진 촬영의 원리

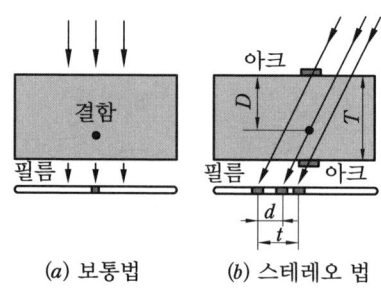

X선 검사 방법

(가) X선 검사 방법
  ㉮ 보통법 : X선을 단순히 수직 방향에서 투과하며 평면적인 위치 크기는 정확히 검출되나 결함의 어느 두께의 위치인지는 파악하지 못한다.
  ㉯ 스테레오법 : 평면적 위치, 크기, 어느 두께의 위치인지 검출할 수 있다.
② γ선 투과 검사 : X선으로는 투과하기 힘든 두꺼운 판에 대하여 X선보다 투과력이 강한 γ선을 사용하며, 보통 천연의 방사선 동위원소(라듐 등)가 사용되는데 최근에는 인공 방사선 동위원소(코발트 60, 세슘 134 등)도 사용된다. 이 방법은 장치도 간단하고 운반도 용이하며 취급도 간단하여 현장에서 널리 사용된다.

용접부 결함의 등급

등급 \ 시험부의 최대 두께(mm)	5.0 이하	5.1～10.0	10.1～20.0	20.1～50.0	50.1 이상
1급	0	0	≤1	≤1	≤1
2급	≤2	≤3	≤4	≤5	≤6
3급	≤4	≤6	≤8	≤10	≤12
4급	≤8	≤12	≤15	≤18	≤20
5급	≤12	≤18	≤25	≤30	≤40
6급	결함의 수가 5급보다 많은 것				

[비고] 표 중의 숫자는 결함이 가장 조밀하게 존재하는 부분의 내에 존재하는 결함의 수를 나타낸 것이다.
또한, 결함의 크기는 길이 2mm 이하로 하고, 2mm를 넘는 크기의 결함에 대해서는 다음의 계수를 곱한다.
다만, 결함의 크기가 12mm를 넘는 경우 및 균열이 존재하는 경우에는 6급으로 한다.

결함의 크기(mm)	2.0 이하	2.1～4.0	4.1～6.0	6.1～8.0	8.1～10.0	10.1～12.0
계수	1	4	6	10	15	20

(7) 맴돌이 전류 검사(와류 검사, eddy current inspection : ET)

금속 내에 유기되는 맴돌이 전류(와류 전류)의 작용을 이용하여 검사하는 방법으로 적용 재료는 자기 탐상 검사가 안 되는 비자성 금속, 즉 오스테나이트 스테인리스강 등에 사용되며 검출되는 결함은 표면 및 표면에 가까운 내부 결함으로 균열, 기공, 개재물, 피트, 언더컷, 오버랩, 용입 불량, 융합 불량, 조직 변화 및 기계적, 열적 변화를 조사한다.

|예|상|문|제|

1. 강의 충격 시험 시의 천이 온도에 대해 가장 올바르게 설명한 것은?
① 재료가 연성 파괴에서 취성 파괴로 변화하는 온도 범위를 말한다.
② 충격 시험한 시편의 평균 온도를 말한다.
③ 시험 시편 중 충격값이 가장 크게 나타난 시편의 온도를 말한다.
④ 재료의 저온 사용 한계 온도이나 각 기계 장치 및 재료 규격집에서는 이 온도의 적용을 불허하고 있다.

해설 용접부의 천이 온도는 금속 재료가 연성 파괴에서 취성 파괴로 변하는 온도 범위를 말하며, 철강 용접의 천이 온도는 최고 가열 온도가 400~600℃이며 이 범위는 조직의 변화가 없으나 기계적 성질이 나쁜 곳이다.

2. 용접부의 시험 및 검사법의 분류에서 전기, 자기 특성 시험은 무슨 시험에 속 하는가?
① 기계적 시험   ② 물리적 시험
③ 야금학적 시험   ④ 용접성 시험

해설 용접부의 검사법은 크게 기계적, 물리적, 화학적으로 구분한다.
㉠ 기계적 시험 : 인장, 충격, 피로, 경도 등
㉡ 물리적 시험 : 자기, 전자기적, 전기 시험 등
㉢ 화학적 시험 : 부식, 수소 시험 등

3. 용접 이음의 피로강도는 다음의 어느 것을 넘으면 파괴되는가?
① 연신율   ② 최대 하중
③ 응력의 최댓값   ④ 최소 하중

해설 용접 이음의 피로강도는 응력의 최댓값을 초과할 때 파괴된다.

4. 용접부의 검사법 중 비파괴 검사(시험)법에 해당되지 않는 것은?
① 외관 검사   ② 침투 검사
③ 화학 시험   ④ 방사선 투과 시험

해설 화학 시험은 파괴 시험으로 부식 시험 등을 한다.

5. 용접부의 시험법에서 시험편에 V형 또는 U형 등의 노치(notch)를 만들고, 하중을 주어 파단시키는 시험 방법은?
① 경도 시험   ② 인장 시험
③ 굽힘 시험   ④ 충격 시험

해설 파괴 시험법 중 충격 시험은 샤르피식(U형 노치에 단순보(수평면))과 아이조드식(V형 노치에 내다지보(수직면))이 있고, 충격적인 하중을 주어서 파단시키는 시험법으로 흡수 에너지가 클수록 인성이 크다.

6. KS 규격에서 용접부 비파괴 시험 기호의 설명으로 틀린 것은?
① RT : 방사선 투과 시험
② PT : 침투 탐상 시험
③ LT : 누설 시험
④ PRT : 변형도 측정 시험

해설 PRT 시험은 내압 또는 변형률 측정 시험으로 시험체에 하중을 가해 변형의 정도에 의해 응력 분포의 상태를 조사하는 비파괴 시험이다.

7. 용접부의 비파괴 검사(NDT) 기본 기호 중에서 잘못 표기된 것은?
① RT : 방사선 투과 시험
② UT : 초음파 탐상 시험

정답 1. ① 2. ② 3. ③ 4. ③ 5. ④ 6. ④ 7. ③

③ MT : 침투 탐상 시험
④ ET : 와류 탐상 시험

[해설] 비파괴 검사의 종류에는 방사선 투과 시험(RT), 초음파 탐상 시험(UT), 자분 탐상(MT), 침투 탐상(PT), 와류 탐상(ET), 누설 시험(LT), 변형도 측정 시험(ST), 육안 시험(VT), 내압 시험(PRT)이 있다.

8. 용접부의 시험에서 확산성 수소량을 측정하는 방법은?
① 기름 치환법
② 글리세린 치환법
③ 수분 치환법
④ 충격 치환법

[해설] 용접 파괴 시험에서 화학적 시험 중 함유 수소 시험법은 글리세린 치환법, 진공 가열법, 확산성 수소량 측정법 등이 있다.

9. 용착 금속의 충격 시험에 대한 설명 중 옳은 것은?
① 시험편의 파단에 필요한 흡수 에너지가 크면 클수록 인성이 크다.
② 시험편의 파단에 필요한 흡수 에너지가 작으면 작을수록 인성이 크다.
③ 시험편의 파단에 필요한 흡수 에너지가 크면 클수록 취성이 크다.
④ 시험편의 파단에 필요한 흡수 에너지는 취성과 상관관계가 없다.

[해설] 파괴 시험법 중 충격 시험은 샤르피식(U형 노치에 단순보(수평면))과 아이조드식(V형 노치에 내다지보(수직면))이 있고, 충격적인 하중을 주어서 파단시키는 시험법으로 흡수 에너지가 클수록 인성이 크다.

10. 비파괴 검사 중 자기 검사법을 적용할 수 없는 것은?

① 오스테나이트계 스테인리스강
② 연강
③ 고속도강
④ 주철

[해설] 자기 검사(MT)는 자성이 있는 물체만을 검사할 수 있으므로 비자성체인 오스테나이트계 스테인리스강(18-8)은 자기 검사법을 적용할 수 없다.

11. 용접 결함의 종류 중 구조상 결함에 속하지 않는 것은?
① 슬래그 섞임   ② 기공
③ 융합 불량   ④ 변형

[해설] 용접 결함의 종류
㉠ 치수상 결함 : 변형, 치수 및 형상 불량
㉡ 구조상 결함 : 기공, 슬래그 섞임, 언더컷, 오버랩, 균열, 용입 불량, 융합 불량 등
㉢ 성질상 결함 : 인장강도의 부족, 연성의 부족, 화학 성분의 부적당 등

12. 용접 결함 중 구조상 결함에 해당되지 않는 것은?
① 융합 불량   ② 언더컷
③ 오버랩   ④ 연성 부족

[해설] 용접 결함의 종류
㉠ 치수상 결함 : 변형, 치수 및 형상 불량
㉡ 구조상 결함 : 기공, 슬래그 섞임, 언더컷, 오버랩, 균열, 용입 불량, 융합 불량 등
㉢ 성질상 결함 : 인장강도의 부족, 연성의 부족, 화학 성분의 부적당 등

13. 자기 검사에서 피검사물의 자화 방법은 물체의 형상과 결함의 방향에 따라서 여러 가지가 사용된다. 그 중 옳지 않은 것은?
① 투과법   ② 축 통전법
③ 직각 통전법   ④ 극간법

[정답] 8. ②　9. ①　10. ①　11. ④　12. ④　13. ①

해설 자화 방법의 종류에는 축 통전법, 직각 통전법, 관통법, 코일법, 극간법 등이 있고, 투과법은 초음파 검사 방법이다.

14. 자기 검사(MT)에서 피검사물의 자화 방법이 아닌 것은?
① 코일법 ② 극간법
③ 직각 통전법 ④ 펄스 반사법

해설 자화 방법의 종류에는 축 통전법, 직각 통전법, 관통법, 코일법, 극간법 등이 있고, 펄스 반사법은 초음파 검사 방법이다.

15. 형틀 굽힘 시험은 용접부의 연성과 안전성을 조사하는 것인데, 형틀 굽힘 시험의 내용에 해당되지 않는 것은?
① 표면 굽힘 시험 ② 이면 굽힘 시험
③ 롤러 굽힘 시험 ④ 측면 굽힘 시험

해설 굽힘 시험의 종류 중 시험하는 상태에 따라서는 표면 굽힘, 이면 굽힘, 측면 굽힘 시험 등이 있다.

16. 다음 중 파괴 시험에 해당되는 것은?
① 음향 시험 ② 누설 시험
③ 형광 침투 시험 ④ 함유 수소 시험

해설 용접 파괴 시험에서 화학적 시험 중 함유 수소 시험법은 글리세린 치환법, 진공 가열법, 확산성 수소량 측정법 등이 있다.

17. 용접사에 의해 발생될 수 있는 결함이 아닌 것은?
① 용입 불량 ② 스패터
③ 라미네이션 ④ 언더필

해설 라미네이션(lamination)은 재료의 재질 결함으로 라미네이션 균열은 모재의 재질 결함으로 설퍼 밴드와 같이 층상으로 편재되어 있고 내부에 노치를 형성하며 두께 방향의 강도를 감소시킨다. 딜라미네이션은 응력이 걸려 라미네이션이 갈라지는 것을 말하며 방지 방법으로 킬드강이나 세미 킬드강을 이용하여야 한다.

18. 다음 중 자분 탐상 시험을 의미하는 것은?
① UT ② PT
③ MT ④ RT

해설 비파괴 검사의 종류에는 방사선 투과 시험(RT), 초음파 탐상 시험(UT), 자분 탐상 시험(MT), 침투 탐상 시험(PT), 와류 탐상 시험(ET), 누설 시험(LT), 변형도 측정 시험(ST), 육안 시험(VT), 내압 시험(PRT)이 있다.

19. 용접부의 기공 검사는 어느 시험법으로 가장 많이 하는가?
① 경도 시험 ② 인장 시험
③ X선 시험 ④ 침투 탐상 시험

해설 비파괴 시험으로 X선 투과 시험은 균열, 융합 불량, 슬래그 섞임, 기공 등의 내부 결함 검출에 사용된다.

20. 다음 중 균열이 가장 많이 발생할 수 있는 용접 이음은?
① 십자 이음 ② 응력 제거 풀림
③ 피닝법 ④ 냉각법

해설 용접 이음 부분이 많을수록 열의 냉각이 빨라 균열이 생기기 쉽다.

21. 초음파 탐상법 중 가장 많이 사용되는 검사법은?
① 투과법 ② 펄스 반사법
③ 공진법 ④ 자기 검사법

정답 14. ④ 15. ③ 16. ④ 17. ③ 18. ③ 19. ③ 20. ① 21. ②

해설 초음파 검사는 0.5~15 MHz의 초음파를 물체의 내부에 침투시켜 내부의 결함, 불균일 층의 유무를 알아내는 검사로 투과법, 펄스 반사법, 공진법이 있으며 펄스 반사법이 가장 일반적이다.

22. B 스케일과 C 스케일 두 가지가 있는 경도 시험법은?

① 브리넬 경도
② 로크웰 경도
③ 비커스 경도
④ 쇼어 경도

해설 로크웰 경도 시험은 압입 형태에 따라 B 스케일과 C 스케일로 구분된다.

23. 자분 탐상법의 특징 설명으로 틀린 것은?

① 시험편의 크기, 형상 등에 구애를 받는다.
② 내부 결함의 검사가 불가능하다.
③ 작업이 신속 간단하다.
④ 정밀한 전 처리가 요구되지 않는다.

해설 비파괴 검사의 종류인 자분 탐상법의 장점은 신속 정확하며, 결함 지시 모양이 표면에 직접 나타나기 때문에 육안으로 관찰할 수 있고, 검사 방법이 쉽지만 비자성체는 사용이 곤란하다.

24. 용접 균열은 고온 균열과 저온 균열로 구분된다. 크레이터 균열과 비드 밑 균열에 대하여 옳게 나타낸 것은?

① 크레이터 균열-고온 균열, 비드 밑 균열-고온 균열
② 크레이터 균열-저온 균열, 비드 밑 균열-저온 균열
③ 크레이터 균열-저온 균열, 비드 밑 균열-고온 균열
④ 크레이터 균열-고온 균열, 비드 밑 균열-저온 균열

해설 용접 균열은 용접을 끝낸 직후에 크레이터 부분에 생기는 크레이터 균열, 외부에서는 볼 수 없는 비드 밑 균열 등이 있고 크레이터 균열은 고온 균열, 비드 밑 균열은 저온 균열이다.

25. 용착 금속을 인장 또는 굽힘 시험했을 경우 파단면에 생기며 은백색 파면을 갖는 결함은?

① 기공
② 크레이터
③ 오버랩
④ 은점

해설 굽힘 시험을 했을 경우 수소로 인한 헤어 크랙과 생선 눈처럼 은백색으로 빛나는 은점 결함이 생기며, 취성 파면이다.

26. 용접부의 내부 결함 중 용착 금속의 파단면에 고기 눈 모양의 은백색 파단면을 나타내는 것은?

① 피트(pit)
② 은점(fish eye)
③ 슬래그 섞임(slag inclusion)
④ 선상 조직(ice flower structure)

해설 용착 금속의 파단면에 생선 눈 모양의 결함은 수소가 원인으로 은점과 헤어 크랙, 기공 등의 결함이 있다.

27. 브리넬 경도계의 경도값의 정의는 무엇인가?

① 시험 하중을 압입 자국의 깊이로 나눈 값
② 시험 하중을 압입 자국의 높이로 나눈 값
③ 시험 하중을 압입 자국의 표면적으로 나눈 값
④ 시험 하중을 압입 자국의 체적으로 나눈 값

정답 22. ② 23. ① 24. ④ 25. ④ 26. ② 27. ③

해설 브리넬 경도 $H_V[\text{kg/mm}^2]$
$$= \frac{\text{하중(kg)}}{\text{오목 자국의 표면적(mm}^2)}$$

28. 연강을 인장 시험으로 측정할 수 없는 것은?
① 항복점   ② 연신율
③ 재료의 경도   ④ 단면수축률

해설 인장 시험은 항복점, 연신율, 단면수축률을 측정할 수 있고, 경도 시험은 브리넬 경도, 로크웰 경도, 비커스 경도, 쇼어 경도 등의 시험이 있다.

29. 용접부의 노치 인성을 조사하기 위해 시행되는 시험법은?
① 맞대기 용접부의 인장 시험
② 샤르피 충격 시험
③ 저사이클 피로 시험
④ 브리넬 경도 시험

해설 파괴 시험법 중 충격 시험은 샤르피식(U형 노치에 단순보(수평면))과 아이조드식(V형 노치에 내다지보(수직면))이 있고, 충격적인 하중을 주어서 파단시키는 시험법으로 흡수 에너지가 클수록 인성이 크다.

30. 미소한 결함이 있어 응력의 집중에 의하여 성장하거나, 새로운 균열이 발생될 경우 변형 개방에 의한 초음파가 방출되는데 이러한 초음파를 AE 검출기로 탐상함으로써 발생 장소와 균열의 성장 속도를 감지하는 용접 시험 검사법은?
① 누설 탐상 검사법
② 전자 초음파법
③ 진공 검사법
④ 음향 방출 탐상 검사법

해설 AE(acoustic emission) 시험 또는 음향 방출 탐상 검사라고도 하며, 고체의 변형 및 파괴에 수반하여 해당된 에너지가 음향 펄스가 되어 진행하는 현상을 검출기, 증폭기와 필터, 진폭 변별기, 신호 처리로 탐상하는 검사법이다.

31. 방사선 투과 검사에 대한 설명 중 틀린 것은?
① 내부 결함 검출이 용이하다.
② 라미네이션(lamination) 검출도 쉽게 할 수 있다.
③ 미세한 표면 균열은 검출되지 않는다.
④ 현상이나 필름을 판독해야 한다.

해설 라미네이션은 모재의 재질 결함으로 강괴일 때 기포가 압연되어 생기는 결함으로 설퍼 밴드와 같이 층상으로 편재해 있어 강재의 내부적 노치를 형성하므로 방사선 투과 시험에서는 검출이 되지 않는다.

32. 약 2.5g의 강구를 25cm 높이에서 낙하시켰을 때 20cm 튀어 올랐다면 쇼어 경도 (H_S)값은 약 얼마인가? (단, 계측통은 목측형(C형)이다.)
① 112.4   ② 192.3
③ 123.1   ④ 154.1

해설 쇼어 경도 $H_S = \dfrac{10000}{65} \times \dfrac{h}{h_0}$
$= \dfrac{10000}{65} \times \dfrac{20}{25} ≒ 123.1$

여기서, h_0 : 낙하 물체의 높이(25cm)
h : 낙하 물체의 튀어 오른 높이(cm)

33. 용착 금속 내부에 균열이 발생되었을 때 방사선 투과 검사 필름에 나타나는 것은?

정답 28. ③ 29. ② 30. ④ 31. ② 32. ③ 33. ②

① 검은 반점
② 날카로운 검은 선
③ 흰색
④ 검출이 안 됨

해설 방사선 투과 검사 결과 필름상에 균열은 그 파면이 투과 방향과 거의 평행할 때는 날카로운 검은 선으로 밝게 보이나 직각일 때에는 거의 알 수 없다.

34. 응력이 "0"을 통과하여 같은 양의 다른 부호 사이를 변동하는 반복 응력 사이클은?

① 교번 응력　　② 양진 응력
③ 반복 응력　　④ 편집 응력

해설 일반적으로 피로 한도는 응력 진폭으로 표시되고, 양진(평균 응력=0, 응력비=-1)의 피로 한도를 기준으로 한다.

35. X선 투과 검사에서 결함이 있는 곳과 없는 곳의 투과 X선의 강도비는 어떻게 결정되는가?

① 결함의 길이와 물질의 흡수 계수에 의하여 결정된다.
② 입사 X선의 세기와 정비례한다.
③ 입사 X선의 세기와 반비례한다.
④ 결함의 길이와 물질의 흡수 계수에는 관계없이 관 전압에 의하여 결정된다.

해설 투과 X선의 강도비는 입사 X선의 세기와는 관계없고 결함의 길이와 물질의 흡수 계수에 의하여 결정된다.

36. 자분 탐상 검사에서 검사 물체를 자화하는 방법으로 사용되는 자화 전류로서 내부 결함의 검출에 적합한 것은?

① 교류
② 자력선
③ 직류
④ 교류나 직류 상관없다.

해설 자분 탐상 검사에서 자화 전류는 표면 결함의 검출에는 교류가 사용되고, 내부 결함의 검출에는 직류가 사용된다.

정답 34. ②　35. ①　36. ③

제2장 용접 결함부 보수 용접 작업

1. 용접 시공 및 보수

1-1 용접 시공 계획

(1) 용접 설계의 의의

　용접 설계란 넓은 의미에서 용접 시공의 중요한 일부분을 차지하는 것이며, 용접을 이용하여 기계 또는 구조물 등을 제작하는 경우 그 제품이 사용 목적에 적합하고 경제성이 높도록 시공 순서 및 방법 등과 제품의 모양, 크기 등을 기초적으로 결정하는 것이다.

　① 용접 설계자가 갖추어야 할 지식
　　㈎ 각종 용접 재료에 대한 용접성 및 물리·화학적 성질
　　㈏ 용접 이음의 강도와 변형 등 모든 특성
　　㈐ 용접 구조물에 가해지는 여러 조건에 의한 응력
　　㈑ 각종 용접 시공법의 종류에 따른 특성
　　㈒ 정확한 용접 비용(적산)의 산출
　　㈓ 정확한 용접 시공의 사후 처리 방법(예열, 후열, 검사법 등)의 선정

(2) 용접 이음의 설계와 홈의 형태

　① 용접 이음의 종류
　　㈎ 덮개판 이음(한면, 양면, strap joint)
　　㈏ 겹치기 이음(lap joint)
　　㈐ 변두리 이음(edge joint)
　　㈑ 모서리 이음(corner joint)
　　㈒ T 이음(tee joint)
　　㈓ 맞대기 이음(한면, 양면, butt joint)

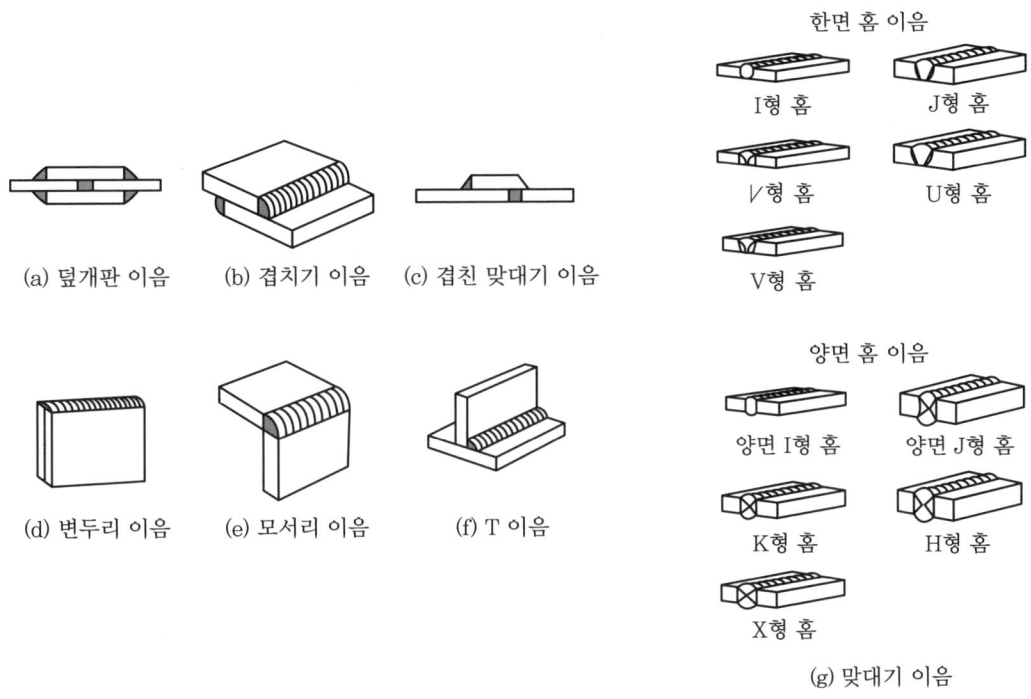

용접 이음의 종류

② 용접 이음을 설계할 때 주의사항
　㉮ 용접 작업을 안전하게 할 수 있는 구조로 한다.
　㉯ 아래보기 용접을 많이 하도록 한다.
　㉰ 용접봉의 용접부에 접근성도 작업의 쉽고 어려움에 영향을 주므로 용접 작업에 지장을 주지 않도록 간격을 남겨야 한다[그림 (a), (b), (c)].
　㉱ 필릿 용접을 가능한 피하고 맞대기 용접을 하도록 한다.
　㉲ 판 두께가 다른 2장의 모재를 직접 용접하면[그림 (d)] 열용량이 서로 다르게 되어 작업이 곤란하므로 두꺼운 판 쪽에 구배를 두어 갑자기 단면이 변하지 않게 한다[그림 (e), (f)].
　㉳ 용접부에 모멘트(moment)가 작용하지 않게 한다[그림 (i), (j)].
　㉴ 맞대기 용접에는 이면 용접을 하여 용입 부족이 없도록 한다.
　㉵ 용접부에 잔류 응력과 열 응력이 한 곳에 집중하는 것을 피하고, 용접 이음부가 한 곳에 집중되지 않도록 한다[그림 (g), (h), (k)].

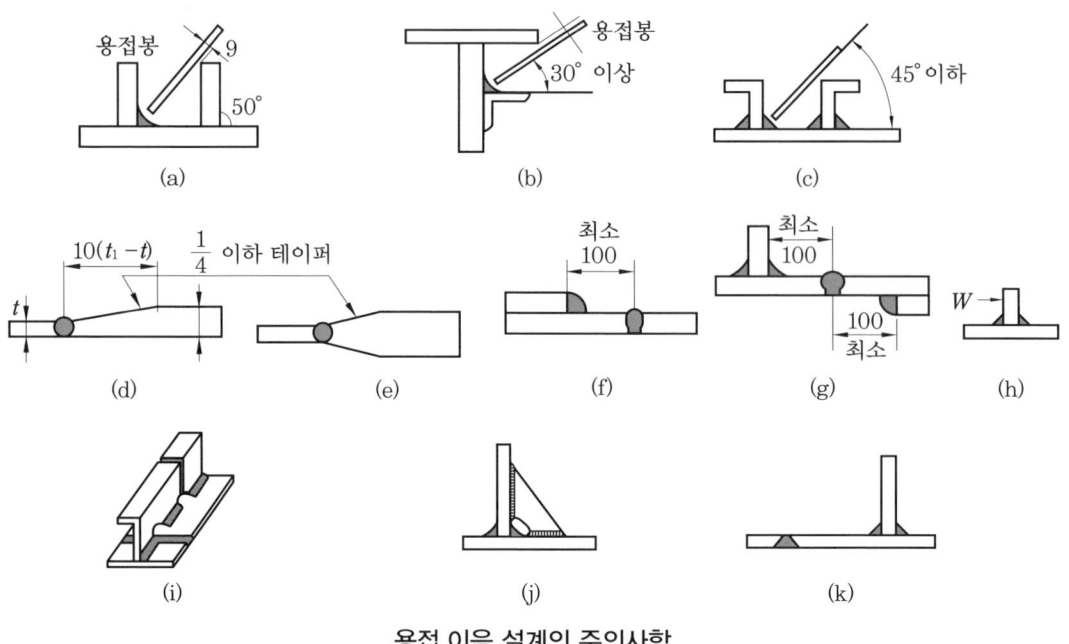

용접 이음 설계의 주의사항

③ 용접 홈의 종류

(가) 맞대기 용접 : I형, V형, $\vee$형, U형, J형, X형, K형, H형, 양면 J형 등

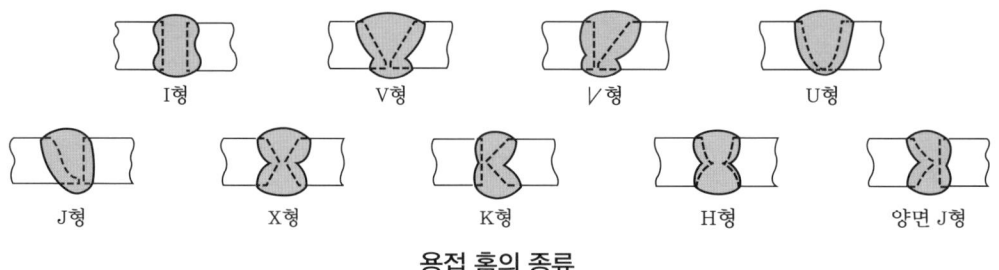

용접 홈의 종류

(나) 필릿 용접 : 연속, 단속 필릿 용접이 있다.

(다) 플러그 용접 : 용접하는 모재의 한쪽에 원형, 타원형의 구멍을 뚫고 판의 표면까지 가득하게 용접하고 다른 쪽 모재와 접합하는 용접이다.

(라) 슬롯 용접 : 둥근 구멍 대신 좁고 긴 홈을 만들어 그 부분에 덧붙이 용접을 하는 것이다.

(마) 플레어 용접 : 홈의 각도가 바깥쪽으로 갈수록 넓어지는 부분의 용접이다.

(바) 플랜지 용접 : 플레어부의 뒤쪽에 해당하는 부분을 용접하는 것이다.

(사) 용접선의 방향과 응력 방향에 따른 필릿 용접의 종류

㉮ 전면 필릿 용접 : 용접선의 방향과 하중의 방향이 직각이다.

㉯ 측면 필릿 용접 : 용접선의 방향과 하중의 방향이 평행이다.

㉰ 경사 필릿 용접 : 용접선과 하중의 방향이 경사져 있다.

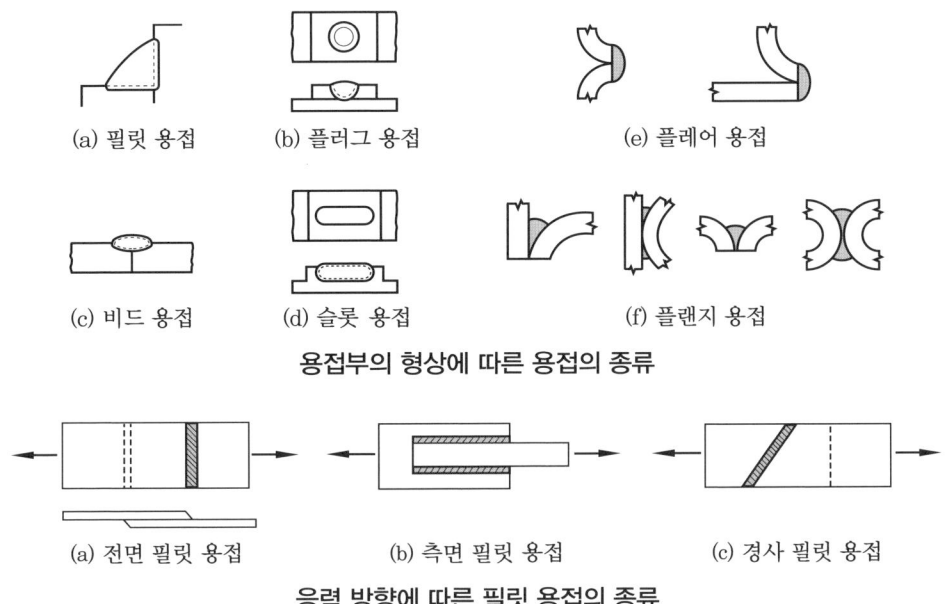

용접부의 형상에 따른 용접의 종류

응력 방향에 따른 필릿 용접의 종류

④ 용접 홈 설계의 주안점
  (가) 홈의 용적(θ)을 될수록 작게 한다.
  (나) θ을 무제한 작게 할 수 없고 최소한 10° 정도씩 전후좌우로 용접봉을 경사시킬 수 있는 자유도가 필요하다.
  (다) 루트의 반지름 r을 될수록 크게 한다.
  (라) 루트의 간격과 루트 면을 만들어 준다.
  (마) 일반적으로 판 두께에 따른 맞대기 용접의 홈 형상은 다음과 같다.

홈 형상	I형	V, 𝑉, J형	X, K, 양면 J형	U형	H형
판 두께	6 mm 이하	6~19 mm	12 mm 이상	16~50 mm	50 mm 이상

(3) 용접 설계의 역학

① 허용응력 : 용접 구조물 및 기계를 사용할 때 실제 각 부분에 발생하는 응력을 사용응력이라 하고, 이에 대하여 재료의 안전성을 고려하여 안전할 것이라고 허용되는 최대의 응력을 허용응력(allowable stress)이라 한다.
  ※ 응력의 크기 : 극한강도(인장강도) > 허용응력 ≥ 사용응력
② 안전율(safety factor)

$$안전율 = \frac{인장강도}{허용응력}, \quad 인장강도 = 허용응력 \times 안전율$$

③ 용접 이음 효율

$$\text{이음 효율} = \frac{\text{용접 시험편의 인장강도}}{\text{모재의 인장강도}} \times 100 = 100\%$$

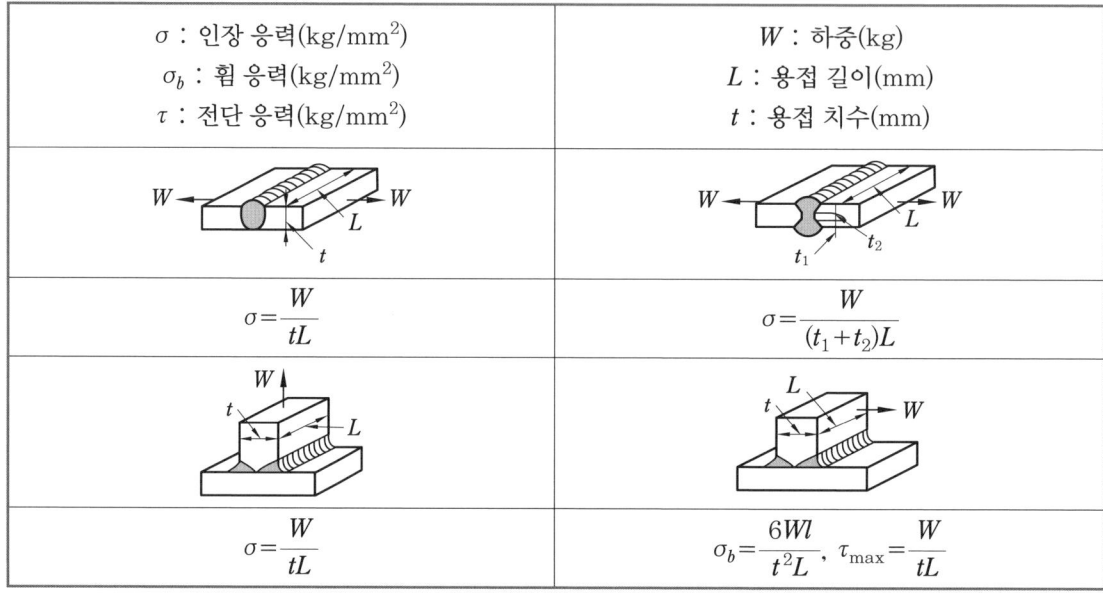

용접의 기본 강도 계산식

σ : 인장 응력(kg/mm^2) σ_b : 휨 응력(kg/mm^2) τ : 전단 응력(kg/mm^2)	W : 하중(kg) L : 용접 길이(mm) t : 용접 치수(mm)
$\sigma = \dfrac{W}{tL}$	$\sigma = \dfrac{W}{(t_1+t_2)L}$
$\sigma = \dfrac{W}{tL}$	$\sigma_b = \dfrac{6Wl}{t^2 L}, \ \tau_{\max} = \dfrac{W}{tL}$

용접 이음의 적정 강도(연강의 평균값)

이음의 형식	이음의 강도(kg/mm^2)		비고
맞대기	σ_w	45	–
전면 필릿	$\fallingdotseq 0.90\sigma_w$ $\fallingdotseq 0.80\sigma_w$	40 36	덮개판 이음
측면 필릿	$\fallingdotseq 0.70\sigma_w$	32	겹치기 이음
플러그	$\fallingdotseq 0.60 \sim 0.70\sigma_w$	27~32	T 이음

용접 이음의 안전율(연강)

하중의 종류	정하중	동하중		충격 하중
		단진 응력	교번 응력	
안전율	3	5	8	12

1-2 용접 준비

용접 시공 : 용접 시공은 적당한 시방서에 의하여 주문자가 요구하는 구조물을 제작하는 방법으로, 용접 설계나 사양서 내용이 부적당하면 시공이 매우 곤란하게 되며, 좋은 용접 제품과 이익을 위해서는 세밀한 설계와 적절한 용접 시공이 이루어져야 한다.

(1) 일반적 준비
① 모재 재질의 확인　　② 용접법의 선택
③ 용접기의 선택　　　④ 용접봉의 선택
⑤ 용접공의 선임　　　⑥ 용접 지그의 결정

> **참고** 용접 시공 흐름
>
> 재료 → 절단 → 굽힘, 개선 가공 → 조립 → 가접 → 예열 → 용접 → 직후열 → 교정 → 용접 후열처리(PWHT)[불합격 시는 보수 후] → 합격 → 제품

(2) 용접 이음의 준비
① 홈 가공
　(가) 피복 아크 용접의 홈 각도 : 54~70° 정도가 적합하다.
　(나) 용접 균열 방지 : 루트 간격을 작게 선택하는 것이 좋다.
　(다) 능률면 : 용입이 허용되는 한 홈 각도를 작게 하고 용착 금속량을 적게 하는 것이 좋다.
　(라) 서브머지드 아크 용접의 준비
　　㉮ 루트 간격 : 0.8 mm 이하
　　㉯ 루트 면 : 7~16 mm
　　㉰ 표면 및 뒷면 용접 : 3 mm 이상 겹치도록 용접(용입)하는 것이 좋다.
② 용접 조립 및 가공
　(가) 조립(assembly)
　　㉮ 수축이 큰 맞대기 용접 이음을 먼저 용접한 후 다음에 필릿 용접 순으로 한다.
　　㉯ 큰 구조물에서는 구조물의 중앙에서 끝으로 용접을 실시하며 대칭으로 용접한다.
　(나) 가접(tack welding)
　　㉮ 용접 결과의 좋고 나쁨에 직접 영향을 준다.
　　㉯ 본 용접의 작업 전에 좌우의 홈 부분을 잠정적으로 고정하기 위한 짧은 용접이다.
　　㉰ 균열, 기공, 슬래그 잠입 등의 결함을 수반하기 쉬우므로 본 용접을 실시할 홈 안

에 가접하는 것은 바람직하지 못하며, 만일 불가피하게 홈 안에 가접하였을 경우 본 용접 전에 갈아내는 것이 좋다.

㉣ 본 용접을 하는 용접사와 비등한 기량을 가진 용접사에 의해 실시되어야 한다.

㉤ 가접에는 본 용접보다 지름이 약간 가는 봉을 사용하는 것이 좋다.

③ 루트 간격 : 가접을 할 때에는 루트 간격이 소정의 치수(보통은 용가재의 지름과 같거나 지름의 ±0.1~1mm 정도)가 되도록 유의하여야 한다. 루트 간격이 너무 좁거나, 클 때는 용접 결함이 생기기 쉽고 또한 루트 간격이 너무 크면 용접 입열 및 용착량이 커져 모재의 재질의 변화 및 굽힘 응력 등이 생기므로 허용 한도 이내로 교정하고 서브머지드 아크 용접의 경우에는 용착을 방해하기 때문에 엄격히 제한되어 있다.

㈎ 맞대기 이음 홈의 보수

㉮ 루트 간격 6mm 이하 : 한쪽 또는 양쪽을 덧살 올림 용접을 하여 깎아 내고, 규정 간격으로 홈을 만들어 용접한다[그림 (a)].

㉯ 루트 간격 6~16mm 이하 : 두께 6mm 정도의 뒤판을 대서 용접한다[그림 (b)].

㉰ 루트 간격 16mm 이상 : 판의 전부 또는 일부(길이 약 300mm)를 대체한다.

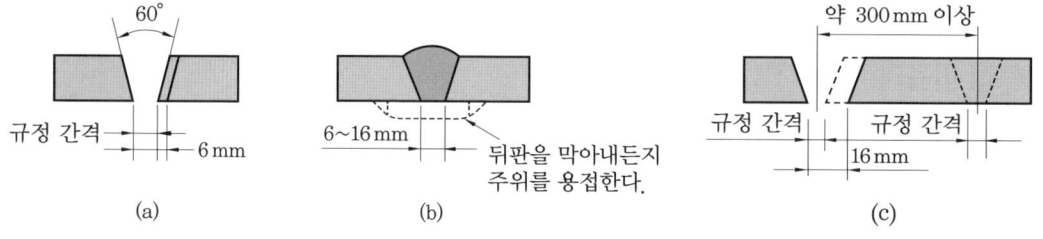

맞대기 이음 홈의 보수

㈏ 필릿 용접 이음 홈의 보수

㉮ 루트 간격 1.5mm 이하 : 규정대로의 각장으로 용접한다[그림 (a)].

㉯ 루트 간격 1.5~4.5mm : 그대로 용접하여도 좋으나 넓혀진 만큼 각장을 증가시킬 필요가 있다[그림 (b)].

㉰ 루트 간격 4.5mm 이상 : 라이너(liner)를 끼워 넣든지, [그림 (d)]와 같이 부족한 판을 300mm 이상 잘라내서 대체한다[그림 (c), (d)].

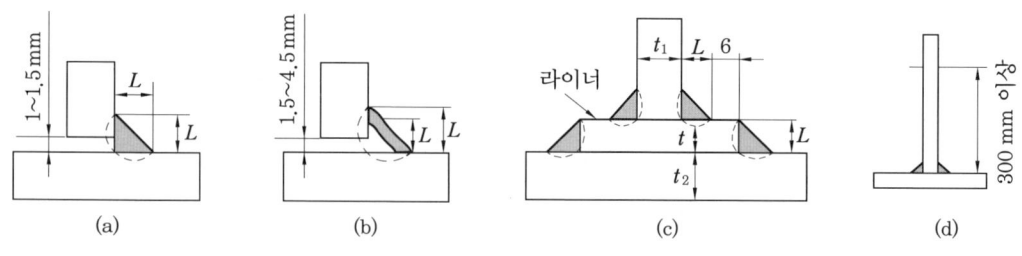

필릿 용접 이음 홈의 보수

㈐ 서브머지드 아크 용접 이음 홈의 정밀도 : 서브머지드 아크 용접과 같은 자동 용접은 이음 홈의 정밀도가 중요하며 높은 용접 전류를 사용하고 용입도 깊으므로 이음 홈의 정밀도가 불충분하면 일정한 용접 조건하에서 용입이 불균일하거나 기공, 균열을 일으킨다.

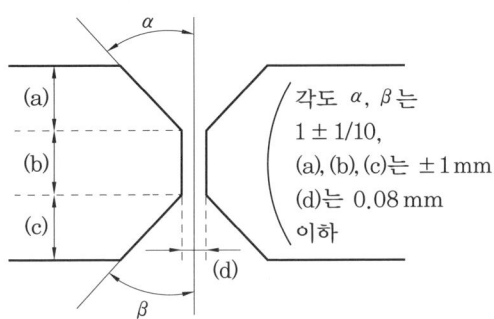

서브머지드 아크 용접 이음 홈의 정밀도

④ 용접 이음부의 청정 : 이음부에 있는 수분, 녹, 스케일, 페인트, 기름, 그리스, 먼지, 슬래그 등은 기공이나 균열의 원인이 되므로 이들을 제거하는 데는 와이어 브러시, 그라인더(grinder), 쇼트 블라스트(shot blast) 등의 사용과 화학 약품 등이 사용되며, 자동 용접인 경우 고속 용접으로 불순물의 영향이 커 용접 전에 가스 불꽃으로 홈의 면을 80℃ 정도로 가열하여 수분, 기름기를 제거한다.

1-3 본 용접

(1) 용착법과 용접 순서

① 용착법 : 용접하는 방향에 의하여 전진법, 후진법, 대칭법, 교호법, 비석법 등이 있고, 또 다층 용접에는 덧살 올림법, 캐스케이드법, 전진 블록법 등이 있다.

㈎ 전진법은 수축이나 잔류 응력이 용접의 시작부보다 끝나는 부분이 크므로 용접 이음이 짧거나 변형 및 잔류 응력이 별로 문제가 되지 않을 경우 사용한다.

㈏ 잔류 응력을 가능한 적게 할 경우에는 비석법(스킵법 : skip method)이 좋다.

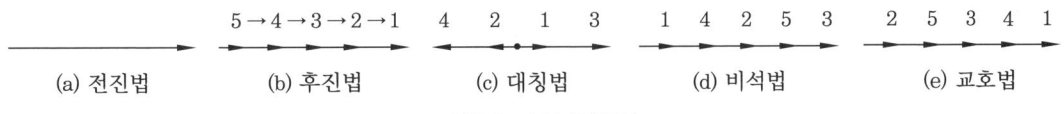

방향에 따른 용착법

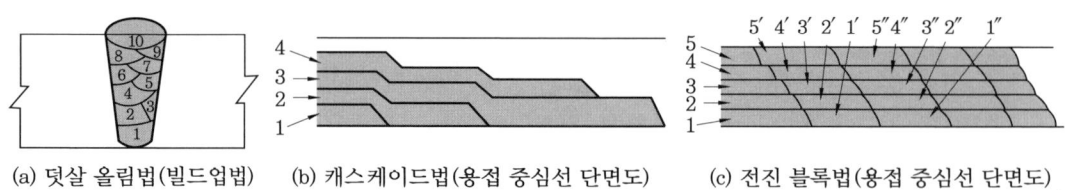

(a) 덧살 올림법(빌드업법)　(b) 캐스케이드법(용접 중심선 단면도)　(c) 전진 블록법(용접 중심선 단면도)

다층 용접에 따른 용착법

② 용접 순서

㈎ 같은 평면 안에 많은 이음이 있을 때에는 수축은 가능한 한 자유단으로 보낸다.

㈏ 용접물 중심에 대하여 항상 대칭으로 용접을 진행시킨다.

㈐ 수축이 큰 이음을 가능한 먼저 용접하고, 수축이 작은 이음을 뒤에 용접한다.

㈑ 용접물의 중립축에 대하여 수축력 모먼트(moment)의 합이 제로(zero)가 되도록 한다.

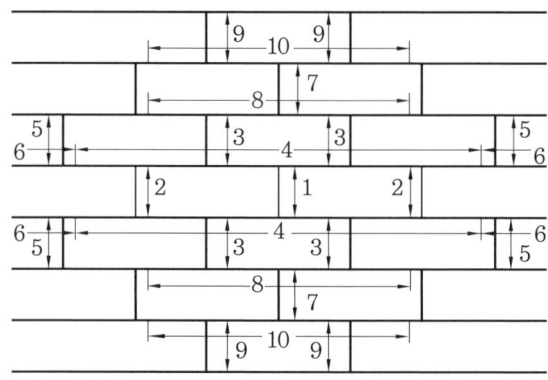

복잡한 강판의 용접 순서의 예

(2) 용접 시의 온도 분포 및 열의 확산

① 용접 비드 부근의 온도 분포 : 용접은 고온의 열원에 의해 짧은 시간에 금속을 용융시켜 구조물을 접합시키는 방법으로 용접부 부근의 온도는 매우 높으며 금속 조직이 변하여 상온에서의 냉각 시 온도 기울기(temperature gradient)가 급한 급랭에 의해 열 영향을 받게 된다.

㈎ 온도 기울기가 급할수록 용접부 근방은 급랭된다.

㈏ 급랭되면 열 영향부가 경화되며, 이음 성능에 나쁜 영향을 준다.

② 열의 확산 : 용접 작업 시 어떤 부위에 가열을 하면 가열을 받는 금속의 모양, 두께 등 여러 조건에 따라 가열 시간과 냉각 속도가 달라지므로 열의 확산 방향에 따라 적절한 가열 조치가 필요하다.

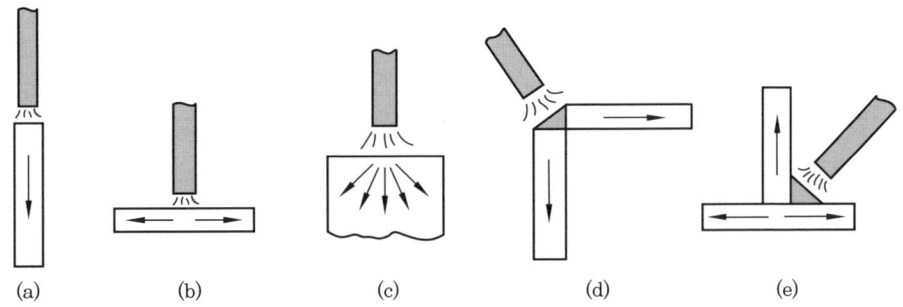

각종 이음 모양에 따른 열의 확산 방향(냉각 속도 순서 : c>e>b, d>a)

(개) 열의 확산 방향의 수가 많으면 냉각 속도가 빠르다.
(내) 얇은 판보다 두꺼운 판이 열의 확산 방향이 많아 냉각 속도가 빠르다.
(대) 열전도율(heat conductivity)이 크면 열 확산 방향수가 많아 냉각 속도가 빠르다.

1-4 열 영향부 조직의 특징과 기계적 성질

(1) 열 영향부 조직의 특징

용접에서 가장 많이 쓰이고 있는 저탄소강(연강)의 아크 용접부의 조직 변화는 다음과 같다.

연강의 아크 용접부의 조직 변화

명칭	가열된 온도(℃)	조직 변화
용접 금속	1500 이상	용융 응고한 부분으로, 덴드라이트(수지상) 조직을 나타낸다.
본드부	1450 이상	모재의 일부가 녹고, 일부는 고체 그대로 아주 거친 조립의 Widmansteatten 조직이 발달하고 있다.
조립부	1450~1250	과열로 조립화되며, Widmansteatten 조직도 나타난다.
혼입부	1250~1100	조립과 미세립의 중간이다.
입상 펄라이트부	1250~1100	펄라이트가 세립상으로 분해된 부분이다($A_{C1} \sim A_{C3}$ 범위로 가열).
취하부	750~200	기계적 성질이 취하하는 것도 있으나 현미경 조직은 변화가 없다.
원질부	200~상온	용접 열 영향을 받지 않는 모재 부분이다.

(2) 열 영향부 조직의 기계적 성질

① 열 영향부의 강도
  ㈎ 일반적으로 본드부에 근접한 조립역의 경도가 가장 높다. 이 값을 최고 경도 (maximum hardness : H_{max})라 하고, 용접 난이의 축도가 된다.
  ㈏ 최고 경도치는 일반적으로 열 사이클 중의 냉각 속도와 함께 증가한다.
  ㈐ 냉각 조건이 일정하면 강재 성분으로 나타내며, 등가 탄소량 또는 탄소당량(C_{eq})을 쓰면 편리하다.
  ㈑ WES식 : $C_{eq}[\%] = C + \frac{1}{6}Mn + \frac{1}{24}Si + \frac{1}{40}Ni + \frac{1}{5}Cr + \frac{1}{4}Mo + \frac{1}{14}V$
  ㈒ ITW식 : $C_{eq}[\%] = C + \frac{Mn}{6} + \frac{Cr+Mo+V}{5} + \frac{Ni+Cu}{15}$
  ㈓ $H_{max}(\text{VHN}, 10\,\text{kg}) = (666 C_{eq}[\%] + 40) \pm 40$

② 열 영향부의 기계적 성질
  ㈎ 열 사이클 재현 시험으로서 간접적으로 측정한다.
  ㈏ 조립역의 연신율이나 인성은 현저히 저하된다(마텐자이트 생성의 원인).
  ㈐ 용접 열 영향부의 연성에 대한 다음 식도 제안되고 있다.

$$C_{eq}(\text{연성})[\%] = C + \frac{1}{9}Mn + \text{zero} \times Si + \frac{1}{40}Ni + \frac{1}{20}Cr + \frac{1}{3}Mo + \frac{1}{10}V + \frac{1}{30}Cu$$

1-5 용접 전·후 처리(예열, 후열 등)

(1) 용접 금속의 예열

용접 금속이 어떤 조건하에서 급랭이 되면 열 영향부에 경화 및 균열 등이 생기기 쉬우므로 예열을 통해 냉각 속도를 느리게 하여 용접할 필요가 있다.

① 비드 밑 균열(under bead cracking) 방지를 위해서는 재질에 따라 50~350℃ 정도로 홈을 예열하여 냉각 속도를 느리게 하여 용접을 한다(고장력강, 저합금강, 주철, 두께 25 mm 이상의 연강 등).

② 연강이라도 기온이 0℃ 이하이면 저온 균열을 발생하기 쉬우므로 용접 이음의 양쪽 폭 100 mm 정도를 약 40~70℃로 예열하는 것이 좋다.

③ 연강 및 고장력강의 예열 온도는 탄소당량을 기초로 하여 예열하며, 여기서 원소 기호는 무게비의 값이고, 합금 원소가 많아져서 탄소당량이 커지거나 판이 두꺼워지면 용접성이 나빠지고 예열 온도를 높일 필요가 있다.

$$탄소당량(C_{eq})[\%] = C + \frac{1}{6}Mn + \frac{1}{24}Si + \frac{1}{40}Ni + \frac{1}{5}Cr + \frac{1}{4}Mo + \frac{1}{14}V$$

(2) 용접 후 처리

① 응력 제거

㈎ 노내 풀림법 : 응력 제거 열처리법 중에서 가장 잘 이용되고 효과가 크며, 제품 전체를 가열로 안에 넣고 적당한 온도에서 어떤 시간을 유지한 다음 노내에서 서랭하는 것이다.

㉮ 어떤 한계 내에서 유지 온도가 높을수록, 유지 시간이 길수록 잔류 응력 제거 효과가 크다.

㉯ 연강 종류는 제품의 노내를 출입시키는 온도가 300℃를 넘어서는 안 된다.

> **참고** 300℃ 이상에서 가열 및 냉각 속도 R은 다음 식을 만족시켜야 한다.
>
> $$R[℃/h] \leq 200 \times \frac{25}{t}$$
>
> t : 가열부의 용접부 최대 두께(mm)

㉰ 판 두께 25 mm 이상인 탄소강 경우에는 일단 600℃에서 10℃씩 온도가 내려가는 데 대해서 20분씩 유지 시간을 길게 잡으면 된다(온도를 너무 높이지 못할 경우).

㉱ 구조물의 온도가 250~300℃까지 냉각되면 대기 중에서 방랭하는 것이 보통이다.

㈏ 국부 풀림법 : 현장 용접된 것이나 제품이 커서 노내에 넣어 풀림을 하지 못 할 경우 용접선의 좌우 양측 250 mm의 범위 혹은 판 두께의 12배 이상의 범위를 유도 가열 및 가스 불꽃으로 가열, 국부적으로 풀림 작업하는 것으로 잔류 응력 발생 염려가 있다.

㈐ 저온 응력 완화법 : 용접선의 양측을 정속으로 이동하는 가스 불꽃에 의해 너비의 60~150 mm에 걸쳐서 150~200℃로 가열한 다음 곧 수랭하는 방법으로 주로 용접선 방향의 잔류 응력이 완화된다.

㈑ 기계적 응력 완화법 : 잔류 응력이 있는 제품에 하중을 주고 용접부에 약간의 소성 변형을 일으킨 다음 하중을 제거하는 방법으로 큰 구조물에서는 한정된 조건하에서 사용 할 수 있다.

㈒ 피닝법 : 치핑 해머(chipping hammer)로 용접부를 연속적으로 때려 용접 표면상에 소성 변형을 주는 방법으로 잔류 응력의 경감, 변형의 교정 및 용접 금속의 균열을 방지하는데 효과가 있다.

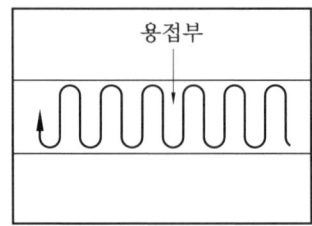

피닝의 이동 방법

② 변형 경감 및 교정 : 용접 후에 발생되는 잔류 응력과 변형이 가장 문제가 되므로 용접 전에 변형을 방지하는 것을 변형 경감(방지)이라고 하며, 용접 후 변형된 것을 정상대로 회복시키는 것을 변형 교정이라 한다.

㈎ 변형의 경감

㉮ 용접 전 변형 방지 방법 : 억제법, 역변형법

㉠ 억제법(control method) : 피용접물을 가접, 지그(jig)나 볼트 등으로 조여서 변형 발생을 억제하는 방법으로 잔류 응력이 커지는 결함이 있어 용접 후 풀림을 하면 좋고 얇은 판 구조에 적당하다.

㉡ 역변형법(pre-distortion method) : 용접에 의한 변형(재료의 수축)을 예측하여 용접 전에 미리 반대쪽으로 변형을 주고 용접하는 방법으로 탄성(elasticity)과 소성(plasticity) 역변형의 두 종류가 있다.

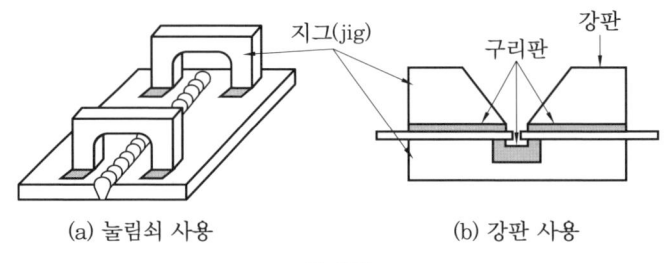

억제법

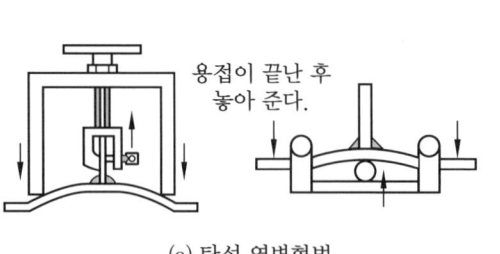

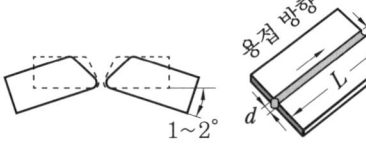

D : 벌려 줄 간격($d+0.015L$)
L : 공작물 길이
d : 용접 시작점 루트 간격

(a) 탄성 역변형법   (b) 소성 역변형법

역변형법

㉯ 용접 시공에 의한 방법 : 대칭법, 후퇴법, 교호법, 비석법
  ㉠ 교호법(skip block method), 비석법(skip method) : 구간 용접 방향과 전체 용접 방향이 같고 모재의 냉각된 부분을 찾아서 용접하는 방법으로 용접 전체 선에 있어 용접 열이 비교적 균일하게 분포된다.
㉰ 용접부의 변형과 응력 제거 방법 : 피닝법
㉱ 모재의 입열을 막는 방법 : 도열법

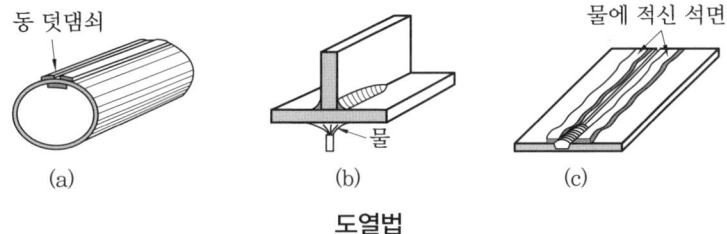

도열법

  ㉠ 도열법 : 용접부에 구리로 된 덮개판을 대거나 뒷면에서 용접부를 수랭시키거나 용접부 주위에 물을 적신 석면이나 천 등을 덮어 용접 열이 모재에 흡수되는 것을 방해하여 변형을 방지하는 방법이다.

㈏ 변형 교정 방법
  ㉮ 얇은 판에 대한 점 수축법(spot contractile)
  ㉯ 형재에 대한 직선 수축법(straight contractile method)
  ㉰ 가열 후 해머질하는 방법
  ㉱ 두꺼운 판에 대하여 가열 후 압력을 걸고 수랭하는 방법
  ㉲ 롤러에 거는 방법
  ㉳ 피닝법
  ㉴ 절단에 의하여 변형하고 재용접하는 방법

> **참고** 변형 교정 시공 조건
>
> 1. 최고 가열 온도를 600℃ 이하로 하는 것이 좋은 방법으로 위 방법의 ㉮~㉱가 해당된다.
> 2. 점 수축법의 시공 조건
>   • 가열 온도 : 500~600℃
>   • 가열 시간 : 약 30초
>   • 가열점의 지름 : 20~30mm
>   • 실제 판 두께 2.3mm 경우 가열점 중심거리 : 60~80mm
>   • 주의할 점 : 용접선 위를 가열해서는 안 되며 가열부의 열량이 전도되지 않도록 한다.

③ 결함의 보수

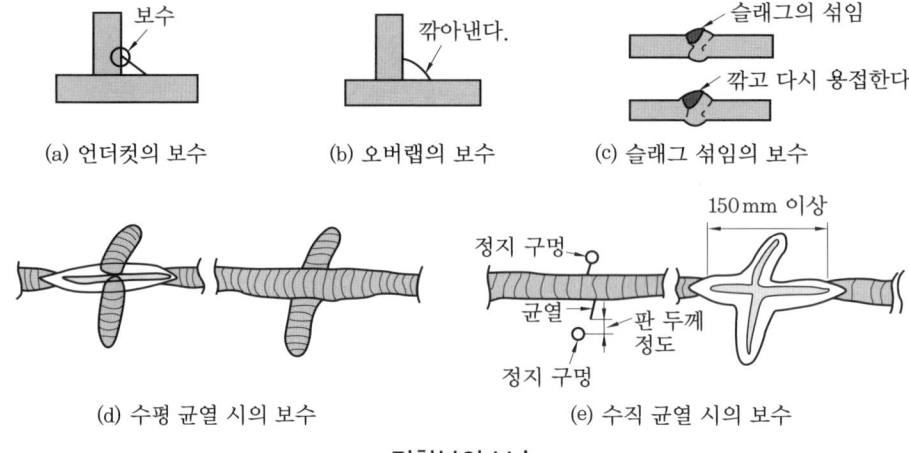

결함부의 보수

⑦ 기공 또는 슬래그 섞임이 있을 때는 그 부분을 깎아내고 재용접한다.
㈏ 언더컷의 보수 : 가는 용접봉을 사용하여 보수 용접한다.
㈐ 오버랩의 보수 : 용접 금속 일부분을 깎아내고 재용접한다.
㈑ 균열 시의 보수 : 균열이 끝난 양쪽 부분에 드릴로 정지 구멍을 뚫고, 균열 부분을 깎아내어 홈을 만들고 조건이 된다면 근처의 용접부도 일부 절단하여 가능한 자유로운 상태로 한 다음, 균열 부분을 재용접한다.

④ 보수 용접 : 기계 부품, 차축, 롤러 등이 마멸 시 덧살 용접을 하고 재생, 수리하는 것을 보수 용접이라 하며, 여기에 사용되는 용접봉으로는 탄소강 계통의 망간강 또는 크롬강의 심선을 사용하는 경우와 비철 합금계 계통의 크롬-코발트-텅스텐 용접봉이 사용되고 있다. 덧살 올림의 경우 용접봉을 사용하지 않고, 용융된 금속을 고속 기류에 의해 불어(spray) 붙이는 용사법도 있으며 서브머지드 아크 용접에서도 덧살 올림 용접을 하는 방법이 많이 이용되고 있다.

1-6 용접 결함

(1) 여러 가지 용접 결함

용접법은 짧은 시간에 고온의 열을 사용하는 야금학적 접합법이므로 어떤 일부의 조건에 이상이 발생하면 [그림]과 같은 용접 결함이 발생되므로 시공 시에 정확한 작업 조건을 갖추어야 좋은 용접부를 얻을 수 있다.

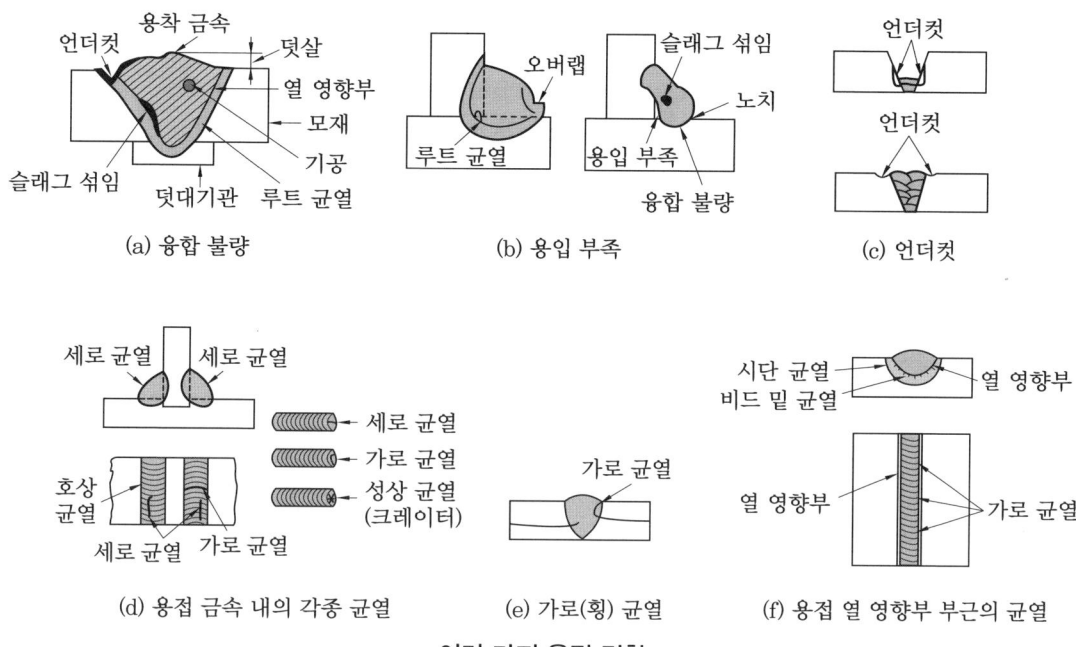

여러 가지 용접 결함

(2) 용접 결함의 원인과 방지 대책

결함	원인	방지 대책
기공 (블로우 홀)	• 용착부의 급랭 • 아크 길이와 전류가 부적당할 때 • 용접봉에 습기가 있을 때 • 모재 속에 황(S)이 많을 때	• 예열 및 후열을 한다. • 전류 조정과 긴 아크를 사용한다. • 용접봉과 모재를 건조시킨다. • 저수소계 용접봉을 사용한다.
슬래그 섞임	• 슬래그 제거 불완전 • 운봉 속도가 빠를 때 • 전류 과소, 운봉 조작이 불완전할 때	• 슬래그를 철저히 제거한다. • 운봉 속도와 전류를 조절한다.
용입 불량	• 전류가 낮을 때 • 홈 각도와 루트 간격이 좁을 때 • 용접 속도가 빠르거나 느릴 때	• 전류를 적당히 높인다. • 각도와 루트 간격을 크게 한다. • 용접 속도를 적당히 조절한다.
언더컷	• 전류가 높을 때 • 아크 길이가 너무 길 때 • 운봉이 잘못되었을 때 • 부적당한 용접봉을 사용할 때	• 낮은 전류를 사용한다. • 운봉에 주의한다. • 적합한 용접봉을 사용한다.
오버랩	• 전류가 낮을 때 • 운봉이 잘못되었을 때 • 용접 속도가 느릴 때	• 적정 전류를 선택한다. • 운봉에 주의한다. • 용접 속도를 알맞게 조절한다.

균열	• 모재의 이방성 • 이음의 급랭 수축 • 용접부에 수소가 많을 때 • 전류가 높고, 용접 속도가 빠를 때 • C, P, S의 함량이 많을 때 • 용접부에 기공이 많을 때	• 저수소계 용접봉을 사용한다. • 재질에 주의한다. • 예열 및 후열을 충분히 한다. • 기공을 방지한다.
선상 조직, 은점	• 냉각 속도가 빠를 때 • 모재에 C, S의 함량이 많을 때 • H_2가 많을 때 • 용접 속도가 빠를 때	• 예열 및 후열을 한다. • 재질에 주의한다. • 저수소계 용접봉을 사용한다. • 용접 속도를 느리게 한다.
스패터	• 전류가 높을 때 • 아크 길이가 너무 길 때 • 아크 블로우 홀이 클 때 • 건조되지 않은 용접봉을 사용했을 때	• 낮은 전류를 사용한다. • 아크 길이를 알맞게 조절한다. • 아크 블로우 홀을 방지한다. • 용접봉을 건조한다.
피트	• 후판 또는 급랭되는 경우 • 모재 가운데 C, Mn 등의 합금 원소나 S의 함량이 많을 때 • 습기가 많거나 기름, 페인트, 녹이 묻었을 때	• 예열을 한다. • 저수소계 용접봉을 사용한다. • 용접봉을 건조시킨다. • 이음부를 청소한다.

|예|상|문|제|

1. 필릿 용접의 이음 강도를 계산할 때, 각장이 10mm라면 목 두께는?

① 약 3 mm ② 약 7 mm
③ 약 11 mm ④ 약 15 mm

해설 이음의 강도 계산은 이론 목 두께를 이용하고, 목 단면적은 목 두께×용접의 유효 길이로 한다.
→ 목 두께 각도가 60~90°는 0.7로 계산하므로 $h_t = 0.7h(각장) = 0.7 \times 10 = 7$이다.

2. 용착 금속의 인장강도를 구하는 식으로 옳은 것은?

① 인장강도 = $\dfrac{\text{인장하중}}{\text{시험편의 단면적}}$

② 인장강도 = $\dfrac{\text{시험편의 단면적}}{\text{인장하중}}$

③ 인장강도 = $\dfrac{\text{표점거리}}{\text{연신율}}$

④ 인장강도 = $\dfrac{\text{연신율}}{\text{표점거리}}$

해설 용접부에 작용하는 하중은(용착 금속의 인장강도×판 두께×목 두께)로 구하며 단위 면적당 작용하는 하중을 인장강도 또는 최대 극한강도라고 한다.

3. 단면이 가로 7mm, 세로 12mm인 직사각형의 용접부를 인장하여 파단시켰을 때 최대 하중이 3444 kgf이었다면 용접부의 인장강도는 몇 kgf/mm²인가?

① 31 ② 35
③ 41 ④ 46

해설 인장강도
$= \dfrac{\text{최대 하중}}{\text{단면적}} = \dfrac{3444}{7 \times 12} = 41 \, \text{kgf/mm}^2$

4. V형 맞대기 용접(완전한 용입)에서 판 두께가 10mm인 용접선의 유효 길이가 20mm일 때, 여기에 50 kgf/mm²의 인장(압축) 응력이 발생한다면 용접선에 직각 방향으로 몇 kgf의 인장(압축) 하중이 작용하겠는가?

① 2000 kgf ② 5000 kgf
③ 10000 kgf ④ 15000 kgf

해설 인장하중
  = 인장응력×판 두께×용접선의 유효 길이
  = $50 \times 10 \times 20 = 10000 \, \text{kgf}$

5. 두께가 6.4mm인 두 모재의 맞대기 이음에서 용접 이음부가 4536 kgf의 인장하중이 작용할 경우 필요한 용접부의 최소 허용 길이(mm)는? (단, 용접부의 허용 인장응력은 14.06 kg/mm²이다.)

① 50.4 ② 40.3
③ 30.1 ④ 20.7

해설 인장하중 = 인장응력×판 두께×용접선의 유효 길이
∴ 용접의 최소 허용 길이(유효 길이)
$= \dfrac{\text{인장하중}}{\text{인장응력} \times \text{판 두께}}$
$= \dfrac{4536}{14.06 \times 6.4} ≒ 50.4 \, \text{mm}$

정답 1. ② 2. ① 3. ③ 4. ③ 5. ①

6. V형 맞대기 용접(완전 용입)에서 용접선의 유효 길이가 300 mm이고, 용접선에 수직하게 인장하중 13500 kgf이 작용하면 연강판의 두께는 몇 mm인가? (단, 인장응력은 5 kgf/mm²이다.)

① 25 ② 16
③ 12 ④ 9

해설 인장응력 = $\dfrac{\text{인장하중}}{\text{두께} \times \text{유효 길이}}$

∴ 두께 = $\dfrac{\text{인장하중}}{\text{인장응력} \times \text{유효 길이}}$

$= \dfrac{13500}{5 \times 300} = 9\,\text{mm}$

7. 다음 그림과 같은 필릿 이음 용접부의 인장응력(kgf/mm²)은 얼마 정도인가?

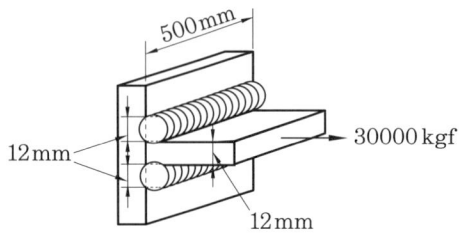

① 약 1.4 ② 약 3.5
③ 약 5.2 ④ 약 7.6

해설 인장응력 = $\dfrac{0.707 \times P}{h \times l}$

$= \dfrac{0.707 \times 30000}{12 \times 500} \fallingdotseq 3.5\,\text{kgf/mm}^2$

8. 용접부의 인장 시험에서 최초의 표점 사이의 거리를 l_0로 하고, 파단 후의 표점 사이의 거리를 l_1으로 할 때 파단까지의 변형률 δ를 구하는 식으로 옳은 것은?

① $\delta = \dfrac{l_1 + l_0}{2l_0} \times 100\%$

② $\delta = \dfrac{l_1 - l_0}{2l_0} \times 100\%$

③ $\delta = \dfrac{l_1 + l_0}{l_0} \times 100\%$

④ $\delta = \dfrac{l_1 - l_0}{l_0} \times 100\%$

해설 변형률(δ) =

$\dfrac{\text{파단 후의 표점 사이의 거리} - \text{최초의 표점 사이의 거리}}{\text{최초의 표점 사이의 거리}}$

$\times 100\% = \dfrac{l_1 - l_0}{l_0} \times 100\%$

9. 용접 설계에서 허용응력을 올바르게 나타낸 공식은?

① 허용응력 = $\dfrac{\text{안전율}}{\text{이완력}}$

② 허용응력 = $\dfrac{\text{인장강도}}{\text{안전율}}$

③ 허용응력 = $\dfrac{\text{이완력}}{\text{안전율}}$

④ 허용응력 = $\dfrac{\text{안전율}}{\text{인장강도}}$

해설 허용응력 = $\dfrac{\text{인장강도}}{\text{안전율}}$

10. 연강의 맞대기 용접 이음에서 용착 금속의 인장강도가 40 kgf/mm², 안전율이 8이면, 이음의 허용응력은?

① 5 kgf/mm²
② 8 kgf/mm²
③ 40 kgf/mm²
④ 48 kgf/mm²

해설 허용응력 = $\dfrac{\text{인장강도}}{\text{안전율}} = \dfrac{40}{8}$

$= 5\,\text{kgf/mm}^2$

정답 6. ④ 7. ② 8. ④ 9. ② 10. ①

11. 연강을 용접 이음할 때 인장강도가 21 kgf/mm²이다. 정하중에서 구조물을 설계할 경우 안전율은 얼마인가?

① 1 ② 2
③ 3 ④ 4

해설 안전율 = $\dfrac{\text{인장강도}}{\text{허용응력}} = \dfrac{21}{7} = 3$

정하중일 때 허용응력은 인장강도의 $\dfrac{1}{3}$이다.

12. 필릿 용접 이음부의 강도를 계산할 때 기준으로 삼아야 하는 것은?

① 루트 간격 ② 각장 길이
③ 목의 두께 ④ 용입 깊이

해설 용접 설계에서 필릿 용접의 단면에 내접하는 이등변 삼각형의 루트부터 빗변까지의 수직 거리를 이론 목 두께라 하고 보통 설계할 때에 사용되며, 용입을 고려한 루트부터 표면까지의 최단 거리를 실제 목 두께라 하여 이음부의 강도를 계산할 때 기준으로 한다.

13. 용접봉의 용융 속도는 무엇으로 나타내는가?

① 단위 시간당 용융되는 용접봉의 길이 또는 무게
② 단위 시간당 용착된 용착 금속의 양
③ 단위 시간당 소비되는 용접기의 전력량
④ 단위 시간당 이동하는 용접선의 길이

해설 용접봉의 용융 속도는 단위 시간당 소비되는 용접봉의 길이 또는 무게로 나타낸다.

14. 용접부의 이음 효율 공식으로 옳은 것은?

① 이음 효율 = $\dfrac{\text{모재의 인장강도}}{\text{용접 시험편의 인장강도}}$

② 이음 효율 = $\dfrac{\text{용접 시험편의 충격강도}}{\text{모재의 인장강도}}$

③ 이음 효율 = $\dfrac{\text{모재의 인장강도}}{\text{용접 시험편의 충격강도}}$

④ 이음 효율 = $\dfrac{\text{용접 시험편의 인장강도}}{\text{모재의 인장강도}}$

해설 용접부의 이음 효율 공식은 다음과 같다.

이음 효율(%) = $\dfrac{\text{용접 시험편의 인장강도}}{\text{모재의 인장강도}} \times 100$

15. 용접 지그(welding jig)에 대한 설명 중 틀린 것은?

① 용접물을 용접하기 쉬운 상태로 놓기 위한 것이다.
② 용접 제품의 치수를 정확하게 하기 위해 변형을 억제하는 것이다.
③ 작업을 용이하게 하고 용접 능률을 높이기 위한 것이다.
④ 잔류 응력을 제거하기 위한 것이다.

해설 용접 지그 사용 효과
㉠ 아래보기 자세로 용접을 할 수 있다.
㉡ 용접 조립의 단순화 및 자동화가 가능하고 제품의 정밀도가 향상된다.
㉢ 작업을 용이하게 하고 용접 능률과 신뢰성을 높인다.

16. 잔류 응력 경감법 중 용접선의 양측을 가스 불꽃에 의해 약 150mm에 걸쳐 150~200℃로 가열한 후에 즉시 수랭함으로써 용접선 방향의 인장응력을 완화시키는 방법은?

① 국부 응력 제거법
② 저온 응력 완화법
③ 기계적 응력 완화법
④ 노내 응력 제거법

해설 저온 응력 완화법 : 용접선의 양측을 일정한 속도로 이동하는 가스 불꽃에 의하여 폭 약 150mm를 약 150~200℃로 가열 후 수랭하는 방법으로 용접선 방향의 인장응력을 완화하는 방법이다.

17. 용접부의 내부 결함 중 용착 금속의 파단면에 고기 눈 모양의 은백색 파단면을 나타내는 것은?

① 피트(pit)
② 은점(fish eye)
③ 슬래그 섞임(slag inclusion)
④ 선상 조직(ice flower structure)

해설 용착 금속의 파단면에 고기 눈 모양의 결함은 수소가 원인으로 은점과 헤어 크랙, 기공 등의 결함이 있다.

18. 용접 작업 시 발생한 변형을 교정할 때 가열하여 열 응력을 이용하고 소성 변형을 일으키는 방법은?

① 박판에 대한 점 수축법
② 쇼트 피닝법
③ 롤러에 거는 방법
④ 절단 성형 후 재용접법

해설 박판에 대한 점 수축법은 용접할 때 발생한 변형을 교정하는 방법으로 가열할 때 열 응력을 이용하여 소성 변형을 일으켜 변형을 교정하는 방법이다.

19. 용접부의 냉각 속도에 관한 설명 중 맞지 않는 것은?

① 예열은 냉각 속도를 완만하게 한다.
② 동일 입열에서 판 두께가 두꺼울수록 냉각 속도가 느리다.
③ 동일 입열에서 열전도율이 클수록 냉각 속도가 빠르다.
④ 맞대기 이음보다 T형 이음 용접이 냉각 속도가 빠르다.

해설 용접부의 냉각 속도

㉠ 열의 확산 방향의 수가 많으면 냉각 속도가 빠르다.
㉡ 얇은 판보다 두꺼운 판이 열의 확산 방향이 많으며, 판보다 T형이 방향이 많아 냉각 속도가 빠르다.
㉢ 열전도율이 크면 열 확산 방향수가 많아 냉각 속도가 빠르다.

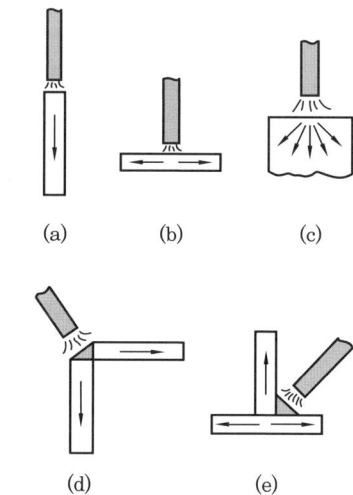

각종 이음 모양에 따른 열의 확산 방향(냉각 속도 순서 : c>e>b, d>a)

20. 가용접에 대한 설명으로 잘못된 것은?

① 가용접은 2층 용접을 말한다.
② 본 용접봉보다 가는 용접봉을 사용한다.
③ 루트 간격을 소정의 치수가 되도록 유의한다.
④ 본 용접과 비등한 기량을 가진 용접공이 작업한다.

해설 가접(tack welding)

㉠ 용접 결과의 좋고 나쁨에 직접 영향을 준다.
㉡ 본 용접의 작업 전에 좌우의 홈 부분을 잠정적으로 고정하기 위한 짧은 용접이다.
㉢ 균열, 기공, 슬래그 잠입 등의 결함을 수반하기 쉬우므로 본 용접을 실시할 홈 안에 가

정답 17. ② 18. ① 19. ② 20. ①

접하는 것은 바람직하지 못하며, 만일 불가피하게 홈 안에 가접하였을 경우 본 용접 전에 갈아내는 것이 좋다.
ㄹ 본 용접을 하는 용접사와 비등한 기량을 가진 용접사에 의해 실시되어야 한다.
ㅁ 가접에는 본 용접보다 지름이 약간 가는 봉을 사용하는 것이 좋다.

21. 용접 비드 부근이 특히 부식이 잘 되는 이유는 무엇인가?

① 과다한 탄소 함량 때문에
② 담금질 효과의 발생 때문에
③ 소려 효과의 발생 때문에
④ 잔류 응력의 증가 때문에

해설 잔류 응력의 증가에 의해 부식과 변형이 발생한다.

22. 재료의 내부에 남아 있는 응력은?

① 좌굴 응력
② 변동 응력
③ 잔류 응력
④ 공칭 응력

해설 이음 형성, 용접 입열, 판 두께 및 모재의 크기, 용착 순서, 용접 순서, 외적 구속 등의 인자 및 불균일한 가공에서 나타나는 재료 내부에 남아 있는 잔류 응력은 박판인 경우 변형을 일으키기도 한다.

23. 용접에 의한 잔류 응력을 가장 적게 받는 것은?

① 정적강도
② 취성 파괴
③ 피로강도
④ 횡 굴곡

해설 취성 파괴, 피로강도, 횡 굴곡 등은 용접 후의 결함이며, 정적강도인 경우에는 재료에 연성이 있어 파괴되기까지 소성 변형이 약간 있고 잔류 응력이 존재하여도 강도에는 영향이 적다.

24. T형 이음 등에서 강의 내부에 강판 표면과 평행하게 층상으로 발생되는 균열로 주요 원인은 모재의 비금속 개재물인 것은?

① 재열 균열
② 루트 균열(root crack)
③ 라멜라 티어(lamellar tear)
④ 라미네이션 균열(lamination crack)

해설 라멜라 티어란 필릿 다층 용접 이음부 및 십자형 맞대기 이음부 같이 모재 표면에 직각 방향으로 강한 인장구속 응력이 형성되는 경우 용접 열 영향부 및 그 인접부에 모재 표면과 평행하게 계단 형상으로 발생하는 균열이다.

25. 용접부 고온 균열 원인으로 가장 적합한 것은?

① 낮은 탄소 함유량
② 응고 조직의 미세화
③ 모재에 유황 성분이 과다 함유
④ 결정입자 내의 금속 간 화합물

해설 적열 취성(고온 취성 : red shortness) : 유황(S)이 원인으로 강 중에 0.02% 정도만 있어도 인장강도, 연신율, 충격치 등이 감소하며, FeS은 융점(1193℃)이 낮고 고온에서 약하여 900~950℃에서 파괴되어 균열을 발생시킨다.

26. 필릿 용접에서 모재가 용접선에 각을 이루는 경우의 변형은?

① 종 수축
② 좌굴 변형
③ 회전 변형
④ 횡 굴곡

해설 횡 굴곡, 즉 각 변형이란 용접 부재에 생기는 가로 방향의 굽힘 변형을 말하며, 필릿 용접의 경우 수평 판의 상부가 오므라드는 것을 말한다. 각 변형을 적게 하려면 용접 층수를 가능한 적게 하여야 한다.

정답 21. ④ 22. ③ 23. ① 24. ③ 25. ③ 26. ④

27. 다음 중 기공의 원인으로 틀린 것은?

① 용접봉에 습기가 있을 때
② 용착부의 급랭
③ 아크 길이와 전류가 부적당할 때
④ 모재 속에 Mn이 많을 때

해설 모재 속에 황(S)이 많을 때 기공이 발생한다.

28. 다음 중 슬래그 섞임이 있을 때의 원인으로 맞는 것은?

① 운봉 속도는 빠르고 전류가 낮을 때
② 용착부의 급랭
③ 아크 길이, 전류의 부적당
④ 모재 속에 S이 많을 때

해설 슬래그 섞임의 원인
㉠ 슬래그 제거 불완전
㉡ 운봉 속도가 빠를 때
㉢ 전류 과소, 운봉 조작이 불완전할 때

29. 용접 결함의 종류에 따른 원인과 대책이 바르게 묶인 것은?

① 기공 : 용착부가 급랭되었을 때-예열 및 후열을 한다.
② 슬래그 섞임 : 운봉 속도가 빠를 때-운봉에 주의한다.
③ 용입 불량 : 용접 전류가 높을 때-전류를 약하게 한다.
④ 언더컷 : 용접 전류가 낮을 때-전류를 높게 한다.

해설 ② 슬래그 섞임 : 운봉 속도가 빠를 때-운봉 속도를 조절한다.
③ 용입 불량 : 용접 전류가 낮을 때-전류를 적당히 높인다.
④ 언더컷 : 용접 전류가 높을 때-낮은 전류를 사용한다.

30. 다음 중 균열의 원인이 아닌 것은?

① 용접부에 수소가 많을 때
② 낮은 전류, 과대 속도
③ C, P, S의 함량이 많을 때
④ 모재의 이방성

해설 균열의 원인
㉠ 모재의 이방성
㉡ 이음의 급랭 수축
㉢ 용접부에 수소가 많을 때
㉣ 전류가 높고, 용접 속도가 빠를 때
㉤ C, P, S의 함량이 많을 때
㉥ 용접부에 기공이 많을 때

정답 27. ④ 28. ① 29. ① 30. ②

제3장
용접의 자동화와 로봇 용접

1. 용접의 자동화

1-1 개요

(1) 자동화

① 사람은 모든 능력에서 뛰어나지만 장기적으로 같은 일을 반복하는 작업이나 단순한 일을 하는 작업은 주의력이 시간이 지속될수록 떨어져 피로와 권태를 느끼며, 또한 인력 부족과 인건비의 상승 등의 원인으로 생산성이 저하되는 것을 보안하기 위하여 기계의 자동화가 필요하다.

② 자동화는 수동 작업에 비해 기계를 이용하여 단순한 작업이나 반복되는 작업, 사람이 하기 어려운 위험한 작업 등을 고난도의 작업까지 하게 되는 프로세스를 말한다.

용접의 자동화

적용 방법 용접 요소	수동 용접	반자동 용접	기계 용접	자동화 용접	적용 제어 용접	로봇 용접
아크 발생과 유지	인간	기계	기계	기계	기계(센서 포함)	기계(로봇)
용접 와이어 송급	인간	기계	기계	기계	기계(센서 포함)	기계
아크열 제어	인간	인간	기계	기계	기계(센서 포함)	기계(센서를 갖춘 로봇)
토치의 이동	인간	인간	기계	기계	기계(센서 포함)	기계(로봇)
용접선 추적	인간	인간	인간	경로 수정 후 기계	기계(센서 포함)	기계(센서를 갖춘 로봇)
토치 각도 조작	인간	인간	인간	기계	기계(센서 포함)	기계(로봇)
용접 변형 제어	인간	인간	인간	제어 불가능	기계(센서 포함)	기계(센서를 갖춘 로봇)

③ 자동화의 목적
   (가) 단순 반복 작업 및 위험 작업에 따른 작업자의 보호와 안전
   (나) 무인 생산화(로봇, PLC를 이용한 컨베이어 시스템 등)에 따른 원가 절감 및 균일한 품질의 유지
   (다) 인력(숙련 작업자) 부족에 대한 대처
   (라) 다품종 소량 생산에 적응 및 재고의 감소
   (마) 정보 관리의 집중화

(2) 자동화에 필요한 기구

① 용접 포지셔너(welding positioner) : 포지셔너의 테이블은 어느 방향으로든지 기울임과 회전이 가능하며, 이것을 사용함으로써 어떠한 구조의 용접물이든 아래보기 자세 용접을 가능하게 하여 생산 가격을 절감한다. 일반적으로 수직 자세 용접은 같은 조건에서 아래보기 용접보다 3배 가량 시간이 더 소요된다.

② 터닝 롤(turning rolls) : 터닝 롤은 대형 파이프의 원주 용접을 단속적으로 아래보기 자세로 용접하기 위해 모재의 바깥지름을 지지하면서 회전시키는 장치이다.

③ 헤드 스톡(head stock) : 테일 스톡(tail stock) 포지셔너는 용접한 물체의 양끝을 고정한 후 수평축으로 회전시키면서 아래보기 자세 용접을 가능하게 하는 것으로, 주로 원통형 용접물의 용접에 많이 이용한다.

④ 턴테이블(turntable) : 턴테이블은 용접물을 테이블 위에 고정시키고, 테이블을 좌우 방향으로 정해진 속도로 회전시키면서 용접할 수 있는 장치이다.

⑤ 머니퓰레이터(manipulator) : 암(arm)이 수직·수평으로 이동 가능하며 또한 완전 360° 회전이 가능하므로, 서브머지드 용접기나 다른 자동 용접기를 수평 암에 고정시켜 아래보기 자세로 원주 맞대기 용접이나 필릿 용접을 가능하게 한다.

(3) 용접 자동화 장치

아크 용접의 로봇에는 일반적으로 점 용접(spot welding), GMAW(Gas Metal Arc Welding : CO_2, MIG, MAG)와 GTAW(Gas Tungsten Arc Welding : TIG) 및 LBW(Laser Beam Welding(레이저 빔 용접))이 주로 이용되고 있다.

1-2 자동 제어

(1) 자동 제어의 개요
제어란 목적의 결과를 얻기 위해서 대상에 필요한 조작을 가하는 것으로 어떤 센서를 통하여 인간 대신에 기기에 의하여 제어되는 것을 자동 제어라고 한다.

(2) 자동 제어의 장점
① 제품의 품질이 균일화되어 불량품이 감소된다.
② 작업을 적정하게 유지할 수 있어 원자재, 원료 등이 절약되며 연속 작업이 가능하다.
③ 인간에게는 불가능한 고속 작업과 정밀한 작업이 가능하다.
④ 환경이 인간에게 부적당한 곳에서도 작업이 가능하고 위험한 장소의 사고가 방지된다 (방사능 위험이 있는 장소, 주의가 복잡한 장소, 고온 등).
⑤ 노력의 절감이 가능하여 투자 자본의 절약이 가능하다.

(3) 자동 제어의 분류
① 정성적 제어(qualitative control) : 시퀀스 제어(sequence control)는 유접점과 무접점 시퀀스 제어로 구분된다. 프로그램 제어(program control)는 PLC(Programmable Logic Controller) 제어 방식이다(시퀀스 회로의 배선을 통해 제어를 하며 작업 명령 → 명령 처리부(제어 명령) → 조작부(조작 신호) → 제어 대상(상태) → 표시 및 경보부).
② 정량적 제어(quantitative control) : 개루프 제어(open loop control)와 폐루프 제어(closed loop control)는 피드백 제어(feedback control)가 첨가된다(목표값 → 제어 요소(조작량) → 제어 대상(제어량)).

자동 제어의 분류

자동 제어 (automatic control)	정성적 제어 (qualitative control)	시퀀스 제어 (sequence control)	유접점 시퀀스 제어
			무접점 시퀀스 제어
		프로그램 제어 (program control)	PLC 제어
	정량적 제어 (quantitative control)	개루프 제어(open loop control)	
		폐루프 제어 (closed loop control)	피드백 제어 (feedback control)

1-3 로봇

(1) 머니퓰레이터(manipulator)

보통 여러 개의 자유도를 가지고 대상물을 잡거나 이동할 목적으로 서로 상대적인 회전 운동, 미끄럼 운동을 하는 분절의 연결로 구성된 기계 또는 기구를 말한다.

① 직각 좌표 로봇 : 세 개의 팔이 서로 직각으로 교차하여 가로, 세로, 높이의 3차원 내에서 작업을 하는 로봇으로 자유도는 3이다.

※ 로봇은 팔의 자유도(축수) 3, 손목의 자유도 3의 합계 6 자유도의 기구가 사용되며, 일반적으로 용도에 따라서 3, 4, 5 자유도의 것도 사용되고 있다.

② 극 좌표 로봇 : 직선축과 회전축으로 되어 있으며, 수직면과 수평면 내에서 선회 영역이 넓고 팔이 기울어져 상하로 운동하므로 스폿 용접용 로봇으로 많이 이용된다(주로 PTP(Point to Point) 제어 로봇으로 경로상의 통과점들이 띄엄띄엄 지정되어 있어 그 경로를 따라 움직이게 되어 있다).

③ 원통 좌표 로봇 : 두 방향의 직선축과 한 개의 회전 운동을 하지만 수직면에서의 선회는 되지 않는 로봇으로 주로 공작물의 착탈 작업에 사용되며 자유도는 3이다.

④ 다관절 로봇 : 관절형 형식으로 팔꿈치나 손목의 관절에 해당되어 회전 → 선회 → 선회 운동을 하는 대표적인 로봇이다.

좌표계의 장단점

형상	장점	단점
직각 좌표계	• 3개 선형축(직선 운동) • 시각화가 용이 • 강성 구조 • 오프라인 프로그래밍 용이 • 직선축에 기계 정지 용이	• 로봇 자체 앞에만 접근 가능 • 큰 설치 공간이 필요 • 밀봉(seal)이 어려움
원통 좌표계	• 2개의 선형축과 1개의 회전축 • 로봇 주위에 접근 가능 • 강성 구조의 2개의 선형축 • 밀봉이 용이한 회전축	• 로봇 자체보다 위에 접근 불가 • 장애물 주위에 접근 불가 • 밀봉이 어려운 2개의 선형축
극 좌표계	• 1개의 선형축과 2개의 회전축 • 긴 수평 접근	• 장애물 주위에 접근 불가 • 짧은 수직 접근
관절 좌표계	• 3개의 회전축 • 장애물의 상하에 접근 가능 • 작은 설치 공간에 큰 작업 영역	• 복잡한 머니퓰레이터 구조

(2) 로봇의 종류

① 일반적인 로봇
- ㈎ 조종(operating) 로봇
- ㈏ 시퀀스 로봇
- ㈐ 플레이 백(play back) 로봇
- ㈑ 수치 제어(numerically controlled : NC) 로봇
- ㈒ 지능(intelligent) 로봇
- ㈓ 감각 제어(sensory controlled) 로봇
- ㈔ 적응 제어(adaptive controlled) 로봇
- ㈕ 학습 제어(learning controlled) 로봇

② 제어적인 로봇
- ㈎ 서보 제어(servo controlled) 로봇(위치, 힘, 소프트웨어 서보)
- ㈏ 논 서보 제어 로봇
- ㈐ CP(continuous path) 제어 로봇(전체 경로(궤도)가 지정되어 있는 제어)
- ㈑ PTP(Point to Point) 제어 로봇(경로상에 통과점들이 띄엄띄엄 지정되어 있어 그 경로에 따라 움직이게 되어있는 로봇)

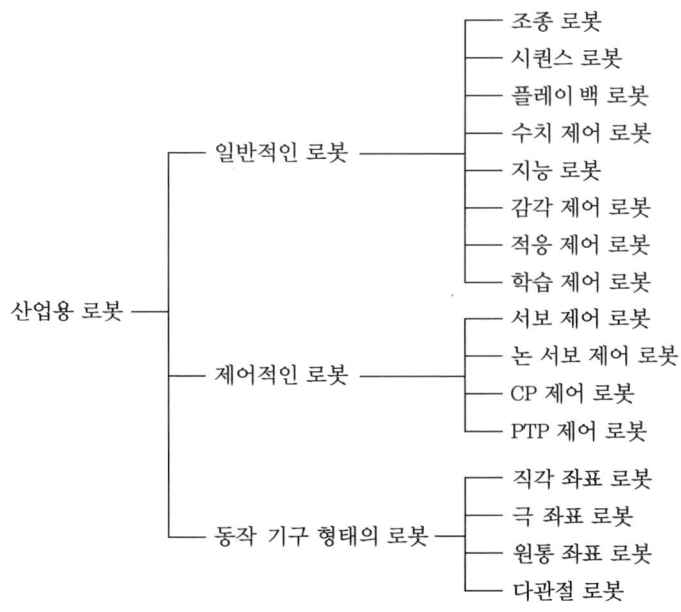

로봇의 종류

③ 동작 기구 형태의 로봇
  ㈎ 직각 좌표 로봇
  ㈏ 극 좌표 로봇
  ㈐ 원통 좌표 로봇
  ㈑ 다관절 로봇

(3) 구동 장치

① 동력원(power supply) : 동력 공급원은 전기, 유압, 공압이 있다.
② 액추에이터(actuator) : 전기식 액추에이터, 공압식 액추에이터, 유압식 액추에이터, 전기 기계식 액추에이터 등이 있다.
③ 서보모터(servo motor) : 로봇의 핵심 동력원으로 직류 모터, 동기형 교류 모터, 유도형 교류 모터, 스태핑 모터 등이 있다.

산업용 로봇을 위한 동력원의 비교

명칭	장점	단점
유압식	• 큰 가반 중량 • 적당한 속도 • 정확한 제어	• 고가, 장치의 큰 부피 • 소음 • 저속
공압식	• 저가 • 고속	• 정밀도 한계 • 소음 • 에어 필터 필요 • 습기 건조 시스템 필요
전기모터	• 고속, 정밀 • 비교적 저가 • 사용 간편	• 감속 장치 필요 • 동력의 한계

(4) 로봇 센서(sensor)

접촉식 센서(촉각 센서, 터치 센서), 비접촉식 센서(비전 센서, Arc 센서, 광학 센서)

산업용 로봇을 위한 센서의 종류와 적용

형상	적용
접촉식 센서 (용접선 추적용)	• 기계식 : 토치와 함께 이동하는 롤러 스프링 • 전자 · 기계식 : 양쪽에 연결된 탐침 • 용접선 내부 접촉 탐침 : 전자 · 기계식 • 복잡한 제어를 갖는 탐침 • 물리적 특성과 관계된 비접촉식 센서
비접촉 센서 (다목적용)	• 음향(acoustic) : 아크 길이 제어 • 캐패시턴스 : 접근 거리 제어 • 와전류 : 용접선 추적 • 자기유도 : 용접선 추적 • 적외선 복사 : 용입 깊이 제어 • 자기(magnetic) : 전자기장 측정 • through-the-arc 센서 • 광학, 시각(이미지 포착과 처리) 센서 • 전압을 측정하면서 좌우 위빙 • 아크 길이 제어 • 빛 반사 • 용접 아크 상태 검출 • 용융지 크기 검출 • 아크 발생 전방의 이음 형태 판단 • 레이저 음영 기술 • 레이저 영역 판별 기술 • 기타 시스템

(5) 로봇 용접 장치

① 용접 전원
② 포지셔너(positioner)
③ 트랙(track)
④ 갠트리(gantry)
⑤ 칼럼(column)
⑥ 용접물 고정장치

(6) 로봇의 안전

① 방호장치 : 산업용 로봇은 높이가 1.8 m 이상이 되도록 설치하여 접근하지 못하도록 하고, 출입이 가능한 경우 출입 시 작업자가 위험 구역에 들어오면 로봇이 정지하도록 한다.

② 안전 수칙

㈎ 작업 시작 전 머니퓰레이터의 작동 상태를 점검한다.

㈏ 비상 정지 버튼 등 제동 장치를 점검한다.

㈐ 작업자의 위험 방지 지침을 작성하여 오동작, 오조작을 방지한다.

㈑ 작업자 외에는 로봇을 작동하지 못하도록 하며 로봇 운전 중에는 로봇의 운전 구역에 절대 들어가지 않게 한다.

㈒ 점검 시는 주 전원을 차단한 뒤에 "조작금지" 안내판을 부착하고 점검을 실시한다.

㈓ 용접 작업할 데이터는 보관하여 피드백을 한다.

(7) 산업용 로봇의 작업 절차

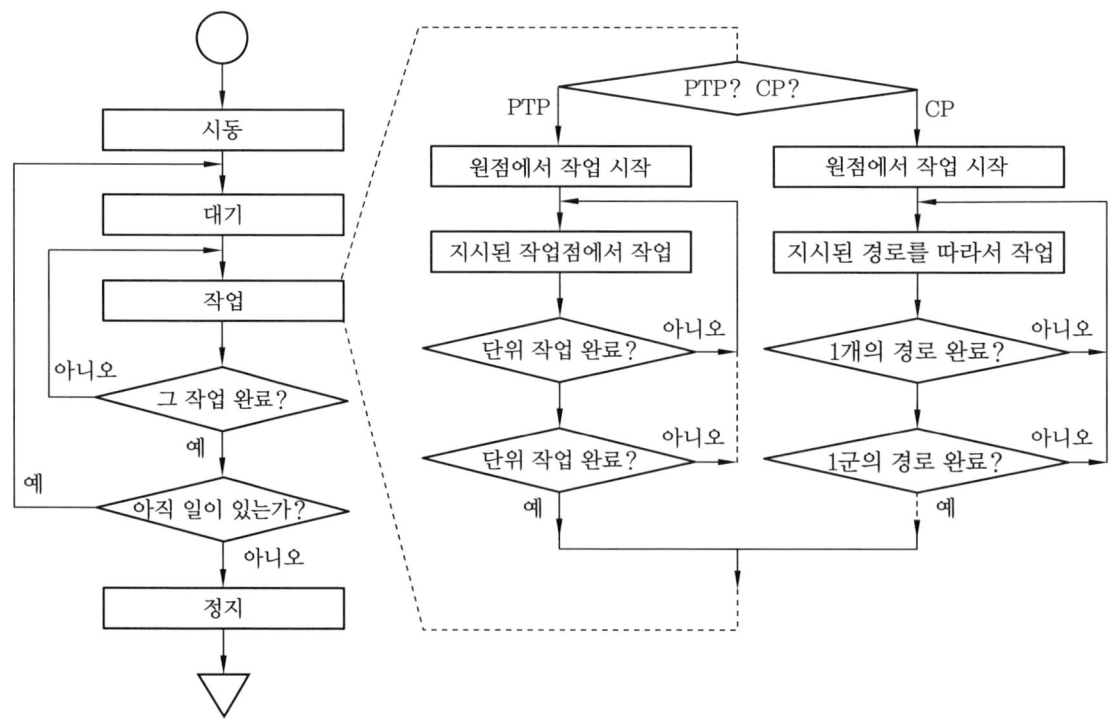

예상문제

1. 자동화에 필요한 기구가 아닌 것은?
① 용접 포지셔너 ② 터닝 롤
③ 헤드 스톡 ④ 스트롱 백

해설 스트롱 백은 용접 고정구로서 정반 등과 같이 사용된다.

2. 로봇 용접의 장점에 관한 다음 설명 중 맞지 않는 것은?
① 작업의 표준화를 이룰 수 있다.
② 복잡한 형상의 구조물에 적응하기 쉽다.
③ 반복 작업이 가능하다.
④ 열악한 환경에서도 작업이 가능하다.

해설 로봇을 사용하여 용접을 하면 자동화 용접을 통한 균일한 품질과, 정밀도가 높은 제품을 만들 수 있으며, 생산성이 향상된다. 또한 용접사는 단순한 작업에서 벗어날 수 있다.

3. 용접 로봇 동작을 나타내는 관절 좌표계의 장점 설명으로 틀린 것은?
① 3개의 회전축을 이용한다.
② 장애물의 상하에 접근이 가능하다.
③ 작은 설치 공간에 큰 작업 영역이 가능하다.
④ 단순한 머니퓰레이터의 구조이다.

해설 좌표계는 직각, 원통, 극, 관절 좌표계가 있고 관절 좌표계의 장점은 ㉠ 3개의 회전축 ㉡ 장애물의 상하에 접근 가능 ㉢ 작은 설치 공간에 큰 작업 영역 등이고, 단점은 복잡한 머니퓰레이터 구조이다.

4. 용접의 자동화에서 자동 제어의 장점에 관한 설명으로 틀린 것은?
① 제품의 품질이 균일화되어 불량품이 감소된다.
② 인간에게 불가능한 고속 작업이 불가능하다.
③ 연속 작업 및 정밀한 작업이 가능하다.
④ 위험한 사고의 방지가 가능하다.

해설 ② 인간에게 불가능한 고속 작업이 가능하다.

5. 용접 자동화 방법에서 정성적 자동 제어의 종류가 아닌 것은?
① 피드백 제어 ② 유접점 시퀀스 제어
③ 무접점 시퀀스 제어 ④ PLC 제어

해설 정성적 자동 제어 : 예를 들어 물탱크에 물이 없으면 물 펌프를 가동하여 물을 탱크에 올려놓고, 물이 탱크에 가득차면 펌프를 끈다. 정해진 물 높이에 ON, OFF의 신호가 발생하도록 하고 그것으로 제어한다. 현재 물이 얼마나 있는지 없는지는 중요하지 않으므로 '정해진 성질'에 따른 제어를 한다.

6. 아크 용접용 로봇에 사용되는 것으로 동작 기구가 인간의 팔꿈치나 손목 관절에 해당하는 부분의 움직임을 갖는 것으로 회전 → 선회 → 선회 운동을 하는 로봇은?
① 극 좌표 로봇 ② 관절 좌표 로봇
③ 원통 좌표 로봇 ④ 직각 좌표 로봇

해설 로봇의 움직임을 회전 및 선회할 수 있는 것은 관절 로봇이다.

7. 산업용 용접 로봇의 일반적인 분류에 속하지 않는 것은?
① 지능 로봇 ② 시퀀스 로봇
③ 평행 좌표 로봇 ④ 플레이 백 로봇

정답 1. ④ 2. ② 3. ④ 4. ② 5. ① 6. ② 7. ③

해설 로봇의 일반적인 분류로는 지능 로봇, 시퀀스 로봇, 플레이 백 로봇 등이 있고, 용접용으로는 저항 용접용과 아크 용접용이 있으며 직교 좌표형과 관절형이 있다.

8. 아크 용접용 로봇에서 용접 작업에 필요한 정보를 사람이 로봇에게 기억(입력)시키는 장치는?

① 전원 장치　　② 조작 장치
③ 교시 장치　　④ 머니퓰레이터

해설 아크 로봇의 경로 제어에는 PTP(Point to Point) 제어와 CP(Continuous Path) 제어, 교시 방법이 있으며 교시 장치는 용접 작업에 필요한 정보를 로봇에게 기억(입력)시켜 제어부에 전달하는 장치로, 수행하여야 할 작업을 사람이 머니퓰레이터를 움직여 미리 교시하고 그것을 재생시키면 그 작업을 반복하게 된다.

9. 용접 자동화에 대한 설명으로 틀린 것은?

① 생산성이 향상된다.
② 외관이 균일하고 양호하다.
③ 용접부의 기계적 성질이 향상된다.
④ 용접봉 손실이 크다.

해설 용접을 자동화하면 생산성이 증대하고 품질의 향상은 물론 원가 절감 등의 효과가 있다. 수동 용접법과 비교 시 용접 와이어가 릴로부터 연속적으로 송급되어 용접봉 손실이 없으며 아크 길이, 속도 및 여러 가지 용접 조건에 따른 공정 수를 줄일 수 있다.

10. 용접 로봇에 일반적으로 사용되는 용접법이 아닌 것은?

① 점 용접법　　② CO_2 용접법
③ TIG 용접법　　④ 피복 아크 용접법

해설 아크 용접의 로봇에는 일반적으로 점 용접(spot welding), GMAW(Gas Metal Arc Welding : CO_2, MIG, MAG)와 GTAW(Gas Tungsten Arc Welding : TIG) 및 LBW(Laser Beam Welding(레이저 빔 용접))이 주로 이용되고 있다.

11. 자동화에 필요한 기구 중 암(arm)이 수직·수평으로 이동 가능하며 또한 완전 360° 회전이 가능하므로, 서브머지드 용접기나 다른 자동 용접기를 수평 암에 고정시켜 아래보기 자세로 원주 맞대기 용접이나 필릿 용접을 가능하게 하는 기구는?

① 머니퓰레이터　　② 턴테이블
③ 용접 포지셔너　　④ 터닝 롤

12. 자동 제어의 종류 중 정량적 제어에 해당되지 않는 것은?

① 개루프 제어　　② 폐루프 제어
③ 프로그램 제어　　④ 피드백 제어

해설 정량적 제어(quantitative control) : 개루프 제어(open loop control)와 폐루프 제어(closed loop control)는 피드백 제어(feedback control)가 첨가된다(목표값 → 제어 요소(조작량) → 제어 대상(제어량)).

13. 로봇의 좌표 종류가 아닌 것은?

① 직각 좌표 로봇
② 극 좌표 로봇
③ 직선 좌표 로봇
④ 원통 좌표 로봇

해설 로봇의 좌표 제어 종류는 ㉠ 직각 좌표 ㉡ 극 좌표 ㉢ 원통 좌표 ㉣ 다관절 로봇 등이다.

14. 일반적인 로봇의 종류가 아닌 것은?

① 조종 로봇　　② 시퀀스 로봇
③ 논 적응 제어 로봇　　④ 지능 로봇

정답　8. ③　9. ④　10. ④　11. ①　12. ③　13. ③　14. ③

해설 일반적인 로봇
㉠ 조종(operating) 로봇
㉡ 시퀀스 로봇
㉢ 플레이 백(play back) 로봇
㉣ 수치 제어(numerically controlled : NC) 로봇
㉤ 지능(intelligent) 로봇
㉥ 감각 제어(sensory controlled) 로봇
㉦ 적응 제어(adaptive controlled) 로봇
㉧ 학습 제어(learning controlled) 로봇

15. 제어적인 로봇의 종류가 아닌 것은?
① 서보 제어 로봇
② 논 서버 제어 로봇
③ 감각 제어 로봇
④ CP 제어 로봇

해설 제어적인 로봇
㉠ 서보 제어(servo controlled) 로봇(위치, 힘, 소프트웨어 서보)
㉡ 논 서보 제어 로봇
㉢ CP(continuous path) 제어 로봇
㉣ PTP(Point to Point) 제어 로봇

16. 로봇의 구동 장치가 아닌 것은?
① 동력원
② 액추에이터
③ 서보모터
④ 논 서버 제어

해설 구동 장치
㉠ 동력원(power supply) : 동력 공급원은 전기, 유압, 공압이 있다.
㉡ 액추에이터(actuator) : 전기식 액추에이터, 공압식 액추에이터, 유압식 액추에이터, 전기 기계식 액추에이터 등이 있다.
㉢ 서보모터(servo motor) : 로봇의 핵심 동력원으로 직류 모터, 동기형 교류 모터, 유도형 교류 모터, 스태핑 모터 등이 있다.

17. 로봇 용접 장치가 아닌 것은?
① 용접 전원
② 포지셔너
③ 트랙
④ 접촉식 센서

해설 로봇 용접 장치
㉠ 용접 전원
㉡ 포지셔너(positioner)
㉢ 트랙(track)
㉣ 갠트리(gantry)
㉤ 칼럼(column)
㉥ 용접물 고정장치

18. 로봇의 안전수칙으로 틀린 것은?
① 작업 시작 전 머니퓰레이터의 작동 상태를 점검한다.
② 비상 정지 버튼 등 제동 장치를 점검한다.
③ 작업자의 위험 방지 지침을 작성하여 오동작, 오조작을 방지한다.
④ 자동 제어로 가동되어 작업자 외에도 로봇을 작동할 수 있다.

해설 ④ 작업자 외에는 로봇을 작동하지 못하도록 하며 로봇 운전 중에는 로봇의 운전 구역에 절대 들어가지 않게 한다.

19. 시퀀스 제어에서 유접점(릴레이)의 장점 중 틀린 것은?
① 개폐 용량이 크며 과부하에 잘 견딘다.
② 전기적 잡음에 대해 안정하다.
③ 온도 특성이 양호하다.
④ 소형이며 가볍다.

해설 ㉠ 유접점(릴레이) 시퀀스 제어의 장점
• 개폐 용량이 크며 과부하에 잘 견딘다.
• 전기적 잡음에 대해 안정하다.
• 온도 특성이 양호하다.
• 독립된 다수의 출력 회로를 갖는다.
• 입력과 출력이 분리 가능하다.
• 동작 상태의 확인이 쉽다.

정답 15. ③ 16. ④ 17. ④ 18. ④ 19. ④

ⓒ 유접점(릴레이) 시퀀스 제어의 단점
- 동작 속도가 늦다.
- 소비전력이 비교적 크다.
- 접점의 마모 등으로 수명이 짧다.
- 기계적 진동, 충격 등에 약하다.
- 소형화에 한계가 있다.

20. 시퀀스 제어에서 무접점(논리 게이트)의 단점 중 틀린 것은?

① 전기적 잡음에 약하다.
② 온도의 변화에 약하다.
③ 신뢰성이 좋지 않다.
④ 별도의 전원 및 관련 회로가 필요하지 않다.

[해설] ㉠ 무접점(논리 게이트) 시퀀스 제어의 장점
- 동작 속도가 빠르다.
- 소형이며 가볍다.
- 열악한 환경에 잘 견딘다.
- 고빈도 사용에도 수명이 길다.
- 다수 입력, 소수 출력에 적합하다.
- 고감도의 성능을 갖는다.

ⓒ 무접점(논리 게이트) 시퀀스 제어의 단점
- 전기적 잡음에 약하다.
- 온도의 변화에 약하다.
- 신뢰성이 좋지 않다.
- 별도의 전원 및 관련 회로를 필요로 한다.

21. 산업용 용접 로봇의 구성 기능 중 작업 기능에 해당하지 않는 것은?

① 동작 기능
② 구속 기능
③ 이동 기능
④ 교시 기능

[해설] 산업용 용접 로봇의 구성 기능
㉠ 작업 기능 : 동작 기능, 구속 기능, 이동 기능
ⓒ 제어 기능 : 동작 제어 기능, 교시 기능
ⓒ 계측 인식 기능 : 계측 기능, 인식 기능

[정답] 20. ④ 21. ④

제4장 안전관리 및 정리정돈

1. 산업안전관리

1-1 산업안전관리의 개요

(1) 안전관리의 정의 및 일반 개념
① 재해(loss, calamity)의 정의 : 안전사고의 결과로 일어난 인명과 재산의 손실을 말한다.
② 안전사고와 부상의 종류
  ㈎ 중상해 : 부상으로 인하여 14일 이상의 노동 손실을 가져온 상태
  ㈏ 경상해 : 부상으로 1일 이상 14일 미만의 노동 손실을 가져온 상태
  ㈐ 경미상해 : 부상으로 8시간 이하의 휴무 또는 작업에 종사하며 치료받는 상태
③ 안전관리의 조직
  ㈎ 라인형 조직(line system)
  ㈏ 참모식 조직(staff system)
  ㈐ 라인-스텝 조직(line and staff system)

(2) 안전사고율의 판정 기준
① 연천인율 : 1000명을 기준으로 한 재해 발생 건수의 비율이다.

$$연천인율 = \frac{연간\ 재해자\ 수}{연평균\ 근로자\ 수} \times 1000 = 도수율 \times 2.4$$

② 도수율(frequency rate, 빈도율) : 안전사고의 빈도를 표시하는 단위로 근로시간 100만 시간당 발생하는 사상 건수를 표시한다(소수점 둘째 자리까지 계산한다).

$$도수율 = \frac{연간\ 재해\ 발생\ 건수}{연근로\ 총\ 시간\ 수} \times 1000000$$

③ 강도율 (severity rate) : 안전사고의 강도를 나타내는 기준으로 근로시간 1000시간당의 재해에 의하여 손실된 노동손실일수를 나타낸다(소수점 둘째 자리까지 계산한다).

$$도수율 = \frac{근로손실일수}{연근로\ 총\ 시간\ 수} \times 1000$$

(3) 안전 환경 관리

① 작업 환경 조건

㈎ 소음 : 소음의 영향과 장해로는 청력 장해, 혈압 상승 및 호흡 억제 등의 생체 기능 장해, 불쾌감, 작업 능률의 저하 등이며, 소음 평가 수 기준은 85dB, 지속음 기준 폭로 한계는 90dB(8시간 기준)이고 소음 장해 예방대책으로는 소음원 통제, 공정 변경, 음의 흡수 장치, 귀마개 및 귀덮개의 보호구 착용 등이 있다.

㈏ 온도 : 안전 적정 온도 18~21℃보다 높거나 낮을 때 사고 발생의 원인이 된다.

㈐ 조명 : 직접 조명, 간접 조명, 반간접 조명, 국부 조명 등의 종류가 있고, 단위는 럭스(Lux)(또는 칸델라[Cd])이며, 작업에 따라 조명도는 [표]와 같다.

각 작업에 알맞은 조명도

작업의 종류	이상적인 조명도
초정밀 작업	600 Lux 이상
정밀 작업	300 Lux 이상
보통 작업	150 Lux 이상
기타 작업	70 Lux 이상

㈑ 분진 : 분진의 허용 기준은 유리규산(SiO_2)의 함량에 좌우되며 흡입성 분진 중 폐포 먼지 침착률이 가장 높은 것은 0.5~5.0이다.

㈒ 환기 : 실내 작업 시 발생되는 유해 가스, 증기, 분진 등의 화학적 근로 환경과 온도, 습도 등의 물리적 근로 환경에 의해 근로자가 피해 입는 것을 방지하기 위하여 창문, 환기통 및 후드(hood), 덕트(duct), 송풍기(blower) 등의 장치를 통하여 근로 조건을 개선하는 방법이다.

㉮ 후드(hood) : 기류 특성 및 송풍량에 따라 여러 종류가 있으며 용접 작업에서는 원형(측방 배출), 장방형(측방 배출) 등이 사용된다.

㉯ 덕트(duct) : 유해물질이 포함된 후드에서 집진 장치까지 또는 집진 장치에서 최종 배출관까지 운반하는 유도관으로 주관, 분관으로 구성되고 제진 장치에서 외부

로 배출하는 송풍관을 주관이라 한다. 또한 후드에 직접 연결되는 송풍관이 분관으로 1개 또는 2개 이상을 연결하여 집진 장치로 모여진 공기를 운반해 주는 장치이다.
　㈐ 자연 환기법 : 온도차 환기(중력 환기), 풍력 환기
　㈑ 기계 환기법(강제 환기법) : 흡출식, 압입식, 병용식

1-2 일반 안전

(1) 재해의 원인
① 직접 원인
　㈎ 인적 원인 : 무지, 과실, 미숙련, 과로, 질병, 흥분, 체력 부족, 신체적 결함, 음주, 수면 부족, 복장 불량 등
　㈏ 물적 원인 : 설비 및 시설의 불비, 작업 환경의 부족
② 간접 원인
　㈎ 기술적 원인　　㈏ 교육적 원인
　㈐ 신체적 원인　　㈑ 정신적 원인
　㈒ 관리적 원인　　㈓ 사회적 원인
　㈔ 역사적 원인

(2) 재해의 시정책(3E)
① 교육(Education)
② 기술(Engineering)
③ 관리(Enforcement)

(3) 화재 및 폭발 재해
① 연소
　㈎ 연소의 정의 : 연소는 적당한 온도의 열과 일정 비율의 가연성 물질, 산소가 결합하여 그 반응으로서 발열 및 발광 현상을 수반하는 것을 말한다.
　㈏ 연소의 3요소 : 가연물, 산소 공급원, 발화원
　㈐ 발화점의 정의
　　㉮ 인화점 : 가연성 액체 또는 고체가 공기 중에서 그 표면 부근에서 인화하는데 필요한 충분한 농도의 증기를 발생하는 최저 온도이다.

④ 연소점 : 연소를 계속시키기 위한 온도로 대체로 인화점보다 약 10℃ 정도 높다.
⑤ 착화점 : 가연물이 공기 중에서 가열되었을 때 다른 것으로 점화하지 않고 그 반응열로 스스로 발화하게 되는 최저 온도로 발화점 또는 자연 발화 온도라고 한다.

> **참고** 발화원의 종류
> - 충격 마찰
> - 단열 압축
> - 자연 발열
> - 나화
> - 전기 불꽃(아크 등)
> - 광선 열선
> - 고온 표면
> - 정전기 불꽃

㈐ 화재의 소화 대책
  ㉮ 소화 조건
    ㉠ 가연물의 제거
    ㉡ 화점의 냉각
    ㉢ 공기(산소)의 차단
    ㉣ 연속적인 연소의 차단
  ㉯ 화재의 종류와 적용 소화제
    ㉠ A급 화재(일반 화재) : 수용액
    ㉡ B급 화재(유류 화재) : 화학 소화액(포말, 사염화탄소, 탄산가스, 드라이케미컬)
    ㉢ C급 화재(전기 화재) : 유기성 소화액(분말, 탄산가스, 탄산칼륨+물)
    ㉣ D급 화재(금속 화재) : 건조사

소화기 종류와 용도

소화기 \ 화재 종류	보통 화재	유류 화재	전기 화재
포말 소화기	양호	적합	양호
분말 소화기	적합	적합	부적합
탄산가스 소화기	양호	양호	적합

  ㉰ 소화기의 관리 및 취급 요령
    ㉠ 포말 소화기(A, B급 화재) : 유류 화재에 효과적으로, 동절기에는 얼지 않게 보온 장치를 하며 전기나 알코올류 화재에는 사용하지 못하고 소화액은 1년에 한 번 이상 교체한다.

ⓒ 분말 소화기(A, B급 화재) : 화점부에 접근 방사하여 시계를 흐리지 않게 하며 고압가스 용기는 연 2회 이상 중량 점검 후 감량 시 새 용기와 교체한다.
　　ⓒ 탄산가스 소화기(B, C급 화재) : 전기의 불량 도체이기 때문에 전기 화재에 유효하며, 인체에 접촉 시 동상의 위험이 있어 취급 시 주의가 필요하고 탄산가스의 중량이 $\frac{2}{3}$ 이하일 경우 즉시 재충전하지 않으면 안 된다. 또한 탄산가스 용기는 6개월마다 내압 시험을 하여 안전을 도모해야 한다.
　　ⓔ 강화액 소화기(A, B, C급 화재) : 물에 탄산칼륨 등을 용해시킨 수용액을 사용하며, 물에 의한 소화 효과에 탄산칼륨 등을 첨가한 것으로 소화 후 재연소를 방지하는 효과가 크다.
　㉣ 소화기 사용 시 주의사항
　　㉠ 방사 시간이 짧고(15～50초 정도), 방출 거리가 짧아 초기 화재에만 사용된다.
　　ⓒ 소화기는 적용되는 화재에만 사용해야 한다.
　　ⓒ 소화 작업은 바람을 등지고 풍상에서 풍하로 향해 방사한다.
　　ⓔ 비로 쓸 듯이 골고루 소화해야 한다.
② 화상
　㉮ 제1도 화상(피부가 붉어지고 약간 아픈 정도) : 냉수나 붕산수로 찜질한다.
　㉯ 제2도 화상(피부가 빨갛게 부풀어 물집이 생긴다) : 제1도 화상 때와 같은 조치를 하되 특히 물집을 터트리면 감염되므로 소독 거즈를 덮고 가볍게 붕대로 감아 둔다.
　㉰ 제3도 화상(피하 조직의 생명력 상실) : 제2도 화상 시와 같은 치료를 한 후 즉시 의사에게 치료를 받는다.
　㉱ 제1도 화상이라도 신체의 $\frac{1}{3}$(30%) 이상 화상을 입으면 생명이 위험하다.
③ 감전
　㉮ 감전 사고가 발생하면 우선 전원을 끊는다.
　㉯ 전원을 끊을 수 없는 경우 구조자가 보호구(고무장화, 고무장갑 등)를 착용한 후 떼어 놓는다.
　㉰ 감전자가 호흡 중지 시 인공호흡을 진행한다.

|예|상|문|제|

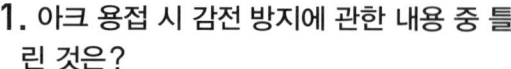

1. 아크 용접 시 감전 방지에 관한 내용 중 틀린 것은?
① 비가 내리는 날이나 습도가 높은 날에는 특히 감전에 주의를 하여야 한다.
② 전격방지장치는 매일 점검하지 않으면 안 된다.
③ 홀더의 절연 상태가 충분하면 전격방지장치는 필요 없다.
④ 용접기의 내부에 함부로 손을 대지 않는다.

해설 홀더의 절연 상태는 안전 홀더인 A형을 사용하고, 전격방지장치는 인체에 전격을 방지할 수 있는 안전한 장치로 홀더와 무부하 전압에 전격을 방지하기 위한 안전 전압인 24V를 유지시키며, 산업안전보건법으로 필요한 장치이다.

2. 아크 용접 중 방독 마스크를 쓰지 않아도 되는 용접 재료는?
① 주강
② 황동
③ 아연 도금판
④ 카드뮴 합금

해설 황동, 아연 도금판, 카드뮴 합금 등은 과열에 의한 아연 증발과 카드뮴의 증발로 중독을 일으키기 쉬워 방독 마스크를 착용하고 용접 작업을 해야 한다.

3. 용접 작업 중 정전이 되었을 때, 취해야 할 가장 적절한 조치는?
① 전기가 오기만을 기다린다.
② 홀더를 놓고 송전을 기다린다.
③ 홀더에서 용접봉을 빼고 송전을 기다린다.
④ 전원을 끊고 송전을 기다린다.

해설 전기 안전에서 정전이 되었다면 모든 전원 스위치를 내려 전원을 끊고 다시 전기가 송전될 때까지 기다린다.

4. 아크 용접에서 전격 및 감전 방지를 위한 주의사항으로 틀린 것은?
① 협소한 장소에서의 작업 시 신체를 노출하지 않는다.
② 무부하 전압이 높은 교류 아크 용접기를 사용한다.
③ 작업을 중지할 때는 반드시 스위치를 끈다.
④ 홀더는 반드시 정해진 장소에 놓는다.

해설 무부하 전압이 높은 교류 아크 용접기는 산업안전보건법에서 반드시 전격 방지기를 달아서 사용하도록 되어 있다.

5. CO_2 가스 아크 용접에서 CO_2 가스가 인체에 미치는 영향으로 극히 위험상태에 해당하는 가스의 농도는 몇 %인가?
① 0.4% 이상
② 10% 이상
③ 20% 이상
④ 30% 이상

해설 CO_2 가스 농도에 따른 인체의 영향
㉠ 3~4% : 두통 ㉡ 15% 이상 : 위험
㉢ 30% 이상 : 치명적

6. 아크 빛으로 혈안이 되고 눈이 부었을 때 우선 조치해야 할 사항으로 가장 옳은 것은?
① 온수로 씻은 후 작업한다.
② 소금물로 씻은 후 작업한다.
③ 심각한 사안이 아니므로 계속 작업한다.
④ 냉습포를 눈 위에 얹고 안정을 취한다.

정답 1. ③ 2. ① 3. ④ 4. ② 5. ④ 6. ④

해설 아크광선은 가시광선, 자외선, 적외선을 갖고 있으며, 아크광선에 노출되면 자외선으로 인하여 전광선 안염 및 결막염을 일으킬 수 있다. 그러므로 광선에 노출되면 우선 조치 사항으로 냉습포를 눈 위에 얹고 안정을 취하는 것이 좋다.

7. 아크 용접 작업에서 전격의 방지 대책으로 가장 거리가 먼 것은?

① 절연 홀더의 절연 부분이 파손되면 즉시 교환할 것
② 접지선은 수도 배관에 할 것
③ 용접 작업을 중단 혹은 종료 시에는 즉시 스위치를 끊을 것
④ 습기 있는 장갑, 작업복, 신발 등을 착용하고 용접 작업을 하지 말 것

해설 수도 배관에 접지를 할 경우는 전격의 위험이 있으므로 용접기의 2차 측 단자의 한쪽과 케이스는 반드시 땅 속(표면 지하)에 접지를 해야 한다.

8. 용접 흄(fume)에 대하여 서술한 것 중 올바른 것은?

① 용접 흄은 인체에 영향이 없으므로 아무리 마셔도 영향이 없다.
② 실내 용접 작업에서는 환기설비가 필요하다.
③ 용접봉의 종류와 무관하며 전혀 위험은 없다.
④ 용접 흄은 입자상 물질이며, 가제 마스크로 충분히 차단할 수가 있으므로 인체에 해가 없다.

해설 용접 흄에는 인체에 해로운 각종 가스(주로 CO, CO_2, N_2 등)가 있어 실내 용접 작업을 할 때에는 환기설비를 필요로 한다.

9. 용접을 장시간 하게 되면 용접 흄 또는 가스를 흡입하게 되는데 그 방지 대책 및 주의 사항으로 가장 적당하지 않은 것은?

① 아연 합금, 납 등의 모재에 대해서는 특히 주의를 요한다.
② 환기 통풍을 잘 한다.
③ 절연형 홀더를 사용한다.
④ 보호 마스크를 착용한다.

해설 ③ 용접을 장시간 할 때에는 안전상 환기 통풍을 하고 재료 특성과 가스에 의한 흄, 미스트에 맞는 보호 마스크를 사용해야 한다.

10. 아크 용접 작업 중의 전격에 관련된 설명으로 옳지 않은 것은?

① 습기 찬 작업복, 장갑 등을 착용하지 않는다.
② 오랜 시간 작업을 중단할 때에는 용접기의 스위치를 끄도록 한다.
③ 전격 받은 사람을 발견하였을 때에는 즉시 손으로 잡아당긴다.
④ 용접 홀더를 맨손으로 취급하지 않는다.

해설 아크 용접 작업 중 전격을 받은 사람을 발견했을 때에는 먼저 전원 스위치를 차단하고 바로 의사에게 연락하여야 하며, 때에 따라서는 인공호흡 등 응급처치를 해야 한다.

11. 피복 아크 용접 작업 시 주의해야 할 사항으로 옳지 못한 것은?

① 용접봉은 건조시켜 사용할 것
② 용접 전류의 세기는 적절히 조절할 것
③ 앞치마는 고무복으로 된 것을 사용할 것
④ 습기가 있는 보호구를 사용하지 말 것

해설 피복 아크 용접 시에 앞치마가 고무복일 때에는 용접할 때 스패터 및 높은 온도 때문에 녹아 화상을 입을 수 있다.

12. 가스 도관(호스) 취급에 관한 주의사항 중 틀린 것은?

① 고무 호스에 무리한 충격을 주지 말 것
② 호스 이음부에는 조임용 밴드를 사용할 것

정답 7. ② 8. ② 9. ③ 10. ③ 11. ③ 12. ④

③ 한랭 시 호스가 얼면 더운 물로 녹일 것
④ 호스의 내부 청소는 고압 수소를 사용할 것

해설 가스 용접에 사용되는 호스의 내부 청소에 압축공기를 사용하여 고압 산소(또는 수소)로 청소하면 위험하므로 사용하면 안 된다.

13. 탱크 등 밀폐 용기 속에서 용접 작업을 할 때 주의사항으로 적합하지 않은 것은?
① 환기에 주의한다.
② 감시원을 배치하여 사고의 발생에 대처한다.
③ 유해 가스 및 폭발 가스의 발생을 확인한다.
④ 위험하므로 혼자서 용접하도록 한다.

해설 안전상에 탱크 및 밀폐 용기 속에서 용접 작업을 할 때는 반드시 감시인 1인 이상을 배치시켜서 안전사고의 예방과 사고 발생 시에 즉시 사고에 대한 조치를 하도록 한다.

14. 용접에 관한 안전 사항으로 틀린 것은?
① TIG 용접 시 차광 렌즈는 12~13번을 사용한다.
② MIG 용접 시 피복 아크 용접보다 1m가 넘는 거리에서도 공기 중의 산소를 오존으로 바꿀 수 있다.
③ 전류가 인체에 미치는 영향에서 50 mA는 위험을 수반하지 않는다.
④ 아크로 인한 염증을 일으켰을 경우 붕산수(2% 수용액)로 눈을 닦는다.

해설 전류가 인체에 미치는 영향
㉠ 1 mA : 전기를 약간 느낄 정도이다.
㉡ 5 mA : 상당한 고통을 느낀다.
㉢ 10 mA : 견디기 어려울 정도의 고통이다.
㉣ 20 mA : 심한 고통을 느끼고 강한 근육 수축이 일어난다.
㉤ 50 mA : 상당히 위험한 상태이다.
㉥ 100 mA : 치명적인 결과를 초래(사망 위험)한다.

15. TIG 용접 시 안전사항에 대한 설명으로 틀린 것은?
① 용접기 덮개를 벗기는 경우 반드시 전원 스위치를 켜고 작업한다.
② 제어 장치 및 토치 등 전기 계통의 절연 상태를 항상 점검해야 한다.
③ 전원과 제어 장치의 접지 단자는 반드시 지면과 접지되도록 한다.
④ 케이블 연결부와 단자의 연결 상태가 느슨해졌는지 확인하여 조치한다.

해설 용접기 덮개를 벗기는 경우 반드시 전원 스위치를 끄고(off) 작업을 하여야 감전을 예방할 수 있다.

16. 가연성 가스 등이 있다고 판단되는 용기를 보수 용접하고자 할 때 안전사항으로 가장 적당한 것은?
① 고온에서 점화원이 되는 기기를 갖고 용기 속으로 들어가서 보수 용접한다.
② 용기 속을 고압 산소를 사용하여 환기하며 보수 용접한다.
③ 용기 속의 가연성 가스 등을 고온의 증기로 세척한 후 환기를 시키면서 보수 용접한다.
④ 용기 속의 가연성 가스 등이 다 소모되었으면 그냥 보수 용접한다.

해설 가연성 가스 용기의 보수 용접
㉠ 용기 내부를 증기 및 기타 효과적인 방법으로 완전히 세척할 것
㉡ 용기 내부의 공기를 채취하여 검사한 결과 혼합 가스나 증기가 조금도 없을 것
㉢ 용기 내부의 완전 세척이 부득이 어려운 경우 용기 내부의 불활성 공기를 가스로 바꾸어 둘 것
㉣ 불활성 가스 사용 시는 작업 중에 계속하여 용기 안으로 불활성 가스를 서서히 유입시킬 것

정답 13. ④ 14. ③ 15. ① 16. ③

용접 재료

제1장 용접 재료 준비

제1장

용접 재료 준비

1. 금속의 특성과 상태도

1-1 금속의 특성과 결정 구조

(1) 금속의 성질
① 용융점(fusion point) : 고체가 액체로 변하는 온도점으로 Fe 1538℃, W 3410℃, Hg −38.8℃이다.
② 자성
  ㈎ 강자성체 : 자석에 강하게 끌리고 자석에서 떨어진 후에도 금속 자체에 자성을 갖는 물질(Fe, Ni, Co)
  ㈏ 상자성체 : 자석을 접근시키면 먼 쪽에 같은 극, 가까운 쪽에는 다른 극을 갖는 물질(자석에 붙는 것 같기도 하고 아닌 것 같기도 한 것)(Al, Pt, Sn, Mn)
  ㈐ 반자성체 : 외부에서 자기장이 가해지는 동안에만 형성되는 매우 약한 형태의 자성(Cu, Zn, Sb, Ag, Au)

(2) 금속의 특성
① 상온에서 고체이며 결정 구조를 형성한다(단, 수은은 제외).
② 열 및 전기의 양도체(良導體)이다.
③ 연성(延性) 및 전성(展性)을 갖고 있어 소성 변형을 할 수 있다.
④ 금속 특유의 광택을 갖는다.
⑤ 용융점이 높고 대체로 비중이 크다(비중 5 이상을 중금속, 5 이하를 경금속이라 한다).
  ㈎ 경금속(비중) : Li(0.53), K(0.86), Ca(1.55), Mg(1.74), Si(2.23), Al(2.7), Ti(4.5) 등
  ㈏ 중금속(비중) : Cr(7.09), Zn(7.13), Mn(7.4), Fe(7.87), Ni(8.85), Co(8.9), Cu(8.96), Mo(10.2), Pb(11.34), Ir(22.5) 등

(3) 금속의 결정 구조

① 단순입방격자(SC : simple cubic lattice)
② 체심입방격자(BCC : body-centered cubic lattice)

  (가) 소속 원자 수 : $\frac{1}{8} \times 8 + 1 = 2$개

③ 면심입방격자(FCC : face-centered cubic lattice)

  (가) 소속 원자 수 : $\frac{1}{8} \times 8 + \frac{1}{2} \times 6 = 4$개

④ 저심입방격자(base-centered cubic lattice)
⑤ 조밀육방격자(HCP : hexagonal closed packed lattice)

  (가) 소속 원자 수 : $2 \times 3 = 6$개

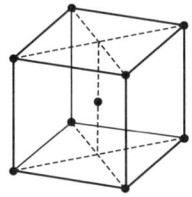 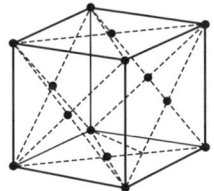 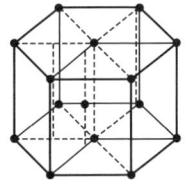

(a) 체심입방격자　　　(b) 면심입방격자　　　(c) 조밀육방격자

격자 종류	특징	금속(원소)
체심입방격자	구조가 간단하다.	크롬(Cr), 몰리브덴(Mo), 텅스텐(W) 등
면심입방격자	전성과 연성이 좋다.	금(Au), 은(Ag), 알루미늄(Al), 구리(Cu) 등
조밀육방격자	전성과 연성이 부족하다.	카드뮴(Cd), 코발트(Co), 마그네슘(Mg) 등

(4) 합금의 특성

① 용융점이 저하된다.
② 열전도도, 전기전도도가 저하된다.
③ 내열성, 내산성(내식성)이 증가된다.
④ 강도, 경도 및 가주성이 증가된다.

1-2 금속의 변태

(1) 동소변태(allotropic transformation)

고체 내에서의 원자 배열의 변화, 즉 결정격자의 형상이 변하기 때문에 생기는 것이다. 순철(pure iron)에는 α, γ, δ의 3개의 동소체가 있는데 α철은 910℃(A_3 변태) 이하에서는 체심입방격자이고, γ철은 910℃로부터 약 1400℃(A_4 변태) 사이에서 면심입방격자이며, δ철은 약 1400℃에서 용융점 1538℃ 사이에서 체심입방격자이다. 이러한 동소변태를 하는 대표적 금속은 철, 코발트, 티타늄 등이다.

(2) 자기변태(magnetic transformation)

순철에서 원자 배열에는 변화가 생기지 않고, 780℃(A_2 변태) 부근에서 급격히 자기의 크기에 변화를 일으키는 것을 자기변태라 하며 일명 퀴리점(curie point)이라고도 한다. 이러한 자기변태를 하는 대표적 금속은 철, 니켈, 코발트 등이다.

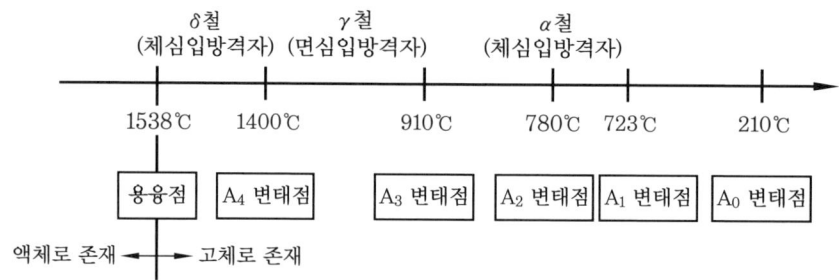

순철의 변태 과정

예상문제

1. 다음은 금속의 일반적인 특성이다. 틀린 것은? (단, Hg 제외)
① 상온에서는 고체이며 결정체이다.
② 전성, 연성이 크다.
③ 전기와 열의 양도체이다.
④ 비중이 작고 경도가 크다.

해설 ①, ②, ③ 외에 ㉠ 금속 특유의 광택을 갖는다. ㉡ 용융점이 높고 대체로 비중이 크다 (비중 5 이상을 중금속, 5 이하를 경금속이라 한다).

2. 기계 재료에 가장 많이 사용되는 재료는?
① 비금속 재료 ② 철 합금
③ 비철 합금 ④ 스테인리스강

해설 기계 재료에 가장 많이 사용되는 재료는 철 합금이며, 다음으로 철 합금인 스테인리스강이고 그 다음이 알루미늄 등의 비철 합금이다.

3. 합금의 공통적인 특성은?
① 용융점이 낮아진다.
② 압축력이 낮아진다.
③ 경도가 감소된다.
④ 내식성, 내열성이 감소한다.

해설 합금의 특성
㉠ 용융점이 저하된다.
㉡ 열전도도, 전기전도도가 저하된다.
㉢ 내열성, 내산성(내식성)이 증가된다.
㉣ 강도, 경도 및 가주성이 증가된다.

4. 다음 중 합금에 속하는 것은?
① 철 ② 구리
③ 구리 강 ④ 납

해설 합금은 두 개 이상의 금속 또는 철과 비철 금속 등이 혼합되어 사용되는 것이다.

5. 경금속과 중금속은 무엇으로 구분되는가?
① 전기전도율 ② 비열
③ 열전도율 ④ 비중

해설 비중 5 이상을 중금속, 5 이하를 경금속이라 한다.

6. 금속의 변태에서 자기변태에 대한 설명으로 틀린 것은?
① 철의 자기변태점은 910℃이다.
② 격자의 배열 변화는 없고 자성 변화만을 가져오는 변태이다.
③ 자기변태가 일어나는 온도를 자기변태점, 이 온도를 퀴리점이라 한다.
④ 강자성 금속을 가열하면 어느 온도에서 자성의 성질이 급감한다.

해설 ① 철의 자기변태점은 780℃이다.

7. 금속이나 합금은 고체 상태에서 온도의 변화에 따라 내부 상태가 변화하여 기계적 성질이 달라지는데 이것을 무엇이라 하는가?
① 동소변형
② 동소변태
③ 자기변태
④ 재결정

해설 재결정(recrystallization) : 가공 경화된 재료를 가열하면 재질이 연하게 되어 내부 변형이 일부 제거되면서 회복되며, 계속 온도가 상승하여 어느 온도에 도달하면 경도가 급격히 감소하고 새로운 결정으로 변화하는 것을 말한다.

정답 1. ④ 2. ② 3. ① 4. ③ 5. ④ 6. ① 7. ④

2. 철강 재료

2-1 열처리 종류

(1) 열처리의 목적
① 결정입자의 미세화 및 조직의 표준화
② 조직의 안정화, 가공 시 생긴 응력 제거 및 변형 방지
③ 경도, 항자력 증가 및 기계 가공성의 향상

(2) 열처리의 종류
① 담금질 : 강을 A_3 변태 및 A_1점보다 30~50℃ 이상으로 가열한 후 급랭시켜 오스테나이트 조직을 마텐자이트 조직으로 하여 경도와 강도를 증가시키는 방법이다.
② 풀림 : 강의 입도를 미세화, 내부 응력 제거, 기계석 성질을 개선하는 목적으로 노랭하는 방법이다.
③ 뜨임 : 담금질 된 강을 A_1 변태점 이하로 가열한 후 냉각시켜 담금질로 인한 취성을 제거하고 인성을 부여하기 위해 서랭하는 방법이다.
④ 불림 : 강을 A_3 또는 Acm 변태점 이상 30~50℃의 온도로 가열하고 공기 중에서 서랭하여 표준화 조직을 얻는 방법이다.
⑤ 항온 열처리 : 강을 A_{C1} 변태점 이상으로 가열한 후 변태점 이하의 어느 일정한 온도로 유지된 항온 담금질욕 또는 연료 중에 넣어 일정 시간 항온 유지 후 냉각하는 방법이다. 이 방법은 온도(temperature), 시간(time), 변태(transformation)의 3가지 변화를 선도로 표시하는데 이것을 항온 변태도, TTT 곡선 또는 S 곡선이라 한다.

(3) 강의 표면 경화법
① 침탄법 : 저탄소강을 침탄제와 침탄 촉진제 소재와 함께 침탄 상자에 넣은 후 침탄로에서 가열하면 0.5~2mm의 침탄층이 생겨 표면만 단단하게 하는 표면 경화법이다.
② 질화법 : 암모니아 가스(NH_3)를 이용한 표면 경화법으로 520℃ 정도에서 50~100시간 질화하며, 질화용 합금강(Al, Cr, Mo 등을 함유한 강)을 사용해야 한다. 단, 질화되지 않게 하기 위해서는 Ni, Sn 도금을 하면 된다.
③ 금속 침투법 : 내식성, 내산성의 향상을 위하여 강재 표면에 다른 금속을 침투 확산시키는 방법이다.
　㉮ 크로마이징 : Cr을 재료 표면에 침투 확산시킨다.

(내) 칼로라이징 : Al을 재료 표면에 침투 확산시킨다.
(대) 세라다이징 : Zn을 재료 표면에 침투 확산시킨다.
(래) 실리코나이징 : Si를 재료 표면에 침투 확산시킨다.
(매) 보로나이징 : B를 재료 표면에 침투 확산시킨다.

2-2 순철과 탄소강

(1) 탄소강의 분류

① 순철(pure iron) : 탄소 0~0.035%의 철
  (가) 순철은 3가지 고체 형태를 나타내며, 2가지는 체심입방구조이고 1개는 면심입방구조이다.
  (내) 단접성 및 용접성이 양호하다.
  (대) 유동성 및 열처리성이 불량하다.
  (래) 전성과 연성이 풍부하다.
② 탄소강 : 탄소 0.035~2.0%를 포함한 철과 탄소의 합금
③ 주철 : 탄소 2.0~6.68%를 포함한 철과 탄소의 합금
④ 합금강 : 탄소강에 1종 이상의 금속 또는 비금속을 합금시켜 그 성질을 실용적으로 개선한 것

(2) 탄소강

① 강괴(ingot steel)의 종류
  (가) 림드강(rimmed steel) : 평로나 전로에서 정련된 용강을 페로망간(Fe-Mn)으로 가볍게 탈산시킨 것으로 탈산 및 가스 처리가 불충분하여 내부에는 기포 및 용융점이 낮아 불순물이 편석되기 쉽다. 주형의 외벽으로 림(rim)을 형성하는 림 반응(rimming action)이 생기며, 탄소 0.3% 이하의 보통강으로 용접봉 선재, 봉, 판재 등에 사용한다.
  (내) 세미 킬드강(semi-killed steel) : 약간 탈산한 강으로 킬드강과 림드강의 중간 정도이며, 탄소 함유량이 0.15~0.3% 정도이다.
  (대) 킬드강(killed steel) : 용강을 페로실리콘(Fe-Si), 페로망간(Fe-Mn), 알루미늄(Al) 등의 강탈산제로 충분히 탈산시킨 강으로 표면에 헤어 크랙이나 수축관이 생기므로 강괴의 10~20%를 잘라버린다. 킬드강은 탄소 함유량 0.3% 이상으로 비교적 성분이 균일하여 고급 강재로 사용한다.

② 탄소강의 종류와 용도
　㈎ 탄소강의 표준 조직(standard structure) : 오스테나이트 → 페라이트 → 펄라이트 → 시멘타이트
　㈏ 탄소 함유량에 따른 용도
　　㉮ 가공성만을 요구하는 경우 : 0.05~0.3% C
　　㉯ 가공성과 강인성을 동시에 요구하는 경우 : 0.3~0.45% C
　　㉰ 강인성과 내마모성을 동시에 요구하는 경우 : 0.45~0.65% C
　　㉱ 내마모성과 경도를 동시에 요구하는 경우 : 0.65~1.2% C
　㈐ 저탄소강(C 0.3% 이하) : 극연강, 연강, 반연강으로 주로 가공성 위주, 단접(용접)성 양호, 침탄용 강(0.15% C 이하)으로 많이 사용되며, 열처리가 불량하다.
　㈑ 고탄소강(C 0.6~1.5%) : 강도·경도 위주, 단접이 불량하며 열처리가 양호하고 취성이 증가한다. 레일, 축, 스프링, 타이어 등에 사용된다.
　㈒ 일반 구조용 강(SS) : 저탄소강(C 0.08~0.30%)으로 교량, 선박, 자동차, 기차 및 일반 기계 부품 등에 사용된다(기체 구조용 강은 SM으로 표시).
　㈓ 공구강(탄소 공구강 : STC 0.7% C, 합금 공구강 : STS, 스프링 강 : SPS) : 고탄소강(C 0.6~1.5%), 킬드강으로 제조한다. 목공에 쓰이는 공구나, 기계에서 금속을 깎을 때 쓰이는 공구에는 경도가 높고, 내마멸성이 있어야 한다.
　㈔ 쾌삭강(free cutting steel) : 강에 P, S, Pb, Se, Sn 등을 첨가하여 피절삭성을 증가시켜 고속 절삭에 적합한 강이다.
　　㉮ 유황 쾌삭강은 강에 유황(0.10~0.25% S)을 함유한 강이고 저탄소강은 P를 많게 한다.
　　㉯ 연쾌삭강은 0.2% 정도의 Pb를 첨가한 것으로 유황 쾌삭강보다 기계적 성질이 우수하다.
　㈕ 주강(SC) : 주철로서는 강도가 부족한 부분 등 넓은 범위에서 주강이 사용되며, 수축률은 주철의 2배, 탄소 함유량이 0.1~0.6%, 융점(1600℃)이 높고 강도가 크나 유동성이 작다.
　㈖ 침탄강(표면 경화강) : 표면에 C를 침투시켜 강인성과 내마멸성을 증가시킨 강이다.
③ 탄소강의 용접
　㈎ 저탄소강의 용접 : 저탄소강은 탄소가 0.3% 이하를 함유하고 있는 강으로 일반적으로 연강이라고도 하며, 일반 구조용 강으로 널리 사용되고 있다. 연강은 다른 강에 비하여 비교적 용접성이 좋으나 저온 상태(0℃ 이하)에서 용접 시 저온 취성과 노치부가 있을 때에 노치 취성(notch brittleness) 등의 결함이 발생되고 재료 자체에 설퍼 밴드(sulphur band)가 현저한 강을 용접할 경우나 후판($t \geq 25\,mm$)의 용접 시

균열을 일으킬 위험성이 있으므로 예열 및 후열이나 용접봉의 선택 등에 주의를 해야 한다.

(나) 중탄소강의 용접 : 중탄소강의 경우에는 탄소량이 증가함에 따라 용접부에서 저온 균열이 발생될 위험성이 커지기 때문에 100~200℃로 예열할 필요가 있다. 또한 탄소량이 0.4% 이상인 강재에는 후열 처리도 고려하여야 한다. 수소에 기인한 저온 균열로 SMAW에서는 저수소계 용접봉의 선정, 용접봉의 건조 및 예·후열처리가 필요하며, 서브머지드 아크 용접의 경우는 모재의 희석에 의하여 탄소가 용접 금속 중으로 이동하여 용접 금속의 강도가 상승하므로 와이어와 플럭스의 선정 시 용접부의 강도 수준을 충분히 고려하여야 한다.

(다) 고탄소강의 용접 : 고탄소강은 보통 탄소가 0.6~1.5%를 함유한 강을 말하며, 연강에 비교하여 A_3점(910℃) 이상의 온도에서 급랭 시 냉각 속도가 그 강의 임계 냉각 속도 이상이면 마텐자이트 조직이 되어 열 영향부의 경화가 현저하므로 비드 밑 균열 및 비드 위의 아크 균열 등을 일으키기 쉽다. 모재와 같은 용접 금속의 강도를 얻으려면 연신율이 작아 용접 균열을 일으키기 쉽게 된다. 이러한 이유 때문에 고탄소강의 용접 방법으로는 아크 용접에서는 탄소의 함유량에도 관계되나 일반적으로 200℃ 이상으로 예열하며, 특히 탄소의 함유량이 많은 것은 용접 직후 600~650℃로 후열하며 용접 전류를 낮추고 용접 속도를 느리게 할 필요가 있고 용접봉으로서는 저수소계의 모재와 같은 재질의 용접봉 또는 연강 용접봉, 오스테나이트계 스테인리스강 용접봉, 특수강 용접봉 등이 사용되고 있다.

2-3 합금강(특수강)

(1) 첨가 원소의 영향
① Cr : 내식성, 내마멸성 증가
② Cu : 공기 중에서 내산화성 증대
③ Mn : 적열 취성 방지
④ Mo : 뜨임 취성 방지
⑤ W : 고온에서 강도·경도 증가
⑥ Ni : 강인성 증가, 내식·내산성 증가
⑦ Si : 내열성, 전자기적 특성
⑧ V, Ti, Al, Zr : 결정립의 조절

(2) 특수강(special steel)의 분류

분류	종류
구조용 특수강	강인강, 표면 경화용 강(침탄강, 질화강), 스프링강, 쾌삭강
공구용 특수강(공구강)	합금 공구강, 고속도강, 다이스강, 비철 합금 공구 재료
특수 용도 특수강	내식용 특수강, 내열용 특수강, 자성용 특수강, 전기용 특수강, 베어링강, 불변강

① 구조용 특수강
  ㈎ 강인강
    ㉮ Ni강 : 1.5~5% Ni 첨가
    ㉯ Cr강 : 1~2% Cr 첨가
    ㉰ Mn강 : 저Mn강은 1~2% Mn 첨가, 고Mn강은 10~14% Mn 첨가
    ㉱ Ni-Cr강(기호 SNC) : Cr 1% 이하이며, Cr-Mo강은 SNC 대용품
    ㉲ Ni-Cr-Mo강 : Mo 0.15~0.3%
    ㉳ Cr-Mn-Si강(크로만실) : 초강인강
  ㈏ 표면 경화용 강 : 침탄용 강, 질화용 강
  ㈐ 스프링강 : Si-Mn, Cr-Mn, Cr-V, SUS
② 공구용 특수강
  ㈎ 공구 재료의 구비조건
    ㉮ 고온 경도, 내마멸성, 강인성이 클 것
    ㉯ 열처리, 제조와 취급이 쉽고 가격이 쌀 것
  ㈏ 합금 공구강(STS) : 탄소 공구강(STC)의 결점인 고온에서 경도 저하 및 담금질 효과의 개선을 위해 Cr, Ni, W, V, Mo 등을 첨가한 강
  ㈐ 고속도강(SKH, 일명 하이스(HSS)) : 대표적인 절삭공구 재료로 0.7~0.9% C 정도의 공석 근방의 탄소강을 모체로 하여 많은 양의 W, Cr, V를 함유시킨 강
    ㉮ 표준형 고속도강 : 18 W-4 Cr-1 V에 탄소량 0.8%가 주성분이다.
    ㉯ 텅스텐(W) 고속도강(표준형) : SKH2가 표준형을 조성한다.
    ㉰ 코발트(Co) 고속도강 : 표준형에 5~10% 첨가하며 Co량이 증가할수록 경도 증가, 점성 증가, 절삭성이 우수하다.
    ㉱ 몰리브덴(Mo) 고속도강 : 표준형에 Mo 5~8%, W 5~7% 첨가로 담금질성 향상, 뜨임 메짐 방지, 열처리 시 탈탄이 쉽게 생긴다.
  ㈑ 주조 경질 합금(cast hard metal) : Co-Cr-W(Mo)-C를 금형에 주입하여 연마 성형한 합금으로 대표적 주조 경질 합금에 스텔라이트(stellite)가 있다.

㈑ 소결 초경 합금(sintered hard metal) : 금속 탄화물의 분말형의 금속 원소를 프레스로 성형, 소결시킨 합금이다.
  ㉮ 종류 : S종(강 절삭용), G종(주철, 비철 금속용), D종(다이스용)
  ㉯ 상품명
    ㉠ 위디아(widia, 독일)
    ㉡ 텅갈로이(tungalloy, 일본)
    ㉢ 카볼로이(carboloy, 미국)
    ㉣ 미디아(midia, 영국)
    ㉤ 이게탈로이(igetalloy)
    ㉥ 다이얼로이(dialloy)
    ㉦ 트리디아(tridia)
㈒ 시효 경화 합금(age hardening alloy) : 시효 경화에 의하여 공구에 충분한 경도를 갖도록 한 것이다.
㈓ 세라믹(ceramics) 공구 : 세라믹이란 도기라는 뜻이며, 알루미나(Al_2O_3)를 주성분으로 점토를 소결한 것이다.
㈔ 다이아몬드 공구 : 경도가 크므로 절삭 공구에 사용된다.

③ 특수 용도 특수강
  ㈎ 스테인리스강(STS : stainless steel) : 철에 크롬(Cr)을 첨가하면 산화크롬 피막을 형성하여 산화, 침식에 잘 견디는 성질을 가지게 되는데 이와 같이 내식성이 좋은 강을 스테인리스강(stainless steel)이라 한다. 저탄소강에 Cr, Cr-Ni 또는 Cr-Ni에 Mo, Cu, Ti 등을 약간 첨가시키는 스테인리스강도 있으며 가정용 식기 용구, 터빈, 의료 기구, 화학용 등에 중요한 재료로 사용되고 있다.
    ㉮ 13 Cr 스테인리스강(Cr계) : 스테인리스강 종류 중 1~3종으로 자동차 부품, 일반용, 화학 공업용에 사용된다.
      ㉠ 페라이트(ferrite)계 스테인리스강 : Cr 12~14%, C 0.1% 이하로 강자성, 강인성, 내식성이 있고 열처리에 의해 경화된다.
      ㉡ 마텐자이트(martensite)계 스테인리스강 : Cr 12~14%, C 0.15~0.30%로 고온에서 오스테나이트 조직이고, 이 상태에서 담금질하면 마텐자이트로 되는 종류의 강으로서 강자성이며 최저의 내식성을 가진다.
      ㉢ 특징
        • 표면을 잘 연마한 것은 대기 중 또는 수중에서 부식되지 않는다.
        • 오스테나이트계에 비해 내산성이 작고 가격이 싸다.
        • 유기산이나 질산에는 침식되지 않으나 다른 산 종류에는 침식된다.
    ㉯ 18-8 스테인리스강(Cr-Ni계) : 오스테나이트(austenite)계 스테인리스강의 대표적이다(Cr 18%, Ni 8% 첨가).
      ㉠ 특징
        • 용접하기 쉽다.

- 비자성체이고 담금질이 안 된다.
- 연성과 전성이 크고 13 Cr형 스테인리스강보다 내식 · 내열 · 내충격성이 크다.
- 입계 부식에 의한 입계 균열의 발생이 쉽다(Cr_4C 탄화물이 원인).

ⓒ 용도 : 건축용, 공업용, 자동차용, 항공기용, 치과용 등에 사용된다.

> **참고** 1. Cr 12% 이상을 스테인리스강 또는 불수강이라 하고, 그 이하를 내식강이라 한다.
> 2. 입계 부식(boundary corrosion) 방지법
> - 탄소 함유량을 적게 한다.
> - Ti, V, Nb 등의 원소를 첨가하여 Cr 탄화물의 생성을 억제한다.
> - 고온에서 Cr 탄화물을 오스테나이트 중에 고용하여 기름 중에 급랭시킨다(용화제 처리).

(나) 내열강(heat resisting alloy steel : SEH)
  ㉮ 조건
    ㉠ 고온에서 화학적, 기계적 성질이 안정되고 조직 변화가 없어야 한다.
    ㉡ 열 팽창, 열 변형이 적어야 한다.
    ㉢ 소성 가공, 절삭 가공, 용접 등에 사용된다.
  ㉯ 종류
    ㉠ 페라이트계(Fe – Cr, Si – Cr)
    ㉡ 오스테나이트계(18 – 8 STS에 Ti, Mo, Ta, W 등을 첨가한 강)
    ㉢ 초내열 합금(Ni, Co를 모체로 함)
      - 주조용 합금 : 하스텔로이, 해인스, 서멧(세라믹 재질)
      - 가공용 합금 : 팀켄(timken), 인코넬, 19 – 9LD, N – 155
    ㉣ 실크로움(Si – Cr) 내열강 : 표준 성분 C 0.1%, Cr 6.5%, Si 2.5%이며, 내연 기관의 밸브 재료로 사용
  ㉰ 내열성을 주는 원소 : 고크롬강(Cr), Al(Al_2O_3), Si(SiO_2)

(다) 자기 재료 및 기타 특수강
  ㉮ 영구 자석강 : 잔류 자기(Bc)와 항자력(Hc)이 크고 온도 변화나 기계적 진동 또는 산란 자장 등에 의하여 쉽게 자기 강도가 변하지 않는 것이다.
    ㉠ 종류 : 고탄소강(0.6~1.5% C)을 물에 담금질한 것, W강, Co강, Cr강, 알니코(alnico : Ni – Al – Co – Cu – Fe)
  ㉯ 규소강
    ㉠ Si 1~4%를 함유한 강으로 자기 감응도가 크고 잔류 자기 및 항자력이 작다.
    ㉡ 변압기의 철심이나 교류 기계의 철심 등에 사용된다.

㉰ 비자성강
  ㉠ 발전기, 변압기, 배전판 등에 자석강 사용 시와 전류 발생에 의한 온도 상승 방지 목적에 사용된다.
  ㉡ 종류(오스테나이트 조직강) : 18-8계 스테인리스강, 고망간계 오스테나이트강, 고니켈강, Ni-Mn강, Ni-Mn-Cr강
㉱ 베어링강
  ㉠ 강도 및 경도와 내구성을 필요로 한다.
  ㉡ 고탄소 저크롬 강(C 1%, Cr 1.2%)이다.
  ㉢ 담금질 후 반드시 뜨임을 해야 한다.
㉲ 게이지강
  ㉠ W-Cr-Mn계 합금 공구강이 사용된다.
  ㉡ 조건
    • 내마멸성과 내식성이 우수할 것
    • 열팽창계수가 작고 담금질 균열이 적을 것
    • 영구적인 치수 변화가 없을 것
  ※ 치수 변화 방지 : 200℃ 이상의 온도에서 장기간 뜨임하여 사용한다(시효 처리).
㉳ 고니켈강(불변강) : 비자성강으로 열팽창계수, 탄성계수가 거의 제로에 가깝고 Ni 26%에서 오스테나이트 조직으로 강력한 내식성을 가지고 있다.
  ㉠ 인바(invar) : Ni 36%, 열팽창계수 0.1×10^{-6}, 정밀 기계 부품, 시계, 표준 자(줄자), 계측기 부품 등에 사용되며, 길이는 불변이다.
  ㉡ 초인바(superinvar) : Ni 30.5~32.5%, Co 4~6%를 함유한 것으로 인바보다 열팽창계수가 작다(20℃에서 제로).
  ㉢ 엘린바(elinvar) : Ni 36%, Cr 12%를 함유한 것으로 상온에서 탄성률이 변하지 않는다.
  ㉣ 코엘린바(koelinvar) : Cr 10~11%, Co 26~58%, Ni 0~16%를 함유한 것으로 공기 중이나 수중에서 부식되지 않으며, 스프링 태엽, 기상 관측용 부품에 사용된다.
  ㉤ 퍼멀로이(permallox) : Ni 75~80%, Co 0.5%, C 0.5%를 함유한 것으로 해저 전선의 장하 코일에 사용된다.
  ㉥ 플래티나이트(platinite) : Ni 42~48%, 나머지 철(Fe)을 함유한 것으로 열팽창계수가 유리, 백금과 같으며, 전구의 도입선, 진공관 도선용(페르니코, 코바트)에 사용된다.

(3) 스테인리스강의 용접

① 피복 금속 아크 용접 : 현재 가장 많이 이용되는 용접법의 하나로 아크열의 집중이 좋고, 고속도 용접의 가능, 용접 후의 변형도 비교적 적고 최근에는 용접법의 발달로 0.8 mm 판 두께에 이르기까지 이용되고 있다. 용접 전류는 탄소강의 경우보다 10~20% 낮게 하면 좋은 결과를 얻을 수 있으며 직류 경우는 역극성을 사용하고 피복제는 라임계와 티탄계가 많이 이용된다.

② 불활성 가스 아크 용접법 : 스테인리스강의 용접에 광범위하게 사용되며 TIG 용접은 0.4~8 mm 정도의 얇은 판의 용접에 사용되고 용접 전류는 직류 정극성이 좋으며 전극은 토륨이 들어있는 것이 좋다. MIG 용접법은 TIG 용접법에 비하여 두꺼운 판에 이용되며 심선은 0.8~1.6 mm 정도이고 직류 역극성으로 시공하고 아크의 열 집중이 좋다.

2-4 주철과 주강

(1) 주철의 개요

선철(pig iron)은 강과 같이 철과 탄소의 합금으로, 보통 탄소가 2.5~3.5%, 규소가 1.5~2.5% 정도 포함되어 있고 이외에 망간, 황, 인 등이 포함되어 있다. 주철(cast iron)의 화학 조성은 선철과 같으나, 보통 규소(Si)를 많이 넣어 용융점을 낮추고 주조를 쉽게 한 것이다.

주철은 연강에 비하여 용점이 낮고 유동성이 좋으며 값이 싸므로 각종 주물의 제강에 사용되나, 급랭에 의한 백선화로 단단하고 부스러지기 쉬운 성질을 가지므로 연성이 거의 없고 가단성도 없는 것이 보통이다. 이러한 이유 때문에 주철의 용접은 주물 결함의 보수나 파손된 주물의 수리에 사용되고 있다.

① 장점

 (가) 용융점이 낮고 유동성이 좋아 주조성(castability)이 우수하다.
 (나) 복잡한 형상의 주물 제품의 단위 무게당 가격이 싸다(금속 재료 중에서).
 (다) 마찰 저항이 좋고 절삭 가공이 쉽다.
 (라) 주물의 표면은 굳고 녹이 잘 슬지 않으며, 페인트칠도 잘 된다.
 (마) 압축강도가 크다(인장강도의 3~4배).

② 단점

 (가) 인장강도, 휨 강도, 충격값이 작다.

(내) 연신율이 작고 취성이 크다.
(대) 고온에서의 소성 변형이 되지 않는다.

(2) 주철의 성질
① 성질
  (개) 전성과 연성이 작고 적열하여도 점도가 불량하다(가공이 안 된다).
  (내) 점성은 C, Mn, P이 첨가되면 낮아진다.
  (대) 비중(1300℃ 이하) : 약 7.0~7.3(흑연이 많을수록 작아진다).
  (라) 물리적 성질 : 일반적으로 비중 7.0~7.3, 용융점 1145~1350℃, 수축률은 0.5~1% 정도이다.
  (마) 기계적 성질 : 주철의 인장강도는 C와 Si의 함량, 냉각 속도, 용해 조건, 용탕 처리 등에 의존하며, 인장강도(σ_t)와 탄소 포화도(S_c)의 관계식에 대한 평균적 관계로 $\sigma_t = d - e \times S_c [kg/mm^2]$의 식이 널리 사용되고 있다.
  (바) 탄소 포화도 $S_c = C\%/4.23 - 0.312\ Si\% - 0.275\ P\%$이다(탄소 포화도가 증가하면 흑연이 많이 발생하여 강도가 저하된다). ($\sigma_t = 0.0013\ HB$)
② 열처리 : 담금질 뜨임이 되지 않으며, 중요 부분 사용 시는 주조 응력을 제거하기 위해 풀림 처리가 가능하다.
  (개) 담금질 : 3% C 이하, 1.2% Mn 이상이고 P, S이 적은 주철로 800~850℃로 서서히 가열 후 기름에 냉각한다(마텐자이트 조직이 바탕, 내마모성 향상).
  (내) 풀림 : 500~600℃로 6~10시간 풀림 처리한다(주조 응력 제거, 변형 제거 목적).
③ 자연 시효(natural aging or seasoning) : 주조 후 장시간(1년 이상) 자연 대기 중에 방치하여 주조 응력이 없어지는 현상이다(정밀 가공 주물 시 좋다).

(3) 주철의 조직
① 펄라이트와 페라이트, 흑연으로 구성되어 있다.
② 주철에 포함된 전 탄소량=흑연량+화합 탄소량
③ 주철 중의 탄소의 형상
  (개) 유리 탄소(흑연) – Si가 많고 냉각 속도가 느릴 때 : 회주철
  (내) 화합 탄소(Fe_3C) – Si가 적고 냉각 속도가 빠를 때 : 백주철
④ 주철의 흑연화 현상
  (개) Fe_3C는 1000℃ 이하에서는 불안정하다.
  (내) Fe, C를 분해하는 경향이 있다.
⑤ 주철의 흑연 형상 : 공정상, 편상, 판상, 괴상, 수상, 과공정상, 장미상, 국화상(문어상)

(4) 주철의 분류

① 회주철(gray cast iron, GC)
  ㈎ Mn량이 적고 냉각 속도가 느릴 때 생기기 쉽다.
  ㈏ 탄소 일부가 유리되어 존재하는 유리 탄소(free carbon)나 흑연(graphite)화를 함으로써 파면이 회색이다.
  ㈐ 주철 속에 탄소가 편상으로 유리되어 존재 시 탄소는 노치와 같은 작용을 하여 기계적 성질이 나쁘게 되나 절삭력은 향상된다.
  ㈑ C, Si량이 많을수록 냉각 속도가 느릴 때 절삭성이 좋고, 주조성이 좋다.
  ㈒ 흑연화 : $Fe_3C \rightarrow 3Fe+C$(안정한 상태로 분리)
  ㈓ 용도 : 공작 기계의 베드, 내연 기관의 실린더, 피스톤, 주철관, 농기구, 펌프 등

② 백주철(white cast iron)
  ㈎ Si량이 적고 냉각 속도가 **빠를** 때 생기기 쉬우며, 경도가 크고 내마모성이 좋다.
  ㈏ 탄소가 펄라이트 또는 시멘타이트(Fe_3C)의 화합 탄소로 되어 있으므로 파면이 백색이다.
  ㈐ 용도 : 각종 압연기 롤러, 볼 밀(ball mill)의 볼

③ 반주철(mottled cast iron)
  ㈎ 회주철과 백주철의 중간 상태로서 함유 탄소 일부는 유리 탄소로 존재하고, 일부는 Fe_3C의 화합 상태로 그 파면의 일부가 은백색으로, 어느 부분은 흑색으로 나타난다.
  ㈏ 용도는 강력 주물용으로 사용된다.

④ 스테다이트(steadite) : 주철(회주철) 중 P가 Fe_3P를 만들어 $a-Fe$와 Fe_3C와의 합인 3원 공정 조직을 형성한 것이다.

⑤ 용도에 따른 주철의 분류
  ㈎ 보통 주철 : 페라이트($\alpha-Fe$) 기지 조직 중에 편상 흑연이 산재해 있으며 펄라이트 조직이 다소 포함되어 있다.
  ㈏ 고급 주철 : 기지 바탕은 펄라이트로 하고 흑연을 미세화시켜 인장강도를 강화시킨 주철이다.
  ㈐ 미하나이트 주철(meehanite cast iron) : 백선화를 억제시키고 흑연의 형상을 미세, 균일하게 하기 위하여 규소 및 칼슘-실리사이드(calcium-silicide : Ca-Si) 분말을 첨가하여 흑연의 핵 형성을 촉진시키는 조작(접종(inoculation))을 이용하여 만든 고급 주철이다.
  ㈑ 특수 합금 주철
    ㉮ 내열 주철(크롬 주철)
    ㉯ 내산 주철(규소 주철)

㈤ 칠드 주철(chilled cast iron : 냉경 주철) : 주조 시 규소(Si)가 적은 용선에 망간(Mn)을 첨가하고 용융 상태에서 금형에 주입하여 접촉된 면이 급랭되어 아주 가벼운 백주철(백선화)로 만든 것이다(chill 부분은 Fe_3C 조직이 된다). 경도가 높고 내마모성이 좋으나 가단성이 없고 내부는 회주철로, 전체가 백주철로 된 것보다 잘 파손되지 않으며 칠드 주철 또는 냉경 주철이라 한다.

㈥ 가단 주철(malleable cast iron) : 백주철의 주물을 만든 다음, 이것을 장시간 열처리하여 탈탄과 시멘타이트의 흑연화에 의하여 연성을 가지게 한 것으로 처리 방법에 따라 파단면이 흰색을 나타내는 것을 백심 가단 주철이라 하고, 표면은 탈탄되어 있으나 내부는 시멘타이트가 흑연화되었을 뿐 파면은 검게 보이는 것을 흑심 가단 주철이라 한다.

 ㉮ 종류 : 백심 가단 주철(WMC : white-heart malleable cast iron), 흑심 가단 주철(BMC : black-heart malleable cast iron), 펄라이트 가단 주철(PMC : pearlite malleable cast iron)

㈦ 구상 흑연 주철(spheroidal graphite cast iron) : 노듈라 주철 또는 연성 주철이라고도 하며, 흑연의 예리한 노치를 약하게 하여 연성을 높이기 위해 흑연을 구상화시킨 것으로 마그네슘 처리를 하고 한편 규화철, 규화칼슘을 가하여 흑연의 석출을 돕고 있으며 구상화로 인하여 주물 그대로 2~6%, 풀림 상태에서 12~20%의 신연이 얻어진다.

 ㉮ 조직 : 시멘타이트(cementite)형, 펄라이트(pearlite)형, 페라이트(ferrite)형

구상 흑연 주철의 분류와 성질

명칭	발생 원인	성질
시멘타이트형 (시멘타이트가 석출한 것)	• Mg의 첨가량이 많을 때 • C, Si 특히 Si가 적을 때 • 냉각 속도가 빠를 때	• 연성이 없다. • 경도는 H_B 220 이상이다.
펄라이트형 (바탕이 펄라이트)	시멘타이트형과 페라이트형의 중간 발생 원인	• 연신율은 2% 정도이다. • 경도는 H_B 150~240이다. • 강인하며, 인장강도는 60~70 kg/mm^2이다.
페라이트 (페라이트가 석출한 것)	• Mg의 양이 적당할 때 • C, Si 특히 Si가 많을 때 • 냉각 속도가 느리고, 풀림을 했을 때	• 연신율은 6~20%이다. • 경도는 H_B 150~200이다. • Si가 3% 이상이 되면 취약해진다.

(5) 주철의 용접

주철의 용접은 대부분 보수를 목적으로 하기 때문에 주로 가스 용접과 피복 아크 용접이 사용되고 있으며, 가스 용접 시공 시에는 대체로 주철 용접봉을 쓴다. 모재의 전체를 대략 500~600℃의 고온에서 예열 및 후열을 할 수 있는 설비가 필요하며, 용제로 산화성 가스 불꽃은 약간 환원성인 것이 좋다. 주물의 아크 용접에는 모넬 메탈 용접봉$\left(\mathrm{Ni}\ \frac{2}{3},\ \mathrm{Cu}\ \frac{1}{3}\right)$, 니켈봉, 연강봉 등이 사용되며 예열하지 않아도 용접할 수 있다. 그러나 모넬 메탈, 니켈봉을 쓰면 150~200℃ 정도의 예열이 적당하고 용접에 의한 경화층이 생길 때에는 500~650℃ 정도로 가열하면 연화된다.

① 주철의 용접이 곤란한 이유
  ㈎ 주철이 단단하고 취성을 갖기 때문에 용접부나 모재의 다른 부분에 균열이 생기기 쉽다.
  ㈏ 탄소가 많기 때문에 용접 시 많은 가스의 발생으로 기공이 생기기 쉽다.
  ㈐ 용접열에 의하여 급하게 가열되고 또한 급랭되기 때문에 용접부에 백선화로 인한 백주철이나 담금질 조직이 생기면서 단단해져 절삭 가공이 어려워진다.

② 주철 용접 시의 주의사항
  ㈎ 가스 납땜의 경우 과열을 피하기 위하여 토치와 모재 사이의 각도를 작게 한다.
  ㈏ 가스 납땜의 경우 모재 표면의 흑연을 제거하기 위하여 산화 불꽃으로 하여 약 900℃로 가열한다.
  ㈐ 피복 아크 용접 시 연속적인 비드를 놓는 경우에는 용착 금속 자체의 균열이나 모재의 융합부에 파열을 방지하기 위하여 적당한 예열(약 150℃)과 직선 비드로 비드 길이를 짧게 하고(약 50 mm) 이 부분을 피닝(peening)하면서 점차적으로 용접한다.
  ㈑ 균열이 생긴 주철의 보수 작업은 다음과 같이 한다.
    ㉮ 균열의 끝 부분에 작은 구멍을 뚫어서 균열의 성장을 방지하도록 한다.
    ㉯ 모재의 본 바닥이 드러날 때까지 깊게 가공한 후 보수 용접을 한다.
    ㉰ 용접 전류는 필요 이상 높이지 말고 홈의 밑을 둥글게 하여 용접봉의 끝 부분이 밑 부분까지 닿도록 해야 한다.
  ㈒ 파손된 주철의 보수 작업은 다음과 같이 한다.
    ㉮ 보수할 재료가 크게 파단된 경우에는 두께와 형상에 따라 V형 또는 X형 용접 홈을 만든다.
    ㉯ 다층 비드를 놓아야 할 때는 이음면 끝에 [그림]과 같이 버터링(buttering)법으로 비드를 놓는 것이 적합하다.

> **참고** 버터링(buttering)법
>
> • 빵에 버터를 바르듯 모재와 융합이 잘 되는 용접봉(주로 연강봉)으로 적당한 두께까지 용착시킨 후 나중에 고장력강 용접봉이나 연강과 융합이 잘 되는 모넬 메탈 용접봉으로 용접하는 방법이다.
> • 맞대기 용접을 할 때 모재의 영향을 방지하기 위하여 홈 표면에 다른 종류의 금속을 표면 피복 용접하는 것이다.

ⓓ 모재와 용접 금속과의 접합면이 약한 경우에는 [그림] 같이 모재에 연강용 스터드(stud)를 박아 넣고 그 위를 연강용 저수소계 용접봉으로 용접한 뒤에 주철 용접을 하면 이음 강도가 커지게 된다.

ⓔ 비녀장법 : 균열의 보수와 같이 가늘고 긴 용접을 할 때는 용접선에 직각이 되게 꺾쇠 모양으로 직경 6~10mm 정도의 강봉을 박고 용접하는 방법이다.

ⓕ 로킹법 : 스터트 볼트 대신에 용접부 바닥면에 둥근 홈을 파고 이 부분에 걸쳐 힘을 받도록 하여 용접하는 방법이다.

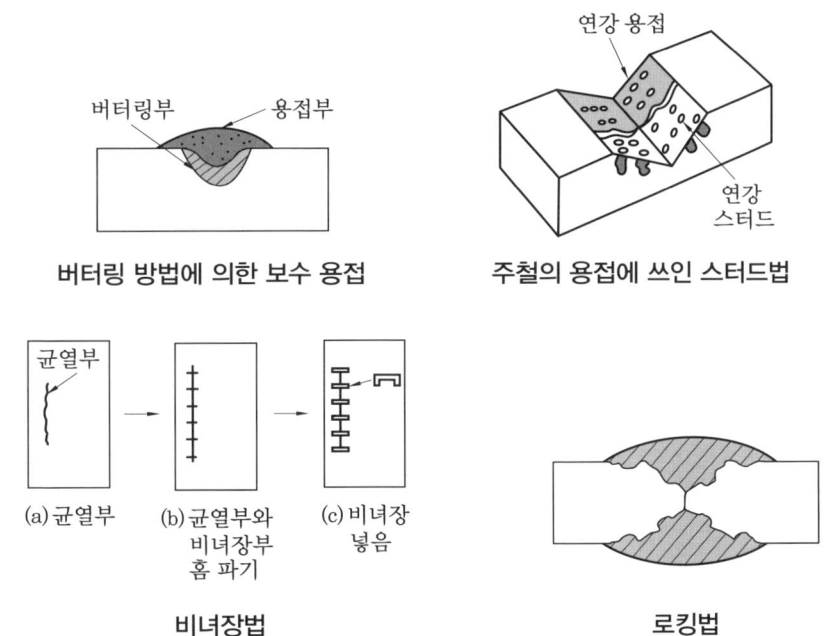

ⓖ 보수할 재료의 모재 두께가 다르거나 형상이 복잡한 경우의 용접에는 예열과 후열 후 서랭 작업을 반드시 한다.

(6) 주강(SC : cast steel)

① 용융한 탄소강 또는 합금강을 주조 방법에 의해 만든 제품을 주강품 또는 강주물이라 하며, 그 재질을 주강이라고 한다.
② 주강의 탄소량은 0.1~0.6% 이하를 함유하는 경우가 대부분으로, 그 용융 온도가 1600℃ 전후의 고온이 되기 때문에 주철에 비해 취급이 까다롭다.
③ 탄소량이 많아질수록 강도는 커지고, 연성은 감소하며, 충격값은 떨어지고 용접성도 나빠진다.
④ 주철에 비하여 수축률이 2배 정도 크며, 기계적 성질 우수, 용접에 의한 보수가 용이하고, 단조품이나 압연품에 비해 방향성이 없는 것이 큰 특징이다.

(7) 주강의 용접

주강에는 탄소 주강과 합금 주강 등이 있고 일반적으로 주강 제품은 두께가 두껍고, 용접 시 결정 조직이 거칠고 크며 냉각 속도, 구속력이 크므로 보통 사용되는 용접법은 피복 아크 용접법이다. 또한 예열이나 후열이 필요하며 후열은 600~650℃로 탄소강과 같다. 용접봉은 저탄소 주강에는 연강용, 고탄소 주강에는 저수소계 용접봉을 잘 건조시켜 사용한다.

|예|상|문|제|

1. 다음 중 불변강의 종류가 아닌 것은?
① 인바   ② 스텔라이트
③ 엘린바   ④ 퍼멀로이

해설 불변강에는 인바, 초인바, 엘린바, 코엘린바, 퍼멀로이, 플래티나이트가 있으며, 스텔라이트는 주조 경질 합금이다.

2. 현재 주조 경질 절삭 공구의 대표적인 것은?
① 비디아   ② 세라믹
③ 스텔라이트 ④ 텅갈로이

해설 주조 경질 합금(cast hard metal) : Co-Cr-W(Mo)-C를 금형에 주입하여 연마 성형한 합금으로 대표적 주조 경질 합금에 스텔라이트(stellite)가 있다.

3. 탄소강 조직 중에서 경도가 가장 낮은 것은?
① 펄라이트   ② 시멘타이트
③ 마텐자이트 ④ 페라이트

해설 탄소강의 조직 중 페라이트 → 펄라이트 → 시멘타이트 등의 순서로 경도가 높고, 마텐자이트는 담금질 열처리에서 생기는 조직이다.

4. 규소가 탄소강에 미치는 일반적인 영향으로 틀린 것은?
① 강의 인장강도를 크게 한다.
② 연신율을 감소시킨다.
③ 가공성을 좋게 한다.
④ 충격값을 감소시킨다.

해설 탄소강 내에 규소는 경도, 강도, 탄성한계, 주조성(유동성)을 증가시키고, 연신율, 충격치, 단접성(결정입자를 성장·조대화시킨다)을 감소시킨다.

5. 스테인리스강은 900~1100℃의 고온에서 급랭할 때의 현미경 조직에 따라서 3종류로 크게 나눌 수 있는데, 다음 중 해당되지 않는 것은?
① 마텐자이트계 스테인리스강
② 페라이트계 스테인리스강
③ 오스테나이트계 스테인리스강
④ 트루스타이트계 스테인리스강

해설 13 Cr 스테인리스강은 마텐자이트계, 페라이트계, 18-8 스테인리스강은 오스테나이트계의 종류로 나누어진다.

6. 스테인리스강의 종류에서 용접성이 가장 우수한 것은?
① 마텐자이트계 스테인리스강
② 페라이트계 스테인리스강
③ 오스테나이트계 스테인리스강
④ 펄라이트계 스테인리스강

해설 스테인리스강의 종류에서 용접성이 가장 우수한 것은 18-8 오스테나이트계로 내식성, 내산성, 내열성, 내충격성이 13 Cr보다 우수하고 연성과 전성이 크며, 담금질 열처리로 경화되지 않는 비자성체이다.

7. 내열 합금 용접 후 냉각 중이나 열처리 등에서 발생하는 용접 구속 균열은?
① 내열 균열   ② 냉각 균열
③ 변형 시효 균열 ④ 결정입계 균열

정답 1. ② 2. ③ 3. ④ 4. ③ 5. ④ 6. ③ 7. ③

[해설] 내열 합금 용접 후에 냉각 중이거나 열처리 및 시효에 의해 발생되는 균열을 변형 시효 균열이라고 한다.

8. 칠드 주물의 표면 조직은 어떤 조직으로 되어 있는가?

① 펄라이트   ② 시멘타이트
③ 마텐자이트   ④ 오스테나이트

[해설] 칠드 주철(chilled cast iron : 냉경 주철) : 주조 시 규소(Si)가 적은 용선에 망간(Mn)을 첨가하고 용융 상태에서 금형에 주입하여 접촉된 면이 급랭되어 아주 가벼운 백주철(백선화)로 만든 것이다(chill 부분은 Fe_3C 조직이 된다).

9. 주철의 표면을 급랭시켜 시멘타이트 조직으로 만들고 내마멸성과 압축강도를 증가시켜 기차 바퀴, 분쇄기, 롤러 등에 사용하는 주철은?

① 가단 주철   ② 칠드 주철
③ 구상 흑연 주철   ④ 미하나이트 주철

[해설] 칠드 주철(chilled cast iron : 냉경 주철) : 주조 시 규소(Si)가 적은 용선에 망간(Mn)을 첨가하고 용융 상태에서 금형에 주입하여 접촉된 면이 급랭되어 아주 가벼운 백주철(백선화)로 만든 것(chill 부분은 Fe_3C 조직이 된다)으로 각종 롤러, 기차 바퀴에 사용된다.

10. 주철의 여러 성질을 개선하기 위하여 첨가되는 원소의 영향에 관한 다음 사항 중 틀린 것은?

① Cr : 흑연화 방지제, 탄화물을 안정시키고 내열성, 내부식성을 좋게 한다.
② Ni : 흑연화 촉진제, 얇은 부분의 칠(chill)의 발생을 방지한다.
③ Ti : 강한 탈산제, 많이 첨가하면 흑연화를 촉진한다.
④ V : 강력한 흑연화 방지제, 보통 0.1~0.5% 첨가하면 흑연과 바탕을 균일화시킨다.

[해설] Ti : 강탈산제, 흑연화 촉진(다량 시 흑연화 방지로 보통 0.3% 이하 첨가)

11. 주철에 함유된 다음 원소 중 유동성을 해치는 원소는?

① 탄소(C)   ② 망간(Mn)
③ 규소(Si)   ④ 황(S)

[해설] 주철 중에 황이 함유되면 유동성을 해치고, 주조 시 수축률을 크게 하며 흑연의 생성을 방해하여 고온 취성을 일으킨다.

12. 가단 주철이란 다음 중 어떤 것을 말하는가?

① 백주철을 고온에서 오랫동안 풀림 열처리 한 것
② 칠드 주철을 열처리 한 것
③ 반경 주철을 열처리 한 것
④ 펄라이트 주철을 고온에서 오랫동안 뜨임 열처리 한 것

[해설] 가단 주철 : 백주철을 풀림 처리하여 탈탄과 Fe_3C의 흑연화에 의해 연성(또는 가단성)을 가지게 한 주철(연신율 5~14%)로 종류는 백심 가단 주철(WMC : white-heart malleable cast iron), 흑심 가단 주철(BMC : black-heart malleable cast iron), 펄라이트 가단 주철(PMC : pearlite malleable cast iron) 등이다.

13. 다음 중 가단 주철에 속하는 것은 어느 것인가?

① 기어 등과 같이 일부분만 급랭하여 백선철로 만들고 다른 부분은 선철로 되어 있는 주철

정답 8. ② 9. ② 10. ③ 11. ④ 12. ① 13. ③

② 주철에 Ni, Cr, Mo 등을 첨가하여 내식성, 내열성, 인장강도 등을 향상시킨 주철
③ 백선철을 열처리하여 메짐성을 제거하고 점성을 갖게 한 주철
④ C, Si의 함량을 조절하여 만든 주철로 인장강도가 25kg/mm² 이상이며, 내마멸성과 강도가 큰 주철

[해설] 가단 주철은 백주철을 풀림 처리하여 탈탄과 Fe_3C의 흑연화에 의해 연성(또는 가단성)을 가지게 한 주철(연신율 5~14%)이다.

14. 구상 흑연 주철을 현미경으로 보았을 때 나타날 수 있는 조직에 해당되지 않는 것은?

① 페라이트
② 펄라이트
③ 레데뷰라이트
④ 시멘타이트

[해설] 구상 흑연 주철의 조직은 ㉠ 시멘타이트형(시멘타이트가 석출한 것) ㉡ 펄라이트형(바탕이 펄라이트) ㉢ 페라이트형(페라이트가 석출한 것)이다.

15. 구상 흑연 주철을 조직에 따라 분류하였을 때 틀린 것은?

① 시멘타이트형 구상 흑연 주철
② 펄라이트형 구상 흑연 주철
③ 오스테나이트형 구상 흑연 주철
④ 페라이트형 구상 흑연 주철

[해설] 구상 흑연 주철의 조직은 ㉠ 시멘타이트형(시멘타이트가 석출한 것) ㉡ 펄라이트형(바탕이 펄라이트) ㉢ 페라이트형(페라이트가 석출한 것)이다.

16. 다음 중 보통 주철에 있어서 합금 원소에 의한 강도 증가율이 가장 큰 금속은?

① 몰리브덴(Mo)
② 크롬(Cr)
③ 구리(Cu)
④ 니켈(Ni)

[해설] ① Mo : 흑연화 다소 방지, 강도, 경도, 내마멸성 증대, 두꺼운 주물 조직 균일화
② Cr : 흑연화 방해 원소, 탄화물 안정화, 내열성, 내부식성 향상
③ Cu : 공기 중 내산화성 증대, 내부식성 증가(Cu 0.4~0.5%가 가장 좋다)
④ Ni : 흑연화 촉진 원소, 흑연화 능력이 Si의 1/2~1/3배

17. 탄소가 0.3% 이하를 함유하고 있는 연강을 용접할 때 틀린 것은?

① 일반적으로 용접성이 좋다.
② 노치 취성이 발생한 경우는 저수소계 용접봉을 사용한다.
③ 판 두께가 25mm 이상 후판의 용접을 할 때도 예열 및 후열이 필요 없다.
④ 판 두께가 25mm 이상 후판의 용접을 할 때도 예열 및 후열이 필요하다.

[해설] 재료 자체에 설퍼 밴드(sulphur band)가 현저한 강을 용접할 경우나 후판($t \geq 25$ mm)의 용접 시 균열을 일으킬 위험성이 있으므로 예열 및 후열이나 용접봉의 선택 등에 주의를 해야 한다.

18. 고탄소강의 용접 시에 틀린 것은?

① 급랭 시에 임계 냉각 속도 이상이면 마텐자이트 조직이 되어 열 영향부의 경화가 심하다.
② 용접 금속의 강도를 얻으려면 연신율이 작아 용접 균열을 발생할 수 있다.
③ 200℃ 이상으로 예열하며, 용접 전류를 높이고 용접 속도를 빠르게 한다.
④ 용접봉으로는 저수소계의 모재와 동질의 용접봉을 선택한다.

[해설] 200℃ 이상으로 예열하며, 특히 탄소의 함유량이 많은 것은 용접 직후 600~650℃로 후열하며 용접 전류를 낮추고 용접 속도를 느리게 할 필요가 있다.

[정답] 14. ③　15. ③　16. ①　17. ③　18. ③

19. 다음 중 주철 용접이 곤란한 이유 중 맞지 않는 것은?

① 수축이 많아 균열이 생기기 쉽다.
② 용융 금속 일부가 연화된다.
③ 용착 금속에 기공이 생기기 쉽다.
④ 흑연의 조대화 등으로 모재와의 친화력이 나쁘다.

해설 주철의 용접이 곤란한 이유
㉠ 주철이 단단하고 취성을 갖기 때문에 용접부나 모재의 다른 부분에 균열이 생기기 쉽다.
㉡ 탄소가 많기 때문에 용접 시 많은 가스의 발생으로 기공이 생기기 쉽다.
㉢ 용접열에 의하여 급하게 가열되고 또한 급랭되기 때문에 용접부에 백선화로 인한 백주철이나 담금질 조직이 생기면서 단단해져 절삭 가공이 어려워진다.

20. 주철의 용접을 할 때 곤란한 점 중 틀린 것은?

① 주철이 단단하고 취성을 갖기 때문에 용접부나 모재의 다른 부분에 균열이 생기기 쉽다.
② 탄소가 많기 때문에 용접 시 많은 가스의 발생으로 기공이 생기기 쉽다.
③ 용접 열에 의하여 급하게 가열되고 또한 급랭되기 때문에 용접부에 백선화로 인한 백주철이나 담금질 조직이 생기면서 단단해져 절삭 가공이 어려워진다.
④ 주철봉은 용접성이 좋아 예열, 후열이 필요하지 않다.

해설 모넬 메탈, 니켈 봉을 쓰면 150~200°C 정도의 예열이 적당하고 용접에 의한 경화층이 생길 때에는 500~650°C 정도로 가열하면 연화된다.

21. 일반적인 용접 균열이 생긴 주철의 보수를 할 때 틀린 것은?

① 균열의 끝 부분에 작은 구멍을 뚫어서 균열의 성장을 방지하도록 한다.
② 모재의 본 바닥이 드러날 때까지 깊게 가공한 후 보수 용접을 한다.
③ 용접 전류는 필요 이상 높이지 말고 홈의 밑을 둥글게 하여 용접봉의 끝 부분이 밑 부분까지 닿도록 해야 한다.
④ 용접 전류를 보통 용접할 때 전류보다 높게 하여 홈의 밑에까지 용입이 되게 용접한다.

해설 균열이 생긴 주철의 보수 작업은 다음과 같이 한다.
㉠ 균열의 끝 부분에 작은 구멍을 뚫어서 균열의 성장을 방지하도록 한다.
㉡ 모재의 본 바닥이 드러날 때까지 깊게 가공한 후 보수 용접을 한다.
㉢ 용접 전류는 필요 이상 높이지 말고 홈의 밑을 둥글게 하여 용접봉의 끝 부분이 밑 부분까지 닿도록 해야 한다.

22. 주철의 용접 시 주의사항으로 틀린 것은?

① 용접 전류는 필요 이상 높이지 말고 지나치게 용입을 깊게 하지 않는다.
② 비드의 배치는 짧게 해서 여러 번의 조작으로 완료한다.
③ 용접봉은 가급적 지름이 굵은 것을 사용한다.
④ 용접부를 필요 이상 크게 하지 않는다.

해설 ③ 용접봉은 가능한 지름이 가는 것을 사용한다.

23. 회주물의 보수 용접 작업용 가스 용접으로 시공할 때의 사항으로 틀린 것은?

① 용접봉으로서는 대체로 황동봉, 니켈봉 등이 사용된다.
② 예열 및 후열은 대략 500~550°C가 적당하다.
③ 가스 불꽃은 약간 환원성인 것이 좋다.

정답 19. ② 20. ④ 21. ④ 22. ③ 23. ①

④ 용제는 붕사 15%, 탄산나트륨 15%, 탄산수소나트륨 70%, 알루미늄 가루 소량의 혼합제가 널리 쓰이고 있다.

[해설] 회주철의 가스 용접 시공에는 대체로 주철 용접봉이 쓰이며, 백선화 방지를 위한 주철 용접봉으로 특히 탄소 3.5%, 규소 3~4%, 알루미늄 1%를 포함한 것은 매우 좋은 시험 결과를 나타낸다.

24. 오스테나이트계 스테인리스강의 용접 시 발생하기 쉬운 고온 균열에 영향을 주는 합금 원소 중에서 균열의 증가에 가장 관계가 깊은 원소는?
① C   ② Mo
③ Mn   ④ S

[해설] 고온(적열 취성) 균열에 영향을 주는 원소는 황(S)이다.

25. 오스테나이트계 스테인리스강의 용접 시 유의사항으로 틀린 것은?
① 예열을 한다.
② 짧은 아크 길이를 유지한다.
③ 아크를 중단하기 전에 크레이터 처리를 한다.
④ 용접 입열을 억제한다.

[해설] 오스테나이트계 스테인리스강의 용접 시 유의사항
㉠ 예열을 하지 말아야 한다.
㉡ 층간 온도가 200℃ 이상을 넘어서는 안 된다.
㉢ 짧은 아크 길이를 유지한다.
㉣ 아크를 중단하기 전에 크레이터 처리를 한다.
㉤ 용접봉은 모재의 재질과 동일한 것을 쓰며, 될수록 가는 용접봉을 사용한다.
㉥ 낮은 전류값으로 용접하여 용접 입열을 억제한다.

정답 24. ④ 25. ①

3. 비철 금속 재료

3-1 구리와 그 합금

(1) 구리의 성질

① 물리적 성질 : 면심입방격자, 격자 상수 $3.608 \text{Å}(10^{-8}\text{cm})$, 용융점 1083℃, 비중 8.96, 비등점 2360℃이며, 변태점이 없고 비자성체, 전기 및 열의 양도체이다.

② 기계적 성질 : 전기와 열의 양도체로 전도율이 높고 냉각 효과가 크며, 유연하고 전연성이 좋아 가공성이 우수하다.

③ 화학적 성질 : 고온의 진한 황산, 질산에 용해되며 CO_2, SO_2, 습기, 해수(바닷물)에 의해 녹이 발생한다(녹의 색 : 녹색).

※ 수소병(수소 취성) : 산화구리를 환원성 분위기에서 가열하면 H_2가 반응하여 수증기를 발생하고, 구리 중에 확산 침투하여 균열(hair crack)을 발생시킨다.

④ 일반적 성질

㈎ 색채, 광택이 아름다워 귀금속적인 성질을 갖는다.

㈏ Zn, Sn, Ni, Au, Ag 등과 쉽게 합금을 만든다.

㈐ 수소와 같이 확산성이 큰 가스를 석출하고 그 압력 때문에 더욱 약점이 조성된다.

㈑ 용융점 이외에는 변태점이 없으나 합금으로 재질의 개량을 할 수 있다.

㈒ 용융 시 심한 산화를 일으키며 가스를 흡수하여 기공을 만든다.

> **참고** 1. 구리 강도 및 내마모성 향상 원소 : 카드뮴(Cd)
> 2. 구리 합금의 불순물 : 티탄(Ti), 인(P), 철(Fe), 규소(Si), 비소(As), 안티모니(Sb)는 전기전도도를 저하시키고, 비스무트(Bi), 납(Pb)은 가공성을 저하시킨다.

(2) 구리(Cu) 합금의 종류

① 황동(brass : 진유(眞鍮))

㈎ 황동의 조직 : 구리와 아연의 합금, 실용품은 아연(Zn)을 약 8~45% 정도 함유한 것으로 그 밖에 Pb, Sn, Si, Fe, Mn, Al 등을 소량 첨가하여 기계적 성질 및 절삭성을 개량한 것이 있다. 아연 함유량에 따라 α, β, γ, δ, η, ε 등의 6개의 고용체를 만드나 α 고용체와 $\alpha+\beta$ 고용체만 실용되고 있다. 변태점이 있으며, α 고용체는 면심입방격자, β 고용체는 체심입방격자이다.

⒩ 황동의 성질
  ㉮ 자연 균열(season crack) : 시계 균열이라고도 하며, 냉간 가공한 봉, 관, 용기 등이 사용 중이나 저장 중에 가공 시의 내부 응력, 공기 중의 염류, 암모니아 기체(NH_3)로 인해 입간 부식을 일으켜 균열이 발생하는 현상이다.
    ㉠ 방지책
      • 도금법
      • S 1~1.5% 첨가
      • 200~300℃에서 저온 풀림 처리하여 내부 응력 제거
  ㉯ 탈아연 현상 : 바닷물에 침식되어 아연(Zn)이 용해 부식되는 현상으로 방지책으로는 아연판을 도선에 연결하거나 전류에 의한 방식법이 있다.
  ㉰ 고온 탈아연 부식(dezincing) : 온도가 높을수록, 표면이 깨끗할수록 탈아연이 심해지며, 방지책으로는 아연 산화물 피막 형성, 알루미늄 산화물 피막 형성이 있다.
  ㉱ 경년 변화 : 냉간 가공한 후 저온 풀림 처리한 황동(스프링)이 사용 중 경과와 더불어 경도값이 증가(스프링 특성 저하)하는 현상이다.

황동의 종류

종류		성분	명칭	용도
단련 황동	톰백 (tombac) & 황동	95% Cu-5% Zn	gilding metal	동전(화폐), 메달용
		90% Cu-10% Zn	commercial brass	톰백의 대표적, 디프 드로잉(deep drawing) 재료, 메달, 배지용, 색이 청동과 비슷하여 청동 대용품
		85% Cu-15% Zn	rich low or red brass	연하고 내식성이 좋아 건축용, 소켓 체결용
		80% Cu-20% Zn	low brass	전연성이 좋고 색이 아름다워 장식용, 악기용, 불상용 등
		65% Cu-35% Zn	high or yellow bress	7 : 3 황동과 용도는 비슷하나 값이 저렴
	7 : 3 황동	70% Cu-30% Zn	cartridge brass	가공용 황동의 대표적, 탄피, 봉, 판용 등
	6 : 4 황동	60% Cu-40% Zn	muntz metal	인장강도가 크고 값이 가장 저렴
황동 주물	적색 황동 주물	80% Cu>20% Zn	red brass casting	납땜 황동
	황색 황동 주물	70% Cu<30% Zn	yellow brass casting	강도가 크고 일반 황동 주물

특수 황동	연 황동 (lead brass)	6 : 4 황동 −1.5~3.0% Pb	쾌삭 황동(free cutting brass), 하드 황동(hard brass)	강도, 연신율은 감소, 절삭성이 좋으며 나사, 시계용 기어, 정밀 가공용 등
	주석 황동 (tin brass)	7 : 3 황동 −1% Sn	에드미럴티 황동 (admiralty brass)	내식성 증가, 탈아연 방지, 스프링용, 선박 기계용 등
		6 : 4 황동 −1% Sn	네이벌 황동 (naval brass)	
	철 황동	6 : 4 황동 −1~2% Fe	델타 메탈 (delta metal)	강도가 크고 내식성 좋으며, 광산 기계, 선박 기계, 화학 기계용
	강력 황동	6 : 4 황동 − Mn, Al, Fe, Ni, Sn	−	강도, 내식성 개선, 주조, 가공성 향상, 열간 단련성이 좋으며, 선박용 프로펠러, 광산 등
	양은, 양백	7 : 3 황동 −15~20% Ni	german silver	주·단조 가능, 식기, 전기 재료, 스프링 등
	Al 황동	76~80% Cu −1.6~3.0% Al−Zn	알브락(albrac)	내식성 향상, 콘덴서, 튜브 재료 등
	Si 황동	80~85% Cu −10~16% Zn −4~5% Si	실진(silzin)	내해수성, 주조성이 좋고, 강도가 포금보다 우수하며, 선박용 등

② 청동(bronze)

⑺ 청동의 조직 : 구리와 주석의 합금, 또는 구리+10% 이하의 주석이나 주석을 함유하지 않고 다른 특수 원소(Al, Si, Ni, Mn 등)의 합금의 풀림으로 α, β, γ, σ, ε 등의 고용체와 Cu_4Sn, Cu_3Sn 등의 화합물이 있으며 공업적으로는 α로부터 $\alpha+\sigma$까지의 조직이 사용된다.

※ 공석 변태 : $\beta \rightleftarrows \alpha+\gamma(586℃)$, $\gamma \rightleftarrows \alpha+\delta(520℃)$, $\delta \rightleftarrows \alpha+\varepsilon(350℃)$

⑻ 청동의 성질

㉮ 내식성, 내마모성이 있다.

㉯ 주조성, 강도가 좋다.

㉰ 주석의 함유량

㉠ Sn 4%에서 연신율 최대, 그 이상에서는 급격히 감소한다.

㉡ Sn 15% 이상에서 경도가 급격히 증가하고, Sn 함량에 비례하여 증가한다.

청동의 종류

종류		성분	명칭	용도
실용청동	포금	8~12% Sn, 1~2% Zn	gun metal	청동의 이전 명칭, 청동 주물(BC)의 대표로서 유연성, 내식성, 내수압성이 좋으며, 일반 기계 부품, 밸브, 기어 등에 사용
		88% Cu, 10% Sn, 2% Zn	admiralty gun metal	
	납-아연 함유 청동	85% Cu, 5% Sn, 5% Zn, 5% Pb	red bronze	기계 가공성, 내수압성 증가, 일반용 밸브 콕에 사용
특수청동	인 청동 (PBS)	9% Cu+Sn +0.35% P	phosphor bronze	P(탈산제), 기계적 성질이 좋고 내마멸성을 가지고 있는 대표적인 청동제 합금, 내식성, 냉간 가공 시 인장강도, 탄성 한계 증가, 판 스프링재(경년 변화가 없다), 기어, 베어링, 밸브 시트 등에 사용
		10% Cu+Sn +4~16% P	듀라플렉스 (duraflex)	미국에서 개발, 성형성과 강도가 우수
	납 청동	10% Cu+Sn +4~16% Pb	-	윤활성이 좋으므로 철도 차량, 압연 기계 등의 고압용 베어링에 사용
		Cu+30~40% Pb	켈밋 (kelmet)	고열전도, 고하중, 압축강도가 크며, 고속 베어링에 사용
	규소 청동 (silicon bronze)	Cu+1.5~3.25% Si, 그 밖에 Mn, Zn 또는 Fe 첨가	에버듀어 (everdur)	산에 대한 내식성과 용접성이 좋아 파이프나 탱크 등에 사용
	베어링용 청동	Cu+13~15% Sn	bearing bronze	$\alpha+\delta$ 조직, P 첨가 시 내마멸성 증가
	소결 베어링 합금	Cu 분말+8~12% Sn+4~5% 흑연 분말	오일리스 베어링 (oilless bearing)	구리, 주석, 흑연 분말의 혼합 가압 성형, 700~750℃의 수소 기류 중에서 소결, 기름에서 가열 시 무게로 20~30% 기름 흡수, 기름 흡수가 곤란한 곳의 베어링에 사용
	구리-니켈 계 청동	54% Cu+44% Ni+ 1% Mn+0.5% Fe	어드밴스 (advance)	정밀 전기 기계의 저항선에 사용
		Cu+45% Ni	콘스탄탄 (constantan)	열전대용, 전기저항선에 사용
		Cu+4% Ni+1% Si	콜슨 (colson)	금속 간 화합물, 인장강도 $105 kg/mm^2$, 전선, 스프링용으로 사용
		Cu+4~16% Ni+ 1.5~7% Al	쿠니알 청동 (kunial)	뜨임 경화성이 크다(Ni : Al=최대 4 : 1).
	강력 알루미늄 청동	5~12% Cu+Al에 Fe, Mn, Si, Zn 등 첨가	암즈 청동 (arms bronze)	Fe : 결정입자 미세화 및 강도 증가, Ni : 내식성, 고온 강도 증가

(3) 구리와 그 합금의 용접

① 구리의 용접

㈎ TIG 용접법

㉮ 판 두께 6mm 이하에 대하여 많이 사용된다.

㉯ 전극은 토륨(Th)이 들어있는 텅스텐 봉을 사용한다.

㉰ 전극은 직류 정극성(DCSP)을 선택한다.

㉱ 용가재는 탈산된 구리 봉을 사용하고 순도 99.8% 이상의 아르곤 가스를 쓴다.

㈏ MIG 용접법

㉮ 판 두께 3.2mm 이상의 것에 능률적이다(판 두께 6mm 이상에는 200°C, 판 두께 12mm 이상에는 300~400°C 정도로 예열하면 용접 속도가 증가한다).

㉯ 구리 니켈 합금, 규소 청동, 알루미늄 청동 등의 용접에 우수하다.

㉰ 전극은 직류 정극성(DCSP)을 선택한다.

㉱ 심선은 탈산된 것, 아르곤은 99.8% 이상의 순도 높은 것을 사용한다.

㈐ 피복 금속 아크 용접법

㉮ 스패터(spatter), 슬래그 섞임(slag inclusion), 용입 불량 등의 결함이 많이 생긴다.

㉯ 예열을 충분히 할 수 있는 단순한 구조에만 사용한다.

㉰ 구리 니켈 합금, 인청동 등의 용접에 사용되고 전극은 직류 역극성(DCRP)을 선택한다.

㉱ 일반적으로 루트 간격과 홈 각도를 넓게 해야 한다.

㈑ 가스 용접법

㉮ 판 두께 6mm까지는 슬래그 섞임에 주의한다.

㉯ 발생된 기공을 피닝 작업으로 없애도록 하면 비교적 좋은 용접부가 된다.

㉰ 열 영향부가 커지므로 용접부 부근의 모재는 결정입계가 거칠고 재질이 연화된다.

㈒ 납땜법 : 이음이 쉽고 은납땜이 잘 되나 재료가 비싼 것이 결점이다.

② 구리 합금의 용접 조건

㈎ 구리에 비하여 예열 온도가 낮아도 좋다.

㈏ 예열 방법은 연소기, 가열로 등을 사용한다.

㈐ 용접 이음부 및 용접봉을 깨끗이 한다.

㈑ 용가재는 모재와 같은 재료를 사용한다.

㈒ 비교적 큰 루트 간격과 홈 각도를 취한다.

㈓ 가접은 비교적 많이 한다.

㈔ TIG 용접에서도 예열 중에 산화가 많을 때에는 적당한 용제(flux)를 사용한다.

(아) 용접봉은 토빈(torbin) 청동봉, 규소 청동봉, 인 청동봉, 에버듀어(everdur) 봉 등이 많이 사용된다.
(자) 용제 중 붕사는 황동, 알루미늄 청동, 규소 청동 등의 용접에 가장 많이 사용된다.

3-2 알루미늄과 경금속 합금

(1) 알루미늄의 성질
① 물리적 성질 : 면심입방격자, 비중 2.7, 용융점 660℃, 전기 및 열의 양도체이다.
② 기계적 성질
　(가) 순수 Al은 주조가 곤란하다.
　(나) 전연성이 좋으며 유동성이 작고, 수축률이 크다.
　(다) 냉간 가공에 의해 경화된 것을 가열 시 150℃에서 연화, 300~350℃에서 완전 연화된다.
③ 화학적 성질 : 공기나 물속에서 내부식성이나 염산, 황산 등 무기산과 바닷물에 침식되며, 대기 중에서는 안정한 표면 산화막을 형성한다(제거제 : LiCl 혼합물).
　※ 인공 내식 처리법 : 양극 산화 피막법(황산법, 크롬산법, 알루마이트법)

(2) 알루미늄(Al) 합금의 특징
Cu, Si, Mg 등을 Al에 첨가한 고용체(α 고용체)를 열처리에 의하여 석출 경화나 시효 경화시켜 성질을 개선한다.
① 석출 경화 : α 고용체의 성분 합금을 담금질에 의한 급랭으로 얻어진 과포화 고용체에서 과포화 된 용해물을 조금씩 석출하여 안정상태로 복귀하려 할 때(안정화 처리) 시간의 경과와 더불어 경화되는 현상
② 시효 경화 : 석출 경화 현상이 상온 상태에서 일어나는 것을 시효 경화라 하고, 대기 중에 진행하는 시효를 자연 시효, 담금질 된(용체화 처리) 재료를 160℃ 정도의 온도에서 가열하여 시효하는 것을 인공 시효라 한다.

(3) 알루미늄 합금의 종류
① 주조용 알루미늄 합금
　(가) Al-Cu계 합금(Cu 7~12% 첨가) : 주조성, 기계적 성질, 절삭성 등이 좋으나 고온 메짐(취성)이 있다.
　　※ Cu 8%를 첨가한 것은 미국 합금이라 불린다.

㈏ Al-Si계 합금(Si 10~14% 첨가) : 로엑스(Lo-Ex, Al+Si+Cu+Mg+Ni)와 실루민(silumin)이 있으며, 실루민이 대표적인 주조용 알루미늄 합금이다(미국에서는 alpax라고 한다). 주조성이 좋고 절삭성이 나쁘며, 열처리 효과가 좋지 않아 개량처리(개질 처리 : modification treatment)에 의해 기계적 성질이 개선된다.

※ 개량 처리 : Si의 결정 조직을 미세화하기 위하여 특수 원소를 첨가시키는 조작

② Al-Cu-Si계 합금 : 라우탈(lautal)이 대표적이며, 조성은 Cu 3~8%으로 주조성이 좋고, 시효 경화성이 있다. Fe, Zn, Mg 등이 많아지면 기계적 성질이 저하된다.

※ Si 첨가 : 주조성 개선, Cu 첨가 : 실루민의 결점인 절삭성 향상

③ Al-Mg계 합금(Mg 12% 이하) : 하이드로날륨(hydronalium), 마그날륨(magnalium)이라 한다. 내식성, 고온 강도, 양극 피막성, 절삭성, 연신율이 우수하고 비중이 작다. 주단조 겸용, 해수, 알칼리성에 강하다.

※ Mg을 용해나 사형에 주입 시 H를 흡수(금속-금형 반응)하여 기공을 생성하기 쉬워 Be 0.004%를 첨가하여 산화 방지 및 주조성을 개선한다(Mg 4~5%일 때 내식성 최대).

④ Al-Zn계 합금(Zn 8~12% 첨가) : 주조성이 좋고 가격이 저렴하나, 내열성, 내식성이 좋지 않고 기계적 성질이 나쁘며 담금질 시효 경화층이 극히 적다. 일반 시중용은 독일 합금이라 하여 Cu 2~5%가 첨가된 것을 사용한다.

⑤ Y 합금(내열 합금) : 92.5% Al-4% Cu-2% Ni-1.5% Mg의 합금으로서 고온 강도가 크므로 내연 기관의 실린더, 피스톤, 실린더 헤드에 사용된다(코비탈륨).

⑥ 다이캐스트용 Al 합금 : 유동성이 목적이며, Al-Si계 또는 Al-Cu계 합금을 사용한다.

※ Mg 함유 시 유동성이 나빠지고 Fe은 점착성, 내식성, 절삭성 등을 해치는 불순물로 최대 1% 함유까지 허용된다.

⑦ 단련용 알루미늄 합금

㈎ 두랄루민(duralumin) : 단조용 Al 합금의 대표로서 Al-Cu 3.5~4.5%-Mg 1~1.5%-Si 0.5%-Mn 0.5~1%가 표준 성분이며, Si는 불순물로 포함하고 주물로서 제조하기 어렵다.

㉮ 제조 : 주물의 결정 조직을 열간 가공으로 완전히 파괴한 뒤 고온에서 물에 급랭한 후 시효 경화시켜 강인성을 얻는다(시효 경화 필요 원소 : 실제 Cu, Mg, Si(불순물)).

㉯ 용도 : 무게를 중요시하는 항공기, 자동차, 운반 기계 등의 재료로 사용된다.

㈏ 강력 알루미늄 합금 : 초두랄루민(super duralumin), 초강 두랄루민(extra super duralumin), 고력 알루미늄 합금 등이 사용된다.

㉮ 초두랄루민 : Al-Cu-Mg-Mn-Cr-Cu-Zn의 성분으로 시효 경화 완료 후

인장강도 최고 48kg/mm² 이상, Cu 1~2%로 압연 단조성 향상, Mn 1% 이내, Cr 0.4% 이내 첨가 목적은 결정의 입계 부식과 자연 균열을 방지하기 위함이다.

㈐ 단련용 Y 합금 : Al-Cu-Ni-Mg계 내열 합금(250℃에서 상온 90%의 높은 강도 유지), 300~450℃에서 단조할 수 있다(Ni의 영향).

⑧ 내식성 알루미늄 합금

㈎ 하이드로날륨(hydronalium) : Al-Mg계 합금으로 내식성, 강도가 좋으며, 온도에 따른 변화가 적고 용접성도 좋다.

㈏ 알민(almin) : Al-Mn계 합금으로 가공성, 용접성이 좋다.

㈐ 알드리(aldrey) : Al-Mg-Si계 합금으로 인성, 용접성, 내식성이 좋다.

⑨ 복합제(clding) : 알크래드(alclad)라고도 하며, 강력 Al 합금 표면에 내식성 Al 합금을 접착시킨 것이다(접착은 표재 두께의 5~10%로 한다).

> **참고** **복원 현상**
>
> - 시효 경화를 완료한 합금은 상온에서 변화가 없으나 200℃에서 수 분간 가열하면 연화되어 시효 경화 전의 상태로 되는 현상이다(다시 상온에 두면 시효 경화를 나타내기 시작한다).
> - 단위 중량당에 대한 강도는 연강의 약 3배이다.
> - 내식성이 없고 바닷물에는 순Al의 1/3 정도 밖에 내식성이 나타나지 않으며, 응력 상태에서 입간 부식으로 결정입체를 파괴하여 강도가 감소된다.

(4) 알루미늄과 그 합금의 용접

① 알루미늄의 용접 특성

㈎ 비열 및 전기와 열의 전도도가 크므로 빠른 시간에 용접 온도를 높이기가 어렵다.

㈏ 용융점(658℃)이 비교적 낮고 산화알루미늄의 용융점이 약 2050℃로 높아서 용융되지 않은 채로 유동성을 해친다.

㈐ 산화알루미늄의 비중(4.0)은 알루미늄의 비중(2.699)에 비해 크므로 용융 금속 표면에 떠오르기가 어려워 용착 금속 속에 남는다.

㈑ 색채에 따라 가열 온도의 판정이 곤란하여 지나치게 가열 융해가 되기 쉽다.

㈒ 수소 가스 등을 흡수하여 응고 시에 기공으로 되어 용착 금속 중에 존재한다.

㈓ 변태점이 없고 시효 경화가 일어난다.

㈔ 열팽창계수가 매우 커서(강의 약 2배) 용접에 의한 수축률도 크므로 큰 용접 변형이나 잔류 응력을 발생하기 쉽고 또한 균열을 일으키기 쉽다(응고 수축은 강의 1.5배이다).

② 알루미늄 용접의 용접봉 및 용제
  ㈎ 용접봉 : 모재와 동일한 화학 조성의 것을 사용하는 것 외에 규소 4~13%의 알루미늄-규소 합금이 사용된다. 이 밖에 카드뮴, 구리, 망간, 마그네슘 등의 합금을 사용할 때도 있다.
  ㈏ 용제 : 주로 알칼리 금속의 할로겐 화합물 또는 이것의 유산염 등의 혼합제가 많이 사용되고 있다. 용제 중에 가장 중요한 것은 염화리튬(LiCl)으로, 이것은 흡수성이 있어 주의를 요한다.

용제의 화학적 조성의 예

조성 종류	염화칼륨 (KCl)	염화리튬 (LiCl)	플루오르화칼륨 (KF)	황산수소칼륨 ($KHSO_4$)	염화나트륨 (NaCl)
A 용제(%)	41 이상	15 이상	7 이상	33 이상	나머지
B 용제(%)	28~30	20~30	NaF 또는 Na_3AlF_6 10~20	–	28~32
C 용제(%)	44	14	NaF 12	–	60

③ 알루미늄 합금의 용접
  ㈎ 가스 용접법
    ㉮ 약간 탄화된 아세틸렌 불꽃 사용이 유리하다.
    ㉯ 열전도가 크기 때문에 200~400°C의 예열은 효과가 있다.
    ㉰ 용접 토치는 철강 용접 시보다 큰 것을 사용해야 하고, 용융점이 낮아 조작을 빨리 해야 한다.
    ㉱ 얇은 판의 용접에서는 변형을 막기 위하여 스킵법(skip method)과 같은 용접 순서를 채택해야 한다.

알루미늄 가스 용접 조건

토치 번호	아세틸렌 소비량(L/h)	알루미늄 판 두께(mm)
00	50~100	0.5~1
0	100~200	1~2
1	200~300	2~4
2	400~700	4~7
3	700~1200	7~12
4	1200~2000	12~20
5	2000~3000	20~30
6	3000~5000	30~50

㈏ 불활성 가스 아크 용접법
  ㉮ 용제를 사용할 필요가 없고 슬래그를 제거할 필요가 없다.
  ㉯ 아르곤 가스 사용 시 직류 역극성을 사용하면 청정 작용(cleaning action)이 있어 용접부가 깨끗하다.
  ㉰ TIG 용접에서는 전극의 오손 방지와 전극의 소모를 방지하고 아크의 안정을 위하여 평형 교류 용접기를 사용하며 고주파 전류를 병용한다.
  ㉱ TIG 용접은 주로 얇은 판의 용접에 많이 사용된다.
㈐ 전기저항 용접법
  ㉮ 점 용접법이 가장 많이 사용되고 있다.
  ㉯ 먼저 표면의 산화 피막을 제거한다(플루오르화 수소 등에 의한 화학적 청소법).
  ㉰ 다른 금속에 비하여 시간, 전류, 주어지는 가압력의 조정이 필요하다.
  ㉱ 기공 발생 방지 및 좋은 용접 결과를 위하여 재가압 방식을 이용할 때가 있다.
④ 알루미늄 주물의 용접
  ㈎ 비교적 불순물이 많고 산화물의 개재와 용융점이 낮아지는 등 용접 시에 산화물이 많이 생겨 용융 금속의 유동성이 나빠지는 현상이 일어난다.
  ㈏ Al-Si 합금봉과 같이 용접성이 좋고 용융점이 모재보다 낮은 것이 적당하다.
⑤ 용접 후의 처리
  ㈎ 용제 사용 후 부식 방지를 위하여 용접부를 반드시 청소한다.
  ㈏ 용접부의 용제 및 슬래그 제거는 찬물이나 끓인 물을 사용하여 세척하거나 화학적 청소법으로 2%의 질산 또는 10%의 온도가 높은 황산으로 세척한 다음 물로 씻어낸다.
  ㈐ 변형을 바로잡기 위하여 상온에서 피닝을 하여 어느 정도 강도를 증가시킨다.

3-3 기타 비철 금속과 그 합금

(1) 마그네슘과 그 합금
① 마그네슘(Mg)의 성질
  ㈎ 비중 1.74(실용 금속 중 가장 가볍다), 용융점 650℃, 재결정 온도 150℃이다.
  ㈏ 조밀육방격자, 고온에서 발화하기 쉽다.
  ㈐ 대기 중에서 내식성이 양호하나 산이나 염류에는 침식되기 쉽다.
  ㈑ 냉간 가공이 거의 불가능하여 200℃ 정도에서 열간 가공한다.
  ㈒ 250℃ 이하에서 크리프(creep) 특성은 Al보다 좋다.

② Mg의 용도 : Al 합금용, Ti 제련용, 구상 흑연 주철 첨가제, 사진용 플래시(flash), 건전지 음극 보호 등
③ Mg의 합금 : 주물용 마그네슘 합금에는 Mg-Al계의 다우 메탈(dow metal)과 Mg-Al-Zn계의 일렉트론(electron), Mg-희토류계의 미슈 메탈(mischu metal)이 있다.

(2) 니켈과 그 합금

① 니켈(Ni)의 성질
  ㈎ 비중 8.9, 용융점 1455℃, 재결정 온도 530~660℃이다.
  ㈏ 백색의 인성이 풍부한 금속으로 면심입방격자이다.
  ㈐ 상온에서 강자성체이나 360℃에서 자기 변태로 자성을 잃는다.
  ㈑ 냉간 및 열간 가공이 잘 되고 내식성, 내열성이 크다.
  ㈒ 열간 가공은 1000~1200℃, 풀림 열처리는 800℃ 정도에서 한다.
② Ni의 용도 : 화학 식품 공업용, 진공관, 화폐, 도금 등에 사용한다.
③ Ni의 합금 : 주물용과 단련용 합금으로 구분한다.
  ㈎ Ni-Cu계 합금
    ㉮ 콘스탄탄(constantan) : Ni 40~45%, 온도 측정용 열전쌍 선, 표준 전기저항선으로 사용한다.
    ㉯ 어드밴스(advance) : Ni 44%, Mn 1%, 전기의 저항선으로 사용한다.
    ㉰ 모넬 메탈(monel metal) : Ni 65~70%, Fe 1.0~3.0%, 강도와 내식성이 우수하며, 화학 공업용으로 사용한다(개량형 : Al 모넬, Si 모넬, H 모넬, S 모넬, KR 모넬 등이 있다).
  ㈏ Ni-Fe계 합금
    ㉮ 인바(invar) : Ni 36%, 길이가 불변이며, 표준 자, 바이메탈용 등으로 사용한다.
    ㉯ 초인바(super invar) : Vi 30~32%, Co 4~6%, 측정용(열팽창계수가 20℃에서 제로)으로 사용한다.
    ㉰ 엘린바(elinvar) : Ni 36%, Cr 12%, C 0.8%, Mn 1~2%, Si 1~2%, W 1~3%, 탄성계수가 불변이며, 시계 부품, 각종 정밀 부품 등에 사용한다.
    ㉱ 펌인바(perminvar) : Ni 20~75%, Co 5~40%와 나머지 Fe, 고주파용 철심으로 사용한다.
    ㉲ 플래티나이트(platinite) : Ni 42~48%, 열팽창계수가 작고, 전구의 도입선, 진공관 도선용으로 사용한다.
    ㉳ 니칼로이(nickalloy) : Ni 50%, Fe 50%, 자기 유도 계수 증가로 해저 전선에 감아 송전 어수 증가용으로 사용한다.
    ㉴ 퍼멀로이(permalloy) : Ni 75~80%, 투자율이 높으며, 자심 재료, 해저 전선의

장하 코일용으로 사용한다.
    ⓑ 초퍼멀로이(super permalloy) : No 1%, Ni 70∼85%, Fe 15∼30%, Co<4%
  (다) 내식, 내열용 합금
    ㉮ 니크롬(nichrome) : Ni 50∼90%, Cr 11∼33%, Fe 0.25%, 내열성이 우수하며, 전열 저항선에 사용한다(Fe 첨가 전열선은 내열성 저하 및 고온에서 내산성 저하).
    ㉯ 인코넬(inconel) : Ni에 Cr 13∼21%, Fe 6.5% 첨가로서 내식성과 내열성이 뛰어난 합금이며, 열전쌍의 보호관, 진공관의 필라멘트 등에 사용한다.
    ㉰ 크로멜(chromel), 알루멜(alumel) : 크로멜은 Cr을 10% 함유, 알루멜은 Al을 3% 함유한 합금으로 최고 1200℃까지 온도 측정이 가능하므로 고온 측정용의 열전쌍으로 사용한다.
    ㉱ 하스텔로이(hastelloy) : Ni에 Fe 22%, Mo 22% 정도를 첨가한 합금으로 내식성이 우수하며(내식성 합금), 내열용에도 사용한다.
④ 니켈과 니켈 합금의 용접
  (가) 종류로는 순 니켈, 모넬 메탈, 인코넬 등이며, 이러한 금속의 용접 시에는 용접부의 청정이 중요하다.
  (나) 고 니켈 합금은 연강과 같이 손쉽게 용접할 수 있으며 모재와 동일한 재질의 용접봉을 사용한다.
  (다) 순 니켈과 모넬 메탈을 주성분으로 하는 용접봉은 주물용 피복 아크 용접봉으로도 사용한다.

(3) 티탄과 그 합금

① 티탄(Ti)의 성질 및 용도
  (가) 성질 : 비중 4.5, 용융점 1800℃, 인장강도 50 kg/mm^{2}이며, 점성강도가 크고, 내식성, 내열성이 우수하다.
  (나) 용도 : 항공기 및 송풍기의 프로펠러에 사용한다.
② Ti의 합금
  (가) α 합금 : 조밀육방격자의 α상이 강화되므로 가공성은 나쁘지만 단일 상이므로 용접성이 좋다. 고온에서는 미세조직이 안정하므로 600℃ 이상에서의 인장강도, 400℃ 이상의 크리프 강도는 $\alpha+\beta$형 합금보다 뛰어나다.
  (나) $\alpha+\beta$형 합금 : 대표적인 티탄 합금으로 가공성이 뛰어나고, 용접성도 좋아 경량 고강도 재료로서 주로 항공기의 구조용재 등에 사용한다.
  (다) β형 합금 : 이 합금은 전연성이 좋으므로 박판이나 상자 제조에 적합하다.
③ 티탄과 티탄 합금의 용접
  (가) 티탄과 티탄 합금은 강도가 크고 무게가 가벼운 금속으로 초전도 재료, 형상 기억 합

금, 항공기 부품, 각종 스포츠 용품 등 용도가 다양하며 수요가 날로 증가하고 있다.
(나) 티탄의 융점이 1670℃ 정도로 매우 높고 고온에서도 산화성이 강하여 본래의 성질이 소멸되기 때문에 열간 가공이나 용접이 어려운 금속이다.
(다) 작은 물품은 진공 상태에서 하고, 큰 제품들은 불활성 가스 분위기 속, 공기를 차단한 분위기에서 가스 텅스텐 아크 용접, 플라스마 아크 용접, 전자 빔 용접 등의 특수 용접법을 사용하고 있다.

> **참고** 티타늄의 진공 상태 용접 시에는 박스 안에 용접 모재를 넣고 진공기로 공기를 빼내어 완전한 진공 상태로 하여 불활성 가스 텅스텐 아크 용접법으로 용접을 하며, 큰 제품인 경우에는 제품의 전후 사방을 불활성 가스로 공기를 차단한 뒤에 그 분위기 안에서 용접을 하여야 한다.

(4) 아연과 그 합금

① 아연(Zn)의 성질 : 비중 7.13, 용융점 420℃, 조밀육방격자, 재결정 온도는 상온 부근이며, 염기성의 탄산염 표면 산화막을 형성한다.
② Zn의 제조 : 섬아연광(ZnS), 탄산아연광($ZnCO_3$)을 원광석으로 건식법(환원), 습식법(전해 채취)에 의해 제조한다.
③ Zn의 용도 : 철제의 도금, 인쇄판, 다이캐스트용으로 사용한다.
④ Zn의 합금
  (가) 다이캐스팅용 합금 : Zn-Al, Zn-Al-Cu계를 사용하며, 특히 4% 함유 합금을 자막(zamak, 미국) 또는 마작(mazak, 영국)이라 한다.
  (나) 베어링용 합금 : Zn-Al 2~3%, Zn-Cu 5~6%, Sn 10~25%의 합금

(5) 주석과 그 합금

① 주석(Sn)의 성질
  (가) 비중 7.3, 용융점 231.9℃이다.
  (나) 13.2℃ 이상에서는 체심정방격자의 백색 주석(β-Sn)이지만 그 이하에서는 면심입방격자의 회색 주석(α-Sn)이며, 변태점은 13.2℃이다.
  (다) 상온에서 연성이 풍부하므로 소성 가공이 쉽고 내식성이 우수하다.
② Sn의 용도 : 철의 표면 부식 방지, 청동, 베어링 메달용, 땜납으로 사용한다.
③ Sn의 합금
  (가) 땜납 : 보통 주석과 납의 합금으로 구리, 황동, 청동, 철, 아연 등의 금속 제품의 접합용으로 기계, 전기 기구 등의 부분에서 널리 이용되고 있다. 융점은 약 300℃ 이하이다. 땜납에서 주석 함유량이 높은 것은 식기, 은기, 놋쇠 등의 땜납에 사용하고, 납이 많은 것은 전기 부품에 주로 사용한다.

(나) 기타 합금 : 90~95% Sn, 1~3% Cu의 조성을 가진 퓨터는 가단성과 연성이 좋으므로 복잡한 형상의 제품인 쟁반, 잔, 접시 등의 장식용품에 사용한다.

(6) 납과 그 합금

① 납(Pb)의 성질
  (가) 면심입방격자, 비중 11.35, 용융점 327℃이다.
  (나) 연신율 50%, 인장강도 2 kg/mm² 이하이다.
  (다) 합금 원소 첨가 시(Sb, Mg, Sn, Cu 등) 실온에서 시효 경화, 인체에 유해하므로 식기, 완구류에는 Pb 10% 이상 함유해서는 안 된다.
② Pb의 용도 : 땜납, 활자 합금, 수도관, 축전지의 극판에 사용한다.
③ Pb의 합금 : Pb-Sb-Sn계 합금은 활자 합금의 구비조건을 갖춘 실용 합금이다.

(7) 베어링용 합금

① 화이트 메탈(WM) : Sn-Cu-Sb-Zn의 합금으로 저속 기관의 베어링에 많이 사용한다.
  (가) 배빗 메탈(babbit metal) : Sn을 기지로 한 화이트 메탈로 경도, 열전도율이 크고 충격, 진동에 강하여 고하중 고속의 축용 베어링에 사용한다.
  (나) 납계 화이트 메탈 : Pb-Sb-Sn 합금이 있으며, 안티몬을 다량 첨가 시 취약해진다.
② 구리계 합금 : 켈밋이라고 하는 구리-납 합금 이외에 주석 청동, 인 청동, 납 청동이 있다.
③ 알루미늄계 합금 : 이 합금의 베어링은 내하중성, 내마멸성, 내식성이 우수하지만 내소착성이 약하고 열팽창률이 큰 결점이 있어 널리 사용되지 않는다.
④ 아연계 합금 : 화이트 메탈보다 경도가 높으므로 전차용 베어링, 각종 부식용에 사용되며, 대표적인 것으로 Alzen 305가 있다.
⑤ 함유 베어링(오일리스 베어링) : 다공질이므로 강인성은 낮으나 급유 횟수를 적게 할 수 있으므로 급유가 곤란한 베어링, 항상 급유할 수 없는 베어링, 급유에 의하여 오손될 염려가 있는 베어링, 그리고 베어링 면 하중이 크지 않은 곳에 사용한다.

(8) 저용융점 합금(fusible alloy)

Sn보다 융점이 낮은 금속으로 퓨즈, 활자, 안전 장치, 정밀 모형 등에 사용한다(Pb, Sn, Co의 두 가지 이상의 공정 합금).

① 저용융점 합금의 종류 : Bi-Pb-Sn의 3원 합금과 Bi-Pb-Sn-Cd의 4원 합금이 있고, 명칭은 우드 메탈(Wood's metal), 리포위쯔 합금(Lipowitz alloy), 뉴톤 합금(Newton's alloy), 로우즈 합금(Rose's alloy), 비스무트 땜납(bismuth solder) 등이 있다.

(9) 땜납 합금

① 연납(soft solder) : Pb – Sn 합금(Sn 40~50%가 주로 사용)
② 경납(hard solder) : 450℃ 이상의 용융점을 갖는 납, 은납, 황동납, 금납, 동납 등

4. 신소재 및 그 밖의 합금

4-1 신소재

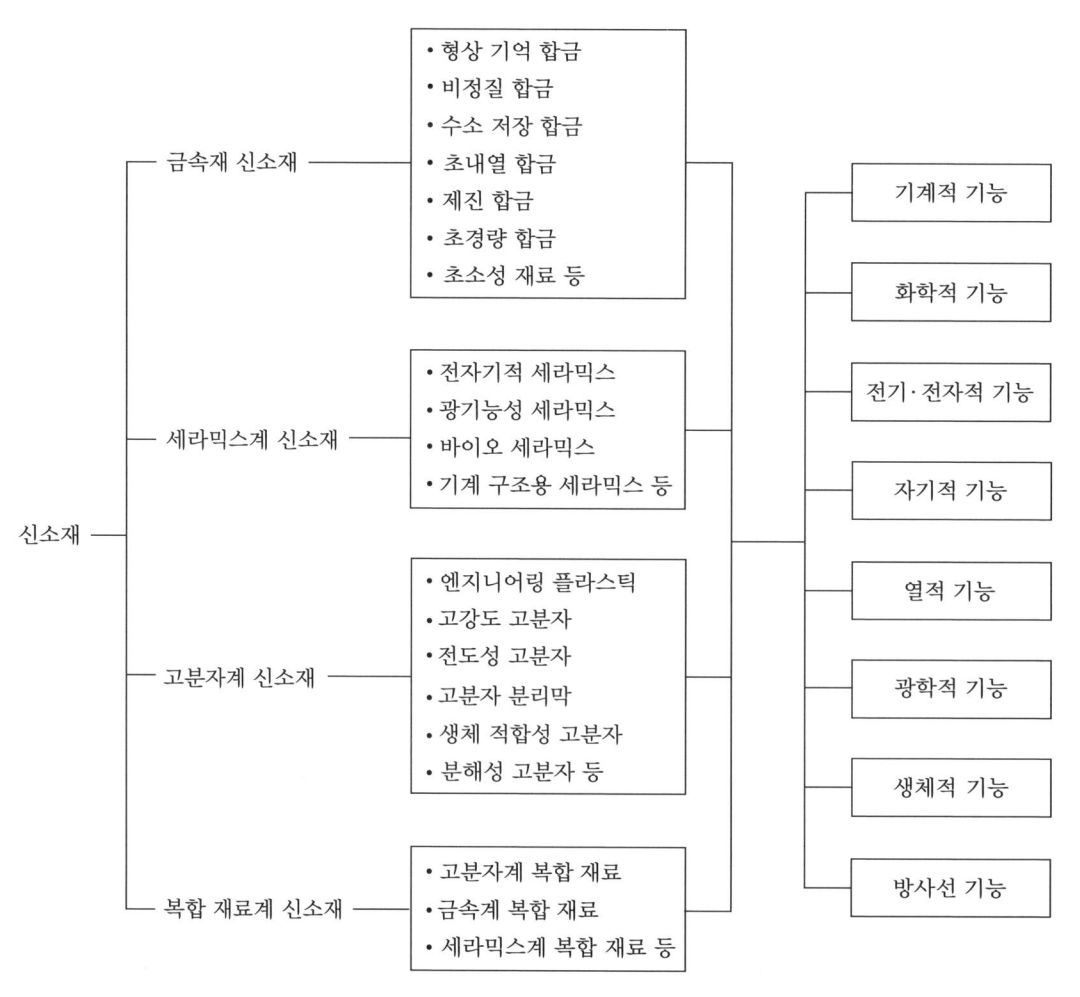

신소재의 분류 및 종류

신소재의 종류 및 용도

재료 용도	무기 재료	고분자 재료	금속 재료	복합 재료
전자 재료	갈륨비소, 아몰퍼스 실리콘, 탄화지르코늄, 규소화 몰리브덴, 붕화란탄, 티탄산 지르콘산 납	폴리아미드, 폴리아세탈, 폴리카보네이트, PBT, 변성 PPO, 폴리옥시벤질렌 (에코놀)	아몰퍼스	-
자성 재료	가돌리늄, 칼륨, 가넷, 페라이트	도전성 필름	니오븀 티탄 합금, 센더스트 금속, 희토류 자석	도전성 접착제
광학 재료	석영섬유, 황화카드뮴	MMA 수지, 클로로필 폴리머	-	칼코게나이드 글라스
고온·내열 재료	질화규소, 탄화규소, 사이아론, 질화붕소	불소 수지, 실리콘 수지, 폴리아미드	초합금 (Ni, Co 등)	탄소섬유, 탄화규소 섬유, 알루미나 섬유
초경 재료	질화붕소, 탄화티탄, 탄화규소, 탄화붕소, 붕화 지르코늄	-	코발트 합금, 초미립자 금속 (Cr계, Ni계)	-
구조 재료	탄화티탄	폴리카보네이트	수소 저장 합금, 마르에이징강, 고장력강	스틸섬유, 소결 스테인리스강 섬유
기타	인조 보석, 규소화 붕소 (원자로 제어재)	킬레이트 수지, 이온 교환 수지, 고분자 촉매	초소성 금속, 다공질 금속, 형상 기억 합금	특수 유리섬유

4-2 분말야금, 귀금속, 회유금속, 신금속

(1) 분말야금

① 금속 및 비금속 화합물의 분말을 압축 성형하여 만들므로 용해 및 기계 가공이 필요 없다.

② 소결(sintering) : 압축 성형한 분말을 가열하여 분말 입자들을 충분히 결합시켜 균일한 재질의 강한 조직을 가지는 재료를 만드는 방법이다.

③ 분말야금 제품 : 기계 부품, 베어링 및 다공질 합금, 전기 접점 합금, 초경 합금 등

(2) 귀금속

금, 은, 백금(전체 면심입방격자)으로 전연성과 가공성이 양호하며, 내식성이 우수하다.

(3) 회유금속

고순도 Ge(반도체), Si(트랜지스터 재료), Se(반도체, 정류기, 광전용 기기), Te(쾌삭강), In(항공기용 베어링), Li(원자로용, Al 접착제), Ta(외과, 치과용 기구), 그 외 Bi, Hg, Cd 등이 있다.

(4) 신금속

신개발 금속으로 과거에 사용했던 금속 중 고순도 및 특수 목적으로 사용되는 금속으로 회유금속(rare metal)에 속하는 것이 많다.

※ 신금속의 용도 : 원자로용, 전자 공업용, 항공, 우주용, 내식용, 특수 합금용 등

|예|상|문|제|

1. 다음 중 경금속에 해당되지 않는 것으로만 되어 있는 것은?

① Al, Be, Na
② Si, Ca, Ba
③ Mg, Ti, Li
④ Pb, Mn, Cu

해설 ㉠ 경금속(비중) : Li(0.53), K(0.86), Ca(1.55), Mg(1.74), Si(2.23), Al(2.7), Ti(4.5) 등
㉡ 중금속(비중) : Cr(7.09), Zn(7.13), Mn(7.4), Fe(7.87), Ni(8.85), Co(8.9), Cu(8.96), Mo(10.2), Pb(11.34), Ir(22.5) 등

2. Cu 합금 중 인장강도가 가장 크고 뜨임 시효 경화성이 있으며, 내식성, 내열성, 내피로성이 좋으므로 베어링이나 고급 스프링 등에 이용되는 것은?

① 콜슨 합금
② 암즈 청동
③ 베릴륨 청동
④ 에버트

해설 베릴륨(Be) 청동 : Cu+Be 2~3%, 인장강도 133 kgf/mm² 로서 뜨임 시효 경화성이 있으며, 내식성, 내열성, 내피로성이 우수하고 베어링이나 고급 스프링에 사용한다.

3. 황동에 1% 내외의 주석을 첨가하였을 때 나타나는 현상으로서 가장 적합한 사항은?

① 탈산 작용에 의하여 부스러지기 쉽게 되며, 주조성을 증가시킨다.
② 탈아연의 부식이 억제되며 내해수성이 좋아진다.
③ 전연성을 증가시키며 결정입자를 조대화시킨다.
④ 강도와 경도가 감소하여 절삭성이 좋아진다.

해설 황동에 1% 내외의 주석을 첨가하였을 때 6 : 4 황동(네이벌 황동)으로 내식성 증가, 탈아연을 방지하며, 스프링용, 선박 기계용 등으로 사용한다.

4. 니켈의 물리적 성질에 관하여 옳게 설명한 것은?

① 조밀육방격자로서 883℃로부터 β로 변하며 용융점이 높고 고온 저항이 크다.
② 면심입방격자의 은백색을 가진 금속으로 상온에서 강자성체이나 360℃의 자기 변태에서 자성을 잃는다.
③ 다이아몬드형의 입방격자로서 메짐성을 갖고 있으며 18℃에서 Ni ⇌ βNi의 동소 변태가 있다.
④ 실온에서는 조밀육방격자이나 477℃ 이상에서는 면심육방격자의 β로 되는 은백색의 격자입이다.

해설 니켈(Ni)의 성질
㉠ 비중 8.9, 용융점 1455℃, 재결정 온도 530~660℃이다.
㉡ 백색의 인성이 풍부한 금속으로 면심입방격자이다.
㉢ 상온에서 강자성체이나 360℃에서 자기 변태로 자성을 잃는다.
㉣ 냉간 및 열간 가공이 잘 되고 내식성, 내열성이 크다.
㉤ 열간 가공은 1000~1200℃, 풀림 열처리는 800℃ 정도에서 한다.

5. 청동의 연신율은 주석 몇 %에서 최대인가?

① 4%
② 15%
③ 20%
④ 28%

정답 1. ④ 2. ③ 3. ② 4. ② 5. ①

해설 Sn 4%에서 연신율 최대, 그 이상에서는 급격히 감소한다.

6. Cu-Sn계 합금에서 연신율이 최대일 때의 Sn의 함유량은?

① 4% ② 9%
③ 17% ④ 21%

해설 Sn 4%에서 연신율 최대, 그 이상에서는 급격히 감소한다.

7. 니켈 40%의 합금으로 주로 온도 측정용 열전쌍, 표준 전기저항선으로 많이 사용되는 것은?

① 큐프로 니켈 ② 모넬 메탈
③ 베니딕트 메탈 ④ 콘스탄탄

해설 콘스탄탄(constantan) : Ni 40~45%, 온도 측정용 열전쌍, 표준 전기저항선에 사용

8. 황동의 내식성을 개량하기 위하여 1% 정도의 주석을 넣은 것으로 7 : 3 황동에 첨가한 것은 애드미럴티 황동이라 하고, 4 : 6 황동에 첨가한 것은 네이벌 황동이라 하는 특수 황동은?

① 인 황동 ② 강력 황동
③ 주석 황동 ④ 델타 메탈

해설 주석 황동(tin brass)

주석 황동	7 : 3 황동 -1% Sn	애드미럴티 황동 (admiralty brass)
	6 : 4 황동 -1% Sn	네이벌 황동 (naval brass)

9. Al에 10%까지 Mg를 함유한 합금은?

① 라우탈 ② 콜슨 합금
③ 하이드로날륨 ④ 실루민

해설 하이드로날륨(hydronalium) : Al-Mg계 합금으로 내식성, 강도가 좋으며, 온도에 따른 변화가 적고 용접성도 좋다.

10. 저용융점 합금이란 어떤 원소보다 용융점이 낮은 것을 말하는가?

① Zn ② Cu
③ Sn ④ Pb

해설 저용융점 합금은 Sn보다 융점이 낮은 금속으로 퓨즈, 활자, 안전 장치, 정밀 모형 등에 사용된다. Pb, Sn, Co의 두 가지 이상의 공정 합금으로 3원 합금과 4원 합금이 있고 우드 메탈, 리포위쯔 합금, 뉴톤 합금, 로우즈 합금, 비스무트 땜납 등이 있다.

11. 다음 중 저용융점 합금에 해당되지 않는 것은?

① 우드 메탈 ② 로우즈 합금
③ 리포위쯔 합금 ④ 배빗 메탈

해설 저용융점 합금은 Sn보다 융점이 낮은 금속으로 퓨즈, 활자, 안전 장치, 정밀 모형 등에 사용된다. Pb, Sn, Co의 두 가지 이상의 공정 합금으로 3원 합금과 4원 합금이 있고 우드 메탈, 리포위쯔 합금, 뉴톤 합금, 로우즈 합금, 비스무트 땜납 등이 있다

12. 두랄루민의 함유 원소 중 시효 경화에 필요한 성분에 해당되지 않는 것은?

① Cu ② Co
③ Mg ④ Si

해설 알루미늄 합금인 두랄루민에서 시효 경화 필요 원소 : 실제 Cu, Mg, Si(불순물)

13. 황동의 기계적 성질은 아연(Zn) 함유량에 따라 변한다. 아연(Zn) 함유량이 몇 %일 때 ⓐ 인장강도, ⓑ 연신율이 최대로 되는가?

정답 6. ① 7. ④ 8. ③ 9. ③ 10. ③ 11. ④ 12. ② 13. ①

① ⓐ : 40%, ⓑ : 30%
② ⓐ : 60%, ⓑ : 40%
③ ⓐ : 20%, ⓑ : 50%
④ ⓐ : 30%, ⓑ : 20%

해설 • 아연(Zn) 함유량 40%인 경우
  ㉠ 6 : 4 황동(α+β 고용체)으로서 인장강도 40~44 kg/mm² 으로 최대, 냉간 가공성 불량(600~800℃까지 가열하여 열간 가공), 강도 목적, 연신율 감소, 균열 방지 풀림 온도 180~200℃
• 아연(Zn) 함유량 30%인 경우
  ㉠ 7 : 3 황동(α 고용체)으로서 연신율 최대, 인장강도 24~30 kg/mm², 고온 가공 불량(600℃ 이상에서 취약), 냉간 가공 양호, 경도 30% 이상부터 증가, 균열 방지 풀림 온도 200~300℃

14. 황동 가공재를 상온에 방치하거나 또는 저온 풀림 경화된 스프링재를 사용하는 도중 시간의 경과에 의해서 경도 등 여러 가지 성질이 나빠지는 현상은?

① 시효 변형 ② 경년 변화
③ 탈아연 부식 ④ 자연 균열

해설 경년 변화 : 냉간 가공한 후 저온 풀림 처리한 황동(스프링)이 사용 중 경과와 더불어 경도값이 증가(스프링 특성 저하)하는 현상

15. 각종 축, 기어, 강력 볼트, 암 레버 등에 사용되는 강으로서 좋은 표면 경화용으로 사용되는 것은?

① Ni-Cr강 ② Si-Mn강
③ Cr-Mo강 ④ Mn-Cr강

해설 특수용 강에서 질화용 강은 Al, Cr, Mo를 첨가한 강(Al : 질화층의 경도를 높여주는 역할, Cr·Mo : 재료의 성질을 좋게 하는 역할)이다.

16. 양은(양백)의 합금 조성은?

① Cu-Zn-W계의 6 : 4 황동이다.
② Cu-Sn-Ni계의 7 : 3 황동이다.
③ Cu-Zn-Si계의 6 : 4 황동이다.
④ Cu-Zn-Ni계의 7 : 3 황동이다.

해설 양은(양백)은 7 : 3 황동(15~20% Ni)으로 명칭은 german silver이며, 주·단조 가능, 식기, 전기 재료, 스프링 등으로 사용된다.

17. 구리의 용접이 철강의 용접에 비하여 어려운 점에 대한 설명 중 틀린 것은?

① 열전도율이 높고 냉각 효과가 크다.
② 구리 중에 산화구리 부분이 순수한 구리에 비하여 용융점이 약간 낮아 균열이 발생하기 쉽다.
③ 환원성 분위기 속에서 용접하면 산화구리가 환원되어 좋은 용접부를 만들 수 있다.
④ 구리는 용융될 때 심한 산화를 일으키며, 가스를 흡습하여 기공을 만든다.

해설 가스 용접, 그 밖의 용접 방법으로 환원성 분위기에서 용접을 하면 산화구리는 환원될 가능성이 커지며, 이때 스패터가 감소하여 스펀지 모양의 구리가 되므로 더욱 강도를 약화시킨다.

18. 구리의 용접 시공법에 대한 설명 중 틀린 것은?

① 예열에 의한 변형 방지책으로 구속 지그(jig)를 쓴다.
② 산소-아세틸렌 또는 산소-프로판 불꽃으로서 120~150℃로 예열한다.
③ 용접부 및 용접봉은 깨끗이 청소하고, 가는 눈금의 줄로 갈거나 와이어 브러시로 광택이 나게 한다.

정답 14. ② 15. ③ 16. ④ 17. ③ 18. ②

④ 버너는 보통 가스 용접용 연소기를 사용하여 균일하게 가열하되, 예열과 용접을 병행하여 진행시킨다.

[해설] 산소-아세틸렌 또는 산소-프로판 불꽃으로서 예열을 할 때의 온도는 200~350℃로 하고, 예열 온도는 판 두께의 크기에 따라서 템필 스틱(tempil stick : 온도 측정 크레용) 등으로 정확하게 한다.

19. 알루미늄 주물의 용접에 대한 설명 중 적합하지 않은 것은?

① 비교적 불순물이 많고 용접할 때에는 산화물이 많이 생긴다.
② 산화물이 용접 시에 많이 생겨 용융 금속의 유동성이 좋아 비드 모양이 나쁘다.
③ 불순물 때문에 용융점이 낮아지는 등 주물의 용접은 판재보다 곤란하다.
④ 알루미늄-규소 합금봉과 같이 용접성이 좋고 용융점이 모재보다 낮은 것이 적당하다.

[해설] 용접할 때 산화물이 많이 생겨 용융 금속의 유동성이 나빠진다.

20. 알루미늄 용접 후의 처리 및 기계적 성질에 대한 설명으로 틀린 것은?

① 용제를 사용한 용접부를 그대로 방치하면 부식을 일으키므로 용접 후에는 반드시 청소를 해야 한다.
② 용접부의 용제 및 슬래그 제거에는 기계적 처리로서는 불완전하다.
③ 용접부의 용제 및 슬래그 제거에는 찬물이나 끓인 물을 사용하여 세척할 필요가 있다.
④ 화학적 청소법으로는 12%의 질산 또는 10%의 온도가 높은 황산으로 세척한 다음 물로 씻어낸다.

[해설] 화학적 청소법으로는 2%의 질산 또는 10%의 온도가 높은 황산으로 세척한 다음 물로 씻어낸다.

21. 니켈 및 니켈 합금의 용접법의 설명 중 틀린 것은?

① 알루미늄, 티탄 등 산소와 결합하기 쉬운 원소를 많이 함유한 합금에서는 주로 티그 용접을 사용한다.
② 서브머지드 아크 용접은 용접할 때 용접 입열을 낮게 억제하고 예열 및 층간 온도도 낮게 유지해 고온 균열을 방지할 필요가 있다.
③ 전자 빔 용접은 열 집중성이 좋고 변형이 적어 고능률적인 용접이 가능하므로 항공기 엔진, 내열 합금의 용접에 적용된다.
④ 피복 아크 용접은 쉽게 작업할 수 있어서 산소와 결합하기 쉬운 원소를 많이 함유한 경우 소모가 잘 안되어 적합하다.

[해설] 피복 아크 용접은 산소와 결합하기 쉬운 원소를 많이 함유하는 경우에는 그 소모가 아주 심하여 부적합하며, 인코넬, 모넬 메탈, 하스텔로이 합금 등의 용접, 살붙이기 용접 등에 사용한다.

22. 초소성 재료에 대한 설명 중 틀린 것은?

① 금속 재료가 유리질처럼 늘어나는 특수한 현상을 초소성이라 한다.
② 1.6% 탄소강이 650℃에서 인장 시험 시 5배 이상 끊어지지 않고 늘어난 결과로 알 수 있다.
③ SPF는 super plastic forming의 약자로 초소성 성형을 뜻하는 것이다.
④ DB는 Diffusion Bonding으로서 확산 접합을 뜻하는 것이다.

[해설] 1.6% 탄소강이 650℃에서 인장 시험 시 10배 이상 끊어지지 않고 늘어난 결과로 알 수 있다.

정답 19. ② 20. ④ 21. ④ 22. ②

23. 초소성 재료에 대한 설명 중 맞지 않는 것은?

① 일정한 온도 영역과 변형 속도의 영역에서만 나타내며 300~500% 이상의 연성을 가지게 된다.
② 초소성 영역에서 강도가 높고 연성이 매우 크므로 작은 힘으로도 복잡한 형상으로 성형이 가능하다.
③ 온도가 저하되면 강도 등의 기계적 성질이 우수해져 실용할 수 있게 된다.
④ 초소성 재질은 결정입자가 극히 미세하며 외력을 받았을 때 슬립 변형이 쉽게 일어난다.

[해설] 초소성 영역에서 강도가 낮고 연성이 매우 크므로 작은 힘으로도 복잡한 형상으로 성형이 가능하다.

24. 금속재 신소재 종류로 틀린 것은?

① 형상 기억 합금
② 초소성 재료
③ 전도성 고분자
④ 초내열 합금

[해설] 금속재 신소재의 종류에는 형상 기억 합금, 비정질 합금, 수소 저장 합금, 초내열 합금, 제진 합금, 초경량 합금, 초소성 재료 등이 있다.

25. 초경 재료로서 틀린 것은?

① 질화규소　　② 질화붕소
③ 탄화규소　　④ 탄화티탄

[해설] 초경 재료로서 무기 재료에 질화붕소, 탄화티탄, 탄화규소, 탄화붕소, 붕화 지르코늄 등이 있고, 금속 재료에 코발트 합금, 초미립자 금속 등이 있다.

26. 처음에 주어진 특정 모양의 것을 인장하거나 소성 변형된 것이 가열에 의하여 원래의 모양으로 돌아가는 현상을 나타내는 금속은?

① 형상 기억 합금
② 초경 재료
③ 초소성 재료
④ 제진 합금

27. 특정한 모양의 것을 인장하여 탄성 한도를 넘어서 소성 변형시킨 경우에도 하중을 제거하면 원상태로 돌아가는 현상을 무엇이라 하는가?

① 형상 기억 합금
② 초경 재료
③ 초탄성 합금
④ 초경량 합금

28. 반도체 칩(chip)을 표면에 미세 패턴을 갖는 수 mm의 작은 것이므로 고기능, 고품질, 고신뢰성을 유지하면서 효과적으로 취급할 수 있는 크기로 하기 위하여 패키지(package)화 하고 그 속에 리드를 갖는 단일 틀 구조를 무엇이라 하는가?

① 리드 프레임(lead frame)
② 비정질 합금
③ 냉금(chill block)
④ 초소성 재료

29. 다음 중 수지(플라스틱)의 장점으로 틀린 것은?

① 부품 수를 증가시킬 수 있다.
② 마무리 작업이 불필요하다.
③ 조립이 간편하고 가볍다.
④ 소음이 적고 윤활을 하지 않아도 되는 경우가 있다.

[해설] 부품 수를 감소시킬 수 있다.

[정답] 23. ②　24. ③　25. ①　26. ①　27. ③　28. ①　29. ①

제6편
용접기능사

도면 해독

제1장 용접 도면 해독

제1장 용접 도면 해독

1. 용접 절차 사양서 및 도면 해독(제도 통칙 등)

1-1 일반 제도

(1) 제도의 규격

우리나라는 1966년에 한국공업규격(K.S)이 제도 통칙 KS A 0005로 제정되었고, 그 뒤 1967년에 KS B 0001을 기계 제도 통칙으로 제정 공포되어 일반 기계 제도로 규정되었고, 2002년도에 새로 ISO에 의해 규정되었으며, 각종 규격은 다음과 같다.

각국의 공업 규격 및 규격 기호

제정년도	국별	규격 기호
1966	한국공업규격	KS(Korea Industrial Standards)
1901	영국표준규격	BS(British Standards)
1917	독일공업규격	DIN(Deutsche Industrie Normen)
1918	스위스공업규격	VSM(Normen des Vereins Sweizerischinen Industrieller)
1918	미국표준규격	ASA(American Standard Association)
1947	일본공업규격	JIS(Japanese Industrial Standards)
1952	국제표준화기구	ISO(International Organization for Standardization)

한국 공업 규격의 분류 기호

기호	분류	기호	분류
A	기본	G	일용품
B	기계	H	식료품
C	전기	K	섬유
D	금속	L	요업
E	광산	M	화학
F	토건	W	항공

KS 기계 부문 분류

KS 규격번호	분류	KS 규격번호	분류
B 0001~0891	기계기본	B 5301~5531	특정계산용, 기계기구, 물리기계
B 1000~2403	기계요소	B 6001~6430	일반기계
B 3001~3402	공구	B 7001~7702	산업기계
B 4001~4606	공작기계	B 8007~8591	수송기계

(2) 도면의 종류

① 용도에 따른 분류 : 계획도(layout drawing), 제작도(working drawing), 주문도(order drawing), 승인도(approved drawing), 견적도(estimation drawing), 설명도(explanation drawing)

② 내용에 따른 분류 : 조립도(assembly drawing), 부분 조립도(part assembly drawing), 부품도(part drawing), 배선도(wiring drawing), 배관도(pipe drawing), 기초도(foundation drawing), 설치도(setting drawing), 배치도(arrangement drawing), 장치도(equipment drawing)

③ 표현 형식에 따른 분류 : 외관도(outside drawing), 전개도(development drawing), 선도(diagram diagrammatic drawing), 곡면선도(curved surface drawing), 계통도(system diagram), 구조선도(structure drawing), 입체도(single view drawing)

(3) 도면의 크기

기계 도면의 도면 크기는 KS B 0001에서 A0~A5까지 6종으로 규정되어 있으며 도면은 길이 방향을 좌우 방향으로 놓아서 그리는 것을 원칙으로 하지만, A4 이하의 도면은 예외로 하며 특별히 긴 도면을 필요로 할 경우 좌우로 연장하여도 무방하다. 한편 종이 크기의 폭과 길이의 비는 $1 : \sqrt{2}$이고, A0의 단면적은 $1\,m^2$이다. 도면을 접었을 때는 표제란이 겉으로 나오게 하고 그 크기는 원칙적으로 A4 용지 크기로 하고 윤곽선은 굵은 실선을 사용한다.

① 제도 용지의 크기와 테두리 치수(단위 : mm)

㉮ A0 : 841×1189, A1 : 594× 841, A2 : 420×594, A3 : 297×420, A4 : 210×297, A5 : 148×210, A6 : 105×148, B0 : 1030×1456, B1 : 728×1030, B2 : 515×728, B3 : 364×515, B4 : 257×354, B5 : 182×257, B6 : 128×182

㉯ 테두리 치수(테두리 치수는 앞에 있는 숫자가 다음 크기에 뒷 숫자로 나온다)

㉮ 철하지 않을 때는 A0~A2(1), A3~A6(5)이다.

㉯ 철할 때는 전체적으로 25 mm이다.

㈐ 길이의 단위 : 밀리미터(mm) 단위를 원칙으로 하여 기호를 붙이지 않으나 다른 단위 사용 시는 명시한다.
㈑ 각도의 단위 : 보통 '도'로 표시하며 필요에 따라 '분', '초'를 병용한다.
② 척도 및 척도의 기입 : 도면의 크기와 실물 크기와의 비율을 척도(scale)라 하며 도면의 표제란에 기입한다.
㈎ 척도 (scale)
㉮ 현척(full scale) : 실물의 크기와 같은 크기로 그린 것 $\left(\frac{1}{1}\right)$
㉯ 축척(contraction scale) : 실물보다 축소하여 그린 것

$$\left(\frac{1}{2}, \frac{1}{2.5}, \frac{1}{3}, \frac{1}{4}, \frac{1}{5}, \left(\frac{1}{8}\right), \frac{1}{10}, \frac{1}{20}, \left(\frac{1}{25}\right), \frac{1}{50}, \frac{1}{100}, \frac{1}{200}, \left(\frac{1}{250}\right), \left(\frac{1}{500}\right)\right)$$

㉰ 배척(enlarged scale) : 실물보다 확대하여 그린 것

$$\left(\frac{2}{1}, \frac{5}{1}, \frac{10}{1}, \frac{20}{1}, \frac{50}{1}, \left(\frac{100}{1}\right)\right)$$

㈏ 척도의 기입
㉮ 척도는 도면의 표제란에 기입하고 같은 도면에서 서로 다른 척도를 사용 시에는 표제란에 그 도면 중 주요 도형의 척도를 기입하며, 각각 도형 위 또는 아래에 기입한다.
㉯ 도면이 치수에 비례하지 않고 그리는 경우에는 "비례척이 아님" 또는 "NS" 기호로 치수 밑이나 표제란에 기입한다.
㉰ 사진으로 도면을 축소하거나 확대할 경우에는 그 척도에 의해서 자의 눈금 일부를 넣어야 한다.
㉱ 도면은 원칙적으로 현척으로 그리나, 축척이나 배척 시 도면에 기입하는 각 부분의 치수는 실물의 치수로 기입한다.

(4) 선(line)

선의 모양에 의한 분류(KS B 0001)

구분	선의 종류		선의 용도
실선	———	연속되는 선	• 외형 부분 굵은 실선 : 0.4~0.8mm • 치수선, 치수 보조선, 지시선, 해칭선 : 0.3mm 이하
파선	- - - - - - -	짧은 선을 약간의 간격으로 나열한 선	외형선을 표시하는 실선의 약 $\frac{1}{2}$ 치수선보다 굵게 함

일점 쇄선	─·─·─	선과 1개의 점을 서로 번갈아 그은 선	가는 쇄선 : 0.3mm 이하
이점 쇄선	─··─··─	선과 2개의 점을 서로 번갈아 그은 선	굵은 쇄선 : 0.4~0.8mm

선의 용도에 따른 분류

구분	선의 종류		선의 용도
외형선	───	굵은 실선 (0.4~0.8mm)	물체의 보이는 부분의 형상을 나타내는 선
은선	-------	중간 굵기의 파선	물체의 보이지 않는 부분의 형상을 표시하는 선
중심선	─·─·─	가는 일점 쇄선 또는 가는 실선	도형의 중심을 표시하는 선
치수선 치수 보조선	───	가는 실선 (0.3mm 이하)	치수를 기입하기 위하여 사용하는 선
지시선			지시하기 위하여 사용하는 선
절단선	┐_┌	가는 일점 쇄선으로 하고, 그 양끝 및 굴곡부 등의 주요한 곳에는 굵은 선으로 한다. 또, 절단선의 양 끝에 투상의 방향을 표시하는 화살표를 붙인다.	단면을 그리는 경우, 그 절단 위치를 표시하는 선
파단선	∼∿∼	가는 실선 (불규칙하게 쓴다.)	대상물의 일부를 파단한 곳을 표시하는 선, 또는 끊어낸 부분을 표시하는 선
가상선	─··─··─	가는 이점 쇄선 (0.3mm 이하)	• 도시된 물체의 앞면을 표시하는 선 • 인접 부분을 참고로 표시하는 선 • 가공 전 또는 가공 후의 모양을 표시하는 선 • 이동하는 부분의 이동 위치를 표시하는 선 • 공구, 지그 등의 위치를 참고로 표시하는 선 • 반복을 표시하는 선(외형선의 $\frac{1}{2}$) • 도면 내에 그 부분의 단면형을 90° 회전하여 나타내는 선
피치선	─·─·─	가는 일점 쇄선 (0.3mm 이하)	기어나 스프로킷 등의 이 부분에 기입하는 피치 원이나 피치선
해칭선	//////	가는 실선	절단면 등을 명시하기 위하여 사용하는 선

특수한 용도의 선	———	가는 실선	• 외형선 및 숨은선의 연장 표시 • 평면이란 것을 나타내는데 사용 • 위치를 명시하는데 사용
	—·—·—	굵은 일점 쇄선	특수한 가공을 실시하는 부분을 표시하는 선

1-2 기본 도법

(1) 투상도법의 개요

물체의 한 면 또는 여러 면을 평면 사이에 놓고 여러 면에서 투시하여 투상면에 비추어진 물체의 모양을 1개의 평면 위에 그려 나타내는 것을 투상도(projection drawing)라고 하고 목적, 외관, 관점과의 상하 관계 등에 따라 정투상도법, 사투상도법, 투시도법의 3종류가 있다.

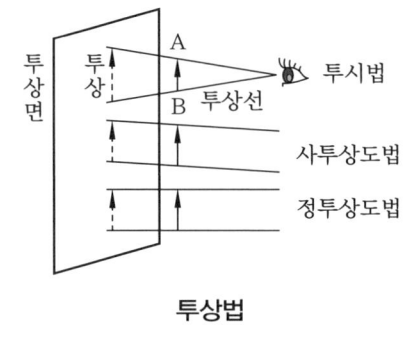

투상법

투시도법

① 투시도(perspective drawing) : 눈의 투시점과 물체의 각 점을 연결하는 방사선에 의하여 원근감을 갖도록 그리는 것으로 물체의 실제 크기와 치수가 정확히 나타나지 않고 또 도면이 복잡하여 기계 제도에서는 거의 쓰이지 않으며 토목, 건축 제도에 주로 쓰인다.

② 정투상도(orthographic drawing) : 기계 제도에서는 원칙적으로 정투상법이 가장 많이 쓰이며, 직교하는 투상면의 공간을 4등분하여 투상각이라 한다. 3개의 화면(입화면,

평화면, 축화면) 중간에 물체를 놓고 평행 광선에 의하여 투상되는 모양을 그린 것으로 제1각 안에 놓고 투상하는 제1각법, 제3각 안에 놓고 투상하는 제3각법이 있으며 정면도, 평면도, 측면도 등이 있다.

③ 사투상도(oblique projection drawing) : 정투상도는 직사하는 평행 광선에 의해 비쳐진 투상을 취하므로 경우에 따라 선이 겹쳐져 판단이 곤란한 경우가 있어 이를 보완, 입체적으로 도시하기 위해 경사진 광선에 의한 투상된 것을 그리는 방법으로 등각 투상도, 부등각 투상도, 사향도(사투상도)로 구분하고 있다.

 (가) 등각 투상도(isometric drawing) : 수평면과 30°의 각을 이룬 2축과 90°를 이룬 수직축의 세축이 투상면 위에서 120°의 등각이 되도록 물체를 투상한 것

 (나) 부등각 투상도(axonometric drawing) : 서로 직교하는 3개의 면 및 3개의 축에 각이 서로 다르게 경사져 있는 그림으로 2각막이 같은 것을 2측 투상도(diametric drawing), 3각막이 전부 다른 것을 3측 투상도(trimetric drawing)라 한다.

 (다) 사투상도(사향도, oblique drawing) : 물체의 주요 면을 투상면에 평행하게 놓고 투상면에 대하여 수직보다 다소 옆면에서 보고 물체를 입체적으로 나타낸 것으로서 입체의 정면은 정투상도의 정면도와 같이 표시하고 측면의 변을 일정한 각도 a＜30°, 45°, 60°만큼 기울여 표시하는 것으로 배관도나 설명도 등에 많이 이용된다.

(2) 정투상도의 종류

① 제3각법(third angle projection)

 (가) 물체를 투상각의 제3각 공간에 놓고 투상하는 방식이며 투상면 뒤쪽에 물체를 놓는다.

 (나) 정면도를 중심으로 하여 위쪽에 평면도, 오른쪽에 우측면도를 그린다.

 (다) 위에서 물체를 보고 투상된 것은 물체의 상부에 도시한다.

 (라) 제3각법의 장점

  ㉮ 물체에 대한 도면의 투상이 이해가 쉬워 합리적이다.

  ㉯ 각 투상도의 비교가 쉽고 치수 기입이 편리하다.

  ㉰ 보조 투상이 쉬워 보통 3각법으로 하기 때문에 제1각법인 경우 설명이 붙어야 한다.

② 제1각법(firest angle projection)

 (가) 물체를 투상각의 제1각 공간에 놓고 투상하는 방식이며 투상면 앞쪽에 물체를 놓는다.

 (나) 정면도를 중심으로 하여 아래쪽에 평면도, 왼쪽에 우측면도를 그린다.

 (다) 위에서 물체를 보고 투상된 것은 물체의 아래에 도시한다.

③ 필요한 투상도의 수 : 물체의 투상도는 정면도를 중심으로 평면도, 배면도, 저면도, 좌측면도, 우측면도의 6개를 그릴 수 있지만, 물체의 모양을 완전하고 정확하게 나타낼 수 있는 수의 투상면도면 충분하므로 보통 평면도, 정면도 우측(좌측)면도의 3면

투상이 그려지는 것이 많이 사용되나 물체의 모양이 간단한 것은 2면 또는 1면으로도 충분한 경우가 있다.

㈎ 3면도 : 3개의 투상도로 물체를 완전히 도시할 수 있는 것으로 가장 많이 쓰인다.

㈏ 2면도 : 간단한 형태의 물체로서 2개의 투상도로 충분히 물체의 모양을 나타낼 수 있는 것에 쓰인다.

㈐ 1면도 : 원통, 각기둥, 평판 등과 같이 간단한 기호를 기입하여 1면만으로도 물체에 대한 이해가 충분한 것에 쓰인다.

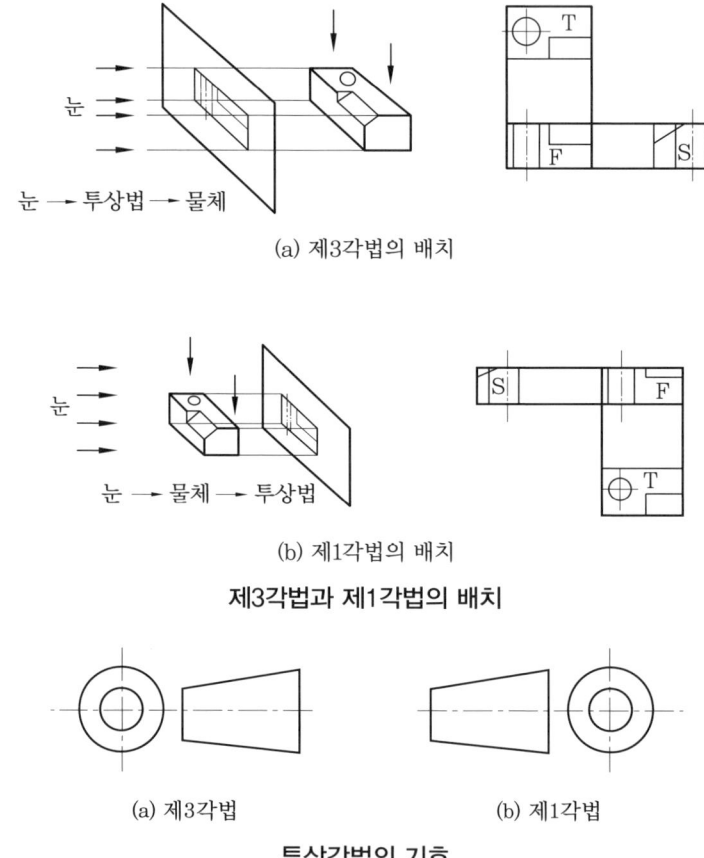

(a) 제3각법의 배치

(b) 제1각법의 배치

제3각법과 제1각법의 배치

(a) 제3각법   (b) 제1각법

투상각법의 기호

(3) 입체 투상법

- 종류 : 점의 투상법, 직선의 투상법, 평면의 투상법
- 특수 방법에 의한 투상법

① 보조 투상도(auxiliary view) : 물체의 평면이 경사면인 경우 모양과 크기가 변형 또는 축소되어 나타나므로 이럴 때는 경사면에 평행한 보조 투상면을 설치하고 이것에 필요한 부분을 투상하면 물체의 실제 모양이 나타나게 된다. 보조 투상도에는 정면, 배면, 좌우측면, 입면, 부분 보조 투상도 등이 있다.

② 부분 투상도(partial view) : 물체의 일부분의 모양과 크기를 표시하여도 충분할 경우 필요 부분만을 투상도로 나타낸다.

③ 요점 투상도 : 필요한 요점 부분만 투상한 것이다.

④ 회전 투상도 : 제도자의 시선을 고정시키고 보스(boss)와 같은 것은 어떤 축을 중심으로 물체를 회전시켜 투상면에 평행하게 놓고 투상도를 그린 것으로 다음과 같은 것을 결정하는데 많이 사용된다.

　㈎ 고정 부분과 가동 부분과의 간격

　㈏ 여러 가지 각도 관계

⑤ 복각 투상도 : 도면에 물체의 앞면과 뒷면을 동시에 표시하는 방법을 이용하면 효과적으로 도면을 그리고 이해도 편리하므로 한 투상도에 2가지의 투상법을 적용하여 그린 투상도이다.

⑥ 가상 투상도 : 다음과 같은 경우에 사용하며 선은 보통 0.3mm 이하 일점 쇄선 또는 이점 쇄선으로 그린다.

　㈎ 도시된 물체의 바로 앞쪽에 있는 부분을 나타내는 경우

　㈏ 물체 일부의 모양을 다른 위치에 나타내는 경우

　㈐ 가공 전 또는 가공 후의 모양을 나타내는 경우

　㈑ 한 도면을 이용, 부분적으로 다른 종류의 물체를 나타내는 경우

　㈒ 인접 부분 참고 및 한 부분의 단면도를 90° 회전하여 나타내는 경우

　㈓ 이동하는 부분의 운동 범위를 나타내는 경우

⑦ 상세도 : 도면 중 그 크기가 작아서 알아보기가 어렵거나 치수 기입이 곤란한 부분의 이해를 정확히 하기 위해 필요 부분을 적당한 위치에 확대하여 상세히 그린 투상도이다.

⑧ 전개 투상도 : 판금, 제관 등의 경우에 물체를 필요에 따라 평면에 펼쳐 전개하는 것이다.

⑨ 일부분에 특정한 모양을 가진 물체 도시 : 키 홈을 가진 보스, 실린더 등 일부에 특정한 모양을 가진 것은 가능한 그 부분이 위쪽에 오도록 그리는 것이 좋다.

⑩ 평면의 표시법 : 원형 부품 중 면이 평행임을 나타낼 필요가 있을 때에는 0.3mm 이하의 가는 실선으로 대각선을 그려 넣는다.

⑪ 둥글게 된 부분의 2면 교차부의 도시 : 2개의 면이 교차하는 부분에 라운드(round)를 가지고 있을 경우에 도시는 두 면의 라운드가 없는 경우의 교차선 위치에 굵은 실선으로 표시한다.

⑫ 관용 투상도 : 원기둥과 원기둥, 원기둥과 사각기둥 등의 교차하는 부분은 투상도에 상관선이 나타나지만 번거롭기 때문에 원기둥이 자신보다 작은 원기둥, 또는 사각기둥과 교차할 때에는 상관선을 실제의 투상도에 도시하지 않고 직선 또는 원호로서 그린다.

⑬ 선의 우선 순위 : 투상도를 그릴 때 외형선과 은선 및 중심선에서 2~3개의 선이 겹칠 경우에는 ㉠ 외형선, ㉡ 은선, ㉢ 중심선의 차례로 우선 순위를 정하여 하나의 선을 그려 넣으면 된다.

⑭ 같은 종류의 모양이 많은 경우의 생략 : 같은 종류의 리벳 구멍, 볼트 구멍, 파이프 구멍 그 밖의 같은 종류의 같은 모양이 연속될 때는 그 양쪽 끝 또는 요소만을 그리고 다른 부분은 중심선에 의하여 생략한 것의 위치를 표시한다.

⑮ 같은 단면을 갖고 길이가 긴 것의 생략(중간부의 생략) : 축, 막대, 파이프, 형강, 테이퍼 등 동일 단면을 갖고 길이가 긴 경우 중간 부분을 생략하여 표시할 수 있으며 이 경우 생략된 경계 부분은 파단선으로 표시한다.

⑯ 널링(kunrling) : 가공 부품 및 무늬 강판의 표시 일부분에만 무늬를 넣어 표시한다.

⑰ 특수 가공부의 표시 : 물체의 특수 가공부의 범위를 외형선에 평행하게 약간 띄워서 그은 일점 쇄선으로 표시하고 특수 가공에 관한 필요 사항을 지시한다.

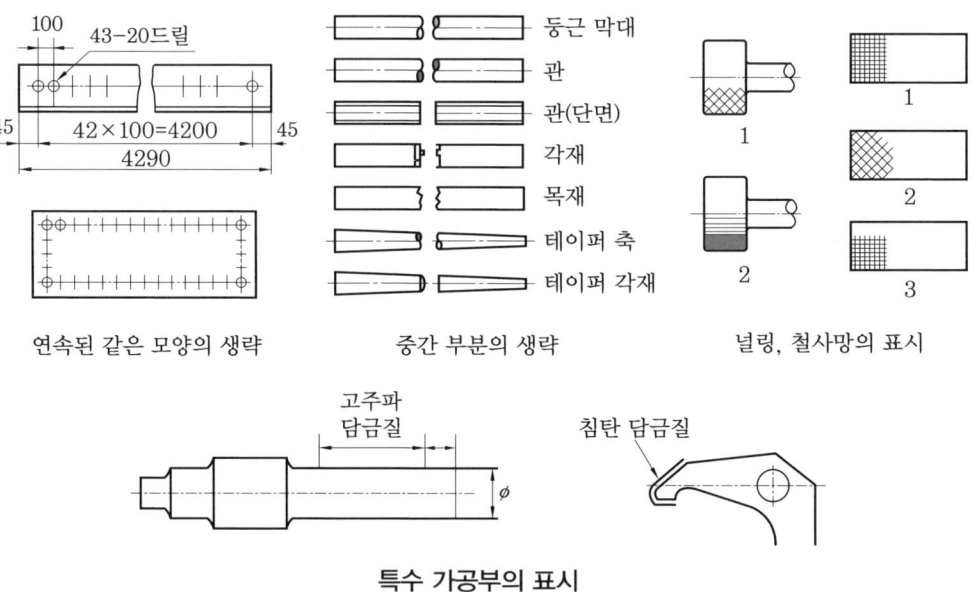

특수 가공부의 표시

1-3 치수 기입

(1) 일반 치수 기입의 원칙

① 정확하고 이해하기 쉽게 기입할 것
② 현장 작업 시에 따로 계산하지 않고 치수를 볼 수 있을 것
③ 제작 공정이 쉽고 가공비가 최저로서 제품이 완성되는 치수일 것

④ 특별한 지시가 없는 기입 방법은 제품 완성 치수로 기입하여 잘못 읽는 예가 없을 것
⑤ 도면에 치수 기입을 누락시키지 않을 것

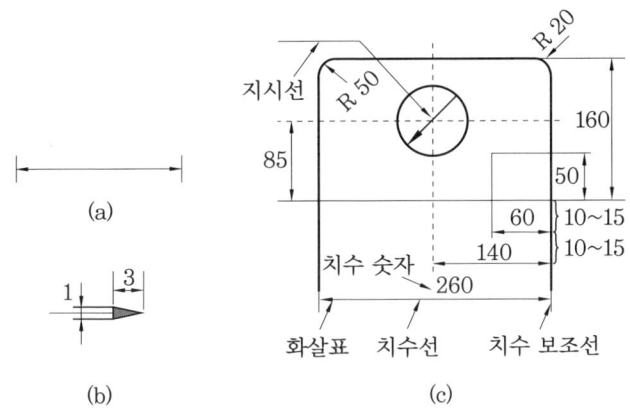

화살표와 치수 기입법

(2) 치수 단위

① 길이 : 보통 완성 치수를 mm 단위로 하고 단위 기호는 붙이지 않으며 치수 숫자의 자릿수가 많아도 3자리씩 끊는 점을 찍지 않는다(예 125.35, 12.00, 12120).
② 각도 : 보통 "도"로 표시하고 필요시는 분 및 초를 병용할 수가 있으며 도, 분, 초 표시는 숫자의 오른쪽에 °, ′, ″를 기입한다(예 90°, 22.5°, 3′21″, 0°15′, 7°21′5″).

(3) 치수 기입

① 치수 기입의 요소는 치수선, 치수 보조선, 화살표, 치수 숫자, 지시선 등이 필요하며 KS 규격에 준하여 하는 것이 좋다.
② 치수 기입은 수평 방향 치수선에 대하여는 위쪽으로 향하게 하고 수직 방향의 치수선에 대하여는 왼쪽으로 향하게 하여 치수선 위에 치수 숫자를 기입한다.
③ 치수선과 치수 보조선은 외형선과 명확히 구별하기 위하여 0.3mm 이하의 가는 실선으로 긋는다.
④ 치수선은 연속선으로 연장하고 연장선상 중앙 위에 치수를 기입하며 치수선 양쪽 끝에 화살표를 붙인다(예 과거 : ⊢100⊣, 현재 : ⌞100⌟)
⑤ 치수선은 외형선과 평행하게 그리고 외형선에서 10~15mm 정도 띄워서 긋는다.
⑥ 치수선은 외형선과 다른 치수선과의 중복을 피한다.
⑦ 외형선, 은선, 중심선, 치수 보조선은 치수선으로 사용하지 않는다.

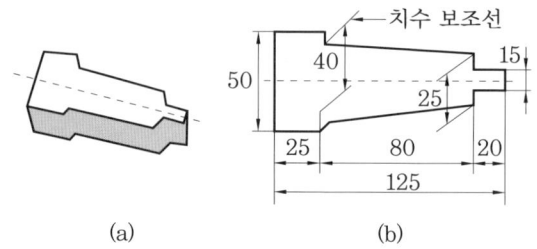

테이퍼의 치수 보조선

⑧ 치수 보조선은 실제 길이를 나타내는 외형선의 끝에서 외형선에 직각으로 긋는다. 단, 테이퍼부의 치수를 나타날 때는 치수선과 60°의 경사로 긋는 것이 좋다.
⑨ 치수 보조선의 길이는 치수선과의 교차점보다 약간(3 mm 정도) 길게 긋도록 한다.
⑩ 화살표의 길이와 폭의 비율은 보통 4 : 1 정도로 하며 길이는 도형의 크기에 따라 다르지만 보통 3 mm 정도로 하고 같은 도면에서는 같은 크기로 한다.
⑪ 도형에서부터 치수 보조선을 길게 끌어낼 경우에는 직접 도형 안에 치수선을 긋는 것이 알기 쉬울 때가 있다.
⑫ 구멍이나 축 등의 중심거리를 나타내는 치수는 구멍 중심선 사이에 치수선을 긋고 기입한다.
⑬ 치수 숫자의 크기는 작은 도면에서는 2.5 mm, 보통 도면에서는 3.2 mm, 4 mm 또는 5 mm로 하고 같은 도면에서는 같은 크기로 쓴다.
⑭ 비례척에 따르지 않을 때의 치수 기입은 치수 숫자 밑에 선을 그어 표시해야 한다 (예 300).

치수에 사용되는 기호

기호	읽는 법	구분	비고
∅	파이	원의 지름 기호	명확히 구분할 경우 생략할 수 있다.
□	사각	정사각형 기호	생략할 수도 있다.
R	알	원의 반지름 기호	반지름을 나타내는 치수선을 원호의 중심까지 그을 때는 생략된다.
구	구	구면 기호	∅, R의 기호 앞에 사용한다.
C	씨	모따기의 기호	45° 모따기에만 사용한다.
P	피	피치 기호	치수 숫자 앞에 표시한다.
t	티	판의 두께 기호	치수 숫자 앞에 표시한다.
⊠	–	평면 기호	도면 안에 대각선으로 표시한다.

1-4 재료 기호

(1) 개요

도면에 부품의 재료를 간단하게 표시하기 위한 기호로 공업 규격에 제정되어 있지 않은 비금속 재료 등은 그 재료명을 문자로 기입하는데, 재료 기호를 표시하는 요령은 보통 셋째 자리로 표시하나 때로는 다섯째 자리로 표시하기도 하며 첫째 자리(재질), 둘째 자리(제품명 또는 규격), 셋째 자리(재료의 종별, 최저 인장강도, 탄소 함유량, 경·연질, 열처리), 넷째 자리(제조법), 다섯째 자리(제품 형상)로 표시된다.

주요 재료의 표시 기호

KS 분류 기호	명칭	KS 기호	KS 분류 기호	명칭	KS 기호
KS D 3503	일반 구조용 압연 강재	SB	KS D 3752	기계 구조용 탄소 강재	SM
KS D 3507	일반 배관용 탄소 강판	SPP	KS D 3753	합금 공구강 (주로 절삭 내충격용)	STS
KS D 3508	아크 용접봉 심선재	SWRW	KS D 3753	합금 공구 강재 (주로 내마멸성 불변형용)	STD
KS D 3509	피아노 선재	PWR	KS D 375D	합금 공구 강재 (주로 열간 가공용)	STF
KS D 3512	냉간 압연 강판 및 강재	SBC	KS D 4101	탄소 주강품	SC
KS D 3515	용접 구조용 압연 강재	SWS	KS D 4102	스테인리스 주강품	SSC
KS D 3517	기계구조용 탄소강	STKM	KS D 4301	회주철품	GC
KS D 3522	고속도 공구 강재	SKH	KS D 4302	구상 흑연 주철	DC
KS D 3554	연강 선재	MSWR	KS D 4303	흑심 가단 주철	BMC
KS D 3559	경강 선재	HSWR	KS D 4305	백심 가단 주철	WMC
KS D 3560	보일러용 압연 강재	SB	KS D 5504	구리판	CuS
KS D 3566	일반 구조용 탄소 강관	STK	KS D 5516	인 청동봉	PBR
KS D 3701	스프링강	SPS	KS D 6001	황동 주물	BsC
KS D 3707	크롬 강재	SCr	KS D 6002	청동 주물	BrC
KS D 3708	니켈-크롬 강재	SNC	KS D 5503	쾌삭 황동봉	MBsB
KS D 3710	탄소강 단조품	SF	KS D 5507	단조용 황동봉	FBsB
KS D 3711	크롬-몰리브덴 강재	SCM	KS D 5520	고강도 황동봉	HBsR
KS D 3751	탄소 공구강	STC	–		–

※ 재료 기호

SWS 50 A → S(강), W(용접), S(구조 강재), 50(최저 인장강도), A(종)

SM 10 C → S(강), M(기계 구조용), 10(탄소 함유량 0.1%), C(화학 성분의 표시)

첫째 자리 기호(재질)

기호	재질	기호	재질	기호	재질
Al	알루미늄	F	철	NiS	양은
AlA	알루미늄 합금	HBs	강력 황동	PB	인 청동
Br	청동	L	경합금	Pb	납
Bs	황동	K	켈밋	S	강철
C	초경 합금	MgA	마그네슘 합금	W	화이트 메탈
Cu	구리	NBs	네이벌 황동	Zn	아연

둘째 자리 기호(제품명 또는 규격)

기호	제품명 또는 규격명	기호	제품명 또는 규격명	기호	제품명 또는 규격명
AU	자동차용 재료	GP	가스 파이프	P	비철 금속 판재
B	보일러용 압연재	H	표면 경화	S	일반 구조용 압연재
BF	단조용 봉재	HB	최강 봉재	SC	철근 콘크리트용 봉재
BM	비철 금속 머시닝용 봉재	K	공구강	T	철과 비철관
BR	보일러용 리벳	KH	고속도강	TO	공구강
C	주조품	L	궤도	UP	스프링강
CM	가단 단조품	M	기계 구조용	V	리벳
DB	볼트, 너트용 냉간 드로잉	MR	조선용 리벳	W	와이어
E	발동기	N	니켈강	PW	피아노 선
F	단조품	NC	니켈-크롬강	–	–
G	게이지 용재	NS	스테인리스강		

셋째 자리 기호(종별)

구분	기호	기호의 의미
종별에 의한 기호	A	갑
	B	을
	C	병
	D	정
	E	무

가공법·용도·형상 등에 의한 기호	D	냉각 드로잉, 절삭, 연삭
	CK	표면 경화용
	F	평판
	C	파판
	P	강판
	F	평강
	A	형강
	B	봉강
알루미늄 합금의 열처리 기호	F	열처리를 하지 않은 재질
	O	풀림 처리한 재질
	H	가공 경화한 재질
	1/2H	반경질
	T2	담금질한 후 시효 경화 진행 중의 재료
	T6	담금질한 후 뜨임 처리한 재료

넷째 자리 기호(제조법)

기호		제조법	기호	제조법
Oh	아연 철판	평로강	Cc	도가니강
Oa		산성 평로강	R	압연
Ob		염기성 평로강	F	단련
Bes	일반용 연강재	전로강	Ex	압출
E		전기로강	D	인발

다섯째 자리 기호(제품 형상)

기호	제품	기호	제품	기호	제품
P	강판	□	각재	▱	평강
●	둥근강	⚠6	6각 강	I	I형강
◎	파이프	8	8각 강	⊐	채널

1-5 용접 기호(welding symbol)

(1) 개요

용접 구조물의 제작도면 설계 시 설계자가 그 뜻을 제작자에게 전달하기 위해 용접 종류와 형식, 모든 처리 방법 등을 기호로 나타내고 있다. 이것을 용접 기호라 하며 KS B 0052로 1967년에 제정되었고 1982년에 일부가 개정되어 규정되어 있으며, 기본 기호와 보조 기호로 나누어져 있고 이들 기호는 설명선(화살, 기선, 꼬리)에 의해 표시하고 있다.

용접부의 기본 기호

번호	명칭	그림	기호
1	돌출된 모서리를 가진 평판 사이의 맞대기 용접, 예지 플랜지형 용접(미국), 돌출된 모서리는 완전 용해		⋏
2	평행(I형) 맞대기 용접		‖
3	V형 맞대기 용접		V
4	일면 개선형 맞대기 용접		V
5	넓은 루트면이 있는 V형 맞대기 용접		Y
6	넓은 루트면이 있는 한 면 개선형 맞대기 용접		Y
7	U형 맞대기 용접(평행면 또는 경사면)		Y
8	J형 맞대기 용접		Y
9	이면 용접		⌣
10	필릿 용접		◺
11	플러그 용접 : 플러그 또는 슬롯 용접(미국)		⊓
12	점 용접		○
13	심(seam) 용접		⊖
14	개선각이 급격한 V형 맞대기 용접		V

15	개선각이 급격한 일면 개선형 맞대기 용접		⅃/
16	가장자리(edge) 용접		|||
17	표면 육성		⌒⌒
18	표면(surface) 접합부		=
19	경사 접합부		//
20	겹침 접합부		⊋

[주] 돌출된 모서리를 가진 평판 맞대기 용접부(번호 1)에서 완전 용입이 안 되면 용입 깊이가 S인 평행 맞대기 용접부(번호 2)로 표시한다.

(2) 기본 기호의 조합

① 보조 기호와 적용

보조 기호

용접부 표면 또는 용접부 형상	기호
평면(동일한 면으로 마감 처리)	—
볼록형	⌒
오목형	⌣
토우를 매끄럽게 함	⌣
영구적인 이면 판재(backing strip) 사용	M
제거 가능한 이면 판재 사용	MR

② 도면에서 기호의 위치 : 규정에 근거하여 아래와 같이 3가지 기호로 구성된 기호는 모든 표시 방법 중 단지 일부분이다.

㉮ 접합부당 하나의 화살표

㉯ 두 개의 선, 실선과 점선의 평행선으로 된 이중 기준선

㉰ 특정한 숫자의 치수와 통산의 부호

㉠ 점선은 실선의 위 또는 아래에 있을 수 있고(------ 또는 ------), 대칭 용접의 경우

점선은 불필요하여 생략할 수도 있다.
㉯ 화살표, 기준선, 기호, 글자의 굵기는 각각 ISO 128과 ISO 3098−1에 의거하여 치수를 나타내는 선 굵기에 따른다.
㉰ 다음 규칙의 목적은 각각의 위치를 명확히 하여 접합부의 위치를 정의하기 위한 것이다.
　㉠ 화살표의 위치　　㉡ 기준선의 위치
　㉢ 기호의 위치(실선 위에 기호가 있으면 화살표 쪽, 점선 위에 기호가 있으면 화살표 반대쪽을 표시한다)
㉱ 화살표 및 기준선에는 참고 사항이 완전하게 구성되어 있다. 예를 들어 용접 방법, 허용 수준, 용접 자세, 용접 재료 및 보조 재료 등과 같은 상세 정보가 주어지면 기준선 끝에 덧붙인다.

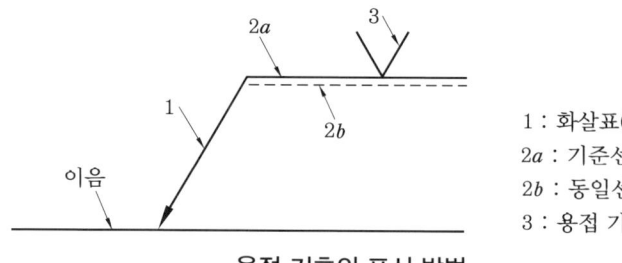

용접 기호의 표시 방법

(3) 배관 제도의 기본

① 관의 결합 방식의 표시 방법

관의 결합 방식

결합 방식의 종류	그림 기호
일반	—┼—
용접식	—•—
플랜지식	—╫—
턱걸이식	—→—
유니언식	—╫╫—

가동식 관 이음쇠의 표시 방법

관 이음쇠의 종류	그림 기호	비고
팽창 이음쇠	—[=]—	특히 필요한 경우에는 그림 기호와 결합하여 사용한다.
플렉시블 이음쇠	—∿—	

고정식 관 이음쇠의 표시 방법

관 이음쇠의 종류		그림 기호	비고
엘보 및 벤드		⌐ ⌐ 또는 ⌐ ⌐	• 그림 기호와 결합하여 사용한다. • 지름이 다르다는 것을 표시할 필요가 있을 때는 그 호칭을 인출선을 사용하여 기입한다.
티		⊤	
크로스		✛	
리듀서	동심	▷	특히 필요한 경우에는 그림 기호와 결합하여 사용한다.
	편심	◿	
하트커플링		⊓	

밸브 및 콕 조작부의 표시 방법

개폐 조작	그림 기호	비고
동력 조작	(기호)	조작부·부속 기기 등의 상세에 대하여 표시할 때에는 KS A 3016(계장용 기호)에 따른다.
수동 조작	(기호)	특히 개폐를 수동으로 할 것을 지시할 필요가 없을 때는 조작부의 표시를 생략한다.

밸브 및 콕 몸체의 표시 방법

밸브 및 콕의 종류	그림 기호	밸브 및 콕의 종류	그림 기호
밸브 일반	⋈	앵글 밸브	◁
게이트 밸브	⋈	3방향 밸브	⋈
글로브 밸브	⋈	안전 밸브	⋈
체크 밸브	▶◁ 또는 ⋈		⋈
볼 밸브	⋈		
버터플라이 밸브	⋈ 또는 ▶◁	콕 일반	⋈

[주] 1) 밸브 및 콕과 관의 결합 방법을 특히 표시하고자 하는 경우에는 그림 기호에 따라 표시한다.
    2) 밸브 및 콕이 닫혀 있는 상태를 특히 표시할 필요가 있는 경우에는 그림 기호를 칠하여 표시하거나 닫혀 있는 것을 표시하는 글자("폐", "C" 등)를 첨가하여 표시한다.

1-6 전개도법

(1) 평행선 전개도법

① 원기둥, 각기둥 등과 같이 중심축에 나란한 직선을 물체 표면에 그을 수 있는 물체(평행체)의 뜨기 전개도를 그릴 때에는 평행선법을 많이 사용한다.
② 능선이나 직선 면소에 직각 방향으로 전개하는 방법으로 능선이나 면소는 실제의 길이이며, 서로 나란하고 이 간격은 능선이나 면소를 점으로 보는 투영도에서 점 사이의 길이와 같다.
③ 전개도의 정면도와 평면도를 현척으로 그린다.

(2) 방사선 전개도법

원뿔, 각뿔, 깔대기 등과 같은 전개도는 꼭짓점을 중심으로 방사상으로 전개한다(측면의 이등변삼각형의 빗변의 실장은 정면도에, 밑변의 실장은 평면도에 나타난다).

(3) 삼각형 전개도법

입체의 표면을 몇 개의 삼각형으로 나누어 전개도를 그리는 방법이며, 원뿔에서 꼭짓점이 지면 외에 나가거나 또는 큰 컴퍼스가 없을 때는 두 원의 등분선을 서로 연결하여 사변형을 만들고 대각선을 그어 두 개의 삼각형으로 이등분하여 작도한다.

(4) 상관체

1개 이상의 입체가 서로 관통하여 하나의 입체로 된 것을 상관체(intersecting soild)라 하고 이 상관체에 나타난 각 입체의 경계선을 상관선(교선, line of intersection)이라 하며, 직선 교점법과 공통 절단법이 있다.

|예|상|문|제|

1. 그림과 같은 용접 도시 기호에 의하여 용접할 경우 설명으로 틀린 것은?

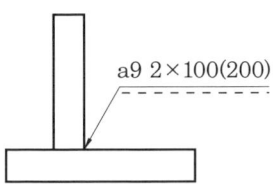

① 화살표 쪽에 필릿 용접한다.
② 목 두께는 9mm이다.
③ 용접부의 개수는 2개이다.
④ 용접부의 길이는 200mm이다.

해설 도시 기호가 실선에 있으므로 화살표 쪽 필릿 용접, 목 두께 9mm, 용접 개수 2개, 용접부의 길이 100mm, 간격이 200mm이다.

2. KS 규격(3각법)에서 다음 용접 기호의 해석으로 옳은 것은?

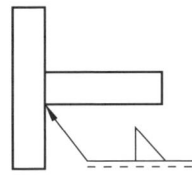

① 화살표 반대쪽 맞대기 용접이다.
② 화살표 쪽 맞대기 용접이다.
③ 화살표 쪽 필릿 용접이다.
④ 화살표 반대쪽 필릿 용접이다.

해설 KS 규격에서 용접 기호가 실선에 있으면 화살표 쪽, 파선에 있으면 화살표 반대쪽에 용접을 한다는 뜻으로 제시된 기호는 화살표 쪽 필릿 용접을 뜻한다.

3. 용접 기호 중에서 스폿 용접을 표시하는 기호는?

①    ②
③ ○   ④ ━━

해설 ① 심 용접, ② 플러그 용접,
③ 스폿 용접, ④ 서페이싱 이음

4. KS 규격에서 용접부 표면 또는 용접부의 형상에 대한 보조 기호 설명으로 옳지 않은 것은?

① ─── : 동일 평면으로 다듬질 함
② ⌣ : 끝단부를 오목하게 함
③ M : 영구적인 덮개판을 사용함
④ MR : 제거 가능한 덮개판을 사용함

해설 ②는 토우(끝단부)를 매끄럽게 하라는 기호이며, 끝단부를 오목하게 하는 기호는 ⌣ 이다.

5. 그림과 같은 KS 용접 보조 기호의 명칭으로 가장 적합한 것은?

① 필릿 용접 끝단부를 2번 오목하게 다듬질
② K형 맞대기 용접 끝단부를 2번 오목하게 다듬질
③ K형 맞대기 용접 끝단부를 매끄럽게 다듬질
④ 필릿 용접 끝단부를 매끄럽게 다듬질

해설 필릿 용접의 끝단부를 매끄럽게 다듬질 하라는 보조 기호이다.

정답 1. ④   2. ③   3. ③   4. ②   5. ④

6. KS 재료 기호 SM 10C에서 10C는 무엇을 뜻하는가?

① 제작 방법　　② 종별 번호
③ 탄소 함유량　　④ 최저 인장강도

해설 SM 10C → S(강), M(기계 구조용), 10C(탄소 함유량 0.1%)

7. 제3각법에 대한 설명 중 틀린 것은?

① 평면도는 배면도의 위에 배치된다.
② 저면도는 정면도의 아래에 배치된다.
③ 평면도는 정면도의 위에 배치된다.
④ 우측면도는 정면도의 우측에 배치된다.

해설 제3각법은 정면도를 중심으로 하여 위쪽에 평면도를 그린다.

8. 그림의 ㉠ 부분과 같이 경사면부가 있는 대상물에서 그 경사면의 실형을 표시할 필요가 있는 경우 사용하는 투상도는?

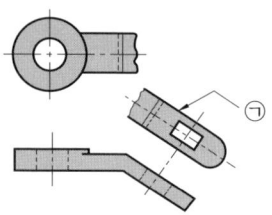

① 국부 투상도　　② 전개 투상도
③ 회전 투상도　　④ 보조 투상도

해설 보조 투상도 : 물체의 평면이 경사면인 경우 모양과 크기가 변형 또는 축소되어 나타나므로 이럴 때는 경사면에 평행한 보조 투상면을 설치하고 이것에 필요한 부분을 투상하면 물체의 실제 모양이 나타나게 된다.

9. 다음 중 관의 유니언 연결 도시 기호는 무엇인가?

① 　　②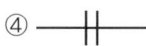
③ 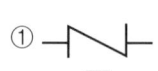　　④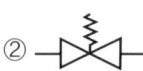

해설 ① 납땜식, ② 턱걸이식,
③ 유니언식, ④ 플랜지식

10. 다음 KS 배관 도시 기호 중 일반 밸브를 표시한 것은?

① 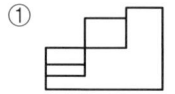　　②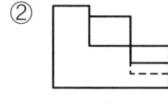
③ 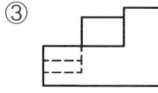　　④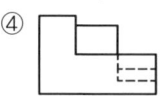

해설 ① 체크 밸브, ② 스프링 안전 밸브,
③ 수동 밸브, ④ 일반 밸브

11. 다음 입체도의 화살표 방향 투상도로 가장 적합한 것은?

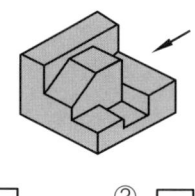

① ② ③ ④

12. 그림과 같은 정면도와 우측면도에 가장 적합한 평면도는?

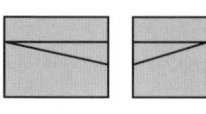

（정면도）　（우측면도）

① 　　②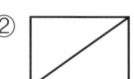
③ 　　④

정답 6. ③　7. ①　8. ④　9. ③　10. ④　11. ③　12. ③

용접기능사

부록

CBT 실전테스트

제1회 CBT 실전테스트

▶ 피복아크용접/가스텅스텐아크용접/이산화탄소가스아크용접기능사 공통

1. 가스 용접에서 압력 조정기의 압력 전달 순서가 올바르게 된 것은?
① 부르동관 → 링크 → 섹터기어 → 피니언
② 부르동관 → 피니언 → 링크 → 섹터기어
③ 부르동관 → 링크 → 피니언 → 섹터기어
④ 부르동관 → 피니언 → 섹터기어 → 링크

해설 압력 조정기의 압력 지시의 진행은 부르동관 → 켈리브레이팅 링크 → 섹터기어 → 피니언 → 지시 바늘의 순서이다.

2. 용접에 있어 모든 열적 요인 중 가장 영향을 많이 주는 요소는?
① 용접 입열   ② 용접 재료
③ 주위 온도   ④ 용접 복사열

해설 용접에 있어서 모재에 열적 요인 중 가장 영향을 주는 것은 용접 입열이고, 다음으로 용접 입열에 따른 전도열, 복사열 등이다.

3. 화재의 분류는 소화 시 매우 중요한 역할을 한다. 서로 바르게 연결된 것은?
① A급 화재 – 유류 화재
② B급 화재 – 일반 화재
③ C급 화재 – 가스 화재
④ D급 화재 – 금속 화재

해설 화재의 종류와 적용 소화제
㉠ A급 화재(일반 화재) : 수용액
㉡ B급 화재(유류 화재) : 화학 소화액(포말, 사염화탄소, 탄산가스, 드라이케미컬)
㉢ C급 화재(전기 화재) : 유기성 소화액(분말, 탄산가스, 탄산칼륨+물)
㉣ D급 화재(금속 화재) : 건조사

4. 불활성 가스가 아닌 것은?
① C_2H_2 ② Ar
③ Ne   ④ He

해설 용접에 이용되는 불활성 가스는 Ar(아르곤), He(헬륨)이고 주기율표에 표시되어 있는 것은 Ne, Xe, Kr등이 있으며, C_2H_2(아세틸렌)는 가스 용접에 이용되는 가연성 가스의 일종이다.

5. 서브머지드 아크 용접 장치 중 전극 형상에 의한 분류에 속하지 않는 것은?
① 와이어(wire) 전극   ② 테이프(tape) 전극
③ 대상(hoop) 전극   ④ 대차(carriage) 전극

해설 서브머지드 아크 용접에 사용되는 전극의 형상에 의한 분류에는 와이어 전극, 테이프 전극, 대상 전극이 있다.

6. 용접 시공 계획에서 용접 이음 준비에 해당되지 않는 것은?
① 용접 홈의 가공   ② 부재의 조립
③ 변형 교정   ④ 모재의 가용접

해설 용접 시공 계획에서 용접 이음 준비에는 용접 홈의 가공, 조립 및 가공, 루트 간격, 용접 이음부의 청정 등이고 변형 교정은 용접 작업 후에 하는 처리 작용이다.

7. 다음 중 서브머지드 아크 용접(submerged arc welding)에서 용제의 역할과 가장 거리가 먼 것은?
① 아크 안정
② 용락 방지

정답 1.① 2.① 3.④ 4.① 5.④ 6.③ 7.②

③ 용접부의 보호
④ 용착 금속의 재질 개선

해설 용제는 용접 용융부를 대기로부터 보호하고, 아크의 안정 또는 화학적, 금속학적 반응으로서의 정련 작용 및 합금 첨가 작용 등의 역할을 위한 광물성의 분말 모양의 피복제이다. 상품명으로는 컴퍼지션(composition)이라고 부른다.

8. 다음 중 전기저항 용접의 종류가 아닌 것은?

① 점 용접
② MIG 용접
③ 프로젝션 용접
④ 플래시 용접

해설 전기저항 용접

겹치기 저항 용접	점 용접, 돌기 용접, 심 용접
맞대기 저항 용접	업셋 용접, 플래시 용접, 맞대기 심 용접, 퍼커션 용접

9. 다음 중 용접 금속에 기공을 형성하는 가스에 대한 설명으로 틀린 것은?

① 응고 온도에서의 액체와 고체의 용해도 차이에 의한 가스 방출
② 용접 금속 중에서의 화학 반응에 의한 가스 방출
③ 아크 분위기에서의 기체의 물리적 혼입
④ 용접 중 가스 압력의 부적당

해설 용접 금속에서 기공을 형성하는 가스는 액체와 고체의 용해도 차이에 의해 또는 공기(산소, 질소 등) 중이거나 아크 분위기, 용융풀에서 다른 가스와 결합, 화학 반응을 일으켜 기공을 형성한다.

10. 가스 용접 시 안전조치로 적절하지 않은 것은?

① 가스의 누설 검사는 필요할 때만 체크하고 점검은 수돗물로 한다.
② 가스 용접 장치는 화기로부터 5m 이상 떨어진 곳에 설치해야 한다.
③ 작업 종료 시 메인 밸브 및 콕 등을 완전히 잠가준다.
④ 인화성 액체 용기의 용접을 할 때는 증기 열탕 물로 완전히 세척 후 통풍 구멍을 개방하고 작업한다.

해설 가스의 누설 검사는 안전상 필요할 때에 반드시 비눗물로 점검해야 한다.

11. TIG 용접에서 가스 이온이 모재에 충돌하여 모재 표면에 산화물을 제거하는 현상은?

① 제거 효과
② 청정 효과
③ 용융 효과
④ 고주파 효과

해설 청정 효과로서 TIG 용접에서 직류 역극성을 이용할 때에 전자는 (-)극에서 (+)극으로, 가스 이온은 (+)극에서 (-)극으로 흐르며 고속도의 전자에 충돌을 받는 (+)극 쪽에서는 강한 충격을 받아 (-)극 쪽보다 많이 가열되므로 직류 역극성을 사용 시 텅스텐 전극 소모가 많아지며 질량이 무거운 (+)극의 강한 충돌로 청정 효과가 있다.

12. 연강의 인장 시험에서 인장 시험편의 지름이 10mm이고, 최대 하중이 5500 kgf일 때 인장강도는 약 몇 kgf/mm²인가?

① 60
② 70
③ 80
④ 90

해설 인장강도 = $\dfrac{\text{최대 하중}}{\text{인장 시험편의 단면적}}$

$= \dfrac{5500}{\dfrac{(\pi \times 10^2)}{4}} = \dfrac{5500 \times 4}{3.14 \times 100} ≒ 70\,\text{kgf/mm}^2$

정답 8. ② 9. ④ 10. ① 11. ② 12. ②

13. 용접부의 표면에 사용되는 검사법으로 비교적 간단하고 비용이 싸며, 특히 자기 탐상 검사가 되지 않는 금속 재료에 주로 사용되는 검사법은?

① 방사선 비파괴 검사
② 누수 검사
③ 침투 비파괴 검사
④ 초음파 비파괴 검사

해설 침투 비파괴 검사(penetrant testing : PT) : 자기 탐상 검사가 되지 않는 제품의 표면에 발생된 미세균열이나 작은 구멍을 검출하기 위해 이곳에 침투액을 표면장력의 작용으로 침투시킨 후에 세척액으로 세척한 후 현상액을 사용하여 결함부에 스며든 침투액을 표면에 나타나게 하는 검사로 형광이나 염료 침투 검사의 2가지가 이용된다.

14. 용접에 의한 변형을 미리 예측하여 용접하기 전에 용접 반대 방향으로 변형을 주고 용접하는 방법은?

① 억제법
② 역변형법
③ 후퇴법
④ 비석법

해설 역변형법(pre-distortion method) : 용접에 의한 변형(재료의 수축)을 예측하여 용접 전에 미리 반대쪽으로 변형을 주고 용접하는 방법으로 탄성(elasticity)과 소성(plasticity) 역변형의 두 종류가 있다.

15. 다음 중 플라스마 아크 용접에 적합한 모재가 아닌 것은?

① 텅스텐, 백금
② 티탄, 니켈 합금
③ 티탄, 구리
④ 스테인리스강, 탄소강

해설 약 10000℃ 이상의 고온에서 플라스마를 적당한 방법으로 한 방향으로 고속으로 분출시키는 것을 플라스마 제트라 부르고 각종 금속의 용접, 절단 등의 열원으로 이용하며 용사에도 사용한다. 이 플라스마 제트를 용접 열원으로 하는 용접법을 플라스마 제트 아크 용접이라 하며, 이행형과 비이행형이 있다. 전극으로 사용하는 텅스텐은 용접에 적합한 모재가 아니다.

16. 용접 지그를 사용했을 때의 장점이 아닌 것은?

① 구속력을 크게 하여 잔류 응력 발생을 방지한다.
② 동일 제품을 다량 생산할 수 있다.
③ 제품의 정밀도를 높인다.
④ 작업을 용이하게 하고 용접 능률을 높인다.

해설 용접 지그를 적절히 사용할 때의 장점과 단점
• 장점
  ㉠ 동일 제품을 다량 생산할 수 있다.
  ㉡ 제품의 정밀도와 용접부의 신뢰성을 높인다.
  ㉢ 작업을 용이하게 하고 용접 능률을 높인다.
• 단점
  ㉠ 구속력이 너무 크면 잔류 응력이나 용접 균열이 발생하기 쉽다.
  ㉡ 지그의 제작비가 많이 들지 않아야 한다.
  ㉢ 사용이 간단해야 한다.

17. 일종의 피복 아크 용접법으로 피더(feeder)에 철분계 용접봉을 장착하여 수평 필릿 용접을 전용으로 하는 일종의 반자동 용접 장치로서 모재와 일정한 경사를 갖는 금속 지주를 용접 홀더가 하강하면서 용접되는 용접법은?

정답 13. ③ 14. ② 15. ① 16. ① 17. ①

① 그래비티 용접 ② 용사
③ 스터드 용접 ④ 테르밋 용접

해설 그래비티 용접(gravity welding 또는 오토콘 용접) : 피복 아크 용접봉으로 피더에 철분계 용접봉을 장착하여 수평 필릿 용접을 전용으로 하는 일종의 반자동 용접 장치로 한 명이 여러 대의(보통 최소 3~4대) 용접기를 관리할 수 있으므로 고능률 용접 방법이다.

18. 피복 아크 용접에 의한 맞대기 용접에서 개선 홈과 판 두께에 관한 설명으로 틀린 것은?

① I형 : 판 두께 6mm 이하 양쪽 용접에 적용
② V형 : 판 두께 20mm 이하 한쪽 용접에 적용
③ U형 : 판 두께 40~60mm 양쪽 용접에 적용
④ X형 : 판 두께 15~40mm 양쪽 용접에 적용

해설 용접 홈 설계의 요점
㉠ 홈의 용적(θ)을 될수록 작게 한다.
㉡ 홈의 용적(θ)을 무제한 작게 할 수 없고 최소한 10° 정도씩 전후좌우로 용접봉을 경사시킬 수 있는 자유도가 필요하다.
㉢ 루트의 반지름 r을 될수록 크게 한다.
㉣ 루트의 간격과 루트면을 만들어 준다.
㉤ 일반적으로 판 두께에 따른 맞대기 용접의 홈 형상은 다음과 같다.

홈 형상	I형	V, V, J형	X, K, 양면 J형	U형	H형
판 두께	6 mm 이하	6~19 mm	12 mm 이상	16~50 mm	50 mm 이상

19. 이산화탄소 아크 용접 방법에서 전진법의 특징으로 옳은 것은?

① 스패터의 발생이 적다.
② 깊은 용입을 얻을 수 있다.
③ 비드 높이가 낮아 평탄한 비드가 형성된다.
④ 용접선이 잘 보이지 않아 운봉을 정확하게 하기 어렵다.

해설 전진법의 특징
㉠ 용접 시 용접선을 잘 볼 수 있어 운봉을 정확하게 할 수 있다.
㉡ 비드 높이가 낮아 평탄한 비드가 형성된다.
㉢ 스패터가 많고 진행 방향으로 흩어진다.
㉣ 용착 금속이 진행 방향으로 앞서기 쉬워 용입이 얕다.

20. 일렉트로 슬래그 용접에서 주로 사용되는 전극 와이어의 지름은 보통 몇 mm인가?

① 1.2~1.5 ② 1.7~2.3
③ 2.5~3.2 ④ 3.5~4.0

해설 보통 와이어는 2.4mm, 3.2mm가 사용된다.

21. 볼트나 환봉을 피스톤형의 홀더에 끼우고 모재와 볼트 사이에 순간적으로 아크를 발생시켜 용접하는 방법은?

① 서브머지드 아크 용접
② 스터드 용접
③ 테르밋 용접
④ 불활성 가스 아크 용접

해설 스터드 용접 : 볼트나 환봉, 핀 등을 건축 구조물 및 교량 공사 등에서 직접 강판이나 형강에 용접하는 방법으로 볼트나 환봉을 용접 건(stud welding gun)의 홀더에 물리어 통전시킨 뒤에 모재와 스터드 사이에 순간적으로 아크를 발생시켜 이 열로 모재와 스터드 끝면을 용융시킨 뒤 압력을 주어 눌러 용접시키는 방법이다.

22. 용접 결함과 그 원인에 대한 설명 중 잘못 짝지어진 것은?

정답 18. ③ 19. ③ 20. ③ 21. ② 22. ④

① 언더컷 – 전류가 너무 높을 때
② 기공 – 용접봉이 흡습되었을 때
③ 오버랩 – 전류가 너무 낮을 때
④ 슬래그 섞임 – 전류가 과대되었을 때

해설 슬래그 섞임은 슬래그 제거 불완전, 운봉 속도는 빠르고 전류가 낮을 때 원인이 된다.

23. 피복 아크 용접에서 피복제의 성분에 포함되지 않는 것은?
① 피복 안정제
② 가스 발생제
③ 피복 이탈제
④ 슬래그 생성제

해설 피복 아크 용접에서 피복제의 성분은 피복 안정제, 가스 발생제, 슬래그 생성제, 아크 안정제, 탈산제, 고착제 등이 있다.

24. 피복 아크 용접봉의 용융 속도를 결정하는 식은?
① 용융 속도 = 아크 전류 × 용접봉 쪽 전압강하
② 용융 속도 = 아크 전류 × 모재 쪽 전압강하
③ 용융 속도 = 아크 전압 × 용접봉 쪽 전압강하
④ 용융 속도 = 아크 전압 × 모재 쪽 전압강하

해설 피복 아크 용접의 용융 속도는 단위 시간당 소비되는 용접의 길이 또는 중량으로 표시되며, 아크 전압에는 관계없이 아크 전류에 정비례한다.

25. 용접부의 외부에서 주어지는 열량을 무엇이라 하는가?
① 용접 외열
② 용접 가열
③ 용접 열 효율
④ 용접 입열

해설 용접부의 외부에서 주어지는 열량을 용접 입열이라 하며, 입열량이 많고 급랭이 될수록 용접부에 여러 가지 결함이 생긴다.

26. 피복 아크 용접 시 용접선상에서 용접봉을 이동시키는 조작을 말하며 아크의 발생, 중단, 재아크, 위빙 등이 포함된 작업을 무엇이라 하는가?
① 용입
② 운봉
③ 키홀
④ 용융지

해설 문제의 설명은 용접봉을 이동시키는 운봉을 말한다.

27. 다음 중 산소 및 아세틸렌 용기의 취급 방법으로 틀린 것은?
① 산소 용기의 밸브, 조정기, 도관, 취부구는 반드시 기름이 묻은 천으로 깨끗이 닦아야 한다.
② 산소 용기의 운반 시에는 충돌, 충격을 주어서는 안 된다.
③ 사용이 끝난 용기는 실병과 구분하여 보관한다.
④ 아세틸렌 용기는 세워서 사용하며 용기에 충격을 주어서는 안 된다.

해설 가스 용기의 취급 방법에서 도관, 고압밸브, 취부구, 조정기는 기름이 묻은 천으로 닦으면 산화나 가연성 가스에 착화되어 화재를 발생하기 쉬워 반드시 기름기가 있으면 제거하여야 한다.

28. 산소-아세틸렌 가스 용접기로 두께가 3.2mm인 연강판을 V형 맞대기 이음을 하려는 경우 이에 적합한 연강용 가스 용접봉의 지름(mm)을 계산식에 의해 구하면 얼마인가?
① 4.6   ② 3.2   ③ 3.6   ④ 2.6

해설 용접봉의 지름
$$D = \frac{T}{2} + 1 = \frac{3.2}{2} + 1 = 2.6 \text{mm}$$
여기서, D : 용접봉의 지름(mm)
T : 판 두께(mm)

정답 23. ③ 24. ① 25. ④ 26. ② 27. ① 28. ④

29. 다음 중 가변저항의 변화를 이용하여 용접 전류를 조정하는 교류 아크 용접기는?

① 탭 전환형 ② 가동 코일형
③ 가동 철심형 ④ 가포화 리액터형

해설 문제의 설명은 교류 아크 용접기 중에 가포화 리액터형이다.

30. AW-250, 무부하 전압 80V, 아크 전압 20V인 교류 용접기를 사용할 때 역률과 효율은 각각 얼마인가? (단, 내부 손실은 4kW이다.)

① 역률 : 45%, 효율 : 56%
② 역률 : 48%, 효율 : 69%
③ 역률 : 54%, 효율 : 80%
④ 역률 : 69%, 효율 : 72%

해설 ㉠ 역률 = $\dfrac{\text{소비전력(kW)}}{\text{전원입력(kVA)}} \times 100$

$= \dfrac{(\text{아크 전압} \times \text{아크 전류}) + \text{내부 손실}}{(2\text{차 무부하 전압} \times \text{아크 전류})} \times 100$

$= \dfrac{(20 \times 250) + 4000}{80 \times 250} \times 100 = 45\%$

㉡ 효율 = $\dfrac{\text{아크 출력(kW)}}{\text{소비전력(kW)}} \times 100$

$= \dfrac{(\text{아크 전압} \times \text{아크 전류})}{(\text{아크 전압} \times \text{아크 전류}) + \text{내부 손실}} \times 100$

$= \dfrac{20 \times 250}{(20 \times 250) + 4000} \times 100 ≒ 56\%$

31. 혼합 가스 연소에서 불꽃 온도가 가장 높은 것은?

① 산소-수소 불꽃
② 산소-프로판 불꽃
③ 산소-아세틸렌 불꽃
④ 산소-부탄 불꽃

해설 ㉠ 산소-수소 불꽃 : 2982℃
㉡ 산소-프로판 불꽃 : 2926℃
㉢ 산소-아세틸렌 불꽃 : 3230℃
㉣ 산소-부탄 불꽃 : 2926℃

32. 연강용 피복 아크 용접봉의 종류와 피복제 계통으로 틀린 것은?

① E 4303 : 라임티타니아계
② E 4311 : 고산화티탄계
③ E 4316 : 저수소계
④ E 4327 : 철분산화철계

해설 E 4311은 가스 발생제의 대표로 고셀룰로오스계이다.

33. 산소-아세틸렌 가스 절단과 비교한 산소-프로판 가스 절단의 특징으로 옳은 것은?

① 절단면이 미세하며 깨끗하다.
② 절단 개시 시간이 빠르다.
③ 슬래그 제거가 어렵다.
④ 중성 불꽃을 만들기가 쉽다.

해설 아세틸렌 가스와 프로판 가스의 비교

아세틸렌	프로판
• 점화하기 쉽다. • 불꽃 조정이 쉽다. • 절단 시 예열시간이 짧다. • 절단재 표면의 영향이 적다. • 박판 절단 시 절단 속도가 빠르다.	• 절단면 상부 모서리가 녹는 것이 적다. • 절단면이 곱다. • 슬래그 제거가 쉽다. • 포갬 절단 시 아세틸렌보다 절단 속도가 빠르다. • 후판 절단 시 절단 속도가 빠르다.

34. 피복 아크 용접에서 "모재의 일부가 녹은 쇳물 부분"을 의미하는 것은?

① 슬래그 ② 용융지
③ 피복부 ④ 용착부

해설 ㉠ 용융지 : 용접할 때 아크열에 의하여 용융된 모재 부분
㉡ 용착 금속(용착부) : 용접봉이 용융지에 녹아 들어가 응고된 금속
㉢ 슬래그 : 피복제가 녹아 용접 비드를 덮고 급랭방지

35. 가스 압력 조정기의 취급 사항으로 틀린 것은?

① 압력 용기의 설치구 방향에는 장애물이 없어야 한다.
② 압력 지시계가 잘 보이도록 설치하며 유리가 파손되지 않도록 주의한다.
③ 조정기를 견고하게 설치한 다음 조정 나사를 잠그고 밸브를 빠르게 열어야 한다.
④ 압력 조정기 설치구에 있는 먼지를 털어내고 연결부에 정확하게 연결한다.

해설 가스 압력 조정기의 취급상 주의사항은 ①, ②, ④번 외에 ㉠ 조정기를 견고하게 설치한 다음 조정 나사를 풀고 밸브를 천천히 열어야 하며, 가스 누설 여부를 비눗물로 점검한다. ㉡ 압력 조정기 설치구 나사부나 조정기의 각부를 취급할 때에는 그리스나 기름 등을 사용하지 않는다. 등

36. 연강용 가스 용접봉에서 "625±25℃에서 1시간 동안 응력을 제거한 것"을 뜻하는 영문자 표시에 해당되는 것은?

① NSR ② GB
③ SR ④ GA

해설 문제의 설명은 SR이며, NSR은 용접한 그대로 응력을 제거하지 않은 것, GA는 용접봉 재질이 높은 연성, 전성인 것, GB는 낮은 연성, 전성인 것을 뜻한다.

37. 피복 아크 용접에서 위빙(weaving) 폭은 심선 지름의 몇 배로 하는 것이 가장 적당한가?

① 1배 ② 2~3배
③ 5~6배 ④ 7~8배

해설 위빙 폭은 비드 파형, 비드 폭을 일정하게 하기 위해서 위빙 피치는 2~3 mm, 운봉 폭은 심선 지름의 2~3배, 비드 폭은 $t/4$ ~ $t/5$ (t : 모재 두께) 정도로 한다.

38. 전격방지기는 아크를 끊음과 동시에 자동적으로 릴레이가 차단되어 용접기의 2차 무부하 전압을 몇 V 이하로 유지시키는가?

① 20~30 ② 35~45
③ 50~60 ④ 65~75

해설 ILO와 산업안전보건법 등에 표시한 안전 전압은 24 V 이하로 교류 용접기에 사용하는 전격방지기는 2차 무부하 전압을 아크가 발생할 때에는 안전전압 이하로 한다.

39. 30% Zn을 포함한 황동으로 연신율이 비교적 크고, 인장강도가 매우 높아 판, 막대, 관, 선 등으로 널리 사용되는 것은?

① 톰백(tombac)
② 네이벌 황동(naval brass)
③ 6 : 4 황동(muntz metal)
④ 7 : 3 황동(cartidge brass)

해설 황동의 종류 중 주석 황동으로 7 : 3 황동은 애드미럴티 황동(admiralty brass)으로서 내식성 증가, 탈아연 방지, 스프링용, 선박 기계용 등에 사용한다.

40. Au의 순도를 나타내는 단위는?

① K(carat) ② P(pound)
③ %(percent) ④ μm(micron)

정답 35. ③ 36. ③ 37. ② 38. ① 39. ④ 40. ①

해설 금(Au)의 순도를 나타내는 단위는 K(carat)이다.

41. 다음 상태도에서 액상선을 나타내는 것은?

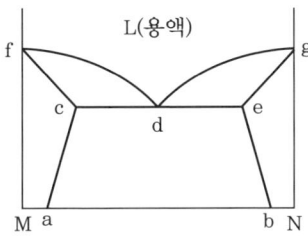

① acf　　　　② cde
③ fdg　　　　④ beg

해설 상태도에서 용액 다음의 선이 액상선으로 fdg이며, 액상선 밑으로는 액상과 고상이 어우러져 있고 그 밑에 선은 고상선이다.

42. 금속 표면에 스텔라이트, 초경 합금 등의 금속을 용착시켜 표면 경화층을 만드는 것은?

① 금속 용사법　　② 하드 페이싱
③ 쇼트 피이닝　　④ 금속 침투법

해설 표면 경화법 중 문제의 설명은 하드 페이싱을 설명한 것이다.

43. 다음 중 용접법의 분류에서 초음파 용접은 어디에 속하는가?

① 납땜　　　　② 압접
③ 융접　　　　④ 아크 용접

해설 초음파 용접은 압접에 속하는 것으로 단접, 냉간 압접, 저항 용접, 유도 가열 용접, 마찰 용접, 가압 테르밋 용접, 가스 압접 등이다.

44. 주철의 조직은 C와 Si의 양과 냉각 속도에 의해 좌우된다. 이들의 요소와 조직의 관계를 나타낸 것은?

① C.C.T 곡선　　② 탄소 당량도
③ 주철의 상태도　④ 마우러 조직도

해설 마우러 조직도(Maurer's diagram) : C와 Si의 양 및 냉각 속도에 따라 주철의 조직 관계를 나타낸 것
※ 펄라이트(강력) 주철 : 기계 구조용 재료로서 가장 우수한 주철, C : 2.8~3.2%, Si : 1.0~1.8%

45. Al-Cu-Si계 합금의 명칭으로 옳은 것은?

① 알민　　　　② 라우탈
③ 알드리　　　④ 코오슨 합금

해설 Al-Cu-Si계 합금 : 라우탈(lautal)이 대표적이며, 조성은 Cu 3~8%로 주조성이 좋고, 시효 경화성이 있다. Fe, Zn, Mg 등이 많아지면 기계적 성질이 저하된다.
※ Si 첨가 : 주조성 개선, Cu 첨가 : 실루민의 결점인 절삭성 향상

46. Al 표면에 방식성이 우수하고 치밀한 산화 피막이 만들어지도록 하는 방식 방법이 아닌 것은?

① 산화법　　　② 수산법
③ 황산법　　　④ 크롬산법

해설 알루미늄의 표면에 산화 피막을 만드는 방법은 알칼리법과 산법이 있으며, 주로 황산법, 수산법, 크롬산법 등이 이용된다.

47. 다음 중 재결정 온도가 가장 낮은 것은?

① Sn　　　　② Mg
③ Cu　　　　④ Ni

해설 재결정 온도(℃)는 Sn(-7~25), Mg(150), Cu(200~300), Ni(530~660)으로 가장 낮은 것은 주석(Sn)이다.

정답　41. ③　42. ②　43. ②　44. ④　45. ②　46. ①　47. ①

48. 다음 중 칼로라이징(calorizing) 금속 침투법은 철강 표면에 어떠한 금속을 침투시키는가?
① 규소　　② 알루미늄
③ 크롬　　④ 아연

해설 금속 침투법은 Cr(크로마이징), Si(실리코나이징), Al(칼로라이징), B(보로나이징), Zn(세라다이징)이 있다.

49. Fe-C 상태도에서 A_3와 A_4 변태점 사이에서의 결정 구조는?
① 체심정방격자　　② 체심입방격자
③ 조밀육방격자　　④ 면심입방격자

해설 α철은 910℃(A_3 변태) 이하에서는 체심입방격자이고 γ철은 910℃로부터 약 1400℃ (A_4 변태) 사이에서 면심입방격자이며 δ철은 약 1400℃에서 용융점 1538℃ 사이에서 체심입방격자이다.

50. 열팽창계수가 다른 두 종류의 판을 붙여서 하나의 판으로 만든 것으로 온도 변화에 따라 휘거나 그 변형을 구속하는 힘을 발생하며 온도 감응 소자 등에 이용되는 것은?
① 서멧 재료
② 바이메탈 재료
③ 형상 기억 합금
④ 수소 저장 합금

해설 문제의 설명은 바이메탈 재료이며, 형상 기억 합금은 신소재로서 온도를 저장하여 그 온도가 되면 그대로 움직인다.

51. 기계 제도에서 가는 2점 쇄선을 사용하는 것은?
① 중심선　　② 지시선
③ 피치선　　④ 가상선

해설 중심선은 가는 실선, 가는 1점 쇄선을 사용하고 지시선은 가는 실선, 피치선은 가는 1점 쇄선을 사용한다.

52. 나사의 종류에 따른 표시 기호가 옳은 것은?
① M-미터 사다리꼴 나사
② UNC-미니추어 나사
③ Rc-관용 테이퍼 암나사
④ G-전구 나사

해설 M : 미터 보통 나사, UNC : 유니파이 나사, E : 전구 나사

53. 배관용 탄소강관의 종류를 나타내는 기호가 아닌 것은?
① SPPS 380　　② SPPH 380
③ SPCD 390　　④ SPLT 390

54. 기계 제도에서 도형의 생략에 관한 설명으로 틀린 것은?
① 도형이 대칭 형식인 경우에는 대칭 중심선의 한쪽 도형만을 그리고, 그 대칭 중심선의 양끝 부분에 대칭 그림 기호를 그려서 대칭임을 나타낸다.
② 대칭 중심선의 한쪽 도형을 대칭 중심선을 조금 넘는 부분까지 그려서 나타낼 수도 있으며, 이때 중심선 양끝에 대칭 그림 기호를 반드시 나타내야 한다.
③ 같은 종류, 같은 모양의 것이 다수 줄지어 있는 경우에는 실형 대신 그림 기호를 피치선과 중심선과의 교점에 기입하여 나타낼 수 있다.
④ 축, 막대, 관과 같은 동일 단면형의 부분은 지면을 생략하기 위하여 중간 부분을 파단선으로 잘라내서 그 긴요한 부분만을 가까이 하여 도시할 수 있다.

정답 48. ②　49. ④　50. ②　51. ④　52. ③　53. ③　54. ②

55. 모떼기의 치수가 2mm이고 각도가 45°일 때 올바른 치수 기입 방법은?

① C2
② 2C
③ 2-45°
④ 45°×2

해설 치수에 사용되는 기호 중에 C는 45° 모떼기만 사용하며 치수가 2mm일 때에는 C2라고 한다.

56. 도형의 도시 방법에 관한 설명으로 틀린 것은?

① 소성 가공 때문에 부품의 초기 윤곽선을 도시해야 할 필요가 있을 때는 가는 2점 쇄선으로 도시한다.
② 필릿이나 둥근 모퉁이와 같은 가상의 교차선은 윤곽선과 서로 만나지 않는 가는 실선으로 투상도에 도시할 수 있다.
③ 널링부는 굵은 실선으로 전체 또는 부분적으로 도시한다.
④ 투명한 재료로 된 모든 물체는 기본적으로 투명한 것처럼 도시한다.

57. 그림과 같은 양면 필릿 용접 기호를 가장 올바르게 해석한 것은?

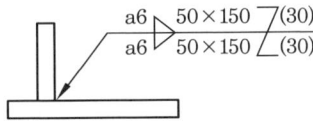

① 목 길이 6mm, 용접 길이 150mm, 인접한 용접부 간격 50mm
② 목 길이 6mm, 용접 길이 50mm, 인접한 용접부 간격 30mm
③ 목 길이 6mm, 용접 길이 150mm, 인접한 용접부 간격 30mm
④ 목 길이 6mm, 용접 길이 50mm, 인접한 용접부 간격 50mm

해설 a6은 목 길이 6mm, 용접 길이 150mm, 인접한 용접부 간격 30mm를 나타낸다.

58. 제3각법으로 정투상한 그림에서 누락된 정면도로 가장 적합한 것은?

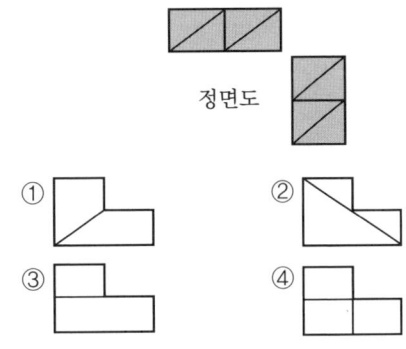

59. 다음 중 게이트 밸브를 나타내는 기호는?

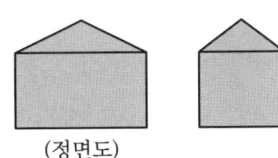

60. 제3각법으로 정투상한 그림과 같은 정면도와 우측면도에 가장 적합한 평면도는?

제2회 CBT 실전테스트

▶ 피복아크용접/가스텅스텐아크용접/이산화탄소가스아크용접기능사 공통

1. 초음파 탐상법의 종류에 속하지 않는 것은?
① 투과법 ② 펄스 반사법
③ 공진법 ④ 극간법

해설 초음파 탐상법의 종류에는 투과법, 펄스 반사법, 공진법 등이 사용된다.

2. 안전·보건표지의 색채, 색도 기준 및 용도에서 색채에 따른 용도를 올바르게 나타낸 것은?
① 빨간색 : 안내 ② 파란색 : 지시
③ 녹색 : 경고   ④ 노란색 : 금지

해설 안전·보건표지에 사용되는 색상
㉠ 금지 – 빨강
㉡ 경고, 주의 – 노랑
㉢ 지시 – 파랑
㉣ 안내 – 녹색
㉤ 파랑, 녹색에 대한 보조색 – 흰색
㉥ 문자 및 빨강, 노랑에 대한 보조색 – 검정

3. 다음 중 비파괴 시험이 아닌 것은?
① 초음파 탐상 시험 ② 피로 시험
③ 침투 탐상 시험   ④ 누설 탐상 시험

해설 피로 시험은 파괴 시험으로 기계적 시험에 해당한다.

4. 솔리드 와이어와 같이 단단한 와이어를 사용할 경우 적합한 용접 토치 형태로 옳은 것은?
① Y형   ② 커브형
③ 직선형 ④ 피스톨형

해설 MIG 방식에는 용접 토치가 커브형과 피스톨(건형)형이 있으며, 커브형은 단단한 와이어를 사용하는 CO_2 용접에 사용되며 피스톨형은 연한 비철 금속 와이어를 사용하는 MIG 용접에 적합하다.

5. 용접 금속의 구조상의 결함이 아닌 것은?
① 변형   ② 기공
③ 언더컷 ④ 균열

해설 구조상의 결함은 기공, 비금속 또는 슬래그 섞임, 융합 불량, 용입 불량, 언더컷, 오버랩, 균열, 표면 결함 등이다.

6. 전격의 방지 대책으로 적합하지 않은 것은?
① 용접기의 내부는 수시로 열어서 점검하거나 청소한다.
② 홀더나 용접봉은 절대로 맨손으로 취급하지 않는다.
③ 절연 홀더의 절연 부분이 파손되면 즉시 보수하거나 교체한다.
④ 땀, 물 등에 의해 습기 찬 작업복, 장갑, 구두 등은 착용하지 않는다.

해설 용접기의 내부는 정기적으로 전원 스위치를 OFF하고 열어서 공기 압축기나 산소 등을 이용하여 먼지를 털어내고 볼트 등을 조이거나 하여야 하나 수시로 열면 전격의 위험이 있어서 안 된다.

7. 금속 재료의 미세 조직을 금속 현미경을 사용하여 광학적으로 관찰하고 분석하는 현미경 시험의 진행 순서로 맞는 것은?

정답 1. ④ 2. ② 3. ② 4. ② 5. ① 6. ① 7. ①

① 시료 채취 → 연마 → 세척 및 건조 → 부식
 → 현미경 관찰
② 시료 채취 → 연마 → 부식 → 세척 및 건조
 → 현미경 관찰
③ 시료 채취 → 세척 및 건조 → 연마 → 부식
 → 현미경 관찰
④ 시료 채취 → 세척 및 건조 → 부식 → 연마
 → 현미경 관찰

해설 시료 채취(시험편) → 연마(샌드페이퍼 등) → 세척 및 건조(매끈하게 광택을 낸다) → 부식(매크로 부식액으로 부식) → 현미경 관찰(보통 50~2000배의 광학 현미경으로 조직이나 미소 결함 등을 관찰)

8. 불활성 가스 금속 아크 용접(MIG)의 용착 효율은 얼마 정도인가?
① 58% ② 78%
③ 88% ④ 98%

해설 용접봉의 손실이 적기 때문에 용접봉에 소요되는 가격이 피복 아크 용접보다 저렴한 편이며, 피복 금속 아크 용접봉의 실제 용착 효율은 60%인 반면 MIG 용접에서는 손실이 적어 용착 효율은 95% 정도이다.

9. 산업용 용접 로봇의 기능이 아닌 것은?
① 작업 기능   ② 제어 기능
③ 계측 인식 기능 ④ 감정 기능

해설 산업용 로봇의 구성(기능)은 작업 기능(동작, 구속, 이동 기능), 제어 기능(동작 제어, 교시 기능), 계측 인식 기능(계측, 인식 기능) 등이다.

10. 다음 중 CO_2 가스 아크 용접의 장점으로 틀린 것은?
① 용착 금속의 기계적 성질이 우수하다.
② 슬래그 혼입이 없고, 용접 후 처리가 간단하다.
③ 전류 밀도가 높아 용입이 깊고, 용접 속도가 빠르다.
④ 풍속 2m/s 이상의 바람에도 영향을 받지 않는다.

해설 일반적인 CO_2 가스 아크 용접에서는 바람의 영향을 크게 받으므로 풍속 2m/s 이상이면 방풍장치가 필요하다.

11. 다음 중 용접 작업 전 예열을 하는 목적으로 틀린 것은?
① 용접 작업성의 향상을 위하여
② 용접부의 수축 변형 및 잔류 응력을 경감시키기 위하여
③ 용접 금속 및 열 영향부의 연성 또는 인성을 향상시키기 위하여
④ 고탄소강이나 합금강의 열 영향부 경도를 높게 하기 위하여

해설 용접성이 좋은 연강이라도 두께가 약 25mm 이상이 되면 급랭하기 때문에 용접 열 영향부가 경화하여 비드 및 균열이 발생하기 쉬우므로 용접 전에 적당한 온도로 예열하는 것이 용접부의 냉각 속도를 느리게 하여 결함을 방지할 수 있다.

12. 이산화탄소 용접에 사용되는 복합 와이어(flux cored wire)의 구조에 따른 종류가 아닌 것은?
① 아코스 와이어 ② T관상 와이어
③ Y관상 와이어 ④ S관상 와이어

해설 CO_2 용접에 사용되는 복합 와이어 종류는 아코스 와이어, Y관상 와이어, S관상 와이어, NCG 와이어 등이다.

13. 불활성 가스 텅스텐(TIG) 아크 용접에서 용착 금속의 용락을 방지하고 용접부 뒷면의 용착 금속을 보호하는 것은?

정답 8. ④ 9. ④ 10. ④ 11. ④ 12. ② 13. ③

① 포지셔너(positioner) ② 지그(zig)
③ 뒷받침(backing) ④ 엔드탭(end tap)

해설 불활성 가스 텅스텐 용접에서 용락을 방지하고 용착부 뒷면의 용착 금속을 보호하기 위하여 사용되는 것은 뒷받침으로 금속제와 세라믹 등이 사용된다.

14. 레이저 빔 용접에 사용되는 레이저의 종류가 아닌 것은?

① 고체 레이저 ② 액체 레이저
③ 기체 레이저 ④ 도체 레이저

해설 레이저 빔 용접의 레이저 종류에는 루비 레이저와 CO_2 가스 레이저가 있으며, 다시 고체, 액체, 기체 레이저로 나눈다.

15. 피복 아크 용접 후 실시하는 비파괴 검사 방법이 아닌 것은?

① 자분 탐상법 ② 피로 시험법
③ 침투 탐상법 ④ 방사선 투과 검사법

해설 피로 시험법은 파괴 검사로서 용접 이음 시험편으로는 명쾌한 파단부가 나타나기 어려워 $2 \times 10^6 \sim 2 \times 10^7$회 정도에 견디는 최고 하중을 구하는 경우가 많다.

16. 용접 결함 중 치수상의 결함에 대한 방지 대책과 가장 거리가 먼 것은?

① 역 변형법 적용이나 지그를 사용한다.
② 습기, 이물질 제거 등 용접부를 깨끗이 한다.
③ 용접 전이나 시공 중에 올바른 시공법을 적용한다.
④ 용접 조건과 자세, 운봉법을 적정하게 한다.

해설 치수상의 결함은 변형, 용접 금속부 크기의 부적당, 용접 금속부 형상의 부적당이므로 방지 대책으로 용접 시공 중에 변형 방지법이나 용접 시공에서 올바른 용접 조건과 자세 운봉법 등을 적절히 한다.

17. 다음 중 저탄소강의 용접에 관한 설명으로 틀린 것은?

① 용접 균열의 발생 위험이 크기 때문에 용접이 비교적 어렵고, 용접법의 적용에 제한이 있다.
② 피복 아크 용접의 경우 피복 아크 용접봉은 모재와 강도 수준이 비슷한 것을 선정하는 것이 바람직하다.
③ 판의 두께가 두껍고 구속이 큰 경우에는 저수소계 계통의 용접봉이 사용된다.
④ 두께가 두꺼운 강재일 경우 적절한 예열을 할 필요가 있다.

해설 저탄소강의 용접은 용접 균열의 발생 위험이 적기 때문에 용접이 비교적 쉽고 용접법의 적용에도 제한이 없으며 ②, ③, ④의 내용과 같다.

18. 다음 중 구리 및 구리 합금의 용접성에 대한 설명으로 옳은 것은?

① 순구리의 열전도도는 연강의 8배 이상이므로 예열이 필요 없다.
② 구리의 열팽창계수는 연강보다 50% 이상 크므로 용접 후 응고 수축 시 변형이 생기지 않는다.
③ 순수 구리의 경우 구리에 산소 이외에 납이 불순물로 존재하면 균열 등의 용접 결함이 발생한다.
④ 구리 합금의 경우 과열에 의한 주석의 증발로 작업자가 중독을 일으키기 쉽다.

해설 구리 및 구리합금의 용접성
㉠ 순구리의 열전도도는 연강의 8배 이상이므로 국부적 가열이 어렵기 때문에 충분한 용입을 얻으려면 예열을 해야 한다.
㉡ 구리의 열팽창계수는 연강보다 50% 이상 크기 때문에 용접 후 응고 수축 시 변형이 생기기 쉽다.

정답 14. ④ 15. ② 16. ② 17. ① 18. ③

ⓒ 구리 합금의 경우 과열에 의한 아연 증발로 용접사가 중독을 일으키기 쉽다.
ⓔ 순구리의 경우 구리에 산소 이외에 납이 불순물로 존재하면 균열 등의 용접 결함이 발생되므로 주의가 필요하다.

19. 다음 중 용접성이 가장 좋은 스테인리스강은?

① 펄라이트계 스테인리스강
② 페라이트계 스테인리스강
③ 마텐자이트계 스테인리스강
④ 오스테나이트계 스테인리스강

[해설] 스테인리스강은 마텐자이트계는 내마모성이 필요한 것에 사용되며 냉간 성형성은 좋으나 용접성은 불량하며, 페라이트계는 오스테나이트계보다 내식성, 내열성도 약간 떨어지므로 가장 좋은 것은 오스테나이트계 스테인리스강이다.

20. 서브머지드 아크 용접 시, 받침쇠를 사용하지 않을 경우 루트 간격을 몇 mm 이하로 하여야 하는가?

① 0.2 ② 0.4 ③ 0.6 ④ 0.8

[해설] 서브머지드 아크 용접에서 받침쇠가 없는 경우는 루트 간격을 0.8 mm 이하로 하여 용락을 방지한다.

21. 강판의 두께가 12 mm, 폭 100 mm인 평판을 V형 홈으로 맞대기 용접 이음 할 때, 이음 효율 $\eta=0.8$로 하면 인장력 P는? (단, 재료의 최저 인장강도는 40 N/mm²이고, 안전율은 4로 한다.)

① 960 N   ② 9600 N
③ 860 N   ④ 8600 N

[해설] ⊙ 안전율 = $\dfrac{\text{인장강도}}{\text{허용응력}}$

→ 허용응력 = $\dfrac{\text{인장강도}}{\text{안전율}} = \dfrac{40}{4} = 10\,\text{N/mm}^2$

ⓒ 허용응력 × 이음 효율 = $\dfrac{P}{\text{강판의 단면적}}$

∴ P = 허용응력 × 이음 효율 × 강판의 단면적
  = $10 \times 0.8 \times (12 \times 100) = 9600\,\text{N}$

22. TIG 용접에서 직류 역극성에 대한 설명이 아닌 것은?

① 용접기의 음극에 모재를 연결한다.
② 용접기의 양극에 토치를 연결한다.
③ 비드 폭이 좁고 용입이 깊다.
④ 산화 피막을 제거하는 청정 작용이 있다.

[해설] 직류 역극성은 발열량이 양극에 약 70%, 음극에 30%로 모재에 음극을 연결하고 전극에 양극을 연결하여 비드 폭이 넓고 용입이 얕아 전류를 높여 용접 작업을 한다. 산화 피막을 제거하는 청정 작용이 있어 강한 산화막이나 용융점이 높은 산화막이 있는 알루미늄, 마그네슘 등의 용접에 적용된다.

23. 재료의 접합 방법은 기계적 접합과 야금적 접합으로 분류하는데 야금적 접합에 속하지 않는 것은?

① 리벳   ② 융접
③ 압접   ④ 납땜

[해설] 야금적 접합법은 융접, 압접, 납땜이고 기계적 접합법은 볼트 이음, 리벳 이음, 접어 잇기, 키 및 코터 이음 등을 말한다.

24. 다음 중 금속 재료의 가공 방법에 있어 냉간 가공의 특징으로 볼 수 없는 것은?

① 제품의 표면이 미려하다.
② 제품의 치수 정도가 좋다.
③ 연신율과 단면수축률이 저하된다.
④ 가공 경화에 의한 강도가 저하된다.

정답 19. ④ 20. ④ 21. ② 22. ③ 23. ① 24. ④

해설 냉간 가공은 가공 경화에 의한 강도가 상승한다.

25. 주철의 결점을 개선하기 위하여 백주철의 주물을 만들고 이것을 장시간 열처리하여 탄소의 상태를 분해 또는 소실시켜 인성 또는 연성을 증가시킨 주철은?

① 회주철(gray cast iron)
② 반주철(mottled cast iron)
③ 가단 주철(malleable cast iron)
④ 칠드 주철(chilled cast iron)

해설 가단 주철은 백주철을 풀림 처리하여 탈탄과 Fe_3C의 흑연화에 의해 연성(또는 가단성)을 가지게 한 주철(연신율 5~14%)로 백심, 흑심, 펄라이트 가단 주철이 있다.

26. 니켈(Ni)에 관한 설명으로 옳은 것은?

① 증류수 등에 대한 내식성이 나쁘다.
② 니켈은 열간 및 냉간 가공이 용이하다.
③ 360° 부근에서는 자기변태로 강자성체이다.
④ 아황산가스(SO_2)를 품는 공기에서는 부식되지 않는다.

해설 니켈(Ni)의 성질
㉠ 비중 8.9, 용융점 1455℃, 재결정 온도 530~660℃이다.
㉡ 백색의 인성이 풍부한 금속으로 면심입방 격자이다.
㉢ 상온에서 강자성체이나 360℃에서 자기변태로 자성을 잃는다.
㉣ 냉간 및 열간 가공이 잘 되고 내식성, 내열성이 크다.
㉤ 열간 가공은 1000~1200℃, 풀림 열처리는 800℃ 정도에서 한다.

27. 아크 용접에서 아크쏠림 방지 대책으로 옳은 것은?

① 용접봉 끝을 아크쏠림 방향으로 기울인다.
② 접지점을 용접부에 가까이 한다.
③ 아크 길이를 길게 한다.
④ 직류 용접 대신 교류 용접을 사용한다.

해설 아크쏠림이란 전류에서 일어나는 자장의 크기에 따라 아크가 한곳으로 쏠리는 현상을 말하며, 접지점을 멀리하거나 엔드탭의 사용, 직류 용접 대신 교류 용접을 사용한다.

28. 피복 아크 용접봉의 피복제의 주된 역할로 옳은 것은?

① 스패터의 발생을 많게 한다.
② 용착 금속에 필요한 합금 원소를 제거한다.
③ 모재 표면에 산화물이 생기게 한다.
④ 용착 금속의 냉각 속도를 느리게 하여 급랭을 방지한다.

해설 피복제의 역할
㉠ 아크를 안정시킨다.
㉡ 용융 금속의 용접을 미세화하여 용착 효율을 높인다.
㉢ 중성 또는 환원성 분위기로 대기 중으로부터 산화, 질화 등의 해를 방지하여 용착 금속을 보호한다.
㉣ 용착 금속의 급랭을 방지하고 탈산 정련 작용을 하며 용융점이 낮은 적당한 점성의 가벼운 슬래그를 만든다.
㉤ 슬래그를 제거하기 쉽고 파형이 고운 비드를 만들며 모재 표면의 산화물을 제거하고 양호한 용접부를 만든다.
㉥ 스패터의 발생을 적게 하고 용착 금속에 필요한 합금 원소를 첨가시키며 전기 절연 작용을 한다.

29. 토치를 사용하여 용접 부분의 뒷면을 따내거나 U형, H형으로 용접 홈을 가공하는 것으로 일명 가스 파내기라고 부르는 가공법은?

정답 25. ③ 26. ② 27. ④ 28. ④ 29. ③

① 산소창 절단　　② 선삭
③ 가스 가우징　　④ 천공

해설 가스 가우징은 일명 다이버전트 노즐을 이용하여 결함이 있는 곳이나 U형, H형으로 용접 홈을 가공하거나 하는 작업을 하며 아크를 사용하는 것은 아크 에어 가우징이라 한다.

30. 가스 용접에서 후진법에 대한 설명으로 틀린 것은?

① 전진법에 비해 용접 변형이 작고 용접 속도가 빠르다.
② 전진법에 비해 두꺼운 판의 용접에 적합하다.
③ 전진법에 비해 열 이용률이 좋다.
④ 전진법에 비해 산화의 정도가 심하고 용착 금속 조직이 거칠다.

해설 전진법과 후진법의 비교

항목	전진법	후진법
열 이용률	나쁘다.	좋다.
비드 모양	보기 좋다.	매끈하지 못하다.
홈 각도	크다(80°).	작다(60°).
산화의 정도	심하다.	약하다.
용접 속도	느리다.	빠르다.
용접 변형	크다.	작다.
용접 모재 두께	얇다 (5mm 까지).	두껍다.
용착 금속의 냉각도	급랭	서랭
용착 금속의 조직	거칠다.	미세하다.

31. 다음 중 피복 아크 용접에 있어 용접봉에서 모재로 용융 금속이 옮겨가는 상태를 분류한 것이 아닌 것은?

① 폭발형　　② 스프레이형
③ 글로뷸러형　④ 단락형

해설 용접봉에서 용융 금속으로 옮겨가는 용적 이행에 따른 방식에는 단락형, 글로뷸러형, 스프레이형의 3가지가 있다.

32. 직류 아크 용접기와 비교하여 교류 아크 용접기에 대한 설명으로 가장 올바른 것은?

① 무부하 전압이 높고 감전의 위험이 많다.
② 구조가 복잡하고 극성 변화가 가능하다.
③ 자기 쏠림 방지가 불가능하다.
④ 아크 안정성이 우수하다.

해설 직류 아크 용접기는 무부하 전압의 상한 값이 60V이고, 교류 아크 용접기는 95V로 감전의 위험이 많다.

33. 피복 아크 용접에서 직류 역극성(DCRP) 용접의 특징으로 옳은 것은?

① 모재의 용입이 깊다.
② 비드 폭이 좁다.
③ 봉의 용융이 느리다.
④ 박판, 주철, 고탄소강의 용접 등에 쓰인다.

해설 직류 역극성은 직류에서 열 분배로 얻어지는 것으로서 모재에 30%, 용접봉에 70%로 용입이 얕다. 용접봉의 녹음이 빠르며 비드 폭이 넓고 박판, 주철, 고탄소강, 합금강, 비철 금속의 용접에 쓰인다.

34. 다음 중 아세틸렌 가스의 관으로 사용할 경우 폭발성 화합물을 생성하게 되는 것은?

① 순구리 관　　② 스테인리스 강관
③ 알루미늄 합금관　④ 탄소강관

해설 아세틸렌과 혼합하여 폭발성 화합물을 만드는 것은 구리, 구리 합금(62% 이상의 구리), 은, 수은 등과 같이 아세틸라이드를 생성하여 공기 중에 130~150℃에서 발화된다.

정답 30. ④　31. ①　32. ①　33. ④　34. ①

35. 스카핑 작업에서 냉간재의 스카핑 속도로 가장 적합한 것은?

① 1~3 m/min
② 5~7 m/min
③ 10~15 m/min
④ 20~25 m/min

해설 자동 스카핑 머신은 작업 형태가 팁을 이동시키는 것은 냉간재에 이용하며 속도는 5~7 m/min, 가공재를 이동시키는 것은 연강재에 이용하며 작업 속도는 20 m/min으로 한다.

36. 가스 용접 장치에 대한 설명으로 틀린 것은?

① 화기로부터 5 m 이상 떨어진 곳에 설치한다.
② 전격방지기를 설치한다.
③ 아세틸렌 가스 집중장치 시설에는 소화기를 준비한다.
④ 작업 종료 시 메인 밸브 및 콕 등을 완전히 잠근다.

해설 전격방지기는 교류 아크 용접기의 휴식 시간에 전격을 방지하기 위하여 최고 무부하 전압을 25 V 이하로 저하시키고 용접 시작 전에 무부하 전압으로 되는 안전장치이다.

37. 납땜의 용제가 갖추어야 할 조건 중 맞는 것은?

① 모재나 땜납에 대한 부식 작용이 최대일 것
② 납땜 후 슬래그 제거가 용이할 것
③ 전기저항 납땜에 사용되는 것은 부도체일 것
④ 침지땜에 사용되는 것은 수분을 함유하여야 할 것

해설 납땜의 구비조건
㉠ 모재보다 용융점이 낮아야 한다.
㉡ 유동성이 좋고 금속과의 친화력이 있어야 한다.
㉢ 표면장력이 적어 모재의 표면에 잘 퍼져야 한다.
㉣ 강인성, 내식성, 내마멸성, 화학적 성질 등이 사용 목적에 적합해야 한다.
㉤ 접합 강도가 우수해야 한다.

38. AW-300, 무부하 전압 80 V, 아크 전압 20 V인 교류 용접기를 사용할 때, 다음 중 역률과 효율을 올바르게 계산한 것은? (단, 내부 손실을 4 kW라 한다.)

① 역률 : 80.0%, 효율 : 20.6%
② 역률 : 20.6%, 효율 : 80.0%
③ 역률 : 60.0%, 효율 : 41.7%
④ 역률 : 41.7%, 효율 : 60.0%

해설 ㉠ 역률 = $\dfrac{\text{소비전력(kW)}}{\text{전원입력(kVA)}} \times 100$

$= \dfrac{(\text{아크 전압} \times \text{아크 전류}) + \text{내부 손실}}{(\text{2차 무부하 전압} \times \text{아크 전류})} \times 100$

$= \dfrac{(20 \times 300) + 4000}{80 \times 300} \times 100 ≒ 41.7\%$

㉡ 효율 = $\dfrac{\text{아크 출력(kW)}}{\text{소비전력(kW)}} \times 100$

$= \dfrac{(\text{아크 전압} \times \text{아크 전류})}{(\text{아크 전압} \times \text{아크 전류}) + \text{내부 손실}} \times 100$

$= \dfrac{20 \times 300}{(20 \times 300) + 4000} \times 100 = 60.0\%$

39. 실온까지 온도를 내려 다른 형상으로 변형시켰다가 다시 온도를 상승시키면 어느 일정한 온도 이상에서 원래의 형상으로 변화하는 합금은?

① 제진 합금
② 방진 합금
③ 비정질 합금
④ 형상 기억 합금

해설 고온에서 성형한 합금이 실온에서 변형을 받아도 재가열하면 오스테나이트화가 시작되어 초기 성형 시의 형상으로 복귀하는 것으

정답 35. ② 36. ② 37. ② 38. ④ 39. ④

로 초기에 Ni-Ti의 함유비가 1 : 1인 합금이 실용화되어 나티늄이라 부르고 있고 이 금속을 형상 기억 합금이라 한다.

40. 고강도 Al 합금으로 조성이 Al-Cu-Mg-Mn인 합금은?

① 라우탈 ② Y-합금
③ 두랄루민 ④ 하이드로날륨

해설 단련용 알루미늄 중에 Al-Cu-Mg-Mn의 합금을 두랄루민이라 하고 무게를 중요시하는 항공기, 자동차, 운반기계 등의 재료로 사용된다.

41. 섬유 강화 금속 복합 재료의 기지 금속으로 가장 많이 사용되는 것으로 비중이 약 2.7인 것은?

① Na ② Fe
③ Al ④ Co

해설 섬유 강화 재료는 탄소/알루미늄, 보론/알루미늄 등이 있으며, 보론/알루미늄이 비강도가 6.0으로 크다.

42. 표면 경화법의 종류가 아닌 것은?

① 고주파 담금질 ② 침탄법
③ 질화법 ④ 풀림법

해설 ㉠ 화학적 표면 경화법 : 침탄법, 질화법, 금속 침투법
㉡ 물리적 표면 경화법 : 화염 경화법, 고주파 경화법, 하드 페이싱, 쇼트 피닝법

43. 주철의 유동성을 나쁘게 하는 원소는?

① Mn ② C
③ P ④ S

해설 주철의 유동성을 나쁘게 하는 원소는 황(S)이다.

44. 다음 금속 중 용융 상태에서 응고할 때 팽창하는 것은?

① Sn ② Zn
③ Mo ④ Bi

해설 금속이 용융 상태에서 냉각할 때에 팽창하는 것은 비스무트(Bi)이다.

45. 인장 시험에서 표점거리가 50mm의 시험편을 시험 후 절단된 표점거리를 측정하였더니 65mm가 되었다. 이 시험편의 연신율은 얼마인가?

① 20% ② 23%
③ 30% ④ 33%

해설 인장 시험에서의 변형률

$$= \frac{\text{파단 후의 거리} - \text{최초의 길이}}{\text{최초의 길이}} \times 100$$

$$= \frac{65-50}{50} \times 100 = 30\%$$

46. 2~10% Sn, 0.35% P 이하의 합금이 사용되며 탄성률이 높아 스프링 재료로 가장 적합한 청동은?

① 알루미늄 청동 ② 망간 청동
③ 니켈 청동 ④ 인 청동

해설 인 청동으로서 내마멸성, 내식성, 냉간 가공 시 인장강도, 탄성 한계 증가로 판스프링재, 기어, 베어링 등에 사용된다.

47. 강의 담금질 깊이를 깊게 하고 크리프 저항과 내식성을 증가시키며 뜨임 메짐을 방지하는데 효과가 있는 합금 원소는?

① Mo ② Ni
③ Cr ④ Si

해설 뜨임 취성은 Mo를 첨가하면 방지할 수 있으며 가장 주의할 취성의 온도는 300℃이다.

정답 40. ③ 41. ③ 42. ④ 43. ④ 44. ④ 45. ③ 46. ④ 47. ①

48. 황동에 납(Pb)을 첨가하여 절삭성을 좋게 한 황동으로 스크류, 시계용 기어 등의 정밀 가공에 사용되는 합금은?

① 리드 브라스(lead brass)
② 문츠 메탈(muntz metal)
③ 틴 브라스(tin brass)
④ 실루민(silumin)

해설 황동에 납(Pb)을 첨가하여 절삭성을 좋게 한 합금은 리드 브라스로서 나사, 시계용 기어, 정밀 가공용으로 사용된다.

49. Fe-C 평형 상태도에서 나타날 수 없는 반응은?

① 포정 반응   ② 편정 반응
③ 공석 반응   ④ 공정 반응

해설 편정 반응은 하나의 액체에서 고체와 다른 종류의 액체를 동시에 형성하는 반응으로 공정 반응과 흡사하지만 하나의 액체만이 변태 반응을 일으켜 상태도에서는 나타날 수 없는 반응이다.

50. 탄소강에 함유된 원소 중에서 고온 메짐(hot shortness)의 원인이 되는 것은?

① Si   ② Mn
③ P   ④ S

해설 고온 메짐(적열 메짐)의 원인이 되는 원소는 유황(S)이다.

51. 나사의 단면도에서 수나사와 암나사의 골밑(골지름)을 도시하는데 적합한 선은?

① 가는 실선   ② 굵은 실선
③ 가는 파선   ④ 가는 1점 쇄선

해설 나사의 도시 방법 중 수나사와 암나사의 골지름은 가는 실선으로 그린다.

52. 일면 개선형 맞대기 용접의 기호로 맞는 것은

① ∨   ② ∨ʹ   ③ ⟩⟨   ④ ○

해설 ①은 V형 맞대기 용접, ②는 일면 개선형 맞대기 용접, ③은 돌출된 모서리를 가진 평판 사이의 맞대기 용접, ④는 점 용접의 기호이다.

53. KS 기계 재료 표시 기호 SS400에서 400은 무엇을 나타내는가?

① 경도   ② 연신율
③ 탄소 함유량 ④ 최저 인장강도

해설 재료 표시 기호에서 SS는 일반 구조용 강이고, 400은 최저 인장강도 또는 항복점을 표시하는 기호이다.

54. 그림과 같은 입체도의 화살표 방향 투상도로 가장 적합한 것은

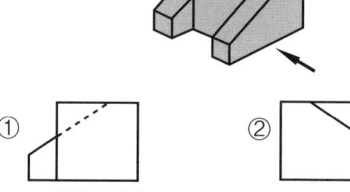

55. 치수 기입의 원칙에 관한 설명 중 틀린 것은?

① 치수는 필요에 따라 기준으로 하는 점, 선, 또는 면을 기준으로 하여 기입한다.
② 대상물의 기능, 제작, 조립 등을 고려하여 필요하다고 생각되는 치수를 명료하게 도면에 지시한다.

정답 48. ① 49. ② 50. ④ 51. ① 52. ② 53. ④ 54. ③ 55. ④

③ 치수 입력에 대해서는 중복 기입을 피한다.
④ 모든 치수에는 단위를 기입해야 한다.

해설 도면에서 치수는 원칙적으로 mm의 단위로 기입을 하고 단위 기호는 붙이지 않는다.

56. 그림과 같은 KS 용접 기호의 해석으로 올바른 것은?

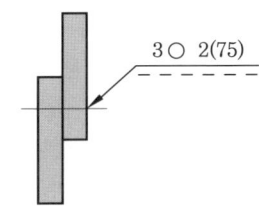

① 지름이 2mm이고 피치가 75mm인 플러그 용접이다.
② 폭이 2mm이고 길이가 75mm인 심 용접이다.
③ 용접 수는 2개이고, 피치가 75mm인 슬롯 용접이다.
④ 용접 수는 2개이고, 피치가 75mm인 스폿(점) 용접이다.

57. 그림과 같은 ㄷ 형강의 치수 기입 방법으로 옳은 것은? (단, L은 형강의 길이를 나타낸다.)

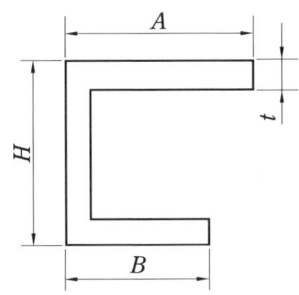

① ㄷ $A \times B \times H \times t - L$
② ㄷ $H \times A \times B \times t - L$
③ ㄷ $B \times A \times H \times t - L$
④ ㄷ $H \times B \times A \times t - L$

58. 그림과 같은 KS 용접 보조 기호의 설명으로 옳은 것은?

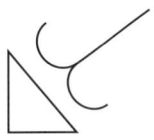

① 필릿 용접부 토우를 매끄럽게 함
② 필릿 용접 중앙부를 볼록하게 다듬질
③ 필릿 용접 끝단부에 영구적인 덮개 판을 사용
④ 필릿 용접 중앙부에 제거 가능한 덮개 판을 사용

해설 필릿 용접의 끝단부를 매끄럽게 다듬질 하라는 보조 기호이다.

59. 선의 종류와 명칭이 잘못된 것은?

① 가는 실선 – 해칭선
② 굵은 실선 – 숨은선
③ 가는 2점 쇄선 – 가상선
④ 가는 1점 쇄선 – 피치선

해설 굵은 실선은 외형선으로 대상물이 보이는 부분의 모양을 표시하는데 쓰인다.

60. 열간 성형 리벳의 종류별 호칭 길이(L)를 표시한 것 중 잘못 표시된 것은?

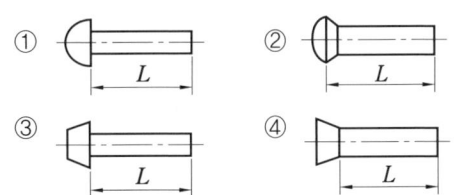

해설 ④ 접시머리는 호칭 길이를 머리 부분까지 한다.

정답 56. ④ 57. ② 58. ① 59. ② 60. ④

제3회 CBT 실전테스트

▶ 피복아크용접/가스텅스텐아크용접/이산화탄소가스아크용접기능사 공통

1. 용착법의 설명으로 틀린 것은?
① 한 부분에 대해 몇 층을 용접하다가 다음 부분의 층으로 연속시켜 용접하는 것이 스킵법이다.
② 잔류 응력이 다소 적게 발생하고 용접 진행 방향과 용착 방향이 서로 반대가 되는 방법이 후진법이다.
③ 각 층마다 전체의 길이를 용접하면서 다층 용접을 하는 방식이 덧살 올림법이다.
④ 한 개의 용접봉으로 살을 붙일만한 길이로 구분해서 홈을 한 부분씩 여러 층으로 쌓아 올린 다음 다른 부분으로 진행하는 용접 방법이 전진 블록법이다.

해설 ㉠ 스킵법(skip method) : 일명 비석법이라고도 하며, 용접 길이를 짧게 나누어 간격을 두면서 용접하는 방법으로 피용접물 전체에 변형이나 잔류 응력이 적게 발생하도록 하는 용착 방법이다.
㉡ 캐스케이드법 : 한 부분에 대해 몇 층을 용접하다가 이것을 다음 부분의 층으로 연속시켜 전체가 계단 형태의 단계를 이루도록 용착시켜 나가는 방법이다. 캐스케이드법과 전진 블록법은 변형과 잔류 응력을 작게 하기 위하여 부분적 용접을 완료한 후에 용접 전체를 마무리하는 방법이다.

2. 연납땜의 용제가 아닌 것은?
① 붕산 ② 염화아연
③ 염산 ④ 염화암모늄

해설 연납용 용제의 종류
㉠ 염산 : 아연 또는 아연 도금 철판에 적합하다.

㉡ 염화아연 : 가장 보편적으로 사용(함석, 구리, 청동)하며, 제거 방법은 물 → 소다 → 물이다.
㉢ 염화암모니아(염화암모늄) : 땜 인두 청정용(철, 구리), 단독으로 사용하지 않는다.
㉣ 식물성 수지 : 비부식성 용제, 송진
㉤ 동물성 수지 : 부식성이 강하고 글리세린, 염화아연과 혼합하여 사용한다. 100℃ 부근 산화물 제거, 납땜부 보호 작용, 전기 부품
㉥ 인산

3. 다음 그림에서 루트 간격을 표시하는 것은?

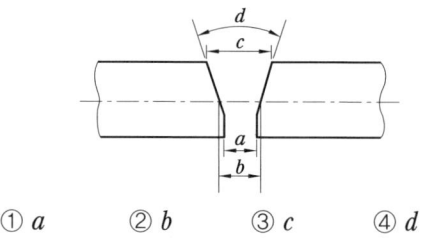

① a ② b ③ c ④ d

해설 그림에서 a는 루트 간격, b는 U형, J형에서의 루트 반지름, c는 표면 간격, d는 홈의 개선 각도이다.

4. 금속 재료 시험법과 시험 목적을 설명한 것으로 틀린 것은?
① 인장 시험 : 인장강도, 항복점, 연신율 계산
② 경도 시험 : 외력에 대한 저항의 크기 측정
③ 굽힘 시험 : 피로 한도 값 측정
④ 충격 시험 : 인성과 취성의 정도 조사

해설 굽힘 시험 : 용접부의 연성과 안전성을 조사하기 위한 시험법으로 용접공의 기능 검정에도 사용되고 있으며 시험하는 표면의 상

정답 1. ① 2. ① 3. ① 4. ③

태에 따라서 표면 굽힘 시험, 이면 굽힘 시험, 측면 굽힘 시험이 있다.

형틀 굽힘 시험 방법

시험 종류	판 두께(mm)	관의 지름(mm)
표면 굽힘	3.0~19	150~300
이면 굽힘	3.0~19	150~300
측면 굽힘	19 이상	–

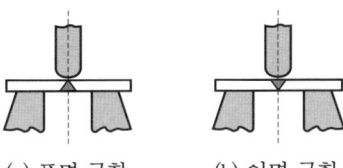

(a) 표면 굽힘   (b) 이면 굽힘

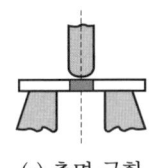

(c) 측면 굽힘

5. 맞대기 용접 이음에서 최대 인장하중이 800 kgf이고, 판 두께가 5 mm, 용접선의 길이가 20 cm일 때 용착 금속의 인장강도는 몇 kgf/mm²인가?

① 0.8 ② 8
③ 80 ④ 800

[해설] 인장강도 = $\dfrac{\text{최대 하중}}{\text{단면적}}$

$= \dfrac{800}{5 \times 200} ≒ 0.8 \,\text{kgf/mm}^2$

6. 용접 결함에서 치수상의 결함에 속하는 것은?

① 기공 ② 슬래그 섞임
③ 변형 ④ 용접 균열

[해설] 치수상 결함의 종류 : 변형, 용접 금속부 크기의 부적당, 용접 금속부 형상의 부적당

7. 플라스마 아크 용접에 사용되는 가스가 아닌 것은?

① 헬륨 ② 수소
③ 아르곤 ④ 암모니아

[해설] 플라스마 아크 용접에 사용되는 가스는 아르곤, 아르곤+수소, 헬륨이다.

8. 응급 처치 구명 4단계에 해당되지 않는 것은?

① 기도 유지 ② 상처 보호
③ 환자의 이송 ④ 지혈

[해설] 응급(구급) 조치의 4단계 : 지혈 → 기도 유지 → 상처 보호 → 쇼크 방지와 치료

9. 불활성 가스 텅스텐 아크 용접의 상품 명칭에 해당되지 않는 것은?

① 헬리아크 ② 아르곤아크
③ 헬리웰드 ④ 필러아크

[해설] 필러아크는 CO_2 용접의 복합 와이어에 한 종류로 퓨즈아크 와이어라고도 한다.

10. 일렉트로 가스 아크 용접에 주로 사용되는 실드 가스는?

① 아르곤 가스 ② CO_2 가스
③ 프로판 가스 ④ 헬륨 가스

[해설] 일렉트로 가스 아크 용접은 수직 용접법으로 탄산가스를 주로 보호 가스로 이용하고 이외에 아르곤, 헬륨 등이 이용된다.

11. 다음 중 텅스텐 아크 절단이 곤란한 금속은?

① 경합금 ② 동합금
③ 비철 금속 ④ 비금속

[정답] 5. ①　6. ③　7. ④　8. ③　9. ④　10. ②　11. ④

해설 TIG 절단에 사용되는 금속은 알루미늄, 마그네슘, 구리와 구리 합금, 스테인리스강 등이다. 금속 재료의 절단에만 이용되며 플라스마 제트와 같이 아크를 냉각하고, 열적 핀치 효과에 의하여 고온, 고속 절단을 한다.

12. 다음 중 절단 작업과 관계가 가장 적은 것은?
① 산소창 절단 ② 아크 에어 가우징
③ 크레이터 ④ 분말 절단

해설 절단 작업은 가스 절단, 탄소 아크 절단, 금속 아크 절단, 산소 아크 절단, 불활성 가스 아크 절단, 플라스마 절단, 아크 에어 가우징 등이 있으며, 크레이터는 비드의 끝 부분에 오목하게 들어간 곳을 말한다.

13. 다음 중 포갬 절단(stack cutting)에 관한 설명으로 틀린 것은?
① 예열 불꽃으로 산소-아세틸렌 불꽃보다 산소-프로판 불꽃이 적합하다.
② 절단 시 판과 판 사이에는 산화물이나 불순물을 깨끗이 제거하여야 한다.
③ 판과 판 사이에 틈새는 0.1mm 이상으로 포개어 압착시킨 후 절단하여야 한다.
④ 6mm 이하의 비교적 얇은 판을 작업 능률을 높이기 위하여 여러 장 겹쳐 놓고 한 번에 절단하는 방법을 말한다.

해설 포갬 절단은 비교적 얇은 판(6mm이하)을 작업 능률을 높이기 위하여 여러 장 겹쳐 놓고 한 번에 절단하는 방법이며 절단 시 판과 판 사이에는 산화물이나 불순물을 깨끗이 제거하고 0.08mm 이하의 틈이 생기도록 포개어 압착시킨 후 절단 작업을 하며, 예열 불꽃은 산소-아세틸렌보다 산소-프로판 불꽃이 적합하다.

14. 이산화탄소 가스 아크 용접에서 용착 속도에 따른 내용 중 틀린 것은?
① 와이어 용융 속도는 아크 전류에 거의 정비례하여 증가한다.
② 용접 속도가 빠르면 모재의 입열이 감소한다.
③ 용착률은 일반적으로 아크 전압이 높은 쪽이 좋다.
④ 와이어 용융 속도는 와이어의 지름과는 거의 관계가 없다.

해설 ㉠ 용접 속도 : 용접 속도가 빠르면 모재의 입열(入熱)이 감소되어 용입이 얕고 비드 폭이 좁으며 반대로 늦으면 아크의 바로 밑으로 용융 금속이 흘러들어 아크의 힘을 약화시키므로 용입이 얕고 비드 폭이 넓은 평탄한 비드를 형성한다.
㉡ 아크 전압 : 아크 전압이 높으면 비드가 넓어지고 납작해지며 지나치게 높으면 기포가 발생한다. 너무 낮으면 볼록하고 좁은 비드를 형성하며 와이어가 녹지 않고 모재 바닥을 부딪히며 토치를 들고 일어나는 현상이 생긴다.

15. 용접 작업 중 전격 방지 대책으로 틀린 것은?
① 용접기의 내부에 함부로 손을 대지 않는다.
② 홀더의 절연 부분이 파손되면 보수하거나 교체한다.
③ 숙련공은 가죽장갑, 앞치마 등의 보호구를 착용하지 않아도 된다.
④ 용접 작업이 끝났을 때는 반드시 스위치를 차단한다.

해설 전격 방지를 위해서는 숙련공이라도 반드시 전격 위험 방지용 장갑(특히 고무제품 등), 앞치마 등의 보호구를 착용해야 한다.

정답 12. ③ 13. ③ 14. ③ 15. ③

16. 저항 용접의 종류 중에서 맞대기 용접이 아닌 것은?

① 프로젝션 용접　② 업셋 용접
③ 플래시 버트 용접　④ 퍼커션 용접

해설 프로젝션 용접은 일명 돌기 용접이라고도 하며 점 용접과 비슷하다. 모재에 한쪽 또는 양쪽에 돌기를 만들어 이 부위에 집중적으로 전류를 통하게 하여 압접하는 겹치기 저항 용접으로서 겹치기에는 점, 돌기, 심 용접이 있고 맞대기에는 업셋, 플래시, 맞대기 심, 퍼커션 등이 있다.

17. 가스 용접에서 매니폴드를 설치할 경우 고려할 사항으로 틀린 것은?

① 순간 최소 사용량
② 가스 용기를 교환하는 주기
③ 필요한 가스 용기의 수
④ 사용량에 적합한 압력 조정기 및 안전기

해설 가스 용접 시 매니폴드를 설치할 경우 고려할 사항으로는 순간 최대 사용량, 가스 용기를 교환하는 주기, 필요한 가스 용기의 수, 사용량에 적합한 압력 조정기 및 안전기가 있다. 그리고 역화 방지기, 가스 누설 경보기 등을 적합한 것으로 사용한다.

18. 탄산가스 아크 용접법으로 주로 용접하는 금속은?

① 연강　② 구리와 동합금
③ 스테인리스강　④ 알루미늄

해설 탄산가스를 이용하는 용접법은 탄소강과 저합금강의 전용 용접법이다.

19. 이산화탄소 가스 아크 용접에서 아크 전압이 높을 때 비드 형상으로 맞는 것은?

① 비드가 넓어지고 납작해진다.
② 비드가 좁아지고 납작해진다.
③ 비드가 넓어지고 볼록해진다.
④ 비드가 좁아지고 볼록해진다.

해설 아크 전압이 높으면 비드가 넓어지고 납작해지며 지나치게 높으면 기포가 발생한다. 너무 낮으면 볼록하고 좁은 비드를 형성하며 와이어가 녹지 않고 모재 바닥을 부딪히며 토치를 들고 일어나는 현상이 생긴다.

20. 크레이터 처리 미숙으로 일어나는 결함이 아닌 것은?

① 냉각 중에 균열이 생기기 쉽다.
② 파손이나 부식의 원인이 된다.
③ 불순물과 편석이 남게 된다.
④ 용접봉의 단락 원인이 된다.

해설 크레이터는 용접 중에 아크를 중단시키면 중단된 부분이 오목하거나 납작하게 파진 모습으로 불순물과 편석이 남게 되고 냉각 중에 균열이 발생할 우려가 있어 아크 중단 시 완전하게 메꾸어 주는 것을 크레이터 처리라고 한다.

21. 일반적으로 많이 사용되는 용접 변형 방지법이 아닌 것은?

① 비녀장법　② 억제법
③ 도열법　④ 역변형법

해설 용접 변형 방지법
㉠ 용접 전 변형 방지 : 억제법, 역변형법
㉡ 용접 시공에 의한 방법 : 대칭법, 후퇴법, 교호법, 비석법 등
㉢ 용접부의 변형과 응력 제거 방법 : 피닝법
㉣ 모재의 입열을 막는 방법 : 도열법

22. 서브머지드 아크 용접 장치의 구성 부분이 아닌 것은?

정답　16. ①　17. ①　18. ①　19. ①　20. ④　21. ①　22. ①

① 수냉동판   ② 콘택드 팁
③ 주행 대차 ④ 가이드 레일

해설 ㉠ 서브머지드 아크 용접의 장치(구성) 요소 : 용접 전원, 전압 제어상자(컨트롤 박스), 와이어 피드 장치, 접촉 팁(콘택트 팁), 용접 와이어, 용제 호퍼, 주행 대차 등으로 되어 있으며 용접 전원을 제외한 나머지를 용접 헤드라 한다.
㉡ 수냉동판은 일렉트로 슬래그나 일렉트로 가스 용접에서 이동판으로 사용된다.

23. 산소 용기의 취급상 주의할 점이 아닌 것은?

① 운반 중에 충격을 주지 말 것
② 그늘진 곳을 피하여 직사광선이 드는 곳에 둘 것
③ 산소 누설 시험에는 비눗물을 사용할 것
④ 산소 용기의 운반 시 밸브를 닫고 캡을 씌워서 이동할 것

해설 산소 용기 보관의 주의사항
㉠ 충격을 주지 말 것
㉡ 항상 40℃ 이하로 그늘진 곳에 보관하고 직사광선을 피할 것
㉢ 화기에서 5m 이상 멀리 두고 기름, 그리스 등 발화하기 쉬운 물질을 피할 것

24. 2개의 모재에 압력을 가해 접촉시킨 다음 접촉면에 상대 운동을 시켜 접촉면에서 발생하는 열을 이용하여 이음 압접하는 용접법을 무엇이라 하는가?

① 초음파 용접 ② 냉간 압접
③ 마찰 용접   ④ 아크 용접

해설 ㉠ 초음파 용접 : 용접 모재를 겹쳐서 용접 팁과 하부 앤빌 사이에 끼워 놓고, 압력을 가하면서 초음파(18kHz 이상) 주파수로 진동시켜 그 진동 에너지에 의해 접촉부에 진동 마찰열을 발생시켜 압접하는 방법
㉡ 냉간 압접 : 순수한 두 개의 금속을 옹스트롬($Å = 10^{-8}$cm) 단위의 거리로 가까이 하면 자유 전자가 공동화되고 결정 격자점의 양이온과 서로 작용하여 인력으로 인하여 금속 원자를 결합시키는 단순한 가압 방식
㉢ 마찰 용접 : 용접하고자 하는 모재를 맞대어 접합면의 고속 회전에 의해 발생된 마찰열을 이용하여 압접하는 방식

25. 아크 용접기의 구비조건으로 틀린 것은?

① 구조 및 취급이 간단해야 한다.
② 용접 중 온도 상승이 커야 한다.
③ 아크 발생 및 유지가 용이하고 아크가 안정되어야 한다.
④ 역률 및 효율이 좋아야 한다.

해설 용접기는 사용 중에 온도 상승이 작아야 한다.

26. 직류 아크 용접의 정극성에 대한 결선 상태가 맞는 것은?

① 용접봉(−), 모재(+)
② 용접봉(+), 모재(−)
③ 용접봉(−), 모재(−)
④ 용접봉(+), 모재(+)

해설 ㉠ 극성은 직류(DC)에서만 존재하며 종류는 직류 정극성(DCSP : Direct Current Straight Polarity)과 직류 역극성(DCRP : Direct Current Reverse Polarity)이 있다.
㉡ 일반적으로 양극(+)에서 발열량이 70% 이상 나온다.
㉢ 정극성일 때 모재에 양극(+)을 연결하므로 모재 측에서 열 발생이 많아 용입이 깊고 좁게 되며, 음극(−)에 연결하는 용접봉은 천천히 녹는다.

정답 23. ② 24. ③ 25. ② 26. ①

ⓔ 역극성일 때 모재에 음극(-)을 연결하므로 모재 측에서 열 발생이 적어 용입이 얕고 넓게 되며, 용접봉은 양극(+)에 연결하므로 빨리 녹는다.
ⓜ 일반적으로 모재가 용접봉에 비하여 두꺼워 모재 측에 양극(+)을 연결하는 것을 정극성이라 한다.

27. 가스 절단 속도와 절단 산소의 순도에 관한 설명으로 옳은 것은?

① 절단 속도는 절단 산소의 압력이 높고, 산소 소비량이 많을수록 정비례하여 증가한다.
② 절단 속도는 모재의 온도가 낮을수록 고속 절단이 가능하다.
③ 산소 중에 불순물이 증가되면 절단 속도가 빨라진다.
④ 산소의 순도(99% 이상)가 높으면 절단 속도가 느리다.

해설 절단 시 산소 순도의 영향
- 절단 작업에 사용되는 산소의 순도는 99.5% 이상이어야 하며, 이하 시 작업 능률이 저하된다.
- 절단 산소 중의 불순물 증가 시의 현상
  ㉠ 절단 속도가 늦어진다.
  ㉡ 절단면이 거칠며 산소의 소비량이 많아진다.
  ㉢ 절단 가능한 판의 두께가 얇아지며 절단 시작 시간이 길어진다.
  ㉣ 슬래그 이탈성이 나쁘고 절단 홈의 폭이 넓어진다.

28. 가변압식 토치의 팁 번호가 400번을 사용하여 중성 불꽃으로 1시간 동안 용접할 때, 아세틸렌 가스의 소비량은 몇 L인가?

① 400   ② 800   ③ 1600   ④ 2400

해설 ㉠ 가변압식(프랑스식) : 1시간 동안 중성 불꽃으로 용접하는 경우 아세틸렌의 소비량을 (L)로 나타낸다. 예를 들어 팁 번호가 100, 200, 300이라는 것은 매시간의 아세틸렌 소비량이 중성 불꽃으로 용접 시 100L, 200L, 300L라는 뜻이다.
㉡ 불변압식(독일식) : 연강판 용접 시 용접할 수 있는 판의 두께를 기준으로 팁의 능력을 표시한다. 예를 들어 1mm 두께의 연강판 용접에 적합한 팁의 크기를 1번, 두께 2mm 판에는 2번 팁 등으로 표시한다.

29. 피복 아크 용접에서 일반적으로 용접 모재에 흡수되는 열량은 용접 입열의 몇 %인가?

① 40~50%   ② 50~60%
③ 75~85%   ④ 90~100%

해설 일반적으로 모재에 흡수되는 열량은 입열의 75~85% 정도가 보통이다.

30. 다음 중 용접기의 특성에 있어 수하 특성의 역할로 가장 적합한 것은?

① 열량의 증가   ② 아크의 안정
③ 아크 전압의 상승   ④ 저항의 감소

해설 수하 특성은 용접 작업 중 아크를 안정하게 지속시키기 위하여 필요한 특성으로 피복 아크 용접, TIG 용접처럼 토치의 조작을 손으로 함에 따라 아크의 길이를 일정하게 유지하는 것이 곤란한 용접법에 적용된다.

31. 탄소 아크 절단에 주로 사용되는 용접 전원은?

① 직류 정극성   ② 직류 역극성
③ 용극성   ④ 교류 역극성

해설 탄소 아크 절단에는 직류 정극성이 사용되나 교류라도 절단이 가능하다. 사용 전류가 300A 이하에서는 보통 홀더를 사용하나 이상에서는 수랭식 홀더를 사용하는 것이 좋다.

정답 27. ① 28. ① 29. ③ 30. ② 31. ①

32. 연강용 피복 아크 용접봉의 심선에 대한 설명으로 옳지 않은 것은?

① 주로 저탄소 림드강이 사용된다.
② 탄소 함량이 많은 것으로 사용한다.
③ 황(S)이나 인(P) 등의 불순물을 적게 함유한다.
④ 규소(Si)의 양을 적게 하여 제조한다.

[해설] 탄소의 함유량이 많은 것을 사용하면 용융 온도가 저하되고 냉각 속도가 커져 균열의 원인이 되기 때문에 탄소 함량이 적은 것을 사용한다.

33. 용접 홀더 종류 중 용접봉을 잡는 부분을 제외하고는 모두 절연되어 있어 안전 홀더라고도 하는 것은?

① A형　　② B형
③ C형　　④ D형

[해설] KS C 9607에 규정된 용접용 홀더의 종류에서 A형은 손잡이 부분을 포함하여 전체가 절연된 것이고, B형은 손잡이 부분만 절연된 것으로 A형을 안전 홀더라고 한다.

34. 수중 가스 절단에서 주로 사용되는 가스는?

① 아세틸렌 가스　　② 도시 가스
③ 프로판 가스　　　④ 수소 가스

[해설] 수중 절단은 절단 팁의 외측에 압축공기를 보내어 물을 배제하고, 예열 가스는 산소와 수소의 혼합 가스로 공기 중에 4~8배, 절단 산소의 압력은 1.5~2배로 한다.

35. 가스 용접에 사용되는 연료 가스의 일반적 성질 중 틀린 것은?

① 불꽃의 온도가 높아야 한다.
② 연소 속도가 늦어야 한다.
③ 발열량이 커야한다.
④ 용융 금속과 화학 반응을 일으키지 말아야 한다.

[해설] 연료 가스의 일반적 성질
㉠ 불꽃의 온도가 금속의 용융점 이상으로 높을 것(순철은 1540℃, 일반 철강은 1230~1500℃)
㉡ 연소 속도가 빠를 것(표준 불꽃이 아세틸렌 1:산소 2.5(1.5는 공기 중 산소), 프로판 1:산소 4.5정도 필요하다)
㉢ 발열량이 클 것
㉣ 용융 금속에 산화 및 탄화 등의 화학 반응을 일으키지 않을 것

36. AW-250, 무부하 전압 80V, 아크 전압 20V인 교류 용접기를 사용할 때 역률과 효율은 각각 약 얼마인가? (단, 내부 손실은 4kW이다.)

① 역률 : 45%, 효율 : 56%
② 역률 : 48%, 효율 : 69%
③ 역률 : 54%, 효율 : 80%
④ 역률 : 69%, 효율 : 72%

[해설] ㉠ 역률 $= \dfrac{\text{소비전력(kW)}}{\text{전원입력(kVA)}} \times 100$

$= \dfrac{(\text{아크 전압} \times \text{아크 전류}) + \text{내부 손실}}{(2\text{차 무부하 전압} \times \text{아크 전류})} \times 100$

$= \dfrac{(20 \times 250) + 4000}{80 \times 250} \times 100 = 45\%$

㉡ 효율 $= \dfrac{\text{아크 출력(kW)}}{\text{소비전력(kW)}} \times 100$

$= \dfrac{(\text{아크 전압} \times \text{아크 전류})}{(\text{아크 전압} \times \text{아크 전류}) + \text{내부 손실}} \times 100$

$= \dfrac{20 \times 250}{(20 \times 250) + 4000} \times 100 ≒ 56\%$

37. 용접 이음에 대한 특성 설명 중 옳은 것은?

[정답] 32. ②　33. ①　34. ④　35. ②　36. ①　37. ④

① 복잡한 구조물 제작이 어렵다.
② 기밀, 수밀, 유밀성이 나쁘다.
③ 변형의 우려가 없어 시공이 용이하다.
④ 이음 효율이 높고 성능이 우수하다.

해설 용접 이음에서는 이음 강도의 100%까지 누수가 없고 용접 이음 효율은 100%이다.

38. 가스 용접에서 전진법과 비교한 후진법의 특성을 설명한 것으로 틀린 것은?

① 열 이용률이 좋다
② 용접 속도가 빠르다.
③ 용접 변형이 작다.
④ 산화 정도가 심하다.

해설 후진법의 특성은 문제의 ①, ②, ③ 외에 산화 정도가 약하고, 사용 모재의 두께가 두껍고, 용착 금속의 냉각이 전진법보다 서랭이 되며 홈의 각도가 작아도 된다.

39. 피복 금속 아크 용접봉에서 피복제의 주된 역할에 대한 설명으로 틀린 것은?

① 아크를 안정시키고, 스패터의 발생을 적게 한다.
② 산화성 분위기로 대기 중의 산화, 질화 등의 해를 방지한다.
③ 용착 금속의 탈산 정련 작용을 한다.
④ 전기 절연 작용을 한다.

해설 피복제는 중성 또는 환원성 분위기로 대기 중으로부터 산화, 질화 등의 해를 방지하여 용착 금속을 보호한다.

40. 용접용 고장력강에 해당되지 않는 것은?

① 망간(실리콘)강   ② 몰리브덴 함유강
③ 인 함유강   ④ 주강

해설 고장력강은 약 0.15% C인 강재로, 보통 하이텐(High tensile steel, HT)이라고 부르기도 하며, 주로 Si-Mn계나 Ni, Cr, V, Mn, Mo, P 등을 소량 함유한 강이다.

41. 화염 경화법의 장점이 아닌 것은?

① 국부적인 담금질이 가능하다.
② 일반 담금질에 비해 담금질 변형이 적다.
③ 부품의 크기나 형상에 제한이 없다.
④ 가열 온도의 조절이 쉽다.

해설 • 화염 경화법의 장점
  ㉠ 부품의 크기나 형상에 제한이 없다.
  ㉡ 국부 담금질이 가능하다.
  ㉢ 일반 담금질법에 비해 담금질 변형이 적다.
  ㉣ 설비비가 적다.
• 단점 : 가열 온도의 조절이 어렵다.

42. 탄소강에 함유된 구리(Cu)의 영향으로 틀린 것은?

① Ar_1 변태점을 저하시킨다.
② 강도, 경도, 탄성 한도를 증가시킨다.
③ 내식성을 저하시킨다.
④ 다량 함유하면 강재 압연 시 균열의 원인이 되기도 한다.

해설 탄소강 중에 함유된 구리(Cu)의 영향은 인장강도, 경도, 부식 저항(내식성) 증가, 압연 시 균열 발생 등이 있으며, 압연 시 균열 발생은 Ni 존재 시 구리에 해를 감소시키고 Sn 존재 시 구리에 해를 증가시킨다.

43. 실용 금속 중 밀도가 유연하며, 윤활성이 좋고 내식성이 우수하며, 방사선의 투과도가 낮은 것이 특징인 금속은?

① 니켈(Ni)   ② 아연(Zn)
③ 구리(Cu)   ④ 납(Pb)

해설 납은 비중 11.3, 용융점 327℃로 유연한 금속이며 방사선 투과도가 낮은 금속이다.

정답 38. ④ 39. ② 40. ④ 41. ④ 42. ③ 43. ④

44. 구리의 일반적인 성질 설명으로 틀린 것은?

① 체심입방정(BCC) 구조로서 성형성과 단조성이 나쁘다.
② 화학적 저항력이 커서 부식되지 않는다.
③ 내산화성, 내수성, 내염수성의 특성이 있다.
④ 전기 및 열의 전도성이 우수하다.

해설 구리는 면심입방격자로서 변태점이 없고 비자성체, 전기 및 열의 양도체이다.

45. 다음 중 마그네슘에 관한 설명으로 틀린 것은?

① 실용 금속 중 가장 가벼우며, 절삭성이 우수하다.
② 조밀육방격자를 가지며, 고온에서 발화하기 쉽다.
③ 냉간 가공이 거의 불가능하여 일정 온도에서 가공한다.
④ 내식성이 우수하여 바닷물에 접촉하여도 침식되지 않는다.

해설 마그네슘의 성질
㉠ 비중 1.74(실용 금속 중 가장 가볍다), 용융점 650℃, 재결정 온도 150℃이다.
㉡ 조밀육방격자, 고온에서 발화하기 쉽다.
㉢ 대기 중에서 내식성이 양호하나 산이나 염류에는 침식되기 쉽다.
㉣ 냉간 가공이 거의 불가능하여 200℃ 정도에서 열간 가공한다.
㉤ 250℃ 이하에서 크리프(creep) 특성은 Al 보다 좋다.

46. 구리, 마그네슘, 망간, 알루미늄으로 조성된 고강도 알루미늄 합금은?

① 실루민   ② Y 합금
③ 두랄루민   ④ 포금

해설 두랄루민이란 단조용 알루미늄 합금의 대표적인 것으로 강력 알루미늄 합금으로는 초두랄루민, 초강 두랄루민(일명 ESD 합금) 등이 있다.

47. 강괴를 용강의 탈산 정도에 따라 분류할 때 해당되지 않는 것은?

① 킬드강   ② 세미 킬드강
③ 정련강   ④ 림드강

해설 강괴는 탈산 정도에 따라 림드강 → 세미 킬드강 → 킬드강으로 분류되고 탈산제는 탈산 능력에 따라 망간 → 규소 → 알루미늄의 순서로 된다.

48. 스테인리스강의 내식성 향상을 위해 첨가하는 가장 효과적인 원소는?

① Zn   ② Sn   ③ Cr   ④ Mg

해설 스테인리스강(STS : stainless steel)은 강에 Ni, Cr을 다량 첨가하여 내식성을 현저히 향상시킨 강으로 대기 중, 수중, 산 등에 잘 견딘다.

49. 순철의 동소체가 아닌 것은?

① α철   ② β철   ③ γ철   ④ δ철

해설 순철(pure iron)에는 α, γ, δ의 3개의 동소체가 있는데 α철은 910℃(A_3 변태) 이하에서는 체심입방격자이고 δ철은 910℃로부터 약 1400℃(A_4 변태) 사이에서 면심입방격자이며 δ철은 약 1400℃에서 용융점 1538℃ 사이에서 체심입방격자이다.

50. 인장강도 70 kgf/mm² 이상 용착 금속에서는 다층 용접하면 용접한 층이 다음 층에 의하여 뜨임이 된다. 이때 어떤 변화가 생기는가?

정답 44. ① 45. ④ 46. ③ 47. ③ 48. ③ 49. ② 50. ①

① 뜨임 취화   ② 뜨임 연화
③ 뜨임 조밀화 ④ 뜨임 연성

해설 뜨임 취성은 200~400℃에서 뜨임을 한 후 충격치가 저하되어 강의 취성이 커지는 현상으로 Mo를 첨가하면 방지할 수 있다(가장 주의할 취성은 300℃이다).
㉠ 저온 뜨임 취성 : 250~300℃
㉡ 1차 뜨임 취성(뜨임 시효 취성) : 500℃ 부근 → Mo 첨가 시 방지 효과가 없다.
㉢ 2차 뜨임 취성(뜨임 서랭 취성) : 525~600℃ → Mo 첨가 시 방지 효과가 있다.

51. 물체에 인접하는 부분을 참고로 도시할 경우에 사용하는 선은?

① 가는 실선   ② 가는 파선
③ 가는 1점 쇄선 ④ 가는 2점 쇄선

해설 도면에서의 선의 종류
㉠ 굵은 실선 : 외형선
㉡ 가는 실선 : 치수선, 치수 보조선, 지시선, 회전 단면선, 중심선, 수준면선
㉢ 가는 파선 또는 굵은 파선 : 숨은선
㉣ 가는 1점 쇄선 : 중심선, 기준선, 피치선
㉤ 굵은 1점 쇄선 : 특수 지정선
㉥ 가는 2점 쇄선 : 가상선, 무게중심선
㉦ 불규칙한 파형의 가는 실선 또는 지그재그 선 : 파단선

52. 위쪽이 다음 그림과 같이 경사지게 절단된 원통의 전개 방법으로 가장 적당한 것은?

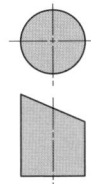

① 삼각형 전개법 ② 방사선 전개법
③ 평행선 전개법 ④ 사변형 전개법

53. 다음 그림과 같은 배관도면에 표시된 밸브의 명칭은?

① 체크 밸브   ② 이스케이프 밸브
③ 슬루스 밸브 ④ 리프트 밸브

54. 리벳 이음(rivet joint) 단면의 표시법으로 가장 올바르게 투상된 것은?

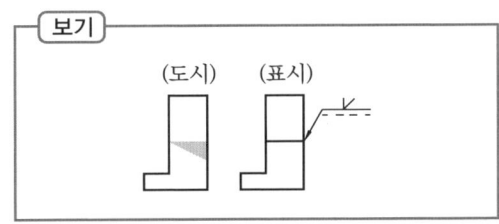

55. 다음 [보기]와 같이 도시된 용접부 형상을 표시한 KS 용접 기호의 명칭으로 올바른 것은?

① 일면 개선형 맞대기 용접
② V형 맞대기 용접
③ 플랜지형 맞대기 용접
④ J형 이음 맞대기 용접

56. 도면용으로 사용하는 A2 용지의 크기로 맞는 것은?

① 841×1189   ② 594×841
③ 420×594   ④ 270×420

57. KS 재료 기호 SM10C에서 10C는 무엇을 뜻하는가?

정답 51. ④ 52. ③ 53. ① 54. ④ 55. ① 56. ③ 57. ③

① 제작 방법　② 종별 번호
③ 탄소 함유량　④ 최저 인장강도

58. 그림과 같이 제3각법으로 정투상한 도면의 입체도로 가장 적합한 것은?

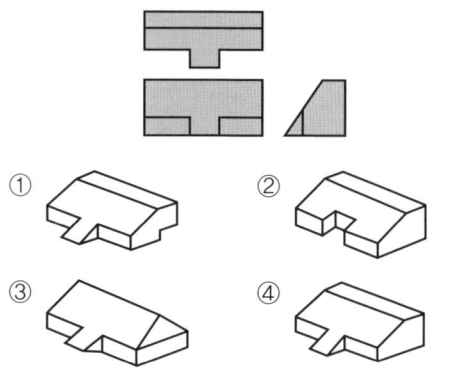

59. 그림의 도면에서 리벳의 개수는?

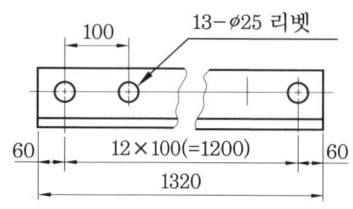

① 12개　② 13개
③ 25개　④ 100개

[해설] 리벳의 같은 간격으로 연속하는 같은 종류의 구멍 표시 방법은 "간격의 수×간격의 치수=합계 치수"로 표시한다.

60. 그림의 입체도에서 화살표 방향을 정면으로 하여 3각법으로 정투상한 도면으로 가장 적합한 것은?

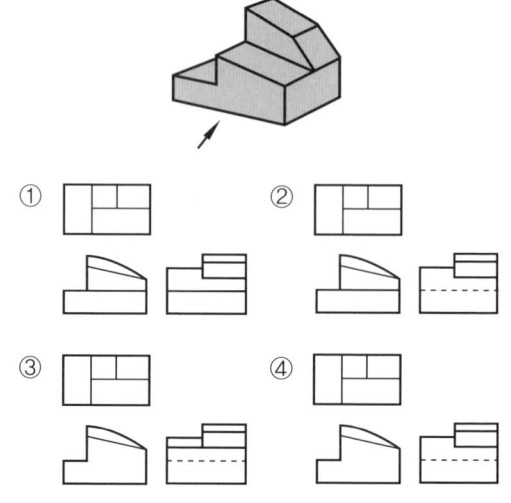

[정답] 58. ④　59. ②　60. ③

제4회 CBT 실전테스트

▶ 피복아크용접/가스텅스텐아크용접/이산화탄소가스아크용접기능사 공통

1. 용접 구조물의 제작도면에 사용되는 보조 기능 중 RT는 비파괴 시험 중 무엇을 뜻하는가?

① 초음파 탐상 시험　② 자기 분말 탐상 시험
③ 침투 탐상 시험　④ 방사선 투과 시험

[해설] 용접 시험 종류의 기호

기호	시험의 종류
RT	방사선 투과 시험
UT	초음파 탐상 시험
MT	자분 탐상 시험
PT	침투 탐상 시험
ET	와류 탐상 시험
ST	변형도 측정 시험
VT	육안 시험
LT	누설 시험
PRT	내압 시험
AET	어코스틱 에미션 시험

2. CO_2 가스 아크 용접의 보호 가스 설비에서 히터 장치가 필요한 가장 중요한 이유는?

① 액체 가스가 기체로 변하면서 열을 흡수하기 때문에 조정기의 동결을 막기 위하여
② 기체 가스를 냉각하여 아크를 안정하게 하기 위하여
③ 동절기의 용접 시 용접부의 결함 방지와 안전을 위하여
④ 용접부의 다공성을 방지하기 위하여 가스를 예열하여 산화를 방지하기 위하여

[해설] CO_2 아크 용접 보호 가스 설비는 용기(cylinder), 히터, 조정기, 유량계 및 가스 연결용 호스로 구성된다. CO_2 가스 압력은 실린더 내부 압력으로부터 조정기를 통해 나오면서 배출 압력으로 낮아져 상당한 열을 주위로부터 흡수하여 조정기와 유량계가 얼어버리므로 이를 방지하기 위하여 대개 CO_2 유량계는 히터가 붙어 있다.

3. 용접 작업의 경비를 절감시키기 위한 유의 사항 중 틀린 것은?

① 용접봉의 적절한 선정
② 용접사의 작업 능률의 향상
③ 용접 지그를 사용하여 위보기 자세의 시공
④ 고정구를 사용하여 능률 향상

[해설] 용접 경비의 절감
㉠ 용접봉의 적절한 선정과 그 경제적 사용 방법
㉡ 재료 절약을 위한 방법과 고정구 사용에 의한 능률 향상
㉢ 용접 지그의 사용에 의한 아래보기 자세의 채용
㉣ 용접사의 작업 능률의 향상
㉤ 적절한 품질 관리와 검사 방법 및 적절한 용접 방법의 채용

4. 용접 지그를 사용하여 용접했을 때 얻을 수 있는 장점이 아닌 것은?

① 구속력을 크게 하면 잔류 응력이나 균열을 막을 수 있다.
② 동일 제품을 대량 생산할 수 있다.
③ 제품의 정밀도와 신뢰성을 높일 수 있다.
④ 작업을 용이하게 하고 용접 능률을 높인다.

정답 1. ④　2. ①　3. ③　4. ①

해설 용접 지그 사용 시 장점
 ㉠ 아래보기 자세로 용접을 할 수 있다.
 ㉡ 용접 조립의 단순화 및 자동화가 가능하고 제품의 정밀도가 향상된다.
 ㉢ 동일 제품을 대량 생산할 수 있고 용접 능률을 높인다.

5. 피복 아크 용접용 기구 중 홀더(holder)에 관한 사항 중 옳지 않은 것은?

① 용접봉을 고정하고 용접 전류를 용접 케이블을 통하여 용접봉 쪽으로 전달하는 기구이다.
② 홀더 자신은 전기저항과 용접봉을 고정시키는 조(jaw) 부분의 접촉 저항에 의한 발열이 되지 않아야 한다.
③ 홀더가 400호라면 정격 2차 전류가 400A임을 의미한다.
④ 손잡이 이외의 부분까지 절연체로 감싸서 전격의 위험을 줄이고 온도 상승에도 견딜 수 있는 일명 안전 홀더, 즉 B형을 선택하여 사용한다.

해설 피복 아크 용접에 사용되는 용접 홀더는 A형과 B형이 있다. A형은 안전 홀더라고 하며 손잡이 외의 부분까지도 사용 중의 온도에 견딜 수 있는 절연체로 감전의 위험이 없도록 싸 놓은 형태이며, B형은 손잡이 부분 외에는 전기적으로 절연되지 않고 노출된 형태이다.

6. 다음 중 가스 용접용 용제(flux)에 대한 설명으로 옳은 것은?

① 용제는 용융 온도가 높은 슬래그를 생성한다.
② 용제의 융점은 모재의 융점보다 높은 것이 좋다.
③ 용착 금속의 표면에 떠올라 용착 금속의 성질을 불량하게 한다.
④ 용제는 용접 중에 생기는 금속의 산화물 또는 비금속 개재물을 용해한다.

해설 용제는 용접 중에 생기는 금속의 산화물 또는 비금속 개재물을 용해하여 용융 온도가 낮은 슬래그를 만들고 용융 금속의 표면에 떠올라 용착 금속의 성질을 양호하게 한다.

7. CO_2 가스 아크 용접에서 솔리드 와이어에 비교한 복합 와이어의 특징을 설명한 것으로 틀린 것은?

① 양호한 용착 금속을 얻을 수 있다.
② 스패터가 많다.
③ 아크가 안정된다.
④ 비드 외관이 깨끗하며 아름답다.

해설 • 솔리드 와이어
 ㉠ 단락 이행 방법으로 박판 용접이나 전자세 용접에서부터 고전류에 의한 후판 용접까지 가장 널리 사용된다.
 ㉡ 스패터가 많다.
 ㉢ 아르곤 가스를 혼합하면 스패터가 감소하여 작업성 등 용접 품질이 향상된다.
• 복합 와이어 : 좋은 비드를 얻을 수 있으나 전자세 용접을 할 수 없고, 용착 속도나 용착 효율 등에서는 솔리드 와이어에 뒤지며 슬래그 섞임이 발생할 수 있다.

8. MIG 용접에서 사용되는 와이어 송급 장치의 종류가 아닌 것은?

① 푸시 방식(push type)
② 풀 방식(pull type)
③ 펄스 방식(pulse type)
④ 푸시 풀 방식(push-pull type)

해설 MIG 용접에서 사용되는 와이어 송급 방식은 푸시(push), 풀(pull), 푸시 풀(push-pull), 더블 푸시(double-push) 방식 등 4가지가 사용된다.

9. 침투 탐상 검사법의 장점이 아닌 것은?

정답 5. ④ 6. ④ 7. ② 8. ③ 9. ③

① 시험 방법이 간단하다.
② 고도의 숙련이 요구되지 않는다.
③ 검사체의 표면이 침투제와 반응하여 손상되는 제품도 탐상할 수 있다.
④ 제품의 크기, 형상 등에 크게 구애받지 않는다.

해설
• 침투 탐상 검사의 장점
  ㉠ 시험 방법이 간단하고 고도의 숙련이 요구되지 않는다.
  ㉡ 제품의 크기, 형상 등에 크게 구애받지 않는다.
  ㉢ 국부적 시험, 미세한 균열도 탐상이 가능하고 판독이 쉬우며 비교적 가격이 저렴하다.
  ㉣ 철, 비철, 플라스틱, 세라믹 등 거의 모든 제품에 적용이 용이하다.
• 침투 탐상 검사의 단점
  ㉠ 시험 표면이 열려 있는 상태이어야 검사가 가능하며, 너무 거칠거나 기공이 많으면 허위 지시 모양을 만든다.
  ㉡ 시험 표면이 침투제 등과 반응하여 손상을 입는 제품은 검사할 수 없고 후처리가 요구된다.
  ㉢ 주변 환경, 특히 온도에 민감하여 제약을 받고 침투제가 오염되기 쉽다.

10. 가스 용접 토치의 취급상 주의사항으로 틀린 것은?

① 토치를 작업장 바닥이나 흙 속에 방치하지 않는다.
② 팁을 바꿔 끼울 때는 반드시 양쪽 밸브를 모두 열고 난 다음 행한다.
③ 토치를 망치 등 다른 용도로 사용해서는 안 된다.
④ 작업 중 발생하기 쉬운 역류, 역화, 인화에 항상 주의하여야 한다.

해설 가스 용접의 토치 취급상의 주의사항
㉠ 팁 및 토치를 작업장 바닥이나 흙 속에 함부로 방치하지 않는다.
㉡ 점화되어 있는 토치를 아무 곳에나 함부로 방치하지 않는다(주위에 인화성 물질이 있을 때 화재 및 폭발 위험).
㉢ 토치를 망치나 갈고리 대용으로 사용하지 않는다(토치는 구리 합금으로 강도가 약하여 쉽게 변형됨).
㉣ 팁을 바꿔 끼울 때는 반드시 양쪽 밸브를 모두 닫은 다음에 행한다(가스의 누설로 화재 및 폭발 위험).
㉤ 팁이 과열 시 아세틸렌 밸브를 닫고 산소 밸브만을 조금 열어 물속에 담가 냉각시킨다.
㉥ 작업 중 발생되기 쉬운 역류, 역화, 인화에 항상 주의하여야 한다.

11. 다음 중 텅스텐 아크 절단이 곤란한 금속은?

① 경합금　　　　② 동합금
③ 비철 금속　　　④ 비금속

해설 TIG 절단에 사용되는 금속은 알루미늄, 마그네슘, 구리와 구리 합금, 스테인리스강 등이다. 금속 재료의 절단에만 이용되며 플라스마 제트와 같이 아크를 냉각하고, 열적 핀치 효과에 의하여 고온, 고속 절단을 한다.

12. 다음 중 절단 작업과 관계가 가장 적은 것은?

① 산소창 절단　　② 아크 에어 가우징
③ 크레이터　　　　④ 분말 절단

해설 절단 작업은 가스 절단, 탄소 아크 절단, 금속 아크 절단, 산소 아크 절단, 불활성 가스 아크 절단, 플라스마 절단, 아크 에어 가우징 등이 있으며, 크레이터는 비드의 끝 부분에 오목하게 들어간 곳을 말한다.

정답 10. ②　11. ④　12. ③

13. 철강 계통의 레일, 차축 용접과 보수에 이용되는 테르밋 용접법의 특징에 대한 설명으로 틀린 것은?

① 용접 작업이 단순하다.
② 용접용 기구가 간단하고 설비비가 싸다.
③ 용접 시간이 길고 용접 후 변형이 크다.
④ 전력이 필요 없다.

해설 테르밋 용접의 특징
㉠ 용접 작업이 단순하고 용접 결과의 재현성이 높다.
㉡ 용접용 기구가 간단하고 설비비가 싸며, 작업 장소의 이동이 쉽다.
㉢ 용접 시간이 짧고 용접 후 변형이 적으며 전기가 필요 없다.
㉣ 용접 이음부의 홈은 가스 절단한 그대로도 좋고, 특별한 모양의 홈을 필요로 하지 않는다.

14. 용접의 결함과 원인을 각각 짝지은 것 중 틀린 것은?

① 언더컷 : 용접 전류가 너무 높을 때
② 오버랩 : 용접 전류가 너무 낮을 때
③ 용입 불량 : 이음 설계가 불량할 때
④ 기공 : 저수소계 용접봉을 사용했을 때

해설 용접 결함의 기공 원인
㉠ 용접 분위기 가운데 수소, 일산화탄소의 과잉
㉡ 용접부 급랭이나 과대 전류 사용
㉢ 용접 속도가 빠를 때
㉣ 아크 길이, 전류 조작의 부적당, 모재에 유황 함유량 과대
㉤ 강재에 부착되어 있는 기름, 녹, 페인트 등

15. 연납의 대표적인 것으로 주석 40%, 납 60%의 합금으로 땜납으로서의 가치가 가장 큰 것은?

① 저융접 땜납   ② 주석-납
③ 납-카드뮴납   ④ 납-은납

해설 연납의 종류
㉠ 주석(40%)+납(60%)
㉡ 납-카드뮴납(Pb-Cd 합금)
㉢ 납-은납(Pb-Ag 합금)
㉣ 저융점 땜납 : 주석-납-합금땜에 비스무트(Bi)를 첨가한 다원계 합금 땜납
㉤ 카드뮴-아연납

16. 스터드 용접에서 페룰의 역할이 아닌 것은?

① 용융 금속의 탈산 방지
② 용융 금속의 유출 방지
③ 용착부의 오염 방지
④ 용접사의 눈을 아크로부터 보호

해설 페룰의 역할 : 페룰은 내열성의 도기로 아크를 보호하며 내부에 발생하는 열과 가스를 방출하는 역할로서 다음과 같다.
㉠ 용접이 진행되는 동안 아크열을 집중시켜 준다.
㉡ 용융 금속의 유출을 막아주고 산화를 방지한다.
㉢ 용착부의 오염을 방지한다.
㉣ 용접사의 눈을 아크 광선으로부터 보호한다.

17. 점 용접의 3대 요소가 아닌 것은?

① 전극 모양   ② 통전 시간
③ 가압력   ④ 전류 세기

해설 점 용접의 3대 요소는 전류의 세기, 통전 시간, 가압력이다.

18. TIG 용접에서 전극봉의 어느 한쪽의 끝부분에 식별용 색을 칠하여야 한다. 순텅스텐 전극봉의 색은?

① 황색   ② 적색   ③ 녹색   ④ 회색

정답 13. ③   14. ④   15. ②   16. ①   17. ①   18. ③

해설 텅스텐 전극봉의 종류(AWS)

등급 기호 (AWS)	종류	전극 표시 색상	사용 전류	용도
EWP	순텅스텐	녹색	ACHF (고주파 교류)	Al, Mg 합금
EWTh1	1% 토륨 텅스텐	황색	DCSP (직류 정극성)	강, 스테인 리스강
EWTh2	2% 토륨 텅스텐	적색		
EWTh3	1~2% 토륨 (전체 길이 편측에)	청색		
EWZr	지르코늄 텅스텐	갈색	ACHF	Al, Mg 합금

19. 용접부의 형상에 따른 필릿 용접의 종류가 아닌 것은?

① 연속 필릿
② 단속 필릿
③ 경사 필릿
④ 단속 지그재그 필릿

해설 필릿 용접에서는 하중의 방향에 따라 용접선의 방향과 하중의 방향이 직교한 것을 전면 필릿 용접, 평행하게 작용하면 측면 필릿 용접, 경사져 있는 것을 경사 필릿 용접이라 한다.

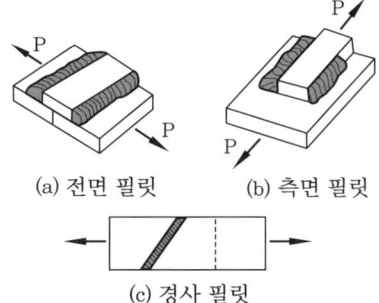

(a) 전면 필릿　(b) 측면 필릿
(c) 경사 필릿

20. 서브머지드 아크 용접의 현장 조립용 간이 백킹법 중 철분 충진제의 사용 목적으로 틀린 것은?

① 홈의 정밀도를 보충해 준다.
② 양호한 이면 비드를 형성시킨다.
③ 슬래그와 용융 금속의 선행을 방지한다.
④ 아크를 안정시키고 용착량을 적게 한다.

해설 서브머지드 아크 용접에서 현장 조립용 간이 백킹법 중 철분 충진제의 사용 목적은 ①, ②, ③ 외에 아크를 안정시키며 용착량이 많아지므로 능률적이다.

21. 용접 자동화의 장점을 설명한 것으로 틀린 것은?

① 생산성 증가 및 품질을 향상시킨다.
② 용접 조건에 따른 공정을 늘릴 수 있다.
③ 일정한 전류값을 유지할 수 있다.
④ 용접 와이어의 손실을 줄일 수 있다.

해설 용접 자동화의 장점은 ①, ③, ④ 외에 용접 조건에 따른 공정 수를 줄일 수 있으며, 용접 비드의 높이, 비드 폭, 용입 등을 정확히 제어할 수 있다.

22. 스테인리스강을 TIG 용접 시 보호 가스 유량에 관한 사항으로 옳은 것은?

① 용접 시 아크 보호 능력을 최대한으로 하기 위하여 가능한 한 가스 유량을 크게 하는 것이 좋다.
② 낮은 유속에서도 우수한 보호 작용을 하고 박판 용접에서 용락의 가능성이 적으며, 안정적인 아크를 얻을 수 있는 헬륨(He)을 사용하는 것이 좋다.
③ 가스 유량이 과다하게 유출되는 경우는 가스 흐름에 난류 현상이 생겨 아크가 불안정해지고 용접 금속의 품질이 나빠진다.

정답 19. ③　20. ④　21. ②　22. ③

④ 양호한 용접 품질을 얻기 위해 78.5% 정도의 순도를 가진 보호 가스를 사용하면 된다.

해설 TIG 용접 시 스테인리스강의 용접에서 가스 유량은 토치 각도와 전극봉이 모재에서 떨어진 높이에 따라 5~20 L/min의 가스 유량을 맞추어야 하며, 과다하게 유출하는 경우는 가스 흐름에 난류 현상으로 아크가 불안정해지고 용접 금속의 품질이 나빠진다.
보호 가스의 순도는 99.99% 이상이며, 헬륨은 공기 중의 1/7 정도로 가볍고 아크 전압이 아르곤보다 높아 용접 입열을 높여 주어 용입이 양호하기 때문에 경합금의 후판 용접이나 위보기 자세에 사용한다.

23. 다음 중 용접 전류를 결정하는 요소와 가장 관련이 적은 것은?

① 판(모재) 두께
② 용접봉의 지름
③ 아크 길이
④ 이음의 모양(형상)

해설 용접 작업 시에 용접 조건 중 용접 전류는 용접 자세, 홈 형상, 모재의 재질 및 두께, 용접봉의 종류 및 지름에 따라 정하며, 아크 길이는 실제 작업상에서 이루어지는 형상으로 아크 전압과 관련이 있다.

24. 연강용 가스 용접봉은 인이나 황 등의 유해성분이 극히 적은 저탄소강이 사용되는데, 연강용 가스 용접봉에 함유된 성분 중 규소(Si)가 미치는 영향은?

① 강의 강도를 증가시키나 연신율, 굽힘성 등이 감소된다.
② 기공을 막을 수 있으나 강도가 떨어진다.
③ 강에 취성을 주며 가연성을 잃게 한다.
④ 용접부의 저항력을 감소시키고 기공 발생의 원인이 된다.

해설 가스 용접봉의 성분이 모재에 미치는 영향
㉠ 탄소(C) : 강의 강도를 증가시키나 연신율, 굽힘성 등이 감소된다.
㉡ 규소(Si) : 기공을 막을 수 있으나 강도가 떨어지게 된다.
㉢ 인(P) : 강에 취성을 주며 가연성을 잃게 하는데 특히 암적색으로 가열한 경우는 매우 심하다.

25. 피복 아크 용접용 기구에 해당되지 않는 것은?

① 주행 대차   ② 용접봉 홀더
③ 접지 클램프   ④ 전극 케이블

해설 피복 아크 용접용 기구에는 용접봉 홀더, 용접 케이블 및 접지 클램프, 퓨즈 등이 있다.

26. 산소 용기의 내용적이 33.7L인 용기에 120 kgf/cm^{2}이 충전되어 있을 때, 대기압 환산 용적은 몇 리터인가?

① 2803   ② 4044
③ 40440   ④ 28030

해설 산소 용기의 환산 용적
= 용기 속의 압력 × 용기 속의 내부 용적
= 120 × 33.7 = 4044 L

27. 무부하 전압이 높아 전격 위험이 크고 코일에 감긴 수에 따라 전류를 조정하는 교류 용접기의 종류로 맞는 것은?

① 탭 전환형
② 가동 코일형
③ 가동 철심형
④ 가포화 리액터형

해설 탭 전환형은 1차, 2차 코일의 감은 수의 비율을 변경시켜 전류를 조정한다.

정답 23. ③   24. ②   25. ①   26. ②   27. ①

28. 다음 중 아크 절단의 종류에 속하지 않는 것은?

① 탄소 아크 절단
② 플라스마 제트 절단
③ 스카핑
④ 아크 에어 가우징

해설 스카핑(scarfing) : 각종 강재의 표면에 균열, 주름, 탈탄층 또는 홈을 불꽃 가공에 의해서 제거하는 작업방법으로 토치는 가스 가우징에 비하여 능력이 크며 팁은 저속 다이버전트형으로서 수동형에는 대부분 원형 형태, 자동형에는 사각이나 사각형에 가까운 모양이 사용된다.

29. 200V용 아크 용접기의 1차 입력이 15kVA일 때, 퓨즈의 용량은 얼마가 적당한가?

① 65A   ② 75A
③ 90A   ④ 100A

해설 퓨즈의 용량 = 1차 입력 ÷ 전원 전압
= 15kVA ÷ 200V = 15000VA ÷ 200V = 75A

30. 아세틸렌 가스가 산소와 반응하여 완전 연소할 때 생성되는 물질은?

① CO, H_2O ② CO_2, H_2O
③ CO, H_2 ④ CO_2, H_2

해설 아세틸렌의 완전 연소 화학식은 다음과 같다.

$$C_2H_2 + \frac{5}{2}O_2 \rightarrow 2CO_2 + H_2O$$

31. 가스 용접에서 프로판 가스의 성질 중 틀린 것은?

① 연소할 때 필요한 산소의 양은 1 : 1 정도이다.
② 폭발 한계가 좁아 다른 가스에 비해 안전도가 높고 관리가 쉽다.
③ 액화가 용이하여 용기에 충전이 쉽고 수송이 편리하다.
④ 상온에서 기체 상태이고 무색, 투명하며 약간의 냄새가 난다.

해설 프로판이 연소할 때 필요한 산소의 양은 1 : 4.5이다.

참고 석유계 저탄화수소의 연소 방정식은
$C_nH_m + \left(n + \frac{m}{4}\right)O_2 \rightarrow nCO_2 + \frac{m}{2}H_2O$에 대입한다.
여기서, n : 탄소의 수, m : 수소의 수

32. 가스 절단에서 예열 불꽃이 약할 때 나타나는 현상이 아닌 것은?

① 드래그가 증가한다.
② 절단이 중단되기 쉽다.
③ 절단 속도가 늦어진다.
④ 슬래그 중의 철 성분의 박리가 어려워진다.

해설 • 예열 불꽃이 약할 경우
  ㉠ 절단 속도가 늦어지고 절단이 중단되기 쉽다.
  ㉡ 드래그가 증가되고 역화를 일으키기 쉽다.
• 예열 불꽃이 강할 경우
  ㉠ 절단면이 거칠어진다.
  ㉡ 슬래그 중의 철 성분의 박리가 어려워진다.

33. 가스 용접에서 전진법과 비교한 후진법의 설명으로 맞는 것은?

① 열 이용률이 나쁘다.
② 용접 속도가 느리다.
③ 용접 변형이 크다.
④ 두꺼운 판의 용접에 적합하다.

해설 전진법과 후진법의 비교

항목	전진법	후진법
열 이용률	나쁘다	좋다
비드 모양	보기 좋다	매끈하지 못하다
홈 각도	크다(80°)	작다(60°)
산화의 정도	심하다	약하다
용접 속도	느리다	빠르다
용접 변형	크다	작다
용접 모재의 두께	얇다 (5mm까지)	두껍다
용착 금속의 냉각도	급랭	서랭
용착 금속의 조직	거칠다	미세하다

34. 피복제 중에 산화티탄을 약 35% 정도 포함하였고 슬래그의 박리성이 좋아 비드의 표면이 고우며 작업성이 우수한 특징을 지닌 연강용 피복 아크 용접봉은?

① E 4301   ② E 4311
③ E 4313   ④ E 4316

해설 피복제 중에 산화티탄(TiO_2)을 E 4313(고산화티탄계)은 약 35%, E 4303(라임티타니아계)은 약 30% 정도 포함한다.

35. 직류 아크 용접의 설명 중 올바른 것은?

① 용접봉을 양극, 모재를 음극에 연결하는 경우를 정극성이라고 한다.
② 역극성은 용입이 깊다.
③ 역극성은 두꺼운 판의 용접에 적합하다.
④ 정극성은 용접 비드의 폭이 좁다.

해설 ㉠ 직류 역극성(DCRP) 사용 시는 용접기의 음극(-)에 모재를, 양극(+)에 토치를 연결하는 방식으로 비드의 폭이 넓고 용입이 얕으며 주로 박판이나 주철 용접에 사용된다.
㉡ 직류 정극성(DCSP) 사용 시는 용접기의 양극(+)에 모재를, 음극(-)에 토치를 연결하는 방식으로 비드의 폭이 좁고 용입이 깊은 용접부를 얻으나 청정 효과가 없으며 후판 용접에 사용된다.

36. 다음 중 용접의 장점에 대한 설명으로 옳은 것은?

① 기밀, 수밀, 유밀성이 좋지 않다.
② 두께에 제한이 없다.
③ 작업이 비교적 복잡하다.
④ 보수와 수리가 곤란하다

해설 용접의 장점
㉠ 재료가 절약되고, 중량이 감소한다.
㉡ 작업 공정 단축으로 경제적이다.
㉢ 재료의 두께 제한이 없다.
㉣ 이음 효율이 향상된다(기밀, 수밀, 유밀 유지).
㉤ 이종 재료 접합이 가능하다.
㉥ 용접의 자동화가 용이하다.
㉦ 보수와 수리가 용이하다.
㉧ 형상의 자유화를 추구할 수 있다.

37. 가스 가공에서 강재 표면의 홈, 탈탄층 등의 결함을 제거하기 위해 얇게 그리고 타원형 모양으로 표면을 깎아내는 가공법은?

① 가스 가우징   ② 분말 절단
③ 산소창 절단   ④ 스카핑

해설 스카핑(scarfing) : 각종 강재의 표면에 균열, 주름, 탈탄층 또는 홈을 불꽃 가공에 의해서 제거하는 작업방법으로 토치는 가스 가우징에 비하여 능력이 크며 팁은 저속 다이버전트형으로서 수동형에는 대부분 원형 형태, 자동형에는 사각이나 사각형에 가까운 모양이 사용된다.

정답 34. ③   35. ④   36. ②   37. ④

38. 고셀룰로오스계 용접봉에 대한 설명으로 틀린 것은?

① 비드 표면이 거칠고 스패터가 많은 것이 결점이다.
② 피복제 중 셀룰로오스계가 20~30% 정도 포함되어 있다.
③ 고셀룰로오스계는 E 4311로 표시한다.
④ 슬래그 생성계에 비해 용접 전류를 10~15% 높게 사용한다.

해설 고셀룰로오스계(E 4311)는 셀룰로오스가 20~30% 정도 포함된 가스 발생식으로 슬래그가 적으며 비드 표면이 거칠고 스패터가 많은 것이 결점이다.

39. 직류 용접에서 아크쏠림(arc blow)에 대한 설명으로 틀린 것은?

① 아크쏠림의 방지 대책으로는 용접봉 끝을 아크쏠림 방향으로 기울인다.
② 자기불림(magnetic blow)이라고도 한다.
③ 용접 전류에 의해 아크 주위에 발생하는 자장이 용접에 대해서 비대칭으로 나타나는 현상이다.
④ 용접봉에 아크가 한쪽으로 쏠리는 현상이다.

해설 아크쏠림[자기불림(magnetic blow)] : 직류 용접에서 용접봉에 아크가 한쪽으로 쏠리는 현상으로 용접 전류에 의해 아크 주위에 발생하는 자장이 용접에 대하여 비대칭으로 나타나는 현상이다. 교류 용접에서는 발생하지 않으므로 교류 전원 이용 및 엔드탭, 짧은 아크, 긴 용접에는 후퇴법을 이용한다.

40. 구조용 부품이나 제지용 롤러 등에 이용되며 열처리에 의하여 니켈-크롬 주강에 비교될 수 있을 정도의 기계적 성질을 가지고 있는 저망간 주강의 조직은?

① 마텐자이트
② 펄라이트
③ 페라이트
④ 시멘타이트

해설 0.9~1.2% 망간 주강은 저망간 주강이며, 펄라이트 조직으로 인성 및 내마모성이 크다.

41. 철강의 열처리에서 열처리 방식에 따른 종류가 아닌 것은?

① 계단 열처리
② 항온 열처리
③ 표면 경화 열처리
④ 내부 경화 열처리

해설 철강의 열처리 방식에서 기본 열처리 방법으로는 담금질, 불림, 풀림, 뜨임이 있고, 열처리 방식에 따른 열처리 종류에는 계단 열처리, 항온 열처리, 연속 냉각 열처리, 표면 경화 열처리 등이 있다.

42. 다음 중 강도가 가장 높고 피로 한도, 내열성, 내식성이 우수하여 베어링, 고급 스프링의 재료로 이용되는 것은?

① 쿠니얼 브론즈
② 콜슨 합금
③ 베릴륨 청동
④ 인 청동

해설 베릴륨(Be) 청동은 구리+베릴륨 2~3%의 합금으로 뜨임 시효, 경화성이 있고 내식, 내열, 내피로성이 우수하여 베어링이나 고급 스프링에 사용된다.

43. 탄소강의 용도에서 내마모성과 경도를 동시에 요구하는 경우 적당한 탄소 함유량은?

① 0.05~0.3% C
② 0.3~0.45% C
③ 0.45~0.65% C
④ 0.65~1.2% C

해설 탄소강의 탄소 함유량에 따른 가공성 분류
㉠ 가공성만을 요구하는 경우 : 0.05~0.3% C
㉡ 가공성과 강인성을 동시에 요구하는 경우 : 0.3~0.45% C
㉢ 강인성과 내마모성을 동시에 요구하는 경우 : 0.45~0.65% C

정답 38. ④ 39. ① 40. ② 41. ④ 42. ③ 43. ④

ⓔ 내마모성과 경도를 동시에 요구하는 경우
: 0.65~1.2% C

44. 주철 중에 유황이 함유되어 있을 때 미치는 영향 중 틀린 것은?
① 유동성을 해치므로 주조를 곤란하게 하고 정밀한 주물을 만들기 어렵게 한다.
② 주조 시 수축률을 크게 하므로 기공을 만들기 쉽다.
③ 흑연의 생성을 방해하며, 고온 취성을 일으킨다.
④ 주조 응력을 작게 하고, 균열 발생을 저지한다.

해설 주철 중에 유황은 주철의 유동성을 나쁘게도 하며, 철과 화합하여 유화철(FeS)이 되어 오스테나이트의 정출을 방해하므로 백주철화를 촉진하고 경점(hard sport) 또는 역칠(inverse chill)을 일으키기 쉽게 하여 주물의 외측에는 공정상 흑연이, 내측에는 레데뷰라이트가 나타나게 한다.

45. 일반적으로 성분 금속이 합금(alloy)이 되면 나타나는 특징이 아닌 것은?
① 기계적 성질이 개선된다.
② 전기저항이 감소하고 열전도율이 높아진다.
③ 용융점이 낮아진다.
④ 내마멸성이 좋아진다.

해설 합금의 특성
㉠ 용융점이 저하된다.
㉡ 열전도, 전기전도가 저하된다.
㉢ 내열성, 내산성(내식성)이 증가된다.
㉣ 강도, 경도 및 가주성이 증가된다.

46. 알루미늄에 대한 설명으로 틀린 것은?
① 내식성과 가공성이 우수하다.
② 전기와 열의 전도도가 낮다.
③ 비중이 작아 가볍다.
④ 주조가 용이하다.

해설 알루미늄은 전기 및 열의 양도체이다.

47. 마그네슘 합금이 구조 재료로서 갖는 특성에 해당하지 않는 것은?
① 비강도(강도/중량)가 작아서 항공우주용 재료로서 매우 유리하다.
② 기계 가공성이 좋고 아름다운 절삭면이 얻어진다.
③ 소성 가공성이 낮아서 상온 변형은 곤란하다.
④ 주조 시의 생산성이 좋다.

해설 마그네슘은 알루미늄 합금용, 티탄 제련용, 구상 흑연 주철 첨가제, 건전지 음극 보호용으로 사용된다.

48. 다음 중 화학적인 표면 경화법이 아닌 것은?
① 침탄법   ② 화염 경화법
③ 금속 침투법   ④ 질화법

해설 화학적 표면 경화법 : 침탄법, 질화법, 금속 침투법

49. 연강보다 열전도율이 작고 열팽창계수는 1.5배 정도이며 염산, 황산 등에 약하고 결정입계 부식이 발생하기 쉬운 스테인리스강은?
① 페라이트계   ② 시멘타이트계
③ 오스테나이트계   ④ 마텐자이트계

해설 문제의 설명은 18-8 스테인리스강(오스테나이트계)에 대한 내용이다.

50. 다음 가공법 중 소성 가공이 아닌 것은?
① 선반 가공   ② 압연 가공
③ 단조 가공   ④ 인발 가공

정답 44. ④ 45. ② 46. ② 47. ① 48. ② 49. ③ 50. ①

해설 소성 가공의 종류에는 단조, 압연, 인발, 프레스 가공이 있다.

51. 다음 입체도의 화살표 방향의 투상도로 가장 적합한 것은?

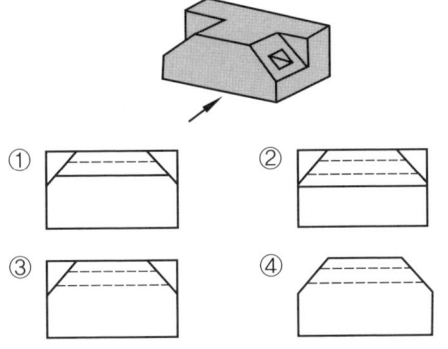

52. SS400으로 표시된 KS 재료 기호의 400은 어떤 의미인가?
① 재질 번호   ② 재질 등급
③ 최저 인장강도 ④ 탄소 함유량

해설 재료 표시 기호에서 SS는 일반 구조용 강이고, 400은 최저 인장강도 또는 항복점을 표시하는 기호이다.

53. 그림과 같은 외형도에 있어서 파단선을 경계로 필요로 하는 요소의 일부만을 단면으로 표시하는 단면도는?
① 온 단면도
② 부분 단면도
③ 한쪽 단면도
④ 회전 도시 단면도

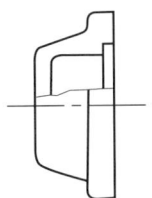

54. 다음 그림에서 축 끝에 도시된 센터 구멍 기호가 뜻하는 것은?

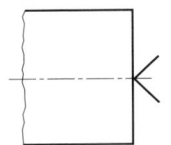

① 센터 구멍이 남아 있어도 좋다.
② 센터 구멍이 남아 있어서는 안 된다.
③ 센터 구멍을 반드시 남겨 둔다.
④ 센터 구멍의 크기에 관계없이 가공한다.

55. 그림과 같은 부등변 ㄱ 형강의 치수 표시로 가장 적합한 것은?

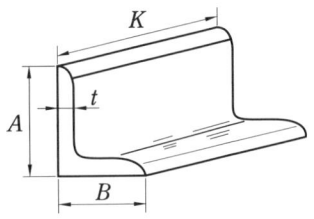

① $L\ A\times B\times t-K$ ② $L\ B\times t\times A-K$
③ $L\ K-t\times A\times B$ ④ $L\ K-A\times t\times B$

56. 제시된 물체를 도형 생략법을 적용해서 나타내려고 한다. 적용 방법이 옳은 것은? (단, 물체에 뚫린 구멍의 크기는 같고 간격은 6mm로 일정하다.)

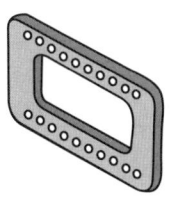 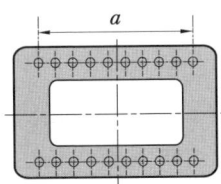

① 치수 a는 10×6(=60)으로 기입할 수 있다.
② 대칭 기호를 사용하여 도형을 1/2로 나타낼 수 있다.
③ 구멍은 반복 도형 생략법으로 나타낼 수 없다.
④ 구멍의 크기가 동일하더라도 각각의 치수를 모두 나타내어야 한다.

정답 51. ④ 52. ③ 53. ② 54. ③ 55. ① 56. ②

해설 구멍의 반복은 생략 가능하며, 치수 a는 구멍이 10개이므로 간격은 9가 되어 9×6으로 기입한다. 상하 대칭이므로 대칭 기호를 사용하여 1/2로 도시 가능하며, 같은 구멍의 치수는 첫 번째를 빼고 계산한다.

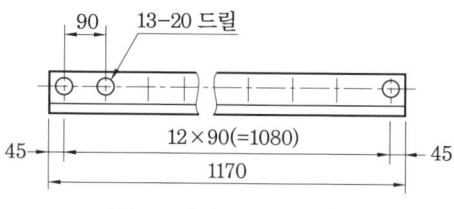

같은 구멍의 숫자 표시(예시)

57. 전체 둘레 현장 용접의 보조 기호로 맞는 것은?

① ○   ② ⊙   ③ ⚑   ④ ⚐

해설 ①은 스폿 용접, ③은 현장 용접, ④는 전체 둘레 현장 용접의 보조 기호이다.

58. 선의 종류와 명칭이 바르게 짝지어진 것은?

① 가는 실선 – 중심선
② 굵은 실선 – 외형선
③ 가는 파선 – 지시선
④ 굵은 1점 쇄선 – 수준면선

해설 도면에서의 선의 종류
㉠ 굵은 실선 : 외형선
㉡ 가는 실선 : 치수선, 치수 보조선, 지시선, 회전 단면선, 중심선, 수준면선
㉢ 가는 파선 또는 굵은 파선 : 숨은선
㉣ 가는 1점 쇄선 : 중심선, 기준선, 피치선
㉤ 굵은 1점 쇄선 : 특수 지정선
㉥ 가는 2점 쇄선 : 가상선, 무게중심선
㉦ 불규칙한 파형의 가는 실선 또는 지그재그 선 : 파단선

59. 그림과 같은 입체의 화살표 방향 투상도로 가장 적합한 것은?

① 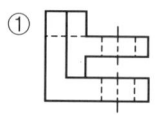   ②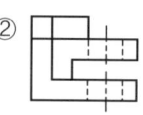

③ 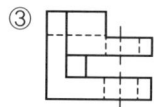   ④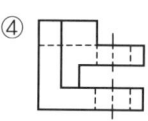

해설 투상 방법
㉠ 1각법 : 눈 → 물체 → 투상면
㉡ 3각법 : 눈 → 투상면 → 물체

60. 밸브 표시 기호에 대한 명칭이 틀린 것은?

① ◁ : 슬루스 밸브
② ⋈ : 3방향 밸브
③ ⋊ : 버터플라이 밸브
④ ⋈ : 볼 밸브

해설 ①은 앵글 밸브이다.

정답 57. ④ 58. ② 59. ④ 60. ①

제5회 CBT 실전테스트

용 접 기 능 사

▶ 피복아크용접/가스텅스텐아크용접/이산화탄소가스아크용접기능사 공통

1. 아세틸렌, 수소 등의 가연성 가스와 산소를 혼합 연소시켜 그 연소열을 이용하여 용접하는 것은?

① 탄산가스 아크 용접
② 가스 용접
③ 불활성 가스 아크 용접
④ 서브머지드 아크 용접

[해설] 가연성 가스(아세틸렌, 수소, 공기, 프로판 등)와 조연성 가스인 산소를 혼합 연소시켜 그 연소열을 이용하는 용접을 가스 용접이라 한다.

2. KS에서 용접봉의 종류를 분류할 때 고려하지 않는 것은?

① 피복제 계통   ② 전류의 종류
③ 용접 자세   ④ 용접사 기량

[해설] 용접봉의 종류를 분류할 때는 용접봉의 종류, 피복제 계통, 용접 자세, 사용 전류의 종류 등을 고려한다.

3. 불활성 가스 금속 아크 용접(MIG 용접)의 전류 밀도는 피복 아크 용접에 비해 약 몇 배 정도인가?

① 2배   ② 6배   ③ 10배   ④ 12배

[해설] 불활성 가스 금속 아크 용접은 전류 밀도가 매우 크며, 피복 아크 용접에 비해 4~6배, TIG 용접의 2배 정도이고 서브머지드 아크 용접과 비슷하다.

4. 필릿 용접에서 루트 간격이 1.5mm 이하일 때 보수 용접 요령으로 가장 적당한 것은?

① 그대로 규정된 다리 길이로 용접한다.
② 그대로 용접하여도 좋으나 넓혀진 만큼 다리 길이를 증가시킬 필요가 있다.
③ 다리 길이를 3배수로 증가시켜 용접한다.
④ 라이너를 넣거나 부족한 판을 300mm 이상 잘라내서 대체한다.

[해설] 필릿 용접의 보수 요령
㉠ 루트 간격 1.5mm 이하 : 규정대로의 각장으로 용접한다.
㉡ 루트 간격 1.5~4.5mm : 그대로 용접하여도 좋으나 넓혀진 만큼 각장을 증가시킬 필요가 있다.
㉢ 루트 간격 4.5mm 이상 : 라이너(liner)를 끼워 넣거나 부족한 판을 300mm 이상 잘라내서 대체한다.

5. CO_2 가스 아크 용접 시 작업장의 CO_2 가스가 몇 % 이상이면 인체에 위험한 상태가 되는가?

① 1%   ② 4%
③ 10%   ④ 15%

[해설] 이산화탄소가 인체에 미치는 영향은 체적의 3~4%이면 두통, 뇌빈혈, 15% 이상일 때는 위험상태, 30% 이상일 때는 매우 위험한 상태이다.

6. 산소 용기의 내용적이 40.7L인 용기에 $100 kgf/cm^2$로 충전되어 있다면 프랑스식 팁 100번을 사용하여 표준 불꽃으로 약 몇 시간까지 용접이 가능한가?

① 약 16시간   ② 약 22시간
③ 약 31시간   ④ 약 40시간

정답 1. ② 2. ④ 3. ② 4. ① 5. ④ 6. ④

해설 ㉠ 산소 용기의 총 가스량＝내용적×기압
㉡ 사용할 수 있는 시간
　＝산소 용기의 총 가스량÷시간당 소비량
㉢ 가변압식 100번은 시간당 소비량이 표준 불꽃으로 100L를 사용할 수 있는 시간

$$\therefore \frac{40.7 \times 100}{100} ≒ 40시간$$

7. 아크 에어 가우징을 할 때 압축공기의 압력은 몇 kgf/cm^2 정도의 압력이 가장 좋은가?

① 0.5～1　　　② 3～4
③ 5～7　　　　④ 9～10

해설 아크 에어 가우징을 할 때 압축공기의 압력은 $0.5～0.7\,MPa(5～7\,kgf/cm^2)$ 정도가 좋으며, 약간의 압력 변동은 작업에 거의 영향을 미치지 않으나 $0.5\,MPa$ 이하의 경우는 양호한 작업 결과를 기대할 수 없다.

8. 가스 절단에서 팁(tip)의 백심 끝과 강판 사이의 간격으로 가장 적당한 것은?

① 0.1～0.3mm　　② 0.4～1.0mm
③ 1.5～2.0mm　　④ 3.0～4.0mm

해설 수동 가스 절단 시 백심과 모재 사이의 거리는 1.5～2.0mm 정도가 좋다.

9. 피복 금속 아크 용접봉의 전류 밀도는 통상적으로 $1\,mm^2$ 단면적에 약 몇 A의 전류가 적당한가?

① 10～13A　　② 15～20A
③ 20～25A　　④ 25～30A

해설 용접 전류는 일반적으로 심선의 단면적 $1\,mm^2$에 대하여 10～13A 정도가 좋다.

10. 가스 용접봉의 조건이 아닌 것은?

① 모재와 같은 재질일 것
② 불순물이 포함되어 있지 않을 것
③ 용융 온도가 모재보다 낮을 것
④ 기계적 성질에 나쁜 영향을 주지 않을 것

해설 가스 용접봉은 모재와 같은 재질이므로 용융 온도가 같아야 한다.

11. 아크 용접에서 피닝을 하는 목적으로 가장 알맞은 것은?

① 용접부의 잔류 응력을 완화시킨다.
② 모재의 재질을 검사하는 수단이다.
③ 응력을 강하게 하고 변형을 유발시킨다.
④ 모재 표면의 이물질을 제거한다.

해설 잔류 응력 제거법에 노내 풀림법, 국부 풀림법, 기계적 응력 완화법, 저온 응력 완화법, 피닝법 등이 있다.

12. 이산화탄소 아크 용접에 사용되는 와이어에 대한 설명으로 틀린 것은?

① 용접용 와이어에는 솔리드 와이어와 복합 와이어가 있다.
② 솔리드 와이어는 실체(나체) 와이어라고도 한다.
③ 복합 와이어는 비드의 외관이 아름답다.
④ 복합 와이어는 용제에 탈산제, 아크 안정제 등 합금 원소가 포함되지 않는 것이다.

해설 복합 와이어는 용제에 탈산제, 합금 원소, 아크 안정제 등이 포함되어 있다.

13. 서브머지드 아크 용접에 관한 설명으로 틀린 것은?

① 용제에 의한 야금 작용으로 용접 금속의 품질을 양호하게 할 수 있다.
② 용접 중에 대기와의 차폐가 확실하여 대기 중의 산소, 질소 등의 해를 받는 일이 적다.
③ 용제의 단열 작용으로 용입을 크게 할 수 있고, 높은 전류 밀도로 용접할 수 있다.

정답 7. ③　8. ③　9. ①　10. ③　11. ①　12. ④　13. ④

④ 특수한 장치를 사용하지 않더라도 전자세 용접이 가능하며, 이음 가공의 정도가 엄격하다.

해설 서브머지드 아크 용접은 대부분 아래보기 자세 용접이며, 특수한 장치를 사용하지 않으면 전자세 용접이 어렵다.

14. 용접 이음의 종류가 아닌 것은?
① 겹치기 이음   ② 모서리 이음
③ 라운드 이음   ④ T형 필릿 이음

해설 용접 이음의 종류 : 맞대기 이음, 모서리 이음, 변두리 이음, 겹치기 이음, T 이음, 십자 이음, 전면 필릿 이음, 측면 필릿 이음, 양면 덮개판 이음 등

15. 현장에서 용접기 사용률이 40%일 때 10분을 기준으로 하여 아크가 몇 분 발생하는 것이 좋은가?
① 10분   ② 6분
③ 4분   ④ 2분

해설 ㉠ 용접 작업 시간은 휴식 시간과 용접기 사용 시 아크가 발생한 시간을 포함한다.

㉡ 사용률(%) = $\dfrac{\text{아크 시간}}{\text{아크 시간}+\text{휴식 시간}} \times 100$

㉢ 아크 시간
$= \dfrac{\text{사용률} \times (\text{아크 시간}+\text{휴식 시간})}{100}$
$= \dfrac{40 \times 10}{100} = 4\text{분}$

16. 탄산가스 아크 용접법으로 주로 용접하는 금속은?
① 연강   ② 구리와 동합금
③ 스테인리스강 ④ 알루미늄

해설 탄산가스를 이용한 용접법은 탄소강과 저합금강의 전용 용접법이다.

17. KS에 규정된 용접봉의 지름 치수에 해당하지 않는 것은?
① 1.6   ② 2.0   ③ 3.0   ④ 4.0

해설 용접봉의 지름(길이)은 KS 규격으로 1.6(230, 250), 2.0(250, 300), 2.6(300, 350), 3.2(350, 400), 4.0(350, 400, 450, 550), 4.5(400, 450, 550), 5.0(400, 450, 550, 700), 5.5(450, 550, 700), 6.0(450, 550, 700, 900), 6.4(450, 550, 700, 900), 7.0(450, 550, 700, 900), 8.0(450, 550, 700, 900)이 있다.

18. 용융 슬래그 속에서 전극 와이어를 연속적으로 공급하여 주로 용융 슬래그의 저항열에 의하여 와이어와 모재를 용융시키는 용접은?
① 원자 수소 용접
② 일렉트로 슬래그 용접
③ 테르밋 용접
④ 플라스마 아크 용접

해설 문제는 일렉트로 슬래그 용접의 원리를 설명한 것이다.

19. MIG 용접에서 와이어 송급 방식이 아닌 것은?
① 푸시 방식   ② 풀 방식
③ 푸시-풀 방식   ④ 포은 방식

해설 MIG 용접 방식에서 와이어가 토치에 송급하는 방식으로 밀어내는 푸시(push) 방식과 자동 용접에서는 풀(pull) 방식이나 푸시-풀(push-pull) 방식이 사용된다.

20. 위빙 비드에 해당하지 않는 것은?
① 박판 용접 및 홈 용접의 이면 비드 형성 시 사용한다.

정답 14. ③ 15. ③ 16. ① 17. ③ 18. ② 19. ④ 20. ①

② 위빙 운봉 폭은 심선 지름의 2~3배로 한다.
③ 크레이터 발생과 언더컷 발생이 생길 염려가 있다.
④ 용접봉은 용접 진행 방향으로 70~80°, 좌우에 대하여 90°가 되게 한다.

[해설] 박판 용접 및 홈 용접의 이면 비드 형성 시 일반적으로 직선 비드를 사용한다. 실제적으로는 이면 비드 시 루트 간격 사이로 위빙 운봉을 한다.

21. 아크 용접 시 전격을 예방하는 방법으로 틀린 것은?
① 전격방지기를 부착한다.
② 용접 홀더에 맨손으로 용접봉을 갈아 끼운다.
③ 용접기 내부에 함부로 손을 대지 않는다.
④ 절연성이 좋은 장갑을 사용한다.

[해설] 용접 홀더에 용접봉을 갈아 끼울 때에도 전격을 예방하기 위해 반드시 안전장갑을 끼고 작업을 하여야 한다.

22. 연소가 잘 되는 조건 중 틀린 것은?
① 공기와의 접촉 면적이 클 것
② 가연성 가스 발생이 클 것
③ 축적된 열량이 클 것
④ 물체의 내화성이 클 것

[해설] 물체의 내화성이 크면 연소에 방해가 되므로 내화성이 작아야 한다.

23. 가스 절단에서 드래그라인을 가장 잘 설명한 것은?
① 예열 온도가 낮아서 나타나는 직선
② 절단 토치가 이동한 경로
③ 산소의 압력이 높아 나타나는 선
④ 절단면에 나타나는 일정한 간격의 곡선

[해설] 드래그(drag)란 가스 절단면에 있어 절단 가스 기류의 입구점에서 출구점까지의 수평 거리로서 일정한 간격의 곡선으로 나타낸다. 드래그의 길이는 주로 절단 속도, 산소 소비량 등에 의하여 변화하므로 판 두께의 20%를 표준으로 하고 있다.

24. 가스 용접 작업에서 보통 작업을 할 때 압력 조정기의 산소 압력은 몇 MPa 이하이어야 하는가?
① 0.1~0.2   ② 0.3~0.4
③ 0.5~0.7   ④ 1~2

[해설] 보통 가스 용접 작업을 할 때 산소 압력 조정기는 0.3~0.4 MPa, 아세틸렌은 0.01~0.03 MPa 정도로 한다.

25. 교류 아크 용접기를 사용할 때 피복 용접봉을 사용하는 이유로 가장 적합한 것은?
① 전력 소비량을 절약하기 위하여
② 용착 금속의 질을 양호하게 하기 위하여
③ 용접 시간을 단축하기 위하여
④ 단락 전류를 갖게 하여 용접기의 수명을 길게 하기 위하여

[해설] 피복 용접봉을 사용하는 이유는 용착 금속의 질을 좋게 하고 아크의 안정, 용착 금속의 탈산 정련 작용, 급랭 방지, 필요한 원소 보충, 중성, 환원성 가스를 발생하여 용융 금속을 보호한다.

26. 레이저 용접 장치의 기본형에 속하지 않는 것은?
① 반도체형   ② 에너지형
③ 가스 방전형   ④ 고체 금속형

[해설] 레이저의 종류는 광 증폭을 일으키는 활성 매질에 의해 고체, 액체, 기체, 가스, 반도체 레이저 등으로 구분한다.

[정답] 21. ② 22. ④ 23. ④ 24. ② 25. ② 26. ②

27. 용해 아세틸렌 가스는 몇 ℃, 몇 kgf/cm²로 충전하는 것이 가장 적당한가?

① 40℃, 160 kgf/cm²
② 35℃, 150 kgf/cm²
③ 20℃, 30 kgf/cm²
④ 15℃, 15 kgf/cm²

해설 일반적으로 15℃, 15 kgf/cm²로 충전하며, 용기 속에 충전되는 아세톤에 25배가 용해되므로 25×15=375 L가 용해된다.

28. 맞대기 용접 이음에서 모재의 인장강도는 45 kgf/mm²이며, 용접 시험편의 인장강도가 47 kgf/mm²일 때 이음 효율은 약 몇 %인가?

① 104 ② 96 ③ 69 ④ 60

해설 이음 효율
$= \dfrac{\text{용접 시험편의 인장강도}}{\text{모재의 인장강도}} \times 100$
$= \dfrac{47}{45} \times 100 \fallingdotseq 104\%$

29. 로봇 용접의 장점에 관한 설명 중 옳지 않은 것은?

① 작업의 표준화를 이룰 수 있다.
② 복잡한 형상의 구조물에 적용하기 쉽다.
③ 반복 작업이 가능하다.
④ 열악한 환경에서도 작업이 가능하다.

해설 로봇의 자동화 용접은 균일한 품질과 정밀도가 높은 제품을 만들 수 있으며, 생산성이 향상된다. 용접사는 단순한 작업에서 벗어날 수 있지만, 복잡한 형상의 구조물은 프로그램이 어렵고 비효율적이다.

30. 연강판 두께 4.4 mm의 모재를 가스 용접할 때 가장 적당한 가스 용접봉의 지름은 몇 mm인가?

① 1.0 ② 1.6 ③ 2.0 ④ 3.2

해설 용접봉의 지름
$D = \dfrac{T}{2} + 1 = \dfrac{4.4}{2} + 1 = 3.2 \,\text{mm}$

여기서, D : 용접봉의 지름(mm)
T : 판 두께(mm)

31. 연강용 피복 용접봉에서 피복제의 역할 중 틀린 것은?

① 아크를 안정하게 한다.
② 스패터링을 많게 한다.
③ 전기 절연 작용을 한다.
④ 용착 금속의 탈산 정련 작용을 한다.

해설 피복제의 역할
㉠ 아크를 안정시킨다.
㉡ 용융 금속의 용접을 미세화하여 용착 효율을 높인다.
㉢ 중성 또는 환원성 분위기로 대기 중으로부터 산화, 질화 등의 해를 방지하여 용착 금속을 보호한다.
㉣ 용착 금속의 급랭을 방지하고 탈산 정련 작용을 하며 용융점이 낮은 적당한 점성의 가벼운 슬래그를 만든다.
㉤ 슬래그를 제거하기 쉽고 파형이 고운 비드를 만들며 모재 표면의 산화물을 제거하고 양호한 용접부를 만든다.
㉥ 스패터의 발생을 적게 하고 용착 금속에 필요한 합금 원소를 첨가시키며 전기 절연 작용을 한다.

32. 다음 중 용접의 일반적인 순서를 나타낸 것으로 옳은 것은?

① 재료 준비 → 절단 가공 → 가접 → 본 용접 → 검사

정답 27. ④ 28. ① 29. ② 30. ④ 31. ② 32. ①

② 절단 가공 → 본 용접 → 가접 → 재료 준비 → 검사

③ 가접 → 재료 준비 → 본 용접 → 절단 가공 → 검사

④ 재료 준비 → 가접 → 본 용접 → 절단 가공 → 검사

해설 용접 시공 흐름 : 재료 → 절단 → 굽힘, 개선 가공 → 조립 → 가접 → 예열 → 용접 → 직후 열처리 → 교정 → 용접 후 열처리(PWHT)[불합격 시는 보수 후] → 합격 → 제품

33. 용접기 설치 시 1차 입력이 10 kVA, 전원 전압이 200 V이면 퓨즈 용량은?
① 50 A ② 100 A
③ 150 A ④ 200 A

해설 퓨즈의 용량
= 1차 입력 ÷ 전원 전압(입력 전압)
= 10 kVA(10000 VA) ÷ 200 V = 50 A

34. 다음 중 가스 절단 장치의 구성 요소가 아닌 것은?
① 절단 토치와 팁
② 산소 및 연소 가스용 호스
③ 압력 조정기 및 가스병
④ 핸드 실드

해설 ④는 아크 용접에 사용하는 보호구이다.

35. 다음 중 직류 아크 용접기는?
① 탭 전환형 ② 정류기형
③ 가동 코일형 ④ 가동 철심형

해설 직류 아크 용접기의 종류에는 발전기형(가솔린 엔진, 디젤 엔진 구동형)과 3상 교류 전동기로서 직류 발전기를 구동하는 발전형이 있고, 정류기형(셀렌 정류기, 실리콘 정류기, 게르마늄 정류기)이 있다.

36. 부탄가스의 화학 기호로 맞는 것은?
① C_3H_8 ② C_4H_{10} ③ C_5H_{12} ④ C_2H_6

해설 ①은 프로판, ③은 펜탄, ④는 에탄이다.

37. 전기저항 용접의 특징에 대한 설명으로 옳지 않은 것은?
① 산화 및 변질 부분이 적다.
② 다른 금속 간의 접합이 쉽다.
③ 용제나 용접봉이 필요 없다.
④ 접합 강도가 비교적 크다.

해설 전기저항 용접은 용접물에 전류가 흐를 때 발생되는 저항열로 접합부가 가열되었을 때 가압하여 접합하는 방법으로서 다른 금속 간의 접합이 어렵다.

38. 사람의 몸에 얼마 이상의 전류가 흐르면 순간적으로 사망할 위험이 있는가?
① 10 mA ② 20 mA ③ 30 mA ④ 50 mA

39. 철계 주조재의 기계적 성질 중 인장강도가 가장 낮은 주철은?
① 구상 흑연 주철 ② 가단 주철
③ 고급 주철 ④ 보통 주철

해설 인장강도(MPa)는 구상 흑연 주철이 370~800, 가단 주철이 270~540, 보통 주철이 100~250, 고급(강인) 주철이 300~350으로 가장 낮은 것은 보통 주철이다.

40. 연납땜 중 내열성 땜납으로 주로 구리, 황동용에 사용되는 것은?
① 인동납 ② 황동납
③ 납-은납 ④ 은납

해설 인동납, 황동납, 은납 등은 경납의 종류이며, 연납 중 구리 및 황동에는 납-은납이 사용된다.

정답 33. ①　34. ④　35. ②　36. ②　37. ②　38. ④　39. ④　40. ③

41. 기계 재료에 가장 많이 사용되는 재료는?

① 비금속 재료 ② 철 합금
③ 비철 합금   ④ 스테인리스강

해설 기계 재료에 가장 많이 사용되는 재료는 철 합금이며, 다음으로 철 합금인 스테인리스강이고 그 다음이 알루미늄 등의 비철 합금이다.

42. 경금속과 중금속은 무엇으로 구분되는가?

① 전기전도율 ② 비열
③ 열전도율   ④ 비중

해설 비중 5 이상을 중금속, 5 이하를 경금속이라 한다.

43. 다음 중 불변강의 종류가 아닌 것은?

① 인바   ② 스텔라이트
③ 엘린바   ④ 퍼멀로이

해설 불변강은 인바, 초인바, 엘린바, 코엘린바, 퍼멀로이, 플래티나이트가 있으며, 스텔라이트는 주조 경질 합금이다.

44. 규소가 탄소강에 미치는 일반적인 영향으로 틀린 것은?

① 강의 인장강도를 크게 한다.
② 연신율을 감소시킨다.
③ 가공성을 좋게 한다.
④ 충격값을 감소시킨다.

해설 탄소강 내에 규소는 경도, 강도, 탄성한계, 주조성(유동성)을 증가시키고, 연신율, 충격치, 단접성(결정입자를 성장·조대화시키는 성질)을 감소시킨다.

45. 스테인리스강은 900~1100℃의 고온에서 급랭할 때의 현미경 조직에 따라서 3 종류로 크게 나눌 수 있는데, 다음 중 해당되지 않는 것은?

① 마텐자이트계 스테인리스강
② 페라이트계 스테인리스강
③ 오스테나이트계 스테인리스강
④ 트루스타이트계 스테인리스강

해설 13Cr 스테인리스강은 마텐자이트계, 페라이트계, 18-8 스테인리스강은 오스테나이트계의 종류로 나누어진다.

46. 내열 합금 용접 후 냉각 중이나 열처리 등에서 발생하는 용접 구속 균열은?

① 내열 균열   ② 냉각 균열
③ 변형 시효 균열 ④ 결정입계 균열

해설 내열 합금 등 용접 후에 냉각 중이거나 열처리 및 시효에 의해 발생되는 균열을 변형 시효 균열이라고 한다.

47. 주철의 표면을 급랭시켜 시멘타이트 조직으로 만들고 내마멸성과 압축강도를 증가시켜 기차 바퀴, 분쇄기, 롤러 등에 사용하는 주철은?

① 가단 주철   ② 칠드 주철
③ 구상 흑연 주철 ④ 미하나이트 주철

해설 칠드 주철(chilled castiron : 냉경 주철) : 주조 시 규소(Si)가 적은 용선에 망간(Mn)을 첨가하고 용융 상태에서 금형에 주입하여 접촉된 면이 급랭되어 아주 가벼운 백주철(백선화)로 만든 것(chill 부분은 Fe_3C 조직이 된다)으로 각종 롤러, 기차 바퀴에 사용된다.

48. 청동의 연신율은 주석 몇 %에서 최대인가?

① 4%   ② 15%   ③ 20%   ④ 28%

정답 41. ② 42. ④ 43. ② 44. ③ 45. ④ 46. ③ 47. ② 48. ①

해설 청동은 Sn 4%에서 연신율 최대, 그 이상에서는 급격히 감소한다.

49. 니켈 40%의 합금으로 주로 온도 측정용 열전쌍, 표준 전기저항선으로 많이 사용되는 것은?
① 큐프로 니켈 ② 모넬 메탈
③ 베니딕트 메탈 ④ 콘스탄탄

해설 콘스탄탄(konstantan) : Ni 40~45%, 온도 측정용 열전쌍, 표준 전기저항선

50. 황동 가공재를 상온에 방치하거나 또는 저온 풀림 경화된 스프링재를 사용하는 도중 시간의 경과에 의해서 경도 등 여러 가지 성질이 나빠지는 현상은?
① 시효 변형 ② 경년 변화
③ 탈아연 부식 ④ 자연 균열

해설 경년 변화 : 냉간 가공한 후 저온 풀림 처리한 황동(스프링)이 사용 중 경과와 더불어 스프링 특성이 저하되는 현상

51. 그림과 같은 판금 제품인 원통을 정면에서 진원인 구멍 1개를 제작하려고 한다. 전개한 현도 판의 진원 구멍 부분 형상으로 가장 적합한 것은?

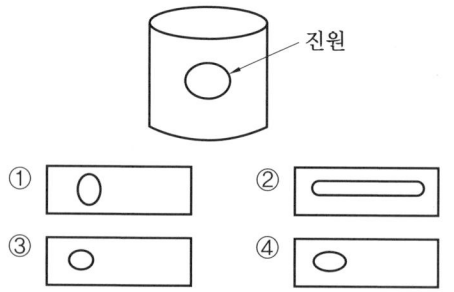

52. [보기]와 같은 배관 설비의 등각투상도(isometric drawing)의 평면도로 가장 적합한 것은?

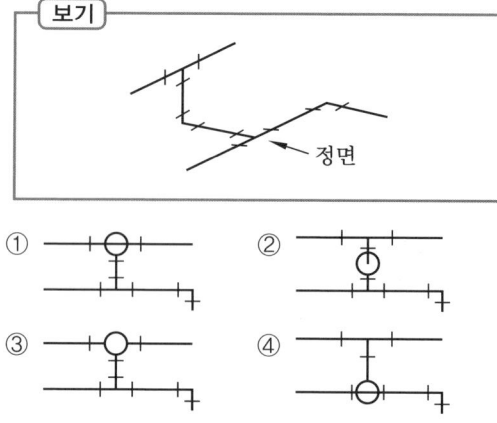

53. 그림과 같이 제3각법으로 정투상한 각뿔의 전개도 형상으로 적합한 것은?

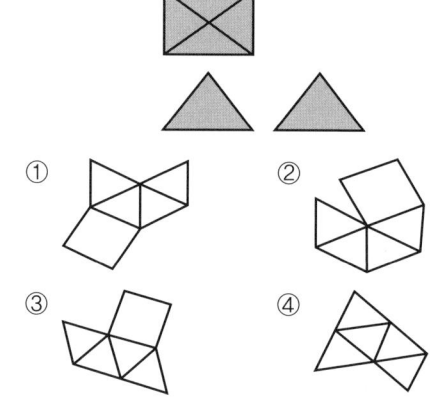

54. 도면 부품란에 "SM 45C"로 기입되어 있다면 어떤 재료를 의미하는가?
① 탄소 주강품
② 용접용 스테인리스 강재
③ 회주철품
④ 기계 구조용 탄소 강재

해설 S : 강(steel), SM : 기계 구조용 강(machine structure steel), 45C : 탄소 함유량

55. [보기]와 같은 단면도의 명칭으로 가장 적합한 것은?

정답 49. ④ 50. ② 51. ④ 52. ① 53. ① 54. ④ 55. ②

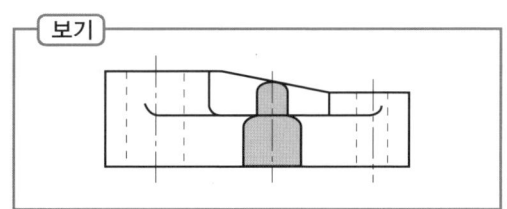

① 가상 단면도
② 회전 도시 단면도
③ 보조 투상 단면도
④ 곡면 단면도

56. 그림과 같은 입체도의 화살표 방향 투상도로 가장 적합한 것은?

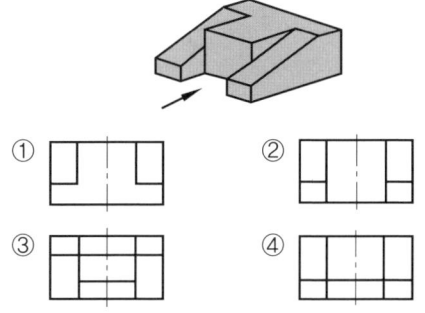

57. 굵은 실선 또는 가는 실선을 사용하는 선에 해당하지 않는 것은?

① 외형선   ② 파단선
③ 절단선   ④ 치수선

해설 도면에서의 선의 종류
㉠ 굵은 실선 : 외형선
㉡ 가는 실선 : 치수선, 치수 보조선, 지시선, 회전 단면선, 중심선, 수준면선
㉢ 가는 파선 또는 굵은 파선 : 숨은선
㉣ 가는 1점 쇄선 : 중심선, 기준선, 피치선
㉤ 굵은 1점 쇄선 : 특수 지정선
㉥ 가는 2점 쇄선 : 가상선, 무게중심선
㉦ 불규칙한 파형의 가는 실선 또는 지그재그 선 : 파단선

58. 기계 제작 부품 도면에서 도면의 오른쪽 아래 구석의 안쪽에 위치하는 표제란을 가장 올바르게 설명한 것은?

① 품번, 품명, 재질, 주서 등을 기재한다.
② 제작에 필요한 기술적인 사항을 기재한다.
③ 제조 공정별 처리 방법, 사용 공구 등을 기재한다.
④ 도번, 도명, 제도 및 검도 등 관련자 서명, 척도 등을 기재한다.

해설 표제란 : 도면 관리에 필요한 사항과 도면 내용에 관한 중요한 사항을 정리하여 기입하는데 도번, 도명, 제도 및 검도 등 관련자 서명, 척도 등을 기재한다.

59. 그림과 같은 입체도에서 화살표 방향이 정면일 경우 좌측면도로 가장 적합한 것은?

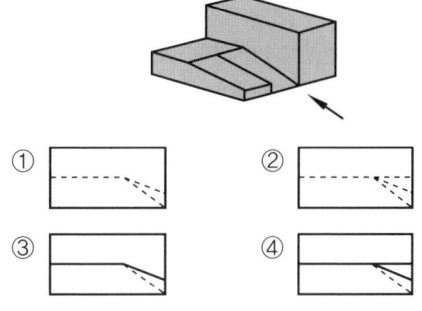

60. [보기]와 같은 KS 용접 기호의 설명으로 틀린 것은?

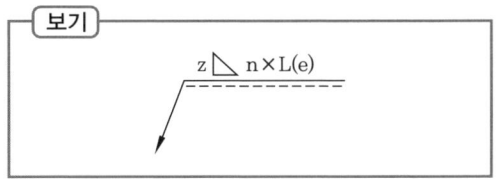

① z : 용접부 목 길이
② n : 용접부의 개수
③ L : 용접부의 길이
④ e : 용입 바닥까지의 최소거리

정답 56. ② 57. ③ 58. ④ 59. ③ 60. ④

제6회 CBT 실전테스트

용 접 기 능 사

▶ 피복아크용접/가스텅스텐아크용접/이산화탄소가스아크용접기능사 공통

1. 지름이 10cm인 단면에 8000kgf의 힘이 작용할 때 발생하는 응력은 약 몇 kgf/cm² 인가?

① 89 ② 102 ③ 121 ④ 158

[해설] 응력 = $\dfrac{\text{인장강도}}{\text{원의 면적}(\pi \times \text{반지름}^2)}$

$= \dfrac{8000}{\pi \times 5^2} \fallingdotseq 102\,\text{kgf/cm}^2$

2. 화재의 분류 중 C급 화재에 속하는 것은?

① 전기 화재 ② 금속 화재
③ 가스 화재 ④ 일반 화재

[해설] 화재의 종류
㉠ A급 화재(일반 화재) : 수용액
㉡ B급 화재(유류 화재) : 화학 소화액(포말, 사염화탄소, 탄산가스, 드라이케미컬)
㉢ C급 화재(전기 화재) : 유기성 소화액(분말, 탄산가스, 탄산칼륨+물)
㉣ D급 화재(금속 화재) : 건조사

3. 다음 중 귀마개를 착용하고 작업하면 안 되는 작업자는?

① 조선소의 용접 및 취부 작업자
② 자동차 조립공장의 조립 작업자
③ 강재 하역장의 크레인 신호자
④ 판금 작업장의 타출 판금 작업자

[해설] 방음 보호구는 소음으로부터 청력을 보호하기 위한 것으로 소음이 많은 작업장에서 사용한다.

4. 서브머지드 아크 용접에서 사용하는 용제 중 흡습성이 가장 적은 것은?

① 용융형 ② 혼성형
③ 고온 소결형 ④ 저온 소결형

[해설] 용융형 용제(fusion type flux) : 원료 광석을 아크로에서 1300℃ 이상으로 가열 융해하여 응고시킨 다음, 부수어 적당한 입자를 고르게 만든 것으로 유리와 같은 광택을 가지고 있다. 사용 시 낮은 전류에서는 입도가 큰 것을, 높은 전류에서는 입도가 작은 것을 사용하면 기공의 발생이 적고 흡습성이 거의 없으므로 재건조가 불필요하다.

5. 용접 제품을 조립하다가 V형 맞대기 이음 홈의 간격이 5mm 정도 벌어졌을 때 홈의 보수 및 용접 방법으로 가장 적합한 것은?

① 그대로 용접한다.
② 뒷댐판을 대고 용접한다.
③ 덧살 올림 용접 후 가공하여 규정 간격을 맞춘다.
④ 치수에 맞는 재료로 교환하여 루트 간격을 맞춘다.

[해설] 맞대기 이음 홈의 보수
㉠ 루트 간격 6mm 이하 : 한쪽 또는 양쪽을 덧살 올림 용접을 하여 깎아 내고, 규정 간격으로 홈을 만들어 용접한다.
㉡ 루트 간격 6~16mm 이하 : 두께 6mm 정도의 뒷댐판을 대어서 용접한다.
㉢ 루트 간격 16mm 이상 : 판의 전부 또는 일부(길이 약 300mm)를 대체한다.

6. 다음 중 냉각 속도가 가장 빠른 금속은?

① 구리 ② 연강
③ 알루미늄 ④ 스테인리스강

[정답] 1. ② 2. ① 3. ③ 4. ① 5. ③ 6. ①

해설 열전도율이 높은 것이 냉각 속도가 빠르며, Ag → Cu → Pt → Al 순서이다.

7. 다음 중 인장 시험에서 알 수 없는 것은?
① 항복점　　　② 연신율
③ 비틀림 강도　　④ 단면수축률

해설 파괴 시험인 인장 시험에서는 인장 파단하여 항복점(내력), 인장강도, 연신율, 단면수축률 등을 측정한다.

8. 서브머지드 아크 용접에서 와이어 돌출 길이는 보통 와이어 지름을 기준으로 정한다. 적당한 와이어 돌출 길이는 와이어 지름의 몇 배가 가장 적합한가?
① 2배　② 4배　③ 6배　④ 8배

해설 서브머지드 아크 용접에서 와이어 돌출 길이는 팁 선단에서부터 와이어 선단까지의 거리로 이 길이를 길게 하면 와이어의 저항열이 많이 발생하게 되어 와이어의 용융량이 증가하게 되지만 용입은 불균일하게 되고 다소 감소하므로 적당한 돌출 길이는 와이어 지름의 8배 전후로 해주어야 한다.

9. 샤르피식의 시험기를 사용하는 시험 방법은?
① 경도 시험　　② 인장 시험
③ 피로 시험　　④ 충격 시험

해설 파괴 시험법 중 충격 시험은 샤르피식(U형 노치에 단순보(수평면))과 아이조드식(V형 노치에 내다지보(수직면))이 있고, 충격적인 하중을 주어서 파단시키는 시험법으로 흡수에너지가 클수록 인성이 크다.

10. 용접 결함에서 언더컷이 발생하는 조건이 아닌 것은?

① 전류가 너무 낮을 때
② 아크 길이가 너무 길 때
③ 부적당한 용접봉을 사용할 때
④ 용접 속도가 적당하지 않을 때

해설 언더컷의 원인
㉠ 용접 전류가 높을 때
㉡ 용접 속도가 빠를 때
㉢ 아크 길이가 너무 길 때
㉣ 부적당한 용접봉의 사용
㉤ 용접봉 유지 각도 등

11. 한 부분의 몇 층을 용접하다가 이것을 다음 부분의 층으로 연속시켜 전체 모양이 계단 형태를 이루는 용착법은?
① 스킵법　　　② 덧살 올림법
③ 전진 블록법　④ 캐스케이드법

해설 문제의 내용은 다층 용접 시 캐스케이드법을 설명한 것이다.

12. 맞대기 용접 이음에서 판 두께가 9 mm, 용접선 길이 120 mm, 하중이 7560 N일 때, 인장응력은 몇 N/mm²인가?
① 5　　② 6　　③ 7　　④ 8

해설 인장응력 = $\dfrac{\text{인장강도(하중)}}{\text{모재의 면적}}$

$= \dfrac{7560}{9 \times 120} = 7\,N/mm^2$

13. 박판의 스테인리스강의 좁은 홈의 용접에서 아크 교란 상태가 발생할 때 적합한 용접 방법은?
① 고주파 펄스 티그 용접
② 고주파 펄스 미그 용접
③ 고주파 펄스 일렉트로 슬래그 용접
④ 고주파 펄스 이산화탄소 아크 용접

정답 7. ③　8. ④　9. ④　10. ①　11. ④　12. ③　13. ①

해설 스테인리스강의 박판(2mm 이하의 강)의 좁은 홈에서 아크 교란을 방지하기 위해 고주파 펄스 티그 용접을 한다.

14. 현미경 시험을 하기 위해 사용되는 부식제 중 철강용에 해당되는 것은?
① 왕수　　　　② 염화제2철 용액
③ 피크린산　　④ 플루오르화수소액

해설 파괴 시험 종류인 현미경 검사에서 철강용은 피크린산, 알코올액(피크린산 4g, 알코올 100cc), 초산 알코올액(진한 초산 1~5cc, 알코올 100cc)을 사용한다.

15. 용접 자동화의 장점을 설명한 것으로 틀린 것은?
① 생산성 증가 및 품질을 향상시킨다.
② 용접 조건에 따른 공정을 늘릴 수 있다.
③ 일정한 전류값을 유지할 수 있다.
④ 용접 와이어의 손실을 줄일 수 있다.

해설 용접 자동화의 장점으로 용접 조건에 따른 공정 수를 줄일 수 있다.

16. 용접부의 연성 결함을 조사하기 위하여 사용되는 시험법은?
① 브리넬 시험　　② 비커스 시험
③ 굽힘 시험　　　④ 충격 시험

해설 용접부의 연성 결함을 검사하기 위한 시험법은 굽힘 시험이며, 브리넬, 비커스는 경도 시험, 충격 시험은 재료가 충격에 견디는 저항, 즉 인성을 알아보는 시험법이다.

17. 탄산가스 아크 용접의 장점이 아닌 것은?
① 가시 아크이므로 시공이 편리하다.
② 적용되는 재질이 철 계통으로 한정되어 있다.
③ 용착 금속의 기계적 성질 및 금속학적 성질이 우수하다.
④ 전류 밀도가 높아 용입이 깊고 용접 속도를 빠르게 할 수 있다.

해설 · 장점
　㉠ 용접봉을 갈아 끼우는 작업이 불필요하기 때문에 능률적이다.
　㉡ 슬래그가 없으므로 슬래그 제거 시간이 절약된다.
　㉢ 용접 재료의 손실이 적으며 용착 효율이 95% 이상이다(SMAW : 약 60%).
　㉣ 전류 밀도가 높기 때문에 용입이 크다.
· 단점
　㉠ 용접 장비가 무거워서 이동이 곤란하고, 구조가 복잡, 고장률이 높으며 고가이다.
　㉡ 용접 토치가 용접부에 접근하기 곤란한 조건에서는 용접이 불가능하다.
　㉢ 바람이 부는 옥외에서는 보호 가스가 보호 역할을 충분히 하지 못하므로 방풍막을 설치하여야 한다.

18. 심 용접의 종류가 아닌 것은?
① 횡 심 용접(circular seam welding)
② 매시 심 용접(mash seam welding)
③ 포일 심 용접(foil seam welding)
④ 맞대기 심 용접(butt seam welding)

해설 심 용접의 종류
㉠ 매시 심 용접(mash seam welding)
㉡ 포일 심 용접(foil seam welding)
㉢ 맞대기 심 용접(butt seam welding)

19. 용접 이음의 종류가 아닌 것은?
① 겹치기 이음　　② 모서리 이음
③ 라운드 이음　　④ T형 필릿 이음

해설 용접 이음의 종류에는 겹치기 이음, 모서리 이음, T 이음, 맞대기 이음 등이다.

정답　14. ③　15. ②　16. ③　17. ②　18. ①　19. ③

20. 플라스마 아크 용접의 특징으로 틀린 것은?
① 용접부의 기계적 성질이 좋으며 변형도 적다.
② 용입이 깊고 비드 폭이 좁으며 용접 속도가 빠르다.
③ 단층으로 용접할 수 있으므로 능률적이다.
④ 설비비가 적게 들고 무부하 전압이 낮다.

[해설] 플라스마 아크 용접은 일반 아크 용접기의 2~5배로 무부하 전압이 높으며 설비비가 많이 든다.

21. 용접 자세를 나타내는 기호가 틀리게 짝지어진 것은?
① 위보기 자세 : O   ② 수직 자세 : V
③ 아래보기 자세 : U   ④ 수평 자세 : H

[해설] 아래보기 자세의 기호는 F이다.

22. 이산화탄소 아크 용접의 보호 가스 설비에서 저전류 영역의 가스 유량은 약 몇 L/min 정도가 가장 적당한가?
① 1~5   ② 6~9
③ 10~15   ④ 20~25

[해설] 이산화탄소 아크 용접의 보호 가스 설비에서 저전류 영역은 10~15 L/min이 좋고, 고전류 영역은 15~20 L/min이 좋다.

23. 가스 용접의 특징으로 틀린 것은?
① 응용 범위가 넓으며 운반이 편리하다.
② 전원 설비가 없는 곳에서도 쉽게 설치할 수 있다.
③ 아크 용접에 비해서 유해광선의 발생이 적다.
④ 열 집중성이 좋아 효율적인 용접이 가능하여 신뢰성이 높다.

[해설] 가스 용접의 단점으로 열 집중성이 나빠 효율적인 용접이 어렵다.

24. 용해 아세틸렌 취급 시 주의사항으로 틀린 것은?
① 저장 장소는 통풍이 잘 되어야 된다.
② 저장 장소에는 화기를 가까이 하지 말아야 한다.
③ 용기는 진동이나 충격을 가하지 말고 신중히 취급해야 한다.
④ 용기는 아세톤의 유출을 방지하기 위해 눕혀서 보관한다.

[해설] 용해 아세틸렌 병은 다공성 물질을 병 안에 가득 채운 뒤에 아세톤을 넣고 아세톤에 아세틸렌 가스를 용해시켜 사용하는 것이므로 아세톤의 유출을 방지하기 위해 반드시 병을 세워 놓아야 한다.

25. 2개의 모재에 압력을 가해 접촉시킨 다음 접촉면에 압력을 주면서 상대 운동을 시켜 접촉면에서 발생하는 열을 이용하는 용접법은?
① 가스 압접   ② 냉간 압접
③ 마찰 용접   ④ 열간 압접

[해설] 마찰 용접은 용접하고자 하는 모재를 맞대어 접합면의 고속회전에 의해 발생된 마찰열을 이용하여 압접하는 방법이다.

26. 모재의 절단부를 불활성 가스로 보호하고 금속 전극에 대전류를 흐르게 하여 절단하는 방법으로 알루미늄과 같이 산화에 강한 금속에 이용되는 절단 방법은?
① 산소 절단   ② TIG 절단
③ MIG 절단   ④ 플라스마 절단

[해설] MIG 아크 절단(metal inert gas arc cutting) : 보통 금속 아크 용접에 비하여 고전류의 MIG 아크가 깊은 용입이 되는 것을 이용하여 모재를 용융 절단하는 방법으로 절단부를 불활성 가스로 보호하므로 산화성이 강한

정답 20. ④ 21. ③ 22. ③ 23. ④ 24. ④ 25. ③ 26. ③

알루미늄 등의 비철 금속 절단에 사용되었으나 플라스마 제트 절단법의 출현으로 그 중요성이 감소되어 가고 있다.

27. 아크 에어 가우징 작업에 사용되는 압축 공기의 압력으로 적당한 것은?
① 1~3 kgf/cm^2 ② 5~7 kgf/cm^2
③ 9~12 kgf/cm^2 ④ 14~16 kgf/cm^2

해설 아크 에어 가우징(arc air gauging) : 탄소 아크 절단 장치에 5~7 kg/cm^2 정도의 압축공기를 병용하여 가우징, 절단 및 구멍 뚫기 등에 적합하다. 특히 가우징으로 많이 사용되며 전극봉은 흑연에 구리 도금을 한 것이 사용되고 전원은 직류, 아크 전압 25~45 V, 아크 전류 200~500 A 정도의 것이 널리 사용된다.

28. 리벳 이음과 비교하여 용접 이음의 특징을 열거한 것 중 틀린 것은?
① 구조가 복잡하다.
② 이음 효율이 높다.
③ 공정의 수가 절감된다.
④ 유밀, 기밀, 수밀이 우수하다.

해설 용접의 장점
㉠ 재료가 절약되고, 중량이 감소한다.
㉡ 작업 공정 단축으로 경제적이다.
㉢ 재료의 두께 제한이 없다.
㉣ 이음 효율이 향상된다(기밀, 수밀, 유밀 유지).
㉤ 이종 재료 접합이 가능하다.
㉥ 용접의 자동화가 용이하다.
㉦ 보수와 수리가 용이하다.
㉧ 형상의 자유화를 추구할 수 있다.

29. 아크 용접기의 구비조건으로 틀린 것은?
① 효율이 좋아야 한다.
② 아크가 안정되어야 한다.
③ 용접 중 온도 상승이 커야 한다.
④ 구조 및 취급이 간단해야 한다.

해설 용접기의 구비조건
㉠ 구조 및 취급 방법이 간단하고 조작이 용이할 것
㉡ 전류는 일정하게 흐르고, 조정이 용이할 것
㉢ 아크 발생이 용이하도록 무부하 전압이 유지(교류 70~80 V, 직류 40~60 V)될 것
㉣ 아크 발생 및 유지가 용이하고, 아크가 안정할 것
㉤ 용접기는 완전 절연과 필요 이상 무부하 전압이 높지 않을 것
㉥ 사용 중에 온도 상승이 적고, 역률 및 효율이 좋을 것
㉦ 사용 유지비가 적게 들고 가격이 저렴할 것

30. 아크가 발생될 때 모재에서 심선까지의 거리를 아크 길이라 한다. 아크 길이가 짧을 때 일어나는 현상은?
① 발열량이 작다.
② 스패터가 많아진다.
③ 기공 균열이 생긴다.
④ 아크가 불안정해진다.

해설 아크 길이가 짧을 때에는 발열량이 작아진다.

31. 아크 용접에 속하지 않는 것은?
① 스터드 용접
② 프로젝션 용접
③ 불활성 가스 아크 용접
④ 서브머지드 아크 용접

해설 프로젝션 용접은 저항 용접의 종류이다.

32. 아세틸렌(C_2H_2) 가스의 성질로 틀린 것은?

정답 27. ② 28. ① 29. ③ 30. ① 31. ② 32. ①

① 비중이 1.906으로 공기보다 무겁다.
② 순수한 것은 무색, 무미, 무취의 기체이다.
③ 구리, 은, 수은과 접촉하면 폭발성 화합물을 만든다.
④ 매우 불안정한 기체이므로 공기 중에서 폭발 위험성이 크다.

해설 아세틸렌 가스는 비중이 0.906으로 공기보다 가벼우며 1L의 무게는 15℃, 0.1MPa에서 1.176g이다.

33. 피복 아크 용접에서 아크의 특성 중 정극성에 비교하여 역극성의 특징으로 틀린 것은?
① 용입이 얕다.
② 비드 폭이 좁다.
③ 용접봉의 용융이 빠르다.
④ 박판, 주철 등 비철 금속의 용접에 쓰인다.

해설 ㉠ 직류 역극성(DCRP) 사용 시는 용접기의 음극(−)에 모재를, 양극(+)에 토치를 연결하는 방식으로 비드의 폭이 넓고 용입이 얕으며 주로 박판이나 주철 용접에 사용된다.
㉡ 직류 정극성(DCSP) 사용 시는 용접기의 양극(+)에 모재를, 음극(−)에 토치를 연결하는 방식으로 비드의 폭이 좁고 용입이 깊은 용접부를 얻으나 청정 효과가 없으며 후판 용접에 사용된다.

34. 피복 아크 용접 중 용접봉의 용융 속도에 관한 설명으로 옳은 것은?
① 아크 전압×용접봉 쪽 전압강하로 결정된다.
② 단위 시간당 소비되는 전류값으로 결정된다.
③ 동일 종류 용접봉인 경우 전압에만 비례하여 결정된다.
④ 용접봉 지름이 달라도 동일 종류 용접봉인 경우 용접봉 지름에는 관계가 없다.

해설 용접봉의 용융 속도는 아크 전류×용접봉 쪽 전압강하로서 결정된다.

35. 프로판 가스의 성질에 대한 설명으로 틀린 것은?
① 기화가 어렵고 발열량이 낮다.
② 액화하기 쉽고 용기에 넣어 수송이 편리하다.
③ 온도 변화에 따른 팽창률이 크고 물에 잘 녹지 않는다.
④ 상온에서는 기체 상태이고 무색, 투명하며 약간의 냄새가 난다.

해설 LP 가스의 성질
㉠ 액화하기 쉽고, 용기에 넣어 수송하기가 쉽다.
㉡ 액화된 것은 쉽게 기화하며 발열량도 높다.
㉢ 폭발 한계가 좁아서 안전도도 높고 관리도 쉽다.
㉣ 열 효율이 높은 연소 기구의 제작이 쉽다.

36. 가스 용접에서 용제(flux)를 사용하는 가장 큰 이유는?
① 모재의 용융 온도를 낮게 하여 가스 소비량을 적게 하기 위해
② 산화 작용 및 질화 작용을 도와 용착 금속의 조직을 미세화하기 위해
③ 용접봉의 용융 속도를 느리게 하여 용접봉 소모를 적게 하기 위해
④ 용접 중에 생기는 금속의 산화물 또는 비금속 개재물을 용해하여 용착 금속의 성질을 양호하게 하기 위해

해설 가스 용접에서 연강 이외의 모든 합금, 즉 알루미늄, 크롬, 주철 등은 모재 표면에 형성된 산화 피막의 용융점이 모재의 용융점보다 높아 여러 결함사항이 발생되므로 용제(flux)를 사용해야 한다.

정답 33. ② 34. ④ 35. ① 36. ④

37. 피복 아크 용접봉에서 피복제의 역할로 틀린 것은?
① 용착 금속의 급랭을 방지한다.
② 모재 표면의 산화물을 제거한다.
③ 용착 금속의 탈산 정련 작용을 방지한다.
④ 중성 또는 환원성 분위기로 용착 금속을 보호한다.

해설 피복제의 역할
㉠ 아크를 안정시킨다.
㉡ 용융 금속의 용접을 미세화하여 용착 효율을 높인다.
㉢ 중성 또는 환원성 분위기로 대기 중으로부터 산화, 질화 등의 해를 방지하여 용착 금속을 보호한다.
㉣ 용착 금속의 급랭을 방지하고 탈산 정련 작용을 하며 용융점이 낮은 적당한 점성의 가벼운 슬래그를 만든다.
㉤ 슬래그를 제거하기 쉽고 파형이 고운 비드를 만들며 모재 표면의 산화물을 제거하고 양호한 용접부를 만든다.
㉥ 스패터의 발생을 적게 하고 용착 금속에 필요한 합금 원소를 첨가시키며 전기 절연 작용을 한다.

38. 가스 용접봉 선택 조건으로 틀린 것은?
① 모재와 같은 재질일 것
② 용융 온도가 모재보다 낮을 것
③ 불순물이 포함되어 있지 않을 것
④ 기계적 성질에 나쁜 영향을 주지 않을 것

해설 용융 온도가 모재의 용융점과 동일하여야 한다.

39. 금속의 공통적 특성으로 틀린 것은?
① 열과 전기의 양도체이다.
② 금속 고유의 광택을 갖는다.
③ 이온화하면 음(-) 이온이 된다.
④ 소성 변형성이 있어 가공하기 쉽다.

해설 금속의 특성
㉠ 상온에서 고체이며 결정 구조를 형성한다 (단, 수은은 제외).
㉡ 열 및 전기의 양도체(良導體)이다.
㉢ 연성(延性) 및 전성(展性)을 갖고 있어 소성 변형을 할 수 있다.
㉣ 금속 특유의 광택을 갖는다.
㉤ 용융점이 높고 대체로 비중이 크다(비중 5 이상을 중금속, 5 이하를 경금속이라 한다).

40. 다음 중 Fe-C 평형 상태도에서 가장 낮은 온도에서 일어나는 반응은?
① 공석 반응   ② 공정 반응
③ 포석 반응   ④ 포정 반응

해설 공석점(723℃), 공정점(1130℃)

41. 침탄법에 대한 설명으로 옳은 것은?
① 표면을 용융시켜 연화시키는 것이다.
② 망상 시멘타이트를 구상화시키는 방법이다.
③ 강재의 표면에 아연을 피복시키는 방법이다.
④ 강재의 표면에 탄소를 침투시켜 경화시키는 것이다.

해설 침탄법(carbonizing) : 저탄소강을 침탄제와 침탄 촉진제 소재와 함께 침탄 상자에 넣은 후 침탄로에서 가열하면 0.5~2mm의 침탄층이 생겨 표면만 단단하게 하는 표면 경화법이다.
㉠ 고체 침탄법(pack carburizing)
㉡ 가스 침탄법(gas carburizing)
㉢ 액체 침탄법(cyaniding, 시안화법, 청화법)

42. 구상 흑연 주철은 주조성, 가공성 및 내마멸성이 우수하다. 이러한 구상 흑연 주철 제조 시 구상화제로 첨가되는 원소로 옳은 것은?

정답 37. ③ 38. ② 39. ③ 40. ① 41. ④ 42. ④

① P, S   ② O, N
③ Pb, Zn   ④ Mg, Ca

해설 구상 흑연 주철 : 용융 상태에서 Mg, Ce, Mg-Cu, Ca(Li, Ba, Sr) 등을 첨가하거나 그 밖의 특수한 용선 처리를 하여 편상 흑연을 구상화한 것이다.

43. Y 합금의 일종으로 Ti과 Cu를 0.2% 정도씩 첨가한 것으로 피스톤에 사용되는 것은?

① 두랄루민   ② 코비탈륨
③ 로엑스 합금   ④ 하이드로날륨

해설 ㉠ 단련용 Y 합금 : Al-Cu-Ni-Mg계 내열 합금(250℃에서 상온의 90%의 높은 강도 유지), 300~450℃에서 단조할 수 있다(Ni의 영향).
㉡ Y 합금(내열 합금) : 92.5% Al-4% Cu-2% Ni-1.5% Mg의 합금으로서 고온 강도가 크므로 내연 기관의 실린더, 피스톤, 실린더 헤드에 사용된다(코비탈륨).

44. 시험편을 눌러 구부리는 시험 방법으로 굽힘에 대한 저항력을 조사하는 시험 방법은?

① 충격 시험   ② 굽힘 시험
③ 전단 시험   ④ 인장 시험

해설 굽힘 시험으로서 굽힘에 대한 저항력과 재료의 연성을 시험한다.

45. Fe-C 평형 상태도에서 공정점의 C%는?

① 0.02%   ② 0.8%   ③ 4.3%   ④ 6.67%

해설 Fe-C 평형 상태도에서 공석점은 탄소 함유량이 0.8%, 공정점은 4.3%로서 레데뷰라이트선이라고도 한다.

46. 금속의 소성 변형을 일으키는 원인 중 원자 밀도가 가장 큰 격자면에서 잘 일어나는 것은?

① 슬립   ② 쌍정
③ 전위   ④ 편석

해설 슬립(slip) : 외력에 의해 인장력이 작용하여 격자면 내외에 미끄럼 변화를 일으키는 현상이다.

47. 탄소강은 200~300℃에서 연신율과 단면수축률이 상온보다 저하되어 단단하고 깨지기 쉬우며, 강의 표면이 산화되는 현상은?

① 적열 메짐   ② 상온 메짐
③ 청열 메짐   ④ 저온 메짐

해설 청열 취성(메짐)으로 탄소강이 200~300℃에서 강도와 경도는 최대, 연신율과 단면수축률은 최소이며, P, N, O, C가 원인이다.

48. Al-Si계 합금을 개량 처리하기 위해 사용되는 접종 처리제가 아닌 것은?

① 금속나트륨
② 염화나트륨
③ 불화알칼리
④ 수산화나트륨

해설 알루미늄과 규소계 개량 처리
㉠ 금속 Na 첨가법 : Na 0.05~0.1% 또는 Na 0.05%+K 0.05%를 첨가한 것으로 가장 많이 사용한다.
㉡ F(플루오린, 불소) 화합물 첨가법 : F 화합물+알칼리 토금속 1 : 1 혼합물의 용제를 1~3% 첨가한 후 도가니에 뚜껑을 막고 3~5분간 기다렸다가 탄소봉으로 혼합한다.
㉢ 수산화나트륨 첨가법(NaOH, 가성소다)
※ 개량 처리 : Si의 결정 조직을 미세화하기 위하여 특수 원소를 첨가시키는 조작

정답 43. ②   44. ②   45. ③   46. ①   47. ③   48. ②

49. 다음 중 주철에 관한 설명으로 틀린 것은?
① 비중은 C와 Si 등이 많을수록 작아진다.
② 용융점은 C와 Si 등이 많을수록 낮아진다.
③ 주철을 600℃ 이상의 온도에서 가열 및 냉각을 반복하면 부피가 감소한다.
④ 투자율을 크게 하기 위해서는 화합 탄소를 적게 하고, 유리 탄소를 균일하게 분포시킨다.

해설 • 주철의 장점
  ㉠ 용융점이 낮고 유동성이 좋아 주조성(castability)이 우수하다.
  ㉡ 복잡한 형상의 주물 제품의 단위 무게당 가격이 싸다(금속 재료 중에서).
  ㉢ 마찰 저항이 좋고 절삭 가공이 쉽다.
  ㉣ 주물의 표면은 굳고 녹이 잘 슬지 않으며, 페인트칠도 잘 된다.
  ㉤ 압축강도가 크다(인장강도의 3~4배).
• 주철의 단점
  ㉠ 인장강도, 휨 강도, 충격값이 작다.
  ㉡ 연신율이 작고 취성이 크다.
  ㉢ 고온에서의 소성 변형이 되지 않는다.
• 주철의 성장 : 고온 600℃ 이상에서 장시간 유지 또는 가열 및 냉각을 반복하면 주철의 부피가 팽창하여 변형, 균열이 발생한다.

50. Al의 비중과 용융점(℃)은 약 얼마인가?
① 2.7, 660℃   ② 4.5, 390℃
③ 8.9, 220℃   ④ 10.5, 450℃

해설 알루미늄은 비중 2.7, 용융점 660℃이다.

51. 판을 접어서 만든 물체를 펼친 모양으로 표시할 필요가 있는 경우 그리는 도면을 무엇이라 하는가?
① 투상도 ② 개략도 ③ 입체도 ④ 전개도

52. 재료 기호 중 SPHC의 명칭은?
① 배관용 탄소 강관
② 열간 압연 연강판 및 강대
③ 용접 구조용 압연 강재
④ 냉간 압연 강판 및 강대

해설 재료의 기호
㉠ 첫 번째 자리 : 재질
㉡ 두 번째 자리 : 규격명 또는 제품명
㉢ 끝부분 자리 : 재료의 종류와 여러 가지 필요 기호로서 SP는 비철 금속 판재, HC는 열간 압연을 표시

53. 그림과 같이 기점 기호를 기준으로 하여 연속된 치수선으로 치수를 기입하는 방법은?

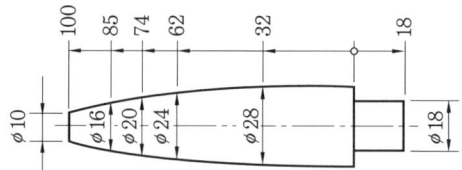

① 직렬 치수 기입법   ② 병렬 치수 기입법
③ 좌표 치수 기입법   ④ 누진 치수 기입법

54. 다음 용접 기호 중 표면 육성을 의미하는 것은?

①   ②
③   ④

해설 ①은 표면 육성, ②는 표면 접합부, ③은 경사 접합부, ④는 겹침 접합부를 나타낸다.

55. 다음 중 가는 실선으로 나타내는 경우가 아닌 것은?
① 시작점과 끝점을 나타내는 치수선
② 소재의 굽은 부분이나 가공 공정의 표시선
③ 상세도를 그리기 위한 틀의 선
④ 금속 구조 공학 등의 구조를 나타내는 선

정답 49. ③ 50. ① 51. ④ 52. ② 53. ④ 54. ① 55. ④

해설 가는 실선으로 나타내는 경우
㉠ 치수 기입
㉡ 치수 기입을 위해 도형으로부터 끌어낼 때
㉢ 기술, 기호 등을 표시
㉣ 도형의 중심선을 간략하게 표시
㉤ 수면, 유면 등의 위치를 표시

56. 다음 중 일반 구조용 탄소 강관의 KS 재료 기호는?

① SPP   ② SPS   ③ SKH   ④ STK

해설 ㉠ S : 강, STEEL
㉡ T : 관, TUBE

57. 그림과 같은 도면에서 나타난 "□40" 치수에서 "□"가 뜻하는 것은?

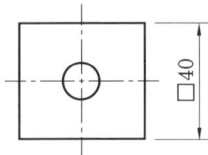

① 정사각형의 변
② 이론적으로 정확한 치수
③ 판의 두께
④ 참고 치수

58. 도면에 대한 호칭 방법이 다음과 같이 나타날 때 이에 대한 설명으로 틀린 것은?

KS B ISO 5457-A1t-TP 112.5-R-TBL

① 도면은 KS B ISO 5457을 따른다.
② A1 용지 크기이다.
③ 재단하지 않은 용지이다.
④ 112.5g/m² 사양의 트레이싱지이다.

해설 KS B ISO 5457에 따라 재단한 용지는 t, 재단하지 않은 용지는 u로 표시한다.

59. 그림과 같은 배관 도면에서 도시 기호 S는 어떤 유체를 나타내는 것인가?

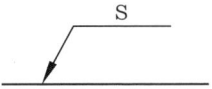

① 공기   ② 가스   ③ 유류   ④ 증기

해설 A : 공기, G : 가스, O : 기름, S : 수증기, W : 물

60. 그림의 입체도에서 화살표 방향을 정면으로 하여 제3각법으로 그린 정투상도는?

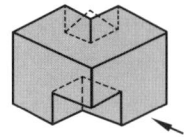

정답 56. ④   57. ①   58. ③   59. ④   60. ①

제7회 CBT 실전테스트

▶ 피복아크용접/가스텅스텐아크용접/이산화탄소가스아크용접기능사 공통

1. 산소 절단 시 예열 불꽃이 너무 강한 경우 나타나는 현상으로 틀린 것은?

① 드래그가 증가한다.
② 절단면이 거칠게 된다.
③ 슬래그 중의 철 성분의 박리가 어렵게 된다.
④ 절단 모서리가 둥글게 된다.

해설 예열 불꽃이 너무 강한 경우는 절단면의 모서리가 녹아 둥그스름하게 되어 거칠게 되며, 슬래그 중 철 성분의 박리가 어렵게 된다.

2. 수동 가스 절단기에서 저압식 절단 토치는 아세틸렌 가스 압력이 보통 몇 kgf/cm² 이하에서 사용되는가?

① 0.07　　② 0.40
③ 0.70　　④ 1.40

해설 절단 압력에 따라 저압식은 $0.07\,\mathrm{kgf/cm^2}$, 중압식은 $0.07\sim0.4\,\mathrm{kgf/cm^2}$이다.

3. 피복 아크 용접에서 아크쏠림 현상에 대한 설명으로 틀린 것은?

① 직류를 사용할 경우 발생한다.
② 교류를 사용할 경우 발생한다.
③ 용접봉에 아크가 한쪽으로 쏠리는 현상이다.
④ 짧은 아크를 사용하면 아크쏠림 현상을 방지할 수 있다.

해설 아크쏠림(자기불림(magnetic blow)) : 직류 용접에서 용접봉에 아크가 한쪽으로 쏠리는 현상으로 용접 전류에 의해 아크 주위에 자장이 용접에 대하여 비대칭으로 나타나는 현상이며, 짧은 아크를 사용하면 방지할 수 있다.

4. 직류 및 교류 아크 용접에서 용입의 깊이를 바른 순서로 나타낸 것은?

① 직류 정극성>교류>직류 역극성
② 직류 역극성>교류>직류 정극성
③ 직류 정극성>직류 역극성>교류
④ 직류 역극성>직류 정극성>교류

해설 ㉠ 직류 역극성(DCRP) 사용 시는 용접기의 음극(-)에 모재를, 양극(+)에 토치를 연결하는 방식으로 비드의 폭이 넓고 용입이 얕으며 주로 박판이나 주철 용접에 사용된다.
㉡ 직류 정극성(DCSP) 사용 시는 용접기의 양극(+)에 모재를, 음극(-)에 토치를 연결하는 방식으로 비드의 폭이 좁고 용입이 깊은 용접부를 얻으나 청정 효과가 없으며 후판 용접에 사용된다.

5. 가스 용접에서 탄화 불꽃의 설명과 관련이 가장 적은 것은?

① 표준 불꽃이다.
② 아세틸렌 과잉 불꽃이다.
③ 속불꽃과 겉불꽃 사이에 밝은 백색의 제3의 불꽃이 있다.
④ 산화 작용이 일어나지 않는다.

해설 산소-아세틸렌 불꽃의 형태
• 산화 불꽃 : 산소 과잉 시 발생
㉠ 산소 : 아세틸렌 = $1.15\sim1.7 : 1$
㉡ 백심이 짧고, 속불꽃이 없으나 불꽃 온도는 가장 높다.
㉢ 용착 금속의 산화 및 탈탄이 발생한다.
㉣ 금속이 산화되므로 황동, 청동의 용접, 고온 용접에 적합하다.

정답 1. ①　2. ①　3. ②　4. ①　5. ①

- 환원 불꽃(탄화 불꽃) : 아세틸렌 가스 과잉 시 발생
  ㉠ 산소 : 아세틸렌=0.05~0.95 : 1
  ㉡ 백심과 속불꽃이 함께 길어진다.
  ㉢ 아세틸렌 분해로 생긴 활성 탄소가 금속 표면에서 침탄 작용을 한다.
  ㉣ 산화 작용이 없으므로 산화를 방지해야 하는 금속의 용접에 사용한다(스테인리스강, 알루미늄, 모넬 메탈(65~70 Ni, 26~30 Cu)).
- 중성 불꽃(표준 불꽃)
  ㉠ 산소 : 아세틸렌=1.04~1.14 : 1
  ㉡ 보통 용접에 사용한다.
  ㉢ 용접 금속의 오염이 적다.

6. 중공의 피복 용접봉과 모재와의 사이에 아크를 발생시키고 이 아크열을 이용하여 절단하는 방법은?

① 산소 아크 절단
② 플라스마 제트 절단
③ 산소창 절단
④ 스카핑

[해설] 산소 아크 절단(oxygen arc cutting) : 예열원으로서 아크열을 이용한 가스 절단법으로 보통 안에 구멍이 나 있는 강에 전극을 사용하여 전극과 모재 사이에 발생되는 아크열로 용융시킨 후에 전극봉 중심에서 산소를 분출시켜 용융된 금속을 밀어내며 전원은 보통 직류 정극성이 사용되나 교류로서도 절단된다.

7. 산소창 절단 방법으로 절단할 수 없는 것은?

① 알루미늄 판
② 함석의 천공
③ 두꺼운 강판의 절단
④ 강괴의 절단

[해설] 산소창(내경 3.2~6 mm, 길이 1.5~3 m) 절단은 용광로, 평로의 탭 구멍의 천공, 두꺼운 강판 및 강괴 등의 절단에 이용되는 것으로 주철, 10% 이상의 크롬을 포함하는 스테인리스강이나 알루미늄 같은 비철 금속의 절단은 어렵다.

8. 용접에 대한 장점 설명으로 틀린 것은?

① 이음의 효율이 높고 기밀, 수밀이 우수하다.
② 재료의 두께에 제한이 없다.
③ 응력이 분산되어 노치부에 균열이 생기지 않는다.
④ 재료가 절약되고 작업 공정 단축으로 경제적이다.

[해설] 단점으로 잔류 응력의 존재 및 저온 취성 균열이 발생한다.

9. 충전 가스 용기 중 암모니아 용기의 도색으로 맞는 것은?

① 회색   ② 청색   ③ 녹색   ④ 백색

[해설] 용기의 도색 및 가스 충전 구멍에 있는 나사의 좌, 우
㉠ 산소-녹색, 우
㉡ 수소-주황색, 좌
㉢ 탄산가스-청색, 우
㉣ 염소-갈색, 우
㉤ 암모니아-백색, 우
㉥ 아세틸렌-황색, 좌
㉦ 프로판-회색, 좌
㉧ 아르곤-회색, 우

10. 연강용 피복 아크 용접봉의 종류와 피복제 계통이 잘못 연결된 것은?

① E 4301 : 일미나이트계
② E 4303 : 라임티타니아계
③ E 4316 : 저수소계

④ E 4340 : 철분산화철계

해설 E 4340은 특수계로서 피복제의 계통이 특별히 규정되어 있지 않은 사용 특성이나 용접 결과가 특수한 것으로, 용접 자세는 제조회사가 권장하는 방법을 쓰도록 되어 있다.

11. 산소병 내용적이 40.7리터인 용기에 $100\,kgf/cm^2$로 충전되어 있다면 프랑스식 팁 100번을 사용하여 표준 불꽃으로 약 몇 시간까지 용접이 가능한가?

① 약 16시간 ② 약 22시간
③ 약 31시간 ④ 약 40시간

해설 ㉠ 산소 용기의 총 가스량＝내용적×기압
㉡ 사용할 수 있는 시간
  ＝산소 용기의 총 가스량÷시간당 소비량
㉢ 가변압식 100번은 시간당 소비량이 표준 불꽃으로 100L를 사용할 수 있는 시간

$$\therefore \frac{40.7 \times 100}{100} = 40시간$$

12. 다음 중 용착부 용어를 올바르게 정의한 것은?

① 용접 금속 및 그 근처를 포함한 부분의 총칭
② 용접 작업에 의하여 용가재로부터 모재에 용착한 금속
③ 용접부 안에서 용접하는 동안에 용융 응고한 부분
④ 슬래그가 용융지에 녹아 들어가는 것

13. 가스 용접에서 압력 조정기의 압력 전달 순서가 올바르게 된 것은?

① 부르동관 → 링크 → 섹터기어 → 피니언
② 부르동관 → 피니언 → 링크 → 섹터기어
③ 부르동관 → 링크 → 피니언 → 섹터기어
④ 부르동관 → 피니언 → 섹터기어 → 링크

해설 압력 조정기의 압력 지시의 진행은 부르동관 → 켈리브레이팅 링크 → 섹터기어 → 피니언 → 지시 바늘의 순서이다.

14. 피복 금속 아크 용접봉에서 피복제의 역할이 아닌 것은?

① 아크를 안정시키고 용착 금속을 보호한다.
② 아크 길이를 조절하고 냉각 속도를 빠르게 한다.
③ 슬래그 제거를 쉽게 하고, 파형이 고운 비드를 만든다.
④ 용융 금속의 용접(globule)을 미세화하고 용착 효율을 높인다.

해설 피복제의 역할
㉠ 아크를 안정시킨다.
㉡ 용융 금속의 용접을 미세화하여 용착 효율을 높인다.
㉢ 중성 또는 환원성 분위기로 대기 중으로부터 산화, 질화 등의 해를 방지하여 용착 금속을 보호한다.
㉣ 용착 금속의 급랭을 방지하고 탈산 정련 작용을 하며 용융점이 낮은 적당한 점성의 가벼운 슬래그를 만든다.
㉤ 슬래그를 제거하기 쉽고 파형이 고운 비드를 만들며 모재 표면의 산화물을 제거하고 양호한 용접부를 만든다.
㉥ 스패터의 발생을 적게 하고 용착 금속에 필요한 합금 원소를 첨가시키며 전기 절연 작용을 한다.

15. 용접용 안전 보호구에 해당되지 않는 것은?

① 치핑 해머 ② 용접 헬멧
③ 핸드 실드 ④ 용접 장갑

해설 치핑 해머는 용접 공구이다.

정답 11. ④ 12. ③ 13. ① 14. ② 15. ①

16. 가스 절단면의 표준 드래그의 길이는 얼마 정도로 하는가?

① 판 두께의 $\dfrac{1}{2}$ ② 판 두께의 $\dfrac{1}{3}$

③ 판 두께의 $\dfrac{1}{5}$ ④ 판 두께의 $\dfrac{1}{7}$

해설 가스 절단면의 표준 드래그의 길이는 판 두께의 20% 정도로 한다.

17. 아크 용접기의 구비조건으로 틀린 것은?

① 구조 및 취급이 간단해야 한다.
② 전류 조정이 용이하고 일정한 전류가 흘러야 한다.
③ 아크 발생 및 유지가 용이하고 아크가 안정되어야 한다.
④ 효율이 높고, 역률은 낮아야 한다.

해설 용접기의 구비조건
㉠ 구조 및 취급방법이 간단하고 조작이 용이할 것
㉡ 전류는 일정하게 흐르고, 조정이 용이할 것
㉢ 아크 발생이 용이하도록 무부하 전압이 유지(교류 70~80V, 직류 40~60V)될 것
㉣ 아크 발생 및 유지가 용이하고, 아크가 안정할 것
㉤ 용접기는 완전 절연과 필요 이상 무부하 전압이 높지 않을 것
㉥ 사용 중에 온도 상승이 적고, 역률 및 효율이 좋을 것
㉦ 사용 유지비가 적게 들고 가격이 저렴할 것

18. 철계 주조재의 기계적 성질 중 인장강도가 가장 낮은 주철은?

① 구상 흑연 주철   ② 가단 주철
③ 고급 주철   ④ 보통 주철

해설 인장강도(MPa)는 구상 흑연 주철이 370~800, 가단 주철이 270~540, 보통 주철이 100~250, 고급(강인) 주철이 300~350으로 가장 낮은 것은 보통 주철이다.

19. 특수 주강을 제조하기 위하여 첨가하는 금속으로 맞는 것은?

① Ni, Zn, Mo, Cu   ② Si, Mn, Co, Cu
③ Ni, Si, Mo, Cu   ④ Ni, Mn, Mo, Cr

해설 특수 주강은 강도를 필요로 할 때 또는 내식, 내열, 내마모성 등을 요구하는 경우 Ni, Mn, Mo, Cr 등을 첨가한다. 종류는 Ni 주강, Ni-Cr 주강, Mn 주강, Cr 주강 등이다.

20. 황동의 조성으로 맞는 것은?

① 구리+아연   ② 구리+주석
③ 구리+납   ④ 구리+망간

해설 황동은 구리와 아연의 합금이고, 청동은 구리와 주석의 합금이다.

21. 다음 금속 재료 중 피복 아크 용접이 가장 어려운 재료는?

① 탄소강   ② 주철   ③ 주강   ④ 티탄

해설 티탄(Ti)은 활성적이고 산화하기 쉬운 금속으로 불활성 가스 분위기 속이나 진공 상태에서 용접을 하여야 한다.

22. 금속 표면에 내식성과 내산성을 높이기 위해 다른 금속을 침투 확산시키는 방법으로 종류와 침투제가 바르게 연결된 것은?

① 세라다이징 - Mn
② 크로마이징 - Cr
③ 칼로라이징 - Fe
④ 실리코나이징 - C

해설 금속 침투법은 Cr(크로마이징), Si(실리코나이징), Al(칼로라이징), B(보로나이징), Zn(세라다이징)이 있다.

정답 16. ③ 17. ④ 18. ④ 19. ④ 20. ① 21. ④ 22. ②

23. 고강도 알루미늄 합금으로 대표적인 시효 경화성 알루미늄 합금명은?
① 두랄루민(duralumin)
② 양은(nickel silver)
③ 델타 메탈(dalta metal)
④ 실루민(silumin)

[해설] 두랄루민은 주물의 결정 조직을 열간 가공으로 완전히 파괴한 뒤 고온에서 물에 급랭한 후 시효 경화시켜 강인성을 얻는다.

24. 다음 중 주로 입계 부식에 의해서 손상을 입는 것은?
① 황동
② 18-8 스테인리스강
③ 청동
④ 다이스강

[해설] 18-8 스테인리스강은 입계 부식에 의한 입계 균열의 발생이 쉽다(Cr_4C 탄화물이 원인).

25. 다음 중 탄소강의 표준 조직이 아닌 것은?
① 페라이트
② 펄라이트
③ 시멘타이트
④ 마텐자이트

[해설] 마텐자이트는 담금질의 열처리 조직이다.

26. 주강에 대한 설명으로 틀린 것은?
① 주철에 비해 기계적 성질이 우수하고, 용접에 의한 보수가 용이하다.
② 주철에 비해 강도는 작으나 용융점이 낮고 유동성이 커서 주조성이 좋다.
③ 주조 조직 개선과 재질 균일화를 위해 풀림 처리를 한다.
④ 탄소 함유량에 따라 저탄소 주강, 고탄소 주강, 중탄소 주강으로 분류된다.

[해설] 주강은 주철에 비해 기계적 성질이 우수하여 강도와 용융점이 높아 주조가 어려우며 대량 생산에 적합하다.

27. 금속을 가열한 다음 급속히 냉각시켜 재질을 경화시키는 열처리 방법은?
① 풀림
② 불림
③ 담금질
④ 뜨임

[해설] 담금질 조직 : A_3 변태점 이상으로 가열한 오스테나이트의 강을 물, 기름, 염욕 속에서 급랭에 의하여 펄라이트(pearlite)에 이르는 도중에 얻어지는 중간 조직을 말하며, 표준 조직에 비해 강도, 경도가 증가되나 그 질이 여리다.

28. 탄소강에서 물리적 성질의 변화를 탄소 함유량에 따라 표시한 것으로 올바른 것은?
① 내식성은 탄소가 증가할수록 증가한다.
② 탄소강에 소량의 구리(Cu)가 첨가되면 내식성은 현저하게 좋아진다.
③ 전기저항 항자력은 탄소량의 증가에 의해 감소한다.
④ 비중, 열팽창계수는 탄소량의 증가에 따라 증가한다.

[해설] 탄소강에 Cu 0.25% 이하를 첨가하면 내식성, 인장강도, 경도, 부식 저항 증가, 압연 시 균열이 발생한다.
※ 압연 시 균열 발생은 Ni 존재 시 구리의 해를 감소시키고, Sn 존재 시 구리의 해가 커진다.

29. 피복 금속 아크 용접에서 용접 전류가 낮을 때 발생하는 것은?
① 오버랩
② 기공
③ 균열
④ 언더컷

30. 전기 용접 작업 시 감전으로 인한 재해의 원인에 대한 설명으로 틀린 것은?
① 1차 측과 2차 측의 케이블의 피복 손상부에 접촉되었을 경우

[정답] 23. ① 24. ② 25. ④ 26. ② 27. ③ 28. ② 29. ① 30. ③

② 피용접물이 붙어있는 용접봉을 떼려다 몸에 접촉되었을 경우
③ 용접 기기의 보수 중에 입출력 단자가 절연된 곳에 접촉되었을 경우
④ 용접 작업 중 홀더에 용접봉을 물릴 때나, 홀더가 신체에 접촉되었을 경우

해설 용접 기기의 보수 중에 단자에 절연이 안 되어 있으면 몸에 접촉 시 감전된다.

31. 다음 그림과 같은 용접 순서의 용착법을 무엇이라고 하는가?

```
    4  2  1  3
   ←――→•―→
```

① 전진법 ② 후진법 ③ 대칭법 ④ 비석법

해설 용착법과 용접 순서

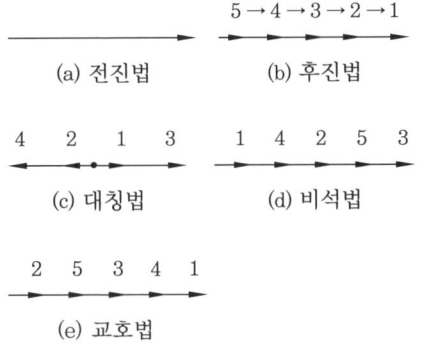

32. CO_2 가스 아크 용접 시 작업장의 이산화탄소 농도가 3~4%일 때 인체에 일어나는 현상으로 가장 적절한 것은?

① 두통 및 뇌빈혈을 일으킨다.
② 위험상태가 된다.
③ 치사량이 된다.
④ 아무렇지도 않다.

해설 이산화탄소가 인체에 미치는 영향은 체적의 3~4%이면 두통, 뇌빈혈, 15% 이상일 때는 위험상태, 30% 이상일 때는 매우 위험한 상태이다.

33. 전기저항 용접이 아닌 것은?

① TIG 용접   ② 점 용접
③ 프로젝션 용접 ④ 플래시 용접

해설 전기저항 용접

겹치기 저항 용접	점 용접, 돌기 용접, 심 용접
맞대기 저항 용접	업셋 용접, 플래시 용접, 맞대기 심 용접, 퍼커션 용접

34. 피복 아크 용접 시 발생하는 기공의 방지 대책으로 올바르지 않은 것은?

① 이음의 표면을 깨끗이 한다.
② 건조한 저수소계 용접봉을 사용한다.
③ 용접 속도를 빠르게 하고, 가장 높은 전류를 사용한다.
④ 위빙을 하여 열량을 늘리거나 예열을 한다.

해설 용접 전류가 과대하고 용접 속도가 빠르면 언더컷이 발생한다.

35. 용접성 시험 중 노치 취성 시험 방법이 아닌 것은?

① 샤르피 충격 시험   ② 슈나트 시험
③ 카안인열 시험   ④ 코머렐 시험

해설 코머렐 시험은 세로 비드 굽힘 시험으로 노치를 하지 않고 시험한다.

36. 분자와 분자의 유도 방사 현상을 이용한 빛 에너지를 이용하여 모재의 열 변형이 거의 없고 이종 금속의 용접이 가능하며 미세하고 정밀한 용접을 비접촉식 용접 방식으로 할 수 있는 용접법은?

① 전자 빔 용접법   ② 플라스마 용접법
③ 레이저 용접법   ④ 초음파 용접법

해설 문제는 레이저 용접법에 대한 설명이다.

정답 31. ③ 32. ① 33. ① 34. ③ 35. ④ 36. ③

37. 화재 및 폭발의 방지책에 관한 사항으로 틀린 것은?
① 인화성 액체의 반응 또는 취급은 폭발 범위 이외의 농도로 한다.
② 필요한 곳에 화재를 진화하기 위한 방화 설비를 설치한다.
③ 정전에 대비하여 예비 전원을 설치한다.
④ 배관 또는 기기에서 가연성 가스는 대기 중에 방출시킨다.

[해설] 가연성 가스는 기화가 되지 않게 용기나 안전장치를 하여 잘 보관해야 한다.

38. 초음파 탐상법에 속하지 않는 것은?
① 펄스 반사법　② 투과법
③ 공진법　　　 ④ 관통법

[해설] 초음파 탐상법에는 펄스 반사법, 투과법, 공진법 등이 있다.

39. 용접 작업에서 안전에 대해 설명한 것 중 틀린 것은?
① 높은 곳에서 용접 작업할 경우 추락, 낙하 등의 위험이 있으므로 항상 안전벨트와 안전모를 착용한다.
② 용접 작업 중에 여러 가지 유해가스가 발생하기 때문에 통풍 또는 환기장치가 필요하다.
③ 가연성의 분진, 화약류 등 위험물이 있는 곳에서는 용접을 해서는 안 된다.
④ 가스 용접은 강한 빛이 나오지 않기 때문에 보안경을 착용하지 않아도 된다.

[해설] 가스 용접 시 강한 빛이 나오므로 보안경을 착용하여야 한다.

40. 다음 그림과 같이 용접부의 비드 끝과 모재 표면 경계부에서 균열이 발생하였다. A는 무슨 균열이라고 하는가?

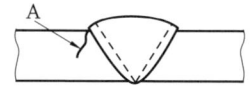

① 토우 균열　② 라멜라테어
③ 비드 밑 균열　④ 비드 종 균열

[해설] 토우 균열(toe crack) : 맞대기 및 필릿 용접 이음 등에 비드 표면과 모재와의 경계부에서 발생되며 반드시 벌어져 있어 침투 탐상 검사로 검출할 수 있다. 용접에 의한 모재의 회전 변형을 무리하게 구속하거나 용접 후 각 변형을 주거나 하면 발생하고 언더컷에 의한 집중 응력이 큰 원인이므로 언더컷이 발생하지 않도록 운봉을 하며 예열을 하거나 강도가 낮은 용접봉을 사용하는 것도 방지법으로 효과적이다.

41. 제품을 용접한 후 일부분에 언더컷이 발생하였을 때 보수 방법으로 가장 적당한 것은?
① 결함의 일부분을 깎아내고 재용접한다.
② 홈을 만들어 용접한다.
③ 결함 부분을 절단하고 재용접한다.
④ 가는 용접봉을 사용하여 보수한다.

[해설] 결함의 보수
㉠ 기공 또는 슬래그 섞임이 있을 때는 그 부분을 깎아내고 재용접한다.
㉡ 언더컷의 보수 : 가는 용접봉을 사용하여 보수 용접한다.
㉢ 오버랩의 보수 : 용접 금속 일부분을 깎아 내고 재용접한다.
㉣ 균열 시의 보수 : 균열이 끝난 양쪽 부분에 드릴로 정지 구멍을 뚫고, 균열 부분을 깎아내어 홈을 만들고 조건이 된다면 근처의 용접부도 일부 절단하여 가능한 자유로운 상태로 한 다음, 균열 부분을 재용접한다.

42. 플라스마 아크 용접 장치에서 아크 플라스마의 냉각 가스로 쓰이는 것은?

정답　37. ④　38. ④　39. ④　40. ①　41. ④　42. ①

① 아르곤+수소의 혼합 가스
② 아르곤+산소의 혼합 가스
③ 아르곤+아세틸렌의 혼합 가스
④ 아르곤+공기의 혼합 가스

해설 아크 플라스마의 냉각에는 Ar 또는 Ar-H의 혼합 가스가 사용된다.

43. 맞대기 용접 이음에서 모재의 인장강도는 45 kgf/mm²이며, 용접 시험편의 인장강도가 47 kgf/mm²일 때 이음 효율은 약 몇 %인가?

① 104 ② 96 ③ 60 ④ 69

해설 이음 효율
$= \dfrac{\text{용접 시험편의 인장강도}}{\text{모재의 인장강도}} \times 100$
$= \dfrac{47}{45} \times 100 = 104\%$

44. 이산화탄소 아크 용접의 보호 가스 설비에서 저전류 영역의 가스 유량은 약 몇 L/min 정도가 좋은가?

① 1~5 ② 6~9
③ 10~15 ④ 20~25

해설 이산화탄소 아크 용접의 보호 가스 설비에서 저전류 영역은 10~15 L/min이 좋고, 고전류 영역은 15~20 L/min이 좋다.

45. CO_2 가스 아크 용접은 어떤 금속의 용접에 가장 적당한가?

① 연강
② 알루미늄
③ 스테인리스강
④ 동과 그 합금

해설 CO_2 가스 용접은 탄소강, 즉 연강의 용접에 적합하다.

46. 서브머지드 아크 용접의 특징에 대한 설명으로 틀린 것은?

① 개선각을 작게 하여 용접 패스 수를 줄일 수 있다.
② 용접 중 아크가 안 보이므로 용접부의 확인이 곤란하다.
③ 용접선이 구부러지거나 짧아도 능률적이다.
④ 유해 광선이나 흄(fume) 등이 적게 발생되어 작업 환경이 깨끗하다.

해설 서브머지드 아크 용접은 긴 레일의 안내선을 따라 직선으로 용접하는 자동 용접 방법으로 용접선이 복잡한 곡선이나 길이가 짧으면 비능률적이다.

47. 불활성 가스 금속 아크 용접의 용접 이행 방식 중 용융 이행 상태는 아크 기류 중에서 용가재가 고속으로 용융, 미입자의 용적으로 분사되어 모재에 용착되는 용접 이행은?

① 용락 이행 ② 단락 이행
③ 스프레이형 이행 ④ 글로뷸러형 이행

해설 MIG 용접의 전극 용융 금속의 이행 형식으로 주로 스프레이형을 사용할 경우 깊은 용입을 얻어 동일한 강도에서 작은 크기의 필릿 용접이 가능하므로 아름다운 비드가 얻어지나 용접 전류가 낮으면 구적 이행(globular transfer)이 되어 비드 표면이 매우 거칠어진다.

48. TIG 용접 시 사용되는 전극봉의 재료로 가장 적합한 금속은?

① 연강 ② 구리
③ 텅스텐 ④ 탄소

해설 텅스텐은 용융점이 3410℃로 가장 높은 용융점을 갖고 있어서 전극봉의 재료로 사용한다.

정답 43. ① 44. ③ 45. ① 46. ③ 47. ③ 48. ③

49. 불활성 가스 금속 아크(MIG) 용접의 특징이 아닌 것은?

① 아크 자기 제어 특성이 있다.
② 정전압 특성, 상승 특성이 있는 직류 용접기이다.
③ 반자동 또는 전자동 용접기로 속도가 빠르다.
④ 전류 밀도가 낮아 3mm 이하 얇은 판 용접에 능률적이다.

해설 MIG 용접은 박판 용접에 적용이 곤란하며, TIG 용접은 박판 용접에 적합하다.

50. 연납땜에 사용되는 납은?

① 주석납 ② 황동납 ③ 인동납 ④ 양은납

해설 연납은 주로 납, 주석, 아연 등 저용융점 금속이 주를 이룬다.

51. 제3각법으로 정투상한 다음 도면에 적합한 입체도는?

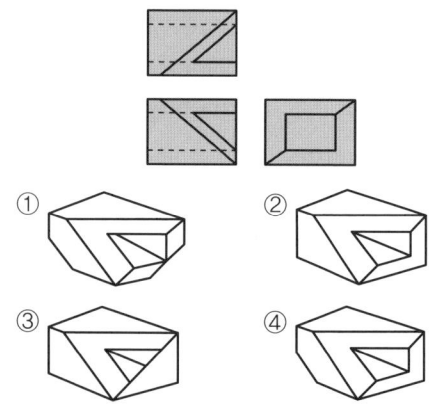

52. 화살표 방향이 정면인 다음 입체도를 제3각법으로 투상한 도면으로 가장 적합한 것은?

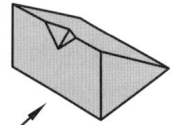

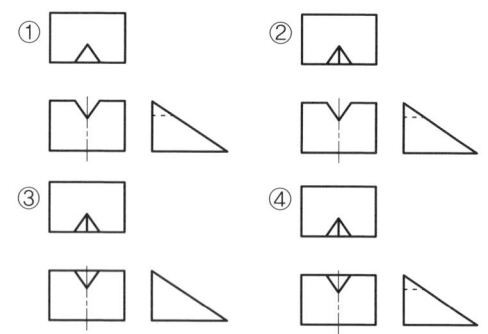

53. 도면에서 단면도의 해칭에 대한 설명으로 틀린 것은?

① 해칭선은 가는 실선으로 규칙적으로 줄을 늘어놓는 것을 말한다.
② 단면도에 재료 등을 표시하기 위해 특수한 해칭(또는 스머징)을 할 수 있다.
③ 해칭선은 반드시 주된 중심선에 45°로만 경사지게 긋는다.
④ 단면 면적이 넓을 경우에는 그 외형선에 따라 적절한 범위에 해칭(또는 스머징)을 할 수 있다.

해설 해칭선은 가는 실선(0.3mm 이하)으로 절단면을 명시하기 위하여 사용하는 선으로서 중심선 또는 주요 외형선에 45° 경사지게 긋는 것이 원칙이나 부득이한 경우에는 다른 각도(30°, 60°)로 표시한다.

54. 그림과 같은 도면에서 지름 3mm 구멍의 수는 모두 몇 개인가?

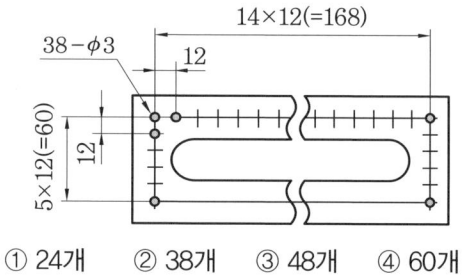

① 24개 ② 38개 ③ 48개 ④ 60개

정답 49. ④ 50. ① 51. ② 52. ② 53. ③ 54. ②

해설 구멍 수는 가로로 14개로 양쪽이 있고, 세로로 5개가 양쪽에 있으므로 14+14+5+5 =38개이다.

55. 배관도의 계기 표시 방법 중에서 압력계를 나타내는 기호는?

① Ⓣ ② Ⓟ
③ Ⓢ ④ Ⓐ

해설 ㉠ T : 온도(temperature)
㉡ P : 압력(pressure)
㉢ S : 증기(steam)
㉣ A : 공기(air)

56. KS 기계 제도 선의 종류에서 가는 2점 쇄선으로 표시되는 선의 용도에 해당하는 것은?

① 가상선 ② 치수선
③ 해칭선 ④ 지시선

해설 ㉠ 가는 실선 : 치수선, 치수 보조선, 지시선, 회전 단면선, 중심선, 수준면선, 해칭선
㉡ 가는 2점 쇄선 : 가상선, 무게중심선

57. 기계 제도 도면에서 t20이라는 치수가 있을 경우 "t"가 의미하는 것은?

① 모따기
② 재료의 두께
③ 구의 지름
④ 정사각형의 변

해설 ㉠ 모따기-C ㉡ 판의 두께-t
㉢ 구의 지름-∅ ㉣ 정사각형-□

58. KS 용접 기호 ╲ 로 표시되는 용접부의 명칭은?

① 플러그 용접 ② 수직 용접
③ 필릿 용접   ④ 스폿 용접

59. 다음 정투상법에 관한 설명으로 올바른 것은?

① 제1각법에서는 정면도의 왼쪽에 평면도를 배치한다.
② 제1각법에서는 정면도의 밑에 평면도를 배치한다.
③ 제3각법에서는 평면도의 왼쪽에 우측면도를 배치한다.
④ 제3각법에서는 평면도의 위쪽에 정면도를 배치한다.

해설 제1각법과 제3각법의 투시도

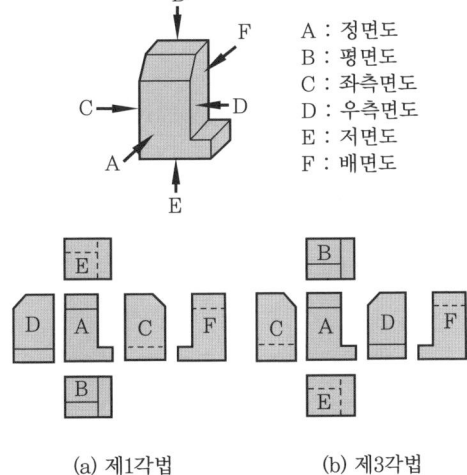

(a) 제1각법 (b) 제3각법

60. 플러그 용접에서 용접부 수는 4개, 간격은 70mm, 구멍의 지름은 8mm일 경우 그 용접 기호 표시로 올바른 것은?

① 4⊓8-70 ② 8⊓4-70
③ 4⊓8(70) ④ 8⊓4(70)

정답 55. ② 56. ① 57. ② 58. ③ 59. ② 60. ④

제8회 CBT 실전테스트

▶ 피복아크용접/가스텅스텐아크용접/이산화탄소가스아크용접기능사 공통

1. 용접부의 비파괴 시험 방법의 기본 기호 중 "PT"에 해당하는 것은?

① 방사선 투과 시험
② 자기 분말 탐상 시험
③ 초음파 탐상 시험
④ 침투 탐상 시험

해설 비파괴 시험 종류의 기호

기호	시험의 종류
RT	방사선 투과 시험
UT	초음파 탐상 시험
MT	자분 탐상 시험
PT	침투 탐상 시험
ET	와류 탐상 시험
ST	변형도 측정 시험
VT	육안 시험
LT	누설 시험
PRT	내압 시험
AET	어코스틱 에미션 시험

2. 다음 중 TIG 용접의 용접 장치 종류가 아닌 것은?

① 전원 장치
② 제어 장치
③ 가스 공급 장치
④ 전원 전격 방지 조정기

해설 주요 장치로는 전원을 공급하는 전원 장치(power source), 용접 전류 등을 제어하는 제어 장치(controller), 보호 가스를 공급, 제어하는 가스 공급 장치(shield gas supply unit), 고주파 발생 장치(high frequency testing equipment), 용접 토치(welding torch) 등으로 구성되고, 부속 기구로는 전원 케이블, 가스 호스, 원격 전류 조정기 및 가스 조정기 등으로 구성된다.

3. 가스 텅스텐 아크 용접의 단점으로 적절하지 않은 것은?

① 후판의 용접에서는 소모성 전극 방식보다 능률이 높아진다.
② 용융점이 낮은 금속(Pb, Sn 등)의 용접이 곤란하다.
③ 텅스텐 전극의 용융으로 용착 금속 혼입에 의한 용접 결함이 발생할 우려가 있다.
④ 협소한 장소에서는 토치의 접근이 어려워 용접이 곤란하다.

해설 후판의 용접에서는 소모성 전극 방식보다 능률이 떨어진다.

4. 덕트에 관한 설명이 아닌 것은?

① 가능하면 길이는 길게 하고 굴곡부의 수는 적게 할 것
② 접속부의 안쪽은 돌출된 부분이 없도록 할 것
③ 청소구를 설치하는 등 청소하기 쉬운 구조로 할 것
④ 덕트 내부에 오염 물질이 쌓이지 않도록 이송 속도를 유지할 것

해설 가능하면 길이는 짧게 하고 굴곡부의 수는 적게 할 것

5. 전기시설 취급 요령 중 옳지 않은 것은?

① 배전반, 분전반 설치는 반드시 200V로만 설치한다.

정답 1.④ 2.④ 3.① 4.① 5.①

② 방수형 철제로 제작하고 시건 장치를 설치한다.
③ 교통 또는 보행에 지장이 없는 장소에 고정한다.
④ 위험 표지판을 부착한다.

해설 배전반, 분전반 설치는 200V, 380V 등으로 구분한다.

6. 아크와 전기장의 관계로 맞지 않는 것은?

① 모재와 용접봉과의 거리가 가까워 전기장이 강할 때에는 자력선 아크가 유지된다.
② 모재와 용접봉과의 거리가 가까워 전기장이 강할 때에는 자력선 아크가 약해지고 아크가 꺼지게 된다.
③ 자력선은 전류가 흐르는 방향과 직각인 평면 위를 동심원 모양으로 발생한다.
④ 자장이 움직이면(변화하면) 전류가 발생한다.

해설 모재와 용접봉과의 거리가 가까워 전기장이 강할 때에는 자력선 아크가 유지되나 거리가 점점 멀어져 전기장(자력 또는 전기력)이 약해지면 아크가 꺼지게 된다.

7. 용접기 설치장소에 작업 전 옥내 작업 시 준수사항이 아닌 것은?

① 용접작업 시 국소배기시설(포위식 부스)을 설치한다.
② 국소배기시설로 배기되지 않는 용접 흄은 전체 환기시설을 설치한다.
③ 작업 시에는 국소배기시설을 반드시 정상 가동시킨다.
④ 이동 작업 공정에서는 전체 환기시설을 설치한다.

해설 옥내 작업 시 준수사항
㉠ 용접 작업 시 국소배기시설(포위식 부스)을 설치한다.
㉡ 국소배기시설로 배기되지 않는 용접 흄은 전체 환기시설을 설치한다.
㉢ 작업 시에는 국소배기시설을 반드시 정상 가동시킨다.
㉣ 이동 작업 공정에서는 이동식 팬을 설치한다.
㉤ 방진마스크 및 차광안경 등의 보호구를 착용한다.

8. 교류 아크 용접기의 보수 및 정비 방법에서 아크가 발생하지 않을 때의 고장 원인으로 맞지 않는 것은?

① 배전반의 전원 스위치 및 용접기 전원 스위치가 "OFF" 되었을 때
② 용접기 및 작업대 접속 부분에 케이블 접속이 중복되어 있을 때
③ 용접기 내부의 코일 연결 단자가 단선이 되어 있을 때
④ 철심 부분이 단락되거나 코일이 절단되었을 때

해설 ② 용접기 및 작업대 접속 부분에 케이블 접속이 안 되어 있을 때 → 용접기 및 작업대의 케이블에 연결을 확실하게 한다.

9. 용접기에 전격방지기를 설치하는 방법으로 틀린 것은?

① 반드시 용접기의 정격용량에 맞는 분전함을 통하여 설치한다.
② 1차 입력전원을 OFF시킨 후 설치하여 결선 시 볼트와 너트로 정확히 밀착되게 조인다.
③ 방지기에 2번 전원입력(적색캡)을 입력전원 L1에 연결하고 3번 출력(황색캡)을 용접기 입력단자(P1)에 연결한다.
④ 방지기의 4번 전원입력(적색선)과 입력전원 L2를 용접기 전원입력(P2)에 연결한다.

해설 용접기에 전격방지기를 설치하는 방법은 다음과 같다.

정답 6. ② 7. ④ 8. ② 9. ①

㉠ 반드시 용접기의 정격용량에 맞는 누전차단기를 통하여 설치한다.
㉡ 1차 입력전원을 OFF시킨 후 설치하여 결선 시 볼트와 너트로 정확히 밀착되게 조인다.
㉢ 방지기에 2번 전원입력(적색캡)을 입력전원 L1에 연결하고 3번 출력(황색캡)을 용접기 입력단자(P1)에 연결한다.
㉣ 방지기의 4번 전원입력(적색선)과 입력전원 L2를 용접기 전원입력(P2)에 연결한다.
㉤ 방지기의 1번 감지(C, T)에 용접선(P선)을 통과시켜 연결한다.
㉥ 정확히 결선을 완료하였으면 입력전원을 ON시킨다.

10. 불활성 가스 아크 용접법에서 실드 가스는 바람의 영향이 풍속(m/s) 얼마에 영향을 받는가?

① 0.1~0.3 ② 0.3~0.5
③ 0.5~2 ④ 1.5~3

해설 실드 가스는 비교적 값이 비싸고 바람의 영향(풍속이 0.5~2m/s 이상이면 아르곤 가스의 보호 능력이 떨어진다)을 받기 쉽다는 결점과 용착 속도가 느리고 고속, 고능률 용접에는 그다지 적합하지 않다.

11. 점 용접 조건의 3대 요소가 아닌 것은?

① 고유저항 ② 가압력
③ 전류의 세기 ④ 통전 시간

해설 점 용접의 3대 요소는 전류의 세기, 가압력, 통전 시간이다.

12. 가스 텅스텐 아크 용접기에 대한 설명 중 틀린 것은?

① 저주파를 이용한 교류 용접기와 고주파를 이용한 교류 용접기가 있다.
② 아크가 불안정하므로 고주파를 병용하여 아크를 발생시켜 작업을 효율적으로 수행할 수 있다.
③ 알루미늄 및 그 합금의 경우 모재 표면에 강한 산화알루미늄 피막이 형성되어 직류 역극성만 사용할 수 있고 교류에서는 안 된다.
④ 교류 용접기를 사용하면 청정 효과가 발생하므로 청정 효과를 필요로 하는 금속의 용접에 주로 사용된다.

해설 가스 텅스텐 아크 용접(GTAW)에서는 직류(DC)와 교류(AC)의 전원이 모두 사용 가능하다. 알루미늄 및 그 합금의 경우 모재 표면에 강한 산화알루미늄(Al_2O_3 : 용융점 2050℃) 피막이 형성되어 있어 용접을 방해하는 원인이 되는데 용접 시 교류 용접기를 사용하면 이 산화피막을 제거하는 청정 작용이 발생한다.

13. 이산화탄소 가스 아크 용접에서 아크 전압이 높을 때 비드 형상으로 맞는 것은?

① 비드가 넓어지고 납작해진다.
② 비드가 좁아지고 납작해진다.
③ 비드가 넓어지고 볼록해진다.
④ 비드가 좁아지고 볼록해진다.

해설 아크 전압이 높으면 비드가 넓어지고 납작해지며 지나치게 높으면 기포가 발생한다. 너무 낮으면 볼록하고 좁은 비드를 형성하며 와이어가 녹지 않고 모재 바닥에 부딪히며 토치를 들고 일어나는 현상이 발생한다.

14. 용융 슬래그 속에서 전극 와이어를 연속적으로 공급하여 주로 용융 슬래그의 저항열에 의하여 와이어와 모재를 용융시키는 용접은?

① 원자 수소 용접
② 일렉트로 슬래그 용접

정답 10. ③ 11. ① 12. ③ 13. ① 14. ②

③ 테르밋 용접
④ 플라스마 아크 용접

[해설] 문제는 일렉트로 슬래그 용접의 원리를 설명한 것이다.

15. 크레이터 처리 미숙으로 일어나는 결함이 아닌 것은?

① 냉각 중에 균열이 생기기 쉽다.
② 파손이나 부식의 원인이 된다.
③ 불순물과 편석이 남게 된다.
④ 용접봉의 단락 원인이 된다.

[해설] 크레이터는 용접 중에 아크를 중단시키면 중단된 부분이 오목하거나 납작하게 파진 모습으로, 불순물과 편석이 남게 되고 냉각 중에 균열이 발생할 우려가 있어 아크 중단 시 완전하게 메꾸어 주는 것을 크레이터 처리라고 한다.

16. 직류 아크 용접의 정극성에 대한 결선 상태가 맞는 것은?

① 용접봉(-), 모재(+)
② 용접봉(+), 모재(-)
③ 용접봉(-), 모재(-)
④ 용접봉(+), 모재(+)

[해설] ㉠ 극성은 직류(DC)에서만 존재하며 종류는 직류 정극성(DCSP : Direct Current Straight Polarity)과 직류 역극성(DCRP : Direct Current Reverse Polarity)이 있다.
㉡ 일반적으로 양극(+)에서 발열량이 70% 이상 나온다.
㉢ 정극성일 때 모재에 양극(+)을 연결하므로 모재 측에서 열 발생이 많아 용입이 깊고 좁게 되며, 음극(-)에 연결하는 용접봉은 천천히 녹는다.
㉣ 역극성일 때 모재에 음극(-)을 연결하므로 모재 측에서 열 발생이 적어 용입이 얇고 넓게 되며, 용접봉은 양극(+)에 연결하므로 빨리 녹는다.
㉤ 일반적으로 모재가 용접봉에 비하여 두꺼워 모재 측에 양극(+)을 연결하는 것을 정극성이라 한다.

17. 연강판 두께 4.4mm의 모재를 가스 용접할 때 가장 적당한 가스 용접봉의 지름은 몇 mm인가?

① 1.0   ② 1.6   ③ 2.0   ④ 3.2

[해설] 용접봉의 지름
$$D = \frac{T}{2} + 1 = \frac{4.4}{2} + 1 = 3.2 \text{mm}$$
여기서, D : 용접봉의 지름(mm)
T : 판 두께(mm)

18. 용접 이음에 대한 특성 설명 중 옳은 것은?

① 복잡한 구조물 제작이 어렵다.
② 기밀, 수밀, 유밀성이 나쁘다.
③ 변형의 우려가 없어 시공이 용이하다.
④ 이음 효율이 높고 성능이 우수하다.

[해설] 용접 이음에서는 이음 강도의 100%까지 누수가 없으며 용접 이음 효율은 100%이다.

19. 철계 주조재의 기계적 성질 중 인장강도가 가장 낮은 주철은?

① 구상 흑연 주철   ② 가단 주철
③ 고급 주철   ④ 보통 주철

[해설] 인장강도(MPa)는 구상 흑연 주철이 370~800, 가단 주철이 270~540, 보통 주철이 100~250, 고급(강인) 주철이 300~350으로 가장 낮은 것은 보통 주철이다.

20. 물체에 인접하는 부분을 참고로 도시할 경우에 사용하는 선은?

[정답] 15. ④   16. ①   17. ④   18. ④   19. ④   20. ④

① 가는 실선 　　② 가는 파선
③ 가는 1점 쇄선 　④ 가는 2점 쇄선

해설 도면에서의 선의 종류
㉠ 굵은 실선 : 외형선
㉡ 가는 실선 : 치수선, 치수 보조선, 지시선, 회전 단면선, 중심선, 수준면선
㉢ 가는 파선 또는 굵은 파선 : 숨은선
㉣ 가는 1점 쇄선 : 중심선, 기준선, 피치선
㉤ 굵은 1점 쇄선 : 특수 지정선
㉥ 가는 2점 쇄선 : 가상선, 무게중심선
㉦ 불규칙한 파형의 가는 실선 또는 지그재그 선 : 파단선

21. 다음 중 용접기의 특성에 있어 수하 특성의 역할로 가장 적합한 것은?

① 열량의 증가　　② 아크의 안정
③ 아크 전압의 상승　④ 저항의 감소

해설 수하 특성은 용접 작업 중 아크를 안정하게 지속시키기 위하여 필요한 특성으로 피복 아크 용접, TIG 용접처럼 토치의 조작을 손으로 함에 따라 아크의 길이를 일정하게 유지하는 것이 곤란한 용접법에 적용된다.

22. 용접 홀더 종류 중 용접봉을 잡는 부분을 제외하고는 모두 절연되어 있어 안전 홀더라고도 하는 것은?

① A형　② B형　③ C형　④ D형

해설 KS C 9607에 규정된 용접용 홀더의 종류에서 A형은 손잡이 부분을 포함하여 전체가 절연이 된 것이고, B형은 손잡이 부분만 절연된 것으로 A형을 안전 홀더라고 한다.

23. 다음 중 불변강의 종류가 아닌 것은?

① 인바　　　　② 스텔라이트
③ 엘린바　　　④ 퍼멀로이

해설 불변강은 인바, 초인바, 엘린바, 코엘린바, 퍼멀로이, 플래티나이트가 있으며, 스텔라이트는 주조 경질 합금이다.

24. 용접 작업의 경비를 절감하기 위한 유의 사항 중 틀린 것은?

① 용접봉의 적절한 선택
② 용접사의 작업 능률 향상
③ 고정구를 사용하여 능률 향상
④ 용접 지그 사용에 의한 위보기 자세의 시공

해설 용접 경비의 절감
㉠ 용접봉의 적절한 선택과 경제적 사용
㉡ 용접사의 작업 능률 향상
㉢ 재료의 절약과 고정구 사용에 의한 능률 향상
㉣ 용접 지그 사용에 의한 아래보기 자세의 시공
㉤ 적절한 용접법 이용

25. 용접 지그를 사용하여 용접했을 때 얻을 수 있는 장점이 아닌 것은?

① 동일 제품을 대량 생산할 수 있다.
② 제품의 정밀도와 신뢰성을 높일 수 있다.
③ 구속력을 크게 하면 잔류 응력이나 균열을 막을 수 있다.
④ 작업을 용이하게 하고 용접 능률을 높인다.

해설 • 장점
㉠ 동일 제품을 다량 생산할 수 있다.
㉡ 제품의 정밀도와 용접부의 신뢰성을 높인다.
㉢ 작업을 용이하게 하고 용접 능률을 높인다.
• 단점
㉠ 구속력이 너무 크면 잔류 응력이나 용접 균열이 발생하기 쉽다.
㉡ 지그의 제작비가 많이 들지 않아야 한다.
㉢ 사용이 간단해야 한다.

정답 21. ② 　22. ① 　23. ② 　24. ④ 　25. ③

26. 다음 중 산소-아세틸렌 가스 용접의 단점이 아닌 것은?

① 가열 시간이 오래 걸린다.
② 폭발할 위험이 있다.
③ 열 효율이 낮다.
④ 가열할 때 열량의 조절이 제한적이다.

해설 가스 용접은 가열할 때 열량의 조절이 자유롭다.

27. 다음 중 아크 용접봉 피복제의 역할로 옳은 것은?

① 스패터의 발생을 증가시킨다.
② 용착 금속의 응고와 냉각 속도를 빠르게 한다.
③ 용착 금속에 적당한 합금 원소를 첨가한다.
④ 대기 중으로부터 산화, 질화 등을 활성화시킨다.

해설 피복제의 역할
㉠ 아크를 안정시킨다.
㉡ 용융 금속의 용접을 미세화하여 용착 효율을 높인다.
㉢ 중성 또는 환원성 분위기로 대기 중으로부터 산화, 질화 등의 해를 방지하여 용착 금속을 보호한다.
㉣ 용착 금속의 급랭을 방지하고 탈산 정련 작용을 하며 용융점이 낮은 적당한 점성의 가벼운 슬래그를 만든다.
㉤ 슬래그를 제거하기 쉽고 파형이 고운 비드를 만들며 모재 표면의 산화물을 제거하고 양호한 용접부를 만든다.
㉥ 스패터의 발생을 적게 하고 용착 금속에 필요한 합금 원소를 첨가시키며 전기 절연 작용을 한다.

28. 강괴를 용강의 탈산 정도에 따라 분류할 때 해당되지 않는 것은?

① 킬드강 ② 세미 킬드강
③ 정련강 ④ 림드강

해설 강괴는 탈산 정도에 따라 림드강 → 세미 킬드강 → 킬드강으로 분류되고, 탈산제는 탈산 능력에 따라 망간 → 규소 → 알루미늄의 순서로 된다.

29. 침투 탐상 검사법의 장점에 대한 설명으로 틀린 것은?

① 시험 방법이 간단하다.
② 고도의 숙련이 요구되지 않는다.
③ 검사체의 표면이 침투제와 반응하여 손상되는 제품도 탐상할 수 있다.
④ 제품의 크기, 형상 등에 크게 구애받지 않는다.

해설 검사체의 표면이 침투제 등과 반응하여 손상을 입는 제품은 검사할 수 없고 후처리가 요구된다.

30. 가스 용접 토치의 취급상 주의사항으로 틀린 것은?

① 토치를 망치 등 다른 용도로 사용해서는 안 된다.
② 팁을 바꿔 끼울 때는 반드시 양쪽 밸브를 모두 열고 난 다음에 행한다.
③ 토치를 작업장 바닥이나 흙 속에 방치하지 않는다.
④ 작업 중 발생하기 쉬운 역류, 역화, 인화에 항상 주의해야 한다.

해설 가스 용접 토치의 취급상 주의사항
㉠ 팁 및 토치를 작업장 바닥이나 흙 속에 함부로 방치하지 않는다.
㉡ 점화되어 있는 토치를 아무 곳에나 함부로 방치하지 않는다(주위에 인화성 물질이 있을 때 화재 및 폭발의 위험).

정답 26. ④ 27. ③ 28. ③ 29. ③ 30. ②

ⓒ 토치를 망치나 갈고리 대용으로 사용해서는 안 된다(토치는 구리 합금으로 강도가 약하여 쉽게 변형됨).
ⓔ 팁을 바꿔 끼울 때는 반드시 양쪽 밸브를 모두 닫은 다음에 행한다(가스의 누설로 화재, 폭발 위험).
ⓜ 팁이 과열 시 아세틸렌 밸브를 닫고 산소 밸브만을 조금 열어 물속에 담가 냉각시킨다.
ⓑ 작업 중 발생되기 쉬운 역류, 역화, 인화에 항상 주의하여야 한다.

31. 다음 중 발화성 물질이 아닌 것은?
① 카바이드 ② 금속나트륨
③ 황린   ④ 질산에틸

해설 발화성 물질은 스스로 발화하거나 물과 접촉하여 발화하는 등 발화가 용이하고 가연성 가스가 발생할 수 있는 물질이며, 질산에틸은 폭발성 물질이다.

32. 다음 중 철강에 주로 사용되는 부식액이 아닌 것은?
① 염산 1 : 물 1의 액
② 염산 3.8 : 황산 1.2 : 물 5.0의 액
③ 수산 1 : 물 1.5의 액
④ 초산 1 : 물 3의 액

해설 매크로 시험에서 철강재에 사용되는 부식액은 다음과 같으며, 물로 깨끗이 씻은 후 건조하여 관찰한다.
㉠ 염산 3.8 : 황산 1.2 : 물 5.0
㉡ 염산 1 : 물 1
㉢ 초산 1 : 물 3

33. 용접의 결함과 원인을 각각 짝지은 것 중 틀린 것은?
① 용입 불량 : 이음 설계가 불량할 때
② 언더컷 : 용접 전류가 너무 높을 때
③ 오버랩 : 용접 전류가 너무 낮을 때
④ 기공 : 저수소계 용접봉을 사용했을 때

해설 용접 결함의 기공 원인
㉠ 용접 분위기 가운데 수소, 일산화탄소의 과잉
㉡ 용접부 급랭이나 과대 전류 사용
㉢ 용접 속도가 빠를 때
㉣ 아크 길이, 전류 조작의 부적당, 모재에 유황 함유량 과대
㉤ 강재에 부착되어 있는 기름, 녹, 페인트 등

34. 산소 용기에 표시된 기호 "TP"가 나타내는 뜻으로 옳은 것은?
① 용기의 내용적
② 용기의 내압 시험 압력
③ 용기의 중량
④ 용기의 최고 충전 압력

해설 V : 내용적, W : 용기 중량, TP : 내압 시험 압력, FP : 최고 충전 압력

35. 작업자가 연강판을 잘라 슬래그 해머(hamer)를 만들어 담금질을 하였으나 경도가 높아지지 않았을 때 가장 큰 이유에 해당하는 것은?
① 단조를 하지 않았기 때문이다.
② 탄소의 함유량이 적었기 때문이다.
③ 망간의 함유량이 적었기 때문이다.
④ 가열 온도가 맞지 않았기 때문이다.

해설 담금질 : 강을 A_3 변태 및 A_1점보다 $30 \sim 50$℃ 이상으로 가열한 후 급랭시켜 오스테나이트 조직을 마텐자이트 조직으로 하여 경도와 강도를 증가시키는 방법이다.

36. 탄소강에 특정한 기계적 성질을 개선하기 위해 여러 가지 합금 원소를 첨가하는데,

정답 31. ④ 32. ③ 33. ④ 34. ② 35. ④ 36. ③

다음 중 탈산제로서의 사용 이외에 황의 나쁜 영향을 제거하는데도 중요한 역할을 하는 것은?

① 니켈(Ni) ② 크롬(Cr)
③ 망간(Mn) ④ 바나듐(V)

해설 황으로 인한 적열 취성을 방지하고 고온 가공을 용이하게 하는 합금 원소는 망간이다.

37. 화염 경화 처리의 특징과 가장 거리가 먼 것은?

① 설비비가 적게 든다.
② 담금질 변형이 적다.
③ 가열 온도의 조절이 쉽다.
④ 부품의 크기나 형상에 제한이 없다.

해설 • 화염 경화법의 장점
 ㉠ 부품의 크기나 형상에 제한이 없다.
 ㉡ 국부 담금질이 가능하다.
 ㉢ 일반 담금질법에 비해 담금질 변형이 적다.
 ㉣ 설비비가 적다.
• 단점 : 가열 온도의 조절이 어렵다.

38. 60~70% 니켈(Ni) 합금으로 내식성, 내마모성이 우수하여 터빈 날개, 펌프 임펠러 등에 사용되는 것은?

① 콘스탄탄(constantan)
② 모넬 메탈(monel metal)
③ 큐프로 니켈(cupro nickel)
④ 문츠 메탈(muntz metal)

해설 모넬 메탈(monel metal) : Ni 65~70%, Fe 1.0~3.0%, 강도와 내식성이 우수하며, 화학 공업용으로 사용한다(개량형 : Al 모넬, Si 모넬, H 모넬, S 모넬, KR 모넬 등이 있다).

39. 공정 주철의 탄소 함유량으로 가장 적합한 것은?

① 1.3% C ② 2.3% C
③ 4.3% C ④ 6.3% C

해설 Fe-C 평형 상태도에서 공석점은 탄소 함유량이 0.8%, 공정점은 4.3%로서 레데뷰라이트선이라고도 한다.

40. 피복제가 습기를 흡습하기 쉽기 때문에 사용하기 전 300~350℃로 1~2시간 정도 건조시켜 사용해야 하는 용접봉은?

① E 4301 ② E 4311
③ E 4316 ④ E 4340

해설 저수소계(E 4316) 용접봉은 석회석이나 형석이 주성분으로 피복제가 습기를 흡수하기 쉽기 때문에 사용하기 전에 300~350℃ 정도로 1~2시간 정도 건조시켜 사용해야 한다.

41. 스터드 용접에서 내열성의 도기로 용융 금속의 산화 및 유출을 막아 주고 아크열을 집중시키는 역할을 하는 것은?

① 페룰 ② 스터드
③ 용접 토치 ④ 제어 장치

해설 페룰의 역할 : 페룰은 내열성의 도기로 아크를 보호하며 내부에 발생하는 열과 가스를 방출하는 역할로서 다음과 같다.
 ㉠ 용접이 진행되는 동안 아크열을 집중시켜 준다.
 ㉡ 용융 금속의 유출을 막아주고 산화를 방지한다.
 ㉢ 용착부의 오염을 방지한다.
 ㉣ 용접사의 눈을 아크 광선으로부터 보호한다.

42. 다음 중 점 용접에서 전극의 재질로 사용되는 것은?

① 텅스텐 ② 마그네슘
③ 알루미늄 ④ 구리 합금, 순구리

정답 37. ③ 38. ② 39. ③ 40. ③ 41. ① 42. ④

해설 점 용접은 용접하려 하는 2개 또는 그 이상의 금속을 두 구리 및 구리 합금제의 전극 사이에 끼워 넣고 가압하면서 전류를 통하면 접촉면에서 줄의 법칙에 의하여 저항열이 발생하여 접촉면을 가열 용융시켜 용접하는 방법이다. 경합금이나 구리 합금의 용접에는 전기 및 열전도도가 높은 순구리가 사용되며 구리 용접에는 크롬, 티탄, 니켈 등을 첨가한 구리 합금이 사용된다.

43. TIG 용접에서 전극봉의 어느 한쪽의 끝부분에 식별용 색을 칠하여야 한다. 순텅스텐 전극봉의 색은?

① 황색 ② 적색 ③ 녹색 ④ 회색

해설 텅스텐 전극봉의 종류(AWS)

등급 기호 (AWS)	종류	전극 표시 색상	사용 전류	용도
EWP	순텅스텐	녹색	ACHF (고주파 교류)	Al, Mg 합금
EWTh1	1% 토륨 텅스텐	황색		
EWTh2	2% 토륨 텅스텐	적색	DCSP (직류 정극성)	강, 스테인리스강
EWTh3	1~2% 토륨 (전체 길이 편측에)	청색		
EWZr	지르코늄 텅스텐	갈색	ACHF	Al, Mg 합금

44. 용접부의 형상에 따른 필릿 용접의 종류가 아닌 것은?

① 전면 필릿 ② 측면 필릿
③ 연속 필릿 ④ 경사 필릿

해설 필릿 용접에서는 하중의 방향에 따라 용접선의 방향과 하중의 방향이 직교한 것을 전면 필릿 용접, 평행하게 작용하면 측면 필릿 용접, 경사져 있는 것을 경사 필릿 용접이라 한다.

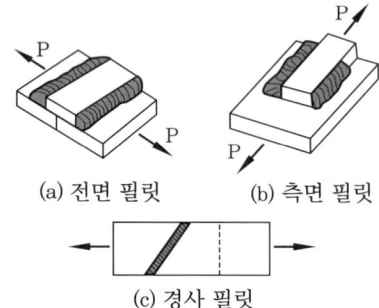

(a) 전면 필릿   (b) 측면 필릿

(c) 경사 필릿

45. 다음 중 고주파 제어 장치 취급 방법으로 틀린 것은?

① 교류 용접기를 사용하는 경우에는 아크의 불안정으로 텅스텐 전극의 오염 및 소손의 우려가 있다.
② 고주파 전원을 사용하게 되면 전극이 모재와 접촉하지 않아도 아크가 발생하게 되므로 아크의 발생이 용이하다.
③ 동일한 전극봉을 사용할 때 용접 전류의 범위가 크다.
④ 고주파 전원을 사용하게 되면 전극봉의 오염이 적지만 수명이 짧아진다.

해설 고주파 전원을 사용하게 되면 전극이 모재와 접촉하지 않아도 아크가 발생하게 되므로 아크의 발생이 용이하며, 전극봉의 오염이 적고 수명이 연장된다.

46. 서브머지드 아크 용접의 현장 조립용 간이 백킹법 중 철분 충진제의 사용 목적으로 틀린 것은?

정답 43. ③ 44. ③ 45. ④ 46. ④

① 홈의 정밀도를 보충해 준다.
② 양호한 이면 비드를 형성시킨다.
③ 슬래그와 용융 금속의 선행을 방지한다.
④ 아크를 안정시키고 용착량을 적게 한다.

해설 서브머지드 아크 용접에서 현장 조립용 간이 백킹법 중 철분 충진제의 사용 목적은 ①, ②, ③ 외에 아크를 안정시키고 용착량이 많아지므로 능률적이다.

47. 열처리에 의해 니켈-크롬 주강에 비교될 수 있을 정도의 기계적 성질을 가지고 있는 저망간 주강의 조직으로, 구조용 부품이나 제지용 롤러 등에 이용되는 것은?

① 페라이트 ② 펄라이트
③ 마텐자이트 ④ 시멘타이트

해설 0.9~1.2% 망간 주강은 저망간 주강이며, 펄라이트 조직으로 인성 및 내마모성이 크다.

48. 철강의 열처리에서 열처리 방식에 따른 종류가 아닌 것은?

① 계단 열처리 ② 항온 열처리
③ 표면 경화 열처리 ④ 내부 경화 열처리

해설 철강의 열처리 방식에서 기본 열처리 방법으로는 담금질, 불림, 풀림, 뜨임이 있고, 열처리 방식에 따른 열처리 종류에는 계단 열처리, 항온 열처리, 연속 냉각 열처리, 표면 경화 열처리 등이 있다.

49. Al-Mg 합금으로 내해수성, 내식성, 연신율이 우수하여 선박용 부품, 조리용 기구, 화학용 부품에 사용되는 Al 합금은?

① Y 합금 ② 두랄루민
③ 라우탈 ④ 하이드로날륨

해설 하이드로날륨(hydronalium) : Al-Mg계 합금으로 내식성, 강도가 좋으며, 온도에 따른 변화가 적고 용접성도 좋다.

50. 마그네슘 합금이 구조 재료로서 갖는 특성에 해당하지 않는 것은?

① 비강도(강도/중량)가 작아서 항공우주용 재료로서 매우 유리하다.
② 기계 가공성이 좋고 아름다운 절삭면이 얻어진다.
③ 소성 가공성이 낮아서 상온 변형은 곤란하다.
④ 주조 시의 생산성이 좋다.

해설 마그네슘은 알루미늄 합금용, 티탄 제련용, 구상 흑연 주철 첨가제, 건전지 음극 보호용으로 사용된다.

51. 구리, 마그네슘, 망간, 알루미늄으로 조성된 고강도 알루미늄 합금은?

① 실루민 ② Y 합금
③ 두랄루민 ④ 포금

해설 두랄루민이란 단조용 알루미늄 합금의 대표적인 것으로 강력 알루미늄 합금으로는 초두랄루민, 초강 두랄루민(일명 ESD 합금) 등이 있다.

52. 구리의 일반적인 성질 설명으로 틀린 것은?

① 체심입방정(BCC) 구조로서 성형성과 단조성이 나쁘다.
② 화학적 저항력이 커서 부식되지 않는다.
③ 내산화성, 내수성, 내염수성의 특성이 있다.
④ 전기 및 열의 전도성이 우수하다.

해설 구리는 면심입방격자로서 변태점이 없고 비자성체, 전기 및 열의 양도체이다.

53. 다음 가공법 중 소성 가공이 아닌 것은?

① 압연 가공 ② 선반 가공
③ 단조 가공 ④ 인발 가공

해설 소성 가공에는 단조 가공, 압연 가공, 인발 가공, 프레스 가공이 있다.

정답 47. ② 48. ④ 49. ④ 50. ① 51. ③ 52. ① 53. ②

54. 다음의 그림에서 화살표 방향을 정면도로 선정할 경우 평면도로 가장 적합한 것은?

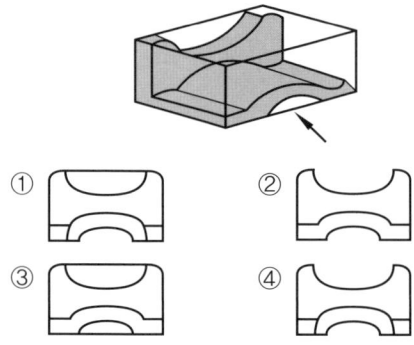

55. KS 재료 기호 SM10C에서 10C는 무엇을 뜻하는가?
① 제작 방법　　② 종별 번호
③ 탄소 함유량　　④ 최저 인장강도

56. 그림과 같은 외형도에서 파단선을 경계로 필요로 하는 요소의 일부만 단면으로 표시하는 단면도는?

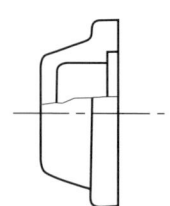

① 온 단면도　　② 부분 단면도
③ 한쪽 단면도　　④ 회전 도시 단면도

57. 전체 둘레 현장 용접의 보조 기호로 맞는 것은?
① ○　　② ⊙
③ 　　④

해설 ①은 스폿 용접, ③은 현장 용접, ④는 전체 둘레 현장 용접의 보조 기호이다.

58. 전개도법 중 꼭짓점을 도면에서 찾을 수 있는 원뿔의 전개에 가장 적합한 것은?
① 평행선 전개법　　② 방사선 전개법
③ 삼각형 전개법　　④ 사변형 전개법

해설 방사선 전개법은 각뿔이나 원뿔처럼 꼭짓점을 중심으로 부채꼴 모양으로 전개하는 방법이다.

59. [보기]와 같은 배관 도시 기호에서 계기 표시가 압력계일 때 원 안에 사용하는 문자 기호는?

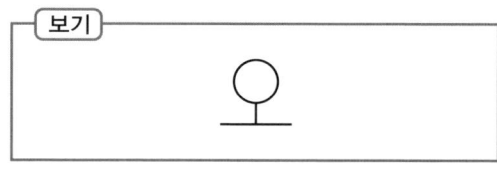

① A　　② F　　③ P　　④ T

해설 ㉠ T : 온도(temperature)
　　㉡ P : 압력(pressure)
　　㉢ S : 증기(steam)
　　㉣ A : 공기(air)

60. KS 규격에서 용접부 표면 또는 용접부의 형상에 대한 보조 기호 설명으로 옳지 않은 것은?
① ── : 동일 평면으로 다듬질 함
② ⌣ : 끝단부를 오목하게 함
③ M : 영구적인 덮개판을 사용함
④ MR : 제거 가능한 덮개판을 사용함

해설 ②는 토우(끝단부)를 매끄럽게 하라는 기호이며, 끝단부를 오목하게 하는 기호는 ⌣이다.

정답 54. ③　55. ③　56. ②　57. ④　58. ②　59. ③　60. ②

제9회 CBT 실전테스트

▶ 피복아크용접/가스텅스텐아크용접/이산화탄소가스아크용접기능사 공통

1. 다음 중 용접 방법을 바르게 설명한 것은?
① 스터드 용접 : 볼트나 환봉 등을 직접 강판이나 형강에 용접하는 방법이다.
② 서브머지드 아크 용접 : 잠호 용접이라고도 부르며 상품명으로는 유니언 아크 용접이 있다.
③ 불활성 가스 아크 용접 : TIG와 MIG가 있으며, 보호 가스로는 Ar, O_2 가스를 사용한다.
④ 이산화탄소 아크 용접 : 이산화탄소 가스를 이용한 용극식 용접 방법으로, 비가시 아크이다.

해설 ㉠ 서브머지드 아크 용접은 잠호 용접이라고도 부르며, 상품명으로는 유니언 멜트 용접법 또는 링컨 용접법이라고도 한다.
㉡ 불활성 가스 아크 용접은 TIG와 MIG가 있으며 보호 가스로는 Ar, He 가스를 사용한다.
㉢ 이산화탄소 아크 용접은 CO_2 가스를 이용한 용극식 용접 방법으로 가시 아크이다.

2. 용접 중 전류를 측정할 때 전류계의 측정 위치로 적합한 것은?
① 1차 측 접지선   ② 1차 측 케이블
③ 2차 측 접지선   ④ 2차 측 케이블

해설 용접 중에 용접 전류계를 사용하여 용접 전류를 측정하는 위치는 2차 측 케이블이다.

3. TIG 용접에서 용접 전류 제어 장치 설명 중 틀린 것은?
① 전류 제어는 펄스 전류 선택과 크레이터 전류 선택으로 구분되어 있다.
② 펄스 기능을 선택하면 주 전류와 펄스 전류를 선택할 수 있는데 전류의 선택 비율을 15~85%의 범위에서 할 수 있다.
③ 주 전류와 펄스 전류 사이에서 진폭과 펄스 높이를 조절하여 용접 조건에 맞도록 하는 방법으로 박판이나 경금속의 용접 시 유리하다.
④ 주 전류와 펄스 전류 사이에서 진폭과 펄스 높이를 조절하여 용접 조건에 맞도록 하는 방법으로 박판이나 경금속의 용접 시 불리하다.

해설 용접 전류 제어 장치
㉠ 전류 제어는 펄스 전류 선택과 크레이터 전류 선택으로 구분되어 있다.
㉡ 펄스 기능을 선택하면 주 전류와 펄스 전류를 선택할 수 있는데 전류의 선택 비율을 15~85%의 범위에서 할 수 있다.
㉢ 주 전류와 펄스 전류 사이에서 진폭과 펄스 높이를 조절하여 용접 조건에 맞도록 하는 방법으로 박판이나 경금속의 용접 시 유리하다.

4. 용접기의 접지 목적에 맞지 않는 것은?
① 용접기를 대지(150V)와 전기적으로 접속하여 지락사고 발생 시 전위 상승으로 인한 장해를 방지한다.
② 접지는 위험 전압으로 상승된 전위를 저감시켜 인체 감전 위험을 줄이고 사고 전로를 크게 하여 차단기 등 각종 보호 장치의 동작을 확실히 할 수 있도록 한다.
③ 접지는 계통 접지, 기기 접지, 피뢰용 접지 등 안전을 위한 보호용 접지와 노이즈 방지 접지, 전위 기준용 접지 등 기능용 접지로 나눈다.
④ 보호용 접지는 대전류, 고주파 영역이고, 기능용 접지는 소주파, 저주파 영역의 특성을 갖는다.

정답 1. ① 2. ④ 3. ④ 4. ④

해설 보호용 접지는 대전류, 저주파 영역이고, 기능용 접지는 소전류, 고주파 영역의 특성을 갖는다.

5. 가스 텅스텐 아크 용접의 원리에서 모재와 접촉하지 않아도 아크가 발생되는 것은 어떠한 발생 장치를 이용하는가?

① 고주파 발생 장치
② 원격 리모트 발생 장치
③ 인버터 발생 장치
④ 전격 방지 장치

해설 가스 텅스텐 아크 용접의 원리 : 고온에서도 금속과의 화학적 반응을 일으키지 않는 불활성 가스(아르곤, 헬륨 등) 공간 속에서 텅스텐 전극과 모재 사이에 전류를 공급하고, 모재와 접촉하지 않아도 아크가 발생하도록 고주파 발생 장치를 사용하여 아크를 발생시켜 용접하는 방식이다.

6. TIG 용접에서 보호 가스 제어 장치에 대한 설명으로 틀린 것은?

① 전극과 용융지를 보호하는 역할을 한다.
② 초기 아크 발생 시와 마지막 크레이터 처리 시 보호 가스의 공급이 불충분하여도 전극봉과 용융지가 산화 및 오염될 가능성이 없다.
③ 용접 아크 발생 전 초기 보호 가스를 수 초간 미리 공급하여 대기와 차단하는 역할을 한다.
④ 용접 종료 후에도 후류 가스를 수 초간 공급함으로써 전극봉의 냉각과 크레이터 부위를 대기와 차단시켜 전극봉 및 크레이터 부위의 오염 및 산화를 방지하는 역할을 한다.

해설 초기 아크 발생 시와 마지막 크레이터 처리 시 보호 가스의 공급이 불충분하면 전극봉과 용융지가 산화 및 오염이 되므로 용접 아크 발생 전 초기 보호 가스를 수 초간 미리 공급하여 대기와 차단하는 역할을 한다.

7. 산소 절단 시 예열 불꽃이 너무 강한 경우 나타나는 현상으로 틀린 것은?

① 드래그가 증가한다.
② 절단면이 거칠게 된다.
③ 슬래그 중 철 성분의 박리가 어렵게 된다.
④ 절단 모서리가 둥글게 된다.

해설 예열 불꽃이 너무 강한 경우는 절단면의 모서리가 녹아 둥그스름하게 되어 거칠게 되며, 슬래그 중 철 성분의 박리가 어렵게 된다.

8. 아크 에어 가우징을 할 때 압축공기의 압력은 몇 kgf/cm^2 정도의 압력이 가장 좋은가?

① 0.5~1   ② 3~4
③ 5~7   ④ 9~10

해설 아크 에어 가우징을 할 때 압축공기의 압력은 $0.5 \sim 0.7\,MPa(5 \sim 7\,kgf/cm^2)$ 정도가 좋으며, 약간의 압력 변동은 작업에 거의 영향을 미치지 않으나 $0.5\,MPa$ 이하의 경우는 양호한 작업 결과를 기대할 수 없다.

9. 피복 아크 용접에서 아크쏠림 현상에 대한 설명으로 틀린 것은?

① 직류를 사용할 경우 발생한다.
② 교류를 사용할 경우 발생한다.
③ 용접봉에 아크가 한쪽으로 쏠리는 현상이다.
④ 짧은 아크를 사용하면 아크쏠림 현상을 방지할 수 있다.

해설 아크쏠림(자기불림(magnetic blow)) : 직류 용접에서 용접봉에 아크가 한쪽으로 쏠리는 현상으로 용접 전류에 의해 아크 주위에 자장이 용접에 대하여 비대칭으로 나타나는 현상이며, 짧은 아크를 사용하면 방지할 수 있다.

10. 내용적 40L, 충전 압력이 $150\,kgf/cm^2$인 산소 용기의 압력이 $100\,kgf/cm^2$까지 내려갔다면 소비한 산소의 양은 몇 L인가?

정답 5. ① 6. ② 7. ① 8. ③ 9. ② 10. ①

① 2000　② 3000　③ 4000　④ 5000

해설 산소의 양=내용적×고압 게이지 압력
=40×(150−100)=2000 L

11. AW−300, 무부하 전압 80V, 아크 전압 30V인 교류 용접기를 사용할 때 역률과 효율은 각각 얼마인가? (단, 내부 손실은 4kW이다.)

① 역률 : 54%, 효율 : 69%
② 역률 : 69%, 효율 : 72%
③ 역률 : 80%, 효율 : 72%
④ 역률 : 54%, 효율 : 80%

해설 ㉠ 역률 = $\dfrac{\text{소비전력(kW)}}{\text{전원입력(kVA)}} \times 100$

$= \dfrac{(\text{아크 전압}\times\text{아크 전류})+\text{내부 손실}}{(\text{2차 무부하 전압}\times\text{아크 전류})} \times 100$

$= \dfrac{(30\times300)+4000}{80\times300} \times 100 ≒ 54\%$

㉡ 효율 = $\dfrac{\text{아크 출력(kW)}}{\text{소비전력(kW)}} \times 100$

$= \dfrac{(\text{아크 전압}\times\text{아크 전류})}{(\text{아크 전압}\times\text{아크 전류})+\text{내부 손실}} \times 100$

$= \dfrac{30\times300}{(30\times300)+4000} \times 100 ≒ 69\%$

12. 중공의 피복 용접봉과 모재와의 사이에 아크를 발생시키고 이 아크열을 이용하여 절단하는 방법은?

① 산소 아크 절단　② 플라스마 제트 절단
③ 산소창 절단　　④ 스카핑

해설 산소 아크 절단(oxygen arc cutting) : 예열원으로서 아크열을 이용한 가스 절단법으로 보통 안에 구멍이 나 있는 강에 전극을 사용하여 전극과 모재 사이에 발생되는 아크열로 용융시킨 후에 전극봉 중심에서 산소를 분출시켜 용융된 금속을 밀어내며 전원은 보통 직류 정극성이 사용되나 교류로서도 절단된다.

13. 가스 용접에 사용되는 기체의 폭발 한계가 가장 큰 것은?

① 수소　　　　② 메탄
③ 프로판　　　④ 아세틸렌

해설 혼합 기체의 폭발 한계를 공기 중의 기체 함유량(%)으로 나타내면 수소 4~74%, 메탄 5~15%, 프로판 2.4~9.5%, 아세틸렌 2.5~80%이다.

14. 연강용 피복 금속 아크 용접봉에서 피복제 중 TiO_2을 약 35% 포함한 슬래그 생성계이며, 일반 경구조물 용접에 많이 사용되는 것은?

① 저수소계　　　　② 일루미나이트계
③ 고산화티탄계　　④ 고셀룰로오스계

해설 피복제 중에 산화티탄(TiO_2)을 E 4313 (고산화티탄계)은 약 35%, E 4303(라임티타니아계)은 약 30% 정도 포함한다.

15. 산소창 절단 방법으로 절단할 수 없는 것은?

① 알루미늄 관　　② 암석의 천공
③ 두꺼운 강판의 절단　④ 강괴의 절단

해설 주철, 10% 이상의 크롬을 포함하는 스테인리스강이나 알루미늄과 같은 비철 금속의 절단은 산소창 절단 방법으로는 어렵다.

16. KS 연강용 가스 용접봉 용착 금속의 기계적 성질에서 시험편의 처리에 사용한 기호 중 "용접 후 열처리를 한 것"을 나타내는 기호는?

① P　　② A　　③ GA　　④ GP

정답 11. ①　12. ①　13. ④　14. ③　15. ①　16. ③

[해설] 가스 용접 기호 중에서 GA는 용접봉 재질이 높은 연성, 전성인 것으로 열처리를 한 것이고, GB는 용접봉 재질이 낮은 연성, 전성인 것으로 열처리를 한 것이다.

17. 직류 아크 용접기의 종류별 특징 중 옳게 설명된 것은?

① 전동 발전형 용접기는 완전한 직류를 얻을 수 없다.
② 전동 발전형 용접기는 구동부와 발전기부로 되어 있고, 보수와 점검이 어렵다.
③ 정류기 용접기는 보수와 점검이 어렵다.
④ 정류기 용접기는 교류를 정류하므로 완전한 직류를 얻을 수 있다.

[해설] 직류 아크 용접기 중 전동 발전형 용접기는 완전한 직류를 얻을 수 있으며, 구동부와 발전기부로 되어 있고, 보수와 점검이 어렵다.

18. 가스 용접봉의 조건이 아닌 것은?

① 모재와 같은 재질일 것
② 불순물이 포함되어 있지 않을 것
③ 용융 온도가 모재보다 낮을 것
④ 기계적 성질에 나쁜 영향을 주지 않을 것

[해설] 가스 용접봉은 모재와 같은 재질이므로 용융 온도가 같아야 한다.

19. 현장에서 용접기 사용률이 40%일 때 10분을 기준으로 하여 아크가 몇 분 발생하는 것이 좋은가?

① 10분　　② 6분
③ 4분　　④ 2분

[해설] ㉠ 용접 작업 시간은 휴식 시간과 용접기 사용 시 아크가 발생한 시간을 포함한다.
㉡ 사용률(%) = $\dfrac{\text{아크 시간}}{\text{아크 시간} + \text{휴식 시간}} \times 100$

㉢ 아크 시간
$= \dfrac{\text{사용률} \times (\text{아크 시간} + \text{휴식 시간})}{100}$
$= \dfrac{40 \times 10}{100} = 4분$

20. TIG 용접 장소에서 환기장치를 확인하는 데 틀린 것은?

① 흄 또는 분진이 발산되는 옥내 작업장에 대하여는 국소배기시설과 같이 배기장치를 설치한다.
② 국소배기시설로 배기되지 않는 용접 흄은 이동식 배기팬 시설을 설치한다.
③ 이동 작업 공정에서는 이동식 배기팬을 설치한다.
④ 용접 작업에 따라 방진, 방독 또는 송기마스크를 착용하고 작업에 임하고 용접 작업 시에는 국소배기시설을 반드시 정상 가동시킨다.

[해설] 문제의 ①, ③, ④ 외에 ㉠ 국소배기시설로 배기되지 않는 용접 흄은 전체 환기시설을 설치한다. ㉡ 탱크 내부 등 통풍이 불충분한 장소에서 용접 작업을 할 때에는 탱크 내부의 산소농도를 측정하여 산소농도가 18% 이상이 되도록 유지하거나, 공기 호흡기 등의 호흡용 보호구(송기마스크 등)를 착용한다.

21. 스카핑의 설명으로 맞는 것은?

① 가우징에 비해 너비가 좁은 홈을 가공한다.
② 가우징 토치에 비해 능력이 작다.
③ 작업방법은 스카핑 토치를 공작물의 표면과 직각으로 한다.
④ 강재 표면의 탈탄층 또는 홈을 제거하기 위해 사용한다.

[해설] ㉠ 스카핑(scarfing) : 각종 강재의 표면에 균열, 주름, 탈탄층 또는 홈을 불꽃 가공에 의해서 제거하는 작업방법으로 토치는

[정답] 17. ②　18. ③　19. ③　20. ②　21. ④

가스 가우징에 비하여 능력이 크며 팁은 저속 다이버전트형으로서 수동형에는 대부분 원형 형태, 자동형에는 사각이나 사각형에 가까운 모양이 사용된다.
ⓛ 가스 가우징(gas gauging) : 가스 절단과 비슷한 토치를 사용해서 강재의 표면에 둥근 홈을 파내는 작업으로 일반적으로 용접부 뒷면을 따내든지 U형, H형 용접 홈을 가공하기 위하여 깊은 홈을 파내든지 하는 가공법이다.

22. 위빙 비드에 해당되지 않는 것은?
① 위빙 운봉 폭은 심선 지름의 2~3배로 한다.
② 박판 용접 및 홈 용접의 이면 비드 형성 시 사용한다.
③ 크레이터 발생과 언더컷 발생이 생길 염려가 있다.
④ 용접봉은 용접 진행 방향으로 70~80°, 좌우에 대하여 90°가 되게 한다.

해설 박판 용접 및 홈 용접의 이면 비드 형성 시 일반적으로 직선 비드를 사용한다.

23. 가스 용접에서 압력 조정기의 압력 전달 순서가 올바르게 된 것은?
① 부르동관 → 링크 → 섹터기어 → 피니언
② 부르동관 → 피니언 → 링크 → 섹터기어
③ 부르동관 → 링크 → 피니언 → 섹터기어
④ 부르동관 → 피니언 → 섹터기어 → 링크

해설 압력 조정기의 압력 지시의 진행은 부르동관 → 켈리브레이팅 링크 → 섹터기어 → 피니언 → 지시 바늘의 순서이다.

24. TIG 용접기 설치 상태와 이상 유무를 확인하는 내용 중 틀린 것은?
① 배선용 차단기의 적색 버튼을 눌러 정상 작동 여부를 점검한다.
② 분전반과 용접기의 접지 여부를 확인한다.
③ 용접기 윗면의 케이스 덮개를 분리하고 콘덴서의 잔류 전류가 소멸되도록 전원을 차단하고 3분 정도 경과 후에 덮개를 열고 먼지를 깨끗하게 불어낸다.
④ 선을 용접기에 견고하게 연결하고 녹색선을 홀더선이 연결되는 곳에 접속한다.

해설 선을 용접기에 견고하게 연결하고 녹색 접지선은 용접기 케이스에 설치된 접지에 연결한다.

25. 용접용 안전 보호구에 해당되지 않는 것은?
① 치핑 해머   ② 용접 헬멧
③ 핸드 실드   ④ 용접 장갑

해설 치핑 해머는 용접 공구이다.

26. KS에 규정된 용접봉의 지름 치수에 해당하지 않는 것은?
① 1.6   ② 2.0   ③ 3.0   ④ 4.0

해설 용접봉의 지름(길이)은 KS 규격으로 1.6(230, 250), 2.0(250, 300), 2.6(300, 350), 3.2(350, 400), 4.0(350, 400, 450, 550), 4.5(400, 450, 550), 5.0(400, 450, 550, 700), 5.5(450, 550, 700), 6.0(450, 550, 700, 900), 6.4(450, 550, 700, 900), 7.0(450, 550, 700, 900), 8.0(450, 550, 700, 900)이 있다.

27. 용해 아세틸렌 가스는 몇 °C, 몇 kgf/cm² 로 충전하는 것이 가장 적당한가?
① 40°C, 160 kgf/cm²
② 35°C, 150 kgf/cm²
③ 20°C, 30 kgf/cm²
④ 15°C, 15 kgf/cm²

정답 22. ② 23. ① 24. ④ 25. ① 26. ③ 27. ④

해설 일반적으로 15℃, 15 kgf/cm² 로 충전하며, 용기 속에 충전되는 아세톤에 25배가 용해되므로 25×15=375 L가 용해된다.

28. 가스 용접법에 대한 설명 중 맞는 것은?
① 열 이용률은 전진법보다 후진법이 우수하다.
② 용접 변형은 후진법이 크다.
③ 산화의 정도가 심한 것은 후진법이다.
④ 용접 속도는 전진법에 비해 후진법이 느리다.

해설 전진법과 후진법의 비교

항목	전진법	후진법
열 이용률	나쁘다.	좋다.
비드 모양	보기 좋다.	매끈하지 못하다.
홈 각도	크다(80°).	작다(60°).
산화의 정도	심하다.	약하다.
용접 속도	느리다.	빠르다.
용접 변형	크다.	작다.
용접 모재 두께	얇다 (5 mm 까지).	두껍다.
용착 금속의 냉각도	급랭	서랭
용착 금속의 조직	거칠다.	미세하다.

29. 킬드강을 제조할 때 사용되는 탈산제는?
① C, Fe-Mn　　② C, Al
③ Fe-Mn, S　　④ Fe-Si, Al

해설 제강에서 강괴를 만들 때 탈산제는 탈산력에 따라 Fe-Mn(페로망간) → Fe-Si(페로실리콘) → Al(알루미늄) 등으로 구분한다. 림드강은 탈산력이 약한 Mn을 사용하며, 킬드강은 Fe-Si, Al 등 강한 탈산제를 사용한다.

30. 가스 절단면의 표준 드래그의 길이는 얼마 정도로 하는가?
① 판 두께의 $\frac{1}{2}$　　② 판 두께의 $\frac{1}{3}$
③ 판 두께의 $\frac{1}{5}$　　④ 판 두께의 $\frac{1}{7}$

해설 가스 절단면의 표준 드래그의 길이는 판 두께의 20% $\left(\frac{1}{5}\right)$ 정도로 한다.

31. 철계 주조재의 기계적 성질 중 인장강도가 가장 낮은 주철은?
① 구상 흑연 주철　　② 가단 주철
③ 고급 주철　　　　④ 보통 주철

해설 인장강도(MPa)는 구상 흑연 주철이 370~800, 가단 주철이 270~540, 보통 주철이 100~250, 고급(강인) 주철이 300~350으로 가장 낮은 것은 보통 주철이다.

32. TIG 용접에서 용접 전류는 150~200A를 사용하는데 직류 정극성 용접을 할 때 노즐 지름(mm)과 가스 유량(L/min)의 적당한 규격으로 맞는 것은? (단, 앞이 노즐 지름, 뒤가 가스 유량이다.)
① 5~9.5-4~5　　② 5~9.0-6~8
③ 6~12-6~8　　④ 8~13-8~9

해설 용접 전류가 150~200A일 때 직류 정극성 용접 시 노즐 지름 6~12 mm, 가스 유량 6~8 L/min이고, 교류 용접 시 노즐 지름 11~13 mm, 가스 유량 7~10 L/min이다.

33. 황동의 조성으로 맞는 것은?
① 구리+아연　　② 구리+주석
③ 구리+납　　　④ 구리+망간

정답 28. ①　29. ④　30. ③　31. ④　32. ③　33. ①

해설 황동은 구리와 아연의 합금이고 청동은 구리와 주석의 합금이다.

34. 다음 금속 재료 중 피복 아크 용접이 가장 어려운 재료는?

① 탄소강　② 주철　③ 주강　④ 티탄

해설 티탄(Ti)은 활성적이고 산화하기 쉬운 금속으로 불활성 가스 분위기 속이나 진공 상태에서 용접을 하여야 한다.

35. 금속 표면에 내식성과 내산성을 높이기 위해 다른 금속을 침투 확산시키는 방법으로 종류와 침투제가 바르게 연결된 것은?

① 세라다이징 – Mn
② 크로마이징 – Cr
③ 칼로라이징 – Fe
④ 실리코나이징 – C

해설 금속 침투법에는 Cr(크로마이징), Si(실리코나이징), Al(칼로라이징), B(보로나이징), Zn(세라다이징)이 있다.

36. 고강도 알루미늄 합금으로 대표적인 시효 경화성 알루미늄 합금명은?

① 두랄루민(duralumin)
② 양은(nickel silver)
③ 델타 메탈(dalta metal)
④ 실루민(silumin)

해설 두랄루민은 주물의 결정 조직을 열간 가공으로 완전히 파괴한 뒤 고온에서 물에 급랭한 후 시효 경화시켜 강인성을 얻는다.

37. 공구용 재료로 구비해야 할 조건이 아닌 것은?

① 열처리가 용이할 것
② 내마모성이 클 것
③ 강인성이 있을 것
④ 상온 및 고온 경도가 낮을 것

해설 공구용 재료는 고온 경도, 내마모성, 강인성이 크고, 열처리가 쉬워야 한다.

38. 탄소강 중에 규소(Si)가 함유되는데, 규소가 탄소강에 미치는 영향은?

① 연신율과 충격값을 향상시킨다.
② 용접성을 저하시킨다.
③ 인장강도, 탄성한계, 경도를 감소시킨다.
④ 결정립을 조대화시키고 가공성을 증가시킨다.

해설 Si의 영향
㉠ 인장강도, 탄성한도, 경도 증가
㉡ 주조성(유동성) 증가, 단접성 저하
㉢ 연신율, 충격값 저하
㉣ 결정립 조대화, 냉간 가공성 및 용접성 저하

39. 6 : 4 황동에 Fe이 1% 정도 첨가된 것으로 강도가 크고 내식성이 좋아 광산 기계, 선박용 기계, 화학 기계 등에 사용되는 합금은?

① 연 황동　② 주석 황동
③ 델타 메탈　④ 망간 황동

해설 철 황동(델타 메탈)은 6 : 4 황동에 1~2% Fe이 포함된 것으로 강도가 크고 내식성이 좋으며, 광산 기계, 선박 기계, 화학 기계용 등으로 사용된다.

40. 공정 주철의 탄소 함유량으로 가장 적합한 것은?

① 1.3% C　② 2.3% C
③ 4.3% C　④ 6.3% C

해설 Fe-C 평형 상태도에서 공석점은 탄소 함유량이 0.8%, 공정점은 4.3%로서 레데뷰라이트선이라고도 한다.

정답　34. ④　35. ②　36. ①　37. ④　38. ②　39. ③　40. ③

41. 다음 중 주로 입계 부식에 의해 손상을 입는 것은?

① 황동　　　② 18-8 스테인리스강
③ 청동　　　④ 다이스강

해설 18-8 스테인리스강은 입계 부식에 의한 입계 균열의 발생이 쉽다(Cr_4C 탄화물이 원인).

42. CO_2 가스 아크 용접 시 작업장의 이산화탄소 농도가 3~4%일 때 인체에 일어나는 현상으로 가장 적절한 것은?

① 두통 및 뇌빈혈을 일으킨다.
② 위험상태가 된다.
③ 치사량이 된다.
④ 아무렇지도 않다.

해설 이산화탄소가 인체에 미치는 영향은 체적의 3~4%이면 두통, 뇌빈혈, 15% 이상일 때는 위험상태, 30% 이상일 때는 매우 위험한 상태이다.

43. 피복 아크 용접 시 발생하는 기공의 방지 대책으로 옳지 않은 것은?

① 이음의 표면을 깨끗이 한다.
② 건조한 저수소계 용접봉을 사용한다.
③ 용접 속도를 빠르게 하고 가장 높은 전류를 사용한다.
④ 위빙을 하여 열량을 늘리거나 예열을 한다.

해설 용접 전류가 과대하고 용접 속도가 빠르면 언더컷이 발생한다.

44. 용접성 시험 중 노치 취성 시험 방법이 아닌 것은?

① 샤르피 충격 시험　　② 슈나트 시험
③ 카안인열 시험　　　④ 코머렐 시험

해설 코머렐 시험은 세로 비드 굽힘 시험으로 노치를 하지 않고 시험한다.

45. 초음파 탐상법에 속하지 않는 것은?

① 펄스 반사법　　② 투과법
③ 공진법　　　　④ 관통법

해설 초음파 탐상법에는 펄스 반사법, 투과법, 공진법 등이 있다.

46. 금속 표면에 스텔라이트나 경합금 등의 금속을 용착시켜 표면 경화층을 만드는 방법을 무엇이라 하는가?

① 고주파 경화법　　② 쇼트 피닝
③ 화염 경화법　　　④ 하드 페이싱

해설 표면 경화법 중 문제는 하드 페이싱을 설명한 것이다.

47. 조직에 따른 구상 흑연 주철의 분류가 아닌 것은?

① 페라이트형　　② 펄라이트형
③ 오스테나이트형　　④ 시멘타이트형

해설 구상 흑연 주철의 조직은 ㉠ 시멘타이트형(시멘타이트가 석출한 것) ㉡ 펄라이트형(바탕이 펄라이트) ㉢ 페라이트형(페라이트가 석출한 것)이다.

48. 열처리 방법 중 불림의 목적으로 가장 적합한 것은?

① 급랭시켜 재질을 경화시킨다.
② 소재를 일정 온도에 가열한 후 공랭시켜 표준화한다.
③ 담금질된 것에 인성을 부여한다.
④ 재질을 강하게 하고 균일하게 한다.

해설 불림 : 강을 A_3 또는 Acm 변태점 이상 30~50℃의 온도로 가열하고 공기 중에서 서

정답 41. ②　42. ①　43. ③　44. ④　45. ④　46. ④　47. ③　48. ②

랭하여 표준화 조직을 얻는 방법으로 조직의 균일화 및 표준화, 잔류 응력을 제거한다.

49. 피복 금속 아크 용접에서 용접 전류가 낮을 때 발생하는 것은?

① 오버랩 ② 기공 ③ 균열 ④ 언더컷

해설 오버랩의 원인
㉠ 용접 전류가 너무 낮을 때
㉡ 용접봉의 선택이 불량일 때
㉢ 용접 속도가 너무 느릴 때
㉣ 용접봉의 유지 각도가 불량일 때

50. 로봇의 용접 장치에 해당하지 않는 것은?

① 용접 전원 ② 포지셔너
③ 트랙 ④ 접촉식 센서

해설 로봇의 용접 장치
㉠ 용접 전원 ㉡ 포지셔너(positioner)
㉢ 트랙(track) ㉣ 갠트리(gantry)
㉤ 칼럼(column) ㉥ 용접물 고정 장치

51. 다음의 입체도에서 화살표 방향이 정면일 때 제3각법으로 투상한 것으로 가장 옳은 것은?

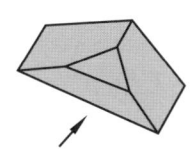

① 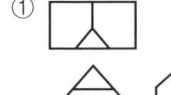 ②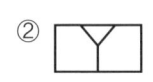

③ 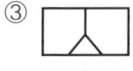 ④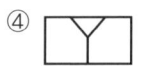

52. 도면의 표제란에 척도로 표시된 NS는 무엇을 뜻하는가?

① 축척 ② 비례척이 아님
③ 배척 ④ 모든 척도가 1:1임

해설 NS는 Not to Scale로 비례척을 따르지 않음을 뜻한다.

53. 화살표 방향이 정면일 때, 그림과 같은 좌우 대칭인 입체도의 좌측면도로 가장 적합한 것은?

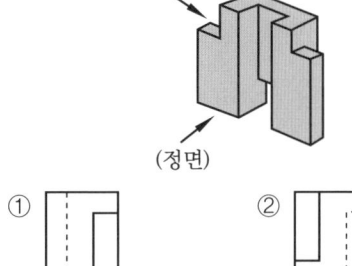
(정면)

① 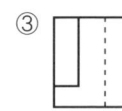 ②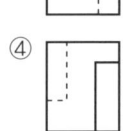

③ ④

54. KS 기계 제도 선의 종류에서 가는 2점 쇄선으로 나타내는 선의 용도에 해당하는 것은?

① 가상선 ② 치수선
③ 해칭선 ④ 지시선

해설 도면에서의 선의 종류
㉠ 굵은 실선 : 외형선
㉡ 가는 실선 : 치수선, 치수 보조선, 지시선, 회전 단면선, 중심선, 수준면선
㉢ 가는 파선 또는 굵은 파선 : 숨은선
㉣ 가는 1점 쇄선 : 중심선, 기준선, 피치선
㉤ 굵은 1점 쇄선 : 특수 지정선
㉥ 가는 2점 쇄선 : 가상선, 무게중심선

정답 49. ① 50. ④ 51. ① 52. ② 53. ④ 54. ①

55. 다음 중 치수 보조 기호에 대한 설명으로 틀린 것은?

① ∅ : 참고 치수
② □ : 정사각형의 변
③ R : 반지름
④ SR : 구의 반지름

해설 ∅는 구의 지름을 나타낸다.

56. 곡면과 곡면 또는 곡면과 평면 등과 같이 두 입체가 만나서 생기는 경계선을 나타내는 용어로 가장 적합한 것은?

① 전개선
② 상관선
③ 한도선
④ 입체선

해설 1개 이상의 입체가 서로 관통하여 하나의 입체로 된 것을 상관체(intersecting soild)라 하고 이 상관체에 나타난 각 입체의 경계선을 상관선(교선, line of intersection)이라 하며, 직선 교점법과 공통 절단법이 있다.

57. 단면을 나타내는 해칭선의 방향이 가장 적합하지 않은 것은?

①  ②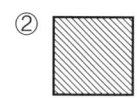

③  ④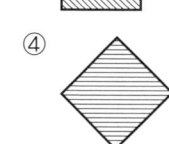

해설 해칭선은 중심선 또는 주요 외형선에 45° 경사지게 긋는 것이 원칙이나 부득이한 경우에는 다른 각도(30°, 60°)로 표시한다.

58. 도면에서 반드시 표제란에 기입해야 하는 항목으로 틀린 것은?

① 재질
② 척도
③ 투상법
④ 도명

해설 표제란에는 도면 번호, 도명, 기업명, 책임자의 서명, 도면 작성 연월일, 척도, 투상법을 기입한다.

59. 일반적인 판금 전개도의 전개법이 아닌 것은?

① 다각전개법
② 평행선법
③ 방사선법
④ 삼각형법

60. KS 기계 제도에서 치수 기입의 원칙에 대한 설명으로 옳은 것은?

① 길이의 치수는 원칙적으로 밀리미터(mm)로 하고 단위 기호로 밀리미터(mm)를 기입한다.
② 각도의 치수는 일반적으로 라디안(rad)으로 하고, 필요한 경우 분 및 초를 병용한다.
③ 치수에 사용하는 문자는 KS A 0107에 따르고, 자릿수가 많은 경우 세 자리마다 숫자 사이에 쉼표를 붙인다.
④ 치수는 해당되는 형체를 가장 명확하게 보여 줄 수 있는 주투상도나 단면도에 기입한다.

해설 치수 기입의 원칙
㉠ 도면에 길이의 크기와 자세 및 위치를 명확하게 표시하며, 길이 단위 mm는 도면에 기입하지 않는다.
㉡ 가능한 주투상도(정면도)에 기입한다.
㉢ 치수의 중복 기입을 피한다.
㉣ 치수 숫자는 자릿수를 표시하는 쉼표 등을 사용하지 않는다.
㉤ 치수는 계산할 필요가 없도록 기입한다.
㉥ 관련된 치수는 한 곳에 모아서 기입한다.
㉦ 참고 치수는 치수 수치에 괄호를 붙인다.
㉧ 비례척에 따르지 않을 때의 치수 기입은 치수 숫자 밑에 굵은 선을 그어 표시하거나 NS(Not to Scale)를 기입한다.
㉨ 외형 치수의 전체 길이 치수는 반드시 기입한다.

정답 55. ① 56. ② 57. ③ 58. ① 59. ① 60. ④

제10회 CBT 실전테스트

▶ 피복아크용접/가스텅스텐아크용접/이산화탄소가스아크용접기능사 공통

1. 교류 용접기의 전격방지기는 무부하 전압이 비교적 높아 감전의 위험으로부터 용접사를 보호하기 위하여 국제노동기구(ILO)에서 정한 규정인 안전전압 이하로 유지하고 아크 발생 시에는 언제나 통상전압이 되는데, 안전전압을 얼마로 하여야 하는가?

① 70~80 V   ② 50~60 V
③ 35~40 V   ④ 20~24 V

해설 ㉠ 용접봉을 모재에 접촉한 순간에만 릴레이(relay)가 작동하여 2차 무부하 전압을 올려 용접 작업이 가능하도록 되어 있다.
㉡ 아크의 단락과 동시에 자동적으로 릴레이가 차단된다.
㉢ 전격방지기는 용접 작업을 하지 않을 때에는 보조 변압기에 연결되어 용접기의 2차 무부하 전압을 20~30 V 이하로 유지한다.
㉣ 전격방지기의 2차 무부하 전압이 20~30 V 이하로 되기 때문에 전격을 방지할 수 있다.
㉤ 전격방지기는 주로 용접기의 내부에 설치된 것이 일반적이나 외부에 설치된 것도 있다.

2. CO_2 가스 아크 용접의 보호 가스 설비에서 히터 장치가 필요한 가장 중요한 이유는?

① 액체 가스가 기체로 변하면서 열을 흡수하기 때문에 조정기의 동결을 막기 위하여
② 기체 가스를 냉각하여 아크를 안정하게 하기 위하여
③ 동절기의 용접 시 용접부의 결함 방지와 안전을 위하여
④ 용접부의 다공성을 방지하기 위하여 가스를 예열하여 산화를 방지하기 위하여

해설 CO_2 아크 용접 보호 가스 설비는 용기(cylinder), 히터, 조정기, 유량계 및 가스 연결용 호스로 구성된다. CO_2 가스 압력은 실린더 내부 압력으로부터 조정기를 통해 나오면서 배출 압력으로 낮아져 상당한 열을 주위로부터 흡수하여 조정기와 유량계가 얼어버리므로 이를 방지하기 위하여 대개 CO_2 유량계는 히터가 붙어 있다.

3. 용접 전류 120A, 용접 전압이 12V, 용접 속도가 분당 18cm일 경우에 용접부의 입열량(J/cm)은?

① 3500   ② 4000
③ 4800   ④ 5100

해설 용접 입열량 $H = \dfrac{60EI}{V}$

$= \dfrac{60 \times 12 \times 120}{18} = 4800 \text{ J/cm}$

여기서, H : 용접 입열(J/cm), E : 아크 전압(V), I : 아크 전류(A), V : 용접 속도(cm/min)

4. 아크 용접 작업을 할 때 치공구 관리는 어떻게 하여야 하는가?

① 용접 작업의 능률을 높이기 위해 작업장에 적합한 공구는 항상 작업이 가능한 상태로 유지 관리한다.
② 작업용 공구로는 슬래그 해머, 볼핀 해머, 와이어 브러시, 단조집게 및 각종 보호구가 있다.
③ 측정용 공구로는 용접 게이지, 하이트 버니어 캘리퍼스, 각종 게이지 등이 있다.
④ 용접 작업 후에는 각각 공구를 관리하는 방법에 따라 보관하여 관리한다.

정답 1. ④   2. ①   3. ③   4. ④

해설 ㉠ 용접 작업 후에는 각각 공구를 관리하는 방법에 따라 최적의 상태로 관리한다.
㉡ 정비된 측정용 공구와 작업용 공구는 정해진 장소에 보관하도록 한다.

5. 용접 작업의 경비를 절감시키기 위한 유의사항 중 틀린 것은?

① 용접봉의 적절한 선정
② 용접사의 작업 능률의 향상
③ 용접 지그를 사용하여 위보기 자세의 시공
④ 고정구를 사용하여 능률 향상

해설 용접 경비의 절감
㉠ 용접봉의 적절한 선정과 그 경제적 사용 방법
㉡ 재료 절약을 위한 방법과 고정구 사용에 의한 능률 향상
㉢ 용접 지그의 사용에 의한 아래보기 자세의 채용
㉣ 용접사의 작업 능률의 향상
㉤ 적절한 품질 관리와 검사 방법 및 적절한 용접 방법의 채용

6. 용접 시 구조물을 고정시켜 줄 지그의 선택기준으로 잘못된 것은?

① 물체의 고정과 탈부착이 복잡해야 한다.
② 변형을 막아줄 만큼 견고하게 잡아줄 수 있어야 한다.
③ 용접 위치를 유리한 용접 자세로 쉽게 움직일 수 있어야 한다.
④ 물체를 튼튼하게 고정시켜줄 크기와 힘이 있어야 한다.

해설 • 용접 지그의 선택기준
㉠ 물체의 고정과 탈부착이 쉬워야 한다.
㉡ 변형을 막을 수 있어야 한다.
㉢ 용접물의 조립을 튼튼하게 고정시켜 줄 크기와 힘이 있어야 한다.

㉣ 용접 위치를 유리한 자세로 용접할 수 있어야 하며 쉽게 움직일 수 있어야 한다.
• 용접 지그의 사용 목적
㉠ 용접 작업을 쉽게 하고 용접부의 신뢰성을 높이며 작업 능률을 향상시킨다.
㉡ 제품의 치수를 정확하게 하며 가공 공정수를 적게 한다.
㉢ 대량 생산을 하기 위하여 사용되며 다듬질 정밀도를 좋게 하고 결함을 적게 한다.

7. 피복 금속 아크 용접봉의 전류 밀도는 통상적으로 $1\,mm^2$ 단면적에 약 몇 A의 전류가 적당한가?

① 10~13   ② 15~20
③ 20~25   ④ 25~30

해설 용접 전류는 일반적으로 심선의 단면적 $1\,mm^2$에 대하여 10~13A 정도로 한다.

8. MIG 용접에서 사용되는 와이어 송급 장치의 종류가 아닌 것은?

① 푸시 방식(push type)
② 풀 방식(pull type)
③ 펄스 방식(pulse type)
④ 푸시 풀 방식(push-pull type)

해설 MIG 용접에서 사용되는 와이어 송급 방식은 푸시(push), 풀(pull), 푸시 풀(push-pull), 더블 푸시(double-push) 방식 등 4가지가 사용된다.

9. 불활성 가스 금속 아크 용접(MIG)의 용착 효율은 얼마 정도인가?

① 58%   ② 78%
③ 88%   ④ 98%

해설 용접봉의 손실이 적기 때문에 용접봉에 소요되는 가격이 피복 아크 용접보다 저렴한 편이며, 피복 금속 아크 용접봉의 실제 용착

정답 5. ③ 6. ① 7. ① 8. ③ 9. ④

효율은 60%인 반면 MIG 용접에서는 손실이 적어 용착 효율은 95% 정도이다.

10. 가스 용접 토치의 취급상 주의사항으로 틀린 것은?

① 토치를 작업장 바닥이나 흙 속에 방치하지 않는다.
② 팁을 바꿔 끼울 때는 반드시 양쪽 밸브를 모두 열고 난 다음 행한다.
③ 토치를 망치 등 다른 용도로 사용해서는 안 된다.
④ 작업 중 발생하기 쉬운 역류, 역화, 인화에 항상 주의하여야 한다.

해설 가스 용접의 토치 취급상의 주의사항
㉠ 팁 및 토치를 작업장 바닥이나 흙 속에 함부로 방치하지 않는다.
㉡ 점화되어 있는 토치를 아무 곳에나 함부로 방치하지 않는다(주위에 인화성 물질이 있을 때 화재 및 폭발 위험).
㉢ 토치를 망치나 갈고리 대용으로 사용하지 않는다(토치는 구리 합금으로 강도가 약하여 쉽게 변형됨).
㉣ 팁을 바꿔 끼울 때는 반드시 양쪽 밸브를 모두 닫은 다음에 행한다(가스의 누설로 화재 및 폭발 위험).
㉤ 팁이 과열 시 아세틸렌 밸브를 닫고 산소 밸브만을 조금 열어 물속에 담가 냉각시킨다.
㉥ 작업 중 발생되기 쉬운 역류, 역화, 인화에 항상 주의하여야 한다.

11. 다음 중 발화성 물질이 아닌 것은?

① 카바이드
② 금속나트륨
③ 황린
④ 질산에틸

해설 산업안전기준 위험물질의 종류(제10조 및 제254조 관련)
발화성 물질은 스스로 발화하거나 물과 접촉하여 발화하는 등 발화가 용이하고 가연성 가스가 발생할 수 있는 물질로서 다음 각목의 1에 해당하는 물질을 말한다.
가. 리튬
나. 칼륨·나트륨
다. 황
라. 황린
마. 황화인·적린
바. 셀룰로이드류
사. 금속의 수소화물
아. 금속의 인화물
자. 알킬알루미늄·알킬리튬
차. 마그네슘분말
카. 금속분말(마그네슘분말은 제외)
타. 알칼리금속(리튬·칼륨 및 나트륨은 제외)
파. 칼슘탄화물·알루미늄탄화물
하. 유기 금속화합물(알킬알루미늄 및 알킬리튬은 제외)
거. 기타 가목 내지 하목의 물질과 동등한 정도의 발화성이 있는 물질
너. 가목 내지 거목의 물질을 함유한 물질
※ 질산에틸은 폭발성 물질이다.

12. 철강 계통의 레일, 차축 용접과 보수에 이용되는 테르밋 용접법의 특징 설명으로 틀린 것은?

① 용접 작업이 단순하다.
② 용접용 기구가 간단하고 설비비가 싸다.
③ 용접 시간이 길고 용접 후 변형이 크다.
④ 전력이 필요 없다.

해설 테르밋 용접의 특징
㉠ 용접 작업이 단순하고 용접 결과의 재현성이 높다.
㉡ 용접용 기구가 간단하고 설비비가 싸며, 작업 장소의 이동이 쉽다.
㉢ 용접 시간이 짧고 용접 후 변형이 적으며 전기가 필요 없다.
㉣ 용접 이음부의 홈은 가스 절단 그대로도 좋고, 특별한 모양의 홈을 필요로 하지 않는다.

13. 다음 중 철강에 주로 사용되는 부식액이 아닌 것은?

① 염산 1 : 물 1의 액
② 염산 3.8 : 황산 1.2 : 물 5.0의 액
③ 수산 1 : 물 1.5의 액
④ 초산 1 : 물 3의 액

해설 매크로 시험에서 철강재에 사용되는 부식액은 다음과 같으며, 물로 깨끗이 씻은 후 건조하여 관찰한다.
㉠ 염산 3.8 : 황산 1.2 : 물 5.0
㉡ 염산 1 : 물 1
㉢ 초산 1 : 물 3

14. 용접의 결함과 원인을 각각 짝지은 것 중 틀린 것은?

① 용입 불량 : 이음 설계가 불량할 때
② 언더컷 : 용접 전류가 너무 높을 때
③ 오버랩 : 용접 전류가 너무 낮을 때
④ 기공 : 저수소계 용접봉을 사용했을 때

해설 용접 결함의 기공 원인
㉠ 용접 분위기 가운데 수소, 일산화탄소의 과잉
㉡ 용접부 급랭이나 과대 전류 사용
㉢ 용접 속도가 빠를 때
㉣ 아크 길이, 전류 조작의 부적당, 모재에 유황 함유량 과대
㉤ 강재에 부착되어 있는 기름, 녹, 페인트 등

15. 연납의 대표적인 것으로 주석 40%, 납 60%의 합금으로 땜납으로서의 가치가 가장 큰 것은?

① 저융점 땜납
② 주석-납
③ 납-카드뮴납
④ 납-은납

해설 연납의 종류
㉠ 주석(40%) + 납(60%)
㉡ 납-카드뮴납(Pb-Cd 합금)
㉢ 납-은납(Pb-Ag 합금)
㉣ 저융점 땜납 : 주석-납-합금땜에 비스무트(Bi)를 첨가한 다원계 합금 땜납
㉤ 카드뮴-아연납

16. 다음 중 심 용접의 종류가 아닌 것은?

① 횡 심 용접(circular seam welding)
② 매시 심 용접(mash seam welding)
③ 포일 심 용접(foil seam welding)
④ 맞대기 심 용접(butt seam welding)

해설 심 용접의 종류
㉠ 매시 심 용접(mash seam welding)
㉡ 포일 심 용접(foil seam welding)
㉢ 맞대기 심 용접(butt seam welding)

17. 스터드 용접에서 페룰의 역할이 아닌 것은?

① 용융 금속의 탈산 방지
② 용융 금속의 유출 방지
③ 용착부의 오염 방지
④ 용접사의 눈을 아크로부터 보호

해설 페룰의 역할 : 페룰은 내열성의 도기로 아크를 보호하며 내부에 발생하는 열과 가스를 방출하는 역할로서 다음과 같다.
㉠ 용접이 진행되는 동안 아크열을 집중시켜 준다.
㉡ 용융 금속의 유출을 막아주고 산화를 방지한다.
㉢ 용착부의 오염을 방지한다.
㉣ 용접사의 눈을 아크 광선으로부터 보호한다.

18. TIG 용접에서 전극봉의 어느 한쪽의 끝 부분에 식별용 색을 칠하여야 한다. 순텅스텐 전극봉의 색은?

① 황색
② 적색
③ 녹색
④ 회색

정답 13. ③ 14. ④ 15. ② 16. ① 17. ① 18. ③

해설 텅스텐 전극봉의 종류(AWS)

등급 기호 (AWS)	종류	전극 표시 색상	사용 전류	용도
EWP	순텅스텐	녹색	ACHF (고주파 교류)	Al, Mg 합금
EWTh1	1% 토륨 텅스텐	황색	DCSP (직류 정극성)	강, 스테인리스강
EWTh2	2% 토륨 텅스텐	적색		
EWTh3	1~2% 토륨 (전체 길이 편측에)	청색		
EWZr	지르코늄 텅스텐	갈색	ACHF (고주파 교류)	Al, Mg 합금

19. 특수 주강을 제조하기 위하여 첨가하는 금속으로 맞는 것은?

① Ni, Zn, Mo, Cu
② Si, Mn, Co, Cu
③ Ni, Si, Mo, Cu
④ Ni, Mn, Mo, Cr

해설 특수 주강은 강도를 필요로 할 때 또는 내식, 내열, 내마모성 등을 요구하는 경우 Ni, Mn, Mo, Cr 등을 첨가한다. 종류는 Ni 주강, Ni-Cr 주강, Mn 주강, Cr 주강 등이다.

20. 서브머지드 아크 용접의 현장 조립용 간이 백킹법 중 철분 충진제의 사용 목적으로 틀린 것은?

① 홈의 정밀도를 보충해 준다.
② 양호한 이면 비드를 형성시킨다.
③ 슬래그와 용융 금속의 선행을 방지한다.
④ 아크를 안정시키고 용착량을 적게 한다.

해설 서브머지드 아크 용접에서 현장 조립용 간이 백킹법 중 철분 충진제의 사용 목적은 ①, ②, ③ 외에 아크를 안정시키며 용착량이 많아지므로 능률적이다.

21. 용접 자세를 나타내는 기호가 틀리게 짝 지어진 것은?

① 위보기 자세 : O
② 수직 자세 : V
③ 아래보기 자세 : U
④ 수평 자세 : H

해설 아래보기 자세의 기호는 F이다.

22. 다음 중 환풍, 환기장치에 대한 설명이 아닌 것은?

① 작업장의 가장 바람직한 온도는 여름 25~27℃, 겨울은 15~23℃이며 습도는 50~60%가 가장 적절하다.
② 쾌적한 감각온도는 정신적 작업일 때 60~65ET, 가벼운 육체작업일 때 55~65ET, 육체적 작업은 50~62ET이다.
③ 불쾌지수는 기온과 습도의 상승 작용으로 인체가 느끼는 감각온도를 측정하는 척도로서 일반적으로 불쾌지수는 50을 기준으로 50 이하이면 쾌적하고, 이상이면 불쾌감을 느끼게 된다.
④ 불쾌지수는 75 이상이면 과반수 이상이 불쾌감을 호소하고 80 이상에서는 모든 사람들이 불쾌감을 느낀다.

해설 ③ 불쾌지수는 기온과 습도의 상승 작용으로 인체가 느끼는 감각온도를 측정하는 척도로서 일반적으로 불쾌지수는 70을 기준으로 70 이하이면 쾌적하고, 이상이면 불쾌감을 느끼게 된다.

정답 19. ④ 20. ④ 21. ③ 22. ③

23. 연강용 가스 용접봉은 인이나 황 등의 유해성분이 극히 적은 저탄소강이 사용되는데, 연강용 가스 용접봉에 함유된 성분 중 규소(Si)가 미치는 영향은?

① 강의 강도를 증가시키나 연신율, 굽힘성 등이 감소된다.
② 기공은 막을 수 있으나 강도가 떨어진다.
③ 강에 취성을 주며 가연성을 잃게 한다.
④ 용접부의 저항력을 감소시키고 기공 발생의 원인이 된다.

해설 가스 용접봉의 성분이 모재에 미치는 영향
㉠ 탄소(C) : 강의 강도를 증가시키나 연신율, 굽힘성 등이 감소된다.
㉡ 규소(Si) : 기공은 막을 수 있으나 강도가 떨어지게 된다.
㉢ 인(P) : 강에 취성을 주며 가연성을 잃게 하는데 특히 암적색으로 가열한 경우는 매우 심하다.

24. 피복 아크 용접봉의 용접부 보호 방식에 의한 분류에 속하지 않는 것은?

① 슬래그 생성식   ② 가스 발생식
③ 반가스 발생식   ④ 가스 가우징

해설 용접부의 보호 방식에 따른 분류
㉠ 가스 발생식
㉡ 슬래그 생성식
㉢ 반가스 발생식

25. 다음 중 용접기 적정 설치장소로 틀린 것은?

① 습기나 먼지 등이 많은 장소는 설치를 피하고 환기가 잘 되는 곳을 선택한다.
② 휘발성 기름이나 유해한 부식성 가스가 존재하는 장소는 피한다.
③ 벽에서 50 cm 이상 떨어져 있고 견고한 구조의 수평 바닥에 설치한다.
④ 진동이나 충격을 받는 곳, 폭발성 가스가 존재하는 곳을 피한다.

해설 ③ 벽에서 30 cm 이상 떨어져 있고 견고한 구조의 수평 바닥에 설치한다.

26. 산소 용기의 내용적이 33.7 L인 용기에 120 kgf/cm²이 충전되어 있을 때, 대기압 환산 용적은 몇 리터인가?

① 2803   ② 4044
③ 40440   ④ 28030

해설 산소용기의 환산 용적
= 용기 속의 압력 × 용기 속의 내부 용적
= 120 × 33.7 = 4044 L

27. 직류 정극성에 대한 설명으로 틀린 것은?

① 모재를 (+)극에, 용접봉을 (-)극에 연결한다.
② 용접봉의 용융이 느리다.
③ 모재의 용입이 깊다.
④ 용접 비드의 폭이 넓다.

해설 직류 정극성은 모재를 양극(+)에, 전극봉을 음극(-)에 연결한다. 양극에서는 발열량이 70~80%, 음극에서는 20~30%로 모재 측에 열 발생이 많아 용입이 깊게 되고 음극인 전극봉(용접봉)은 천천히 녹는다. 역극성은 반대로 모재가 천천히 녹고 용접봉은 빨리 용융되어 비드가 용입이 얕고 넓어진다.

28. 다음 중 아크 절단의 종류에 속하지 않는 것은?

① 탄소 아크 절단   ② 플라스마 제트 절단
③ 스카핑   ④ 아크 에어 가우징

해설 스카핑(scarfing) : 각종 강재의 표면에 균열, 주름, 탈탄층 또는 홈을 불꽃 가공에 의해서 제거하는 작업방법으로 토치는 가스 가우징에 비하여 능력이 크며 팁은 저속 다이버

정답 23. ② 24. ④ 25. ③ 26. ② 27. ④ 28. ③

전트형으로서 수동형에는 대부분 원형 형태, 자동형에는 사각이나 사각형에 가까운 모양이 사용된다.

29. 다음 중 아크 용접기의 위험성으로 틀린 것은?

① 피복 금속 아크 용접봉이나 배선에 의한 감전 사고의 위험이 있으므로 항상 주의한다.
② 용접 시 발생하는 흄(fume)이나 가스를 흡입 시 건강에 해로우므로 주의한다.
③ 용접 시 발생하는 흄으로부터 머리 부분을 멀리하고 흄 흡입장치 및 배기가스 설비를 한다.
④ 인화성 물질이나 가연성 가스가 작업장에서 3m 내에 있을 때에는 용접 작업을 해도 된다.

해설 ④ 인화성 물질이나 가연성 가스 근처에서 용접을 금할 것(보통 용접 시 비산하는 스패터가 날아가 화재를 일으키는 거리가 5m 이상으로 5m 이내에는 위험이 있는 인화성 물질이나 유해성 물질이 없어야 하며 화재의 위험이 있어 가까운 곳에 소화기를 비치하여 화재에 대비할 것)

30. 아크 용접에서 흡인력 작용으로 용접봉이 오므라들어, 용융 금속이 비교적 큰 용적이 단락되지 않고 모재에 이행하는 방식?

① 단락형 ② 입상형
③ 분무형(스프레이형) ④ 열적 핀치 효과형

해설 입상형(globuler transfer type) : 흡인력 작용으로 용접봉이 오므라들어, 용융 금속이 비교적 큰 용적이 단락되지 않고 모재에 이행하는 방식

31. 가스 용접에서 프로판 가스의 성질 중 틀린 것은?

① 연소할 때 필요한 산소의 양은 1 : 1 정도이다.
② 폭발 한계가 좁아 다른 가스에 비해 안전도가 높고 관리가 쉽다.
③ 액화가 용이하여 용기에 충전이 쉽고 수송이 편리하다.
④ 상온에서 기체 상태이고 무색, 투명하며 약간의 냄새가 난다.

해설 프로판이 연소할 때 필요한 산소의 양은 1 : 4.5이다.

참고 석유계 저탄화수소의 연소 방정식은
$C_nH_m + \left(n + \dfrac{m}{4}\right)O_2 \rightarrow nCO_2 + \dfrac{m}{2}H_2O$에 대입한다.
여기서, n : 탄소의 수, m : 수소의 수

32. 국소배기장치에서 후드를 추가로 설치해도 쉽게 정압 조절이 가능하고, 사용하지 않는 후드를 막아 다른 곳에 필요한 정압을 보낼 수 있어 현장에서 가장 편리하게 사용할 수 있는 압력 균형방법은?

① 댐퍼 조절법
② 회전수 변화
③ 압력 조절법
④ 안내익 조절법

해설 ㉠ 댐퍼 조절법(부착법) : 풍량을 조절하기 가장 쉬운 방법
㉡ 회전수 변화(조절법) : 풍량을 크게 바꿀 때 적당한 방법
㉢ 안내익 조절법 : 안내 날개의 각도를 변화시켜 송풍량을 조절하는 방법

33. 가스 절단에서 예열 불꽃이 약할 때 나타나는 현상이 아닌 것은?

① 드래그가 증가한다.
② 절단이 중단되기 쉽다.
③ 절단 속도가 늦어진다.
④ 슬래그 중의 철 성분의 박리가 어려워진다.

정답 29. ④ 30. ② 31. ① 32. ① 33. ④

해설 • 예열 불꽃이 약할 경우
㉠ 절단 속도가 늦어지고 절단이 중단되기 쉽다.
㉡ 드래그가 증가되고 역화를 일으키기 쉽다.
• 예열 불꽃이 강할 경우
㉠ 절단면이 거칠어진다.
㉡ 슬래그 중의 철 성분의 박리가 어려워진다.

34. 피복제 중에 산화티탄을 약 35% 정도 포함하였고 슬래그의 박리성이 좋아 비드의 표면이 고우며 작업성이 우수한 특징을 지닌 연강용 피복 아크 용접봉은?

① E 4301
② E 4311
③ E 4313
④ E 4316

해설 피복제 중에 산화티탄(TiO_2)을 E 4313(고산화티탄계)은 약 35%, E 4303(라임티타니아계)은 약 30% 정도 포함한다.

35. 사람의 몸에 얼마 이상의 전류가 흐르면 순간적으로 사망할 위험이 있는가?

① 10 mA
② 20 mA
③ 30 mA
④ 50 mA

해설 ㉠ 인체에 50 mA 이상의 전류가 흐르면 사망 위험이 있다.
㉡ 교류 전류가 인체에 흐를 때 1 mA는 전기를 약간 느낄 정도, 5 mA는 상당한 고통, 10 mA는 견디기 어려울 정도의 고통, 20 mA는 심한 고통을 느끼고 강한 근육 수축이 일어난다. 50 mA는 상당히 위험한 상태, 100 mA는 치명적인 결과를 초래한다 (사망 위험).

36. 다음 중 용접의 장점에 대한 설명으로 옳은 것은?

① 기밀, 수밀, 유밀성이 좋지 않다.
② 두께에 제한이 없다.
③ 작업이 비교적 복잡하다.
④ 보수와 수리가 곤란하다.

해설 용접의 장점
㉠ 재료가 절약되고, 중량이 감소한다.
㉡ 작업 공정 단축으로 경제적이다.
㉢ 재료의 두께 제한이 없다.
㉣ 이음 효율이 향상된다(기밀, 수밀, 유밀 유지).
㉤ 이종 재료 접합이 가능하다.
㉥ 용접의 자동화가 용이하다.
㉦ 보수와 수리가 용이하다.
㉧ 형상의 자유화를 추구할 수 있다.

37. 분말 절단법 중 플럭스(flux) 절단에 주로 사용되는 재료는?

① 스테인리스 강판
② 알루미늄 탱크
③ 저합금 강판
④ 강판

해설 분말 절단법 중 플럭스(용제) 절단은 스테인리스강의 절단을 주목적으로 하며, 내산화성인 탄산소다, 중탄산소다를 주성분으로 하는 분말을 직접 절단 산소에 삽입하여 산소가 허실되는 것을 방지하며 분출 모양이 정확해 절단면이 깨끗하다.

38. 철강의 열처리에서 열처리 방식에 따른 종류가 아닌 것은?

① 계단 열처리
② 항온 열처리
③ 표면 경화 열처리
④ 내부 경화 열처리

해설 철강의 열처리 방식에서 기본 열처리 방법으로는 담금질, 불림, 풀림, 뜨임이 있고, 열처리 방식에 따른 열처리 종류에는 계단 열처리, 항온 열처리, 연속 냉각 열처리, 표면 경화 열처리 등이 있다.

정답 34. ③ 35. ④ 36. ② 37. ① 38. ④

39. 직류 용접에서 아크쏠림(arc blow)에 대한 설명으로 틀린 것은?

① 아크쏠림의 방지 대책으로는 용접봉 끝을 아크쏠림 방향으로 기울인다.
② 자기불림(magnetic blow)이라고도 한다.
③ 용접 전류에 의해 아크 주위에 발생하는 자장이 용접에 대해서 비대칭으로 나타나는 현상이다.
④ 용접봉에 아크가 한쪽으로 쏠리는 현상이다.

해설 아크쏠림[자기불림(magnetic blow)] : 직류 용접에서 용접봉에 아크가 한쪽으로 쏠리는 현상으로 용접 전류에 의해 아크 주위에 발생하는 자장이 용접에 대하여 비대칭으로 나타나는 현상이다. 교류 용접에서는 발생하지 않으므로 교류 전원 이용 및 엔드탭, 짧은 아크, 긴 용접에는 후퇴법을 이용한다.

40. 금속의 조직이 성장되면 불순물은 어느 곳으로 모이게 되는가?

① 결정의 모서리에 모인다.
② 결정의 중심부에 모인다.
③ 결정경계에 모인다.
④ 조직의 성장과는 관계가 없다.

해설 금속이 응고할 때에 고용되지 않은 불순물은 결정경계 부분에서 배출되는 일이 많다. 그러므로 주상정으로 된 주물에는 주상정의 연결부에 해당하는 곳에 불순물이 집중하므로 취성이 생기며 약한 면이 형성되어 가공 중에 균열되기 쉽다.

41. 탄소강의 용도에서 내마모성과 경도를 동시에 요구하는 경우 적당한 탄소 함유량은?

① 0.05~0.3% C
② 0.3~0.45% C
③ 0.45~0.65% C
④ 0.65~1.2% C

해설 탄소강의 탄소 함유량에 따른 가공성 분류
㉠ 가공성만을 요구하는 경우 : 0.05~0.3% C
㉡ 가공성과 강인성을 동시에 요구하는 경우 : 0.3~0.45% C
㉢ 강인성과 내마모성을 동시에 요구하는 경우 : 0.45~0.65% C
㉣ 내마모성과 경도를 동시에 요구하는 경우 : 0.65~1.2% C

42. 고셀룰로오스계 용접봉에 대한 설명으로 틀린 것은?

① 비드 표면이 거칠고 스패터가 많은 것이 결점이다.
② 피복제 중 셀룰로오스계가 20~30% 정도 포함되어 있다.
③ 고셀룰로오스계는 E 4311로 표시한다.
④ 슬래그 생성계에 비해 용접 전류를 10~15% 높게 사용한다.

해설 고셀룰로오스계(E 4311)는 셀룰로오스가 20~30% 정도 포함된 가스 발생식으로 슬래그가 적으며 비드 표면이 거칠고 스패터가 많은 것이 결점이다.

43. 이산화탄소 아크 용접의 특징 설명으로 틀린 것은?

① 용제를 사용하지 않아 슬래그의 혼입이 없다.
② 용접 금속의 기계적, 야금적 성질이 우수하다.
③ 전류 밀도가 높아 용입이 깊고 용융 속도가 빠르다.
④ 바람의 영향을 전혀 받지 않는다.

해설 이산화탄소 아크 용접은 이산화탄소 가스를 보호 가스로 사용하여 용접하므로 2m/s 이상의 바람이 부는 옥외에서는 방풍장치가 필요하다.

정답 39. ①　40. ③　41. ④　42. ④　43. ④

44. 탄화물의 입계 석출로 인하여 입계 부식을 가장 잘 일으키는 스테인리스강은?

① 펄라이트계 ② 페라이트계
③ 마텐자이트계 ④ 오스테나이트계

해설 오스테나이트계(18-8 스테인리스강)는 입계 부식에 의한 입계 균열의 발생이 쉽다 (Cr_4C 탄화물이 원인).

45. 주철의 조직은 C와 Si의 양과 냉각 속도에 의해 좌우된다. 이들의 요소와 조직의 관계를 나타낸 것은?

① C.C.T 곡선 ② 탄소 당량도
③ 주철의 상태도 ④ 마우러 조직도

해설 마우러 조직도(Maurer's diagram) : C와 Si의 양 및 냉각 속도에 따라 주철의 조직 관계를 나타낸 것
※ 펄라이트(강력) 주철 : 기계 구조용 재료로서 가장 우수한 주철, C : 2.8~3.2%, Si : 1.0~1.8%

46. 용접 비드 부근이 특히 부식이 잘 되는 이유는 무엇인가?

① 과다한 탄소 함량 때문에
② 담금질 효과의 발생 때문에
③ 소려 효과의 발생 때문에
④ 잔류 응력의 증가 때문에

해설 잔류 응력의 증가에 의해 부식과 변형이 발생한다.

47. 다음 중 알루미늄 합금의 종류가 아닌 것은?

① 실루민
② Y 합금
③ 로엑스(Lo-Ex)
④ 인코넬(inconel)

해설 알루미늄 합금으로 Al-Cu계, Al-Si계(실루민, 로엑스), Al-Mg계(하이드로날륨), Y 합금 등이 있으며, 단련용 알루미늄 합금으로 두랄루민 등이 있다. 인코넬은 Ni에 Cr 13~21%와 Fe 6.5%를 함유한 강이다.

48. 마그네슘 합금이 구조 재료로서 갖는 특성에 해당하지 않는 것은?

① 비강도(강도/중량)가 작아서 항공우주용 재료로서 매우 유리하다.
② 기계 가공성이 좋고 아름다운 절삭면이 얻어진다.
③ 소성 가공성이 낮아서 상온 변형은 곤란하다.
④ 주조 시의 생산성이 좋다.

해설 ① 마그네슘은 알루미늄 합금용, 티탄 제련용, 구상 흑연 주철 첨가제, 건전지 음극 보호용으로 사용된다.

49. 용접 금속 조직의 특징에서 주상정(主狀晶)의 발달을 억제하는 방법으로 가장 적합하지 않은 것은?

① 용접 중에 초음파 진동을 적용하는 방법
② 용접 중에 공기 충격을 적용하는 방법
③ 용접 직후에 롤러 가공을 적용하는 방법
④ 용접 금속 내의 온도 구배를 현저하게 하는 방법

해설 용접 금속에서 표면의 빠른 냉각으로 중심부를 향하여 방사상으로 이루어진 결정을 주상정이라 하며, 보통 온도 구배가 커지면 내부 쪽으로 주상정이 커진다.

50. 다음 가공법 중 소성 가공이 아닌 것은?

① 선반 가공 ② 압연 가공
③ 단조 가공 ④ 인발 가공

해설 소성 가공에는 단조 가공, 압연 가공, 인발 가공, 프레스 가공이 있다.

정답 44. ④ 45. ④ 46. ④ 47. ④ 48. ① 49. ④ 50. ①

51. 다음 중 KS의 분류 기호와 관계가 없는 것은?

① A : 통칙   ② M : 화학
③ G : 일용품 ④ C : 금속

해설 KS의 분류 기호
A : 기본(통칙), B : 기계, C : 전기, D : 금속,
E : 광산, F : 토건, G : 일용품, H : 식료품,
K : 섬유, L : 요업, M : 화학, W : 항공

52. SS400으로 표시된 KS 재료 기호의 400은 어떤 의미인가?

① 재질 번호
② 재질 등급
③ 최저 인장강도
④ 탄소 함유량

해설 재료 표시 기호에서 SS는 일반 구조용 강이고, 400은 최저 인장강도 또는 항복점을 표시하는 기호이다.

53. 다음 그림에서 A 부분의 대각선으로 그린 "X"(가는 실선) 부분이 의미하는 것은?

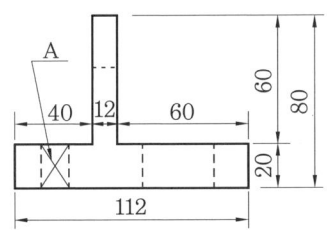

① 사각뿔   ② 평면
③ 원통면   ④ 대칭면

54. 다음 중 해칭선 부분에 사용되는 선은?

① 이점 쇄선   ② 일점 쇄선
③ 가는 실선   ④ 절단선

해설 해칭선은 가는 실선으로 절단면 등을 명시하기 위하여 사용하는 선이다.

55. 경사진 부분을 측면도나 평면도에 나타낼 때 실제 길이를 나타내기 힘들다. 이때 사용하는 투상도는?

① 보조 투상도
② 부분 투상도
③ 가상 투상도
④ 회전 투상도

해설 부분 투상도(partial view) : 물체의 일부분의 모양과 크기를 표시하여도 충분할 경우 필요 부분만을 투상도로 나타낸다.

56. 다음 중 가상 투상에 알맞지 않은 것은?

① 밑 부분
② 회전 단면
③ 보조 투상
④ 전개 투상

해설 가상 투상도 : 다음과 같은 경우에 사용하며 선은 보통 0.3mm 이하 일점 쇄선 또는 이점 쇄선으로 그린다.
㉠ 도시된 물체의 바로 앞쪽에 있는 부분을 나타내는 경우
㉡ 물체 일부의 모양을 다른 위치에 나타내는 경우
㉢ 가공 전 또는 가공 후의 모양을 나타내는 경우
㉣ 한 도면을 이용, 부분적으로 다른 종류의 물체를 나타내는 경우
㉤ 인접 부분 참고 및 한 부분의 단면도를 90° 회전하여 나타내는 경우
㉥ 이동하는 부분의 운동 범위를 나타내는 경우

57. 제시된 물체를 도형 생략법을 적용해서 나타내려고 한다. 다음 중 적용 방법이 옳은 것은? (단, 물체에 뚫린 구멍의 크기는 같고 간격은 6mm로 일정하다.)

정답 51. ④ 52. ③ 53. ④ 54. ③ 55. ② 56. ④ 57. ②

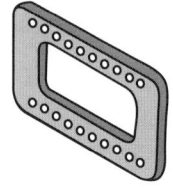
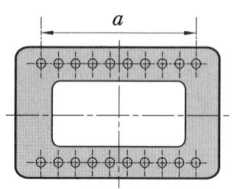

① 치수 a는 10×6(=60)으로 기입할 수 있다.
② 대칭 기호를 사용하여 도형을 1/2로 나타낼 수 있다.
③ 구멍은 반복 도형 생략법으로 나타낼 수 없다.
④ 구멍의 크기가 동일하더라도 각각의 치수를 모두 나타내어야 한다.

[해설] 구멍의 반복은 생략 가능하며, 치수 a는 구멍이 10개이므로 간격은 9가 되어 9×6으로 기입한다. 상하 대칭이므로 대칭 기호를 사용하여 1/2로 도시 가능하며, 같은 구멍의 치수는 첫 번째를 빼고 계산한다.

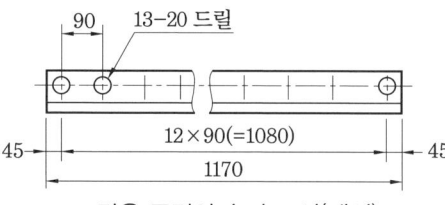

같은 구멍의 숫자 표시(예시)

58. 다음과 같은 입체도에서 화살표 방향이 정면일 때 정면도로 가장 적합한 것은?

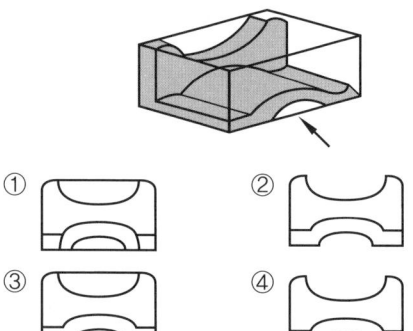

59. 개스킷, 박판, 형강 등과 같이 절단면의 두께가 얇은 경우 실제 치수와 관계없이 단면을 특정 선으로 표시할 수 있다. 이 선은 무엇인가?

① 3개의 가는 실선
② 굵은 1점 쇄선
③ 아주 굵은 실선
④ 가는 1점 쇄선

[해설] 얇은 물체인 개스킷, 박판, 형강의 경우에는 한 줄의 굵은 실선으로 단면을 도시한다.

60. 다음 중 밸브 표시 기호에 대한 명칭이 틀린 것은?

① ⋈ : 볼 밸브
② ⋈ : 앵글 밸브
③ ⋈ : 안전 밸브
④ ▷• : 버터플라이 밸브

[해설] ⋈ : 3방향 밸브
◁ : 앵글 밸브

정답 58. ② 59. ③ 60. ②

2024년 제1회 CBT 실전테스트

용 접 기 능 사

▶ 피복아크용접/가스텅스텐아크용접/이산화탄소가스아크용접기능사 공통

1. 용접 흄은 용접 시 열에 의해 증발된 물질이 냉각되어 생기는 미세한 소립자를 말한다. 다음 설명 중 잘못된 것은?
① 용접 흄은 고온의 아크 발생 열에 의해 용융 금속 증기가 주위에 확산됨으로써 발생된다.
② 피복 아크 용접에 있어서의 흄 발생량과 용접 전류의 관계는 전류나 전압, 용접봉 지름이 작을수록 발생량이 증가한다.
③ 피복제 종류에 따라 라임티타니아계에서는 낮고 라임알루미나이트계에서는 높다.
④ 그 외 발생량에 관해서는 용접 토치(홀더)의 경사각도가 크고 아크 길이가 길수록 흄 발생량도 증가한다.

해설 ② 피복 아크 용접에 있어서의 흄 발생량과 용접 전류의 관계는 전류나 전압, 용접봉 지름이 클수록 발생량이 증가한다.

2. 아크 에어 가우징을 할 때 압축공기의 압력은 몇 kgf/cm^2 정도의 압력이 가장 좋은가?
① 0.5~1   ② 3~4
③ 5~7   ④ 9~10

해설 아크 에어 가우징 시 아크 전압 35V, 전류 200~500A, 압축공기 $6~7 kg/cm^2$ ($4 kg/cm^2$ 이하로 떨어지면 용융 금속이 잘 불려 나가지 않는다)가 필요하다.

3. 피복 금속 아크 용접봉의 피복제가 연소한 후 생성된 물질이 용접부를 보존하는 방식이 아닌 것은?
① 가스 발생식   ② 슬래그 생성식
③ 스프레이 발생식 ④ 반가스 발생식

해설 용착 금속의 보호 형식
㉠ 가스 발생식 : 대표적으로 셀룰로오스가 있으며 전자세 용접이 용이하다.
㉡ 슬래그 생성식(무기물형) : 슬래그로 산화, 질화방지 및 탈산 작용을 한다.
㉢ 반가스 발생식 : 가스 발생식과 슬래그 생성식의 혼합 작용이다.

4. 가스 절단에서 팁(tip)의 백심 끝과 강판 사이의 간격으로 가장 적당한 것은?
① 0.1~0.3mm   ② 0.4~1.0mm
③ 1.5~2.0mm   ④ 4.0~5.0mm

해설 수동 가스 절단 시 백심과 모재 사이의 거리는 1.5~2.0mm 정도이다.

5. 용접 중 전류를 측정할 때 전류계의 측정 위치로 적합한 것은?
① 1차 측 접지선
② 1차 측 케이블
③ 2차 측 접지선
④ 2차 측 케이블

해설 용접 중에 용접 전류계를 사용하여 용접 전류를 측정하는 위치는 2차 측 케이블이다.

6. 가스 용접에 쓰이는 수소 가스에 관한 설명으로 틀린 것은?
① 부탄가스라고도 한다.
② 수중 절단의 연료 가스로도 사용된다.
③ 무색, 무미, 무취의 기체이다.
④ 공업적으로는 물의 전기분해에 의해서 제조한다.

정답 1.② 2.③ 3.③ 4.③ 5.④ 6.①

해설 수소의 성질
  ㉠ 수소(H_2)는 0℃, 1기압에서 1ℓ의 무게는 0.0899g으로 가장 가볍고, 확산 속도가 빠르다.
  ㉡ 무색, 무미, 무취로 불꽃은 육안으로 확인이 곤란하다.
  ㉢ 아세틸렌 다음으로 폭발성이 강한 가연성 가스이다.
  ㉣ 고온, 고압에서는 취성이 생길 수 있다.
  ㉤ 제조법으로는 물의 전기분해 및 코크스의 가스화법으로 제조한다.
  ㉥ 납땜이나 수중 절단용으로 사용한다.

7. 다음 표에서 직류 용접기의 정극성과 역극성에 관하여 바르게 나타낸 것은?

구분	극성	모재	용접봉
①	정극성	(+)	(+)
②	역극성	(+)	(−)
③	정극성	(−)	(−)
④	역극성	(−)	(+)

해설 극성은 직류(DC)에서만 존재하며, 종류는 직류 정극성(DCSP : Direct Current Straight Polarity)과 직류 역극성(DCRP : Direct Current Reverse Polarity)이 있다. 일반적으로 양극(+)에서 발열량이 70% 이상 나온다.
  ㉠ 정극성일 때 모재에 양극(+)을 연결하므로 모재 측에서 열 발생이 많아 용입이 깊고 좁게 되며, 음극(−)에 연결하는 용접봉은 천천히 녹는다.
  ㉡ 역극성일 때 모재에 음극(−)을 연결하므로 모재 측에서 열 발생이 적어 용입이 얕고 넓게 되며, 양극(+)에 연결하는 용접봉은 빨리 녹는다.

8. 수동 가스 절단기에서 저압식 절단 토치는 아세틸렌 가스 압력이 보통 몇 kgf/cm² 이하에서 사용되는가?
  ① 0.07 ② 0.40 ③ 0.70 ④ 1.40

해설 ㉠ 팁의 모양은 동심형(프랑스식)과 이심형(독일식)이 있으며, 동심형은 예열용 불꽃과 고압 산소가 같은 장소에서 분출되어 전후, 좌우 등의 직선 절단을 자유롭게 할 수 있다.
  ㉡ 토치의 압력에 따라 0.07 kgf/cm²일 때를 저압식, 0.07~0.4 kgf/cm²일 때를 중압식으로 분류한다.

9. 용접봉의 종류 중 고산화티탄계를 나타내는 것은?
  ① E 4301 ② E 4311 ③ E 4313 ④ E 4316

해설 ①은 일미나이트계, ②는 고셀룰로오스계, ③은 고산화티탄계, ④는 저수소계

10. 직류 아크 중 전압의 분포에서 음극 전압강하를 V_K, 양극 전압강하를 V_A, 아크 기둥의 전압강하를 V_P라 할 때 전체 아크 전압 V_a는?
  ① $V_a = V_K + V_A + V_P$
  ② $V_a = V_K - V_A + V_P$
  ③ $V_a = V_K - V_A - V_P$
  ④ $V_a = V_K + V_A \times V_P$

해설 전체 아크 전압은 음극 전압강하+양극 전압강하+아크 기둥의 전압강하의 합으로 구할 수 있다. 따라서 일반적으로 아크 길이가 커지면 아크 전압도 커진다.

11. 용접기 사용 시 주의할 점으로 틀린 것은?
  ① 용접기의 용량보다 과대한 용량으로도 사용할 수 있다.
  ② 용접기의 V단자와 U단자가 케이블과 확실하게 연결되어 있는 상태에서 사용한다.
  ③ 용접 중에 용접기의 전류 조절을 하지 않는다.

정답 7. ④ 8. ① 9. ③ 10. ① 11. ①

④ 용접기 위에나 밑에 재료 및 공구를 놓지 않는다.

해설 ① 용접기의 용량보다 과대한 용량으로 사용하지 않는다.

12. 현장에서 용접기 사용률이 40%일 때 10분을 기준으로 하여 아크가 몇 분 발생하는 것이 좋은가?

① 10분　② 6분　③ 4분　④ 2분

해설 ㉠ 용접 작업 시간은 휴식 시간과 용접기 사용 시 아크가 발생한 시간을 포함한다.

㉡ 사용률(%) = $\dfrac{\text{아크 시간}}{\text{아크 시간} + \text{휴식 시간}} \times 100$

㉢ 아크 시간
$= \dfrac{\text{사용률} \times (\text{아크 시간} + \text{휴식 시간})}{100}$
$= \dfrac{40 \times 10}{100} = 4분$

13. 교류 아크 용접기의 아크 안정을 확보하기 위하여 상용 주파수의 아크 전류 외에 고전압의 고주파 전류를 중첩시키는 부속 장치는?

① 전격 방지 장치　② 원격 제어 장치
③ 고주파 발생 장치　④ 저주파 발생 장치

해설 고주파 발생 장치 : 아크의 안정을 확보하기 위하여 상용 주파수의 아크 전류 외에 고전압 3000~4000V를 발생하여 용접 전류를 중첩시키는 방식

14. 다음 중 스카핑의 설명으로 맞는 것은?

① 가우징에 비해 너비가 좁은 홈을 가공한다.
② 가우징 토치에 비해 능력이 작다.
③ 작업방법은 스카핑 토치를 공작물의 표면과 직각으로 한다.
④ 강재 표면의 탈탄층 또는 홈을 제거하기 위해 사용한다.

해설 ㉠ 스카핑(scarfing) : 각종 강재의 표면에 균열, 주름, 탈탄층 또는 홈을 불꽃 가공에 의해서 제거하는 작업방법으로 토치는 가스 가우징에 비하여 능력이 크며 팁은 저속 다이버전트형으로서 수동형에는 대부분 원형 형태, 자동형에는 사각이나 사각형에 가까운 모양이 사용된다.

㉡ 가스 가우징(gas gauging) : 가스 절단과 비슷한 토치를 사용해서 강재의 표면에 둥근 홈을 파내는 작업으로 일반적으로 용접부 뒷면을 따내든지 U형, H형 용접 홈을 가공하기 위하여 깊은 홈을 파내든지 하는 가공법이다.

15. 다음 중 위빙 비드에 해당되지 않는 것은?

① 박판 용접 및 홈 용접의 이면 비드 형성 시 사용한다.
② 위빙 운봉 폭은 심선 지름의 2~3배로 한다.
③ 크레이터 발생과 언더컷 발생이 생길 염려가 있다.
④ 용접봉은 용접 진행 방향으로 70~80°, 좌우에 대하여 90°가 되게 한다.

해설 ① 박판 용접 및 홈 용접의 이면 비드 형성 시에는 일반적으로 직선 비드를 사용한다.

16. 다음 중 아크와 전기장의 관계로 맞지 않는 것은?

① 모재와 용접봉과의 거리가 가까워 전기장이 강할 때에는 자력선 아크가 유지된다.
② 모재와 용접봉과의 거리가 가까워 전기장이 강할 때에는 자력선 아크가 약해지고 아크가 꺼지게 된다.
③ 자력선은 전류가 흐르는 방향과 직각인 평면 위에 동심원 모양으로 발생한다.
④ 자장이 움직이면(변화하면) 전류가 발생한다.

정답 12. ③　13. ③　14. ④　15. ①　16. ②

해설 모재와 용접봉과의 거리가 가까워 전기장이 강할 때에는 자력선 아크가 유지되나 거리가 점점 멀어져 전기장(자력 또는 전기력)이 약해지면 아크가 꺼지게 된다.

17. 탄소가 0.3 % 이하를 함유하고 있는 연강을 용접할 때 틀린 것은?
① 일반적으로 용접성이 좋다.
② 노치 취성이 발생한 경우는 저수소계 용접봉을 사용한다.
③ 판 두께가 25 mm 이상 후판의 용접을 할 때도 예열 및 후열이 필요없다.
④ 판 두께가 25 mm 이상 후판의 용접을 할 때도 예열 및 후열이 필요하다.

해설 재료 자체에 설퍼 밴드(sulphur band)가 현저한 강을 용접할 경우나 후판($t \geq 25\,mm$)의 용접 시 균열을 일으킬 위험성이 있으므로 예열 및 후열이나 용접봉의 선택 등에 주의를 해야 한다.

18. 다음 중 공구용 재료로 구비해야 할 조건이 아닌 것은?
① 열처리가 용이할 것
② 내마모성이 클 것
③ 강인성이 있을 것
④ 상온 및 고온 경도가 낮을 것

해설 공구용 재료는 고온 경도, 내마모성, 강인성이 크고, 열처리가 쉬워야 된다.

19. 용접부의 형상에 따른 필릿 용접의 종류가 아닌 것은?
① 연속 필릿
② 단속 필릿
③ 경사 필릿
④ 단속 지그재그 필릿

해설 필릿 용접에서는 하중의 방향에 따라 용접선의 방향과 하중의 방향이 직교한 것을 전면 필릿 용접, 평행하게 작용하면 측면 필릿 용접, 경사져 있는 것을 경사 필릿 용접이라 한다.

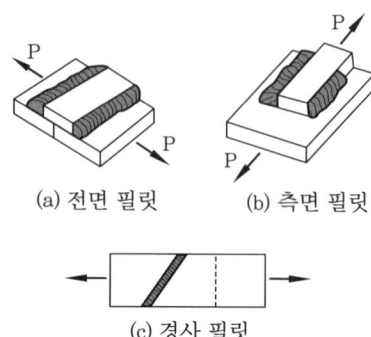

(a) 전면 필릿   (b) 측면 필릿
(c) 경사 필릿

20. 비중이 4.5 정도이며 스테인리스강보다도 우수한 내식성 때문에 600 ℃까지 고온 산화가 거의 없는 비철 금속은?
① 티탄
② 아연
③ 크롬
④ 마그네슘

해설 티탄(Ti) : 비중 4.5, 용융점 1800 ℃, 인장강도 $50\,kg/mm^2$이며, 점성강도가 크고 내식성, 내열성이 우수하다. 입자 사이의 부식에 대한 저항을 증가시켜 탄화물을 만들기 쉽고 결정입자를 미세화시킨다.

21. 스테인리스강은 900 ~ 1100 ℃의 고온에서 급랭할 때의 현미경 조직에 따라서 3종류로 크게 나눌 수 있는데, 다음 중 해당되지 않는 것은?
① 마텐자이트계 스테인리스강
② 페라이트계 스테인리스강
③ 오스테나이트계 스테인리스강
④ 트루스타이트계 스테인리스강

해설 13Cr 스테인리스강은 마텐자이트계, 페라이트계, 18-8 스테인리스강은 오스테나이트계의 종류로 나누어진다.

정답 17. ③   18. ④   19. ③   20. ①   21. ④

22. 황동의 합금명에서 6.4 황동을 나타내는 것은?

① 레드 브라스(red brass)
② 문츠 메탈(muntz metal)
③ 로우 브라스(low brass)
④ 톰백(tombac)

해설 문츠 메탈(muntz metal)은 Cu 60 : Zn 40의 성분으로 값이 싸고 내식성이 다소 낮다. 탈아연 부식을 일으키기 쉬우나 강력하기 때문에 기계 부품용으로 많이 쓰인다(볼트, 너트, 파이프, 밸브, 자동차 부품, 일반 판금용 재료 등).

23. 구리의 용접이 철강의 용접에 비하여 어려운 점에 대한 설명 중 틀린 것은?

① 열전도율이 높고 냉각 효과가 크다.
② 구리 중에 산화구리 부분이 순수한 구리에 비하여 용융점이 약간 낮아 균열이 발생하기 쉽다.
③ 환원성 분위기 속에서 용접하면 산화구리가 환원되어 좋은 용접부를 만들 수 있다.
④ 구리는 용융될 때 심한 산화를 일으키며, 가스를 흡습하여 기공을 만든다.

해설 가스 용접, 그 밖의 용접 방법으로 환원성 분위기에서 용접을 하면 산화구리는 환원될 가능성이 커지며, 이때 스패터가 감소하여 스펀지 모양의 구리가 되므로 더욱 강도를 약화시킨다.

24. 다음 중 고주파 경화법의 특징 설명으로 틀린 것은?

① 급열이나 급랭으로 인하여 재료가 변형되는 경우가 많다.
② 마텐자이트 생성에 의한 체적 변화 때문에 내부 응력이 발생한다.
③ 가열 시간이 짧으므로 산화 및 탈탄의 염려가 많다.
④ 경화층이 이탈되거나 담금질 균열이 생기기 쉽다.

해설 고주파 경화법 : 고주파 열로 표면을 열처리하는 방법으로 경화 시간이 짧고 산화, 탈탄이 일어나지 않는다. 고주파 경화법은 가열 후 수랭을 하고, 특히 이동 가열에서는 분수 냉각법이 사용된다. 복잡한 형상의 소재도 쉽게 적용할 수 있고, 소요 시간이 짧아 많이 사용되고 있다.

25. 다음 중 조직에 따른 구상 흑연 주철의 분류가 아닌 것은?

① 페라이트형
② 펄라이트형
③ 오스테나이트형
④ 시멘타이트형

해설 구상 흑연 주철(노듈러 주철, 덕타일(연성) 주철, 강인 주철)
㉠ 용융 상태에서 Mg, Ce, Mg−Cu 등을 첨가하여 흑연을 편상에서 구상화로 석출시킨다.
㉡ 인장강도는 $50 \sim 70\,kg/mm^2$(주조 상태), 풀림 상태에서는 $45 \sim 55\,kg/mm^2$이다. 연신율은 $12 \sim 20\,\%$ 정도로 강과 비슷하다.
㉢ 조직은 시멘타이트형(Mg 첨가량이 많고 C, Si가 적으며 냉각 속도가 빠를 때), 펄라이트형(시멘타이트와 펄라이트의 중간), 페라이트형(Mg 첨가량이 적당하고 C 및 특히 Si가 많으며, 냉각 속도가 느릴 때)이 만들어진다.

26. 경금속 중 순수한 알루미늄의 비중은?

① 1.74
② 2.70
③ 7.81
④ 8.89

해설 알루미늄은 면심입방격자이며, 비중 2.7, 용융점 660℃, 전기 및 열의 양도체이다.

정답 22. ② 23. ③ 24. ③ 25. ③ 26. ②

27. 강을 A_3 또는 Acm선보다 30~50℃ 높은 온도로 가열하고 일정 시간 유지하면 균일한 오스테나이트 조직으로 되며, 정지된 공기 중에서 냉각하면 미세하고 균일한 표준화된 조직을 얻을 수 있는 열처리는?

① 담금질(quenching) ② 뜨임(tempering)
③ 불림(normalizing) ④ 풀림(annealing)

[해설] 불림(normalizing) : 강을 A_3 또는 Acm 변태점 이상인 30~50℃의 온도로 가열하고 공기 중에서 서랭하여 표준화 조직을 얻는 방법이다.

28. 다음 중 주강의 설명으로 틀린 것은?

① 주철로서는 강도가 부족한 부분에 사용된다.
② 철도 차량, 조선, 기계 및 광산 구조용 재료로 사용된다.
③ 주강 제품에는 기포나 기공이 적당히 있어야 한다.
④ 탄소 함유량에 따라 저탄소 주강, 중탄소 주강, 고탄소 주강으로 구분한다.

[해설] 주강
㉠ 용융한 탄소강 또는 합금강을 주조 방법에 의해 만든 제품을 주강품 또는 강주물이라 하며 그 재질을 주강(cast steel)이라 한다.
㉡ 주철에 비하여 기계적 성질이 우수하고, 용접에 의한 보수가 용이하며, 단조품이나 압연품에 비하여 방향성이 없는 것이 큰 특징이다.
㉢ 0.20% C 이하인 저탄소 주조강, 0.20~0.50% C인 중탄소 주강, 0.5% C 이상인 고탄소 주강으로 구분한다.

29. 테르밋 용접에서 미세한 알루미늄 분말과 산화철 분말의 중량비로 가장 옳은 것은?

① 1~2 : 1   ② 3~4 : 1
③ 5~6 : 1   ④ 7~8 : 1

[해설] 테르밋 용접은 테르밋 반응에 의한 화학 반응열을 이용하여 용접한다. 테르밋제는 산화철 분말(FeO, Fe_2O_3, Fe_3O_4)을 약 3~4, 알루미늄 분말을 1로 혼합한다(2800℃의 열이 발생).

30. 피복 금속 아크 용접에서 용접 전류가 낮을 때 발생하는 것은?

① 오버랩 ② 기공 ③ 균열 ④ 언더컷

[해설] 오버랩의 원인
㉠ 용접 전류가 너무 낮을 때
㉡ 용접봉의 선택이 불량일 때
㉢ 용접 속도가 너무 느릴 때
㉣ 용접봉의 유지 각도가 불량일 때

31. 다음 중 불활성 가스의 종류에 해당되지 않는 것은?

① 아르곤(Ar)   ② 헬륨(He)
③ 네온(Ne)   ④ 염소(Cl_2)

[해설] 불활성 가스는 18족의 가스로 다른 기체와 반응하지 않으므로 비활성 가스라고도 한다. 그 가스의 종류로는 헬륨(He), 네온(Ne), 아르곤(Ar), 크립톤(Kr), 크세논(Xe), 라돈(Rn) 등이 있다.

32. 맞대기 용접 이음에서 모재의 인장강도는 $45 kgf/mm^2$이며, 용접 시험편의 인장강도가 $47 kgf/mm^2$일 때 이음 효율은 약 몇 %인가?

① 104   ② 96   ③ 60   ④ 69

[해설] 이음 효율
$$= \frac{용접\ 시험편의\ 인장강도}{모재의\ 인장강도} \times 100$$
$$= \frac{47}{45} \times 100 ≒ 104\%$$

정답 27. ③ 28. ③ 29. ② 30. ① 31. ④ 32. ①

33. 가스 용접에서 전진법과 비교한 후진법의 설명으로 맞는 것은?

① 열 이용률이 나쁘다.
② 용접 속도가 느리다.
③ 용접 변형이 크다.
④ 두꺼운 판의 용접에 적합하다.

해설 전진법과 후진법의 비교

항목	전진법	후진법
열 이용률	나쁘다	좋다
비드 모양	보기 좋다	매끈하지 못하다
홈 각도	크다(80°)	작다(60°)
산화의 정도	심하다	약하다
용접 속도	느리다	빠르다
용접 변형	크다	작다
용접 모재의 두께	얇다 (5mm까지)	두껍다
용착 금속의 냉각도	급랭	서랭
용착 금속의 조직	거칠다	미세하다

34. 전기저항 용접의 특징에 대한 설명으로 옳지 않은 것은?

① 산화 및 변질 부분이 적다.
② 다른 금속 간의 접합이 쉽다.
③ 용제나 용접봉이 필요 없다.
④ 접합 강도가 비교적 크다.

해설 전기저항 용접은 용접물에 전류가 흐를 때 발생되는 저항열로 접합부가 가열되었을 때 가압하여 접합하는 방법으로서 다른 금속 간의 접합이 어렵다.

35. 산소 용기에 표시된 기호 "TP"가 나타내는 뜻으로 옳은 것은?

① 용기의 내용적
② 용기의 내압 시험 압력
③ 용기의 중량
④ 용기의 최고 충전 압력

해설 V : 내용적, W : 용기 중량, TP : 내압 시험 압력, FP : 최고 충전 압력

36. 용접 변형을 적게 하기 위한 방법으로 틀린 것은?

① 전공급 열량을 가능한 적게 할 것
② 용접 속도를 느리게 할 것
③ 열량이 한군데 집중하지 않도록 할 것
④ 처짐 변형의 방지에 주의할 것

해설 용접 입열은 용접 속도에 반비례하고 전류, 전압에 비례한다. 용접 속도가 느리면 용접 입열도 커지므로 용접 변형이 커질 수 있다.

37. 유독가스에 의한 중독 및 산소결핍 재해 예방대책으로 틀린 것은?

① 밀폐장소에서는 유독가스 및 산소농도를 측정 후 작업한다.
② 유독가스 체류농도를 측정 후 안전을 확인한다.
③ 산소농도를 측정하여 16% 이상에서만 작업한다.
④ 급기 및 배기용 팬을 가동하면서 작업한다.

해설 ③ 산소농도를 측정하여 18% 이상에서만 작업한다.

38. 배기후드의 구조 중 틀린 것은?

① 배기후드는 일반적으로는 상방 흡인형으로 가열원의 위에 설치한다.
② 배기후드는 일자형과 삿갓형으로 분류되며 일자형은 중앙인 경우, 삿갓형은 벽체에 가까운 경우에 사용한다.

정답 33. ④ 34. ② 35. ② 36. ② 37. ③ 38. ②

③ 덕트는 우리 몸의 혈관이 피가 통하는 길의 역할을 하는 것처럼 후드에서 포집된 증기분을 이송시키는 통로 역할을 한다.
④ 배기팬은 배기후드 및 덕트 내의 가열 증기분을 각종 압력손실을 극복하고 원활하게 밖으로 배출시키기 위한 동력원을 제공하는 장치이다.

[해설] ② 배기후드는 일자형과 삿갓형으로 분류되며 일자형은 벽체에 가까운 경우, 삿갓형은 설치할 곳이 중앙인 경우 사용한다.

39. 연납땜 중 내열성 땜납으로 주로 구리, 황동용에 사용되는 것은?

① 인동납
② 황동납
③ 납-은납
④ 은납

[해설] 인동납, 황동납, 은납 등은 경납의 종류이며, 연납 중 구리 및 황동에는 납-은납이 사용된다.

40. 두꺼운 판의 양면 용접을 할 수 없는 경우에 가공하는 방법으로 한쪽 용접에 의해 충분한 용입을 얻을 수 있지만 홈 가공이 다소 어려운 것이 단점인 홈 형상으로 가장 적합한 것은?

① I형
② V형
③ U형
④ J형

[해설] 용접 홈 형상의 종류
㉠ 한면 홈 이음 : I형, V형, ∨형(베벨형), U형, J형
㉡ 한쪽 방향에서는 V형 또는 U형이 완전한 용입을 얻을 수 있다.
㉢ 양면 홈 이음 : 양면 I형, X형, K형, H형, 양면 J형
㉣ 홈 형상의 판 두께

홈 형상	I형	V, ∨, J형	X, K, 양면 J형	U형	H형
판 두께	6mm 이하	6~19 mm	12mm 이상	16~50mm	50mm 이상

41. 전기 용접의 안전 작업에 위배되는 사항은?

① 용접 작업 중 용접봉은 절대로 맨손으로 취급하지 않는다.
② 물에 젖었거나 습기찬 작업복은 착용하지 않는다.
③ 규정된 안전 보호구를 반드시 착용한다.
④ 용접중 용접기 내부의 수리는 작업자가 수시로 한다.

[해설] ④ 용접기 수리는 전문가에게 의뢰하여야 하며 작업자가 수시로 해서는 안 된다.

42. CO_2 가스 아크 용접에서 솔리드 와이어에 비교한 복합 와이어의 특징을 설명한 것으로 틀린 것은?

① 양호한 용착 금속을 얻을 수 있다.
② 스패터가 많다.
③ 아크가 안정된다.
④ 비드 외관이 깨끗하며 아름답다.

[해설] • 솔리드 와이어
㉠ 단락 이행 방법으로 박판 용접이나 전자세 용접에서부터 고전류에 의한 후판 용접까지 가장 널리 사용된다.
㉡ 스패터가 많다.
㉢ 아르곤 가스를 혼합하면 스패터가 감소하여 작업성 등 용접 품질이 향상된다.
• 복합 와이어 : 좋은 비드를 얻을 수 있으나 전자세 용접을 할 수 없고, 용착 속도나 용착 효율 등에서는 솔리드 와이어에 뒤지며 슬래그 섞임이 발생할 수 있다.

정답 39. ③ 40. ③ 41. ④ 42. ②

43. 다음 중 강도가 가장 높고 피로 한도, 내열성, 내식성이 우수하여 베어링, 고급 스프링의 재료로 이용되는 것은?

① 쿠니얼 브론즈 ② 콜슨 합금
③ 베릴륨 청동 ④ 인 청동

해설 베릴륨(Be) 청동은 구리＋베릴륨 2～3%의 합금으로 뜨임 시효, 경화성이 있고 내식, 내열, 내피로성이 우수하여 베어링이나 고급 스프링에 사용된다.

44. 용접 결함의 보수 용접에 관한 사항 중 옳지 않은 것은?

① 기공이나 슬래그 섞임은 깎아내고 재용접한다.
② 균열 부분은 균열 양단에 드릴로 정지 구멍을 뚫고 규정의 홈으로 다듬질하여 재용접한다.
③ 언더컷일 경우에는 가는 용접봉을 사용하여 보수한다.
④ 오버랩은 굵은 용접봉을 사용하여 덧붙이 용접을 한다.

해설 결함의 보수 방법
㉠ 기공 또는 슬래그 섞임이 있을 때는 그 부분을 깎아내고 재용접한다.
㉡ 언더컷 : 가는 용접봉을 사용하여 보수 용접한다.
㉢ 오버랩 : 용접 금속 일부분을 깎아내고 재용접한다.
㉣ 균열 : 균열 끝에 정지 구멍을 뚫고, 균열부를 깎아 낸 후 홈을 만들어 재용접한다.

45. 용접부의 중앙으로부터 양 끝을 향해 대칭적으로 용접해 나가는 용착법은?

① 전진법 ② 스킵법
③ 대칭법 ④ 후진법

해설 대칭법 : 용접 전 길이에 대하여 중심에서 좌, 우로 또는 용접물 형상에 따라 좌우 대칭으로 용접하여 변형과 수축 응력을 경감한다.

46. 서브머지드 아크 용접에서 용제의 구비 조건에 대한 설명으로 틀린 것은?

① 적당한 입도를 갖고 아크 보호성이 우수할 것
② 적당한 합금 성분으로 탈황, 탈산 등의 정련 작용을 할 것
③ 아크 발생을 안정시켜 안정된 용접을 할 수 있을 것
④ 용접 후 슬래그(slag)의 박리가 어려울 것

해설 용접 후 슬래그가 잘 떨어져야 하므로 일반적으로 용제에는 슬래그의 박리성을 좋게 하는 성분이 들어 있다.

47. 산업안전보건법 시행 규칙상 안전·보건 표지의 색채 중 금지를 나타내는 색채는?

① 빨강 ② 녹색 ③ 파랑 ④ 흰색

해설 안전·보건표지의 색채 중 금지를 나타내는 색채는 빨간색이다.

48. 용접부의 시험법 중 기계적 시험법이 아닌 것은?

① 굽힘 시험 ② 경도 시험
③ 인장 시험 ④ 부식 시험

해설 부식 시험은 화학적 시험법이다.

49. 다음 중 일반 화재에 속하지 않는 것은?

① 목재 ② 종이 ③ 금속 ④ 섬유

해설 화재의 종류
㉠ A급(일반 화재) : 목재, 종이, 섬유 등이 연소한 후 재를 남기는 화재로 물을 사용하여 소화

정답 43. ③ 44. ④ 45. ③ 46. ④ 47. ① 48. ④ 49. ③

ⓒ B급(유류 화재) : 석유, 프로판 가스 등과 같이 연소한 후 아무것도 남기지 않는 화재로 이산화탄소, 소화 분말 등을 뿌려 소화
ⓒ C급(전기 화재) : 전기 기계 등에 의한 화재로 이산화탄소, 증발성 액체, 소화 분말 등을 뿌려 소화
ⓔ D급(금속 화재) : 마그네슘과 같은 금속에 의한 화재로 건조사(마른 모래)를 뿌려 소화

50. 불활성 가스 아크 용접이 사용되는 곳으로 적합하지 않은 것은?
① 주철 용접
② 스테인리스강 용접
③ 알루미늄 용접
④ 동 용접

[해설] 불활성 가스 아크 용접은 일반적으로 스테인리스강, 알루미늄, 동 용접에 적합하다.

51. 배관 제도 밸브 도시 기호에서 밸브가 닫힌 상태를 도시한 것은?

① 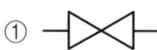 ②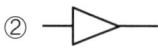
③ 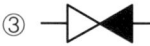 ④

[해설] 밸브 및 콕이 닫혀 있는 경우에는 그림 기호를 까맣게 칠하거나 닫혀 있다는 것을 표시하는 문자 "폐", "C" 등을 첨가하여 표시한다.

52. 그림과 같은 입체도에서 화살표 방향이 정면일 경우 평면도로 가장 적당한 것은?

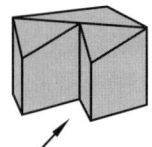

① 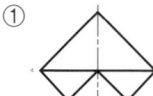 ②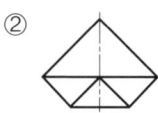
③ 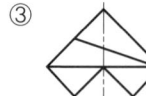 ④

53. 두께가 t, 길이가 l인 그림과 같은 단면 형상의 등변 형강의 표시 방법으로 가장 적합한 것은?

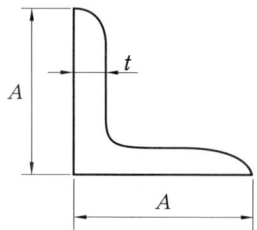

① $l-Lt \times A \times A$
② $LA \times A \times t-l$
③ $A \times A \times t-l$
④ $IA \times A \times t-l$

[해설] 평강 또는 형강의 치수 표시는 (모양 너비×너비×두께-길이)로 표시한다.

54. 용접 보조 기호 중 "제거 가능한 이면 판재 사용" 기호는?

① ⌐MR⌐
② ───
③ ⌣
④ ⌐M⌐

[해설] ②는 동일 평면으로 다듬질 함, ③은 토우를 매끄럽게 함, ④는 영구적인 이면 판재(backing strip)를 사용함

정답 50. ① 51. ④ 52. ① 53. ② 54. ①

55. 도면의 표제란에 척도로 표시된 NS는 무엇을 뜻하는가?

① 축척
② 비례척이 아님
③ 배척
④ 모든 척도가 1 : 1임

[해설] NS는 Not to Scale로 비례척을 따르지 않음을 뜻한다.

56. 화살표 방향이 정면일 때, 그림과 같은 좌우 대칭인 입체도의 좌측면도로 가장 적합한 것은?

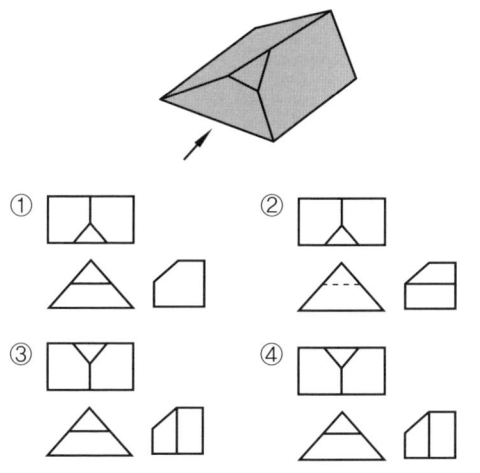

57. KS 기계 제도 선의 종류에서 가는 2점 쇄선으로 나타내는 선의 용도에 해당하는 것은?

① 가상선   ② 치수선
③ 해칭선   ④ 지시선

[해설] 치수선, 해칭선, 지시선은 가는 실선으로 나타낸다.

58. 다음 [보기]와 같이 도시된 용접부 형상을 표시한 KS 용접 기호의 명칭으로 옳은 것은?

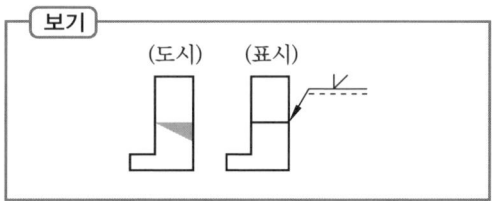

① 일면 개선형 맞대기 용접
② V형 맞대기 용접
③ 플랜지형 맞대기 용접
④ J형 이음 맞대기 용접

[해설] 문제에 도시된 용접부 형상은 일면 용접 홈을 베벨형으로 개선한 용접을 나타낸다.

59. KS 기계 제도에서 치수 기입의 원칙에 대한 설명으로 옳은 것은?

① 길이의 치수는 원칙적으로 밀리미터(mm)로 하고, 단위 기호로 밀리미터(mm)를 기재하여야 한다.
② 각도의 치수는 일반적으로 라디안(rad)으로 하고, 필요한 경우에는 분 및 초를 병용한다.
③ 치수에 사용하는 문자는 KS A 0107에 따르고, 자릿수가 많은 경우 세 자리마다 숫자 사이에 콤마를 붙인다.
④ 치수는 해당되는 형체를 가장 명확하게 보여 줄 수 있는 주투상도나 단면도에 기입한다.

[해설] 치수 기입의 원칙
㉠ 도면에 길이의 크기와 자세 및 위치를 명확하게 표시하며, 길이 단위 mm는 도면에 기입하지 않는다. 각도의 단위로는 도(°), 분('), 초(")를 사용한다.
㉡ 가능한 주투상도(정면도)에 기입한다.
㉢ 치수의 중복 기입을 피한다.
㉣ 치수 숫자는 자릿수를 표시하는 콤마 등을 사용하지 않는다.

[정답] 55. ② 56. ④ 57. ① 58. ① 59. ④

ⓜ 치수는 계산할 필요가 없도록 기입한다.
ⓗ 관련된 치수는 한 곳에 모아서 기입한다.
ⓢ 참고 치수는 치수 수치에 괄호를 붙인다.
ⓞ 비례척에 따르지 않을 때의 치수 기입은 치수 숫자 밑에 굵은 선을 그어 표시하거나 NS(Not to Scale)를 기입한다.
ⓩ 외형 치수의 전체 길이 치수는 반드시 기입한다.

60. 모서리나 중심축에 평행선을 그어 전개하는 방법으로 주로 각기둥이나 원기둥을 전개하는데 가장 적합한 전개도법의 종류는?

① 삼각형을 이용한 전개도법
② 평행선을 이용한 전개도법
③ 방사선을 이용한 전개도법
④ 사다리꼴을 이용한 전개도법

해설 평행선 전개도법은 모서리나 직선 면소에 직각 방향으로 전개하는 방법으로서 각기둥이나 원기둥의 전개에 많이 이용된다.

정답 60. ②

2024년 제2회 CBT 실전테스트

▶ 피복아크용접/가스텅스텐아크용접/이산화탄소가스아크용접기능사 공통

1. 용접 전류 120A, 용접 전압 12V, 용접 속도가 분당 18cm일 경우에 용접부의 입열량(J/cm)은?

① 3500 ② 4000 ③ 4800 ④ 5100

해설 용접 입열량 $H = \dfrac{60EI}{V}$

$= \dfrac{60 \times 12 \times 120}{18} = 4800 \, \text{J/cm}$

여기서, H : 용접 입열(J/cm), E : 아크 전압(V), I : 아크 전류(A), V : 용접 속도(cm/min)

2. 직류 정극성에 대한 설명으로 올바르지 못한 것은?

① 모재를 (+)극에, 용접봉을 (−)극에 연결한다.
② 용접봉의 용융이 느리다.
③ 모재의 용입이 깊다.
④ 용접 비드의 폭이 넓다.

해설 ㉠ 직류 역극성(DCRP) 사용 시는 용접기의 음극(−)에 모재를, 양극(+)에 토치를 연결하는 방식으로 비드의 폭이 넓고 용입이 얕으며 주로 박판이나 주철 용접에 사용된다.
㉡ 직류 정극성(DCSP) 사용 시는 용접기의 양극(+)에 모재를, 음극(−)에 토치를 연결하는 방식으로 비드의 폭이 좁고 용입이 깊은 용접부를 얻으나 청정 효과가 없으며 후판 용접에 사용된다.

3. 다음 중 가스 용접봉을 선택하는 공식으로 옳은 것은?

① $D = \dfrac{T}{2} + 1$ ② $D = \dfrac{T}{2} + 2$

③ $D = \dfrac{T}{2} - 2$ ④ $D = \dfrac{T}{2} - 1$

해설 용접봉의 지름 $D = \dfrac{T}{2} + 1$

여기서, D : 용접봉의 지름(mm)
T : 판 두께(mm)

4. 2차 무부하 전압이 80V, 아크 전류가 200A, 아크 전압이 30V, 내부 손실이 3kW일 때 역률(%)은?

① 48.00% ② 56.25%
③ 60.00% ④ 66.67%

해설 역률 $= \dfrac{\text{소비전력(kW)}}{\text{전원입력(kVA)}} \times 100$

$= \dfrac{(\text{아크 전압} \times \text{아크 전류}) + \text{내부 손실}}{(2\text{차 무부하 전압} \times \text{아크 전류})} \times 100$

$= \dfrac{(30 \times 200) + 3000}{80 \times 200} \times 100 = 56.25\%$

5. 저항 용접에 의한 압접에서 전류 20A, 전기저항 30Ω, 통전 시간 10s일 때 발열량은 약 몇 cal인가?

① 14400 ② 24400 ③ 28800 ④ 48800

해설 발열량 $H = 0.238 I^2 R t$

$= 0.238 \times 20^2 \times 30 \times 10$

$\fallingdotseq 0.24 \times 20^2 \times 30 \times 10 = 28800 \, \text{cal}$

여기서, H : 열량(cal), I : 전류(A),
R : 저항(Ω), t : 시간(s)

6. 이음부의 겹침을 판 두께 정도로 하고 겹쳐진 폭 전체를 가압하여 심 용접을 하는 방법은?

정답 1. ③ 2. ④ 3. ① 4. ② 5. ③ 6. ①

① 매시 심 용접(mash seam welding)
② 포일 심 용접(foil seam welding)
③ 맞대기 심 용접(butt seam welding)
④ 인터랙트 심 용접(interact seam welding)

[해설] 심 용접은 매시 심, 포일 심, 맞대기 심 등이 있으며, 문제의 설명은 매시 심 용접의 설명이다.

7. 프로젝션(projection) 용접의 단면 치수는 무엇으로 하는가?
① 너깃의 지름
② 구멍의 바닥 치수
③ 다리 길이 치수
④ 루트 간격

[해설] 점 용접이나 프로젝션 용접의 단면 치수는 너깃의 지름으로 표시한다.

8. 200V용 아크 용접기의 1차 입력이 30kVA일 때 퓨즈의 용량은 몇 A가 가장 적당한가?
① 60A   ② 100A   ③ 150A   ④ 200A

[해설] 퓨즈의 용량 = $\dfrac{\text{용접기 입력(1차 입력)}}{\text{전원 전압}}$

$= \dfrac{30000}{200} = 150\,A$

9. 가스 절단 시 산소 : 프로판 가스의 혼합 비율로 적당한 것은?
① 2.0 : 1
② 4.5 : 1
③ 3.0 : 1
④ 3.5 : 1

[해설] 프로판 가스가 필요로 하는 산소의 양은 4.5배이다.

10. 교류 아크 용접기의 아크 안정을 확보하기 위하여 상용 주파수의 아크 전류 외에 고전압의 고주파 전류를 중첩시키는 부속 장치는?

① 전격 방지 장치
② 원격 제어 장치
③ 고주파 발생 장치
④ 저주파 발생 장치

[해설] 고주파 발생 장치 : 아크의 안정을 확보하기 위하여 상용 주파수의 아크 전류 외에 고전압 3000~4000V를 발생하여 용접 전류를 중첩시키는 방식

11. 아크 용접 시, 감전 방지에 관한 내용 중 틀린 것은?
① 비가 내리는 날이나 습도가 높은 날에는 특히 감전에 주의를 하여야 한다.
② 전격 방지 장치는 매일 점검하지 않으면 안 된다.
③ 홀더의 절연 상태가 충분하면 전격 방지 장치는 필요 없다.
④ 용접기의 내부에 함부로 손을 대지 않는다.

[해설] 홀더의 절연 상태는 안전 홀더인 A형을 사용하며, 전격 방지 장치는 감전의 위험으로부터 작업자를 보호하기 위하여 2차 무부하 전압을 20~25V로 유지하기 위한 장치이다.

12. 용접 작업 중 정전이 되었을 때, 취해야 할 가장 적절한 조치는?
① 전기가 오기만을 기다린다.
② 홀더를 놓고 송전을 기다린다.
③ 홀더에서 용접봉을 빼고 송전을 기다린다.
④ 전원을 끊고 송전을 기다린다.

[해설] 용접 작업 중 정전이 되었다면 모든 전원 스위치를 내려 전원을 끊고 다시 전기가 송전될 때까지 기다린다.

13. 용접 흄(fume)에 대하여 서술한 것 중 올바른 것은?

[정답] 7. ① 8. ③ 9. ② 10. ③ 11. ③ 12. ④ 13. ②

① 용접 흄은 인체에 영향이 없으므로 아무리 마셔도 괜찮다.
② 실내 용접 작업에서는 환기설비가 필요하다.
③ 용접봉의 종류와 무관하며 전혀 위험은 없다.
④ 용접 흄은 입자상 물질이며, 가제 마스크로 충분히 차단할 수가 있으므로 인체에 해가 없다.

해설 용접 흄에는 인체에 해로운 각종 가스가 있어 실내 용접 작업을 할 때에는 환기설비를 필요로 한다.

14. 탱크 등 밀폐 용기 속에서 용접 작업을 할 때 주의사항으로 적합하지 않은 것은?

① 환기에 주의한다.
② 감시원을 배치하여 사고의 발생에 대처한다.
③ 유해가스 및 폭발가스의 발생을 확인한다.
④ 위험하므로 혼자서 용접하도록 한다.

해설 탱크 및 밀폐 용기 속에서 용접 작업을 할 때는 반드시 감시인 1인 이상을 배치시켜서 안전사고의 예방과 사고 발생 시 즉시 사고에 대한 조치를 하도록 한다.

15. 필릿 용접의 이음 강도를 계산할 때, 각장이 10mm라면 목 두께는?

① 약 3mm
② 약 7mm
③ 약 11mm
④ 약 15mm

해설 필릿 용접 시 이론상 목 두께는 길이의 70%로 계산한다.
∴ $10\,mm \times 0.7 = 7\,mm$

16. 용착 금속의 인장강도를 구하는 식으로 옳은 것은?

① 인장강도 = $\dfrac{인장하중}{시험편의 단면적}$

② 인장강도 = $\dfrac{시험편의 단면적}{인장하중}$

③ 인장강도 = $\dfrac{표점거리}{연신율}$

④ 인장강도 = $\dfrac{연신율}{표점거리}$

해설 용접부에 작용하는 하중은 '용착 금속의 인장강도×판 두께×목 두께'로 구하며, 단위 면적당 작용하는 하중을 인장강도 또는 최대 극한강도라고 한다.

17. 연강의 맞대기 용접 이음에서 용착 금속의 인장강도가 40 kgf/mm², 안전율이 8이면, 이음의 허용응력은?

① 5 kgf/mm²
② 8 kgf/mm²
③ 40 kgf/mm²
④ 48 kgf/mm²

해설 허용응력 = $\dfrac{인장강도}{안전율} = \dfrac{40}{8} = 5\,kgf/mm^2$

18. 필릿 용접 이음부의 강도를 계산할 때 기준으로 삼아야 하는 것은?

① 루트 간격
② 각장 길이
③ 목의 두께
④ 용입 깊이

해설 용접 설계에서 필릿 용접의 단면에 내접하는 이등변 삼각형의 루트부터 빗변까지의 수직 거리를 이론 목 두께라 하며 보통 설계할 때에 사용되고, 용입을 고려한 루트부터 표면까지의 최단 거리를 실제 목 두께라 하며 이음부의 강도를 계산할 때 기준으로 한다.

19. 용접 지그(welding jig)에 대한 설명 중 틀린 것은?

① 용접물을 용접하기 쉬운 상태로 놓기 위한 것이다.
② 용접 제품의 치수를 정확하게 하기 위해 변형을 억제하는 것이다.
③ 작업을 용이하게 하고 용접 능률을 높이기 위한 것이다.

④ 잔류 응력을 제거하기 위한 것이다.

해설 용접 지그 사용 시 장점
㉠ 아래보기 자세로 용접을 할 수 있다.
㉡ 용접 조립의 단순화 및 자동화가 가능하고 제품의 정밀도가 향상된다.
㉢ 동일 제품을 대량 생산할 수 있고 용접 능률을 높인다.

20. 잔류 응력 경감법 중 용접선의 양측을 가스 불꽃에 의해 약 150 mm에 걸쳐 150~200℃로 가열한 후에 즉시 수랭함으로써 용접선 방향의 인장응력을 완화시키는 방법은?

① 국부 응력 제거법
② 저온 응력 완화법
③ 기계적 응력 완화법
④ 노내 응력 제거법

해설 저온 응력 완화법 : 용접선의 양측을 일정한 속도로 이동하는 가스 불꽃에 의하여 폭 약 150 mm를 150~200℃로 가열 후 수랭하는 방법으로 용접선 방향의 인장응력을 완화시키는 방법이다.

21. 용접부의 내부 결함 중 용착 금속의 파단면에 고기 눈 모양의 은백색 파단면을 나타내는 것은?

① 피트(pit)
② 은점(fish eye)
③ 슬래그 섞임(slag inclusion)
④ 선상 조직(ice flower structure)

해설 용착 금속의 파단면에 고기 눈 모양의 결함은 수소가 원인으로 은점과 헤어 크랙, 기공 등의 결함이 있다.

22. 가용접에 대한 설명으로 잘못된 것은?

① 가용접은 2층 용접을 말한다.
② 본 용접봉보다 가는 용접봉을 사용한다.
③ 루트 간격을 소정의 치수가 되도록 유의한다.
④ 본 용접과 비등한 기량을 가진 용접공이 작업한다.

해설 가접
㉠ 가용접은 용접 결과의 좋고 나쁨에 직접적인 영향을 준다.
㉡ 가용접은 본용접의 작업 전에 좌우의 홈 부분을 잠정적으로 고정하기 위한 짧은 용접이다.
㉢ 균열, 기공, 슬래그 잠입 등의 결함을 수반하기 쉬우므로 본용접을 실시할 홈 안에 가접하는 것은 바람직하지 못하며, 만일 불가피하게 홈 안에 가접하였을 경우 본용접 전에 갈아 내는 것이 좋다.
㉣ 본용접을 하는 용접사와 비등한 기량을 가진 용접사에 의해 실시되어야 한다.
㉤ 가접에는 본용접보다 지름이 약간 가는 봉을 사용하는 것이 좋다.

23. 용접부의 검사법 중 비파괴 검사(시험)법에 해당되지 않는 것은?

① 외관 검사
② 침투 검사
③ 화학 시험
④ 방사선 투과 시험

해설 화학 시험은 파괴 시험으로 부식 시험을 한다.

24. 용접에 사용되지 않는 열원은?

① 기계적 에너지
② 전기 에너지
③ 위치 에너지
④ 화학적 에너지

해설 에너지원에 따른 용접 공정 분류에서 에너지원은 전기, 화학적, 기계적 에너지 등이 있다.

25. 용접 결함의 종류 중 구조상 결함에 속하지 않는 것은?

정답 20. ② 21. ② 22. ① 23. ③ 24. ③ 25. ④

① 슬래그 섞임 ② 기공
③ 융합 불량 ④ 변형

해설 용접의 결함 종류
㉠ 치수상 결함 : 변형, 치수 및 형상 불량
㉡ 구조상 결함 : 기공, 슬래그 섞임, 언더컷, 균열, 용입 불량 등
㉢ 성질상 결함 : 인장강도의 부족, 연성의 부족, 화학 성분의 부적당 등

26. 방사선 투과 검사에 대한 설명 중 틀린 것은?
① 내부 결함 검출이 용이하다.
② 라미네이션(lamination) 검출도 쉽게 할 수 있다.
③ 미세한 표면 균열은 검출되지 않는다.
④ 현상이나 필름을 판독해야 한다.

해설 라미네이션은 모재의 재질 결함으로서 강괴일 때 기포가 압연되어 생기는 결함으로 설퍼 밴드와 같이 층상으로 편재해 있어 강재의 내부적 노치를 형성하므로 방사선 투과 시험에서는 검출이 되지 않는다.

27. 피복 용접봉으로 작업 시 용융된 금속이 피복제의 연소에서 발생된 가스가 폭발되어 뿜어낸 미세한 용적이 모재로 이행되는 형식은?
① 단락형 ② 글로뷸러형
③ 스프레이형 ④ 핀치효과형

해설 스프레이형은 피복제의 일부가 가스화하여 가스를 뿜어냄으로써 미세한 용적이 스프레이와 같이 날려 모재에 옮겨가 용착되는 이행 형식이다.

28. 석회석($CaCO_3$) 등이 염기성 탄산염을 주성분으로 하고 용착 금속 중에 수소 함유량이 다른 종류의 피복 아크 용접봉에 비교하여 약 1/10 정도로 현저하게 적은 용접봉은?
① E 4303 ② E 4311
③ E 4316 ④ E 4324

해설 ①은 라임티타니아계, ②는 고셀룰로오스계, ③은 저수소계, ④는 철분산화티탄계이다.

29. 피복 아크 용접봉의 편심도는 몇 % 이내이어야 용접 결과를 좋게 할 수 있겠는가?
① 3% ② 5% ③ 10% ④ 13%

해설 피복 아크 용접봉의 편심율은 3% 이내이어야 한다.

30. 아크 용접부에 기공이 발생하는 원인과 가장 관련이 없는 것은?
① 이음 강도 설계가 부적당할 때
② 용착부가 급랭될 때
③ 용접봉에 습기가 많을 때
④ 아크 길이, 전류값 등이 부적당할 때

해설 피복 아크 용접부에 기공이 발생하는 원인은 ②, ③, ④ 외에 ㉠ 용접 분위기 가운데 수소 또는 일산화탄소의 과잉 ㉡ 과대 전류의 사용 ㉢ 용접 속도가 빠를 때 ㉣ 강재에 부착되어 있는 기름, 페인트, 녹 등이 있을 때이다.

31. 가스 용접 및 가스 절단에 사용되는 가연성 가스에 요구되는 성질 중 틀린 것은?
① 불꽃의 온도가 높을 것
② 발열량이 클 것
③ 연소 속도가 느릴 것
④ 용융 금속과 화학 반응을 일으키지 않을 것

해설 가연성 가스는 불꽃의 온도가 높고, 발열량이 크고 연소 속도가 빠르며, 용융 금속과 화학 반응을 일으키지 않아야 한다.

정답 26. ② 27. ③ 28. ③ 29. ① 30. ① 31. ③

32. 아세틸렌 가스는 각종 액체에 잘 용해가 된다. 다음 중 액체에 대한 용해량이 잘못 표기된 것은?

① 석유 – 2배 ② 벤젠 – 6배
③ 아세톤 – 25배 ④ 물 – 1.1배

해설 아세틸렌 가스는 각종 액체에 잘 용해되며 물은 같은 양, 석유 2배, 벤젠 4배, 알코올 6배, 아세톤 25배가 용해되며, 용해량은 온도를 낮추고 압력이 증가됨에 따라 증가하나 염분을 함유한 물에는 잘 용해가 되지 않는다.

33. 용해 아세틸렌 가스를 충전하였을 때 용기 전체의 무게가 34 kgf이고 사용 후 빈 병의 무게가 31 kgf이면 15℃, 1기압하에서 충전된 아세틸렌 가스의 양은 약 몇 L인가?

① 465L ② 1054L
③ 1581L ④ 2715L

해설 아세틸렌 가스의 양
= 905 × (병 전체의 무게 – 빈 병의 무게)
= 905 × (34 – 31) = 2715L

34. 산소 – 아세틸렌 가스 용접에 사용하는 아세틸렌용 호스의 색은?

① 청색 ② 흑색 ③ 적색 ④ 녹색

해설 가스 용접에 사용하는 호스의 색으로 아세틸렌은 적색, 산소는 녹색(일본은 흑색)을 사용한다.

35. 다음 중 산소 – 아세틸렌 가스 절단이 쉽게 이루어질 수 있는 것은?

① 판 두께 300mm의 강재
② 판 두께 15mm의 주철
③ 판 두께 10mm의 10% 이상 크롬(Cr)을 포함한 스테인리스강
④ 판 두께 25mm의 알루미늄(Al)

해설 주철은 용융점이 연소 온도 및 슬래그의 용융점보다 낮고, 또 주철 중에 흑연은 철의 연속적인 연소를 방해하며 스테인리스강의 경우에는 절단 중 생기는 산화물이 모재보다도 고용융점의 내화물로 산소와 모재와의 반응을 방해하여 절단이 저해된다.

36. 두께가 12.7mm인 강판을 가스 절단하려 할 때 표준 드래그의 길이는 2.4mm이다. 이때 드래그는 몇 %인가?

① 18.9 ② 32.1
③ 42.9 ④ 52.4

해설 표준 드래그는 판 두께의 20%(1/5)로서
$\dfrac{2.4}{12.7} \times 100 ≒ 18.9\%$ 이다.

37. 분말 절단법 중 플럭스(flux) 절단에 주로 사용되는 재료는?

① 스테인리스 강판
② 알루미늄 탱크
③ 저합금 강판
④ 강판

해설 분말 절단법 중 플럭스(용제) 절단은 스테인리스강의 절단을 주목적으로 하며, 내산화성인 탄산소다, 중탄산소다를 주성분으로 하는 분말을 직접 절단 산소에 삽입하여 산소가 허실되는 것을 방지하며 분출 모양이 정확해 절단면이 깨끗하다.

38. 플라스마 제트 절단에 대한 설명 중 틀린 것은?

① 아크 플라스마의 냉각에는 일반적으로 아르곤과 수소의 혼합 가스가 사용된다.
② 아크 플라스마는 주위의 가스 기류로 인하여 강제적으로 냉각되어 플라스마 제트를 발생시킨다.

정답 32. ② 33. ④ 34. ③ 35. ① 36. ① 37. ① 38. ③

③ 적당량의 수소 첨가 시 열적 핀치 효과를 촉진하고 분출 속도를 저하시킬 수 있다.
④ 아크 플라스마의 냉각에는 절단 재료의 종류에 따라 질소나 공기도 사용한다.

해설 적당량의 수소 첨가 시 열적 핀치 효과를 촉진하고 분출 속도를 향상시킬 수 있다.

39. TIG 용접으로 Al을 용접할 때, 가장 적합한 용접 전원은?

① DCSP   ② DCRP   ③ ACHF   ④ AC

해설 불활성 가스 텅스텐 아크 용접에서 Al을 용접할 때에는 표면에 존재하는 산화알루미늄(산화알루미늄 용융 온도는 2050℃, 알루미늄 용융 온도는 660℃)을 역극성으로 제거하기 위해 교류 전원 중 고주파 전류를 병용하며 초기 아크 발생이 쉽고 텅스텐 전극의 오손이 적다.

40. 서브머지드 아크 용접에 대한 설명 중 틀린 것은?

① 용접선이 복잡한 곡선이나 길이가 짧으면 비능률적이다.
② 용접부가 보이지 않으므로 용접 상태의 좋고 나쁨을 확인할 수 없다.
③ 일반적으로 후판의 용접에 사용되므로 루트 간격이 0.8mm 이하이면 오버랩(overlap)이 많이 생긴다.
④ 용접 홈의 가공은 수동 용접에 비하여 그 정밀도가 좋아야 한다.

해설 루트 간격이 0.8mm보다 넓을 때는 처음부터 용락을 방지하기 위하여 수동 용접에 의해 누설 방지 비드를 만들거나 이면 받침을 사용해야 한다.

41. 강재 표면의 홈이나 개재물, 탈탄층 등을 제거하기 위해 얇고 타원형 모양으로 표면을 깎아내는 가공법은?

① 가스 가우징(gas gouging)
② 너깃(nugget)
③ 스카핑(scarfing)
④ 아크 에어 가우징(arc air gouging)

해설 스카핑(scarfing) : 각종 강재의 표면에 균열, 주름, 탈탄층 또는 홈을 불꽃 가공에 의해서 제거하는 작업방법으로 토치는 가스 가우징에 비하여 능력이 크며 팁은 저속 다이버전트형으로서 수동형에는 대부분 원형 형태, 자동형에는 사각이나 사각형에 가까운 모양이 사용된다.

42. 일반적으로 철강을 크게 순철, 강, 주철로 구별할 때 기준이 되는 함유 원소는?

① Si   ② Mn   ③ P   ④ C

43. 현재 주조 경질 절삭 공구의 대표적인 것은?

① 비디아   ② 세라믹
③ 스텔라이트   ④ 텅갈로이

해설 대표적인 주조 경질 합금은 스텔라이트(stellite)이며, Co 40~55%-Cr 25~35%-W 4~25%-C 1~3%로 Co가 주성분이다.

44. 스테인리스강은 900~1100℃의 고온에서 급랭할 때의 현미경 조직에 따라서 3종류로 크게 나눌 수 있는데, 다음 중 해당되지 않는 것은?

① 마텐자이트계 스테인리스강
② 페라이트계 스테인리스강
③ 오스테나이트계 스테인리스강
④ 트루스타이트계 스테인리스강

해설 13Cr 스테인리스강은 마텐자이트계, 페라이트계, 18-8 스테인리스강은 오스테나이트계의 종류로 나누어진다.

정답 39. ③   40. ③   41. ③   42. ④   43. ③   44. ④

45. 저용융점 합금이란 어떤 원소보다 용융점이 낮은 것을 말하는가?

① Zn   ② Cu   ③ Sn   ④ Pb

해설 저용융점 합금은 Sn보다 융점이 낮은 금속으로 퓨즈, 활자, 안전장치, 정밀 모형 등에 사용된다. Pb, Sn, Co의 두 가지 이상의 공정 합금으로 3원 합금과 4원 합금이 있고 우드메탈, 리포위쯔 합금, 뉴톤 합금, 로우즈 합금, 비스무트 땜납 등이 있다.

46. 가단 주철이란 다음 중 어떤 것을 말하는가?

① 백주철을 고온에서 오랫동안 풀림 열처리 한 것
② 칠드 주철을 열처리 한 것
③ 반경 주철을 열처리 한 것
④ 펄라이트 주철을 고온에서 오랫동안 뜨임 열처리 한 것

해설 가단 주철 : 백주철을 풀림 처리하여 탈탄과 Fe_3C의 흑연화에 의해 연성(또는 가단성)을 가지게 한 주철(연신율 5~14%)로 종류는 백심 가단 주철(WMC : white-heart malleable cast iron), 흑심 가단 주철(BMC : black-heart malleable cast iron), 펄라이트 가단 주철(PMC : pearlite malleable cast iron) 등이다.

47. 다음 중 경금속에 해당되지 않는 것으로만 되어 있는 것은?

① Al, Be, Na
② Si, Ca, Ba
③ Mg, Ti, Li
④ Mo, Mn, Ni

해설 ㉠ 경금속(비중) : Li(0.53), K(0.86), Ca(1.55), Mg(1.74), Si(2.23), Al(2.7), Ti(4.5) 등

㉡ 중금속(비중) : Cr(7.09), Zn(7.13), Mn(7.4), Fe(7.87), Ni(8.85), Co(8.9), Cu(8.96), Mo(10.2), Pb(11.34), Ir(22.5) 등

48. 황동에 1% 내외의 주석을 첨가하였을 때 나타나는 현상으로서 가장 적합한 사항은?

① 탈산 작용에 의하여 부스러지기 쉽게 되며, 주조성을 증가시킨다.
② 탈아연의 부식이 억제되며 내해수성이 좋아진다.
③ 전연성을 증가시키며 결정입자를 조대화시킨다.
④ 강도와 경도가 감소하여 절삭성이 좋아 진다.

해설 황동에 1% 내외의 주석을 첨가 시 6 : 4 황동(네이벌 황동)으로 내식성 증가, 탈아연 방지, 스프링용, 선박 기계용 등으로 사용된다.

49. 강을 표준 상태로 하기 위하여 가공 조직의 균일화, 결정립의 미세화, 기계적 성질의 향상을 목적으로 소재를 A_3나 Acm보다 30~50℃ 정도 높은 온도로 가열한 후 공랭하는 열처리 방법은?

① 불림   ② 심랭
③ 담금질   ④ 뜨임

해설 불림 : 강을 A_3 또는 Acm 변태점 이상인 30~50℃의 온도로 가열하고 공기 중에서 서랭하여 표준화 조직을 얻는 방법이다.

50. Al에 10%까지 Mg를 함유한 합금은?

① 라우탈   ② 콜슨 합금
③ 하이드로날륨   ④ 실루민

해설 하이드로날륨(hydronalium) : Al-Mg계 합금으로 내식성, 강도가 좋으며, 온도에 따른 변화가 적고 용접성도 좋다.

정답 45. ③   46. ①   47. ④   48. ②   49. ①   50. ③

51. 대상물에 감마선(γ), 엑스선(X선)을 투과시켜 필름에 나타나는 상으로 결함을 판별하는 비파괴 검사법은?

① 초음파 탐상 검사
② 침투 탐상 검사
③ 와류 탐상 검사
④ 방사선 투과 검사

52. 그림과 같은 용접 도시 기호에 의하여 용접할 경우에 대한 설명으로 틀린 것은?

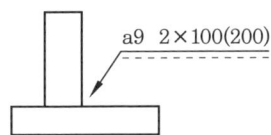

① 화살표 쪽에 필릿 용접한다.
② 목 두께는 9mm이다.
③ 용접부의 개수는 2개이다.
④ 용접부의 길이는 200mm이다.

[해설] 문제의 도시 기호가 실선에 있으므로 화살표 쪽 필릿 용접, 목 두께 9mm, 용접 개수 2개, 용접부의 길이 100mm, 간격이 200mm이다.

53. 도면의 긴 쪽 길이를 가로 방향으로 한 X형 용지에서 표제란의 위치로 가장 적당한 것은?

① 오른쪽 중앙   ② 왼쪽 위
③ 오른쪽 아래   ④ 왼쪽 아래

[해설] 도면의 폭이 넓은 쪽을 길이 방향으로 사용하는 것을 표준으로 하며, 표제란은 오른쪽 아래에 만든다.

54. 그림과 같은 KS 용접 보조 기호의 명칭으로 가장 적합한 것은?

① 필릿 용접 끝단부를 2번 오목하게 다듬질
② K형 맞대기 용접 끝단부를 2번 오목하게 다듬질
③ K형 맞대기 용접 끝단부를 매끄럽게 다듬질
④ 필릿 용접 끝단부를 매끄럽게 다듬질

[해설] 필릿 용접 끝단부를 매끄럽게 다듬질하라는 보조 기호이다.

55. KS 규격(제3각법)에서 용접 기호의 해석으로 옳은 것은?

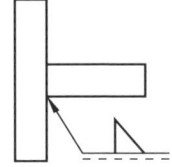

① 화살표 반대쪽 맞대기 용접이다.
② 화살표 쪽 맞대기 용접이다.
③ 화살표 쪽 필릿 용접이다.
④ 화살표 반대쪽 필릿 용접이다.

[해설] 용접부가 이음의 화살표 쪽에 있을 때에는 기호를 실선 쪽의 기준선에 기입하고, 이음의 반대쪽에 있을 때에는 기호를 파선 쪽에 기입하며, 문제의 기호는 필릿 용접이다.

56. 도면용으로 사용하는 A2 용지의 크기로 맞는 것은? (단, 길이 단위는 mm이다.)

① 841×1189
② 594×841
③ 420×594
④ 270×420

[해설] 도면용으로 사용하는 A2 용지의 크기는 420×594이다.

57. 도면에 2가지 이상의 선을 같은 장소에 겹쳐 나타내야 할 경우 우선순위가 가장 높은 것은?

① 숨은선 ② 외형선
③ 절단선 ④ 중심선

[해설] 도면에서 두 종류 이상의 선이 같은 장소에서 중복될 경우에는 외형선, 숨은선, 절단선, 중심선, 무게중심선, 치수 보조선의 순서로 우선순위를 정하여 그린다.

58. 전개도법의 종류 중 주로 각기둥이나 원기둥의 전개에 가장 많이 이용되는 방법은?

① 삼각형을 이용한 전개도법
② 방사선을 이용한 전개도법
③ 평행선을 이용한 전개도법
④ 사각형을 이용한 전개도법

[해설] 평행선 전개도법은 모서리 직선 면소에 직각 방향으로 전개하는 방법으로서 각기둥이나 원기둥의 전개에 많이 이용된다.

59. 배관 도시 기호 중 글로브 밸브인 것은?

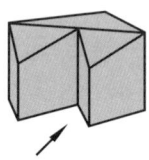

60. 그림과 같은 입체도에서 화살표 방향이 정면일 경우 평면도로 가장 적당한 것은?

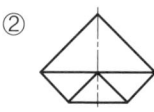

정답 57. ②   58. ③   59. ①   60. ①

2025년 제1회 CBT 실전테스트

▶ 피복아크용접/가스텅스텐아크용접/이산화탄소가스아크용접기능사 공통

1. 아세틸렌, 수소 등의 가연성 가스와 산소를 혼합 연소시켜 그 연소열을 이용하여 용접하는 것은?

① 탄산가스 아크 용접
② 가스 용접
③ 불활성 가스 아크 용접
④ 서브머지드 아크 용접

해설 가연성 가스(아세틸렌, 수소, 공기, 프로판 등)와 조연성 가스인 산소를 혼합 연소시켜 그 연소열을 이용하는 용접을 가스 용접이라 한다.

2. 직류 정극성에 대한 설명으로 올바르지 못한 것은?

① 모재를 (+)극에, 용접봉을 (−)극에 연결한다.
② 용접봉의 용융이 느리다.
③ 모재의 용입이 깊다.
④ 용접 비드의 폭이 넓다.

해설 ㉠ 직류 역극성(DCRP) 사용 시는 용접기의 음극(−)에 모재를, 양극(+)에 토치를 연결하는 방식으로 비드의 폭이 넓고 용입이 얕으며 주로 박판이나 주철 용접에 사용된다.
㉡ 직류 정극성(DCSP) 사용 시는 용접기의 양극(+)에 모재를, 음극(−)에 토치를 연결하는 방식으로 비드의 폭이 좁고 용입이 깊은 용접부를 얻으나 청정 효과가 없으며 후판 용접에 사용된다.

3. 다음 중 귀마개를 착용하고 작업하면 안 되는 작업자는?

① 조선소의 용접 및 취부 작업자
② 자동차 조립공장의 조립 작업자
③ 강재 하역장의 크레인 신호자
④ 판금 작업장의 타출 판금 작업자

해설 방음 보호구는 소음으로부터 청력을 보호하기 위한 것으로 소음이 많은 작업장에서 사용한다.

4. 직류 및 교류 아크 용접에서 용입의 깊이를 바른 순서로 나타낸 것은?

① 직류 정극성>교류>직류 역극성
② 직류 역극성>교류>직류 정극성
③ 직류 정극성>직류 역극성>교류
④ 직류 역극성>직류 정극성>교류

해설 ㉠ 직류 역극성(DCRP) 사용 시는 용접기의 음극(−)에 모재를, 양극(+)에 토치를 연결하는 방식으로 비드의 폭이 넓고 용입이 얕으며 주로 박판이나 주철 용접에 사용된다.
㉡ 직류 정극성(DCSP) 사용 시는 용접기의 양극(+)에 모재를, 음극(−)에 토치를 연결하는 방식으로 비드의 폭이 좁고 용입이 깊은 용접부를 얻으나 청정 효과가 없으며 후판 용접에 사용된다.

5. 전기시설 취급 요령 중 옳지 않은 것은?

① 배전반, 분전반 설치는 반드시 200 V로만 설치한다.
② 방수형 철제로 제작하고 시건 장치를 설치한다.
③ 교통 또는 보행에 지장이 없는 장소에 고정한다.
④ 위험 표지판을 부착한다.

정답 1. ② 2. ④ 3. ③ 4. ① 5. ①

해설 배전반, 분전반 설치는 200 V, 380 V 등으로 구분한다.

6. TIG 용접에서 보호 가스 제어 장치에 대한 설명으로 틀린 것은?

① 전극과 용융지를 보호하는 역할을 한다.
② 초기 아크 발생 시와 마지막 크레이터 처리 시 보호 가스의 공급이 불충분하여도 전극봉과 용융지가 산화 및 오염될 가능성이 없다.
③ 용접 아크 발생 전 초기 보호 가스를 수 초간 미리 공급하여 대기와 차단하는 역할을 한다.
④ 용접 종료 후에도 후류 가스를 수 초간 공급함으로써 전극봉의 냉각과 크레이터 부위를 대기와 차단시켜 전극봉 및 크레이터 부위의 오염 및 산화를 방지하는 역할을 한다.

해설 초기 아크 발생 시와 마지막 크레이터 처리 시 보호 가스의 공급이 불충분하면 전극봉과 용융지가 산화 및 오염이 되므로 용접 아크 발생 전 초기 보호 가스를 수 초간 미리 공급하여 대기와 차단하는 역할을 한다.

7. 피복 금속 아크 용접봉의 전류 밀도는 통상적으로 $1\,mm^2$ 단면적에 약 몇 A의 전류가 적당한가?

① 10~13 ② 15~20
③ 20~25 ④ 25~30

해설 용접 전류는 일반적으로 심선의 단면적 $1\,mm^2$에 대하여 10~13 A 정도로 한다.

8. 수동 가스 절단기에서 저압식 절단 토치는 아세틸렌 가스 압력이 보통 몇 kgf/cm^2 이하에서 사용되는가?

① 0.07 ② 0.40 ③ 0.70 ④ 1.40

해설 ㉠ 팁의 모양은 동심형(프랑스식)과 이심형(독일식)이 있으며, 동심형은 예열용 불꽃과 고압 산소가 같은 장소에서 분출되어 전후, 좌우 등의 직선 절단을 자유롭게 할 수 있다.
㉡ 토치의 압력에 따라 $0.07\,kgf/cm^2$일 때를 저압식, $0.07~0.4\,kgf/cm^2$일 때를 중압식으로 분류한다.

9. 다음 중 용접 금속에 기공을 형성하는 가스에 대한 설명으로 틀린 것은?

① 응고 온도에서의 액체와 고체의 용해도 차에 의한 가스 방출
② 용접 금속 중에서의 화학 반응에 의한 가스 방출
③ 아크 분위기에서의 기체의 물리적 혼입
④ 용접 중 가스 압력의 부적당

해설 용접 금속에서 기공을 형성하는 가스는 액체와 고체의 용해도 차이에 의해 또는 공기(산소, 질소 등) 중이거나 아크 분위기, 용융 풀에서 다른 가스와 결합, 화학 반응을 일으켜 기공을 형성한다.

10. 다음 중 CO_2 가스 아크 용접의 장점으로 틀린 것은?

① 용착 금속의 기계적 성질이 우수하다.
② 슬래그 혼입이 없고, 용접 후 처리가 간단하다.
③ 전류 밀도가 높아 용입이 깊고, 용접 속도가 빠르다.
④ 풍속 2 m/s 이상의 바람에도 영향을 받지 않는다.

해설 일반적인 CO_2 가스 아크 용접에서는 바람의 영향을 크게 받으므로 풍속 2 m/s 이상이면 방풍장치가 필요하다.

11. 다음 중 텅스텐 아크 절단이 곤란한 금속은?

① 경합금 ② 동합금

정답 6. ② 7. ① 8. ① 9. ④ 10. ④ 11. ④

③ 비철 금속　　　④ 비금속

해설 TIG 절단에 사용되는 금속은 알루미늄, 마그네슘, 구리와 구리 합금, 스테인리스강 등이다. 금속 재료의 절단에만 이용되며 플라스마 제트와 같이 아크를 냉각하고, 열적 핀치 효과에 의하여 고온, 고속 절단을 한다.

12. 다음 중 절단 작업과 관계가 가장 적은 것은?

① 산소창 절단　　② 아크 에어 가우징
③ 크레이터　　　　④ 분말 절단

해설 절단 작업은 가스 절단, 탄소 아크 절단, 금속 아크 절단, 산소 아크 절단, 불활성 가스 아크 절단, 플라스마 절단, 아크 에어 가우징 등이 있으며, 크레이터는 비드의 끝 부분에 오목하게 들어간 곳을 말한다.

13. 서브머지드 아크 용접에 관한 설명으로 틀린 것은?

① 용제에 의한 야금 작용으로 용접 금속의 품질을 양호하게 할 수 있다.
② 용접 중에 대기와의 차폐가 확실하여 대기 중의 산소, 질소 등의 해를 받는 일이 적다.
③ 용제의 단열 작용으로 용입을 크게 할 수 있고, 높은 전류 밀도로 용접할 수 있다.
④ 특수한 장치를 사용하지 않더라도 전자세 용접이 가능하며, 이음 가공의 정도가 엄격하다.

해설 서브머지드 아크 용접은 대부분 아래보기 자세 용접이며, 특수한 장치를 사용하지 않으면 전자세 용접이 어렵다.

14. 탱크 등 밀폐 용기 속에서 용접 작업을 할 때 주의사항으로 적합하지 않은 것은?

① 환기에 주의한다.
② 감시원을 배치하여 사고의 발생에 대처한다.
③ 유해가스 및 폭발가스의 발생을 확인한다.
④ 위험하므로 혼자서 용접하도록 한다.

해설 탱크 및 밀폐 용기 속에서 용접 작업을 할 때는 반드시 감시인 1인 이상을 배치시켜서 안전사고의 예방과 사고 발생 시 즉시 사고에 대한 조치를 하도록 한다.

15. 용접 자동화의 장점을 설명한 것으로 틀린 것은?

① 생산성 증가 및 품질을 향상시킨다.
② 용접 조건에 따른 공정을 늘릴 수 있다.
③ 일정한 전류값을 유지할 수 있다.
④ 용접 와이어의 손실을 줄일 수 있다.

해설 용접 자동화의 장점으로 용접 조건에 따른 공정 수를 줄일 수 있다.

16. 가스 절단면의 표준 드래그의 길이는 얼마 정도로 하는가?

① 판 두께의 $\frac{1}{2}$　　② 판 두께의 $\frac{1}{3}$
③ 판 두께의 $\frac{1}{5}$　　④ 판 두께의 $\frac{1}{7}$

해설 가스 절단면의 표준 드래그의 길이는 판 두께의 20% 정도로 한다.

17. 연강판 두께 4.4mm의 모재를 가스 용접할 때 가장 적당한 가스 용접봉의 지름은 몇 mm인가?

① 1.0　　② 1.6
③ 2.0　　④ 3.2

해설 용접봉의 지름
$$D = \frac{T}{2} + 1 = \frac{4.4}{2} + 1 = 3.2\,\text{mm}$$
여기서, D : 용접봉의 지름(mm)
　　　　T : 판 두께(mm)

정답 12. ③　13. ④　14. ④　15. ②　16. ③　17. ④

18. 가스 용접봉의 조건이 아닌 것은?
① 모재와 같은 재질일 것
② 불순물이 포함되어 있지 않을 것
③ 용융 온도가 모재보다 낮을 것
④ 기계적 성질에 나쁜 영향을 주지 않을 것

해설 가스 용접봉은 모재와 같은 재질이므로 용융 온도가 같아야 한다.

19. 특수 주강을 제조하기 위하여 첨가하는 금속으로 맞는 것은?
① Ni, Zn, Mo, Cu
② Si, Mn, Co, Cu
③ Ni, Si, Mo, Cu
④ Ni, Mn, Mo, Cr

해설 특수 주강은 강도를 필요로 할 때 또는 내식, 내열, 내마모성 등을 요구하는 경우 Ni, Mn, Mo, Cr 등을 첨가한다. 종류는 Ni 주강, Ni-Cr 주강, Mn 주강, Cr 주강 등이다.

20. 비중이 4.5 정도이며 스테인리스강보다도 우수한 내식성 때문에 600℃까지 고온 산화가 거의 없는 비철 금속은?
① 티탄
② 아연
③ 크롬
④ 마그네슘

해설 티탄(Ti) : 비중 4.5, 용융점 1800℃, 인장강도 $50\,kg/mm^2$이며, 점성강도가 크고 내식성, 내열성이 우수하다. 입자 사이의 부식에 대한 저항을 증가시켜 탄화물을 만들기 쉽고 결정입자를 미세화시킨다.

21. 용접 자세를 나타내는 기호가 틀리게 짝지어진 것은?
① 위보기 자세 : O
② 수직 자세 : V
③ 아래보기 자세 : U
④ 수평 자세 : H

해설 아래보기 자세의 기호는 F이다.

22. 위빙 비드에 해당되지 않는 것은?
① 위빙 운봉 폭은 심선 지름의 2~3배로 한다.
② 박판 용접 및 홈 용접의 이면 비드 형성 시 사용한다.
③ 크레이터 발생과 언더컷 발생이 생길 염려가 있다.
④ 용접봉은 용접 진행 방향으로 70~80°, 좌우에 대하여 90°가 되게 한다.

해설 박판 용접 및 홈 용접의 이면 비드 형성 시 일반적으로 직선 비드를 사용한다.

23. 다음 중 불변강의 종류가 아닌 것은?
① 인바
② 스텔라이트
③ 엘린바
④ 퍼멀로이

해설 불변강은 인바, 초인바, 엘린바, 코엘린바, 퍼멀로이, 플래티나이트가 있으며, 스텔라이트는 주조 경질 합금이다.

24. 다음 중 주로 입계 부식에 의해서 손상을 입는 것은?
① 황동
② 18-8 스테인리스강
③ 청동
④ 다이스강

해설 18-8 스테인리스강은 입계 부식에 의한 입계 균열의 발생이 쉽다(Cr_4C 탄화물이 원인).

25. 2개의 모재에 압력을 가해 접촉시킨 다음 접촉면에 압력을 주면서 상대 운동을 시켜 접촉면에서 발생하는 열을 이용하는 용접법은?
① 가스 압접
② 냉간 압접
③ 마찰 용접
④ 열간 압접

해설 마찰 용접은 용접하고자 하는 모재를 맞대어 접합면의 고속회전에 의해 발생된 마찰열을 이용하여 압접하는 방법이다.

정답 18. ③ 19. ④ 20. ① 21. ③ 22. ② 23. ② 24. ② 25. ③

26. 방사선 투과 검사에 대한 설명 중 틀린 것은?

① 내부 결함 검출이 용이하다.
② 라미네이션(lamination) 검출도 쉽게 할 수 있다.
③ 미세한 표면 균열은 검출되지 않는다.
④ 현상이나 필름을 판독해야 한다.

해설 라미네이션은 모재의 재질 결함으로서 강괴일 때 기포가 압연되어 생기는 결함으로 설퍼 밴드와 같이 층상으로 편재해 있어 강재의 내부적 노치를 형성하므로 방사선 투과 시험에서는 검출이 되지 않는다.

27. 용해 아세틸렌 가스는 몇 ℃, 몇 kgf/cm²로 충전하는 것이 가장 적당한가?

① 40℃, 160 kgf/cm²
② 35℃, 150 kgf/cm²
③ 20℃, 30 kgf/cm²
④ 15℃, 15 kgf/cm²

해설 일반적으로 15℃, 15 kgf/cm²로 충전하며, 용기 속에 충전되는 아세톤에 25배가 용해되므로 25×15=375L가 용해된다.

28. 다음 중 아크 절단의 종류에 속하지 않는 것은?

① 탄소 아크 절단
② 플라스마 제트 절단
③ 스카핑
④ 아크 에어 가우징

해설 스카핑(scarfing) : 각종 강재의 표면에 균열, 주름, 탈탄층 또는 홈을 불꽃 가공에 의해서 제거하는 작업방법으로 토치는 가스 가우징에 비하여 능력이 크며 팁은 저속 다이버전트형으로서 수동형에는 대부분 원형 형태, 자동형에는 사각이나 사각형에 가까운 모양이 사용된다.

29. 피복 아크 용접에서 일반적으로 용접 모재에 흡수되는 열량은 용접 입열의 몇 %인가?

① 40~50%
② 50~60%
③ 75~85%
④ 90~100%

해설 일반적으로 모재에 흡수되는 열량은 입열의 75~85% 정도가 보통이다.

30. 가스 용접에서 후진법에 대한 설명으로 틀린 것은?

① 전진법에 비해 용접 변형이 작고 용접 속도가 빠르다.
② 전진법에 비해 두꺼운 판의 용접에 적합하다.
③ 전진법에 비해 열 이용률이 좋다.
④ 전진법에 비해 산화의 정도가 심하고 용착 금속 조직이 거칠다.

해설 전진법과 후진법의 비교

항목	전진법	후진법
열 이용률	나쁘다.	좋다.
비드 모양	보기 좋다.	매끈하지 못하다.
홈 각도	크다(80°).	작다(60°).
산화의 정도	심하다.	약하다.
용접 속도	느리다.	빠르다.
용접 변형	크다.	작다.
용접 모재 두께	얇다 (5mm 까지).	두껍다.
용착 금속의 냉각도	급랭	서랭
용착 금속의 조직	거칠다.	미세하다.

31. 혼합 가스 연소에서 불꽃 온도가 가장 높은 것은?

정답 26. ② 27. ④ 28. ③ 29. ③ 30. ④ 31. ③

① 산소-수소 불꽃
② 산소-프로판 불꽃
③ 산소-아세틸렌 불꽃
④ 산소-부탄 불꽃

[해설] ㉠ 산소-수소 불꽃 : 2982℃
㉡ 산소-프로판 불꽃 : 2926℃
㉢ 산소-아세틸렌 불꽃 : 3230℃
㉣ 산소-부탄 불꽃 : 2926℃

32. 직류 아크 용접기와 비교하여 교류 아크 용접기에 대한 설명으로 가장 올바른 것은?
① 무부하 전압이 높고 감전의 위험이 많다.
② 구조가 복잡하고 극성 변화가 가능하다.
③ 자기 쏠림 방지가 불가능하다.
④ 아크 안정성이 우수하다.

[해설] 직류 아크 용접기는 무부하 전압의 상한 값이 60 V이고, 교류 아크 용접기는 95 V로 감전의 위험이 많다.

33. 용접 홀더 종류 중 용접봉을 잡는 부분을 제외하고는 모두 절연되어 있어 안전 홀더라고도 하는 것은?
① A형 ② B형
③ C형 ④ D형

[해설] KS C 9607에 규정된 용접용 홀더의 종류에서 A형은 손잡이 부분을 포함하여 전체가 절연된 것이고, B형은 손잡이 부분만 절연된 것으로 A형을 안전 홀더라고 한다.

34. 피복제 중에 산화티탄을 약 35% 정도 포함하였고 슬래그의 박리성이 좋아 비드의 표면이 고우며 작업성이 우수한 특징을 지닌 연강용 피복 아크 용접봉은?
① E 4301 ② E 4311
③ E 4313 ④ E 4316

[해설] 피복제 중에 산화티탄(TiO_2)을 E 4313(고산화티탄계)은 약 35%, E 4303(라임 티타니아계)은 약 30% 정도 포함한다.

35. 다음 중 직류 아크 용접기는?
① 탭 전환형 ② 정류기형
③ 가동 코일형 ④ 가동 철심형

[해설] 직류 아크 용접기의 종류에는 발전기형(가솔린 엔진, 디젤 엔진 구동형)과 3상 교류 전동기로서 직류 발전기를 구동하는 발전형이 있고, 정류기형(셀렌 정류기, 실리콘 정류기, 게르마늄 정류기)이 있다.

36. 두께가 12.7 mm인 강판을 가스 절단하려 할 때 표준 드래그의 길이는 2.4 mm이다. 이때 드래그는 몇 %인가?
① 18.9 ② 32.1
③ 42.9 ④ 52.4

[해설] 표준 드래그는 판 두께의 20%(1/5)로서
$\frac{2.4}{12.7} \times 100 ≒ 18.9\%$이다.

37. 피복 아크 용접봉에서 피복제의 역할로 틀린 것은?
① 용착 금속의 급랭을 방지한다.
② 모재 표면의 산화물을 제거한다.
③ 용착 금속의 탈산 정련 작용을 방지한다.
④ 중성 또는 환원성 분위기로 용착 금속을 보호한다.

[해설] 피복제의 역할
㉠ 아크를 안정시킨다.
㉡ 용융 금속의 용접을 미세화하여 용착 효율을 높인다.
㉢ 중성 또는 환원성 분위기로 대기 중으로부터 산화, 질화 등의 해를 방지하여 용착 금속을 보호한다.

[정답] 32. ① 33. ① 34. ③ 35. ② 36. ① 37. ③

㉣ 용착 금속의 급랭을 방지하고 탈산 정련 작용을 하며 용융점이 낮은 적당한 점성의 가벼운 슬래그를 만든다.
㉤ 슬래그를 제거하기 쉽고 파형이 고운 비드를 만들며 모재 표면의 산화물을 제거하고 양호한 용접부를 만든다.
㉥ 스패터의 발생을 적게 하고 용착 금속에 필요한 합금 원소를 첨가시키며 전기 절연 작용을 한다.

38. 초음파 탐상법에 속하지 않는 것은?

① 펄스 반사법
② 투과법
③ 공진법
④ 관통법

해설 초음파 탐상법에는 펄스 반사법, 투과법, 공진법 등이 있다.

39. 공정 주철의 탄소 함유량으로 가장 적합한 것은?

① 1.3% C
② 2.3% C
③ 4.3% C
④ 6.3% C

해설 Fe-C 평형 상태도에서 공석점은 탄소 함유량이 0.8%, 공정점은 4.3%로서 레데뷰라이트선이라고도 한다.

40. 구조용 부품이나 제지용 롤러 등에 이용되며 열처리에 의하여 니켈-크롬 주강에 비교될 수 있을 정도의 기계적 성질을 가지고 있는 저망간 주강의 조직은?

① 마텐자이트
② 펄라이트
③ 페라이트
④ 시멘타이트

해설 0.9~1.2% 망간 주강은 저망간 주강이며, 펄라이트 조직으로 인성 및 내마모성이 크다.

41. 탄소강의 용도에서 내마모성과 경도를 동시에 요구하는 경우 적당한 탄소 함유량은?

① 0.05~0.3% C
② 0.3~0.45% C
③ 0.45~0.65% C
④ 0.65~1.2% C

해설 탄소강의 탄소 함유량에 따른 가공성 분류
㉠ 가공성만을 요구하는 경우 : 0.05~0.3% C
㉡ 가공성과 강인성을 동시에 요구하는 경우 : 0.3~0.45% C
㉢ 강인성과 내마모성을 동시에 요구하는 경우 : 0.45~0.65% C
㉣ 내마모성과 경도를 동시에 요구하는 경우 : 0.65~1.2% C

42. CO_2 가스 아크 용접 시 작업장의 이산화탄소 농도가 3~4%일 때 인체에 일어나는 현상으로 가장 적절한 것은?

① 두통 및 뇌빈혈을 일으킨다.
② 위험상태가 된다.
③ 치사량이 된다.
④ 아무렇지도 않다.

해설 이산화탄소가 인체에 미치는 영향은 체적의 3~4%이면 두통, 뇌빈혈, 15% 이상일 때는 위험상태, 30% 이상일 때는 매우 위험한 상태이다.

43. 이산화탄소 아크 용접의 특징 설명으로 틀린 것은?

① 용제를 사용하지 않아 슬래그의 혼입이 없다.
② 용접 금속의 기계적, 야금적 성질이 우수하다.
③ 전류 밀도가 높아 용입이 깊고 용융 속도가 빠르다.
④ 바람의 영향을 전혀 받지 않는다.

해설 이산화탄소 아크 용접은 이산화탄소 가스를 보호 가스로 사용하여 용접하므로 2m/s 이상의 바람이 부는 옥외에서는 방풍장치가 필요하다.

정답 38. ④　39. ③　40. ②　41. ④　42. ①　43. ④

44. 용접 결함의 보수 용접에 관한 사항 중 옳지 않은 것은?
① 기공이나 슬래그 섞임은 깎아내고 재용접한다.
② 균열 부분은 균열 양단에 드릴로 정지 구멍을 뚫고 규정의 홈으로 다듬질하여 재용접한다.
③ 언더컷일 경우에는 가는 용접봉을 사용하여 보수한다.
④ 오버랩은 굵은 용접봉을 사용하여 덧붙이 용접을 한다.

[해설] 결함의 보수 방법
㉠ 기공 또는 슬래그 섞임이 있을 때는 그 부분을 깎아내고 재용접한다.
㉡ 언더컷 : 가는 용접봉을 사용하여 보수 용접한다.
㉢ 오버랩 : 용접 금속 일부분을 깎아내고 재용접한다.
㉣ 균열 : 균열 끝에 정지 구멍을 뚫고, 균열부를 깎아 낸 후 홈을 만들어 재용접한다.

45. CO_2 가스 아크 용접은 어떤 금속의 용접에 가장 적당한가?
① 연강
② 알루미늄
③ 스테인리스강
④ 동과 그 합금

[해설] CO_2 가스 용접은 탄소강, 즉 연강의 용접에 적합하다.

46. 서브머지드 아크 용접의 현장 조립용 간이 백킹법 중 철분 충진제의 사용 목적으로 틀린 것은?
① 홈의 정밀도를 보충해 준다.
② 양호한 이면 비드를 형성시킨다.
③ 슬래그와 용융 금속의 선행을 방지한다.
④ 아크를 안정시키고 용착량을 적게 한다.

[해설] 서브머지드 아크 용접에서 현장 조립용 간이 백킹법 중 철분 충진제의 사용 목적은 ①, ②, ③ 외에 아크를 안정시키고 용착량이 많아지므로 능률적이다.

47. 불활성 가스 금속 아크 용접의 용접 이행 방식 중 용융 이행 상태는 아크 기류 중에서 용가재가 고속으로 용융, 미입자의 용적으로 분사되어 모재에 용착되는 용접 이행은?
① 용락 이행
② 단락 이행
③ 스프레이형 이행
④ 글로불러형 이행

[해설] MIG 용접의 전극 용융 금속의 이행 형식으로 주로 스프레이형을 사용할 경우 깊은 용입을 얻어 동일한 강도에서 작은 크기의 필릿 용접이 가능하므로 아름다운 비드가 얻어지나 용접 전류가 낮으면 구적 이행(globular transfer)이 되어 비드 표면이 매우 거칠어진다.

48. Al-Si계 합금을 개량 처리하기 위해 사용되는 접종 처리제가 아닌 것은?
① 금속나트륨
② 염화나트륨
③ 불화알칼리
④ 수산화나트륨

[해설] 알루미늄과 규소계 개량 처리
㉠ 금속 Na 첨가법 : Na 0.05~0.1% 또는 Na 0.05%+K 0.05%를 첨가한 것으로 가장 많이 사용한다.
㉡ F(플루오린, 불소) 화합물 첨가법 : F 화합물+알칼리 토금속 1 : 1 혼합물의 용제를 1~3% 첨가한 후 도가니에 뚜껑을 막고 3~5분간 기다렸다가 탄소봉으로 혼합한다.
㉢ 수산화나트륨 첨가법(NaOH, 가성소다)

정답 44. ④ 45. ① 46. ④ 47. ③ 48. ②

※ 개량 처리 : Si의 결정 조직을 미세화하기 위하여 특수 원소를 첨가시키는 조작

49. 강을 표준 상태로 하기 위하여 가공 조직의 균일화, 결정립의 미세화, 기계적 성질의 향상을 목적으로 소재를 A_3나 Acm보다 30~50℃ 정도 높은 온도로 가열한 후 공랭하는 열처리 방법은?

① 불림 ② 심랭
③ 담금질 ④ 뜨임

해설 불림 : 강을 A_3 또는 Acm 변태점 이상인 30~50℃의 온도로 가열하고 공기 중에서 서랭하여 표준화 조직을 얻는 방법이다.

50. 황동 가공재를 상온에 방치하거나 또는 저온 풀림 경화된 스프링재를 사용하는 도중 시간의 경과에 의해서 경도 등 여러 가지 성질이 나빠지는 현상은?

① 시효 변형 ② 경년 변화
③ 탈아연 부식 ④ 자연 균열

해설 경년 변화 : 냉간 가공한 후 저온 풀림 처리한 황동(스프링)이 사용 중 경과와 더불어 스프링 특성이 저하되는 현상

51. 다음 입체도의 화살표 방향의 투상도로 가장 적합한 것은?

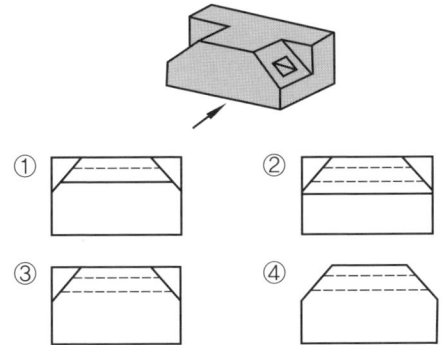

52. 위쪽이 다음 그림과 같이 경사지게 절단된 원통의 전개 방법으로 가장 적당한 것은?

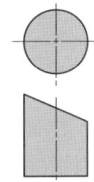

① 삼각형 전개법
② 방사선 전개법
③ 평행선 전개법
④ 사변형 전개법

53. KS 기계 재료 표시 기호 SS400에서 400은 무엇을 나타내는가?

① 경도
② 연신율
③ 탄소 함유량
④ 최저 인장강도

해설 재료 표시 기호에서 SS는 일반 구조용 강이고, 400은 최저 인장강도 또는 항복점을 표시하는 기호이다.

54. 기계 제도에서 도형의 생략에 관한 설명으로 틀린 것은?

① 도형이 대칭 형식인 경우에는 대칭 중심선의 한쪽 도형만을 그리고, 그 대칭 중심선의 양 끝 부분에 대칭 그림 기호를 그려서 대칭임을 나타낸다.
② 대칭 중심선의 한쪽 도형을 대칭 중심선을 조금 넘는 부분까지 그려서 나타낼 수도 있으며, 이때 중심선 양끝에 대칭 그림 기호를 반드시 나타내야 한다.
③ 같은 종류, 같은 모양의 것이 다수 줄지어 있는 경우에는 실형 대신 그림 기호를 피치선과 중심선과의 교점에 기입하여 나타낼 수 있다.

정답 49. ① 50. ② 51. ④ 52. ③ 53. ④ 54. ②

④ 축, 막대, 관과 같은 동일 단면형의 부분은 지면을 생략하기 위하여 중간 부분을 파단선으로 잘라내서 그 긴요한 부분만을 가까이 하여 도시할 수 있다.

55. 치수 기입의 원칙에 관한 설명 중 틀린 것은?

① 치수는 필요에 따라 기준으로 하는 점, 선, 또는 면을 기준으로 하여 기입한다.
② 대상물의 기능, 제작, 조립 등을 고려하여 필요하다고 생각되는 치수를 명료하게 도면에 지시한다.
③ 치수 입력에 대해서는 중복 기입을 피한다.
④ 모든 치수에는 단위를 기입해야 한다.

[해설] 도면에서 치수는 원칙적으로 mm의 단위로 기입을 하고 단위 기호는 붙이지 않는다.

56. 도면용으로 사용하는 A2 용지의 크기로 맞는 것은?

① 841×1189
② 594×841
③ 420×594
④ 270×420

57. 전체 둘레 현장 용접의 보조 기호로 맞는 것은?

① ○
② ⊙
③ ▶
④ ▶○

[해설] ①은 스폿 용접, ③은 현장 용접, ④는 전체 둘레 현장 용접의 보조 기호이다.

58. 기계 제작 부품 도면에서 도면의 오른쪽 아래 구석의 안쪽에 위치하는 표제란을 가장 올바르게 설명한 것은?

① 품번, 품명, 재질, 주서 등을 기재한다.
② 제작에 필요한 기술적인 사항을 기재한다.
③ 제조 공정별 처리 방법, 사용 공구 등을 기재한다.
④ 도번, 도명, 제도 및 검도 등 관련자 서명, 척도 등을 기재한다.

[해설] 표제란 : 도면 관리에 필요한 사항과 도면 내용에 관한 중요한 사항을 정리하여 기입하는데 도번, 도명, 제도 및 검도 등 관련자 서명, 척도 등을 기재한다.

59. 배관 도시 기호 중 글로브 밸브인 것은?

① ◤●◢
② ◤◢
③ ◁▷
④ ◁

60. 플러그 용접에서 용접부 수는 4개, 간격은 70mm, 구멍의 지름은 8mm일 경우 그 용접 기호 표시로 올바른 것은?

① 4⊓8-70
② 8⊓4-70
③ 4⊓8(70)
④ 8⊓4(70)

2025년 제2회 CBT 실전테스트

▶ 피복아크용접/가스텅스텐아크용접/이산화탄소가스아크용접기능사 공통

1. 가스 용접에서 압력 조정기의 압력 전달 순서가 올바르게 된 것은?

① 부르동관 → 링크 → 섹터기어 → 피니언
② 부르동관 → 피니언 → 링크 → 섹터기어
③ 부르동관 → 링크 → 피니언 → 섹터기어
④ 부르동관 → 피니언 → 섹터기어 → 링크

[해설] 압력 조정기의 압력 지시의 진행은 부르동관 → 켈리브레이팅 링크 → 섹터기어 → 피니언 → 지시 바늘의 순서이다.

2. 안전·보건표지의 색채, 색도 기준 및 용도에서 색채에 따른 용도를 올바르게 나타낸 것은?

① 빨간색 : 안내
② 파란색 : 지시
③ 녹색 : 경고
④ 노란색 : 금지

[해설] 안전·보건표지에 사용되는 색상
㉠ 금지 - 빨강
㉡ 경고, 주의 - 노랑
㉢ 지시 - 파랑
㉣ 안내 - 녹색
㉤ 파랑, 녹색에 대한 보조색 - 흰색
㉥ 문자 및 빨강, 노랑에 대한 보조색 - 검정

3. 다음 그림에서 루트 간격을 표시하는 것은?

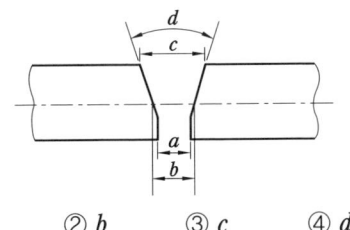

① a ② b ③ c ④ d

[해설] 그림에서 a는 루트 간격, b는 U형, J형에서의 루트 반지름, c는 표면 간격, d는 홈의 개선 각도이다.

4. 용접 지그를 사용하여 용접했을 때 얻을 수 있는 장점이 아닌 것은?

① 구속력을 크게 하면 잔류 응력이나 균열을 막을 수 있다.
② 동일 제품을 대량 생산할 수 있다.
③ 제품의 정밀도와 신뢰성을 높일 수 있다.
④ 작업을 용이하게 하고 용접 능률을 높인다.

[해설] 용접 지그 사용 시 장점
㉠ 아래보기 자세로 용접을 할 수 있다.
㉡ 용접 조립의 단순화 및 자동화가 가능하고 제품의 정밀도가 향상된다.
㉢ 동일 제품을 대량 생산할 수 있고 용접 능률을 높인다.

5. CO_2 가스 아크 용접 시 작업장의 CO_2 가스가 몇 % 이상이면 인체에 위험한 상태가 되는가?

① 1%   ② 4%   ③ 10%   ④ 15%

[해설] 이산화탄소가 인체에 미치는 영향은 체적의 3~4%이면 두통, 뇌빈혈, 15% 이상일 때는 위험상태, 30% 이상일 때는 매우 위험한 상태이다.

6. 이음부의 겹침을 판 두께 정도로 하고 겹쳐진 폭 전체를 가압하여 심 용접을 하는 방법은?

① 매시 심 용접(mash seam welding)
② 포일 심 용접(foil seam welding)

정답   1. ①   2. ②   3. ①   4. ①   5. ④   6. ①

③ 맞대기 심 용접(butt seam welding)
④ 인터랙트 심 용접(interact seam welding)

해설 심 용접은 매시 심, 포일 심, 맞대기 심 등이 있으며, 문제의 설명은 매시 심 용접의 설명이다.

7. 다음 중 인장 시험에서 알 수 없는 것은?
① 항복점　　　② 연신율
③ 비틀림 강도　④ 단면수축률

해설 파괴 시험인 인장 시험에서는 인장 파단하여 항복점(내력), 인장강도, 연신율, 단면수축률 등을 측정한다.

8. 응급 처치 구명 4단계에 해당되지 않는 것은?
① 기도 유지
② 상처 보호
③ 환자의 이송
④ 지혈

해설 응급(구급) 조치의 4단계 : 지혈 → 기도 유지 → 상처 보호 → 쇼크 방지와 치료

9. 용접기에 전격방지기를 설치하는 방법으로 틀린 것은?
① 반드시 용접기의 정격용량에 맞는 분전함을 통하여 설치한다.
② 1차 입력전원을 OFF시킨 후 설치하여 결선 시 볼트와 너트로 정확히 밀착되게 조인다.
③ 방지기에 2번 전원입력(적색캡)을 입력전원 L1에 연결하고 3번 출력(황색캡)을 용접기 입력단자(P1)에 연결한다.
④ 방지기의 4번 전원입력(적색선)과 입력전원 L2를 용접기 전원입력(P2)에 연결한다.

해설 용접기에 전격방지기를 설치하는 방법은 다음과 같다.

㉠ 반드시 용접기의 정격용량에 맞는 누전차단기를 통하여 설치한다.
㉡ 1차 입력전원을 OFF시킨 후 설치하여 결선 시 볼트와 너트로 정확히 밀착되게 조인다.
㉢ 방지기에 2번 전원입력(적색캡)을 입력전원 L1에 연결하고 3번 출력(황색캡)을 용접기 입력단자(P1)에 연결한다.
㉣ 방지기의 4번 전원입력(적색선)과 입력전원 L2를 용접기 전원입력(P2)에 연결한다.
㉤ 방지기의 1번 감지(C, T)에 용접선(P선)을 통과시켜 연결한다.
㉥ 정확히 결선을 완료하였으면 입력전원을 ON시킨다.

10. 내용적 40L, 충전 압력이 150 kgf/cm² 인 산소 용기의 압력이 100 kgf/cm²까지 내려갔다면 소비한 산소의 양은 몇 L인가?
① 2000　② 3000　③ 4000　④ 5000

해설 산소의 양=내용적×고압 게이지 압력
=40×(150−100)=2000 L

11. 다음 중 발화성 물질이 아닌 것은?
① 카바이드　　② 금속나트륨
③ 황린　　　　④ 질산에틸

해설 산업안전기준 위험물질의 종류(제10조 및 제254조 관련)
발화성 물질은 스스로 발화하거나 물과 접촉하여 발화하는 등 발화가 용이하고 가연성 가스가 발생할 수 있는 물질로서 다음 각목의 1에 해당하는 물질을 말한다.
가. 리튬　　　　　나. 칼륨·나트륨
다. 황　　　　　　라. 황린
마. 황화인·적린　바. 셀룰로이드류
사. 금속의 수소화물
아. 금속의 인화물
자. 알킬알루미늄·알킬리튬
차. 마그네슘분말

카. 금속분말(마그네슘분말은 제외)
타. 알칼리금속(리튬·칼륨 및 나트륨은 제외)
파. 칼슘탄화물·알루미늄탄화물
하. 유기 금속화합물(알킬알루미늄 및 알킬리튬은 제외)
거. 기타 가목 내지 하목의 물질과 동등한 정도의 발화성이 있는 물질
너. 가목 내지 거목의 물질을 함유한 물질
※ 질산에틸은 폭발성 물질이다.

12. 현장에서 용접기 사용률이 40%일 때 10분을 기준으로 하여 아크가 몇 분 발생하는 것이 좋은가?

① 10분   ② 6분   ③ 4분   ④ 2분

해설 ㉠ 용접 작업 시간은 휴식 시간과 용접기 사용 시 아크가 발생한 시간을 포함한다.

㉡ 사용률(%) = $\dfrac{\text{아크 시간}}{\text{아크 시간}+\text{휴식 시간}} \times 100$

㉢ 아크 시간
$= \dfrac{\text{사용률} \times (\text{아크 시간}+\text{휴식 시간})}{100}$
$= \dfrac{40 \times 10}{100} = 4분$

13. 다음 중 철강에 주로 사용되는 부식액이 아닌 것은?

① 염산 1 : 물 1의 액
② 염산 3.8 : 황산 1.2 : 물 5.0의 액
③ 수산 1 : 물 1.5의 액
④ 초산 1 : 물 3의 액

해설 매크로 시험에서 철강재에 사용되는 부식액은 다음과 같으며, 물로 깨끗이 씻은 후 건조하여 관찰한다.
㉠ 염산 3.8 : 황산 1.2 : 물 5.0
㉡ 염산 1 : 물 1
㉢ 초산 1 : 물 3

14. 연강용 피복 금속 아크 용접봉에서 피복제 중 TiO_2을 약 35% 포함한 슬래그 생성계이며, 일반 경구조물 용접에 많이 사용되는 것은?

① 저수소계   ② 일루미나이트계
③ 고산화티탄계   ④ 고셀룰로오스계

해설 피복제 중에 산화티탄(TiO_2)을 E 4313 (고산화티탄계)은 약 35%, E 4303(라임티타니아계)은 약 30% 정도 포함한다.

15. 크레이터 처리 미숙으로 일어나는 결함이 아닌 것은?

① 냉각 중에 균열이 생기기 쉽다.
② 파손이나 부식의 원인이 된다.
③ 불순물과 편석이 남게 된다.
④ 용접봉의 단락 원인이 된다.

해설 크레이터는 용접 중에 아크를 중단시키면 중단된 부분이 오목하거나 납작하게 파진 모습으로, 불순물과 편석이 남게 되고 냉각 중에 균열이 발생할 우려가 있어 아크 중단 시 완전하게 메꾸어 주는 것을 크레이터 처리라고 한다.

16. KS 연강용 가스 용접봉 용착 금속의 기계적 성질에서 시험편의 처리에 사용한 기호 중 "용접 후 열처리를 한 것"을 나타내는 기호는?

① P   ② A   ③ GA   ④ GP

해설 가스 용접 기호 중에서 GA는 용접봉 재질이 높은 연성, 전성인 것으로 열처리를 한 것이고, GB는 용접봉 재질이 낮은 연성, 전성인 것으로 열처리를 한 것이다.

17. 연강의 맞대기 용접 이음에서 용착 금속의 인장강도가 40 kgf/mm², 안전율이 8이면, 이음의 허용응력은?

정답 12. ③   13. ③   14. ③   15. ④   16. ③   17. ①

① 5 kgf/mm² ② 8 kgf/mm²
③ 40 kgf/mm² ④ 48 kgf/mm²

해설 허용응력 = $\dfrac{\text{인장강도}}{\text{안전율}} = \dfrac{40}{8} = 5\,\text{kgf/mm}^2$

18. 심 용접의 종류가 아닌 것은?

① 횡 심 용접(circular seam welding)
② 매시 심 용접(mash seam welding)
③ 포일 심 용접(foil seam welding)
④ 맞대기 심 용접(butt seam welding)

해설 심 용접의 종류
㉠ 매시 심 용접(mash seam welding)
㉡ 포일 심 용접(foil seam welding)
㉢ 맞대기 심 용접(butt seam welding)

19. 특수 주강을 제조하기 위하여 첨가하는 금속으로 맞는 것은?

① Ni, Zn, Mo, Cu ② Si, Mn, Co, Cu
③ Ni, Si, Mo, Cu ④ Ni, Mn, Mo, Cr

해설 특수 주강은 강도를 필요로 할 때 또는 내식, 내열, 내마모성 등을 요구하는 경우 Ni, Mn, Mo, Cr 등을 첨가한다. 종류는 Ni 주강, Ni-Cr 주강, Mn 주강, Cr 주강 등이다.

20. 위빙 비드에 해당하지 않는 것은?

① 박판 용접 및 홈 용접의 이면 비드 형성 시 사용한다.
② 위빙 운봉 폭은 심선 지름의 2~3배로 한다.
③ 크레이터 발생과 언더컷 발생이 생길 염려가 있다.
④ 용접봉은 용접 진행 방향으로 70~80°, 좌우에 대하여 90°가 되게 한다.

해설 박판 용접 및 홈 용접의 이면 비드 형성 시 일반적으로 직선 비드를 사용한다. 실제적으로는 이면 비드 시 루트 간격 사이로 위빙 운봉을 한다.

21. 용접 자동화의 장점을 설명한 것으로 틀린 것은?

① 생산성 증가 및 품질을 향상시킨다.
② 용접 조건에 따른 공정을 늘릴 수 있다.
③ 일정한 전류값을 유지할 수 있다.
④ 용접 와이어의 손실을 줄일 수 있다.

해설 용접 자동화의 장점은 ①, ③, ④ 외에 용접 조건에 따른 공정 수를 줄일 수 있으며, 용접 비드의 높이, 비드 폭, 용입 등을 정확히 제어할 수 있다.

22. 서브머지드 아크 용접 장치의 구성 부분이 아닌 것은?

① 수냉동판 ② 콘택드 팁
③ 주행 대차 ④ 가이드 레일

해설 ㉠ 서브머지드 아크 용접의 장치(구성) 요소 : 용접 전원, 전압 제어상자(컨트롤 박스), 와이어 피드 장치, 접촉 팁(콘택트 팁), 용접 와이어, 용제 호퍼, 주행 대차 등으로 되어 있으며 용접 전원을 제외한 나머지를 용접 헤드라 한다.
㉡ 수냉동판은 일렉트로 슬래그나 일렉트로 가스 용접에서 이동판으로 사용된다.

23. 재료의 접합 방법은 기계적 접합과 야금적 접합으로 분류하는데 야금적 접합에 속하지 않는 것은?

① 리벳 ② 융접 ③ 압접 ④ 납땜

해설 야금적 접합법은 융접, 압접, 납땜이고 기계적 접합법은 볼트 이음, 리벳 이음, 접어 잇기, 키 및 코터 이음 등을 말한다.

24. 피복 아크 용접봉의 용융 속도를 결정하는 식은?

① 용융 속도=아크 전류×용접봉 쪽 전압강하
② 용융 속도=아크 전류×모재 쪽 전압강하

③ 용융 속도=아크 전압×용접봉 쪽 전압강하
④ 용융 속도=아크 전압×모재 쪽 전압강하

해설 피복 아크 용접의 용융 속도는 단위 시간당 소비되는 용접의 길이 또는 중량으로 표시되며, 아크 전압에는 관계없이 아크 전류에 정비례한다.

25. 주철의 결점을 개선하기 위하여 백주철의 주물을 만들고 이것을 장시간 열처리하여 탄소의 상태를 분해 또는 소실시켜 인성 또는 연성을 증가시킨 주철은?

① 회주철(gray cast iron)
② 반주철(mottled cast iron)
③ 가단 주철(malleable cast iron)
④ 칠드 주철(chilled cast iron)

해설 가단 주철은 백주철을 풀림 처리하여 탈탄과 Fe_3C의 흑연화에 의해 연성(또는 가단성)을 가지게 한 주철(연신율 5~14%)로 백심, 흑심, 펄라이트 가단 주철이 있다.

26. 직류 아크 용접의 정극성에 대한 결선 상태가 맞는 것은?

① 용접봉(-), 모재(+)
② 용접봉(+), 모재(-)
③ 용접봉(-), 모재(-)
④ 용접봉(+), 모재(+)

해설 ㉠ 극성은 직류(DC)에서만 존재하며 종류는 직류 정극성(DCSP : Direct Current Straight Polarity)과 직류 역극성(DCRP : Direct Current Reverse Polarity)이 있다.
㉡ 일반적으로 양극(+)에서 발열량이 70% 이상 나온다.
㉢ 정극성일 때 모재에 양극(+)을 연결하므로 모재 측에서 열 발생이 많아 용입이 깊고 좁게 되며, 음극(-)에 연결하는 용접봉은 천천히 녹는다.
㉣ 역극성일 때 모재에 음극(-)을 연결하므로 모재 측에서 열 발생이 적어 용입이 얕고 넓게 되며, 용접봉은 양극(+)에 연결하므로 빨리 녹는다.
㉤ 일반적으로 모재가 용접봉에 비하여 두꺼워 모재 측에 양극(+)을 연결하는 것을 정극성이라 한다.

27. 무부하 전압이 높아 전격 위험이 크고 코일에 감긴 수에 따라 전류를 조정하는 교류 용접기의 종류로 맞는 것은?

① 탭 전환형
② 가동 코일형
③ 가동 철심형
④ 가포화 리액터형

해설 탭 전환형은 1차, 2차 코일의 감은 수의 비율을 변경시켜 전류를 조정한다.

28. 맞대기 용접 이음에서 모재의 인장강도는 $45 kgf/mm^2$이며, 용접 시험편의 인장강도가 $47 kgf/mm^2$일 때 이음 효율은 약 몇 %인가?

① 104
② 96
③ 69
④ 60

해설 이음 효율
$$= \frac{\text{용접 시험편의 인장강도}}{\text{모재의 인장강도}} \times 100$$
$$= \frac{47}{45} \times 100 ≒ 104\%$$

29. 피복 아크 용접봉의 편심도는 몇 % 이내이어야 용접 결과를 좋게 할 수 있겠는가?

① 3%
② 5%
③ 10%
④ 13%

정답 25. ③ 26. ① 27. ① 28. ① 29. ①

해설 피복 아크 용접봉의 편심율은 3% 이내 이어야 한다.

30. 아크가 발생될 때 모재에서 심선까지의 거리를 아크 길이라 한다. 아크 길이가 짧을 때 일어나는 현상은?
① 발열량이 작다.
② 스패터가 많아진다.
③ 기공 균열이 생긴다.
④ 아크가 불안정해진다.
해설 아크 길이가 짧을 때에는 발열량이 작아진다.

31. 다음 그림과 같은 용접 순서의 용착법을 무엇이라고 하는가?

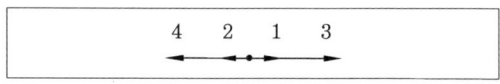

① 전진법 ② 후진법
③ 대칭법 ④ 비석법
해설 용착법과 용접 순서

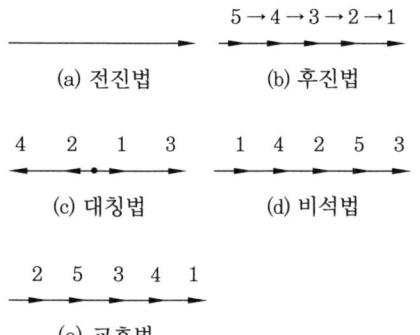

32. 직류 아크 용접기와 비교하여 교류 아크 용접기에 대한 설명으로 가장 올바른 것은?
① 무부하 전압이 높고 감전의 위험이 많다.
② 구조가 복잡하고 극성 변화가 가능하다.
③ 자기 쏠림 방지가 불가능하다.
④ 아크 안정성이 우수하다.
해설 직류 아크 용접기는 무부하 전압의 상한 값이 60V이고, 교류 아크 용접기는 95V로 감전의 위험이 많다.

33. 황동의 조성으로 맞는 것은?
① 구리+아연
② 구리+주석
③ 구리+납
④ 구리+망간
해설 황동은 구리와 아연의 합금이고 청동은 구리와 주석의 합금이다.

34. 산소-아세틸렌 가스 용접에 사용하는 아세틸렌용 호스의 색은?
① 청색 ② 흑색 ③ 적색 ④ 녹색
해설 가스 용접에 사용하는 호스의 색으로 아세틸렌은 적색, 산소는 녹색(일본은 흑색)을 사용한다.

35. 산소 용기에 표시된 기호 "TP"가 나타내는 뜻으로 옳은 것은?
① 용기의 내용적
② 용기의 내압 시험 압력
③ 용기의 중량
④ 용기의 최고 충전 압력
해설 V : 내용적, W : 용기 중량, TP : 내압 시험 압력, FP : 최고 충전 압력

36. 다음 중 용접의 장점에 대한 설명으로 옳은 것은?
① 기밀, 수밀, 유밀성이 좋지 않다.
② 두께에 제한이 없다.
③ 작업이 비교적 복잡하다.
④ 보수와 수리가 곤란하다.

정답 30. ① 31. ③ 32. ① 33. ① 34. ③ 35. ② 36. ②

해설 용접의 장점
㉠ 재료가 절약되고, 중량이 감소한다.
㉡ 작업 공정 단축으로 경제적이다.
㉢ 재료의 두께 제한이 없다.
㉣ 이음 효율이 향상된다(기밀, 수밀, 유밀 유지).
㉤ 이종 재료 접합이 가능하다.
㉥ 용접의 자동화가 용이하다.
㉦ 보수와 수리가 용이하다.
㉧ 형상의 자유화를 추구할 수 있다.

37. 공구용 재료로 구비해야 할 조건이 아닌 것은?
① 열처리가 용이할 것
② 내마모성이 클 것
③ 강인성이 있을 것
④ 상온 및 고온 경도가 낮을 것

해설 공구용 재료는 고온 경도, 내마모성, 강인성이 크고, 열처리가 쉬워야 한다.

38. 60~70% 니켈(Ni) 합금으로 내식성, 내마모성이 우수하여 터빈 날개, 펌프 임펠러 등에 사용되는 것은?
① 콘스탄탄(constantan)
② 모넬 메탈(monel metal)
③ 큐프로 니켈(cupro nickel)
④ 문츠 메탈(muntz metal)

해설 모넬 메탈(monel metal) : Ni 65~70%, Fe 1.0~3.0%, 강도와 내식성이 우수하며, 화학 공업용으로 사용한다(개량형 : Al 모넬, Si 모넬, H 모넬, S 모넬, KR 모넬 등이 있다).

39. 용접 작업에서 안전에 대해 설명한 것 중 틀린 것은?

① 높은 곳에서 용접 작업할 경우 추락, 낙하 등의 위험이 있으므로 항상 안전벨트와 안전모를 착용한다.
② 용접 작업 중에 여러 가지 유해가스가 발생하기 때문에 통풍 또는 환기장치가 필요하다.
③ 가연성의 분진, 화약류 등 위험물이 있는 곳에서는 용접을 해서는 안 된다.
④ 가스 용접은 강한 빛이 나오지 않기 때문에 보안경을 착용하지 않아도 된다.

해설 가스 용접 시 강한 빛이 나오므로 보안경을 착용하여야 한다.

40. 다음 중 Fe-C 평형 상태도에서 가장 낮은 온도에서 일어나는 반응은?
① 공석 반응
② 공정 반응
③ 포석 반응
④ 포정 반응

해설 공석점(723℃), 공정점(1130℃)

41. 강재 표면의 홈이나 개재물, 탈탄층 등을 제거하기 위해 얇고 타원형 모양으로 표면을 깎아내는 가공법은?
① 가스 가우징(gas gouging)
② 너깃(nugget)
③ 스카핑(scarfing)
④ 아크 에어 가우징(arc air gouging)

해설 스카핑(scarfing) : 각종 강재의 표면에 균열, 주름, 탈탄층 또는 홈을 불꽃 가공에 의해서 제거하는 작업방법으로 토치는 가스 가우징에 비하여 능력이 크며 팁은 저속 다이버전트형으로서 수동형에는 대부분 원형 형태, 자동형에는 사각이나 사각형에 가까운 모양이 사용된다.

42. 경금속과 중금속은 무엇으로 구분되는가?
① 전기전도율
② 비열
③ 열전도율
④ 비중

정답 37. ④ 38. ② 39. ④ 40. ① 41. ③ 42. ④

해설 비중 5 이상을 중금속, 5 이하를 경금속이라 한다.

43. 탄소강의 용도에서 내마모성과 경도를 동시에 요구하는 경우 적당한 탄소 함유량은?

① 0.05~0.3% C ② 0.3~0.45% C
③ 0.45~0.65% C ④ 0.65~1.2% C

해설 탄소강의 탄소 함유량에 따른 가공성 분류
㉠ 가공성만을 요구하는 경우 : 0.05~0.3% C
㉡ 가공성과 강인성을 동시에 요구하는 경우 : 0.3~0.45% C
㉢ 강인성과 내마모성을 동시에 요구하는 경우 : 0.45~0.65% C
㉣ 내마모성과 경도를 동시에 요구하는 경우 : 0.65~1.2% C

44. 구리의 일반적인 성질 설명으로 틀린 것은?

① 체심입방정(BCC) 구조로서 성형성과 단조성이 나쁘다.
② 화학적 저항력이 커서 부식되지 않는다.
③ 내산화성, 내수성, 내염수성의 특성이 있다.
④ 전기 및 열의 전도성이 우수하다.

해설 구리는 면심입방격자로서 변태점이 없고 비자성체, 전기 및 열의 양도체이다.

45. 인장 시험에서 표점거리가 50mm의 시험편을 시험 후 절단된 표점거리를 측정하였더니 65mm가 되었다. 이 시험편의 연신율은 얼마인가?

① 20% ② 23% ③ 30% ④ 33%

해설 인장 시험에서의 변형률
$= \dfrac{\text{파단 후의 거리} - \text{최초의 길이}}{\text{최초의 길이}} \times 100$
$= \dfrac{65-50}{50} \times 100 = 30\%$

46. Al 표면에 방식성이 우수하고 치밀한 산화 피막이 만들어지도록 하는 방식 방법이 아닌 것은?

① 산화법 ② 수산법
③ 황산법 ④ 크롬산법

해설 알루미늄의 표면에 산화 피막을 만드는 방법은 알칼리법과 산법이 있으며, 주로 황산법, 수산법, 크롬산법 등이 이용된다.

47. 강의 담금질 깊이를 깊게 하고 크리프 저항과 내식성을 증가시키며 뜨임 메짐을 방지하는데 효과가 있는 합금 원소는?

① Mo ② Ni
③ Cr ④ Si

해설 뜨임 취성은 Mo를 첨가하면 방지할 수 있으며 가장 주의할 취성의 온도는 300℃이다.

48. 스테인리스강의 내식성 향상을 위해 첨가하는 가장 효과적인 원소는?

① Zn ② Sn
③ Cr ④ Mg

해설 스테인리스강(STS : stainless steel)은 강에 Ni, Cr을 다량 첨가하여 내식성을 현저히 향상시킨 강으로 대기 중, 수중, 산 등에 잘 견딘다.

49. 연강보다 열전도율이 작고 열팽창계수는 1.5배 정도이며 염산, 황산 등에 약하고 결정입계 부식이 발생하기 쉬운 스테인리스강은?

① 페라이트계 ② 시멘타이트계
③ 오스테나이트계 ④ 마텐자이트계

해설 문제의 설명은 18-8 스테인리스강(오스테나이트계)에 대한 내용이다.

정답 43. ④ 44. ① 45. ③ 46. ① 47. ① 48. ③ 49. ③

50. 인장강도 70kgf/mm² 이상 용착 금속에서는 다층 용접하면 용접한 층이 다음 층에 의하여 뜨임이 된다. 이때 어떤 변화가 생기는가?

① 뜨임 취화 ② 뜨임 연화
③ 뜨임 조밀화 ④ 뜨임 연성

[해설] 뜨임 취성은 200~400℃에서 뜨임을 한 후 충격치가 저하되어 강의 취성이 커지는 현상으로 Mo를 첨가하면 방지할 수 있다(가장 주의할 취성은 300℃이다).
㉠ 저온 뜨임 취성 : 250~300℃
㉡ 1차 뜨임 취성(뜨임 시효 취성) : 500℃ 부근 → Mo 첨가 시 방지 효과가 없다.
㉢ 2차 뜨임 취성(뜨임 서랭 취성) : 525~600℃ → Mo 첨가 시 방지 효과가 있다.

51. 대상물에 감마선(γ), 엑스선(X선)을 투과시켜 필름에 나타나는 상으로 결함을 판별하는 비파괴 검사법은?

① 초음파 탐상 검사
② 침투 탐상 검사
③ 와류 탐상 검사
④ 방사선 투과 검사

52. 재료 기호 중 SPHC의 명칭은?

① 배관용 탄소 강관
② 열간 압연 연강판 및 강대
③ 용접 구조용 압연 강재
④ 냉간 압연 강판 및 강대

[해설] 재료의 기호
㉠ 첫 번째 자리 : 재질
㉡ 두 번째 자리 : 규격명 또는 제품명
㉢ 끝부분 자리 : 재료의 종류와 여러 가지 필요 기호로서 SP는 비철 금속 판재, HC는 열간 압연을 표시

53. 도면에서 단면도의 해칭에 대한 설명으로 틀린 것은?

① 해칭선은 가는 실선으로 규칙적으로 줄을 늘어놓는 것을 말한다.
② 단면도에 재료 등을 표시하기 위해 특수한 해칭(또는 스머징)을 할 수 있다.
③ 해칭선은 반드시 주된 중심선에 45°로만 경사지게 긋는다.
④ 단면 면적이 넓을 경우에는 그 외형선에 따라 적절한 범위에 해칭(또는 스머징)을 할 수 있다.

[해설] 해칭선은 가는 실선(0.3mm 이하)으로 절단면을 명시하기 위하여 사용하는 선으로서 중심선 또는 주요 외형선에 45° 경사지게 긋는 것이 원칙이나 부득이한 경우에는 다른 각도(30°, 60°)로 표시한다.

54. 다음의 그림에서 화살표 방향을 정면도로 선정할 경우 평면도로 가장 적합한 것은?

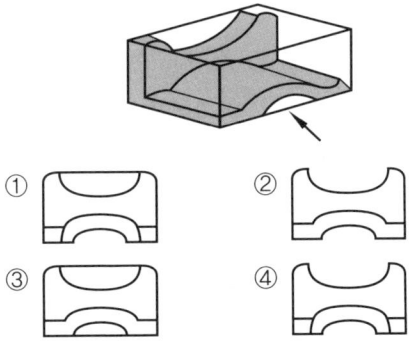

55. 다음 중 치수 보조 기호에 대한 설명으로 틀린 것은?

① φ : 참고 치수 ② □ : 정사각형의 변
③ R : 반지름 ④ SR : 구의 반지름

[해설] φ는 구의 지름을 나타낸다.

정답 50. ① 51. ④ 52. ② 53. ③ 54. ③ 55. ①

56. 다음 중 가상 투상에 알맞지 않은 것은?

① 밑 부분 ② 회전 단면
③ 보조 투상 ④ 전개 투상

해설 가상 투상도 : 다음과 같은 경우에 사용하며 선은 보통 0.3mm 이하 일점 쇄선 또는 이점 쇄선으로 그린다.
㉠ 도시된 물체의 바로 앞쪽에 있는 부분을 나타내는 경우
㉡ 물체 일부의 모양을 다른 위치에 나타내는 경우
㉢ 가공 전 또는 가공 후의 모양을 나타내는 경우
㉣ 한 도면을 이용, 부분적으로 다른 종류의 물체를 나타내는 경우
㉤ 인접 부분 참고 및 한 부분의 단면도를 90° 회전하여 나타내는 경우
㉥ 이동하는 부분의 운동 범위를 나타내는 경우

57. KS 기계 제도 선의 종류에서 가는 2점 쇄선으로 나타내는 선의 용도에 해당하는 것은?

① 가상선 ② 치수선
③ 해칭선 ④ 지시선

해설 치수선, 해칭선, 지시선은 가는 실선으로 나타낸다.

58. 도면에서 반드시 표제란에 기입해야 하는 항목으로 틀린 것은?

① 재질 ② 척도 ③ 투상법 ④ 도명

해설 표제란에는 도면 번호, 도명, 기업명, 책임자의 서명, 도면 작성 연월일, 척도, 투상법을 기입한다.

59. [보기]와 같은 배관 도시 기호에서 계기 표시가 압력계일 때 원 안에 사용하는 문자 기호는?

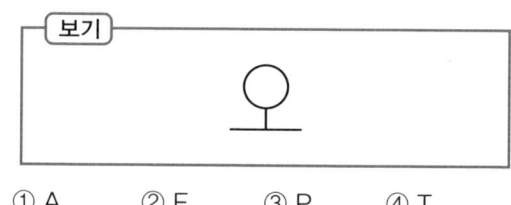

① A ② F ③ P ④ T

해설 ㉠ T : 온도(temperature)
㉡ P : 압력(pressure)
㉢ S : 증기(steam) ㉣ A : 공기(air)

60. 그림의 입체도에서 화살표 방향을 정면으로 하여 제3각법으로 그린 정투상도는?

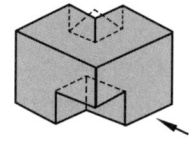

①    ②

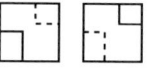   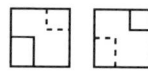

③ 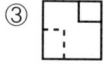   ④

해설 제1각법과 제3각법의 투시도

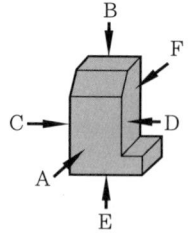

A : 정면도
B : 평면도
C : 좌측면도
D : 우측면도
E : 저면도
F : 배면도

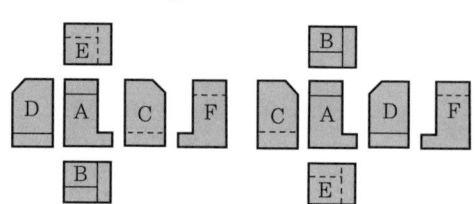

(a) 제1각법 (b) 제3각법

정답 56. ④ 57. ① 58. ① 59. ③ 60. ①

용접기능사 필기 총정리

2023년 5월 10일 1판 1쇄
2024년 3월 20일 1판 2쇄
2025년 5월 10일 2판 1쇄

저자 : 용접기술시험연구회
펴낸이 : 이정일

펴낸곳 : 도서출판 **일진사**
www.iljinsa.com

(우) 04317 서울시 용산구 효창원로 64길 6
대표전화 : 704-1616, 팩스 : 715-3536
이메일 : webmaster@iljinsa.com
등록번호 : 제1979-000009호(1979.4.2)

값 28,000원

ISBN : 978-89-429-2008-2

* 이 책에 실린 글이나 사진은 문서에 의한 출판사의
동의 없이 무단 전재 · 복제를 금합니다.